RETROALIMENTACION y SISTEMAS DE CONTROL

SERIE DE COMPENDIOS SCHAUM

TEORIA Y PROBLEMAS

DE

RETROALIMENTACION y SISTEMAS DE CONTROL

POR

JOSEPH J. DiSTEFANO, III, Ph.D.

Departamento de Ingeniería
University of California,

ALLEN R. STUBBERUD, Ph.D.

Departamento de Ingeniería
University of California,

IVAN J. WILLIAMS, Ph.D.

Nortronics Division, Northrop Corp.

•

TRADUCCION Y ADAPTACION

CARLOS MARTINEZ MEJIA

Ingeniero Electrónico
Director y Profesor del Departamento
de Ingeniería Electrónica de la
Universidad del Cauca, Popayán

McGRAW-HILL

MADRID • BOGOTA • BUENOS AIRES • GUATEMALA • LISBOA • MEXICO
NUEVA YORK • PANAMA • SAN JUAN • SANTIAGO • SAO PAULO
AUCKLAND • HAMBURGO • LONDRES • MONTREAL • NUEVA DELHI
PARIS • SAN FRANCISCO • SINGAPUR • ST. LOUIS • SIDNEY • TOKIO • TORONTO

RETROALIMENTACIÓN Y SISTEMAS DE CONTROL

ISBN 968-451-293-7

Traducido de la primera edición en inglés de
FEEDBACK AND CONTROL SYSTEMS

ISBN 0-07-017045-2

1709865432 POL.-81 8012345697

ISBN: 84-7615-395-3
Depósito legal: M. 27.075-1989

Impreso en Lavel. Los Llanos, nave 6. Humanes (Madrid)
De esta edición se imprimieron 1.000 ejemplares en julio de 1989
PRINTED IN SPAIN - IMPRESO EN ESPAÑA

Prólogo

La retroalimentación, uno de los procesos más fundamentales que existen en la naturaleza, está presente en casi todos los sistemas dinámicos, incluyendo aquellos dentro del hombre, entre los hombres, y entre hombres y máquinas. Sin embargo, los conceptos de retroalimentación han sido utilizados casi exclusivamente por ingenieros. Como resultado de esto, la teoría de sistemas de control por retroalimentación se ha desarrollado como una disciplina de la ingeniería para analizar y diseñar sistemas de control prácticos y otros dispositivos tecnológicos. El reconocimiento de que esta teoría es aplicable directamente para formular y resolver problemas en muchos otros campos se está estableciendo ampliamente, pero el uso de esa teoría se ha limitado debido a su marcada orientación hacia las aplicaciones tecnológicas.

El objetivo de este libro es presentar un tratado comprensivo, conciso y moderno de los fundamentos de la teoría de la retroalimentación y de los sistemas de control lineales. Está dirigido no solo a los ingenieros, sino también a los científicos físicos, biólogos y sicólogos, a los economistas, matemáticos y estudiantes de estas disciplinas. El único requisito para entender el material tratado es el conocimiento de la física básica y del cálculo. Todas las herramientas matemáticas requeridas que vayan más allá del cálculo, incluyendo ecuaciones diferenciales, trasformadas de Laplace y variable compleja se desarrollan dentro del libro a medida que se van haciendo necesarias. La nomenclatura especial para los sistemas de control se presenta de una manera racional y cada nuevo término se define antes de ser usado.

El libro puede emplearse como libro de texto para un curso formal sobre los fundamentos de la retroalimentación y los sistemas de control, o como un suplemento a todos los textos estándar modernos. También debe ser útil como un libro de referencia.

El material se presenta en una forma aplicable a cualquier clase de sistemas de control y los ejemplos suministran generalmente ilustraciones específicas de la teoría. Cada nuevo tema se presenta ya sea por sección o por capítulo. Al final de cada capítulo, se encuentran problemas resueltos referentes a pruebas matemáticas, a extensiones teóricas o prácticas de la teoría, y a muchas aplicaciones de varios campos ilustrando las ideas presentadas en el capítulo.

El libro se ha dividido en dos partes. La primera parte, que comprende los capítulos del 1 hasta el 9 considera el marco conceptual y la terminología de la retroalimentación y los sistemas de control, las técnicas modernas para formular y resolver ecuaciones diferenciales ordinarias con coeficientes constantes, las bases matemáticas de los sistemas lineales, las trasformadas de Laplace, los métodos para determinar la estabilidad de sistemas lineales, las funciones de trasferencia, los diagramas en bloque y las gráficas del flujo de señales, las constantes de error, el análisis de sensibilidad y la clasificación de sistemas de control. El capítulo 10 introduce la segunda parte del libro con una discusión de los objetivos y métodos del análisis y diseño de los sistemas lineales de control por retroalimentación. Luego, desde el capítulo 11 hasta el 18 se tratan individualmente las cuatro técnicas clásicas de análisis y diseño, v.g. los métodos de Nyquist, Bode, el del lugar de las raíces y el de las gráficas de Nichols; cada método de análisis y cada método de diseño se tratan en un capítulo diferente. El capítulo final de este libro es una introducción a temas avanzados en la teoría de los sistemas de control.

Los autores desean expresar su sincero reconocimiento a todos aquellos que ayudaron en la preparación del manuscrito y especialmente al personal de la Schaum Publishing Company por su invaluable cooperación.

JOSEPH J. DISTEFANO, III

ALLEN R. STUBBERUD

IVAN J. WILLIAMS

TABLA DE MATERIAS

TABLA DE MATERIAS

Capítulo 1

Introducción

1.1 SISTEMAS Y SISTEMAS DE CONTROL

En los últimos tiempos el significado de la palabra *sistema* se ha vuelto confuso. En consecuencia vamos a comenzar por definir este término, primero de una manera abstracta y luego más específicamente con relación a los trabajos científicos publicados.

Definición 1.1a: Un **sistema** es un arreglo, conjunto o colección de cosas conectadas o relacionadas de manera que constituyan un todo.

Definición 1.1b: Un **sistema** es un arreglo de componentes físicos conectados o relacionados de tal manera que formen una unidad completa o que puedan actuar como tal.

La palabra **control** generalmente se usa para designar *regulación, dirección* o *comando.* Al combinar las definiciones anteriores, se tiene

Definición 1.2: Un **sistema de control** es un arreglo de componentes físicos conectados de tal manera que el arreglo se pueda comandar, dirigir o regular a sí mismo o a otro sistema.

En el sentido más abstracto es posible considerar cada objeto físico como un sistema de control. Cada cosa altera su medio ambiente de alguna manera, si no lo hace activamente lo hace pasivamente —tal es el caso de un espejo que *dirige* un haz de luz que incide sobre él a un ángulo agudo. El espejo (Fig. 1-1) se puede considerar como un sistema elemental de control, que controla el haz de luz de acuerdo con la simple relación "el ángulo de reflexión α es igual al ángulo de incidencia α".

En la ingeniería y en la ciencia generalmente restringimos el significado de sistemas de control al aplicarlo a esos sistemas cuya función principal es comandar, dirigir o regular *dinámicamente* o *activamente.* El sistema ilustrado en la figura 1-2, que consiste en un espejo pivoteado en uno de sus extremos y que se puede mover hacia arriba o hacia abajo por medio de un tornillo en el otro extremo, se denomina propiamente un *sistema de control.* El ángulo de la luz reflejada se regula por medio del tornillo.

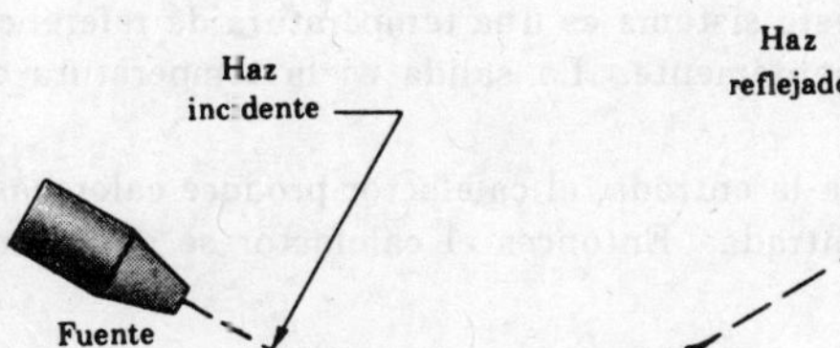

Fig. 1-1

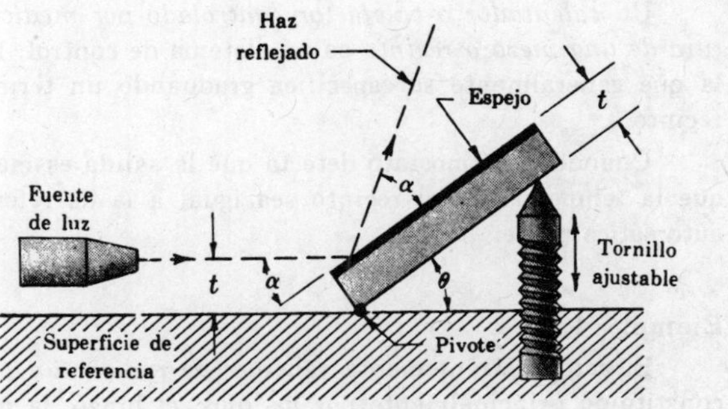

Fig. 1-2

1.2 EJEMPLOS DE SISTEMAS DE CONTROL

Los sistemas de control abundan en el medio ambiente del hombre. Antes de mostrar esto, vamos a definir dos términos que son los de *entrada* y *salida* los cuales ayudan a identificar o definir el sistema de control.

Definición 1.3: La **entrada** es el estímulo o excitación que se aplica *a* un sistema de control desde una fuente de energía externa, generalmente con el fin de producir, *de parte* del sistema de control, una respuesta especificada.

Definición 1.4: La **salida** es la respuesta obtenida del sistema de control. Puede ser o no puede ser igual a la respuesta especificada que la entrada implica.

El propósito para el que está destinado el sistema de control generalmente determina o define la entrada y la salida. Dadas la entrada y la salida es posible determinar o definir la naturaleza de los componentes del sistema.

Los sistemas de control pueden tener más de una entrada o salida. A menudo todas las entradas y salidas quedan bien definidas con la descripción del sistema, aunque algunas veces este no es el caso. Por ejemplo, una tormenta eléctrica puede interferir de manera intermitente una recepción de radio, lo cual produce en el altavoz una señal de salida no deseada en forma de ruido estático. Esta salida de "ruido" no está especificada en la definición del sistema de recepción de radio pero forma parte de la salida total como se estipuló antes. Con el propósito de identificar un sistema en forma simple, las entradas debidas a interferencias y las salidas producidas por éstas, no se consideran como entradas y salidas en la descripción del sistema. Sin embargo, cuando el sistema se examina en detalle es necesario, en general, tener en cuenta estas entradas y salidas.

Existen tres tipos básicos de sistemas de control:

1. Sistemas de control hechos por el hombre.
2. Sistemas de control naturales, incluyendo sistemas biológicos.
3. Sistemas de control cuyos componentes están unos hechos por el hombre y los otros son naturales.

Ejemplo 1.1.

Un *conmutador eléctrico* es un sistema de control, hecho por el hombre, que controla el flujo de electricidad. Por definición, el aparato o la persona que actúa el conmutador no forma parte de este sistema de control.

La entrada la constituye la conmutación del dispositivo tanto hacia la conducción como al corte. Es decir, la entrada la puede constituir uno de los dos estados —el de conducción o el de corte. La salida la constituye la presencia o ausencia del flujo (dos estados) de electricidad.

El conmutador eléctrico es probablemente uno de los sistemas de control más rudimentarios.

Ejemplo 1.2.

Un *calentador o calefactor controlado por medio de un termostato que regula automáticamente la temperatura de una pieza o recinto* es un sistema de control. La entrada de este sistema es una temperatura de referencia, la que generalmente se especifica graduando un termostato convenientemente. La salida es la temperatura del recinto.

Cuando el termostato detecta que la salida es menor o inferior a la entrada, el calefactor produce calor hasta que la temperatura del recinto sea igual a la de referencia, en la entrada. Entonces el calefactor se desconecta automáticamente.

Ejemplo 1.3.

El acto, aparentemente sencillo, de *indicar un objeto con un dedo* requiere un sistema de control biológico constituido principalmente por los ojos, el brazo, la mano, el dedo y el cerebro de un hombre. La entrada es la dirección precisa del objeto (en movimiento o no) con respecto a alguna referencia, y la salida es la dirección que se indica con respecto a la misma referencia.

Ejemplo 1.4.

El *sistema de traspiración* es una parte del sistema de control de temperatura humano. Cuando la temperatura del aire exterior a la piel sube demasiado, las glándulas sudoríparas secretan en una mayor proporción provocando enfriamiento de la piel por evaporación. Las secreciones se reducen cuando se ha obtenido el efecto de enfriamiento necesario o cuando la temperatura del aire baja suficientemente.

La entrada de este sistema es la temperatura "normal" o confortable de la piel. La salida es la temperatura actual de la piel

Ejemplo 1.5.

El sistema de control constituido por *un hombre que maneja un automóvil* tiene componentes que claramente son hechas tanto por el hombre como de tipo biológico. El conductor debe mantener el automóvil sobre la pista apropiada de la carretera. El lleva a cabo esta operación mirando constantemente la dirección del automóvil con respecto a la dirección de la carretera. En este caso, la dirección de la carretera, representada por la línea pintada que sirve de guía o por líneas en ambos lados de su pista se puede considerar como la entrada. La dirección actual del automóvil es la salida del sistema. El conductor controla esta salida midiéndola constantemente con sus ojos y cerebro y corrigiéndola con sus manos sobre el timón. Los componentes principales de este sistema de control son las manos del conductor, sus ojos y cerebro y el vehículo.

1.3 CLASIFICACION DE SISTEMAS DE CONTROL

Los sistemas de control se clasifican en dos grandes categorías a saber: *Sistemas de lazo abierto* y de *lazo cerrado.* La distinción la determina la acción de control, que es la cantidad que activa el sistema para producir la salida.

Definición 1.5: Un sistema de control de **lazo abierto** es aquel en el cual la acción de control es independiente de la salida.

Definición 1.6: Un sistema de control de **lazo cerrado** es aquel en el cual la acción de control es en cierto modo dependiente de la salida.

Los sistemas de control de lazo abierto tienen dos rasgos sobresalientes:

1. La habilidad que éstos tienen para ejecutar una acción con exactitud está determinada por su calibración. **Calibrar** significa establecer o restablecer una relación entre la entrada y la salida con el fin de obtener del sistema la exactitud deseada.
2. Estos sistemas no tienen el problema de la *inestabilidad,* el cual es un concepto que se discutirá en detalle más adelante.

Los sistemas de control de lazo cerrado se llaman comúnmente sistemas de control por *retroalimentación,* y se consideran en más detalle a partir de la próxima sección.

Para clasificar un sistema de control como de lazo abierto o cerrado, se deben distinguir claramente los componentes del sistema de los componentes que interactúan con él pero que no forman parte del mismo. Por ejemplo, un operador humano puede o no, ser un componente del sistema.

Ejemplo 1.6.

Un *tostador automático* es un sistema de control de lazo abierto puesto que está controlado por un regulador de tiempo. El tiempo requerido para hacer "buenas tostadas" debe ser estipulado por el usuario quien no forma parte del sistema. El control sobre la calidad de la tostada (la salida) es interrumpido una vez que se haya fijado el tiempo, lo cual constituye tanto la entrada como la acción de control.

Ejemplo 1.7.

Un *mecanismo de piloto automático y el aeroplano que controla* forman un sistema de control de lazo cerrado (por retroalimentación). Su objetivo es mantener una dirección especificada del aeroplano, a pesar de los cambios atmosféricos. El sistema ejecuta su tarea midiendo continuamente la dirección instantánea del aeroplano y ajustando automáticamente las superficies de control del aeroplano (el timón, las aletas, etc.) de manera que coincida la dirección instantánea del aeroplano con la dirección especificada. El piloto u operador, quien fija con anterioridad el piloto automático no forma parte del sistema de control.

1.4 RETROALIMENTACION

La retroalimentación es esa característica de los sistemas de control de lazo cerrado que los distingue de los sistemas de lazo abierto. El estudio de los sistemas de control por retroalimentación es el objetivo principal de este libro.

Definición 1.7: **Retroalimentación** es esa propiedad de un sistema de lazo cerrado que permite que la salida (o cualquier otra variable controlada del sistema) sea comparada con la entrada al sistema (o con una entrada a cualquier componente interno del sistema o con un subsistema de éste) de tal manera que se pueda establecer la acción de control apropiada como función de la entrada y la salida.

Más generalmente, se dice que existe retroalimentación en un sistema cuando existe una secuencia cerrada de relaciones de causa y efecto entre las variables del sistema.

Esencialmente, cada sistema pasivo (aquel que no contiene fuentes de energía) se puede considerar como un sistema de retroalimentación. Nosotros consideraremos solamente esos sistemas de control de lazo cerrado en los cuales la existencia y propósito de retroalimentación se pueden identificar claramente.

Ejemplo 1.8.

El concepto de retroalimentación está claramente ilustrado en el mecanismo de piloto automático del ejemplo 1.7.

La entrada es la dirección especificada, la cual se puede fijar sobre un disco del tablero de control del aeroplano y la salida es la dirección instantánea determinada por los instrumentos de navegación automática. Un dispositivo de comparación explora continuamente la entrada y la salida. Cuando las dos coinciden no se requiere acción de control. Cuando existe una diferencia entre la entrada y la salida, el dispositivo de comparación suministra una señal de acción de control al controlador, o sea al mecanismo de piloto automático. El controlador suministra las señales apropiadas a las superficies de control del aeroplano, con el fin de reducir la diferencia entre la entrada y la salida.

La retroalimentación se puede efectuar por medio de una conexión eléctrica o mecánica que va desde los instrumentos de navegación que miden la dirección, hasta el dispositivo de comparación.

1.5 CARACTERISTICAS DE LA RETROALIMENTACION

Los rasgos más importantes que la presencia de retroalimentación imparte a un sistema son

1. Aumento de exactitud. Por ejemplo, la habilidad para reproducir la entrada fielmente.
2. Sensibilidad reducida de la razón de la salida a la entrada, a las variaciones en las características del sistema (capítulo 9).
3. Efectos reducidos de la no linealidad (capítulo 3) y de la distorsión.
4. Aumento del ancho de banda. El **ancho de banda** de un sistema es ese intervalo de frecuencias (de la entrada) por sobre el cual el sistema responde satisfactoriamente.
5. Tendencia a la oscilación o a la inestabilidad. Esta característica se considera en detalle en el capítulo 5.

1.6 EL PROBLEMA DE LA INGENIERIA DE LOS SISTEMAS DE CONTROL

La naturaleza de la ingeniería de los sistemas de control es la consideración de dos problemas: El *análisis* y el *diseño* del sistema deseado.

El **análisis** es la investigación de las propiedades de un sistema existente. El **diseño** es la escogencia y arreglo de los componentes del sistema de control para ejecutar una tarea específica.

Existen dos métodos de diseño:

Diseño por análisis.

Diseño por síntesis.

El **diseño por análisis** se lleva a cabo modificando las características de un sistema istente o de un modelo estándar del sistema y el **diseño por síntesis,** definiendo la forma l sistema directamente a partir de sus especificaciones. El primer método se emplea en las cciones de diseño de este libro.

.7 REPRESENTACION DEL PROBLEMA: EL MODELO

Con el fin de resolver un problema de sistemas, tanto las especificaciones o descripción e la configuración del sistema como sus componentes, se deben poner en una forma susceptible de ser sometida a análisis, diseño y evaluación.

Se usan extensamente tres representaciones básicas (modelos) de los componentes físicos y de los sistemas, en el estudio de los sistemas de control:

1. Ecuaciones diferenciales y otras relaciones matemáticas.
2. Diagramas en bloque.
3. Gráficas del flujo de señales.

Los **diagramas en bloque** y las **gráficas del flujo de señales** son acortamientos en forma de representaciones gráficas ya sea de diagramas esquemáticos de un sistema físico o del conjunto de ecuaciones matemáticas que caracterizan las partes del sistema. Los diagramas en bloque se consideran en detalle en los capítulos 2 y 7 y las gráficas del flujo de señales en el capítulo 8.

Los modelos matemáticos, en la forma de ecuaciones del sistema, se emplean cuando se requieren relaciones detalladas. Cada sistema de control se puede caracterizar teóricamente por ecuaciones matemáticas. La solución de estas ecuaciones representa el comportamiento del sistema. A menudo esta solución es difícil, si no imposible de encontrar. En estos casos se deben hacer ciertas suposiciones, conducentes a simplificación, en la descripción matemática. Para un gran número de sistemas de control estas aproximaciones y simplificaciones conducen a sistemas que se pueden describir por medio de ecuaciones diferenciales ordinarias lineales. Sin embargo, las técnicas para resolver estas ecuaciones se pueden hallar en muchos libros sobre matemáticas e ingeniería. Luego la mayor parte de este libro se limita a la consideración de sistemas de control que se pueden describir por medio de ecuaciones diferenciales ordinarias lineales. Para los lectores con un conocimiento de cálculo y de números complejos elementales, los capítulos 3 y 4 les suministran un estudio de las ecuaciones diferenciales ordinarias lineales y su solución. El tópico se presenta desde el punto de vista de su aplicación a los sistemas de retroalimentación y a la teoría de los sistemas modernos de control.

1.8 LA CIENCIA DE LOS SISTEMAS DE CONTROL

El mayor énfasis en la tecnología moderna del control es el desarrollo de modelos matemáticos para representar situaciones físicas. Los principios comunes a la matemática y a la física también se utilizan con el fin de entender las características de los sistemas de retroalimentación en la medida en que éstos se relacionan a la trasmisión o procesamiento de la cantidad abstracta, *información.* Luego la ingeniería de los sistemas de control abarca no solamente el campo completo de las ciencias de la ingeniería, sino también las ciencias biológicas y sociales.

Estos aspectos adicionales han creado tantos problemas nuevos que el análisis de sistemas y su diseño se ha convertido virtualmente en una ciencia.

Con el fin de obtener comunicación con el mayor número posible de lectores, el énfasis en este texto se hace en principios físicos y matemáticos los cuales constituyen el lenguaje de las ciencias. Al final de cada capítulo se encuentran problemas resueltos sobre aplicaciones específicas de estos principios, tomados principalmente de las ciencias biológicas y de la ingeniería.

Problemas resueltos

ENTRADA Y SALIDA

1.1. Identificar las cantidades que constituyen la entrada y la salida del espejo pivoteado y ajustable de la figura 1-2.

La entrada es el ángulo de inclinación del espejo, θ, el cual se varía ajustando el tornillo. La salida es la posición angular del haz reflejado $\theta + \alpha$ con respecto a la superficie de referencia.

1.2. Identificar una posible entrada y una posible salida para un generador rotacional de electricidad.

La entrada puede ser la velocidad de rotación del impulsor (v.gr. una turbina de gas), en revoluciones por minuto. Suponiendo que el generador no tiene cargas conectadas en sus terminales de salida, la salida puede ser el voltaje inducido que aparece en los terminales de salida.

Alternativamente, la entrada se puede expresar como el momento angular del eje del impulsor y la salida se puede expresar en unidades de potencia eléctrica (vatios) con una carga acoplada al generador.

1.3. Identificar la entrada y la salida para una lavadora automática.

La mayoría (aunque no todas) de las máquinas lavadoras funcionan de la siguiente manera. Después de que la ropa que se va a lavar se haya puesto en la máquina, se introducen en cantidades correspondientes, el jabón o detergente, el blanqueador y el agua. El ciclo del lavado y exprimido se fija luego en un regulador de tiempo y la lavadora se prende. Cuando el ciclo se ha terminado la lavadora se apaga automáticamente.

Si las cantidades correctas de detergente, blanqueador y agua y la temperatura apropiada del agua se determinan o especifican por el fabricante de la máquina o se introducen automáticamente, entonces la entrada es el tiempo (en minutos) que dura el lavado y exprimido. El regulador de tiempo es fijado generalmente por un operador humano.

La salida de la lavadora automática es más difícil de identificar. Definamos *limpio* como la ausencia de toda sustancia externa a las piezas que se van a lavar. Entonces podemos definir la salida como el porcentaje de limpieza. Por tanto, al comienzo de un ciclo la salida es menor que el 100 por ciento y al final de un ciclo, la salida es igual al 100 por ciento (generalmente no se obtiene ropa verdaderamente *limpia*).

En la mayoría de las máquinas que operan con monedas, el tiempo de un ciclo está fijado de antemano y la máquina comienza a funcionar cuando se introduce la moneda. En este caso, el porcentaje de limpieza se puede controlar variando la cantidad de detergente, blanqueador, agua y la temperatura de ésta. Podemos considerar todas estas cantidades como entradas.

Puede haber también otras combinaciones diferentes de entradas y salidas.

1.4. Identificar los componentes, la entrada y la salida y describir el funcionamiento del sistema de control biológico formado por un ser humano cogiendo un objeto.

Los componentes básicos de este sistema de control son el cerebro, el brazo y la mano y los ojos.

El cerebro envía la señal del sistema nervioso requerida hacia el brazo y la mano, con el fin de alcanzar el objeto. Esta señal se amplifica en los músculos del brazo y la mano los cuales sirven como impulsores en el sistema. Los ojos se usan como dispositivos de exploración y continuamente "retroalimentan" hacia el cerebro la información sobre la posición de la mano.

La salida del sistema es la posición de la mano. La entrada es la posición del objeto.

El objetivo del sistema de control es reducir la distancia entre la posición de la mano y la del objeto a cero. La figura 1-3 es un diagrama esquemático. La línea punteada y las flechas representan la dirección del flujo de información.

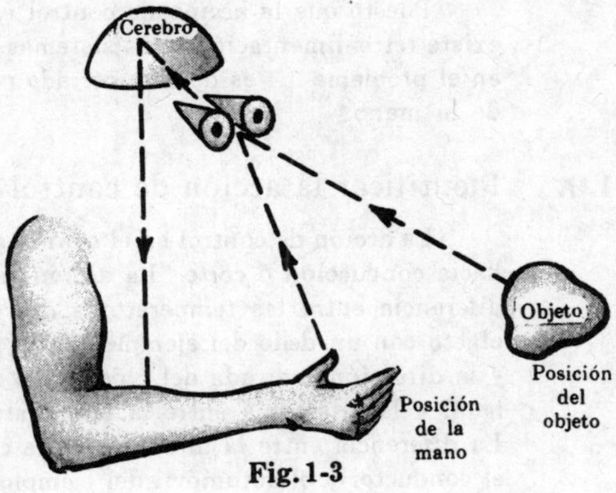

Fig. 1-3

SISTEMAS DE LAZO ABIERTO Y LAZO CERRADO

1.5. Explicar cómo podría funcionar una máquina lavadora de lazo cerrado.

Suponer que todas las cantidades descritas como entradas posibles en el problema 1.3, es decir, el tiempo de un ciclo, el volumen del agua, la temperatura del agua, la cantidad de detergente y la cantidad de blanqueador se pueden controlar por medio de dispositivos tales como válvulas y calentadores.

Una lavadora automática de lazo cerrado mediría continuamente o periódicamente el porcentaje de limpieza (salida) de las piezas que se están lavando, controlaría en efecto las cantidades de entrada, y se desconectaría automáticamente cuando se lograra una limpieza de 100 por ciento.

1.6. ¿Cómo se calibran los siguientes sistemas de lazo abierto: (*a*) lavadora automática, (*b*) tostador automático, (*c*) voltímetro?

(*a*) Las lavadoras automáticas se calibran considerando cualquier combinación de las siguientes cantidades de entrada: (1) cantidad de detergente, (2) cantidad de blanqueador, (3) cantidad de agua, (4) temperatura del agua, (5) tiempo de un ciclo.

En algunas lavadoras automáticas una o más de estas entradas la(s) determina el fabricante. Las cantidades restantes deben ser determinadas por el usuario y dependen de factores tales como grado de pureza del agua, tipo de detergente y tipo o resistencia del blanqueador. Una vez que se haya determinado esta calibración para un tipo específico de lavado (v.gr. ropa blanca toda, ropa muy sucia) no es necesario que se vuelva a determinar durante la duración de la máquina. Si la máquina se daña y se le añaden nuevos repuestos, probablemente es necesario volver a calibrar.

(*b*) Aunque el disco del regulador de tiempo para la mayoría de tostadores automáticos lo calibra el fabricante (v.gr. bajo, medio, alto) la cantidad de calor producido por el elemento calentador puede variar a través de un amplio intervalo. Además el rendimiento del elemento calentador se deteriora normalmente con el tiempo. Por tanto, el tiempo necesario para hacer una "buena tostada" lo debe determinar el usuario y se debe reajustar periódicamente. Al comienzo, la tostada sale muy pálida o muy quemada. Después de varios ensayos se obtiene el tiempo verdaderamente requerido para obtener una tostada de buena calidad.

(*c*) En general un voltímetro se calibra comparándolo con una fuente estándar de voltaje conocido y marcando apropiadamente la escala de lectura a intervalos especificados.

1.7. Identificar la acción de control en los sistemas de los problemas 1.1, 1.2 y 1.4.

Para el sistema de espejo del problema 1.1, la acción de control es igual a la entrada, es decir, el ángulo de inclinación del espejo, θ. Para el generador del problema 1.2, la acción de control es igual a la entrada o sea la velocidad de rotación o momento angular del eje del impulsor. La acción de control del sistema del ser humano que coge un objeto en el problema 1.4 es igual a la distancia entre la mano y la posición del objeto.

1.8. ¿Cuáles de los sistemas de control en los problemas 1.1, 1.2, y 1.4 son de lazo abierto? ¿Cuáles son de lazo cerrado?

Puesto que la acción de control es igual a la entrada en los sistemas de los problemas 1.1 y 1.2, no existe retroalimentación y los sistemas son de lazo abierto. El sistema del ser humano que coge un objeto en el problema 1.4 es de lazo cerrado porque la acción de control depende de la salida, que es la posición de la mano.

1.9. Identificar la acción de control de los ejemplos 1.1 a 1.5.

La acción de control en el conmutador eléctrico del ejemplo 1.1 es igual a la entrada, o sea el comando hacia conducción o corte. La acción de control en el sistema del calentador del ejemplo 1.2 es igual a la diferencia entre las temperaturas de referencia y la de la pieza. Para el sistema de indicación de un objeto con un dedo del ejemplo 1.3, la acción de control es igual a la diferencia entre la dirección actual y la dirección indicada del objeto. La acción de control en el sistema de traspiración del ejemplo 1.4, es igual a la diferencia entre la temperatura "normal" y la temperatura actual de la superficie de la piel. La diferencia entre la dirección de la carretera y la dirección del automóvil es la acción de control para el conductor y el automóvil del ejemplo 1.5.

1.10. ¿Cuáles de los sistemas de control en los ejemplos 1.1 a 1.5 son de lazo abierto? ¿Cuáles son de lazo cerrado?

El conmutador eléctrico del ejemplo 1.1 es de lazo abierto ya que la acción de control es igual a la entrada y por tanto independiente de la salida. En el resto de los ejemplos, 1.2 a 1.5 la acción de control es claramente una función de la salida. Luego estos son sistemas de lazo cerrado.

RETROALIMENTACION

1.11. Considerar la red de división de potencial de la figura 1-4. La salida es v_2 y la entrada es v_1.

(*a*) Escribir una ecuación para v_2 como una formación de v_1, R_1 y R_2. Es decir, escribir una ecuación para v_2 que describa un sistema de lazo abierto.

(*b*) Escribir la ecuación para v_2 en forma de lazo cerrado, es decir, v_2 como función de v_1, v_2, R_1 y R_2.

Este problema muestra cómo una red pasiva se puede caracterizar tanto como un sistema de lazo abierto, como uno de lazo cerrado.

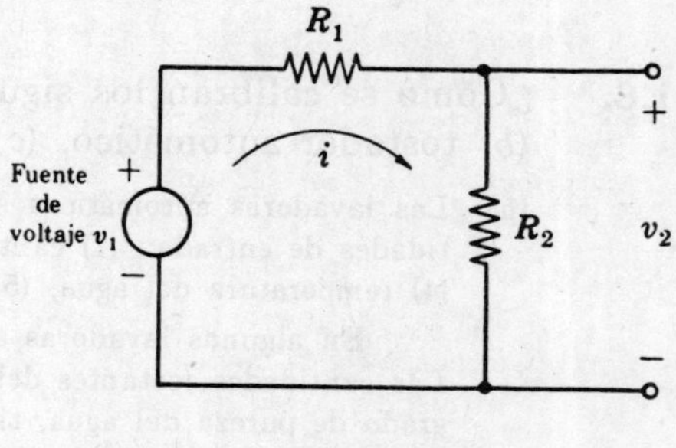

Fig. 1-4

(*a*) De acuerdo con las leyes de voltaje y corriente de Kirchhoff se tiene

$$v_2 = R_2 i, \qquad i = \frac{v_1}{R_1 + R_2}$$

Por tanto

$$v_2 = \left(\frac{R_2}{R_1 + R_2}\right) v_1 = f(v_1, R_1, R_2)$$

(*b*) Escribiendo la corriente i en una forma ligeramente diferente, se tiene $i = \dfrac{v_1 - v_2}{R_1}$. Luego

$$v_2 = R_2\left(\frac{v_1 - v_2}{R_1}\right) = \left(\frac{R_2}{R_1}\right) v_1 - \left(\frac{R_2}{R_1}\right) v_2 = f(v_1, v_2, R_1, R_2)$$

1.12. Explicar cómo el concepto económico clásico conocido como la ley de la oferta y la demanda se puede interpretar como un sistema de control por retroalimentación. Escoger el precio del mercado (precio de venta) de un artículo en particular como la salida del sistema y suponer que el objetivo del sistema es mantener la estabilidad en los precios.

La ley se puede establecer de la siguiente manera: La *demanda* del mercado por el artículo decrece a medida que su precio aumenta. La *oferta* del mercado generalmente aumenta cuando su precio aumenta. La ley de la oferta y la demanda dice que se logra un precio estable del mercado si la oferta es igual a la demanda.

La manera en que la oferta y la demanda regulan el precio se puede describir con los conceptos del control por retroalimentación. Escogemos los siguientes cuatro elementos básicos para nuestro sistema: El que ofrece, el que demanda, el que fija precios y el mercado donde el artículo se compra y vende. Estos elementos generalmente representan procesos muy complicados.

La entrada en nuestro sistema económico es la estabilidad de los precios. Una manera más conveniente de describir esta entrada es por *fluctuación de cero en el precio.* La salida es el precio actual en el mercado.

El sistema funciona como sigue: El que fija el precio recibe una orden (cero) para estabilidad del precio. Este calcula un precio para la transacción con la ayuda de la información en su memoria o registros de transacciones pasadas. Este precio obliga al que ofrece a producir u ofrecer cierto número de artículos y al que demanda, a pedir un número de artículos. La diferencia entre la oferta y la demanda es la acción de control para este sistema. Si la acción de control no es cero, es decir, si la oferta no es igual a la demanda, el que fija el precio inicia un cambio en el precio del mercado en tal dirección que haga que la oferta iguale la demanda. Luego tanto el que ofrece como el que demanda se pueden considerar como la retroalimentación ya que ellos determinan la acción de control.

PROBLEMAS VARIOS

1.13. (*a*) Explicar el funcionamiento de las señales ordinarias del tráfico que controlan los automóviles en la intersección de varias calles. (*b*) ¿Por qué son estos sistemas de control de lazo abierto? (*c*) ¿Cómo se puede controlar el tráfico en forma más eficiente? (*d*) ¿Por qué es el sistema en (*c*) de lazo cerrado?

(*a*) Las señales de tráfico controlan el tráfico por medio de una señal roja en una dirección (v.gr. norte a sur) que significa parada y luego una señal verde que indica que se puede pasar. Cuando una de las direcciones tiene la señal verde, el tráfico que cruza en la otra dirección (este a oeste) tiene la señal roja. Los intervalos entre las luces roja y verde están determinados por un mecanismo de control de tiempo previamente calibrado.

(*b*) Todos los sistemas de control que funcionan según mecanismos de control de tiempo que se fijan con anterioridad son de lazo abierto. La acción de control es igual a la entrada que son los tiempos de las señales roja y verde.

(*c*) Además de prevenir choques, otra función de las señales de tráfico consiste, en general, en controlar el *volumen* de tráfico. En el sistema de lazo abierto descrito antes, el volumen del tráfico no tiene influencia sobre los intervalos de tiempo, para las señales roja y verde que se han fijado anteriormente. Con el fin de normalizar el flujo de tráfico, el intervalo de tiempo de la luz verde se debe hacer mayor que el de la luz roja en la dirección que lleva el mayor volumen de tráfico. A menudo esta tarea la ejecuta un policía de tránsito.

El sistema ideal mediría el volumen de tráfico en todas direcciones, compararía los volúmenes en las diferentes direcciones y usaría el resultado de la comparación para controlar los intervalos de tiempo de las dos señales verde y roja.

(*d*) El sistema de (*c*) es de lazo cerrado debido a que la acción de control (la diferencia entre el volumen de tráfico en cada dirección) es una función de la salida (el volumen de tráfico que pasa después de la intersección en cada dirección).

1.14. (*a*) Describir los componentes y variables de los aparatos del control biológico involucrados al caminar en una dirección prescrita. (*b*) ¿Por qué el caminar constituye una operación de lazo cerrado? (*c*) ¿Bajo qué condiciones los aparatos del sistema involucrado al caminar vendrían a constituir un sistema de lazo abierto?

(*a*) Los principales componentes que intervienen al caminar son el cerebro, los ojos, las piernas y los pies. La entrada se puede escoger como la dirección escogida para caminar y la salida la dirección real en la cual se camina. La acción de control la determinan los ojos, quienes detectan la diferencia entre la entrada y la salida y envían esta información al cerebro. El cerebro comanda las piernas y los pies para que caminen en la dirección prescrita.

(*b*) El caminar constituye una operación de lazo cerrado puesto que la acción de control es una función de la salida.

(*c*) Si los ojos se cierran, se rompe el lazo de retroalimentación y el sistema viene a ser uno de lazo abierto.

1.15. Idear un sistema de control para llenar un recipiente con agua después de que haya sido vaciado por medio de un grifo en la base. El sistema debe cortar el agua automáticamente cuando el recipiente se llene.

El diagrama esquemático simplificado de la figura 1-5 ilustra el principio del sistema que llena el recipiente con agua.

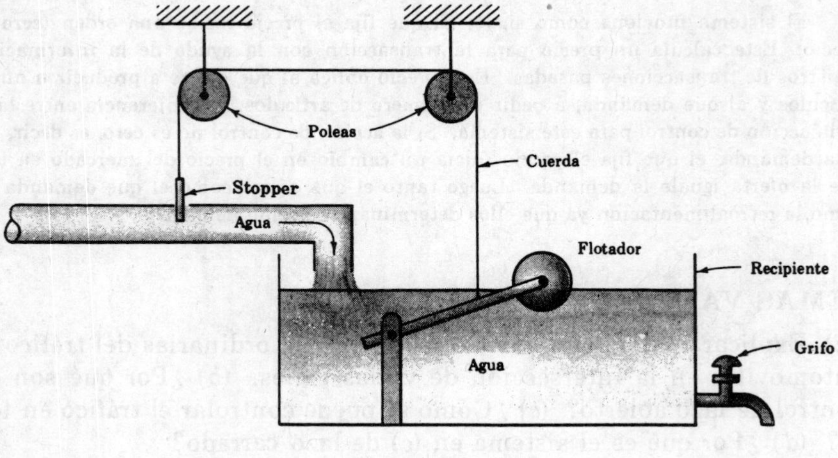

Fig. 1-5

El flotador flota sobre el agua. A medida que el flotador se acerca a la parte superior del recipiente, el tapón disminuye la corriente de agua. Cuando el recipiente se llena el tapón corta completamente el suministro de agua.

1.16. Idear un simple sistema de control que automáticamente encienda la bombilla de un cuarto al anochecer y la apague al amanecer. Mostrar un esquema del sistema.

Un sistema simple que ejecuta esta tarea se muestra en el diagrama esquemático de la figura 1-6.

Al anochecer, la fotocelda que funciona como un conmutador sensible a la luz, cierra el circuito de la bombilla alumbrando así el cuarto. La bombilla permanece encendida hasta que aparece la luz del día, momento en el cual la fotocelda detecta la luz exterior y abre el circuito de la bombilla.

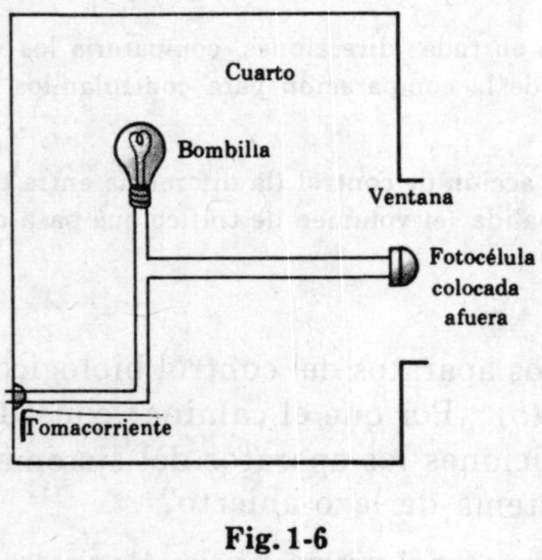

Fig. 1-6

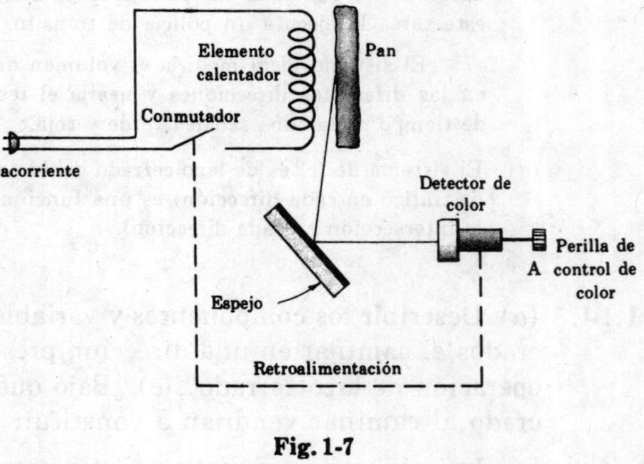

Fig. 1-7

1.17. Idear un tostador automático de lazo cerrado.

Suponer que cada elemento calentador suministra la misma cantidad de calor a ambos lados del pan y que la calidad de la tostada se puede determinar por su color. El diagrama esquemático simplificado de una forma posible de aplicar el principio de la retroalimentación a un tostador, se muestra en la figura 1-17. Sólo se ilustra un lado del tostador.

El tostador se calibra inicialmente para obtener la calidad deseada en la tostada por medio de una perilla de ajuste del color. Esta calibración no se debe reajustar de nuevo a no ser que cambie el criterio sobre la calidad de la tostada. Cuando se cierra el conmutador el pan se tuesta hasta que el detector de color "observa" el color deseado. Entonces el conmutador se abre automáticamente por medio de un enlace de retroalimentación el cual puede ser eléctrico o mecánico.

Problemas propuestos

1.18. Identificar la entrada y la salida para un horno eléctrico de regulación automática de temperatura.

1.19. Identificar la entrada y la salida para un refrigerador automático.

1.20. Identificar una entrada y una salida para una greca. ¿Es este sistema de lazo abierto o de lazo cerrado?

1.21. Idear un sistema de control para subir y bajar automáticamente un puente ascendente que permita el paso a barcos. No se permite un operador continuamente. El sistema debe funcionar completamente en forma automática.

1.22. Explicar la operación e identificar las cantidades y componentes pertinentes de un cañón antiaéreo controlado automáticamente por radar. Suponer que no se requiere operador sino inicialmente para poner el sistema en funcionamiento.

1.23. ¿Se puede considerar a la red de la figura 1-8 como un sistema de control por retroalimentación?

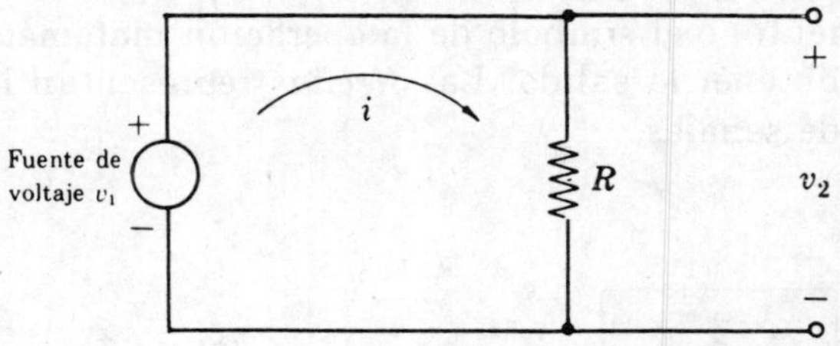

Fig. 1-8

1.24. Idear un sistema de control para manejar el timón de un buque desde un cuarto de control alejado del timón. El objetivo del sistema de control es dirigir el buque en una dirección deseada.

1.25. ¿Qué entradas además del comando de una dirección deseada se supondrían que actúan sobre el sistema del problema 1.24?

1.26. ¿La aplicación del "laissez faire capitalism" a un sistema económico puede ser interpretada como un sistema de control por retroalimentación? ¿Por qué?

1.27. ¿La operación de la bolsa, como la bolsa de Nueva York, cumple con los requisitos del modelo de la ley de la oferta y la demanda descrito en el problema 1.12? ¿Cómo?

1.28. ¿El sistema económico socialista cumple con los requisitos del modelo de la ley de la oferta y la demanda descrito en el problema 1.12? ¿Por qué? (o, ¿por qué no?).

RESPUESTAS A LOS PROBLEMAS PROPUESTOS

1.18. La entrada es la temperatura de referencia. La salida es la temperatura actual del horno.

1.19. La entrada es la temperatura de referencia. La salida es la temperatura actual del refrigerador.

1.20. Una entrada posible de la greca es la cantidad de café utilizado. Además, la mayoría de las grecas tienen un disco donde se puede fijar la calidad del café como débil, medio o fuerte. Esta posición generalmente regula un mecanismo de control de tiempo. El tiempo de cocción es por tanto otra posible entrada. La salida de cualquier greca se puede considerar como la concentración del café. Las grecas descritas anteriormente son de lazo abierto.

Capítulo 2

Terminología de los sistemas de control

2.1 DIAGRAMAS EN BLOQUE: FUNDAMENTOS

Un **diagrama en bloque** es una representación visual simplificada de la relación de causa y efecto que existe entre la entrada y la salida de un sistema físico. El diagrama suministra un método útil y conveniente para caracterizar las relaciones funcionales entre los diferentes componentes de un sistema de control. Los *componentes* del sistema se conocen alternativamente con el nombre de *elementos* del sistema. La forma más sencilla del diagrama en bloque es el *bloque* simple que lleva una entrada y una salida:

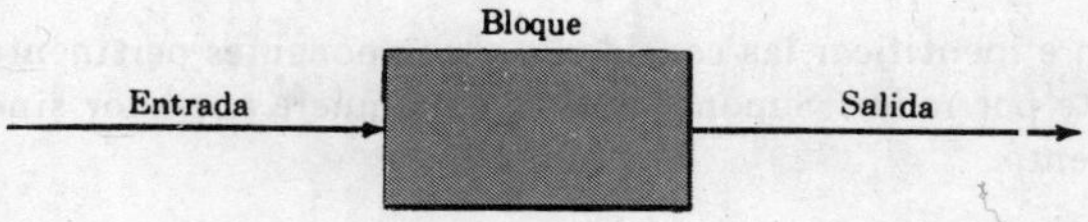

El interior del rectángulo que representa al bloque generalmente contiene la descripción o el nombre del elemento, o el símbolo de la operación matemática que se ejecuta sobre la entrada, con el fin de obtener la salida. Las *flechas* representan la dirección de la información unilateral o el flujo de señales.

Ejemplo 2.1.

Las operaciones de adición y sustracción tienen una representación especial. El bloque se cambia por un pequeño círculo, llamado **punto de suma** con el signo apropiado, más o menos, acompañando las flechas que llegan al círculo. La salida es la suma algebraica de las entradas. Cualquier número de entradas se puede aplicar al punto de suma.

Ejemplo 2.2.

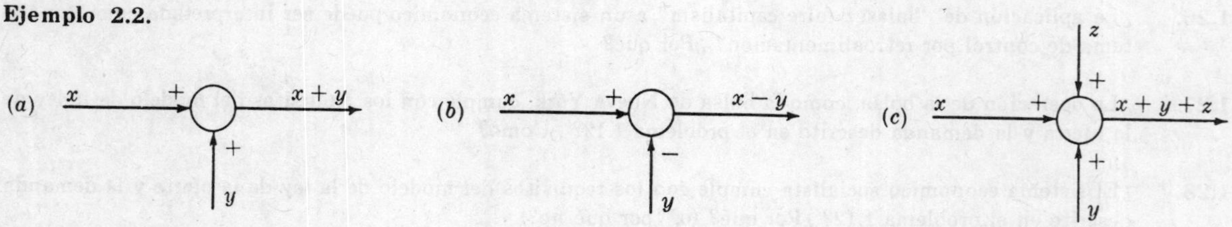

Algunos autores ponen una cruz en el círculo:

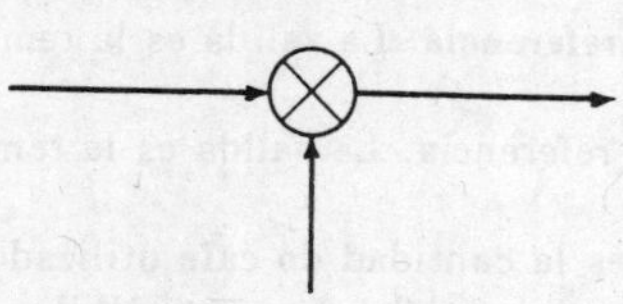

Esta notación se evita en este texto porque a veces puede haber confusión con la operación de multiplicación.

Con el fin de emplear la misma señal o variable como entrada a más de un bloque o punto de suma, se usa un **punto de reparto**. Esto permite que la señal prosiga sin alteración a lo largo de diferentes trayectorias hacia varios destinos.

Ejemplo 2.3.

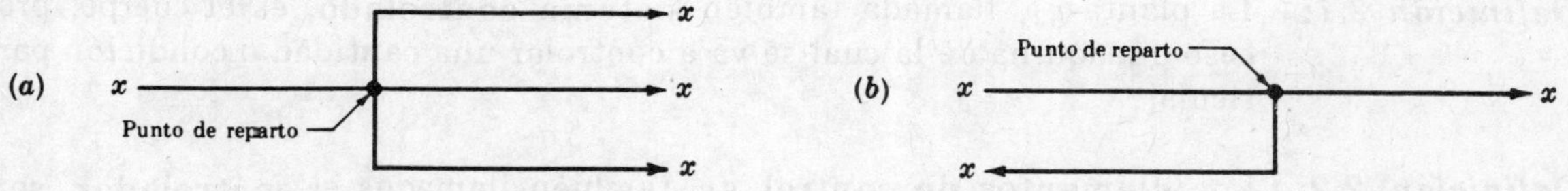

2.2 DIAGRAMA EN BLOQUE DE UN SISTEMA DE CONTROL POR RETROALIMENTACION

Los bloques que representan los diferentes componentes de un sistema de control están conectados de tal manera que caracterizan su relación funcional dentro del sistema. La configuración básica de un sistema de control simple, de lazo cerrado (por retroalimentación), se ilustra en el diagrama en bloque de la figura 2-1. Se debe anotar que las flechas del lazo cerrado que interconectan los bloques, representan la dirección del flujo de la energía de *control* o información y no la fuente principal de energía para el sistema. Por ejemplo, la mayor fuente de energía para el horno controlado termostáticamente en el ejemplo 1.2, puede ser una energía química obtenida quemando combustible a base de petróleo o carbón. Pero esta fuente de energía no aparece en el lazo cerrado del control del sistema.

El sistema de control por retroalimentación se muestra en la figura 2-1 en su forma general.

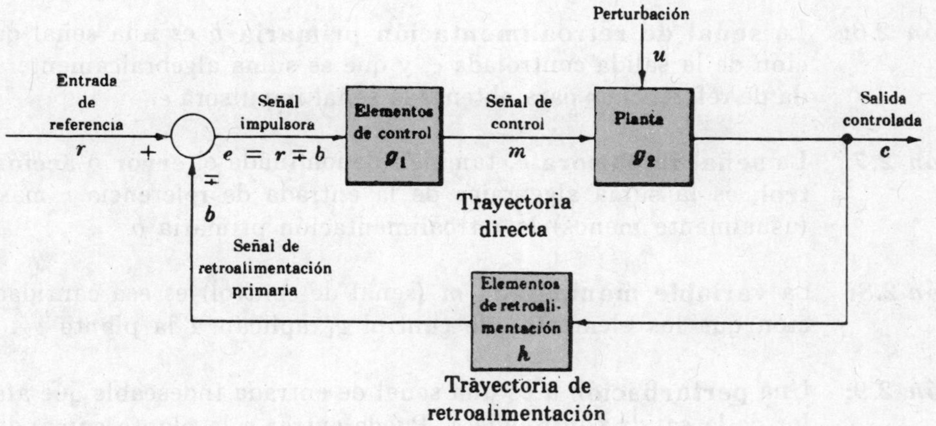

Fig. 2-1

2.3 TERMINOLOGIA DEL DIAGRAMA EN BLOQUE PARA LAZO CERRADO

Es importante que los términos que se usan en el diagrama en bloque para lazo cerrado se entiendan claramente y se recuerden.

Para representar las variables de entrada y de salida de cada elemento se usan letras minúsculas tal como para los símbolos de los bloques g_1, g_2 y h. Estas cantidades representan funciones de tiempo, a no ser que se especifique lo contrario.

Ejemplo 2.4. $r = r(t)$

Las letras mayúsculas representan trasformadas de Laplace de cantidades que son funciones de la variable compleja s, o trasformadas de Fourier de cantidades (funciones de frecuencia) que son funciones de la variable imaginaria pura $j\omega$. Las funciones de s generalmente se abrevian con una letra mayúscula que aparece sola. Las funciones de frecuencia nunca se abrevian.

Ejemplo 2.5. $R(s)$ se abrevia como R. $R(j\omega)$ nunca se abrevia.

Las letras r, c, m, etc., se escogieron para preservar la naturaleza genérica del diagrama en bloque.

Definición 2.1: La planta g_2, llamada también **sistema controlado**, es el cuerpo, proceso o máquina de la cual se va a controlar una cantidad o condición particular.

Definición 2.2: Los **elementos de control** g_1, también llamados el **controlador**, son los componentes requeridos para generar la señal de control apropiada m que se aplica a la planta.

Definición 2.3: Los **elementos de retroalimentación** h son los componentes que se requieren para establecer la relación funcional entre la señal de retroalimentación primaria b y la salida controlada c.

Definición 2.4: La **entrada de referencia** r es una señal externa aplicada a un sistema de control por retroalimentación con el fin de ordenar a la planta una acción especificada. A menudo representa un comportamiento ideal de la salida de la planta.

Definición 2.5: La **salida controlada** c es esa cantidad o condición de la planta que se controla.

Definición 2.6: La **señal de retroalimentación primaria** b es una señal que es función de la salida controlada c, y que se suma algebraicamente a la entrada de referencia r para obtener la señal impulsora e.

Definición 2.7: La **señal impulsora** e, también denominada el **error** o **acción de control**, es la suma algebraica de la entrada de referencia r más o menos (usualmente menos) la retroalimentación primaria b.

Definición 2.8: La **variable manipulada** m (señal de control) es esa cantidad o condición que los elementos de control g_1 aplican a la planta g_2.

Definición 2.9: Una **perturbación** u es una señal de entrada indeseable que afecta el valor de la salida controlada c. Puede entrar a la planta sumándose con m o a través de un punto intermedio, como se muestra en el diagrama en bloque de la figura 2-1.

Definición 2.10: La **trayectoria directa** es la vía de trasmisión desde la señal impulsora e hasta la salida controlada c.

Definición 2.11: La **trayectoria de retroalimentación**, es la vía de trasmisión desde la salida controlada c hasta la señal de retroalimentación primaria b.

2.4 TERMINOLOGIA SUPLEMENTARIA

Algunos otros términos se deben definir e ilustrar ahora. Aun otros, se introducirán en capítulos posteriores a medida que sea necesario.

Definición 2.12: Un **trasductor** es un dispositivo que convierte una forma de energía en otra.

Por ejemplo, uno de los trasductores más comunes en las aplicaciones de los sistemas de control es el *potenciómetro,* que convierte una posición mecánica en voltaje.

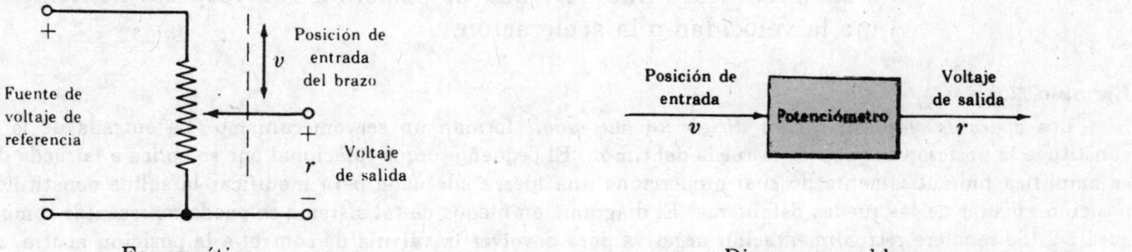

Esquemático Diagrama en bloque

Definición 2.13: La **orden** v es una señal de entrada, generalmente igual a la entrada de referencia r. Pero cuando la forma de energía de la orden v no es la misma que para la retroalimentación primaria b, se requiere un trasductor entre la orden v y la entrada de referencia r como se muestra en la figura (a).

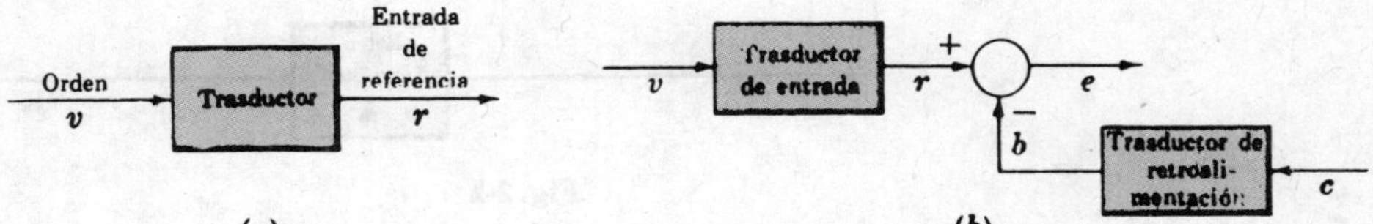

(a) (b)

Definición 2.14: Cuando el elemento de retroalimentación está formado por un trasductor y se requiere otro a la entrada, la parte del sistema de control que se ilustra en la figura (b), se llama **detector de error**.

Definición 2.15: En la **retroalimentación negativa** el punto de suma es un sustractor, luego

$$e = r - b$$

Definición 2.16: En la **retroalimentación positiva** el punto de suma es un sumador, luego

$$e = r + b$$

Definición 2.17: Un **estímulo** es una señal de entrada que se introduce externamente y que afecta la salida controlada c.

Por ejemplo, la entrada de referencia r y una perturbación u son estímulos.

Definición 2.18: La **respuesta de tiempo** de un sistema o elemento es la salida como función de tiempo, siguiendo la aplicación de una entrada prescrita con condiciones de funcionamiento especificadas.

2.5 SERVOMECANISMOS

El sistema de control por retroalimentación especial llamado *servomecanismo* merece una atención especial debido a su popularidad en aplicaciones industriales y en la literatura técnica sobre sistemas de control.

Definición 2.19: Un **servomecanismo** es un sistema de control por retroalimentación con amplificación de potencia en el cual la variable controlada c es una posición mecánica o una derivada de posición, con respecto al tiempo tal como la velocidad o la aceleración.

Ejemplo 2.6.

Los *aparatos empleados para dirigir un automóvil* forman un servomecanismo. La entrada de la orden la constituye la posición angular de la rueda del timón. El pequeño torque rotacional que se aplica a la rueda del timón se amplifica hidráulicamente, lo cual proporciona una fuerza adecuada para modificar la salida constituida por la posición angular de las ruedas delanteras. El diagrama en bloque de tal sistema se puede representar como en la figura 2-2. Se requiere retroalimentación negativa para devolver la válvula de control a la posición neutra, reduciendo el torque del amplificador hidráulico a cero cuando se ha alcanzado la posición deseada de la rueda.

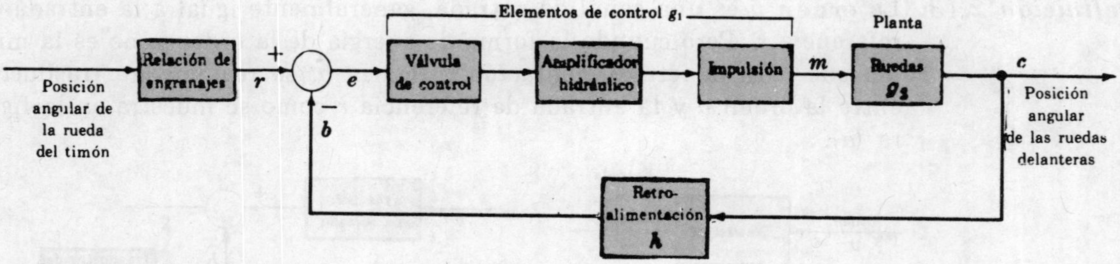

Fig. 2-2

2.6 REGULADORES

Definición 2.20: Un **regulador** o **sistema regulador** es un sistema de control por retroalimentación en el cual la entrada de referencia u orden es constante para largos períodos de tiempo, a menudo para el intervalo de tiempo completo, durante el cual el sistema está en operación.

Un regulador se diferencia de un servomecanismo en que la función primordial de un regulador es generalmente mantener constante una salida que es controlada, mientras que la función de un servomecanismo consiste muy a menudo en hacer que la salida del sistema siga una entrada variante.

Problemas resueltos

DIAGRAMAS EN BLOQUE

2.1. Considerar las siguientes ecuaciones en las cuales $x_1, x_2, \ldots, x_n$ son variables y $a_1, a_2, \ldots, a_n$ son coeficientes generales u operadores matemáticos:

$$(a) \quad x_3 = a_1x_1 + a_2x_2 - 5$$

$$(b) \quad x_n = a_1x_1 + a_2x_2 + \cdots + a_{n-1}x_{n-1}$$

Hacer un diagrama en bloque para cada ecuación, identificando todos los bloques, entradas y salidas.

(*a*) En la forma en que la ecuación está escrita, x_3 representa la salida. Los términos en el lado de la derecha de la ecuación se combinan en el punto de suma como se muestra en la figura 2-3.

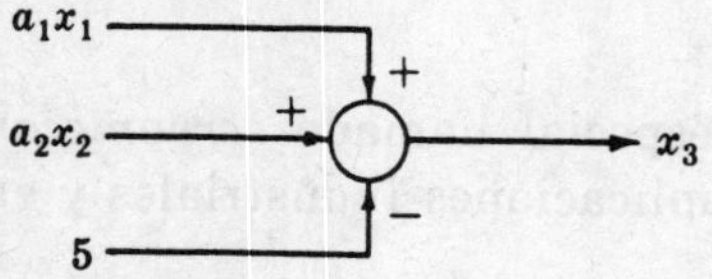

Fig. 2-3

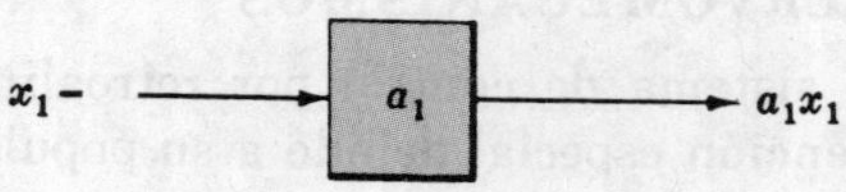

Fig. 2-4

El término $a_1 x_1$ está representado por un solo bloque con x_1 como la entrada y $a_1 x_1$ como la salida. Por tanto el coeficiente a_1 se coloca dentro del bloque como se muestra en la figura 2-4. a_1 puede representar cualquier operación matemática. Por ejemplo, si a_1 fuera una constante, la operación del bloque sería "multiplicar la entrada x_1 por la constante a_1". Generalmente se aclara a partir de la descripción o contexto de un problema, lo que se quiere significar con el símbolo, operador o descripción dentro del bloque.

El término $a_2 x_2$ se representa de la misma manera.

El diagrama en bloque de toda la ecuación es por tanto como se muestra en la figura 2-5.

(*b*) Siguiendo el mismo razonamiento que en la parte (*a*) el diagrama en bloque para

$$x_n = a_1x_1 + a_2x_2 + \cdots + a_{n-1}x_{n-1}$$

se muestra en la figura 2-6.

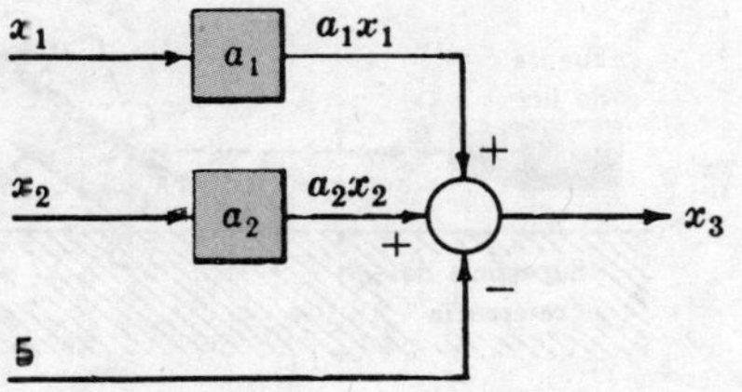

Fig. 2-5

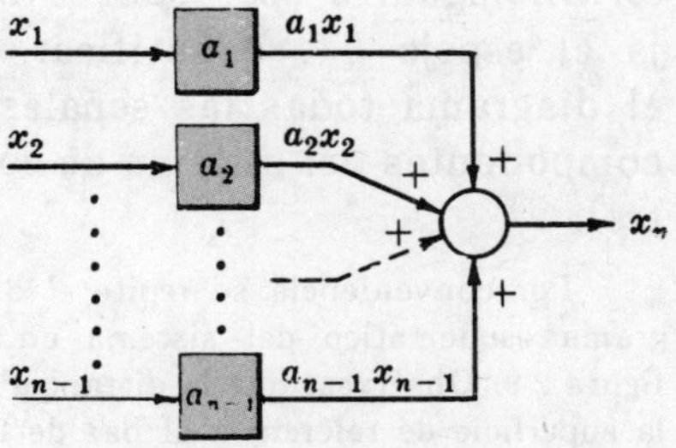

Fig. 2-6

2.2. Hacer diagramas en bloque para cada una de las siguientes ecuaciones:

(*a*) $x_2 = a_1\left(\dfrac{dx_1}{dt}\right)$, (*b*) $x_3 = \dfrac{d^2x_2}{dt^2} + \dfrac{dx_1}{dt} - x_1$, (*c*) $x_4 = \int x_3\, dt$

(*a*) Hay dos operaciones especificadas por esta ecuación, a_1 y la diferenciación d/dt. Por tanto el diagrama en bloque contiene dos bloques como se muestra en la figura 2-7.

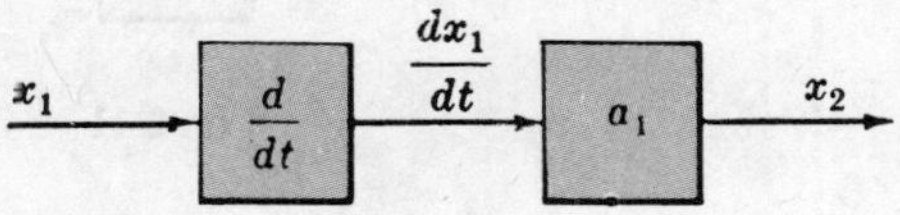

Fig. 2-7

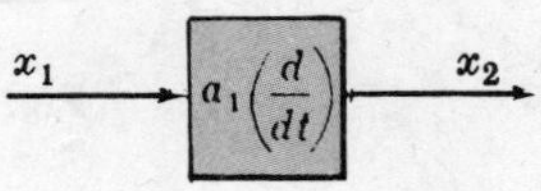

Fig. 2-8

Si a_1 es una constante, el bloque a_1 se puede combinar con el bloque d/dt ya que no hay lugar a confusión según se muestra en la figura 2-8. Obsérvese que si a_1 fuera un operador desconocido, el intercambio de los bloques d/dt y a_1 no daría necesariamente una salida igual a x_2:

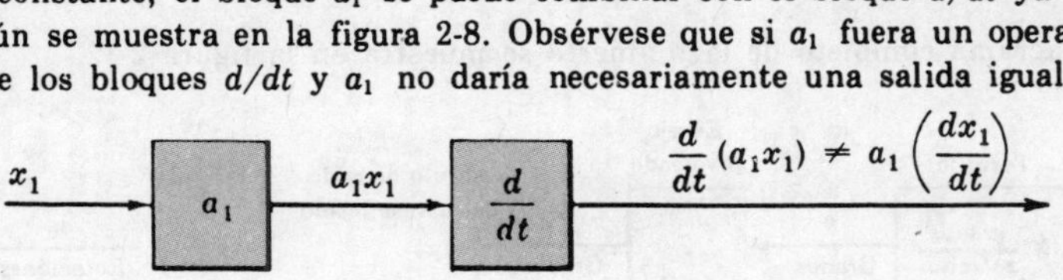

(*b*) Por medio del mismo razonamiento seguido en la parte (*a*), encontramos que hay dos diagramas en bloque posibles para la ecuación x_3:

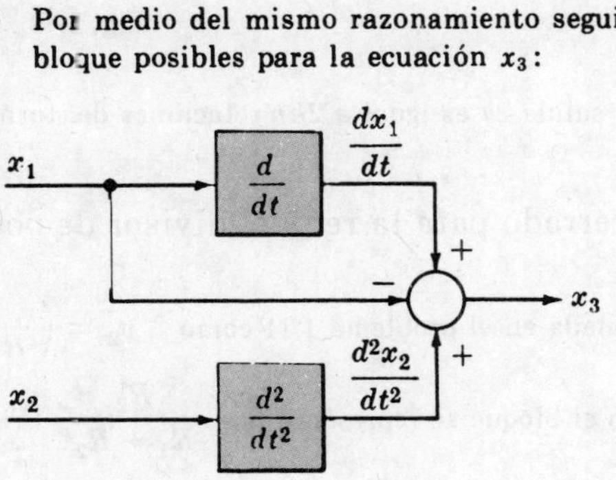

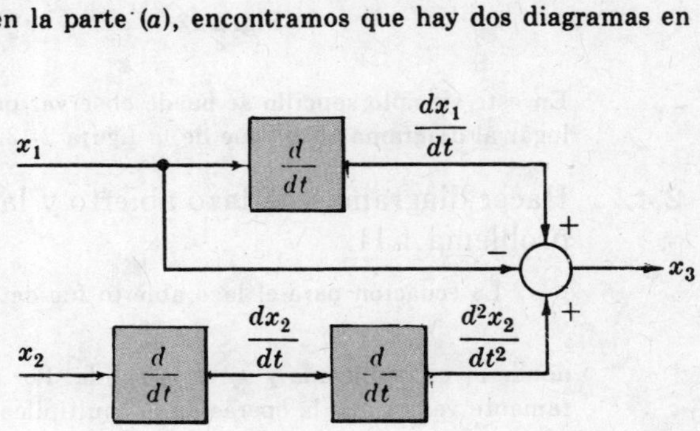

(c) La operación de integración se puede representar en forma de diagrama en bloque como

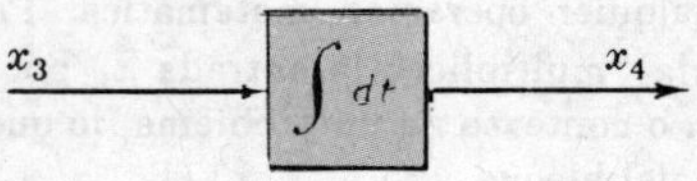

2.3. Hacer un diagrama en bloque del mecanismo formado por el espejo pivoteado de la sección 1.1, página 1, identificando la salida como en el problema 1.1. Suponer que cada rotación del tornillo igual a 360° sube o baja el espejo $k°$. Identificar en el diagrama todas las señales y componentes del sistema de control.

Por conveniencia se repite el diagrama esquemático del sistema en la figura 2-9. Obsérvese que la distancia de la superficie de referencia al haz de luz es igual al espesor t del espejo.

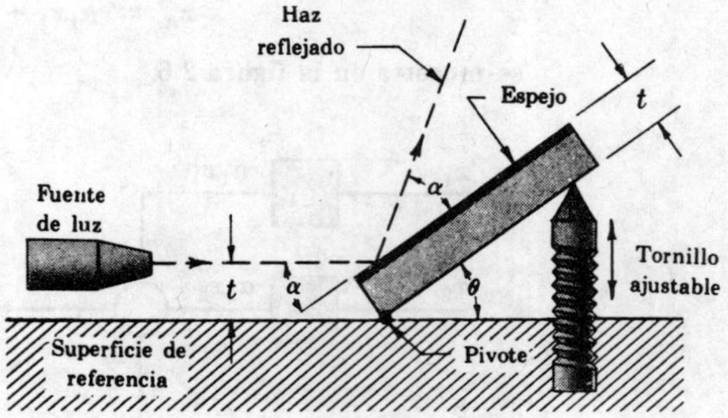

Fig. 2-9

Mientras que en el problema 1.1 se ha tomado la entrada como θ, las especificaciones de este problema implican que la entrada es igual al número de rotaciones del tornillo. Sea n igual al número de rotaciones del tornillo de tal manera que $n = 0$ cuando $\theta = 0°$. Por consiguiente n y θ se pueden relacionar por medio de un bloque descrito por la constante k ya que $\theta = kn$ como se muestra en la figura 2-10.

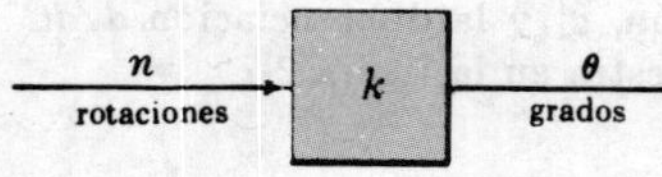

Fig. 2-10

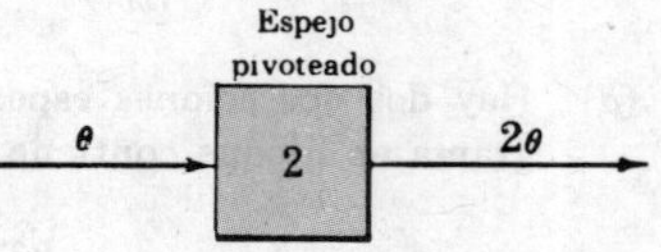

Fig. 2-11

La salida del sistema se determinó en el problema 1.1 como $\theta + \alpha$. Como la fuente de luz dirige el haz paralelamente a la superficie de referencia, entonces $\alpha = \theta$. Por tanto la salida es igual a 2θ y el espejo se puede representar por una constante igual a 2 que se coloca dentro de un bloque como se muestra en la figura 2-11.

El diagrama completo de lazo abierto se muestra en la figura 2-12.

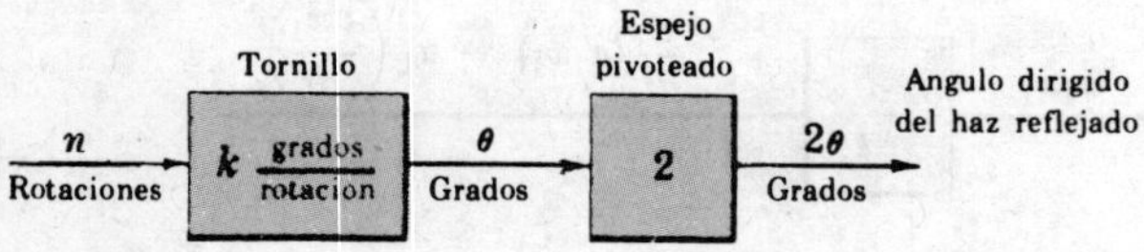

Fig. 2-12

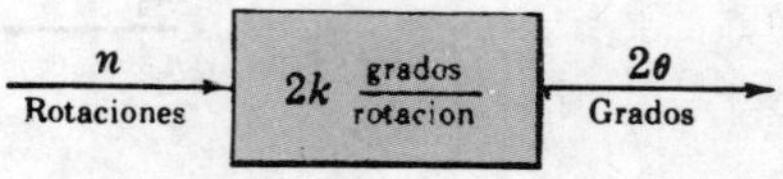

Fig. 2-13

En este ejemplo sencillo se puede observar que la salida 2θ es igual a $2kn$ rotaciones del tornillo. Esto da lugar al diagrama en bloque de la figura 2-13.

2.4. Hacer diagramas de lazo abierto y lazo cerrado para la red del divisor de potencial del problema 1.11.

La ecuación para el lazo abierto fue determinada en el problema 1.11 como $v_2 = \left(\dfrac{R_2}{R_1 + R_2}\right) v_1$, donde v_1 es la entrada y v_2 es la salida. Por tanto el bloque se representa por $\dfrac{R_2}{R_1 + R_2}$, (Fig. 2-14); claramente vemos que la operación es multiplicación.

La ecuación para el lazo cerrado es $v_2 = \left(\frac{R_2}{R_1}\right) v_1 - \left(\frac{R_2}{R_1}\right) v_2$. La señal impulsora es $v_1 - v_2$. El diagrama en bloque para el lazo cerrado de retroalimentación negativa se construye fácilmente con el solo bloque representado por $\frac{R_2}{R_1}$ como se muestra en la figura 2-15.

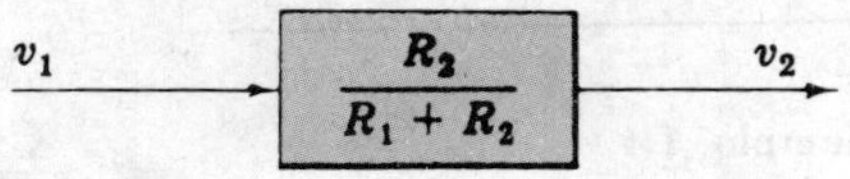

Fig. 2-14

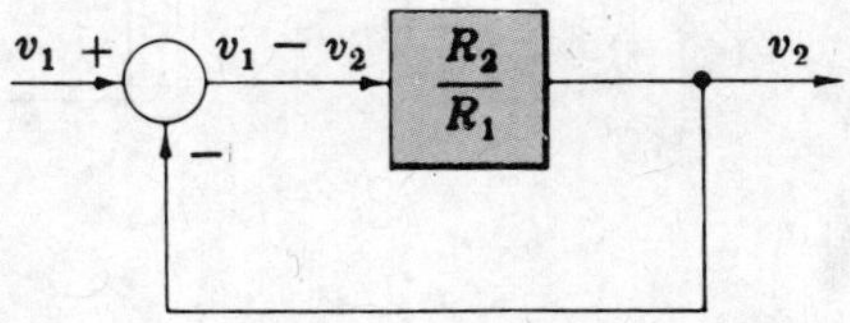

Fig. 2-15

2.5. Hacer un diagrama en bloque para el conmutador eléctrico del ejemplo 1.1. (Véanse los problemas 1.9 y 1.10.)

La entrada y la salida son variables binarias o de dos estados. El conmutador se representa por un bloque y la fuente de potencia eléctrica que el conmutador controla no forma parte del sistema de control. El diagrama en bloque del lazo abierto se puede dar por

2.6. Hacer diagramas en bloque simples para los sistemas de control de los ejemplos 1.2 a 1.5.

Según el problema 1.10, se observa que estos sistemas son de lazo cerrado y según el problema 1.9 se observa que la señal impulsora (acción de control) para el sistema de cada ejemplo es igual a la entrada menos la salida. Por tanto hay retroalimentación negativa en cada sistema.

Para el calentador controlado termostáticamente del ejemplo 1.2, el termostato se puede escoger como punto de suma, ya que este es el dispositivo que determina si el horno se debe o no prender.

Los ojos se pueden representar por un punto de suma en el sistema de indicación de un objeto del ejemplo 1.3 y en el sistema del hombre que maneja el automóvil del ejemplo 1.5. Los ojos ejecutan la función de explorar la entrada y la salida.

En el sistema de traspiración del ejemplo 1.4, el punto de suma no está claramente definido. Con el fin de lograr claridad llamémoslo el sistema nervioso.

Los diagramas en bloque se construyen fácilmente a partir de la información dada, de la lista de componentes y de las entradas y salidas dadas en los ejemplos, como se muestra a continuación.

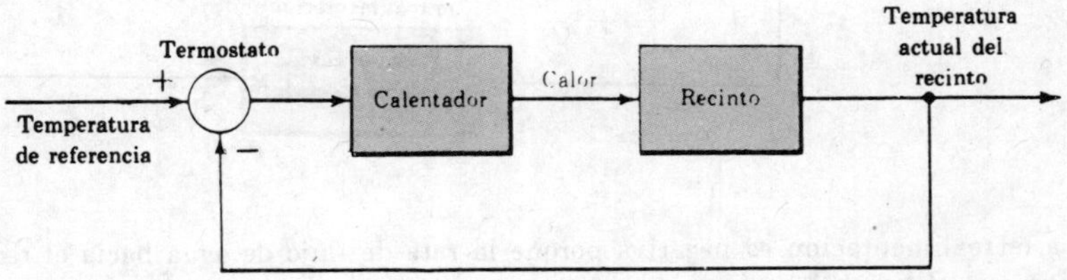

Ejemplo 1.2

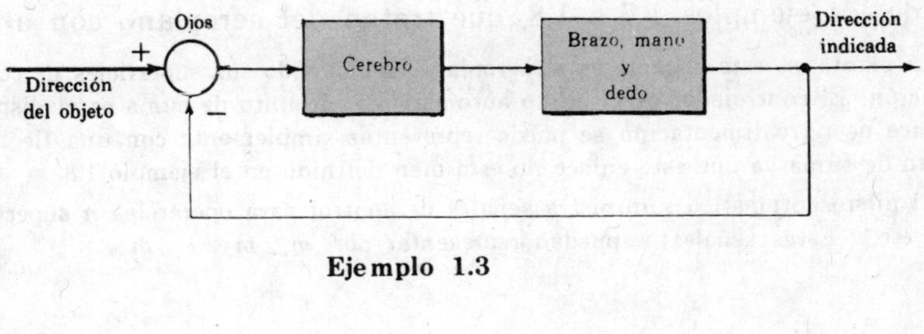

Ejemplo 1.3

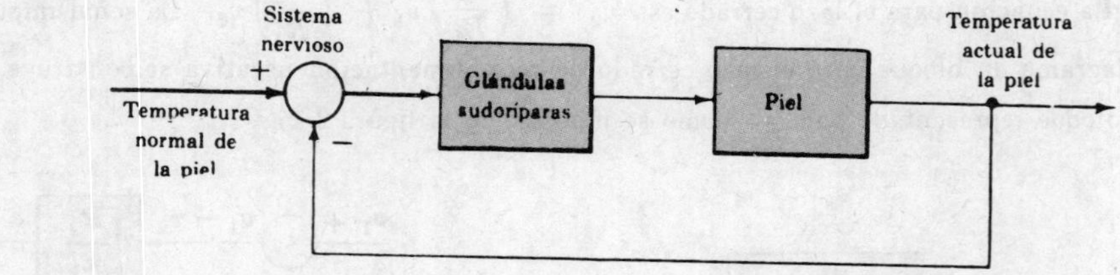

Ejemplo 1.4

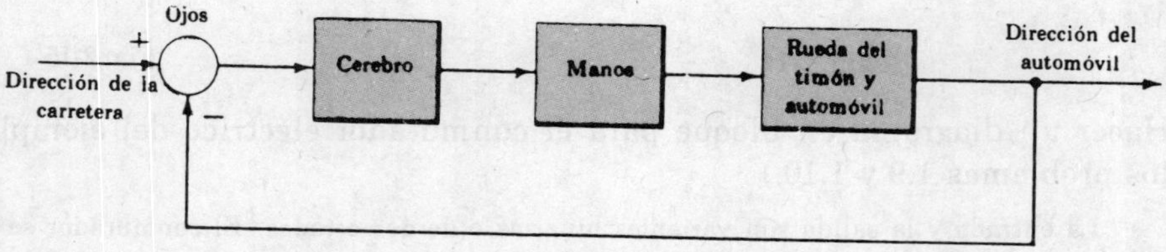

Ejemplo 1.5

Las flechas que van de un componente a otro para los diagramas en bloque de los sistemas biológicos en los ejemplos 1.3 a 1.5, pueden representar señales eléctricas, químicas o mecánicas controladas por el sistema nervioso central.

DIAGRAMAS EN BLOQUE DE SISTEMAS DE CONTROL POR RETROALIMENTACION

2.7. Hacer un diagrama en bloque para el sistema del recipiente descrito en el problema 1.15. ¿Qué componente o componentes comprende la planta? ¿el controlador? ¿la retroalimentación?

El recipiente es la planta porque el nivel del agua *en el recipiente* es lo que se controla (véase la definición 2.1). El tapón se puede escoger como el elemento de control o controlador y el flotador, la cuerda y los enlaces asociados como los elementos de retroalimentación. El diagrama en bloque es

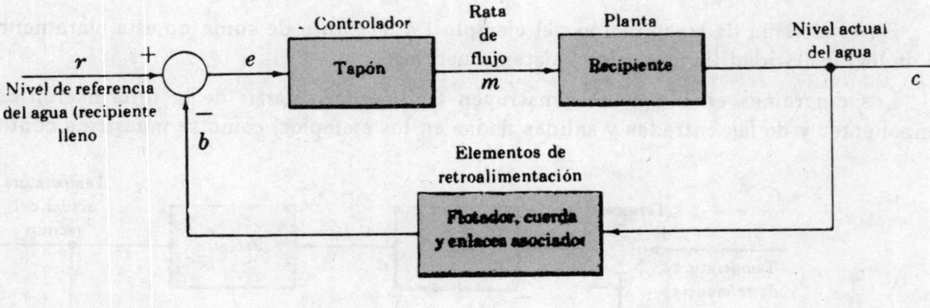

La retroalimentación es negativa porque la rata de flujo de agua hacia el recipiente debe disminuir, a medida que el nivel del agua en el recipiente sube.

2.8. Hacer un diagrama en bloque simple para el sistema de control por retroalimentación de los ejemplos 1.7 y 1.8, que tratan del aeroplano con un piloto automático.

La planta en este sistema es el aeroplano, incluyendo sus superficies de control e instrumentos de navegación. El controlador es el piloto automático y el punto de suma es el dispositivo de comparación. El enlace de retroalimentación se puede representar simplemente con una flecha desde la salida hasta el punto de suma ya que este enlace no está bien definido en el ejemplo 1.8.

El piloto automático suministra señales de control para operar las n superficies de control (timón, aletas, etc.). Estas señales se pueden representar por $m_1, m_2, \ldots, m_n$.

El diagrama en bloque más simple para este sistema está dado por

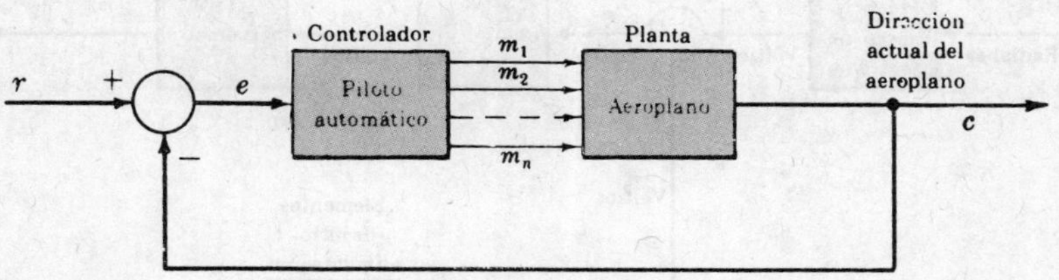

SERVOMECANISMOS

2.9. Hacer el diagrama esquemático y el diagrama en bloque a partir de la siguiente descripción de un servomecanismo de posición, cuya función es abrir y cerrar una válvula de agua.

En la entrada del sistema hay un potenciómetro de rotación conectado a través de una fuente de voltaje proporcionada por una batería. Su toma central se calibra en términos de posición angular (en radianes). Este terminal de salida está conectado eléctricamente a un terminal de un amplificador de voltaje llamado un *servoamplificador*. El servoamplificador suministra suficiente voltaje de salida para operar un motor eléctrico llamado *servomotor*. El servomotor está acoplado mecánicamente con la válvula de agua, de tal manera que permita que ésta sea abierta o cerrada por el motor.

Suponer que el efecto de recargue de la válvula sobre el motor es despreciable. Una rotación del motor de 360° abre completamente la válvula. La toma movible de un segundo potenciómetro conectado en paralelo con el potenciómetro de entrada por sus terminales fijos, está acoplada mecánicamente al eje del motor. También está conectada eléctricamente al terminal restante de entrada del servoamplificador. Las relaciones de los potenciómetros se fijan de tal manera que sean iguales cuando la válvula está cerrada.

Cuando se da la orden de abrir la válvula, el servomotor rota en la dirección apropiada. Cuando la válvula abre, el segundo potenciómetro llamado potenciómetro de retroalimentación rota en la misma dirección que el potenciómetro de entrada, hasta que las relaciones de los potenciómetros sean de nuevo iguales.

A partir de la descripción anterior se puede hacer fácilmente el diagrama esquemático de la figura 2-16. Los acoplamientos mecánicos se muestran con línea punteada.

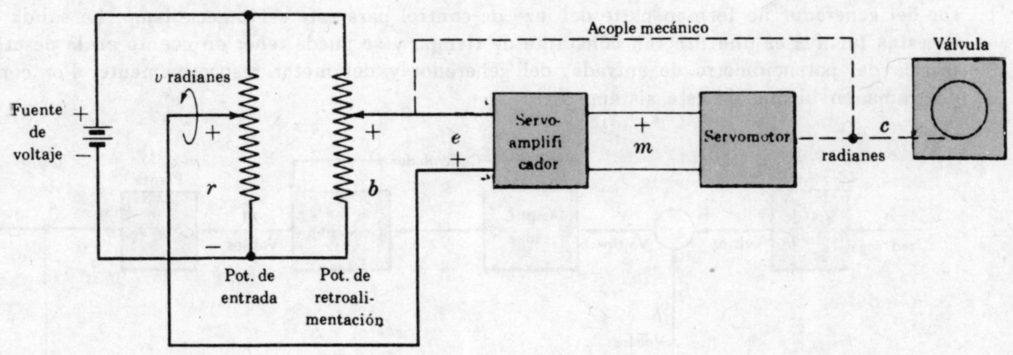

Fig. 2-16

El diagrama en bloque para este sistema que se muestra en la figura 2-17 se hace fácilmente a partir del diagrama esquemático.

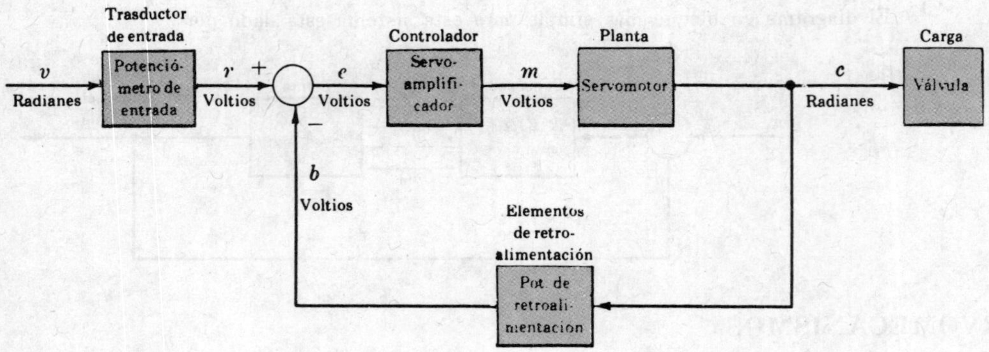

Fig. 2-17

2.10. Hacer el diagrama en bloque para el sistema elemental de control de velocidad (servomecanismo de control de velocidad) dado por el siguiente diagrama esquemático:

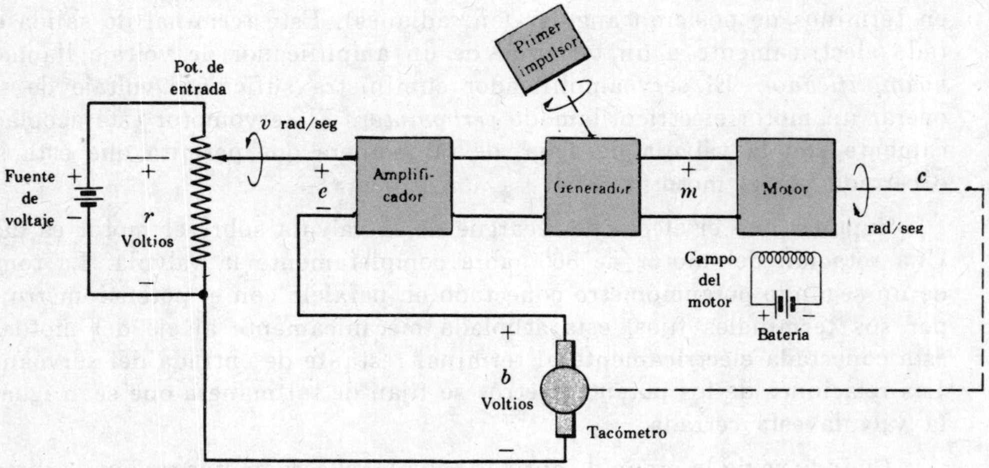

El potenciómetro es de tipo rotativo, calibrado en radianes por segundo, y la velocidad del primer impulsor, la corriente del embobinado del campo del motor y la corriente del potenciómetro de entrada son funciones constantes de tiempo. El eje del motor no tiene ninguna carga acoplada.

Las baterías del potenciómetro de entrada y del campo del motor, y la fuente para el primer impulsor del generador no forman parte del lazo de control para este servomecanismo. La salida de cada una de estas fuentes es una función constante de tiempo y se puede tener en cuenta en la descripción matemática del potenciómetro de entrada, del generador y del motor respectivamente. Por consiguiente el diagrama en bloque de este sistema es

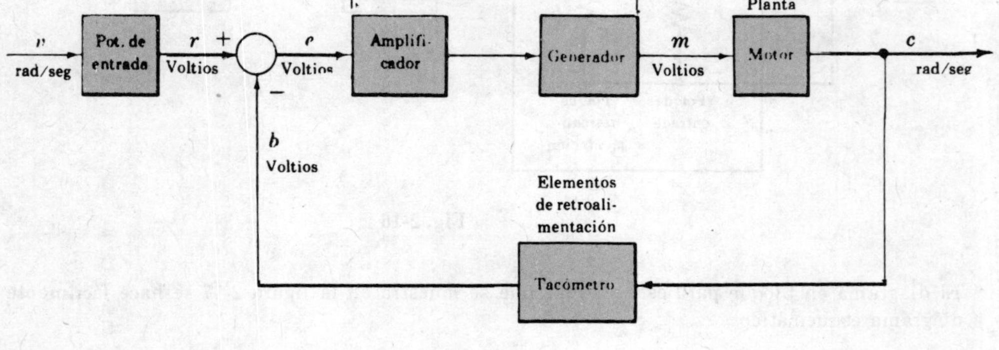

PROBLEMAS VARIOS

2.11. Hacer un diagrama en bloque para el sistema del interruptor de luz, con base en una fotocelda descrito en el problema 1.16. La intensidad de luz en el cuarto debe mantenerse a un nivel mayor o igual al nivel preespecificado.

Una manera de describir este sistema es escogiendo una de las entradas como la mínima referencia de la intensidad de luz en el cuarto r_1 y la otra entrada como la intensidad de la luz del sol en el cuarto r_2. La salida c es la intensidad de luz actual en el cuarto.

El cuarto es la planta. La señal de control es la cantidad de luz suministrada al cuarto por el sol y por la bombilla. La fotocelda y la bombilla son los elementos de control puesto que controlan la intensidad de la luz en el cuarto. Se supone que la mínima referencia de la intensidad de luz en el cuarto r_1 es igual a la intensidad de la luz en el cuarto suministrada solamente por la bombilla encendida. Un diagrama en bloque del sistema está dado por

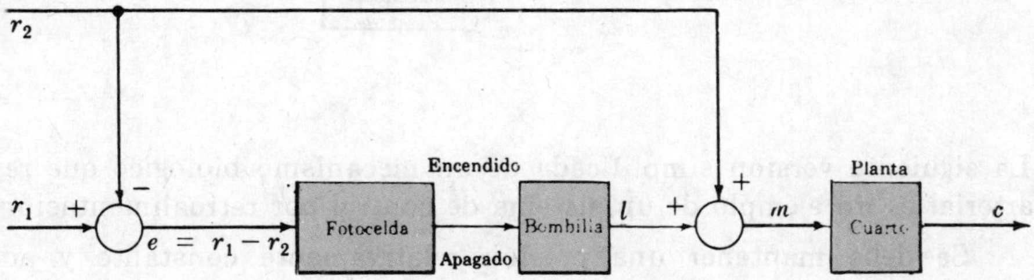

El sistema es claramente de lazo abierto. La señal impulsora e es independiente de la salida c, y es igual a la diferencia entre las dos entradas $r_1 - r_2$. Cuando $e \leqq 0$, $l = 0$ (la luz está apagada). Cuando $e > 0$, $l = r_1$, (la luz está encendida).

2.12. Hacer un diagrama en bloque para el sistema de las señales de tráfico de lazo cerrado descrito en el problema 1.13.

Este sistema tiene dos salidas, el volumen de tráfico que pasa el cruce en una dirección (la dirección A) y el volumen que pasa el cruce en la otra dirección (la dirección B). La entrada es la orden de obtener igual volumen en ambas direcciones A y B, es decir, la entrada es una diferencia en volumen de cero.

El mecanismo que computa los intervalos de tiempo apropiados para las luces roja y verde, lo llamaremos computador del intervalo de tiempo de rojo y verde. Este dispositivo y la señal de tráfico forman los elementos de control. Las plantas las forman la carretera en la dirección A y la carretera en la dirección B. El diagrama en bloque está dado por

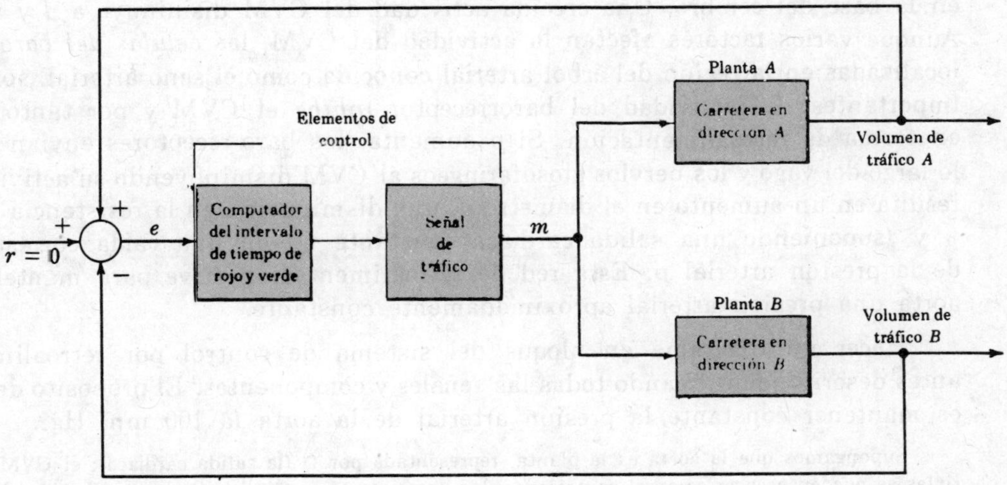

2.13. Hacer un diagrama en bloque que ilustre la ley económica de la oferta y la demanda como se describió en el problema 1.12.

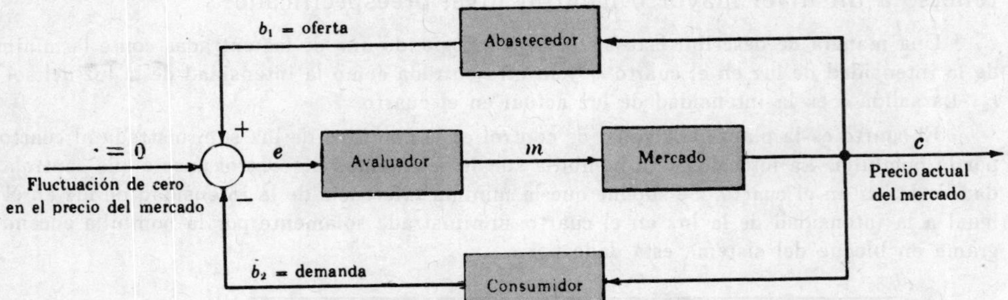

2.14. La siguiente versión simplificada de un mecanismo biológico que regula la presión arterial es un ejemplo de un sistema de control por retroalimentación.

Se debe mantener una presión relativamente constante y adecuada en los vasos sanguíneos (arterias, arteriolas y vasos capilares) que suministran los tejidos. Esta presión se mide generalmente en la arteria aorta y se denomina *presión arterial* p. Típicamente es igual a 80 — 120 milímetros de mercurio (mm Hg). Supongamos que p es igual a 100 mm Hg (en promedio) en un individuo normal.

Una de las ecuaciones fundamentales de la fisiología circulatoria es la ecuación general de la presión arterial:

$$p = Q\rho$$

donde Q es la salida cardíaca o la rata de flujo volumétrico de sangre que sale del corazón hacia la aorta y ρ es la resistencia periférica que oponen las arteriolas al flujo de sangre. ρ es inversamente proporcional a la cuarta potencia del diámetro d de los vasos (arteriolas).

Ahora, d es controlado por el *centro vasomotor* (CVM) situado en la médula, en la base del cerebro. Una crecida actividad del CVM disminuye a d y viceversa. Aunque varios factores afectan la actividad del CVM, las *células del baro-receptor,* localizadas en la región del árbol arterial conocida como el seno arterial, son las más importantes. La actividad del barorreceptor *inhibe* el CVM y por tanto funciona en forma de retroalimentación. Si p aumenta, los baro-receptores envían señales a lo largo del vago y los nervios glosofaríngeos al CVM disminuyendo su actividad. Esto resulta en un aumento en el diámetro d, una disminución en la resistencia periférica ρ y (suponiendo una salida cardíaca constante Q) en una caída correspondiente de la presión arterial p. Esta red de retroalimentación sirve para mantener en la aorta una presión arterial aproximadamente constante.

Hacer un diagrama en bloque del sistema de control por retroalimentación antes descrito identificando todas las señales y componentes. El propósito del sistema es mantener constante la presión arterial de la aorta (a 100 mm Hg).

Supongamos que la aorta es la planta, representada por Q (la salida cardíaca); el CVM y las arteriolas se pueden escoger como el controlador, los baro-receptores son los elementos de retroalimentación. La entrada p_0 (referencia) es la presión arterial promedio de 100 mm Hg. La salida p es la presión arterial actual. Puesto que $\rho = k(1/d)^4$, donde k es una constante de proporcionalidad, las arteriolas se pueden representar en el diagrama en bloque por $k(\cdot)^4$. El diagrama en bloque está dado por

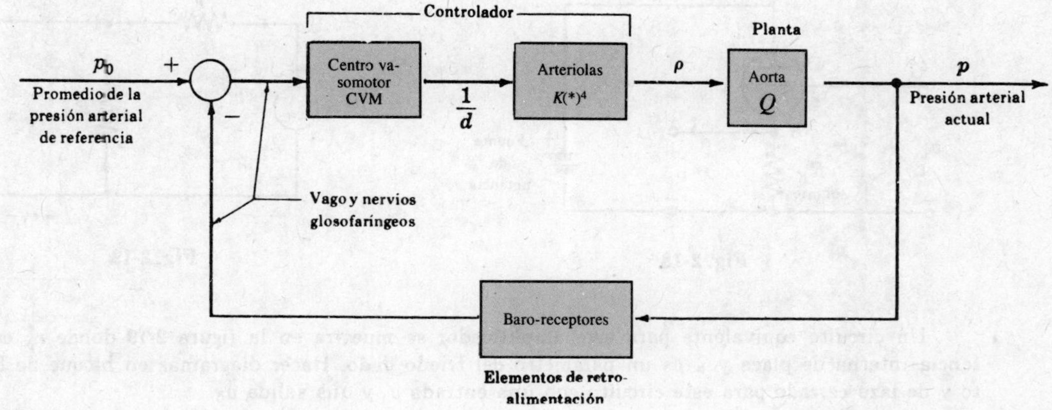

2.15. La glándula *tiroides*, una glándula endocrina (sin conducto) localizada en el cuello secreta la hormona *tiroxina* a la circulación sanguínea. La circulación sanguínea o sistema circulatorio es el sistema de trasmisión de las glándulas endocrinas, en la misma medida que los alambres conductores son el sistema de trasmisión para el flujo de los electrones que producen la corriente eléctrica o los tubos o mangueras que son el sistema de trasmisión para el flujo de fluido hidrodinámico. La tiroxina actúa sobre los tejidos del cuerpo humano en forma general estimulando el metabolismo, causando así un aumento en el consumo de oxígeno y un aumento en la temperatura del cuerpo. Como la mayoría de los procesos fisiológicos humanos, la producción de esta hormona por la glándula tiroides es cuidadosa y automáticamente controlada. La cantidad de tiroxina en la circulación de la sangre está regulada por la secreción de una hormona de la glándula *pituitaria* que es una glándula endocrina suspendida de la base del cerebro. Esta hormona "de control" se llama apropiadamente, *hormona estimulante de la tiroides* (HET). Cuando el nivel de tiroxina en el sistema circulatorio es superior al requerido por el organismo, la secreción de HET se inhibe (reduce) causando una reducción en la actividad de la tiroides. En consecuencia la tiroides secreta menos tiroxina. El mal funcionamiento de este sistema de control por retroalimentación, que causa ya sea gran actividad o baja actividad de la glándula tiroides, puede resultar en una hinchazón de esta glándula sobre el cuello, constituyendo una enfermedad conocida como *bocio*.

Hacer un diagrama en bloque simple de este sistema identificando todos los componentes y señales.

La glándula tiroides puede ser la planta, y la variable controlada, el nivel de tiroxina en la circulación de la sangre. La glándula pituitaria es el controlador y la señal de control es la cantidad de HET que ésta secreta. El diagrama en bloque está dado por

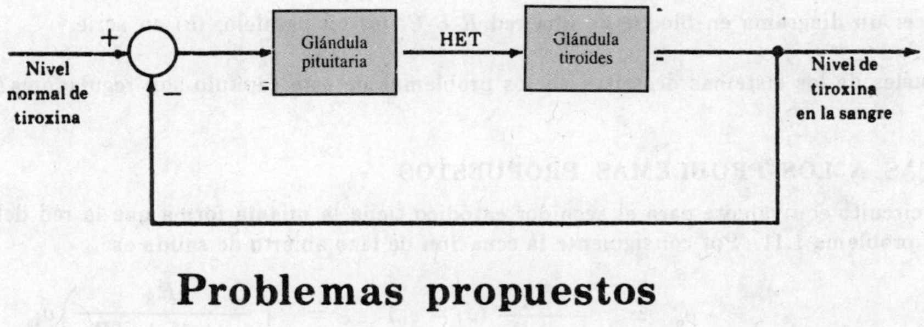

Problemas propuestos

2.16. El diagrama esquemático de un amplificador de voltaje con triodo denominado *seguidor catódico* se muestra en la figura 2-18.

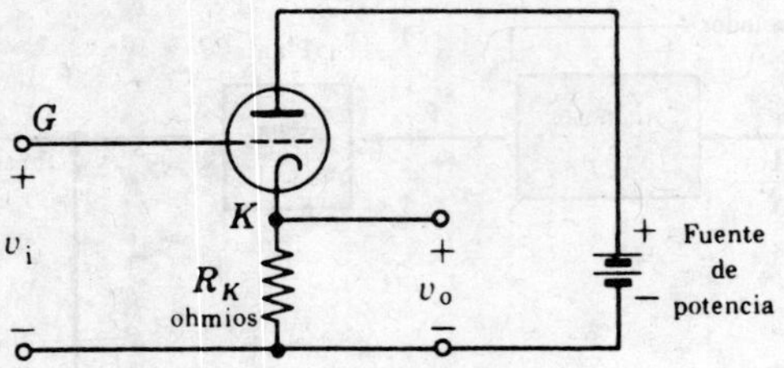

Fig. 2-18

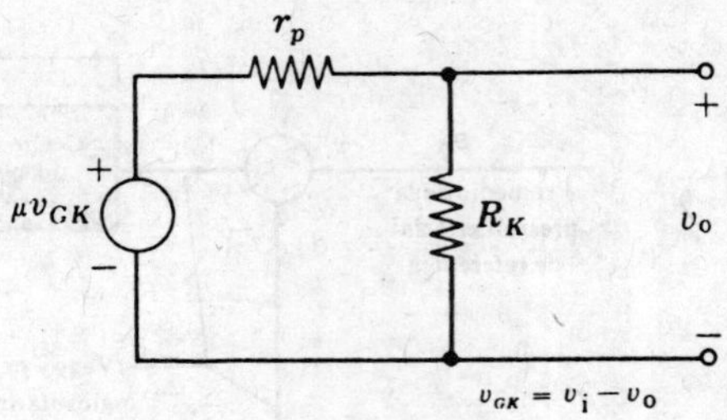

Fig. 2-19

Un circuito equivalente para este amplificador se muestra en la figura 2-19 donde r_p es la resistencia interna de placa y μ es un parámetro del triodo dado. Hacer diagramas en bloque de lazo abierto y de lazo cerrado para este circuito con una entrada v_i y una salida v_o.

2.17. Hacer un diagrama en bloque para el sistema de caminar del problema 1.14.

2.18. Hacer un diagrama en bloque para el sistema de alcanzar un objeto descrito en el problema 1.4.

2.19. Hacer un diagrama en bloque para el sistema de regulación automática de temperatura del problema 1.18.

2.20. Hacer un diagrama en bloque para el sistema del tostador automático de lazo cerrado del problema 1.17.

2.21. Establecer las unidades convencionales comunes para la entrada y la salida de los siguientes trasductores: (*a*) acelerómetro, (*b*) generador de electricidad, (*c*) termistor (resistor sensible a la temperatura), (*d*) termopar.

2.22. ¿Cuáles de los sistemas de los problemas 2.1 a 2.8 y 2.11 a 2.18 son servomecanismos?

2.23. La glándula endocrina conocida como la *corteza adrenal* está localizada sobre la parte superior de cada riñón. Secreta varias hormonas, una de las cuales es el *cortisol* (hidrocortisona). El cortisol desempeña una parte importante en la regulación del metabolismo de los hidratos de carbono, las proteínas y grasas, particularmente en los momentos de actividad mental y física. Un exceso de cortisol en la circulación conduce a un nivel alto de azúcar (glucosa) en la sangre y a la enfermedad conocida como *diabetes mellitus*. La producción de cortisona está controlada por la hormona adrenocorticotrópica (HACT) de la glándula pituitaria. El alto contenido de cortisol en la sangre, inhibe la producción de (HACT). Hacer un diagrama en bloque de este sistema de control por retroalimentación.

2.24. Hacer diagramas en bloque para cada uno de los siguientes elementos, primero con el voltaje v como entrada y la corriente i como salida y luego al contrario: (*a*) la resistencia R, (*b*) la capacitancia C, (*c*) la inductancia L.

2.25. Hacer diagramas en bloque para cada uno de los siguientes sistemas mecánicos, donde fuerza es la entrada y posición la salida: (*a*) amortiguador, (*b*) un resorte, (*c*) una masa, (*d*) una masa, resorte y amortiguador conectados en serie y atados en un extremo (la salida es la posición de la masa).

2.26. Hacer un diagrama en bloque de una red R-L-C, (*a*) en paralelo, (*b*) en serie.

2.27. ¿Cuáles de los sistemas descritos en los problemas de este capítulo son reguladores?

RESPUESTAS A LOS PROBLEMAS PROPUESTOS

2.16. El circuito equivalente para el seguidor catódico tiene la misma forma que la red del divisor de potencial del problema 1.11. Por consiguiente la ecuación de lazo abierto de salida es

$$v_o = \frac{\mu R_K}{r_p + R_K}(v_i - v_o) = \left(\frac{\mu R_K}{r_p + (1+\mu)R_K}\right) v_i$$

y el diagrama en bloque de lazo abierto está dado por

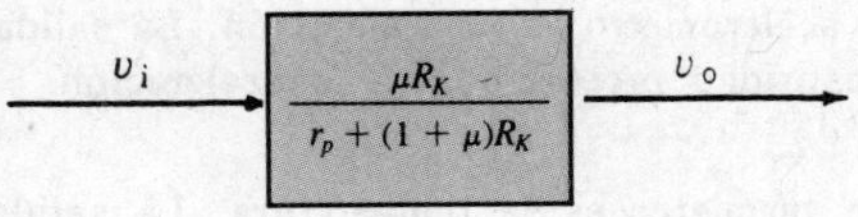

La ecuación de lazo cerrado de salida es simplemente $v_o = \frac{\mu R_K}{r_p + R_K}(v_i - v_o)$, y el diagrama en bloque de lazo cerrado está dado por

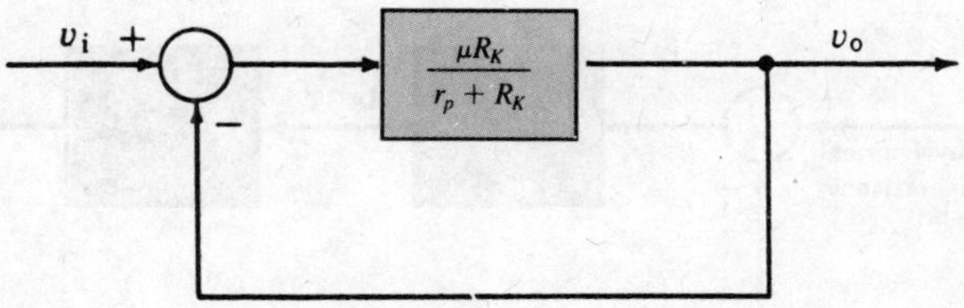

2.17.

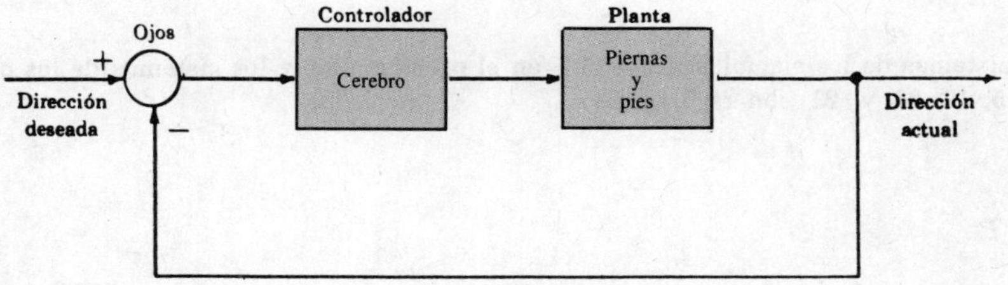

2.18.

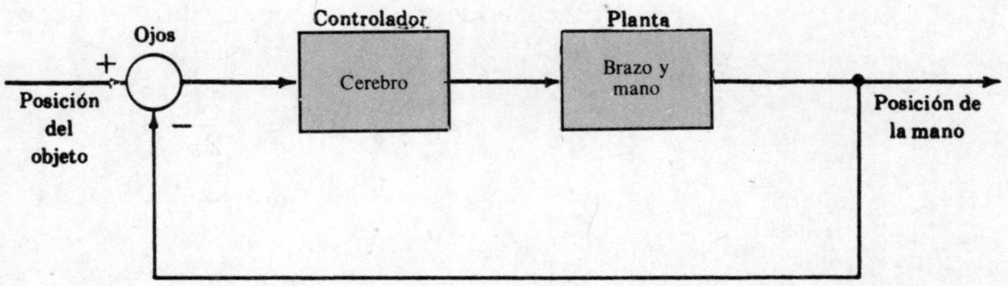

2.19.

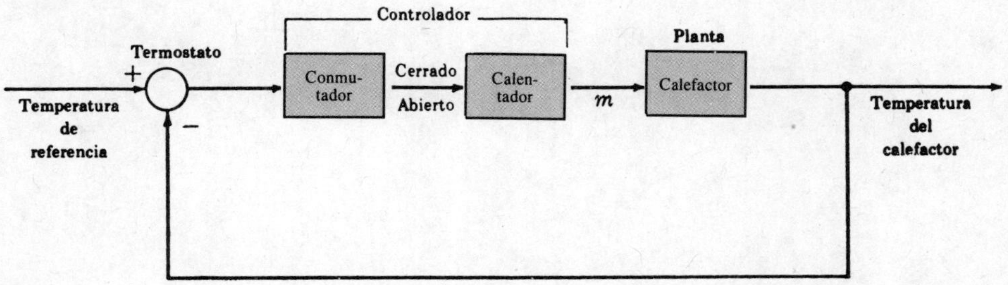

Cuando $e > 0$ $(r > b)$, el conmutador prende al calentador. Cuando $e \leq 0$, el calentador se apaga.

2.20.

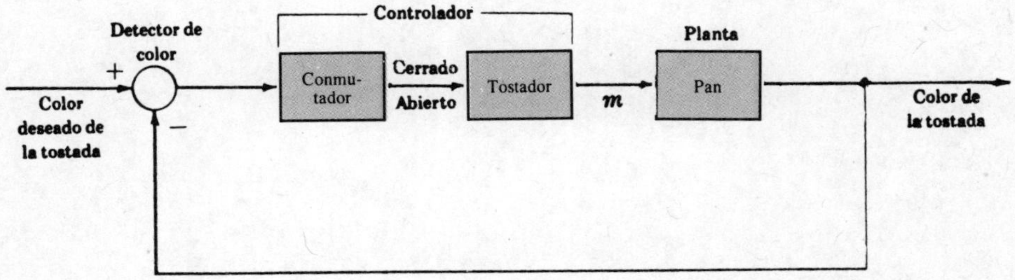

2.21. (*a*) La entrada de un acelerómetro es la aceleración. La salida es el desplazamiento de masa, voltaje, o cualquier otra cantidad proporcional a la aceleración.

(*b*) Véase el problema 1.2.

(*c*) La entrada de un termistor es la temperatura. La salida es una cantidad eléctrica medida en ohmios, voltios o amperios.

(*d*) La entrada de un termopar es una diferencia de temperatura. La salida es un voltaje.

2.22. Los siguientes problemas describen sistemas que son servomecanismos: Ejemplos 1.3 y 1.5 en el problema 2.6, los problemas 2.7, 2.8, 2.17 y 2.18.

2.23.

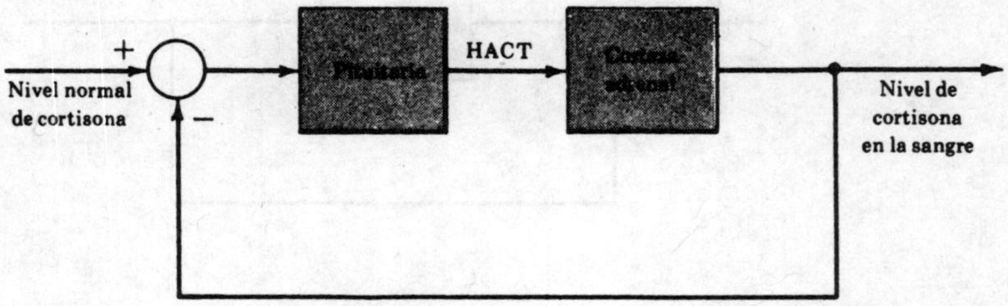

2.27. Los sistemas de los ejemplos 1.2 y 1.4 en el problema 2.6 y los sistemas de los problemas 2.7, 8, 12, 13, 14, 15, 19, 20 y 23 son reguladores.

Capítulo 3

Sistemas lineales y ecuaciones diferenciales

3.1 ECUACIONES DE SISTEMAS FISICOS

Una propiedad común a todas las leyes básicas de la física es que ciertas cantidades fundamentales se pueden definir por medio de valores numéricos. Las leyes físicas definen relaciones entre estas cantidades fundamentales y generalmente se representan por medio de ecuaciones.

Ejemplo 3.1.

La versión escalar de la segunda ley de Newton estipula que si una fuerza de magnitud f se aplica a una masa de M unidades, entonces la aceleración a de la masa se relaciona a f por medio de la ecuación $f = Ma$.

Ejemplo 3.2.

La ley de Ohm estipula que si un voltaje de magnitud v se aplica a través de una resistencia de R unidades, entonces la corriente i que fluye por la resistencia se relaciona a v por medio de la ecuación $v = Ri$.

3.2 ECUACIONES DIFERENCIALES

Una clase de ecuaciones que tiene amplia aplicación en la descripción de las leyes físicas es la de las ecuaciones diferenciales.

Definición 3.1: Una **ecuación diferencial** es cualquier igualdad algebraica o trascendental que involucra ya sea diferenciales o derivadas.

Las ecuaciones diferenciales son útiles para relacionar las ratas de cambio de variables y otros parámetros.

Ejemplo 3.3.

La segunda ley de Newton (ejemplo 3.1) se puede escribir alternativamente como una relación entre la fuerza f, la masa M y la rata de cambio de la velocidad v de la masa con respecto al tiempo t; es decir, $f = M\dfrac{dv}{dt}$.

Ejemplo 3.4.

La ley de Ohm (ejemplo 3.2) se puede escribir alternativamente como una relación entre el voltaje v, la resistencia R y la rata de cambio de la carga por el resistor con relación al tiempo; es decir, $v = R\dfrac{dq}{dt}$.

Ejemplo 3.5.

La segunda ley de Newton (ejemplo 3.3) se puede escribir en la forma $f\,dt = M\,dv$.

Ejemplo 3.6.

La ecuación de difusión en una dimensión describe la relación entre la rata de cambio con respecto al tiempo de una cantidad T en un cuerpo (v.gr. la concentración de calor en una barra de hierro) y la rata de cambio de posición de T: $\dfrac{\partial T}{\partial x} = k\dfrac{\partial T}{\partial t}$ donde k es una constante de proporcionalidad, x una variable de posición y t es tiempo.

3.3 ECUACIONES DIFERENCIALES ORDINARIAS Y PARCIALES

Definición 3.2: Una **ecuación diferencial parcial** es una igualdad que involucra una o más variables dependientes y dos o más variables independientes, al igual que derivadas parciales de la variable dependiente con respecto a las variables independientes.

Definición 3.3: Una **ecuación diferencial ordinaria (total)** es una igualdad que involucra una o más variables dependientes, una variable independiente y una o más derivadas de las variables dependientes con respecto a la variable independiente.

Ejemplo 3.7.

La ecuación de difusión $\frac{\partial T}{\partial x} = k\frac{\partial T}{\partial t}$ es una ecuación diferencial parcial. $T = T(x, t)$ es la variable dependiente que representa la concentración de alguna cantidad en cierta posición y durante cierto tiempo en el cuerpo. La variable independiente x define la posición en el cuerpo y la variable independiente t define el tiempo.

Ejemplo 3.8.

La segunda ley de Newton (ejemplo 3.3) es una ecuación diferencial ordinaria: $f = M\frac{dv}{dt}$. La velocidad $v = v(t)$ y la fuerza $f = f(t)$ son las variables dependientes y el tiempo t es la variable independiente.

Ejemplo 3.9.

La ley de Ohm (ejemplo 3.4) es una ecuación diferencial ordinaria: $v = R\frac{dq}{dt}$. La carga $q = q(t)$ y el voltaje $v = v(t)$ son variables dependientes y el tiempo t es la variable independiente.

Ejemplo 3.10.

Una ecuación diferencial de la forma

$$a_n \frac{d^n y}{dt^n} + a_{n-1}\frac{d^{n-1} y}{dt^{n-1}} + \cdots + a_1 \frac{dy}{dt} + a_0 y = x(t)$$

o en una forma más concisa,

$$\sum_{i=0}^{n} a_i \frac{d^i y(t)}{dt^i} = x(t) \tag{3.1}$$

donde a_i, $i = 0, 1, \ldots, n$, son constantes, es una ecuación diferencial ordinaria. $y(t)$ y $x(t)$ son variables dependientes y t es la variable independiente.

3.4 ECUACIONES DIFERENCIALES VARIABLES E INVARIABLES EN TIEMPO

Definición 3.4: Una **ecuación diferencial variable en tiempo** es una ecuación diferencial en la cual uno o más términos dependen *explícitamente* de la variable independiente de tiempo t.

Definición 3.5: Una **ecuación diferencial invariable en tiempo,** es una ecuación diferencial en la cual ninguno de los términos depende *explícitamente* de la variable independiente de tiempo t.

La definición 3.5 implica que el proceso definido por una ecuación diferencial invariable en tiempo no varía con el tiempo.

Ejemplo 3.11.

La ecuación diferencial $t^2\frac{d^2y}{dt^2} + y = x$, donde x y y son variables dependientes, es *variable en tiempo* puesto que el término $t^2\frac{d^2y}{dt^2}$ depende *explícitamente* de t a través del coeficiente t^2.

Ejemplo 3.12.

Cualquier ecuación diferencial de la forma

$$\sum_{i=0}^{n} a_i \frac{d^i y}{dt^i} = \sum_{i=0}^{m} b_i \frac{d^i x}{dt^i} \tag{3.2}$$

donde los coeficientes $a_0, a_1, \ldots, a_n, b_0, b_1, \ldots, b_m$ son constantes, es *invariable en tiempo* puesto que la ecuación depende *implícitamente de t*, solamente a través de las variables dependientes x y y y sus derivadas.

3.5 ECUACIONES DIFERENCIALES LINEALES Y NO LINEALES

Un **término** de una ecuación diferencial ordinaria consta de productos y cocientes de funciones explícitas de la variable independiente t y funciones de las variables dependientes y sus derivadas. Por ejemplo $(5/\cos t)(d^2y/dt^2)$ es un término de primer grado para la variable dependiente y y $2xy^3(dy/dt)$ es un término de quinto grado para las variables dependientes x y y.

Definición 3.6: Un **término lineal** es aquel que es de primer grado para las variables dependientes y sus derivadas.

Definición 3.7: Una **ecuación diferencial lineal** es una ecuación diferencial formada por la suma de términos lineales. Todas las demás son **ecuaciones diferenciales no lineales.**

Si una ecuación diferencial contiene términos que son potencias superiores, productos y funciones trascendentales de las variables dependientes, entonces no es lineal. Tales términos incluyen a $\left(\frac{dy}{dt}\right)^3$, $x\frac{dy}{dt}$, y sen x respectivamente.

Ejemplo 3.13.

La ecuación de difusión $\frac{\partial T}{\partial x} = k\frac{\partial T}{\partial t}$ es una ecuación diferencial (parcial) lineal. Los términos $\frac{\partial T}{\partial x}$ y $k\frac{\partial T}{\partial t}$ son de primer grado.

Ejemplo 3.14.

Las ecuaciones diferenciales ordinarias $\left(\frac{dy}{dt}\right)^2 + y = 0$ y $\frac{d^2y}{dt^2} + \cos y = 0$ son no lineales porque en la primera ecuación $(dy/dt)^2$ es de segundo grado y en la segunda ecuación $\cos y$ *no* es de primer grado, lo cual es cierto para todas las funciones trascendentales.

Ejemplo 3.15.

La ecuación diferencial ordinaria $\frac{d^2y}{dt^2} + x\frac{dy}{dt} + y = x$, donde x y y son variables dependientes, es una ecuación diferencial no lineal puesto que $x(dy/dt)$ es de segundo grado para las variables dependientes x y y.

Ejemplo 3.16.

Cualquier ecuación diferencial ordinaria

$$\sum_{i=0}^{n} a_i(t)\frac{d^iy}{dt^i} = \sum_{i=0}^{m} b_i(t)\frac{d^ix}{dt^i} \tag{3.3}$$

donde los coeficientes $a_i(t)$ y $b_i(t)$ dependen solamente de la variable independiente t, es una ecuación diferencial lineal.

3.6 LINEALIDAD Y SUPERPOSICION

El concepto de linealidad se ha presentado en la definición 3.7 como una propiedad de una clase de ecuaciones diferenciales. En esta sección la linealidad se discute como una propiedad de sistemas generales en los cuales hay una variable independiente t o sea el tiempo. En los capítulos 1 y 2 se definieron los conceptos de sistema, entrada y salida. La siguiente definición de linealidad se basa en estas definiciones anteriores.

Definición 3.8: Un **sistema lineal** es un sistema que tiene la propiedad de que si:

(*a*) una entrada $x_1(t)$ produce una salida $y_1(t)$,

(*b*) una entrada $x_2(t)$ produce una salida $y_2(t)$, entonces

(c) una entrada $c_1x_1(t) + c_2x_2(t)$ produce una salida $c_1y_1(t) + c_2y_2(t)$ para todos los pares de entradas $x_1(t)$ y $x_2(t)$ y todos los pares de constantes c_1 y c_2.

Los sistemas lineales se pueden representar a menudo por ecuaciones diferenciales lineales.

Ejemplo 3.17.

Cualquier sistema es *lineal* si la relación entre su entrada y salida se puede describir por la ecuación diferencial lineal

$$\sum_{i=0}^{n} a_i(t)\frac{d^iy}{dt^i} = \sum_{i=0}^{m} b_i(t)\frac{d^ix}{dt^i} \tag{3.4}$$

donde $y = y(t)$ es la salida del sistema y $x = x(t)$ es su entrada.

Ejemplo 3.18.

Cualquier sistema es lineal si la relación entre su entrada y salida se puede describir por la integral

$$y(t) = \int_{-\infty}^{\infty} w(t,\tau)\, x(\tau)\, d\tau \tag{3.5}$$

donde $w(t, \tau)$ es una función que comprende las propiedades internas físicas del sistema; $y(t)$ es la salida y $x(t)$ es la entrada.

La relación entre los sistemas de los ejemplos 3.17 y 3.18 se discute en la sección 3.13.

El concepto de linealidad se puede representar por el

Principio de superposición: La respuesta, $y(t)$ de un sistema lineal, debida a varias entradas $x_1(t)$, $x_2(t)$, . . . , $x_n(t)$ que actúan simultáneamente, es igual a la suma de las respuestas de cada entrada actuando sola. Es decir, si $y_i(t)$ es la respuesta debida a la entrada $x_i(t)$, entonces

$$y(t) = \sum_{i=1}^{n} y_i(t)$$

Ejemplo 3.19.

Un sistema lineal está descrito por la ecuación algebraica lineal

$$y(t) = 2x_1(t) + x_2(t)$$

donde $x_1(t) = t$ y $x_2(t) = t^2$ son las entradas, y $y(t)$ es la salida. Cuando $x_1(t) = t$ y $x_2(t) = 0$, entonces $y(t) = y_1(t) = 2t$. Cuando $x_1(t) = 0$ y $x_2(t) = t^2$, entonces $y(t) = y_2(t) = t^2$. La salida total que resulta de $x_1(t) = t$ y $x_2(t) = t^2$ es entonces igual a

$$y(t) = y_1(t) + y_2(t) = 2t + t^2$$

El principio de superposición es una consecuencia aparente de la definición de linealidad (definición 3.8). También debe tenerse en cuenta que cualquier sistema que satisface el principio de superposición es lineal. Los conceptos de *linealidad* y *superposición* son equivalentes.

Definición 3.9: La relación entre la entrada y la salida de un sistema lineal a menudo se puede describir por la integral

$$y(t) = \int_{-\infty}^{\infty} w(t,\tau)\, x(\tau)\, d\tau$$

donde $x(t)$ es la entrada y $y(t)$ la salida resultante. La función de dos variables $w(t, \tau)$ que comprende las propiedades físicas del sistema se denomina la **función de peso** del sistema.

***Definición 3.10*:** La integral de la forma

$$y(t) = \int_{-\infty}^{\infty} w(t,\tau)\, x(\tau)\, d\tau$$

se llama **integral de convolución.**

Si un sistema lineal se describe por medio de una integral de convolución, entonces la salida $y(t)$ en un tiempo dado t es una suma *con peso* (una integral en el límite) de los valores de la entrada, a lo largo del intervalo desde menos infinito hasta más infinito. Es decir, la contribución que hace la entrada $x(\tau)$ a la salida $y(t)$ es un valor con peso de $x(\tau)$, donde el peso lo proporciona la función de peso $w(t, \tau)$.

3.7 CAUSALIDAD Y SISTEMAS FISICAMENTE REALIZABLES

Las propiedades de un sistema físico restringen la forma de la salida del sistema. Esta restricción está comprendida dentro del concepto de *causalidad.*

***Definición 3.11*:** Un sistema en el cual el tiempo es la variable independiente se llama **causal** si la salida depende solamente de los valores presente y pasado de la entrada. Es decir, si $y(t)$ es la salida, entonces $y(t)$ depende solamente de la entrada $x(\tau)$ para valores de $\tau \leqq t$.

Lo que implica la definición 3.11 es que un sistema *causal,* es aquel que no puede prever lo que será su entrada futura. De acuerdo con esto, los sistemas causales a veces se llaman sistemas **realizables físicamente**. Una consecuencia importante de la causalidad (físicamente realizable) es que la función de peso $w(t, \tau)$ de un sistema causal es idéntica a cero para $\tau > t$, es decir, los valores futuros de la entrada tienen peso de cero.

3.8 SISTEMAS LINEALIZADOS Y FRAGMENTARIAMENTE LINEALES

En realidad, ningún sistema físico se puede describir *exactamente* por medio de una ecuación diferencial lineal con coeficientes constantes; sin embargo, muchos sistemas se pueden representar a lo largo de un *intervalo limitado de operación* o se pueden *aproximar* por medio de tales ecuaciones.

Ejemplo 3.20.

Considerar el sistema compuesto por la masa y resorte de la figura 3-1, donde la fuerza en el resorte $f_s(x)$ es una función no lineal del desplazamiento x medido desde la posición de reposo, como se muestra en la figura 3-2.

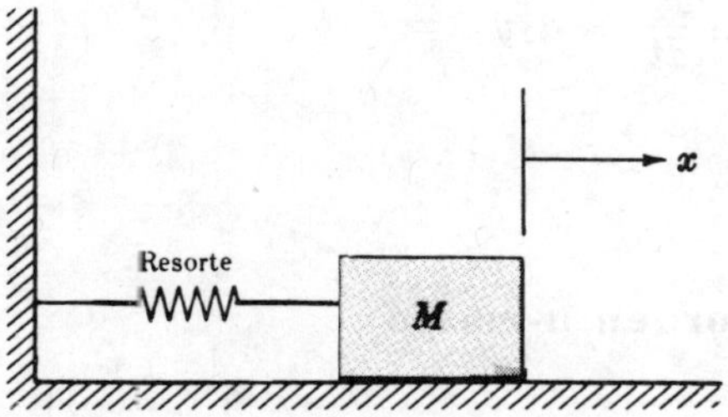

Fig. 3-1

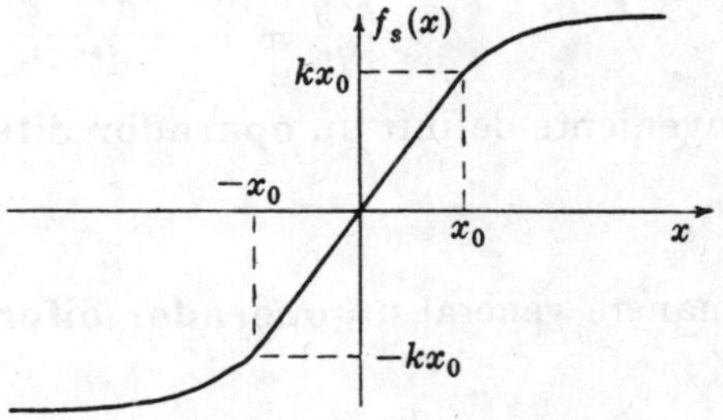

Fig. 3-2

La ecuación del movimiento de la masa es $M\dfrac{d^2x}{dt^2} + f_s(x) = 0$. Sin embargo, si la magnitud absoluta del desplazamiento no excede x_0, entonces $f_s(x) = kx$ donde k es una constante. En este caso la ecuación del movimiento es una ecuación lineal con coeficientes constantes dada por $M\dfrac{d^2x}{dt^2} + kx = 0$ y es válida para $|x| \leqq x_0$.

Ejemplo 3.21.

Considerar de nuevo el sistema del ejemplo 3.20. Suponer ahora que el desplazamiento x excede x_0. Para tratar este problema, aproximemos la curva de la fuerza en el resorte a tres líneas rectas como se muestra en la figura 3-3.

El sistema se aproxima entonces por medio de uno fragmentariamente lineal; es decir, el sistema se describe por la ecuación lineal $M\dfrac{d^2x}{dt^2} + kx = 0$ donde $|x| \leqq x_1$, y por las ecuaciones $M\dfrac{d^2x}{dt^2} \pm F_1 = 0$ cuando $|x| > x_1$. El signo + se usa si $x > x_1$ y el signo — si $x < -x_1$.

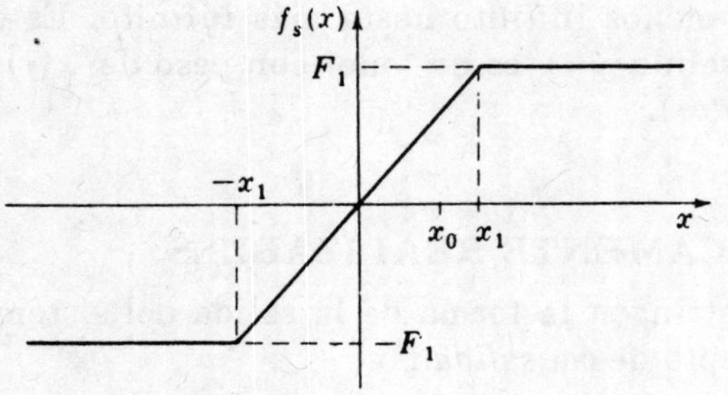

Fig. 3-3

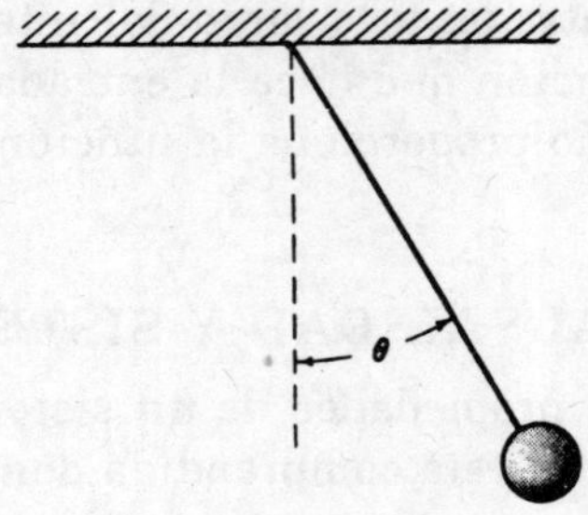

Fig. 3-4

Ejemplo 3.22.

Considerar la ecuación no lineal que describe el movimiento de un péndulo (Fig. 3-4)

$$\frac{d^2\theta}{dt^2} + (g/l)\operatorname{sen}\theta = 0$$

donde l es la longitud del colgante del péndulo y g la aceleración de la gravedad. Si lo que interesa son los pequeños movimientos del péndulo alrededor del "punto de operación" $\theta = 0$, entonces la ecuación del movimiento se puede hacer lineal alrededor de este punto de operación. Esto se puede hacer, formando un desarrollo de las series de Taylor para el término no lineal (g/l) sen θ alrededor del punto $\theta = 0$ y dejando solamente los términos de primer grado. La ecuación no lineal es

$$\begin{aligned}\frac{d^2\theta}{dt^2} + (g/l)\operatorname{sen}\theta &= \frac{d^2\theta}{dt^2} + (g/l)\sum_{n=0}^{\infty}\frac{\theta^n}{n!}\left(\frac{d^n}{d\theta^n}(\operatorname{sen}\theta)\bigg|_{\theta=0}\right)\\ &= \frac{d^2\theta}{dt^2} + (g/l)\left[\theta - \frac{\theta^3}{3!} + \cdots\right] = 0\end{aligned}$$

La ecuación lineal es $\dfrac{d^2\theta}{dt^2} + (g/l)\theta = 0$, que es válida para pequeñas variaciones en θ.

3.9 EL OPERADOR DIFERENCIAL D Y LA ECUACION CARACTERISTICA

Considérese la ecuación diferencial lineal de orden n-ésimo con coeficientes constantes,

$$\frac{d^ny}{dt^n} + a_{n-1}\frac{d^{n-1}y}{dt^{n-1}} + \cdots + a_1\frac{dy}{dt} + a_0y = x \tag{3.6}$$

Es conveniente definir un **operador diferencial**

$$D \equiv \frac{d}{dt}$$

y de manera general un **operador diferencial de orden n-ésimo**

$$D^n \equiv \frac{d^n}{dt^n}$$

La ecuación diferencial se puede ahora escribir como

$$D^ny + a_{n-1}D^{n-1}y + \cdots + a_1Dy + a_0y = x$$

o

$$(D^n + a_{n-1}D^{n-1} + \cdots + a_1D + a_0)y = x$$

Definición 3.12: El polinomio en D

$$D^n + a_{n-1}D^{n-1} + \cdots + a_1D + a_0. \tag{3.7}$$

se llama **polinomio característico**.

Definición 3.13: La ecuación

$$D^n + a_{n-1}D^{n-1} + \cdots + a_1D + a_0 = 0 \tag{3.8}$$

se llama **ecuación característica**.

El teorema fundamental del álgebra estipula que la ecuación característica tiene n soluciones $D = D_1,\ D = D_2, \ldots, D = D_n$.

Ejemplo 3.23.

Considerar la ecuación diferencial $\dfrac{d^2y}{dt^2} + 3\dfrac{dy}{dt} + 2y = x.$

El polinomio característico es $D^2 + 3D + 2$. La ecuación característica es $D^2 + 3D + 2 = 0$ la cual tiene las dos soluciones: $D = -1$ y $D = -2$.

3.10 INDEPENDENCIA LINEAL Y CONJUNTOS FUNDAMENTALES

Definición 3.14: Se dice que un conjunto de n funciones de tiempo $f_1(t), f_2(t), \ldots, f_n(t)$ es **linealmente independiente** si el único conjunto de constantes $c_1, c_2, \ldots, c_n$ para las cuales,

$$c_1f_1(t) + c_2f_2(t) + \cdots + c_nf_n(t) = 0$$

para todo t son las constantes $c_1 = c_2 = \cdots = c_n = 0$.

Ejemplo 3.24.

Las funciones t y t^2 son funciones linealmente independientes puesto que

$$c_1t + c_2t^2 = t(c_1 + c_2t) = 0$$

implica que $c_1/c_2 = -t$. *No existen constantes* que satisfagan esta relación.

Una ecuación diferencial lineal *homogénea* de orden n-ésimo de la forma

$$\sum_{i=0}^{n} a_i \frac{d^iy}{dt^i} = 0$$

tiene por lo menos un conjunto de n soluciones linealmente independientes.

Definición 3.15: Cualquier conjunto de n soluciones *linealmente independientes* de una ecuación diferencial lineal homogénea de orden n-ésimo se denomina un **conjunto fundamental.**

No existe un conjunto fundamental único. Dado un conjunto fundamental se pueden generar otros conjuntos fundamentales por medio de la siguiente técnica: Supongamos que $y_1(t), y_2(t), \ldots, y_n(t)$ es un conjunto fundamental para una ecuación diferencial lineal de orden n-ésimo. Entonces se puede formar un conjunto de n funciones, $z_1(t), z_2(t), \ldots, z_n(t)$:

$$z_1(t) = \sum_{i=1}^{n} a_{1i}y_i(t), \quad z_2(t) = \sum_{i=1}^{n} a_{2i}y_i(t), \quad \ldots, \quad z_n(t) = \sum_{i=1}^{n} a_{ni}y_i(t) \tag{3.9}$$

donde los a_{ji} son un conjunto de n^2 constantes. Cada $z_i(t)$ es una solución de la ecuación diferencial. Este conjunto de n soluciones es un *conjunto fundamental* si el determinante

$$\begin{vmatrix} a_{11} & a_{12} & \cdots & a_{1n} \\ a_{21} & a_{22} & \cdots & a_{2n} \\ \cdots & \cdots & \cdots & \cdots \\ a_{n1} & a_{n2} & \cdots & a_{nn} \end{vmatrix} \neq 0$$

Ejemplo 3.25.

La ecuación del movimiento armónico simple, $\frac{d^2y}{dt^2} + \omega^2 y = 0$, tiene un conjunto fundamental

$$y_1 = \text{sen } \omega t \qquad y_2 = \cos \omega t$$

Un segundo conjunto fundamental es*

$$z_1 = \cos \omega t + j \text{ sen } \omega t = e^{j\omega t} \qquad z_2 = \cos \omega t - j \text{ sen} \omega t = e^{-j\omega t}$$

Raíces distintas

En gen, ral, si la ecuación característica

$$\sum_{i=0}^{n} a_i D^i = 0$$

tiene las raíces distintas $D_1, D_2, \ldots, D_n$, entonces un conjunto fundamental para la ecuación homogénea

$$\sum_{i=0}^{n} a_i \frac{d^i y}{dt^i} = 0$$

es el conjunto de funciones $y_1 = e^{D_1 t}$, $y_2 = e^{D_2 t}$, $\ldots$, $y_n = e^{D_n t}$.

Ejemplo 3.26.

La ecuación diferencial $\frac{d^2y}{dt^2} + 3\frac{dy}{dt} + 2y = 0$ tiene la ecuación característica $D^2 + 3D + 2 = 0$, cuyas raíces son $D = D_1 = -1$ y $D = D_2 = -2$. Un conjunto fundamental para esta ecuación es $y_1 = e^{-t}$ y $y_2 = e^{-2t}$.

Raíces repetidas

Si la ecuación característica tiene raíces repetidas, entonces para cada raíz D_i de múltiple n_i, hay n_i elementos del conjunto fundamental $e^{D_i t}, te^{D_i t}, \ldots, t^{n_i - 1} e^{D_i t}$.

Ejemplo 3.27.

La ecuación $\frac{d^2y}{dt^2} + 2\frac{dy}{dt} + y = 0$ cuya ecuación característica es $D^2 + 2D + 1 = 0$ con la raíz repetida $D = -1$, tiene un conjunto fundamental formado por e^{-t} y te^{-t}.

3.11 SOLUCION DE ECUACIONES DIFERENCIALES ORDINARIAS LINEALES CON COEFICIENTES CONSTANTES

Considérese la clase de ecuaciones diferenciales de la forma

$$\sum_{i=0}^{n} a_i \frac{d^i y}{dt^i} = \sum_{i=0}^{m} b_i \frac{d^i x}{dt^i} \tag{3.10}$$

donde t es tiempo, los coeficientes a_i y b_i son constantes, $x = x(t)$ *(la entrada) es una función de tiempo conocida* y $y = y(t)$ (la salida) es la solución desconocida de la ecuación. Si esta ecuación describe un sistema físico, entonces por lo general $m \leqq n$, y n es lo que se denomina el **orden** de la ecuación diferencial. Para especificar completamente el problema con el fin de obtener una *solución única* $y(t)$, se deben especificar dos cosas adicionales: (1) El intervalo de tiempo durante el cual se desea la solución, y (2) un conjunto de *n condiciones iniciales* para $y(t)$ y sus primeras $n - 1$ derivadas. El intervalo de tiempo para la clase de problemas considerados se define por $0 \leqq t < +\infty$. Este intervalo se usa en este libro a no ser que se especifique lo contrario. El conjunto de condiciones iniciales es

$$y(0), \quad \left.\frac{dy}{dt}\right|_{t=0}, \quad \ldots, \quad \left.\frac{d^{n-1} y}{dt^{n-1}}\right|_{t=0} \tag{3.11}$$

Un problema definido en este intervalo y con estas condiciones iniciales se denomina **problema del valor inicial.**

---

* La *función exponencial compleja* e^w, en la cual $w = u + jv$ para u y v reales y $j = \sqrt{-1}$, se define en la teoría de la variable compleja por $e^w \equiv e^u(\cos v + j \text{ sen } v)$. Por tanto, $e^{\pm j\omega t} = \cos \omega t \pm j \text{ sen } \omega t$.

La solución de una ecuación diferencial de esta clase se puede dividir en dos partes: En una *respuesta libre* y en una *respuesta fija.* La suma de estas dos respuestas constituye la *respuesta total* o solución $y(t)$ de la ecuación.

3.12 LA RESPUESTA LIBRE

La **respuesta libre** de una ecuación diferencial es la solución de la ecuación cuando la entrada $x(t)$ es idéntica a cero.

Si la entrada $x(t)$ es idéntica a cero, entonces la ecuación diferencial toma la forma

$$\sum_{i=0}^{n} a_i \frac{d^i y}{dt^i} = 0 \qquad (3.12)$$

La solución $y(t)$ de tal ecuación depende solamente de las n condiciones iniciales en (*3.11*).

Ejemplo 3.28.

La solución de la ecuación diferencial homogénea de primer orden $dy/dt + y = 0$ con la condición inicial $y(0) = c$, es $y(t) = ce^{-t}$. Esto se puede probar por medio de sustitución directa. ce^{-t} es la respuesta libre de cualquier ecuación diferencial de la forma $dy/dt + y = x$ con la condición inicial $y(0) = c$.

La *respuesta libre* de una ecuación diferencial se puede escribir siempre como una combinación lineal de los elementos de un *conjunto fundamental.* Es decir, si $y_1(t), y_2(t), \ldots, y_n(t)$ es un conjunto fundamental, entonces *cualquier* respuesta libre $y_a(t)$ de una ecuación diferencial se puede representar en la forma

$$y_a(t) = \sum_{i=1}^{n} c_i y_i(t) \qquad (3.13)$$

donde las *constantes* c_i se determinan en términos de las condiciones iniciales

$$y(0), \quad \left.\frac{dy}{dt}\right|_{t=0}, \quad \ldots, \quad \left.\frac{d^{n-1}y}{dt^{n-1}}\right|_{t=0}$$

a partir del conjunto de n ecuaciones algebraicas

$$y(0) = \sum_{i=1}^{n} c_i y_i(0), \quad \left.\frac{dy}{dt}\right|_{t=0} = \sum_{i=1}^{n} c_i \left.\frac{dy_i}{dt}\right|_{t=0}, \quad \ldots, \quad \left.\frac{d^{n-1}y}{dt^{n-1}}\right|_{t=0} = \sum_{i=1}^{n} c_i \left.\frac{d^{n-1}y_i}{dt^{n-1}}\right|_{t=0} \qquad (3.14)$$

La independencia lineal de $y_i(t)$ garantiza que se pued(obtener una solución de estas ecuaciones para c_i, donde $i = 1, 2, \ldots, n$.

Ejemplo 3.29.

La respuesta libre $y_a(t)$ de la ecuación diferencial

$$\frac{d^2y}{dt^2} + 3\frac{dy}{dt} + 2y = x$$

con las condiciones iniciales $y(0) = 0$, $\left.\frac{dy}{dt}\right|_{t=0} = 1$ se determina haciendo

$$y_a(t) = c_1 e^{-t} + c_2 e^{-2t}$$

donde c_1 y c_2 son coeficientes desconocidos y e^{-t} y e^{-2t} constituyen un conjunto fundamental para la ecuación (ejemplo 3 26). Por tanto $y_a(t)$ debe satisfacer las condiciones iniciales, es decir,

$$y_a(0) = y(0) = 0 = c_1 + c_2, \qquad \left.\frac{dy_a(t)}{dt}\right|_{t=0} = \left.\frac{dy}{dt}\right|_{t=0} = 1 = -c_1 - 2c_2$$

entonces $c_1 = 1$ y $c_2 = -1$. Por tanto la respuesta libre está dada por $y_a(t) = e^{-t} - e^{-2t}$.

3.13 LA RESPUESTA FIJA

La **respuesta fija** $y_b(t)$ de una ecuación diferencial es la solución de la ecuación diferencial cuando todas las condiciones iniciales

$$y(0), \quad \left.\frac{dy}{dt}\right|_{t=0}, \quad \ldots, \quad \left.\frac{d^{n-1}y}{dt^{n-1}}\right|_{t=0}$$

son idénticas a cero.

Lo que esta definición implica es que la respuesta fija depende solamente de la entrada $x(t)$. La *respuesta fija* para una ecuación diferencial ordinaria lineal con coeficientes constantes se puede escribir en términos de una integral de convolución

$$y_b(t) \quad = \quad \int_0^t w(t-\tau)\left[\sum_{i=0}^{m} b_i \frac{d^i x(\tau)}{d\tau^i}\right] d\tau \qquad (3.15)$$

donde $w(t - \tau)$ es la *función de peso de la ecuación diferencial.* Esta forma de la integral de convolución supone que la función de peso describe un sistema *causal.* Esta suposición se basa en lo que sigue.

La función de peso de una ecuación diferencial ordinaria lineal con coeficientes constantes se puede escribir como

$$\begin{aligned} w(t) \quad &= \quad \sum_{i=1}^{n} c_i\, y_i(t) \qquad & t \geq 0 \\ &= \quad 0 & t < 0 \end{aligned} \qquad (3.16)$$

donde $c_1, \ldots, c_n$ son constantes y el conjunto de funciones $y_1(t),\ y_2(t), \ldots, y_n(t)$ es un conjunto fundamental de la ecuación diferencial. Se debe observar que $w(t)$ *es una respuesta libre de la ecuación diferencial* y por tanto requiere n condiciones iniciales para una completa especificación. Estas condiciones fijan los valores de las constantes $c_1, c_2, \ldots, c_n$. Las condiciones iniciales que deben satisfacer todas las funciones de peso de las ecuaciones diferenciales lineales son

$$w(0) = 0, \quad \left.\frac{dw}{dt}\right|_{t=0} = 0, \quad \ldots, \quad \left.\frac{d^{n-2}w}{dt^{n-2}}\right|_{t=0} = 0, \quad \left.\frac{d^{n-1}w}{dt^{n-1}}\right|_{t=0} = 1 \qquad (3.17)$$

Ejemplo 3.30.

La función de peso de la ecuación diferencial $\dfrac{d^2y}{dt^2} + 3\dfrac{dy}{dt} + 2y = x$ es una combinación lineal de e^{-t} y e^{-2t} (un conjunto fundamental de la ecuación). Es decir,

$$w(t) = c_1 e^{-t} + c_2 e^{-2t}$$

c_1 y c_2 se determinan a partir de las dos ecuaciones algebraicas

$$w(0) = 0 = c_1 + c_2, \qquad \left.\frac{dw}{dt}\right|_{t=0} = 1 = -c_1 - 2c_2$$

La solución es $c_1 = 1$, $c_2 = -1$ y la función de peso es $w(t) = e^{-t} - e^{-2t}$.

Ejemplo 3.31.

Para la ecuación diferencial del ejemplo 3.30, si $x(t) = 1$, entonces la respuesta fija $y_b(t)$ de la ecuación es

$$\begin{aligned} y_b(t) \quad &= \quad \int_0^t w(t-\tau)\, x(\tau)\, d\tau \quad = \quad \int_0^t \left[e^{-(t-\tau)} - e^{-2(t-\tau)}\right] d\tau \\ &= \quad e^{-t}\int_0^t e^{\tau}\, d\tau \quad - \quad e^{-2t}\int_0^t e^{2\tau}\, d\tau \quad = \quad \tfrac{1}{2}(1 - 2e^{-t} + e^{-2t}) \end{aligned}$$

3.14 LA RESPUESTA TOTAL

La **respuesta total** de una ecuación diferencial lineal con coeficientes constantes es la suma de la *respuesta libre* y la *respuesta fija.*

Ejemplo 3.32.

La respuesta total $y(t)$ de la ecuación diferencial $\frac{d^2y}{dt^2} + 3\frac{dy}{dt} + 2y = 1$ con las condiciones iniciales $y(0) = 0$, y $\left.\frac{dy}{dt}\right|_{t=0} = 1$ es la suma de la respuesta libre, $y_a(t)$ determinada en el ejemplo 3.29, y la respuesta fija $y_b(t)$, determinada en el ejemplo 3.31. Luego

$$y(t) = y_a(t) + y_b(t) = (e^{-t} - e^{-2t}) + \tfrac{1}{2}(1 - 2e^{-t} + e^{-2t}) = \tfrac{1}{2}(1 - e^{-2t})$$

3.15 LAS RESPUESTAS AL ESTADO ESTACIONARIO Y A TRANSITORIOS

La *respuesta al estado estacionario* y la *respuesta a transitorios* son otro par de cantidades cuya suma es igual a la respuesta total. Estos términos a menudo se usan para especificar el trabajo ejecutado por un sistema de control. Se definen como sigue:

Definición 3.16: La **respuesta al estado estacionario** es la parte de la respuesta total que *no* tiende a cero a medida que el tiempo tiende a infinito.

Definición 3.17: La **respuesta a transitorios** es la parte de la respuesta total que tiende a cero cuando el tiempo tiende a infinito.

Ejemplo 3.33.

La respuesta total para la ecuación diferencial en el ejemplo 3.32 se determinó como $y = \frac{1}{2} - \frac{1}{2}e^{-t}$. Luego la respuesta al estado estacionario es claramente $y_{ss} = \frac{1}{2}$. Puesto que $\lim_{t\to\infty} [-\frac{1}{2}e^{-t}] = 0$, la respuesta a transitorios es $y_T = -\frac{1}{2}e^{-t}$.

3.16 FUNCIONES SINGULARES

En el estudio de los sistemas de control y de las ecuaciones diferenciales que los describen, se usa extensamente una familia particular de funciones llamadas *funciones singulares*. Cada miembro de esta familia se relaciona a los otros por medio de una o más integraciones o diferenciaciones. De esta familia las tres funciones que se usan más extensamente son la función paso unidad, la función impulso unidad y la función rampa unidad.

Definición 3.18: Una **función paso unidad** es una función de tiempo que se expresa por $u(t - t_0)$ y se define por

$$u(t - t_0) = \begin{cases} 1 & t > t_0 \\ 0 & t \leq t_0 \end{cases} \tag{3.18}$$

La representación gráfica de la función paso unidad se da en la figura 3-5.

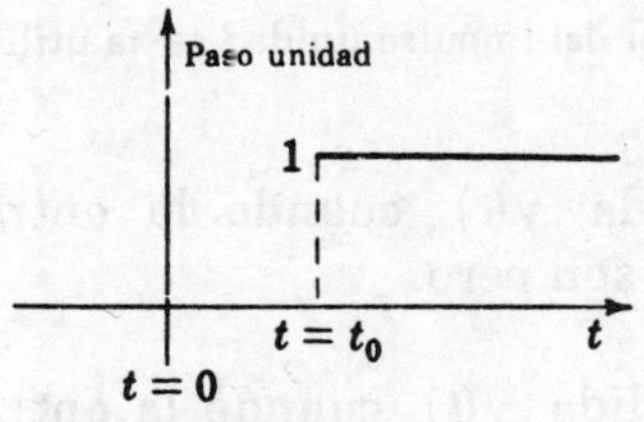

Fig. 3-5

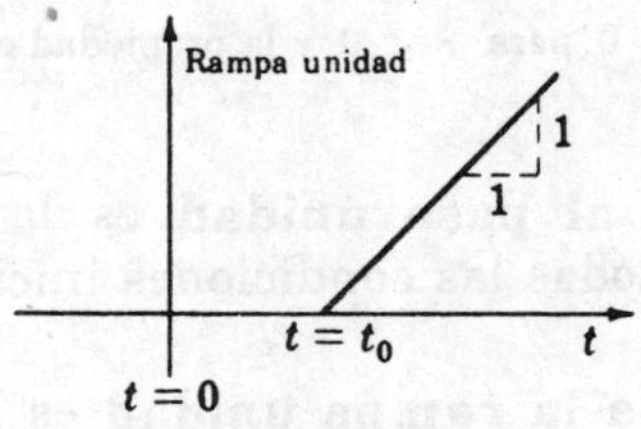

Fig. 3-6

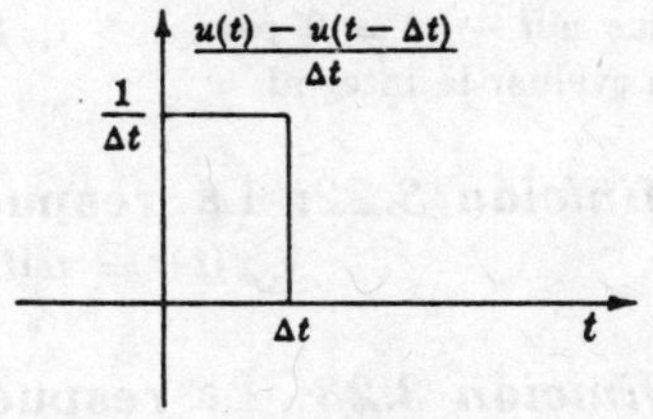

Fig. 3-7

Definición 3.19: Una **función rampa unidad** es una función de tiempo que es la integral de la función paso unidad dada por

$$\int_{-\infty}^{t} u(\tau - t_0)\, d\tau = \begin{cases} t - t_0 & t > t_0 \\ 0 & t \leq t_0 \end{cases} \tag{3.19}$$

La representación gráfica de la función rampa unidad se da en la figura 3-6.

Definición 3.20: Una **función impulso unidad** $\delta(t)$ se puede definir por

$$\delta(t) \;=\; \lim_{\substack{\Delta t \to 0 \\ \Delta t > 0}} \left[\frac{u(t) - u(t - \Delta t)}{\Delta t}\right] \tag{3.20*}$$

donde $u(t)$ es la función paso unidad.

El par $\left\{\begin{matrix}\Delta t \to 0 \\ \Delta t > 0\end{matrix}\right\}$ se puede abreviar por $\Delta t \to 0^+$, lo cual significa que Δt tiende a cero *desde la derecha.* El cociente en paréntesis angulares representa un rectángulo de altura $1/\Delta t$ y ancho Δt, como se muestra en la figura 3-7, en el cual el paso al límite produce una función que tiende a infinito cuando su derivada tiende a cero. El área bajo la curva es igual a 1 para todos los valores de Δt. Esto es,

$$\int_{-\infty}^{\infty} \delta(t)\, dt \;=\; 1$$

La función impulso unidad tiene la siguiente propiedad de gran importancia:

Propiedad especial: La integral del producto de una función impulso unidad $\delta(t - t_0)$ por una función $f(t)$ que es continua cuando $t = t_0$ en un intervalo que incluye a t_0, es igual a la función $f(t)$ evaluada para t_0, es decir,

$$\int_{-\infty}^{\infty} f(t)\, \delta(t - t_0)\, dt \;=\; f(t_0) \tag{3.21}$$

Definición 3.21: La **respuesta al impulso unidad** de un sistema lineal es la salida $y(t)$ del sistema cuando la entrada $x(t) = \delta(t)$ y todas las condiciones iniciales son cero.

Ejemplo 3.34.

Si la relación entre la entrada y la salida de un sistema lineal se da por la integral de convolución

$$y(t) \;=\; \int_0^t w(t - \tau)\, x(\tau)\, d\tau$$

entonces la respuesta del sistema al impulso unidad $y_\delta(t)$ es

$$y_\delta(t) \;=\; \int_0^t w(t - \tau)\, \delta(\tau)\, d\tau \;=\; \int_{-\infty}^{\infty} w(t - \tau)\, \delta(\tau)\, d\tau \;=\; w(t) \tag{3.22}$$

ya que $w(t - \tau) = 0$ para $\tau > t$, $\delta(\tau) = 0$ para $\tau < 0$ y la propiedad especial del impulso unidad se ha utilizado para evaluar la integral.

Definición 3.22: La **respuesta al paso unidad** es la salida $y(t)$ cuando la entrada $x(t) = u(t)$ y todas las condiciones iniciales son cero.

Definición 3.23: La **respuesta a la rampa unidad** es la salida $y(t)$ cuando la entrada $x(t) = t$ para $t > 0$, $x(t) = 0$ para $t \leqq 0$ y todas las condiciones iniciales son cero.

3.17 SISTEMAS DE SEGUNDO ORDEN

En el estudio de los sistemas de control son muy importantes las ecuaciones diferenciales lineales de segundo orden con coeficientes constantes, de la forma

* Formalmente, la ecuación (*3.20*) define la *derivada simple* de la función escalonada. Pero ni el límite ni la derivada existen en un sentido matemático ordinario. Una discusión más detallada de estos puntos se puede encontrar en la referencia [1]. Sin embargo, la definición 3.20 es satisfactoria para los objetivos de este libro.

$$\frac{d^2y}{dt^2} + 2\zeta\omega_n\frac{dy}{dt} + \omega_n^2 y = \omega_n^2 x \tag{3.23}$$

porque los sistemas de orden superior se pueden aproximar a menudo con sistemas de segundo orden. La constante ζ se denomina la **razón de amortiguación** y la constante ω_n se llama la **frecuencia natural sin amortiguación** del sistema. La respuesta fija de esta ecuación para las entradas *n* que pertenecen a la clase de funciones singulares es de interés particular. Es decir, la *respuesta fija* a un impulso unidad, a un paso unidad o a una rampa unidad es la misma que la *respuesta al impulso unidad, la respuesta al paso unidad o la respuesta a la rampa unidad* de un sistema representado por esta ecuación.

Suponiendo que $0 \leqq \zeta \leqq 1$, la ecuación característica para la ecuación (*3.23*) es

$$D^2 + 2\zeta\omega_n D + \omega_n^2 = (D + \zeta\omega_n - j\omega_n\sqrt{1-\zeta^2})(D + \zeta\omega_n + j\omega_n\sqrt{1-\zeta^2}) = 0$$

Luego las raíces son

$$D_1 = -\zeta\omega_n + j\omega_n\sqrt{1-\zeta^2} \equiv -\alpha + j\omega_d \qquad D_2 = -\zeta\omega_n - j\omega_n\sqrt{1-\zeta^2} \equiv -\alpha - j\omega_d$$

donde $\alpha \equiv \zeta\omega_n$ se denomina el **coeficiente de amortiguación** y $\omega_d \equiv \omega_n\sqrt{1-\zeta^2}$ se llama la **frecuencia natural amortiguada.** α es el inverso de la **constante de tiempo** τ del sistema; es decir $\tau = 1/\alpha$.

La función de peso de la ecuación (*3.23*) es $w(t) = \dfrac{1}{\omega_d} e^{-\alpha t} \operatorname{sen} \omega_d t$. La respuesta al paso unidad está dada por

$$y_u(t) = \int_0^t w(t-\tau)\,\omega_n^2\,d\tau = 1 - \frac{\omega_n e^{-\alpha t}}{\omega_d}\operatorname{sen}(\omega_d t + \phi) \tag{3.24}$$

donde $\phi \equiv \tan^{-1}(\omega_d/\alpha)$.

La siguiente figura es una representación paramétrica de la respuesta al paso unidad. Obsérvese que la abscisa de esta familia de curvas es el tiempo normalizado $\omega_n t$, y el parámetro que define cada curva es la razón de amortiguación ζ.

Problemas resueltos

ECUACIONES DE SISTEMAS FISICOS

3.1. La ley de Faraday establece que el voltaje v inducido entre los terminales de un inductor es igual a la rata de cambio con el tiempo de los enlaces de flujo. (Un enlace de flujo se define como una línea de flujo magnético que enlaza una vuelta del embobinado del inductor.) Suponer que experimentalmente se determina que el número de enlaces de flujo λ está relacionado a la corriente i en el inductor como se muestra en la gráfica adyacente. La curva es aproximadamente una línea recta para $-I_0 \leqq i \leqq I_0$. Determinar una ecuación diferencial válida para $-I_0 \leqq i \leqq I_0$, que relacione el voltaje inducido v y la corriente i.

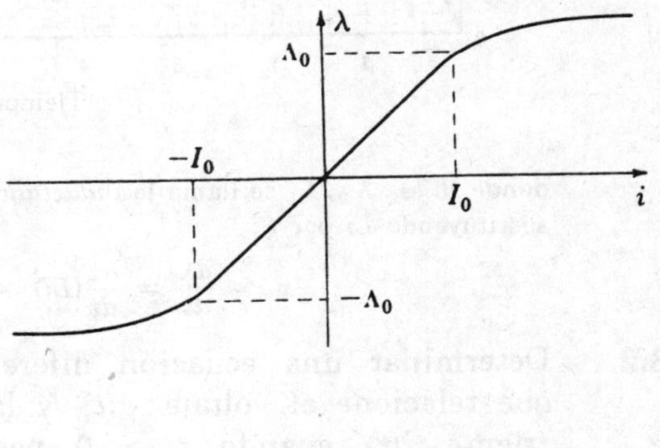

La ley de Faraday se puede escribir como $v = d\lambda/dt$. Según la gráfica puede verse que

$$\lambda = (\Lambda_0/I_0)i = Li \qquad -I_0 \leqq i \leqq I_0$$

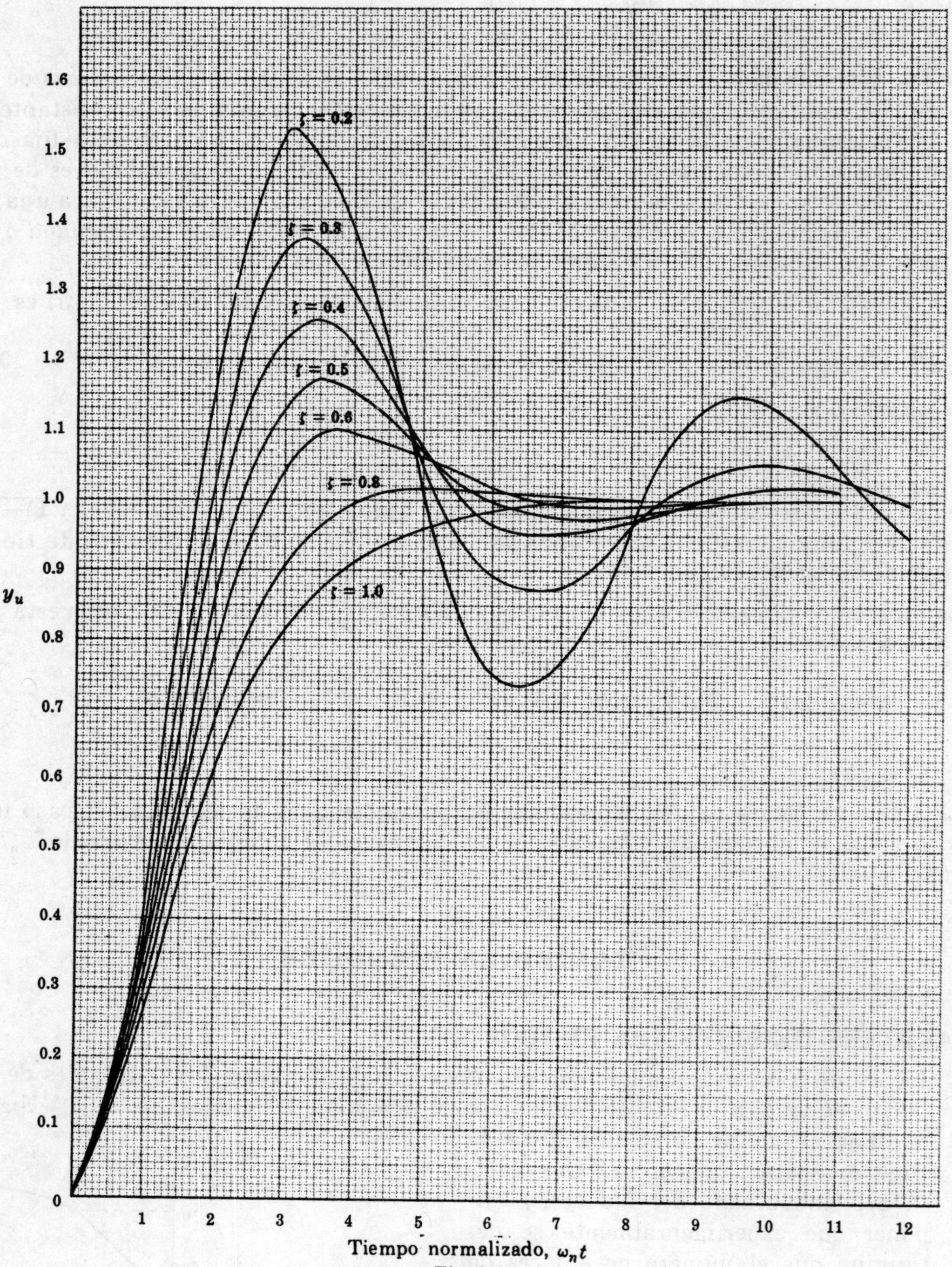

Fig. 3-8

donde $L \equiv \Lambda_0/I_0$ se llama la *inductancia* del inductor. La ecuación que relaciona a v con i se obtiene sustituyendo Li por λ:

$$v = \frac{d\lambda}{dt} = \frac{d}{dt}(Li) = L\frac{di}{dt} \qquad \text{donde} \quad -I_0 \leqq i \leqq I_0$$

3.2. Determinar una ecuación diferencial que relacione el voltaje $v(t)$ y la corriente $i(t)$ cuando $t \geqq 0$ para la red eléctrica dada en la figura adyacente. Suponer que el capacitor está descargado cuando $t = 0$, que la co-

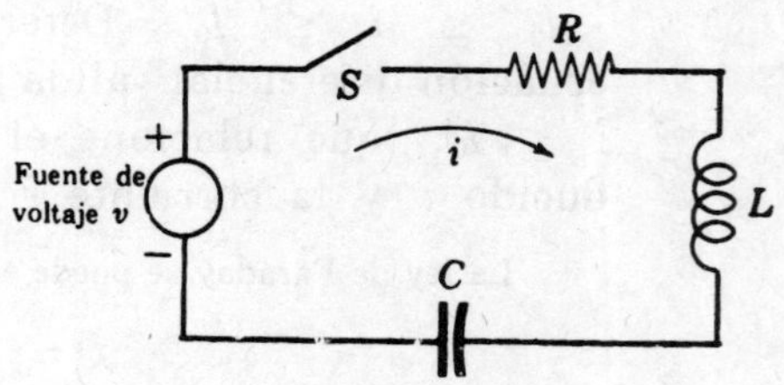

rriente i es cero cuando $t = 0$ y que el conmutador S se cierra cuando $t = 0$.

Según la ley de voltaje de Kirchhoff, el voltaje aplicado $v(t)$ es igual a la suma de las caídas de voltaje, v_R, v_L y v_C a través del resistor R, el inductor L y el capacitor C, respectivamente. Luego

$$v = v_R + v_L + v_C = Ri + L\frac{di}{dt} + \frac{1}{C}\int_0^t i(\tau)\,d\tau$$

Para eliminar la integral, se diferencian ambos lados de la ecuación con respecto al tiempo, lo cual resulta en la ecuación diferencial deseada:

$$L\frac{d^2i}{dt^2} + R\frac{di}{dt} + \frac{i}{C} = \frac{dv}{dt}$$

3.3. Las primeras dos leyes de Kepler sobre el movimiento planetario establecen que:

1. La órbita de un planeta es una elipse con el Sol como uno de los focos de la elipse.
2. El radio vector dibujado desde el Sol hasta un planeta explora áreas iguales en tiempos iguales.

Encontrar un par de ecuaciones diferenciales que describan el movimiento de un planeta alrededor del Sol, usando las primeras dos leyes de Kepler.

Según la primera ley de Kepler, el movimiento de un planeta satisface la ecuación de una elipse:

$$r = \frac{p}{1 + e\cos\theta}$$

donde r y θ se definen en la siguiente figura y $p \equiv b^2/a = a(1-e^2)$.

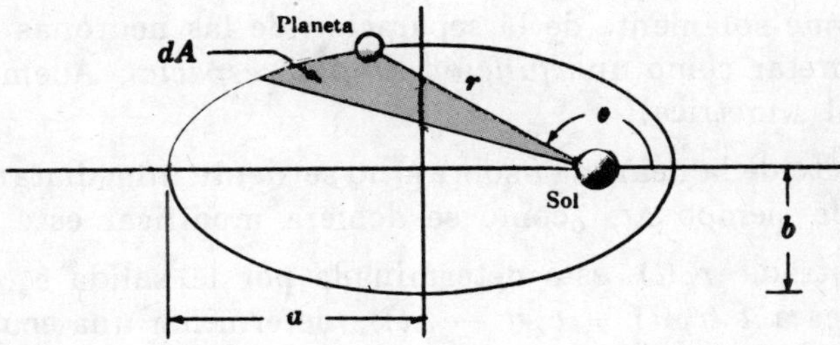

En un tiempo infinitesimal dt el ángulo θ aumenta en $d\theta$. El área explorada por r durante dt es por tanto igual a $dA = \frac{1}{2}r^2\,d\theta$. La rata a la cual el área es explorada por r es constante (según la segunda ley de Kepler). Luego

$$\frac{dA}{dt} = \frac{1}{2}r^2\frac{d\theta}{dt} = \text{constante} \quad \text{o} \quad r^2\frac{d\theta}{dt} = k$$

La primera ecuación diferencial se obtiene diferenciando este resultado con respecto al tiempo:

$$2r\frac{dr}{dt}\frac{d\theta}{dt} + r^2\frac{d^2\theta}{dt^2} = 0 \quad \text{o} \quad 2\frac{dr}{dt}\frac{d\theta}{dt} + r\frac{d^2\theta}{dt^2} = 0$$

La segunda ecuación se obtiene diferenciando la ecuación de la elipse:

$$\frac{dr}{dt} = \left[\frac{pe\,\text{sen}\,\theta}{(1+e\cos\theta)^2}\right]\frac{d\theta}{dt}$$

Usando los resultados de $\dfrac{d\theta}{dt} = \dfrac{k}{r^2}$ y $(1+e\cos\theta) = \dfrac{p}{r}$, $\dfrac{dr}{dt}$ se puede escribir como

$$\frac{dr}{dt} = \frac{ek}{p}\,\text{sen}\,\theta$$

Diferenciando de nuevo y remplazando a $r^2(d\theta/dt)$ por k se tiene

$$\frac{d^2r}{dt^2} = \left(\frac{e}{p}\right)\left(\frac{k^2}{r^2}\right)\cos\theta$$

Pero $\cos\theta = \frac{1}{e}\left[\frac{p}{r} - 1\right]$. Luego

$$\frac{d^2r}{dt^2} = \frac{k^2}{pr^2}\left[\frac{p}{r} - 1\right] = \frac{k^2}{r^3} - \frac{k^2}{pr^2}$$

Sustituyendo a $r(d\theta/dt)^2$ por k^2/r^3 obtenemos la segunda ecuación diferencial requerida:

$$\frac{d^2r}{dt^2} - r\left(\frac{d\theta}{dt}\right)^2 + \frac{k^2}{pr^2} = 0 \quad \text{o} \quad \frac{d^2r}{dt^2} - r\left(\frac{d\theta}{dt}\right)^2 = -\frac{k^2}{pr^2}$$

3.4. Un modelo matemático para un rasgo de la organización del sistema nervioso llamado *inhibición lateral* ha sido producido como resultado del trabajo de varios autores [2, 3, 4]. El fenómeno de inhibición lateral se puede describir simplemente como interacción eléctrica inhibitoria entre neuronas (células de los nervios) vecinas, espaciadas lateralmente. Cada neurona en este modelo tiene una respuesta c, medida por la frecuencia de descarga de pulsos en su axón (el "cable" o "alambre" de conexión). La respuesta se determina por una excitación r suministrada por un estímulo externo y se disminuye por cualquier clase de influencias inhibitorias que actúen sobre las neuronas como resultado de la actividad de las neuronas vecinas. En un sistema de n neuronas, la respuesta al estado estacionario de la k-ésima neurona está dada por

$$c_k = r_k - \sum_{i=1}^{n} a_{k-i}\, c_i$$

donde la constante a_{k-i} es el coeficiente inhibitorio de la acción de la neurona i sobre k. Depende solamente de la separación de las neuronas k-ésimas e i-ésimas y se puede interpretar como una *función de peso espacial.* Además, $a_m = a_{-m}$ (interacción espacial simétrica).

(*a*) Si el efecto de la neurona i sobre k no se siente inmediatamente sino que exhibe un atraso de tiempo Δt, ¿cómo se debiera modificar este modelo?

(*b*) Si la entrada $r_k(t)$ está determinada por la salida c_k, solamente Δt segundos anteriores a t $(r_k(t) = c_k(t - \Delta t))$, determinar una ecuación diferencial aproximada para el sistema de la parte (*a*).

(*a*) La ecuación viene a ser $\quad c_k(t) = r_k(t) - \sum_{i=1}^{n} a_{k-i}\, c_i(t - \Delta t)$

(*b*) Sustituyendo $c_k(t - \Delta t)$ para $r_k(t)$,

$$c_k(t) - c_k(t - \Delta t) = -\sum_{i=1}^{n} a_{k-i}\, c_i(t - \Delta t)$$

Dividiendo ambos lados por Δt,

$$\frac{c_k(t) - c_k(t - \Delta t)}{\Delta t} = -\sum_{i=1}^{n}\left(\frac{a_{k-i}}{\Delta t}\right) c_i(t - \Delta t)$$

El término de la izquierda es aproximadamente igual a dc_k/dt para Δt pequeño. Si se supone además que $c_i(t - \Delta t) \cong c_i(t)$ para Δt pequeño, entonces se obtiene la ecuación diferencial aproximada

$$\frac{dc_k}{dt} + \sum_{i=1}^{n}\left(\frac{a_{k-i}}{\Delta t}\right) c_i(t) = 0$$

Este tipo de ecuación se denomina una *ecuación diferencia-diferencial.*

CLASIFICACION DE ECUACIONES DIFERENCIALES

3.5. Clasificar las siguientes ecuaciones diferenciales de acuerdo con si son ordinarias o parciales. Indicar las variables dependiente e independiente.

(*a*) $\frac{dx}{dt} + \frac{dy}{dt} + x + y = 0 \qquad x = x(t), \quad y = y(t)$

(b) $\dfrac{\partial f}{\partial x} + \dfrac{\partial f}{\partial y} + x + y = 0 \qquad f = f(x,y)$

(c) $\dfrac{d}{dt}\left[\dfrac{\partial f}{\partial x}\right] = 0 \qquad f = x^2 + \dfrac{dx}{dt}$

(d) $\dfrac{df}{dx} = x \qquad f = y^2(x) + \dfrac{dy}{dx}$

(a) Ordinaria; t es la variable independiente; x y y son las variables dependientes.

(b) Parcial; x y y son las variables independientes; f es la variable dependiente.

(c) Puesto que $\dfrac{\partial f}{\partial x} = 2x$, entonces $\dfrac{d}{dt}\left[\dfrac{\partial f}{\partial x}\right] = 2\dfrac{dx}{dt} = 0$ que es una ecuación diferencial ordinaria; t es la variable independiente; x la variable dependiente.

(d) $\dfrac{df}{dx} = 2y\dfrac{dy}{dx} + \dfrac{d^2y}{dx^2} = x$, que es una ecuación diferencial ordinaria; x es la variable independiente; y es la variable dependiente.

3.6. Clasificar las siguientes ecuaciones diferenciales lineales de acuerdo a si son variables o invariables con el tiempo. Indicar los términos variables con el tiempo.

(a) $\dfrac{d^2y}{dt^2} + 2y = 0$ (c) $\left(\dfrac{1}{t+1}\right)\dfrac{d^2y}{dt^2} + \left(\dfrac{1}{t+1}\right)y = 0$

(b) $\dfrac{d}{dt}(t^2y) = 0$ (d) $\dfrac{d^2y}{dt^2} + (\cos t)y = 0$

(a) Invariable con el tiempo.

(b) $\dfrac{d}{dt}(t^2y) = 2ty + t^2\dfrac{dy}{dt} = 0$. Dividiendo todo por t, $t\dfrac{dy}{dt} + 2y = 0$ la cual es variable con el tiempo. El término variable con el tiempo es $t(dy/dt)$.

(c) Multiplicando todo por $t+1$, se obtiene $\dfrac{d^2y}{dt^2} + y = 0$ la cual es invariable con el tiempo.

(d) Variable con el tiempo. El término variable con el tiempo es $(\cos t)\,y$.

3.7. Clasificar las siguientes ecuaciones diferenciales de acuerdo con si son lineales o no lineales. Indicar las variables dependiente e independiente y cualquier término no lineal.

(a) $t\dfrac{dy}{dt} + y = 0 \qquad y = y(t)$

(b) $y\dfrac{dy}{dt} + y = 0 \qquad y = y(t)$

(c) $\dfrac{dy}{dt} + y^2 = 0 \qquad y = y(t)$

(d) $(\cos t)\dfrac{d^2y}{dt^2} + (\text{sen}\,2t)y = 0 \qquad y = y(t)$

(e) $(\cos y)\dfrac{d^2y}{dt^2} + \text{sen}\,2y = 0 \qquad y = y(t)$

(f) $(\cos x)\dfrac{d^2y}{dt^2} + \text{sen}\,2x = 0 \qquad y = y(t),\ x = x(t)$

(a) Lineal; t es la variable independiente; y es la variable dependiente.

(b) No lineal; t es la variable independiente; y es la variable dependiente; $y\,(dy/dt)$ es el término no lineal.

(c) No lineal; t es la variable independiente; y es la variable dependiente; y^2 es el término no lineal.

(d) Lineal; t es la variable independiente; y es la variable dependiente.

(e) No lineal; t es la variable independiente; y es la variable dependiente; los términos no lineales son $(\cos y)\ d^2y/dt^2$ y sen $2y$.

(*f*) No lineal; t es la variable independiente; x y y son las variables dependientes; los términos no lineales son $(\cos x)\, d^2y/dt^2$ y sen $2x$.

3.8. ¿Por qué todas las funciones trascendentales *no* son de primer grado?

Las funciones trascendentales, tales como las funciones logarítmicas, trigonométricas e hiperbólicas y sus funciones inversas correspondientes, no son de primer grado porque se pueden definir por, o se pueden escribir como series infinitas. Luego su grado es en general igual a *infinito.* Por ejemplo,

$$\operatorname{sen} x \quad = \quad \sum_{n=1}^{\infty} (-1)^{n-1} \frac{x^{2n-1}}{(2n-1)!} \quad = \quad x - \frac{x^3}{3!} + \frac{x^5}{5!} - \cdots$$

donde el primer término es de primer grado, el segundo de tercer grado y así sucesivamente.

LINEALIDAD Y SUPERPOSICION

3.9. Usando la definición de linealidad, definición 3.8, mostrar que cualquier ecuación diferencial de la forma

$$\sum_{i=0}^{n} a_i(t) \frac{d^iy}{dt^i} = x$$

donde y es la salida y x la entrada, es una ecuación lineal.

Sean x_1 y x_2 dos entradas arbitrarias y y_1 y y_2 las correspondientes salidas. Entonces

$$\sum_{i=0}^{n} a_i(t) \frac{d^iy_1}{dt^i} = x_1 \qquad \text{y} \qquad \sum_{i=0}^{n} a_i(t) \frac{d^iy_2}{dt^i} = x_2$$

Ahora se forma

$$\begin{aligned} c_1x_1 + c_2x_2 &= c_1\left[\sum_{i=0}^{n} a_i(t) \frac{d^iy_1}{dt^i}\right] + c_2\left[\sum_{i=0}^{n} a_i(t) \frac{d^iy_2}{dt^i}\right] \\ &= \sum_{i=0}^{n} a_i(t) \frac{d^i(c_1y_1)}{dt^i} + \sum_{i=0}^{n} a_i(t) \frac{d^i(c_2y_2)}{dt^i} \\ &= \sum_{i=0}^{n} a_i(t) \frac{d^i}{dt^i}(c_1y_1 + c_2y) \end{aligned}$$

Puesto que esta ecuación es válida para todo c_1 y c_2, la ecuación es lineal.

3.10. Mostrar que un sistema descrito por la integral de convolución

$$y(t) = \int_{-\infty}^{\infty} w(t,\tau)\, x(\tau)\, d\tau$$

es lineal. y es la salida y x la entrada.

Sean x_1 y x_2 dos entradas arbitrarias y sean

$$y_1 = \int_{-\infty}^{\infty} w(t,\tau)\, x_1(\tau)\, d\tau, \qquad y_2 = \int_{-\infty}^{\infty} w(t,\tau)\, x_2(\tau)\, d\tau$$

Ahora, sea $c_1x_1 + c_2x_2$ una tercera entrada y forma

$$\begin{aligned} \int_{-\infty}^{\infty} w(t,\tau)\,[c_1x_1(\tau) + c_2x_2(\tau)]\, d\tau &= c_1\int_{-\infty}^{\infty} w(t,\tau)\, x_1(\tau)\, d\tau + c_2\int_{-\infty}^{\infty} w(t,\tau)\, x_2(\tau)\, d\tau \\ &= c_1y_1 + c_2y_2 \end{aligned}$$

Puesto que esta relación es válida para todo c_1 y c_2, la integral de convolución es una operación lineal (o trasformación).

3.11. Usar el principio de superposición para determinar la salida y del sistema

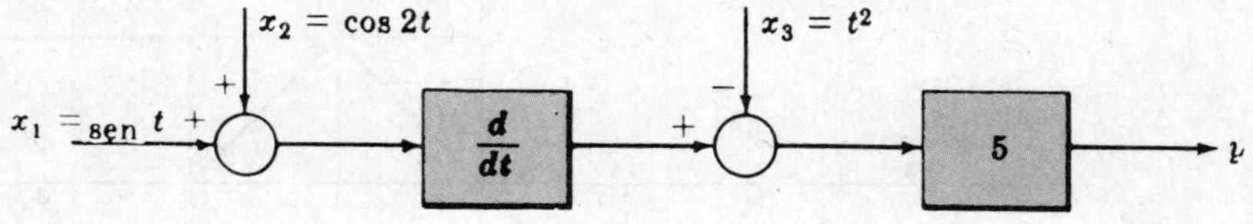

Para $x_2 = x_3 = 0$, $y_1 = 5\dfrac{d}{dt}(\text{sen } t) = 5\cos t$. Para $x_1 = x_3 = 0$, $y_2 = 5\dfrac{d}{dt}(\cos 2t) = -10 \text{ sen } 2t$. Para $x_1 = x_2 = 0$, $y_3 = -5t^2$. Por tanto

$$y = y_1 + y_2 + y_3 = 5(\cos t - 2 \text{ sen } 2t - t^2)$$

3.12. Un sistema lineal se describe por la función de peso

$$w(t, \tau) = e^{-|t-\tau|} \quad \text{para todo } t \text{ y } \tau$$

Suponer que el sistema es excitado por una entrada

$$x(t) = t \quad \text{para todo } t$$

Encontrar la salida $y(t)$.

La salida está dada por la integral de convolución (definición 3.10)

$$\begin{aligned} y(t) &= \int_{-\infty}^{\infty} e^{-|t-\tau|}\,\tau\,d\tau = \int_{-\infty}^{t} e^{-(t-\tau)}\,\tau\,d\tau + \int_{t}^{\infty} e^{(t-\tau)}\,\tau\,d\tau \\ &= e^{-t}\int_{-\infty}^{t} e^{\tau}\,\tau\,d\tau + e^{t}\int_{t}^{\infty} e^{-\tau}\,\tau\,d\tau \\ &= e^{-t}\left[e^{\tau}(\tau-1)\Big|_{-\infty}^{t}\right] + e^{t}\left[e^{-\tau}(-\tau-1)\Big|_{t}^{\infty}\right] = 2t \end{aligned}$$

CAUSALIDAD

3.13. Dos sistemas se definen por las relaciones entre sus entradas y salidas como sigue:

Sistema 1: La entrada es $x(t)$, y en el mismo momento la salida es $y(t) = x(t + T)$, $T > 0$.

Sistema 2: La entrada es $x(t)$ y en el mismo momento la salida es $y(t) = x(t - T)$, $T > 0$.

¿Es cualquiera de estos sistemas causal?

En el sistema 1, la salida depende de la entrada solamente T segundos en el futuro. Luego no es causal. Una operación de este tipo se llama **predicción**.

En el sistema 2, la salida depende de la entrada solamente T segundos en el pasado. Luego es causal. Una operación de este tipo se llama un **retardo de tiempo**.

SISTEMAS LINEALIZADOS Y FRAGMENTARIAMENTE LINEALES

3.14. La ecuación diferencial de cierto sistema físico está dada por

$$\frac{d^3y}{dt^3} + 4\frac{d^2y}{dt^2} + f(y) = 0$$

donde $f(y)$ tiene la gráfica

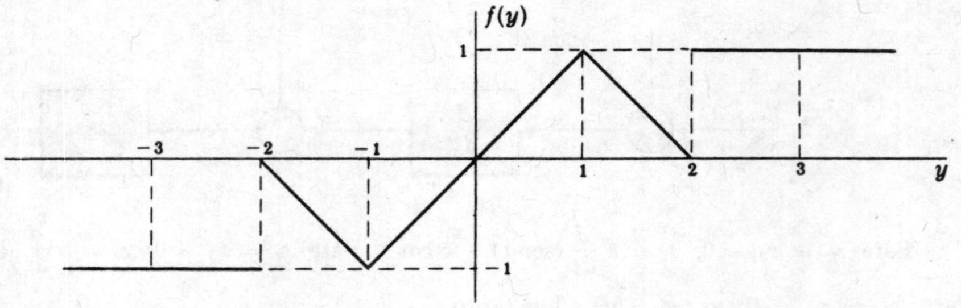

Escribir este sistema no lineal como un sistema fragmentariamente lineal.

Este sistema se puede representar por el conjunto de ecuaciones

$$\frac{d^3y}{dt^3} + 4\frac{d^2y}{dt^2} - 1 = 0 \qquad y < -2$$

$$\frac{d^3y}{dt^3} + 4\frac{d^2y}{dt^2} - y - 2 = 0 \qquad -2 \leq y < -1$$

$$\frac{d^3y}{dt^3} + 4\frac{d^2y}{dt^2} + y = 0 \qquad -1 \leq y \leq 1$$

$$\frac{d^3y}{dt^3} + 4\frac{d^2y}{dt^2} - y + 2 = 0 \qquad 1 < y \leq 2$$

$$\frac{d^3y}{dt^3} + 4\frac{d^2y}{dt^2} + 1 = 0 \qquad 2 < y$$

3.15. Una solución de la ecuación diferencial no lineal

$$\frac{d^2y}{dt^2} + y\cos y = x$$

cuando la entrada $x = 0$ es $y = 0$. Linealizar la ecuación diferencial alrededor de esta entrada y salida usando el desarrollo de las series de Taylor de la función $\frac{d^2y}{dt^2} + y\cos y - x$ alrededor del punto $x = y = 0$.

El desarrollo de las series de Taylor de cos y alrededor de $y = 0$ es

$$\cos y = \sum_{n=0}^{\infty} \frac{y^n}{n!}\left[\frac{d^n}{dy^n}(\cos y)\bigg|_{y=0}\right] = 1 - \frac{1}{2!}y^2 + \cdots$$

Por tanto
$$\frac{d^2y}{dt^2} + y\cos y - x = \frac{d^2y}{dt^2} + y\left(1 - \frac{y^2}{2!} + \cdots\right) - x$$

Dejando sólo términos de primer grado, la ecuación linealizada es $\frac{d^2y}{dt^2} + y = x$. Esta ecuación es válida solamente para pequeñas desviaciones alrededor del punto de operación $x = y = 0$.

LA ECUACION CARACTERISTICA

3.16. Encontrar el polinomio característico y la ecuación característica para cada sistema:

(*a*) $\frac{d^4y}{dt^4} + 9\frac{d^2y}{dt^2} + 7y = x$ (*b*) $\frac{d^4y}{dt^4} + 9\frac{d^2y}{dt^2} + 7y = \operatorname{sen} t$

(*a*) Haciendo $D^n \equiv \frac{d^n}{dt^n}$ para $n = 2$ y $n = 4$, el polinomio característico es $D^4 + 9D^2 + 7$; y la ecuación característica es $D^4 + 9D^2 + 7 = 0$.

(*b*) Aunque la ecuación dada en (*b*) es no lineal según la definición 3.7 (el término sen t no es de primer

grado en y), se puede tratar como una ecuación lineal si se hace arbitrariamente sen $t \equiv x$ y tratando a x como una segunda variable dependiente que representa la entrada. En este caso, la parte (b) tiene la misma respuesta que la parte (a).

3.17. Determinar la solución de la ecuación característica del problema anterior.

Sea $D^2 \equiv E$. Entonces $D^4 = E^2$ y la ecuación característica viene a ser cuadrática:

$$E^2 + 9E + 7 = 0, \quad E = -\frac{9 \pm \sqrt{53}}{2}, \quad \text{y} \quad D = \pm\sqrt{\frac{-9 \pm \sqrt{53}}{2}}$$

INDEPENDENCIA LINEAL Y CONJUNTOS FUNDAMENTALES

3.18. Mostrar que una condición suficiente para que un conjunto de n funciones $f_1, f_2, \ldots, f_n$ sea linealmente independiente es que el determinante

$$\begin{vmatrix} f_1 & f_2 & \cdots & f_n \\ \dfrac{df_1}{dt} & \dfrac{df_2}{dt} & \cdots & \dfrac{df_n}{dt} \\ \cdots & \cdots & \cdots & \cdots \\ \dfrac{d^{n-1}f_1}{dt^{n-1}} & \dfrac{d^{n-1}f_2}{dt^{n-1}} & \cdots & \dfrac{d^{n-1}f_n}{dt^{n-1}} \end{vmatrix}$$

no sea cero. Este determinante se denomina el **Wronskian** de las funciones $f_1, f_2, \ldots, f_n$.

Suponiendo que las f_i son diferenciables por lo menos $n - 1$ veces, se forman $n - 1$ derivadas de

$$c_1 f_1 + c_2 f_2 + \cdots + c_n f_n = 0$$

como sigue, donde las c_i son constantes desconocidas:

$$c_1\frac{df_1}{dt} + c_2\frac{df_2}{dt} + \cdots + c_n\frac{df_n}{dt} = 0$$

$$\cdots\cdots\cdots\cdots\cdots\cdots\cdots\cdots$$

$$c_1\frac{d^{n-1}f_1}{dt^{n-1}} + c_2\frac{d^{n-1}f_2}{dt^{n-1}} + \cdots + c_n\frac{d^{n-1}f_n}{dt^{n-1}} = 0$$

Estas ecuaciones se pueden considerar como n ecuaciones homogéneas lineales simultáneas en términos de las constantes desconocidas $c_1, c_2, \ldots, c_n$, cuyos coeficientes están dados por el determinante. Se sabe muy bien que estas ecuaciones tienen una solución diferente de cero para $c_1, c_2, \ldots, c_n$ (esto es, no todo c_i es igual a cero) si el determinante de los coeficientes es igual a cero. Luego si el determinante no es cero, entonces la única solución para $c_1, c_2, \ldots, c_n$ es degenerativa, v.gr. $c_1 = c_2 = \cdots = c_n = 0$. Desde luego que esto equivale a decir que si el determinante no es cero, las funciones $f_1, f_2, \ldots, f_n$ son linealmente independientes ya que la única solución para $c_1 f_1 + c_2 f_2 + \cdots + c_n f_n = 0$ es entonces $c_1 = c_2 = c_3 = \cdots = c_n = 0$. Luego una condición suficiente para lograr la independencia lineal de $f_1, f_2, \ldots, f_n$ es que el determinante no sea cero. Esta condición no es *necesaria*; es decir, existen conjuntos de funciones linealmente independientes para los cuales el determinante *es* cero.

3.19 Mostrar que las funciones 1, t, t^2 son linealmente independientes.

El determinante Wronskiano de estas tres funciones (veáse el problema 3.18) es

$$\begin{vmatrix} 1 & t & t^2 \\ 0 & 1 & 2t \\ 0 & 0 & 2 \end{vmatrix} = 2$$

Puesto que el determinante no es cero, las funciones son linealmente independientes.

3.20. Determinar un conjunto fundamental para las ecuaciones diferenciales

(a) $\dfrac{d^3y}{dt^3} + 5\dfrac{d^2y}{dt^2} + 8\dfrac{dy}{dt} + 4y = x$ (b) $\dfrac{d^3y}{dt^3} + 4\dfrac{d^2y}{dt^2} + 6\dfrac{dy}{dt} + 4y = x$

(a) El polinomio característico es $D^3 + 5D^2 + 8D + 4$, el cual se puede factorizar: $(D+2)(D+2)(D+1)$. Correspondiente a la raíz $D_1 = -1$ existe una solución e^{-t} y correspondiente a la raíz repetida $D_2 = D_3 = -2$ existen dos soluciones e^{-2t} y te^{-2t}. Las tres soluciones constituyen un conjunto fundamental.

(b) El polinomio característico es $D^3 + 4D^2 + 6D + 4$ el cual se puede factorizar: $(D+1+j)(D+1-j)(D+2)$.

Un conjunto fundamental es entonces $e^{(-1-j)t}$, $e^{(-1+j)t}$ y e^{-2t}.

3.21. Para las ecuaciones diferenciales del problema 3.20, encontrar conjuntos fundamentales diferentes de los encontrados en el problema 3.20.

(a) Se escoge cualquier determinante de 3×3 que no sea cero, como

$$\begin{vmatrix} 1 & 2 & -1 \\ -3 & 2 & 0 \\ 1 & 3 & -2 \end{vmatrix} = -5$$

Usando los elementos de la primera fila como coeficientes a_{1i} para el conjunto fundamental e^{-t}, e^{-2t}, te^{-2t} encontrado en el problema 3.20, se forma

$$z_1 = e^{-t} + 2e^{-2t} - te^{-2t}$$

Usando la segunda fila se forma

$$z_2 = -3e^{-t} + 2e^{-2t}$$

De la tercera fila se forma

$$z_3 = e^{-t} + 3e^{-2t} - 2te^{-2t}$$

Las funciones z_1, z_2 y z_3 constituyen un conjunto fundamental.

(b) Para esta ecuación se genera el segundo conjunto fundamental haciendo

$$z_1 = e^{-2t}$$

$$z_2 = \tfrac{1}{2}e^{(-1+j)t} + \tfrac{1}{2}e^{(-1-j)t} = e^{-t}\left(\frac{e^{-jt}+e^{jt}}{2}\right)$$

$$= e^{-t}\left(\frac{\cos t - j\,\text{sen}\,t + \cos t + j\,\text{sen}\,t}{2}\right) = e^{-t}\cos t$$

$$z_3 = \frac{1}{2j}e^{(-1+j)t} - \frac{1}{2j}e^{(-1-j)t} = e^{-t}\left(\frac{e^{-jt}-e^{jt}}{2j}\right)$$

$$= e^{-t}\left(\frac{\cos t + j\,\text{sen}\,t - \cos t + j\,\text{sen}\,t}{2j}\right) = e^{-t}\,\text{sen}\,t$$

El determinante de los coeficientes es en este caso

$$\begin{vmatrix} 1 & 0 & 0 \\ 0 & \frac{1}{2} & \frac{1}{2} \\ 0 & \frac{1}{2j} & -\frac{1}{2j} \end{vmatrix} = -\frac{1}{2j}$$

SOLUCION DE ECUACIONES DIFERENCIALES ORDINARIAS LINEALES CON COEFICIENTES CONSTANTES

3.22. Mostrar que cualquier respuesta libre $y_a(t) = \sum_{k=1}^{n} c_k\, y_k(t)$ satisface $\sum_{i=0}^{n} a_i \frac{d^i y}{dt^i} = 0.$

Por la definición de un conjunto fundamental, $y_k(t), k = 1, 2, \ldots, n$ satisface $\sum_{i=0}^{n} a_i \frac{d^i y_k}{dt^i} = 0.$

Sustituyendo $\sum_{k=1}^{n} c_k y_k(t)$ en esta ecuación diferencial se tiene,

$$\sum_{i=0}^{n} a_i \frac{d^i}{dt^i}\left[\sum_{k=1}^{n} c_k\, y_k(t)\right] = \sum_{i=0}^{n}\sum_{k=1}^{n} a_i \frac{d^i}{dt^i}(c_k\, y_k(t)) = \sum_{k=1}^{n} c_k \left[\sum_{i=0}^{n} a_i \frac{d^i y_k(t)}{dt^i}\right] = 0$$

La última igualdad se obtiene debido a que el término en los paréntesis angulares es cero para todo k.

3.23. Mostrar que la respuesta fija dada por la ecuación (*3.15*),

$$y_b(t) = \int_0^t w(t-\tau)\left[\sum_{i=0}^{m} b_i \frac{d^i x(\tau)}{d\tau^i}\right] d\tau$$

satisface la ecuación diferencial

$$\sum_{i=0}^{n} a_i \frac{d^i y}{dt^i} = \sum_{i=0}^{m} b_i \frac{d^i x}{dt^i}$$

Para simplificar, sea $r(t) \equiv \sum_{i=0}^{m} b_i \frac{d^i x}{dt^i}$. Luego $y_b(t) = \int_0^t w(t-\tau)\, r(\tau)\, d\tau$ y

$$\frac{dy_b}{dt} = \int_0^t \frac{\partial w(t-\tau)}{\partial t} r(\tau)\, d\tau + w(t-\tau)\, r(t)\Big|_{\tau=t} = \int_0^t \frac{\partial w(t-\tau)}{\partial t} r(\tau)\, d\tau + 0 \cdot r(t)$$

Similarmente,

$$\frac{d^2 y_b}{dt^2} = \int_0^t \frac{\partial^2 w(t-\tau)}{\partial t^2} r(\tau)\, d\tau, \quad \ldots, \quad \frac{d^{n-1} y_b}{dt^{n-1}} = \int_0^t \frac{\partial^{n-1} w(t-\tau)}{\partial t^{n-1}} r(\tau)\, d\tau$$

puesto que según (*3.17*), $\left.\frac{\partial^i w(t-\tau)}{\partial t^i}\right|_{\tau=t} = \left.\frac{d^i w(t)}{dt^i}\right|_{t=0} = 0$ para $i = 0, 1, 2, \ldots, n-2$.

La derivada n-ésima es,

$$\frac{d^n y_b}{dt^n} = \int_0^t \frac{\partial^n w(t-\tau)}{\partial t^n} r(\tau)\, d\tau + \left.\frac{\partial^{n-1} w(t-\tau)}{\partial t^{n-1}}\right|_{t=\tau} \cdot r(t) = \int_0^t \frac{\partial^n w(t-\tau)}{\partial t^n} r(\tau)\, d\tau + r(t)$$

puesto que según (*3.17*) $\left.\frac{\partial^{n-1} w(t-\tau)}{\partial t^{n-1}}\right|_{t=\tau} = \left.\frac{d^{n-1} w(t)}{dt^{n-1}}\right|_{t=0} = 1.$ La suma de las derivadas n-ésimas es

$$\sum_{i=0}^{n} a_i \frac{d^i y_b}{dt^i} = \int_0^t \left[\sum_{i=0}^{n} a_i \frac{\partial^i w(t-\tau)}{\partial t^i}\right] r(\tau)\, d\tau + r(t)$$

Finalmente, haciendo el cambio de variables $t - \tau = \theta$ en el término en paréntesis angulares da

$$\sum_{i=0}^{n} a_i \frac{\partial^i w(\theta)}{\partial \theta^i} = \sum_{i=0}^{n} a_i \frac{d^i w(\theta)}{d\theta^i} = 0$$

debido a que $w(\theta)$ es una respuesta libre (véase la sección 3.13 y el problema 3.22). Luego

$$\sum_{i=0}^{n} a_i \frac{d^i y_b}{dt^i} = r(t) \equiv \sum_{i=0}^{m} b_i \frac{d^i x}{dt^i}$$

3.24. Encontrar la respuesta libre de la ecuación diferencial

$$\frac{d^3 y}{dt^3} + 4\frac{d^2 y}{dt^2} + 6\frac{dy}{dt} + 4y = x$$

con las condiciones iniciales $y(0) = 1$, $\left.\frac{dy}{dt}\right|_{t=0} = 0$, y $\left.\frac{d^2 y}{dt^2}\right|_{t=0} = -1.$

De los resultados de los problemas 3.20 y 3.21 se sabe que un conjunto fundamental para esta ecuación es: e^{-2t}, $e^{-t}\cos t$, $e^{-t}\,\text{sen}\,t$. Luego la respuesta libre se puede escribir como

$$y_a(t) = c_1 e^{-2t} + c_2 e^{-t}\cos t + c_3 e^{-t}\,\text{sen}\,t$$

Las condiciones iniciales proporcionan el siguiente conjunto de ecuaciones algebraicas para c_1, c_2, c_3:

$$y_a(0) = c_1 + c_2 = 1, \qquad \left.\frac{dy_a}{dt}\right|_{t=0} = -2c_1 - c_2 + c_3 = 0, \qquad \left.\frac{d^2y_a}{dt^2}\right|_{t=0} = 4c_1 - 2c_3 = -1$$

de donde $c_1 = \frac{1}{2}$, $c_2 = \frac{1}{2}$, $c_3 = \frac{3}{2}$. Por tanto la respuesta libre es

$$y_a(t) = \tfrac{1}{2}e^{-2t} + \tfrac{1}{2}e^{-t}\cos t + \tfrac{3}{2}e^{-t}\,\text{sen}\,t$$

3.25. Encontrar la función de peso de la ecuación diferencial

$$\frac{d^2y}{dt^2} + 4\frac{dy}{dt} + 4y = 3\frac{dx}{dt} + 2x$$

La ecuación característica es $D^2 + 4D + 4 = (D+2)^2 = 0$ con la raíz repetida $D = -2$. Por tanto un conjunto fundamental está dado por e^{-2t}, te^{-2t}, y la función de peso tiene la forma

$$w(t) = c_1 e^{-2t} + c_2 te^{-2t}$$

con las condiciones iniciales

$$w(0) = [c_1e^{-2t} + c_2te^{-2t}]\Big|_{t=0} = c_1 = 0, \qquad \left.\frac{dw}{dt}\right|_{t=0} = [-2c_1e^{-2t} + c_2e^{-2t} - 2c_2te^{-2t}]\Big|_{t=0} = c_2 = 1$$

Luego $w(t) = te^{-2t}$.

3.26. Encontrar la respuesta fija de la ecuación diferencial (véase el problema 3.25).

$$\frac{d^2y}{dt^2} + 4\frac{dy}{dt} + 4y = 3\frac{dx}{dt} + 2x$$

donde $x(t) = e^{-3t}$, $t \geq 0$.

La respuesta libre está dada por la ecuación (*3.15*) como

$$y_b(t) = \int_0^t w(t-\tau)\left[3\frac{dx}{d\tau} + 2x\right]d\tau = 3\int_0^t w(t-\tau)\frac{dx}{d\tau}\,d\tau + 2\int_0^t w(t-\tau)\,x\,d\tau$$

Integrando por partes la primera integral,

$$\int_0^t w(t-\tau)\frac{dx}{d\tau}\,d\tau = w(t-\tau)\,x(\tau)\Big|_0^t - \int_0^t \frac{\partial w(t-\tau)}{\partial\tau}\,x\,d\tau$$

$$= w(0)\,x(t) - w(t)\,x(0) - \int_0^t \frac{\partial w(t-\tau)}{\partial\tau}\,x\,d\tau$$

Pero $w(0) = 0$; luego la respuesta fija se puede escribir como

$$y_b(t) = \int_0^t \left[-3\frac{\partial w(t-\tau)}{\partial\tau} + 2w(t-\tau)\right]x(\tau)\,d\tau - 3w(t)\,x(0)$$

Del problema 3.25, $w(t-\tau) = (t-\tau)e^{-2(t-\tau)}$; luego

$$\left[-3\frac{\partial w(t-\tau)}{\partial\tau} + 2w(t-\tau)\right] = 3e^{-2(t-\tau)} - 4(t-\tau)\,e^{-2(t-\tau)}$$

y la respuesta fija es

$$y_b(t) = 3e^{-2t}\int_0^t e^{2\tau}e^{-3\tau}\,d\tau - 4te^{-2t}\int_0^t e^{2\tau}e^{-3\tau}\,d\tau + 4e^{-2t}\int_0^t \tau e^{2\tau}e^{-3\tau}\,d\tau - 3te^{-2t}$$

$$= 7[e^{-2t} - e^{-3t} - te^{-2t}]$$

3.27. Encontrar la salida y de un sistema descrito por la ecuación diferencial

$$\frac{d^2y}{dt^2} + 3\frac{dy}{dt} + 2y = 1 + t$$

con las condiciones iniciales $y(0) = 0$ y $\left.\frac{dy}{dt}\right|_{t=0} = 1.$

Sea, $x_1 \equiv 1$, $x_2 \equiv t$. La respuesta y debida a x_1 solamente se determinó en el ejemplo 3.32 como $y_1 = \frac{1}{2}(1 - e^{-2t})$. La respuesta libre y_a para la ecuación diferencial se determinó en el ejemplo 3.29 como $y_a = e^{-t} - e^{-2t}$. La respuesta fija debida a x_2 está dada por la ecuación (*3.15*). Usando la función de peso determinada en el ejemplo 3.30, la respuesta fija debida a x_2 es

$$y_2 = \int_0^t w(t-\tau)\, x_2(\tau)\, d\tau = \int_0^t [e^{-(t-\tau)} - e^{-2(t-\tau)}]\tau\, d\tau$$

$$= e^{-t}\int_0^t \tau e^{\tau}\, d\tau - e^{-2t}\int_0^t \tau e^{2\tau}\, d\tau = \tfrac{1}{4}[4e^{-t} - e^{-2t} + 2t - 3]$$

Luego la respuesta fija es

$$y_b = y_1 + y_2 = \tfrac{1}{4}[4e^{-t} - 3e^{-2t} + 2t - 1]$$

y la respuesta total es

$$y = y_a + y_b = \tfrac{1}{4}[8e^{-t} - 7e^{-2t} + 2t - 1]$$

3.28. Encontrar las respuestas al estado estacionario y al transitorio de un sistema descrito por la ecuación diferencial

$$\frac{d^2y}{dt^2} + 3\frac{dy}{dt} + 2y = 1 + t$$

con las condiciones iniciales $y(0) = 0$ y $\left.\frac{dy}{dt}\right|_{t=0} = 1.$

La respuesta total para esta ecuación se determinó en el problema 3.27 como

$$y = \tfrac{1}{4}[8e^{-t} - 7e^{-2t} + 2t - 1]$$

Puesto que $\lim_{t\to\infty}[\frac{1}{4}(8e^{-t} - 7e^{-2t})] = 0$, la respuesta a transitorios es $y_T = \frac{1}{4}(8e^{-t} - 7e^{-2t})$. La respuesta al estado estacionario es $y_{ss} = \frac{1}{4}(2t - 1)$.

FUNCIONES SINGULARES

3.29. Evaluar: (*a*) $\int_5^8 t^2\, \delta(t-6)\, dt$, (*b*) $\int_0^4 \operatorname{sen} t\, \delta(t-7)\, dt$.

(*a*) Usando la propiedad especial de la función impulso unidad $\int_5^8 t^2\, \delta(t-6)\, dt = t^2\Big|_{t=6} = 36.$

(*b*) Puesto que el intervalo de integración $0 \leqq t \leqq 4$ no incluye la posición de la función impulso unidad $t = 7$, entonces $\int_0^4 \operatorname{sen} t\, \delta(t-7)\, dt = 0.$

3.30. Mostrar que la respuesta al paso unidad $y_u(t)$ de un sistema causal lineal descrito por la integral de convolución

$$y(t) = \int_0^t w(t-\tau)\, x(\tau)\, d\tau$$

está relacionada con la respuesta al impulso unidad $y_\delta(t)$ por la ecuación $y_u(t) = \int_0^t y_\delta(\tau)\,d\tau$.

La respuesta al paso unidad está dada por $y_u(t) = \int_0^t w(t-\tau)\,u(\tau)\,d\tau$ donde $u(t)$ es una función paso unidad. En el ejemplo 3.34 se mostró que $y_\delta(t) = w(t)$. Luego

$$y_u(t) = \int_0^t y_\delta(t-\tau)\,u(\tau)\,d\tau = \int_0^t y_\delta(t-\tau)\,d\tau$$

Ahora se cambia de variable $\theta = t - \tau$. Entonces $d\tau = -d\theta$, $\tau = 0$ implica que $\theta = t$, $\tau = t$ implica que $\theta = 0$, y la integral viene a ser

$$y_u(t) = -\int_t^0 y_\delta(\theta)\,d\theta = \int_0^t y_\delta(\theta)\,d\theta$$

3.31. Mostrar que la respuesta a la rampa unidad $y_r(t)$ de un sistema lineal causal descrito por la integral de convolución (véase el problema 3.30) está relacionada a la respuesta impulso unidad $y_\delta(t)$ y a la respuesta paso unidad $y_u(t)$ por la ecuación

$$y_r(t) = \int_0^t y_u(\tau')\,d\tau' = \int_0^t \int_0^{\tau'} y_\delta(\theta)\,d\theta\,d\tau'$$

Procediendo como en el problema 3.30 con $w(t-\tau) = y_\delta(t-\tau)$ y cambiando a τ por $t-\tau'$, se tiene

$$y_r(t) = \int_0^t y_\delta(t-\tau)\,\tau\,d\tau = \int_0^t (t-\tau')\,y_\delta(\tau')\,d\tau' = \int_0^t t\,y_\delta(\tau')\,d\tau' - \int_0^t \tau'\,y_\delta(\tau')\,d\tau'$$

Según el problema 3.30 el primer término se puede escribir como $t\int_0^t y_\delta(\tau')\,d\tau' = t\,y_u(t)$. El segundo término se puede integrar por partes dando $\int_0^t \tau'\,y_\delta(\tau')\,d\tau' = \tau'\,y_u(\tau')\Big|_0^t - \int_0^t y_u(\tau')\,d\tau'$ donde $dy_u(\tau') = y_\delta(\tau')\,d\tau'$. Luego

$$y_r(t) = t\,y_u(t) - t\,y_u(t) + \int_0^t y_u(\tau')\,d\tau' = \int_0^t y_u(\tau')\,d\tau'$$

Usando de nuevo el resultado del problema 3.30 se obtiene la ecuación requerida.

SISTEMAS DE SEGUNDO ORDEN

3.32. Mostrar que la función de peso de la ecuación diferencial de segundo orden

$$\frac{d^2y}{dt^2} + 2\zeta\omega_n\frac{dy}{dt} + \omega_n^2 y = \omega_n^2 x$$

está dada por $w(t) = \frac{1}{\omega_d}e^{-\alpha t}\operatorname{sen}\omega_d t$ donde $\alpha \equiv \zeta\omega_n$ $\omega_d \equiv \omega_n\sqrt{1-\zeta^2}$, $0 \leq \zeta \leq 1$.

La ecuación característica $D^2 + 2\zeta\omega_n D + \omega_n^2 = 0$

tiene las raíces

$$D_1 = -\zeta\omega_n + j\omega_n\sqrt{1-\zeta^2} = -\alpha + j\omega_d$$

$$D_2 = -\zeta\omega_n - j\omega_n\sqrt{1-\zeta^2} = -\alpha - j\omega_d$$

Un conjunto fundamental es $y_1 = e^{-\alpha t}e^{j\omega_d t}$, $y_2 = e^{-\alpha t}e^{-j\omega_d t}$; y la función de peso se puede escribir como

$$w(t) = c_1 e^{-\alpha t}e^{-j\omega_d t} + c_2 e^{-\alpha t}e^{j\omega_d t}$$

donde c_1 y c_2 son todavía coeficientes desconocidos. $w(t)$ se puede volver a escribir como

$$\begin{aligned} w(t) &= e^{-\alpha t}[c_1 \cos\omega_d t - jc_1 \operatorname{sen}\omega_d t + c_2 \cos\omega_d t + jc_2 \operatorname{sen}\omega_d t] \\ &= (c_1 + c_2)e^{-\alpha t}\cos\omega_d t + j(c_2 - c_1)e^{-\alpha t}\operatorname{sen}\omega_d t \\ &= Ae^{-\alpha t}\cos\omega_d t + Be^{-\alpha t}\operatorname{sen}\omega_d t \end{aligned}$$

donde $A \equiv c_1 + c_2$ y $B \equiv j(c_2 - c_1)$ son coeficientes desconocidos, determinados a partir de las condiciones iniciales dadas por la ecuación (*3.17*). Esto es,

$$w(0) = [Ae^{-\alpha t}\cos\omega_d t + Be^{-\alpha t}\operatorname{sen}\omega_d t]\Big|_{t=0} = A = 0$$

y

$$\left.\frac{dw}{dt}\right|_{t=0} = Be^{-\alpha t}[\omega_d \cos\omega_d t - \alpha \operatorname{sen}\omega_d t]\Big|_{t=0} = B\omega_d = 1$$

Por tanto,

$$w(t) = \frac{1}{\omega_d}e^{-\alpha t}\operatorname{sen}\omega_d t$$

3.33. Determinar la razón de amortiguación ζ, la frecuencia natural sin amortiguación ω_n, la frecuencia natural amortiguada ω_d, el coeficiente de amortiguación α y la constante de tiempo τ para el siguiente sistema de segundo orden:

$$2\frac{d^2y}{dt^2} + 4\frac{dy}{dt} + 8y = 8x$$

Dividiendo ambos lados de la ecuación por 2, $\frac{d^2y}{dt^2} + 2\frac{dy}{dt} + 4y = 4x$. Comparando los coeficientes de esta ecuación con los de la ecuación (*3.23*) se obtiene $2\zeta\omega_n = 2$ y $\omega_n^2 = 4$ con las soluciones $\omega_n = 2$ y $\zeta = \frac{1}{2} = 0{,}5$. Ahora $\omega_d = \omega_n\sqrt{1-\zeta^2} = \sqrt{3}$, $\alpha = \zeta\omega_n = 1$, y $\tau = 1/\alpha = 1$.

3.34. El **sobrepaso** de un sistema de segundo orden en respuesta a una entrada con paso unidad es la diferencia entre el valor máximo alcanzado por la salida y la solución en estado estacionario. Determinar el sobrepaso para el sistema del problema 3.33, utilizando la familia normalizada de curvas dada en la sección 3.17.

Puesto que la razón de amortiguación de este sistema es $\zeta = 0{,}5$, se usa la curva normalizada correspondiente a $\zeta = 0{,}5$. Esta curva tiene su valor máximo (pico) en $\omega_n t = 3{,}4$. Según el problema 3.33, $\omega_n = 2$; luego el tiempo t_p durante el cual ocurre el pico es $t_p = 3{,}4/\omega_n = 3{,}4/2 = 1{,}7$ seg. El valor alcanzado en este momento es 1,17 y el sobrepaso es 1,17 — 1,00 = 0,17.

Problemas propuestos

3.35. ¿Cuáles de los términos siguientes son de primer grado en la variable dependiente $y = y(t)$? (*a*) t^2y, (*b*) $\tan y$, (*c*) $\cos t$, (*d*) e^{-y}, (*e*) te^{-t}.

3.36. Mostrar que un sistema definido por la ecuación $y = mx + b$ donde y es la salida, x es la entrada y m y b son constantes diferentes de cero, es no lineal de acuerdo con la definición 3.8.

3.37. Mostrar que cualquier ecuación diferencial de la forma $\sum_{i=0}^{n} a_i(t)\frac{d^iy}{dt^i} = \sum_{i=0}^{m} b_i(t)\frac{d^ix}{dt^i}$ satisface la definición 3.8. (Véase el ejemplo 3.17 y problema 3.9.)

3.38. Encontrar una ecuación diferencial lineal que describa pequeñas variaciones Δy alrededor de una *solución conocida* $y_0(t)$ de la ecuación diferencial no lineal $\frac{d^2y}{dt^2} + y\frac{dy}{dt} + y^2 = 0$.

3.39. Mostrar que las funciones $\cos t$ y $\operatorname{sen} t$ son linealmente independientes.

3.40. Mostrar que las funciones $\operatorname{sen} nt$ y $\operatorname{sen} kt$ donde n y k son enteros, son linealmente independientes si $n \neq k$.

3.41. Mostrar que las funciones t y t^2 constituyen un conjunto fundamental para la ecuación diferencial

$$t^2\frac{d^2y}{dt^2} - 2t\frac{dy}{dt} + 2y = 0$$

3.42. Encontrar un conjunto fundamental para $\dfrac{d^3y}{dt^3} + 6\dfrac{d^2y}{dt^2} + 21\dfrac{dy}{dt} + 26y = x$.

3.43. Encontrar la respuesta libre de la ecuación diferencial lineal

$$t^2\frac{d^2y}{dt^2} - 2t\frac{dy}{dt} + 2y = 0$$

con las condiciones iniciales $y(0) = 0$, $\left.\dfrac{dy}{dt}\right|_{t=0} = 1$. Un conjunto fundamental para estas ecuaciones está formado por las funciones t y t^2.

3.44. Encontrar la respuesta libre de $\dfrac{d^3y}{dt^3} + 6\dfrac{d^2y}{dt^2} + 11\dfrac{dy}{dt} + 6y = 0$ con las condiciones iniciales $y(0) = 1$, $\left.\dfrac{dy}{dt}\right|_{t=0} = \left.\dfrac{d^2y}{dt^2}\right|_{t=0} = 0$.

3.45. Encontrar la función de peso de la ecuación diferencial $\dfrac{d^2y}{dt^2} - \dfrac{dy}{dt} - 2y = x$.

3.46. Encontrar la respuesta fija de $\dfrac{d^2y}{dt^2} + 3\dfrac{dy}{dt} + 2y = x$ cuando $x = \operatorname{sen} t$.

3.47. Evaluar $\displaystyle\int_{-\infty}^{\infty} e^{-t}\cos 5t\ \delta(t-1)\,dt$.

3.48. Encontrar la frecuencia natural no amortiguada, la razón de amortiguación, la frecuencia natural amortiguada y la constante de tiempo de la ecuación diferencial de segundo orden, $\dfrac{d^2y}{dt^2} + 5\dfrac{dy}{dt} + 7y = 7x$.

3.49. Mostrar que el valor pico de la respuesta al paso unidad de un sistema de segundo orden ocurre cuando $t_p = \pi/(\omega_n\sqrt{1-\zeta^2})$.

Respuestas a los problemas propuestos

3.35. $t^2 y$

3.38. $\dfrac{d^2\Delta y}{dt^2} + y_0\dfrac{d\Delta y}{dt} + \left(\dfrac{dy_0}{dt} + 2y_0\right)\Delta y = 0$

3.42. $c^{-2t},\ e^{-2t}\operatorname{sen} 3t,\ e^{-2t}\cos 3t$

3.43. $y_a(t) = t$

3.44. $y_a(t) = 3e^{-t} - 3e^{-2t} + e^{-3t}$

3.45. $w(t) = -\frac{1}{3}e^{-t} + \frac{1}{3}e^{2t}$

3.46. $y_b(t) = \frac{1}{10}[5e^{-t} - 2e^{-2t} + \operatorname{sen} t - 3\cos t]$

3.47. 0,1042

3.48. $\omega_n = \sqrt{7}$ rad/seg, $\zeta = \dfrac{5}{2\sqrt{7}} = 0{,}943$, $\omega_d = 0{,}866$ rad/seg, $\tau = 0{,}4$ seg

Capítulo 4

La trasformada de Laplace

4.1 INTRODUCCION

Varias técnicas usadas para resolver problemas de ingeniería se basan en remplazar funciones de una variable real (generalmente tiempo o distancia), por ciertas representaciones que dependen de la frecuencia, o por funciones de una variable compleja que depende de la frecuencia. Un ejemplo típico es el uso de la serie de Fourier para resolver problemas eléctricos. Uno de los problemas consiste en encontrar la corriente en alguna parte de una red eléctrica lineal en la cual el voltaje de entrada es una forma de onda periódica o repetitiva. El voltaje periódico se puede remplazar por su representación en términos de la serie de Fourier y la corriente producida por cada término de la serie se puede entonces determinar. La corriente total es la suma de las corrientes individuales (superposición). Esta técnica a menudo resulta en un ahorro considerable en los cálculos.

En las próximas secciones de este capítulo se presenta una técnica de trasformación que relaciona funciones de tiempo a funciones dependientes de frecuencia de una variable compleja. Esta técnica se llama la *trasformada de Laplace*. La aplicación de esta trasformación matemática para resolver ecuaciones diferenciales lineales con coeficientes constantes se discute en las secciones siguientes y constituye la base de las técnicas de análisis y diseño desarrolladas en los próximos capítulos.

4.2 LA TRASFORMADA DE LAPLACE

La trasformada de Laplace se define de la siguiente manera:

Definición 4.1: Sea $f(t)$ una función real de una variable real t definida para $t > 0$. Entonces

$$\mathcal{L}[f(t)] \equiv F(s) \equiv \lim_{\substack{T\to\infty \\ \epsilon\to 0}} \int_{\epsilon}^{T} f(t)e^{-st}\,dt = \int_{0^+}^{\infty} f(t)e^{-st}\,dt, \qquad 0 < \epsilon < T$$

es lo que se llama la **trasformada de Laplace** de $f(t)$. s es una variable compleja definida por $s \equiv \sigma + j\omega$, donde σ y ω son variables reales* y $j = \sqrt{-1}$.

Obsérvese que el límite inferior de la integral es $t = \epsilon > 0$. Esta definición del límite inferior algunas veces es útil cuando se trabaja con funciones que son discontinuas en $t = 0$. Cuando se hace uso *explícito* de este límite, se abrevia como $t = \lim_{\epsilon\to 0} \epsilon \equiv 0^+$, como se muestra en la integral.

La variable real t siempre denota *tiempo*.

---

* La parte real σ de una variable compleja s, a menudo se escribe como $\mathrm{Re}(s)$ (la parte real de s) y la parte imaginaria ω como $\mathrm{Im}(s)$ (la parte imaginaria de s.) Se ponen paréntesis alrededor de s solamente cuando existe posibilidad de confusión.

Definición 4.2: Si $f(t)$ se define y con valor único para $t > 0$, y $F(\sigma)$ es absolutamente convergente para algún número real σ_0, es decir,

$$\int_{0^+}^{\infty} |f(t)|\, e^{-\sigma_0 t}\, dt \quad = \quad \lim_{\substack{T\to\infty \\ \epsilon\to 0}} \int_{\epsilon}^{T} |f(t)|\, e^{-\sigma_0 t}\, dt \; < \; +\infty, \qquad 0 < \epsilon < T$$

entonces $f(t)$ es **trasformable** para $\mathrm{Re}(s) > \sigma_0$.

Ejemplo 4.1.

La función e^{-t} es trasformable puesto que

$$\int_{0^+}^{\infty} |e^{-t}|\, e^{-\sigma_0 t}\, dt \;=\; \int_{0^+}^{\infty} e^{-(1+\sigma_0)t}\, dt \;=\; \frac{1}{-(1+\sigma_0)}\, e^{-(1+\sigma_0)t}\Big|_{0^+}^{\infty} \;=\; \frac{1}{1+\sigma_0} \;<\; +\infty$$

si $1+\sigma_0 > 0$ o $\sigma_0 > -1$.

Ejemplo 4.2.

La trasformada de Laplace de e^{-t} es

$$\mathcal{L}[e^{-t}] \;=\; \int_{0^+}^{\infty} e^{-t}\, e^{-st}\, dt \;=\; \frac{-1}{(s+1)}\, e^{-(s+1)t}\Big|_{0^+}^{\infty} \;=\; \frac{1}{s+1} \qquad \text{para } \mathrm{Re}(s) > -1$$

4.3 EL INVERSO DE LA TRASFORMADA DE LAPLACE

La trasformada de Laplace trasforma un problema de la variable real en el dominio del tiempo a la variable compleja en el dominio s. Después de haber obtenido una solución del problema trasformado en términos de s es necesario "invertir" la trasformada con el fin de obtener la solución en el dominio del tiempo. La trasformación desde el dominio de s al dominio de t se denomina el *inverso de la trasformada de Laplace*.

Definición 4.3: Sea $F(s)$ la trasformada de Laplace de una función $f(t)$, $t > 0$. La integral de contorno

$$\mathcal{L}^{-1}[F(s)] \;\equiv\; f(t) \;=\; \frac{1}{2\pi j}\int_{c-j\infty}^{c+j\infty} F(s)\, e^{st}\, ds$$

donde $j = \sqrt{-1}$ y $c > \sigma_0$ (σ_0 según la definición 4.2) se llama el **inverso de la trasformada de Laplace** de $F(s)$.

Raras veces es necesario en la práctica llevar a cabo la integración de contorno explicada en la definición 4.3. Para las aplicaciones de la trasformada de Laplace en este libro, no es necesario. En la sección 4.8 se presenta una técnica simple para evaluar el inverso de la trasformada de Laplace en la mayoría de problemas sobre sistemas de control.

4.4 ALGUNAS PROPIEDADES DE LA TRASFORMADA DE LAPLACE Y SU INVERSO

La trasformada de Laplace y su inverso, tienen varias propiedades importantes que se pueden usar ventajosamente en la solución de ecuaciones diferenciales lineales con coeficientes constantes. Estas son:

1. La trasformada de Laplace es una *trasformación lineal* entre funciones definidas en el dominio t y funciones definidas en el dominio s. Es decir, si $F_1(s)$ y $F_2(s)$ son las trasformadas de Laplace de $f_1(t)$ y $f_2(t)$ respectivamente, entonces $a_1F_1(s) + a_2F_2(s)$ es la trasformada de Laplace de $a_1f_1(t) + a_2f_2(t)$, donde a_1 y a_2 son constantes arbitrarias.

2. El inverso de la trasformada de Laplace es una *trasformación lineal* entre funciones definidas en el dominio s y funciones definidas en el dominio t. Es decir, si $f_1(t)$ y $f_2(t)$ son los inversos de las trasformadas de Laplace de $F_1(s)$ y $F_2(s)$ respectivamente, entonces $b_1f_1(t) + b_2f_2(t)$ es el inverso de la trasformada de Laplace de $b_1F_1(s) + b_2F_2(s)$, donde b_1 y b_2 son constantes arbitrarias.

3. La trasformada de Laplace de la *derivada* df/dt de una función $f(t)$ cuya trasformada de Laplace es $F(s)$ es

$$\mathcal{L}[df/dt] = sF(s) - f(0^+)$$

donde $f(0^+)$ es el valor inicial de $f(t)$, evaluada como el límite unilateral de $f(t)$ a medida que t tiende a cero desde valores positivos.

4. La trasformada de Laplace de la *integral* $\int_0^t f(\tau)\,d\tau$ de una función $f(t)$ cuya trasformada de Laplace es $F(s)$ es

$$\mathcal{L}\left[\int_0^t f(\tau)\,d\tau\right] = \frac{F(s)}{s}$$

5. El valor inicial $f(0^+)$ de la función $f(t)$ cuya trasformada de Laplace es $F(s)$ es

$$f(0^+) = \lim_{t\to 0} f(t) = \lim_{s\to\infty} sF(s) \qquad t > 0$$

Esta relación se denomina el *teorema del valor inicial.*

6. El valor final $f(\infty)$ de la función $f(t)$ cuya trasformada es $F(s)$ es

$$f(\infty) = \lim_{t\to\infty} f(t) = \lim_{s\to 0} sF(s)$$

si $\lim_{t\to\infty} f(t)$ existe. Esta relación se denomina el *teorema del valor final.*

7. La trasformada de Laplace de una función $f(t/a)$ (*escalado del tiempo*) es

$$\mathcal{L}[f(t/a)] = aF(as)$$

donde $F(s) = \mathcal{L}[f(t)]$.

8. El inverso de la trasformada de Laplace de la función $F(s/a)$ (*escalado de la frecuencia*) es

$$\mathcal{L}^{-1}[F(s/a)] = af(at)$$

donde $\mathcal{L}^{-1}[F(s)] = f(t)$.

9. La trasformada de Laplace de la función $f(t - T)$ (*retardo de tiempo*) donde $T > 0$ y $f(t - T) = 0$ para $t \leqq T$, es

$$\mathcal{L}[f(t-T)] = e^{-sT}F(s)$$

donde $F(s) = \mathcal{L}[f(t)]$.

10. La trasformada de Laplace de la función $e^{-at}f(t)$ se da por

$$\mathcal{L}[e^{-at}f(t)] = F(s+a)$$

donde $F(s) = \mathcal{L}[f(t)]$. (*Traslación compleja.*)

11. La trasformada de Laplace del *producto de dos funciones* $f_1(t)$ y $f_2(t)$ se da por la *integral de convolución compleja*

$$\mathcal{L}[f_1(t)\cdot f_2(t)] = \frac{1}{2\pi j}\int_{c-j\infty}^{c+j\infty} F_1(\omega)\,F_2(s-\omega)\,d\omega$$

donde $F_1(s) = \mathcal{L}[f_1(t)]$, $F_2(s) = \mathcal{L}[f_2(t)]$.

12. El inverso de la trasformada de Laplace del *producto de las dos trasformadas* $F_1(s)$ y $F_2(s)$ se da por las *integrales de convolución*

$$\mathcal{L}^{-1}[F_1(s)\cdot F_2(s)] = \int_{0^+}^{t} f_1(\tau)\,f_2(t-\tau)\,d\tau = \int_{0^+}^{t} f_2(\tau)\,f_1(t-\tau)\,d\tau$$

donde $\mathcal{L}^{-1}[F_1(s)] = f_1(t)$, $\mathcal{L}^{-1}[F_2(s)] = f_2(t)$.

Ejemplo 4.3.

Las trasformadas de Laplace de las funciones e^{-t} y e^{-2t} son $\mathcal{L}[e^{-t}] = \dfrac{1}{s+1}$, $\mathcal{L}[e^{-2t}] = \dfrac{1}{s+2}$. Entonces según la propiedad 1,

$$\mathcal{L}[3e^{-t} - e^{-2t}] = 3\mathcal{L}[e^{-t}] - \mathcal{L}[e^{-2t}] = \frac{3}{s+1} - \frac{1}{s+2} = \frac{2s+5}{s^2+3s+2}$$

Ejemplo 4.4.

Los inversos de las trasformadas de Laplace de las funciones $\dfrac{1}{s+1}$ y $\dfrac{1}{s+3}$ son

$$\mathcal{L}^{-1}\left[\frac{1}{s+1}\right] = e^{-t}, \qquad \mathcal{L}^{-1}\left[\frac{1}{s+3}\right] = e^{-3t}$$

Luego según la propiedad 2,

$$\mathcal{L}^{-1}\left[\frac{2}{s+1} - \frac{4}{s+3}\right] = 2\mathcal{L}^{-1}\left[\frac{1}{s+1}\right] - 4\mathcal{L}^{-1}\left[\frac{1}{s+3}\right] = 2e^{-t} - 4e^{-3t}$$

Ejemplo 4.5.

La trasformada de Laplace de $\dfrac{d}{dt}(e^{-t})$ se puede determinar aplicando la propiedad 3. Puesto que $\mathcal{L}[e^{-t}] = \dfrac{1}{s+1}$ y $\lim\limits_{t\to 0} e^{-t} = 1$, entonces

$$\mathcal{L}\left[\frac{d}{dt}(e^{-t})\right] = s\left(\frac{1}{s+1}\right) - 1 = \frac{-1}{s+1}$$

Ejemplo 4.6.

La trasformada de Laplace de $\displaystyle\int_0^t e^{-\tau}\,d\tau$ se puede determinar aplicando la propiedad 4. Puesto que $\mathcal{L}[e^{-t}] = \dfrac{1}{s+1}$, entonces

$$\mathcal{L}\left[\int_0^t e^{-\tau}\,d\tau\right] = \frac{1}{s}\left(\frac{1}{s+1}\right) = \frac{1}{s(s+1)}$$

Ejemplo 4.7.

La trasformada de Laplace de e^{-3t} es $\mathcal{L}[e^{-3t}] = \dfrac{1}{s+3}$. El valor inicial de e^{-3t} se puede determinar por medio del teorema del valor inicial como $\lim\limits_{t\to 0} e^{-3t} = \lim\limits_{s\to\infty} s\left(\dfrac{1}{s+3}\right) = 1.$

Ejemplo 4.8.

La trasformada de Laplace de la función $(1 - e^{-t})$ es $\dfrac{1}{s(s+1)}$. El valor final de esta función se puede determinar por medio del teorema del valor final como $\lim\limits_{t\to\infty}(1-e^{-t}) = \lim\limits_{s\to 0}\dfrac{s}{s(s+1)} = 1.$

Ejemplo 4.9.

La trasformada de Laplace de e^{-t} es $\dfrac{1}{s+1}$. La trasformada de Laplace de e^{-3t} se puede determinar aplicando la propiedad 7 (escalado del tiempo), donde $a = \frac{1}{3}$: $\mathcal{L}[e^{-3t}] = \frac{1}{3}\left[\dfrac{1}{(\frac{1}{3}s+1)}\right] = \dfrac{1}{s+3}$.

Ejemplo 4.10.

El inverso de la trasformada de $\dfrac{1}{s+1}$ es e^{-t}. El inverso de la trasformada de $\dfrac{1}{\frac{1}{3}s+1}$ se puede determinar aplicando la propiedad 8 (escalado de la frecuencia): $\mathcal{L}^{-1}\left[\dfrac{1}{\frac{1}{3}s+1}\right] = 3e^{-3t}$.

Ejemplo 4.11.

La trasformada de Laplace de la función e^{-t} es $\dfrac{1}{s+1}$. La trasformada de Laplace de la función definida como

$$f(t) = \begin{cases} e^{-(t-2)} & t > 2 \\ 0 & t \leq 2 \end{cases}$$

se puede determinar según la propiedad 9, con $T = 2$: $\mathcal{L}[f(t)] = e^{-2s}\cdot\mathcal{L}[e^{-t}] = \dfrac{e^{-2s}}{s+1}$.

Ejemplo 4.12.

La trasformada de Laplace de cos t es $\dfrac{s}{s^2+1}$. La trasformada de Laplace de e^{-2t} cos t se puede determinar por medio de la propiedad 10 con $a = 2$: $\mathcal{L}[e^{-2t}\cos t] = \dfrac{s+2}{(s+2)^2+1} = \dfrac{s+2}{s^2+4s+5}$.

Ejemplo 4.13.

La trasformada de Laplace del producto e^{-2t} cos t se puede determinar aplicando la propiedad 11 (convolución compleja). Es decir, puesto que $\mathcal{L}[e^{-2t}] = \dfrac{1}{s+2}$ y $\mathcal{L}[\cos t] = \dfrac{s}{s^2+1}$, entonces

$$\mathcal{L}[e^{-2t}\cos t] = \frac{1}{2\pi j}\int_{c-j\infty}^{c+j\infty}\left(\frac{\omega}{\omega^2+1}\right)\left(\frac{1}{s-\omega+2}\right)d\omega = \frac{s+2}{s^2+4s+5}$$

Los detalles de esta integración de contorno no se llevan a cabo aquí porque son muy complicados e innecesarios (véase por ejemplo la referencia [5]). La trasformada de Laplace de e^{-2t} cos t se determinó con facilidad en el ejemplo 4.12 usando la propiedad 10. Existen sin embargo en tratados más avanzados muchos casos de control automático en los cuales la convolución compleja se puede usar con efectividad.

Ejemplo 4.14.

El inverso de la trasformada de Laplace de la función $F(s) = \dfrac{s}{(s+1)(s^2+1)}$ se puede determinar aplicando la propiedad 12. Puesto que $\mathcal{L}^{-1}\left[\dfrac{1}{s+1}\right] = e^{-t}$ y $\mathcal{L}^{-1}\left[\dfrac{s}{s^2+1}\right] = \cos t$, entonces

$$\mathcal{L}^{-1}\left[\left(\frac{1}{s+1}\right)\left(\frac{s}{s^2+1}\right)\right] = \int_{0^+}^{t} e^{-(t-\tau)}\cos\tau\,d\tau = e^{-t}\int_{0^+}^{t} e^{\tau}\cos\tau\,d\tau = \tfrac{1}{2}(\cos t + \operatorname{sen} t - e^{-t})$$

4.5 TABLA CORTA DE TRASFORMADAS DE LAPLACE

La siguiente es una tabla corta de trasformadas de Laplace. No está completa, pero cuando se usa con la ayuda de las propiedades de la trasformada de Laplace descritas en la sección 4.4 y las técnicas de desarrollo en fracciones parciales descritas en la sección 4.7 es muy adecuada para resolver todos los problemas en este libro. Una tabla más completa de pares de trasformadas de Laplace se encuentra en el apéndice.

TABLA 4.1

Función de tiempo		Trasformada de Laplace
Impulso unidad	$\delta(t)$	1
Paso unidad	$u(t)$	$1/s$
Rampa unidad	t	$1/s^2$
Polinomio	t^n	$n!/s^{n+1}$
Exponencial	e^{-at}	$\dfrac{1}{s+a}$
Onda sinusoidal	$\operatorname{sen}\omega t$	$\dfrac{\omega}{s^2+\omega^2}$
Onda cosenoidal	$\cos\omega t$	$\dfrac{s}{s^2+\omega^2}$
Onda sinusoidal amortiguada	$e^{-at}\operatorname{sen}\omega t$	$\dfrac{\omega}{(s+a)^2+\omega^2}$
Onda cosenoidal amortiguada	$e^{-at}\cos\omega t$	$\dfrac{s+a}{(s+a)^2+\omega^2}$

La tabla 4.1 se puede usar para encontrar tanto las trasformadas de Laplace como sus inversos. Para encontrar la trasformada de Laplace de una función de tiempo que se pueda representar por cualquier combinación de las funciones elementales dadas en la tabla 4.1, se escogen en la tabla las trasformadas apropiadas y se combinan usando las propiedades de la sección 4.4.

Ejemplo 4.15.

La trasformada de Laplace de la función $f(t) = e^{-4t} + \text{sen}\,(t-2) + t^2e^{-2t}$ se determina como sigue. Las trasformadas de Laplace de e^{-4t}, sen t y t^2 se dan en la tabla como

$$\mathcal{L}[e^{-4t}] = \frac{1}{s+4}, \quad \mathcal{L}[\text{sen}\,t] = \frac{1}{s^2+1}, \quad \mathcal{L}[t^2] = \frac{2}{s^3}$$

Aplicando las propiedades 9 y 10 respectivamente, se tiene

$$\mathcal{L}[\text{sen}\,(t-2)] = \frac{e^{-2s}}{s^2+1}, \quad \mathcal{L}[t^2e^{-2t}] = \frac{2}{(s+2)^3}$$

Luego la propiedad 1 (linealidad) da

$$\mathcal{L}[f(t)] = \frac{1}{s+4} + \frac{e^{-2s}}{s^2+1} + \frac{2}{(s+2)^3}$$

Para encontrar el inverso de la trasformada de una combinación de los dados en la tabla 4.1, se determinan las funciones de tiempo correspondientes (trasformadas inversas) a partir de la tabla y luego se combinan apropiadamente usando las propiedades de la sección 4.4.

Ejemplo 4.16.

El inverso de la trasformada de Laplace de $F(s) = \left(\frac{s+2}{s^2+4}\right) \cdot e^{-s}$ se puede determinar como sigue: $F(s)$ se escribe primero como $F(s) = \frac{se^{-s}}{s^2+4} + \frac{2e^{-s}}{s^2+4}$. Ahora

$$\mathcal{L}^{-1}\left[\frac{s}{s^2+4}\right] = \cos 2t, \quad \mathcal{L}^{-1}\left[\frac{2}{s^2+4}\right] = \text{sen}\,2t$$

Aplicando la propiedad 9 para $t > 1$ se obtiene

$$\mathcal{L}^{-1}\left[\frac{se^{-s}}{s^2+4}\right] = \cos 2(t-1), \quad \mathcal{L}^{-1}\left[\frac{2e^{-s}}{s^2+4}\right] = \text{sen}\,2(t-1)$$

Luego la propiedad 2 (linealidad) da

$$\begin{aligned} \mathcal{L}^{-1}[F(s)] &= \cos 2(t-1) + \text{sen}\,2(t-1) \qquad t > 1 \\ &= 0 \qquad t \leq 1 \end{aligned}$$

4.6 APLICACION DE LAS TRASFORMADAS DE LAPLACE EN LA SOLUCION DE ECUACIONES DIFERENCIALES CON COEFICIENTES CONSTANTES

La aplicación de las trasformadas de Laplace en la solución de ecuaciones diferenciales lineales con coeficientes constantes es de gran importancia en los problemas sobre sistemas lineales de control. En esta sección se tratan dos clases de ecuaciones de interés general. La primera de éstas tiene la forma

$$\sum_{i=0}^{n} a_i \frac{d^iy}{dt^i} = x \tag{4.1}$$

donde y es la salida, x es la entrada, los coeficientes a_i, $i = 0, 1, \ldots, n-1$, son constantes y $a_n = 1$. Las condiciones iniciales para esta ecuación se escriben como

$$\left.\frac{d^ky}{dt^k}\right|_{t=0^+} \equiv y_0^k, \qquad k = 0, 1, \ldots, n-1$$

donde y_0^k son constantes. La trasformada de Laplace de la ecuación (*4.1*) se representa por

$$\sum_{i=0}^{n}\left[a_i\left(s^i Y(s) - \sum_{k=0}^{i-1} s^{i-1-k} y_0^k\right)\right] = X(s) \tag{4.2}$$

y la trasformada de salida es

$$Y(s) = \frac{X(s)}{\sum_{i=0}^{n} a_i s^i} + \frac{\sum_{i=0}^{n}\sum_{k=0}^{i-1} a_i s^{i-1-k} y_0^k}{\sum_{i=0}^{n} a_i s^i} \tag{4.3}$$

Obsérvese que el miembro de la derecha de la ecuación (*4.3*) es la suma de dos términos: Un término que depende solamente de la trasformada de la entrada y un término que depende solamente de las condiciones iniciales. Además, nótese que el denominador de ambos términos de la ecuación (*4.3*) que es

$$\sum_{i=0}^{n} a_i s^i = s^n + a_{n-1}s^{n-1} + \cdots + a_1 s + a_0$$

es el *polinomio característico* de la ecuación (*4.1*) (véase la sección 3.9).

La solución en el dominio del tiempo $y(t)$ de la ecuación (*4.1*) es el inverso de la trasformada de Laplace de $Y(s)$; es decir,

$$y(t) = \mathcal{L}^{-1}\left[\frac{X(s)}{\sum_{i=0}^{n} a_i s^i}\right] + \mathcal{L}^{-1}\left[\frac{\sum_{i=0}^{n}\sum_{k=0}^{i-1} a_i s^{i-1-k} y_0^k}{\sum_{i=0}^{n} a_i s^i}\right] \tag{4.4}$$

El primer término de la derecha es la *respuesta fija* y el segundo término es la *respuesta libre* del sistema representado por la ecuación (*4.1*).

La trasformada de la ecuación diferencial, la trasformada de la solución $Y(s)$, o la solución en el dominio del tiempo $y(t)$, se obtienen por sustitución directa en las ecuaciones (*4.2*), (*4.3*) y (*4.4*) respectivamente. Sin embargo, a veces es más fácil aplicar directamente las propiedades de la sección 4.4 para determinar estas cantidades, especialmente cuando el orden de la ecuación diferencial es bajo.

Ejemplo 4.17.

La trasformada de Laplace de la ecuación diferencial

$$\frac{d^2y}{dt^2} + 3\frac{dy}{dt} + 2y = u(t) = \text{paso unidad}$$

con las condiciones iniciales $y(0^+) = -1$ y $\left.\frac{dy}{dt}\right|_{t=0^+} = 2$ se puede escribir directamente de la ecuación (*4.2*) identificando primero n, a_i y y_0^k: $n = 2$, $y_0^0 = -1$, $y_0^1 = 2$, $a_0 = 2$, $a_1 = 3$, $a_2 = 1$. Sustituyendo estos valores en la ecuación (*4.2*) se tiene

$$2Y + 3(sY+1) + 1(s^2Y + s - 2) = \frac{1}{s} \quad \text{o} \quad (s^2+3s+2)Y = \frac{-(s^2+s-1)}{s}$$

Se debe observar que cuando $i = 0$ en (*4.2*), la sumatoria dentro de los paréntesis es por definición,

$$\left.\sum_{k=0}^{i-1}\right|_{i=0} = \sum_{k=0}^{k=-1} = 0$$

La trasformada de Laplace de la ecuación diferencial se puede también determinar de la siguiente manera: La trasformada de d^2y/dt^2 se da por

$$\mathcal{L}\left[\frac{d^2y}{dt^2}\right] = s^2\,Y(s) - s\,y(0^+) - \left.\frac{dy}{dt}\right|_{t=0^+}$$

Esta ecuación es una consecuencia directa de la propiedad 3, sección 4.4 (véase el problema 4.17). Con esta información la trasformada de la ecuación diferencial se puede determinar aplicando la propiedad 1 (linealidad) de la sección 4.4; es decir,

$$\mathcal{L}\left[\frac{d^2y}{dt^2}+3\frac{dy}{dt}+2y\right] = \mathcal{L}\left[\frac{d^2y}{dt^2}\right]+\mathcal{L}\left[3\frac{dy}{dt}\right]+\mathcal{L}[2y] = (s^2+3s+2)Y+s+1 = \mathcal{L}[u(t)] = \frac{1}{s}$$

La trasformada de salida $Y(s)$ se determina ordenando la ecuación anterior y es

$$Y(s) = \frac{-(s^2+s-1)}{s(s^2+3s+2)}$$

La solución de la salida en el dominio del tiempo $y(t)$ es el inverso de la trasformada de Laplace de $Y(s)$. Un método para determinar el inverso de la trasformada de funciones como $Y(s)$ se presenta en las secciones 4.7 y 4.8.

Ahora, considérense ecuaciones con coeficientes constantes de la forma

$$\sum_{i=0}^{n} a_i \frac{d^iy}{dt^i} = \sum_{i=0}^{m} b_i \frac{d^ix}{dt^i} \tag{4.5}$$

donde y es la salida, x es la entrada, $a_n = 1$, y $m \leqq n$. La trasformada de Laplace de la ecuación (*4.5*) se da por

$$\sum_{i=0}^{n}\left[a_i\left(s^iY(s) - \sum_{k=0}^{i-1} s^{i-1-k}y_0^k\right)\right] = \sum_{i=0}^{m}\left[b_i\left(s^iX(s) - \sum_{k=0}^{i-1} s^{i-1-k}x_0^k\right)\right] \tag{4.6}$$

donde $x_0^k = \left.\dfrac{d^kx}{dt^k}\right|_{t=0^+}$. La trasformada de salida $Y(s)$ es

$$Y(s) = \left[\frac{\sum_{i=0}^{m} b_is^i}{\sum_{i=0}^{n} a_is^i}\right]X(s) - \frac{\sum_{i=0}^{m}\sum_{k=0}^{i-1} b_is^{i-1-k}x_0^k}{\sum_{i=0}^{n} a_is^i} + \frac{\sum_{i=0}^{n}\sum_{k=0}^{i-1} a_is^{i-1-k}y_0^k}{\sum_{i=0}^{n} a_is^i} \tag{4.7}$$

La solución en el dominio del tiempo $y(t)$ es el inverso de la trasformada de Laplace de $Y(s)$:

$$y(t) = \mathcal{L}^{-1}\left[\frac{\sum_{i=0}^{m} b_is^i}{\sum_{i=0}^{n} a_is^i}X(s) - \frac{\sum_{i=0}^{m}\sum_{k=0}^{i-1} b_is^{i-1-k}x_0^k}{\sum_{i=0}^{n} a_is^i}\right] + \mathcal{L}^{-1}\left[\frac{\sum_{i=0}^{n}\sum_{k=0}^{i-1} a_is^{i-1-k}y_0^k}{\sum_{i=0}^{n} a_is^i}\right] \tag{4.8}$$

El primer término a la derecha es la *respuesta fija* y el segundo término es la *respuesta libre* de un sistema representado por la ecuación (*4.5*).

Obsérvese que la trasformada de Laplace $Y(s)$ de la salida $y(t)$ consta de razones de polinomios en la variable compleja s. Tales razones se denominan generalmente **funciones racionales (algebraicas).**

Para los problemas en que no se especifican condiciones iniciales sobre $y(t)$, sino sobre otro parámetro del sistema (tal como el voltaje inicial a través de un capacitor que no aparece a la salida), y_0^k, $k = 0, 1, \ldots, n-1$ se debe derivar usando la información disponible. Para sistemas representados en la forma de la ecuación (*4.5*), v.gr. incluyendo derivadas de x, el cómputo de y_0^k también dependerá de x_0^k. El problema 4.38, ilustra estos puntos.

La restricción $n \geqq m$ en la ecuación (*4.5*) es un impedimento práctico basado en el hecho de que la mayoría de los sistemas de importancia tienen un efecto *alisador* en su entrada. Lo de efecto alisador significa que las variaciones en la entrada son menos pronunciadas (por lo menos no se pronuncian más) por la acción del sistema sobre la entrada. Puesto que un diferenciador genera la pendiente de una función de tiempo, éste acentúa las variaciones de la función. Un integrador, por otra parte, suma el área bajo la curva de una función de tiempo durante un intervalo de tiempo y por tanto promedia (alisa) las variaciones de la función.

La acción de un sistema como el descrito por la ecuación (*4.5*) sobre una entrada x se puede describir como sigue: La salida y se relaciona a la entrada x por medio de una operación que incluye m diferenciaciones y n integraciones de la entrada. Luego, con el fin de lograr un efecto alisador (por lo menos, ninguna acentuación de las variaciones) entre la entrada y la salida debe haber más integraciones (por lo menos tantas como) que diferenciaciones; esto es $n \geqq m$. Esta restricción práctica no debe confundirse con el impedimento *físico* de causalidad.

Ejemplo 4.18.

Un sistema se describe por la ecuación diferencial

$$\frac{d^2y}{dt^2} = \frac{dx}{dt}, \quad y(0^+) = \left.\frac{dy}{dt}\right|_{t=0^+} = 0$$

donde la entrada x se representa gráficamente a continuación. También se muestran las funciones correspondientes dx/dt y

$$y(t) = \int_{0^+}^{t}\int_{0^+}^{\theta}\frac{dx}{d\alpha}\,d\alpha\,d\theta = \int_{0^+}^{t} x(\theta)\,d\theta$$

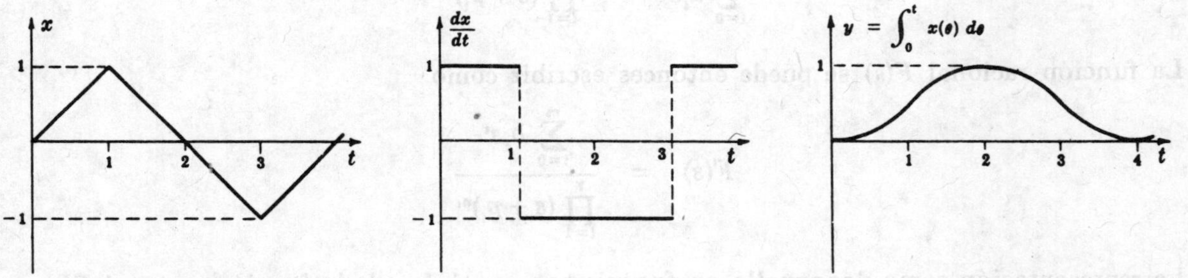

Obsérvese en estas gráficas que la diferenciación de x acentúa las variaciones en x mientras que la integración las alisa.

Ejemplo 4.19.

Considerar un sistema descrito por la ecuación diferencial

$$\frac{d^2y}{dt^2} + 3\frac{dy}{dt} + 2y = \frac{dx}{dt} + 3x$$

con las condiciones iniciales $y_0^0 = 1$, $y_0^1 = 0$. Si la entrada se da por $x(t) = e^{-4t}$ entonces la trasformada de Laplace de la salida $y(t)$ se puede obtener por aplicación directa de la ecuación (*4.7*) identificando primero m, n, a_i, b_i y x_0^0; $n = 2$, $a_0 = 2$, $a_1 = 3$, $a_2 = 1$, $m = 1$, $x_0^0 = \lim_{t\to 0} e^{-4t} = 1$, $b_0 = 3$, $b_1 = 1$. Sustituyendo estos valores en la ecuación (*4.7*) tenemos

$$Y(s) = \left(\frac{s+3}{s^2+3s+2}\right)\left(\frac{1}{s+4}\right) + \frac{s+3}{s^2+3s+2} + \frac{1}{s^2+3s+2}$$

Esta trasformada también se puede obtener por aplicación directa de las propiedades 1 y 3 de la sección 4.4 a la ecuación diferencial, como se hizo en el ejemplo 4.17.

4.7 DESARROLLO EN FRACCIONES PARCIALES

En la sección 4.6 se mostró que las trasformadas de Laplace usadas en la solución de ecuaciones diferenciales lineales con coeficientes constantes son funciones racionales de s (v.gr. razones de polinomios en s). En esta sección se presenta una representación importante de funciones racionales llamada desarrollo en fracciones parciales. En la próxima sección se mostrará que esta representación simplifica enormemente la inversión de la trasformada de Laplace de una función racional.

Considérese la función racional

$$F(s) = \frac{\sum_{i=0}^{m} b_i s^i}{\sum_{i=0}^{n} a_i s^i} \tag{4.9}$$

donde $a_n = 1$ y $n \geqq m$. Según el teorema fundamental del álgebra, la ecuación del polinomio en el denominador

$$\sum_{i=0}^{n} a_i s^i = 0$$

tiene n raíces. Algunas de estas raíces están repetidas.

Ejemplo 4.20.

El polinomio $s^3 + 5s^2 + 8s + 4$ tiene 3 raíces: $-2, -2, -1$. -2 es una raíz repetida.

Supóngase que la ecuación del polinomio en el denominador mencionada antes, tiene n_1 raíces iguales a $-p_1$, n_2 raíces iguales a $-p_2, \ldots, n_r$ raíces iguales a $-p_r$, donde $\sum_{i=1}^{r} n_i = n$. Entonces

$$\sum_{i=0}^{n} a_i s^i = \prod_{i=1}^{r} (s+p_i)^{n_i}$$

La función racional $F(s)$ se puede entonces escribir como

$$F(s) = \frac{\sum_{i=0}^{m} b_i s^i}{\prod_{i=1}^{r} (s+p_i)^{n_i}}$$

La representación como **desarrollo en fracciones parciales** de la función racional $F(s)$ es

$$F(s) = b_n + \sum_{i=1}^{r} \sum_{k=1}^{n_i} \frac{c_{ik}}{(s+p_i)^k} \tag{4.10 a}$$

donde $b_n = 0$ a no ser que $m = n$. Los coeficientes c_{ik} están dados por

$$c_{ik} = \frac{1}{(n_i - k)!} \frac{d^{n_i-k}}{ds^{n_i-k}} \left[(s+p_i)^{n_i} F(s)\right]\Big|_{s=-p_i} \tag{4.10 b}$$

Los coeficientes particulares c_{i1}, $i = 1, 2, \ldots, r$, se llaman los **residuos** de $F(s)$ en $-p_i$, $i = 1, 2, \ldots, r$. Si ninguna de las raíces está repetida, entonces

$$F(s) = b_n + \sum_{i=1}^{n} \frac{c_{i1}}{s+p_i} \tag{4.11 a}$$

donde

$$c_{i1} = (s+p_i) F(s)\Big|_{s=-p_i} \tag{4.11 b}$$

Ejemplo 4.21.

Considérese la función racional $F(s) = \dfrac{s^2+2s+2}{s^2+3s+2} = \dfrac{s^2+2s+2}{(s+1)(s+2)}$. El desarrollo en fracciones parciales de $F(s)$ es

$$F(s) = b_2 + \frac{c_{11}}{s+1} + \frac{c_{21}}{s+2}$$

En el numerador el coeficiente de s^2 es $b_2 = 1$. Los coeficientes c_{11} y c_{21} se determinan con la ecuación (*4.11b*) como

$$c_{11} = (s+1)F(s)\Big|_{s=-1} = \frac{s^2+2s+2}{s+2}\Big|_{s=-1} = 1$$

$$c_{21} = (s+2)F(s)\Big|_{s=-2} = \frac{s^2+2s+2}{s+1}\Big|_{s=-2} = -2$$

Luego
$$F(s) = 1 + \frac{1}{s+1} - \frac{2}{s+2}$$

Ejemplo 4.22.

Considérese la función racional $F(s) = \dfrac{1}{(s+1)^2(s+2)}$. El desarrollo en fracciones parciales de $F(s)$ es

$$F(s) = b_3 + \frac{c_{11}}{s+1} + \frac{c_{12}}{(s+1)^2} + \frac{c_{21}}{s+2}$$

Los coeficientes b_3, c_{11}, c_{12}, c_{21} se dan por

$$b_3 = 0$$

$$c_{11} = \frac{d}{ds}(s+1)^2F(s)\Big|_{s=-1} = \frac{d}{ds}\frac{1}{s+2}\Big|_{s=-1} = -1$$

$$c_{12} = (s+1)^2F(s)\Big|_{s=-1} = \frac{1}{s+2}\Big|_{s=-1} = 1$$

$$c_{21} = (s+2)F(s)\Big|_{s=-2} = 1$$

Entonces
$$F(s) = -\frac{1}{s+1} + \frac{1}{(s+1)^2} + \frac{1}{s+2}$$

4.8 TRASFORMADAS INVERSAS USANDO EL DESARROLLO EN FRACCIONES PARCIALES

En la sección 4.6 se mostró que la solución de una ecuación diferencial ordinaria lineal con coeficientes constantes, se puede determinar encontrando el inverso de la trasformada de Laplace de una función racional. La forma general de esta operación se puede escribir usando la ecuación (*4.10*) como

$$\mathcal{L}^{-1}\left[\frac{\sum_{i=0}^{m} b_i s^i}{\sum_{i=0}^{n} a_i s^i}\right] = \mathcal{L}^{-1}\left[b_n + \sum_{i=0}^{r}\sum_{k=1}^{n_i}\frac{c_{ik}}{(s+p_i)^k}\right]$$

$$= b_n\,\delta(t) + \sum_{i=1}^{r}\sum_{k=1}^{n_i}\frac{c_{ik}}{(k-1)!}t^{k-1}e^{-p_it}$$

donde $\delta(t)$ es la función impulso unidad y $b_n = 0$ a no ser que $m = n$.

Ejemplo 4.23.

El inverso de la trasformada de Laplace de la función $F(s) = \dfrac{s^2+2s+2}{(s+1)(s+2)}$ se da por

$$\mathcal{L}^{-1}\left[\frac{s^2+2s+2}{(s+1)(s+2)}\right] = \mathcal{L}^{-1}\left[1 + \frac{1}{s+1} - \frac{2}{s+2}\right]$$

$$= \mathcal{L}^{-1}[1] + \mathcal{L}^{-1}\left[\frac{1}{s+1}\right] - \mathcal{L}^{-1}\left[\frac{2}{s+2}\right] = \delta(t) + e^{-t} - 2e^{-2t}$$

Ejemplo 4.24.

El inverso de la trasformada de Laplace de la función $F(s) = \dfrac{1}{(s+1)^2(s+2)}$ se da por

$$\mathcal{L}^{-1}\left[\frac{1}{(s+1)^2(s+2)}\right] = \mathcal{L}^{-1}\left[-\frac{1}{s+1}+\frac{1}{(s+1)^2}+\frac{1}{s+2}\right]$$

$$= -\mathcal{L}^{-1}\left[\frac{1}{s+1}\right]+\mathcal{L}^{-1}\left[\frac{1}{(s+1)^2}\right]+\mathcal{L}^{-1}\left[\frac{1}{s+2}\right] = -e^{-t}+te^{-t}+e^{-2t}$$

4.9 DETERMINACION DE LAS RAICES DE POLINOMIOS

Los resultados de las secciones 4.7 y 4.8 indican que el encontrar la solución de una ecuación difere. cial lineal con coeficientes constantes por medio de las técnicas de la trasformada de Laplace, generalmente requiere la determinación de las raíces de ecuaciones polinomias de la forma

$$Q_n(s) = \sum_{i=0}^{n} a_i s^i = 0 \tag{4.12}$$

donde $a_n = 1$ y a_i, $i = 0, 1, \ldots, n-1$ son constantes reales.

Las raíces de una ecuación polinomia de segundo orden $s^2 + a_1 s + a_0 = 0$ se pueden obtener directamente usando la forma cuadrática y están dadas por

$$s_1 = \frac{-a_1 + \sqrt{a_1^2 - 4a_0}}{2}, \quad s_2 = \frac{-a_1 - \sqrt{a_1^2 - 4a_0}}{2}$$

Pero para polinomios de orden superior, tales expresiones analíticas generalmente no *existen.* Las expresiones que actualmente *existen* son muy complicadas. Afortunadamente *existen* técnicas numéricas para determinar estas raíces.

Para ayudar en el uso de estas técnicas numéricas, se dan las siguientes propiedades generales de $Q_n(s)$:

1. Si una raíz repetida de multiplicidad n_i se cuenta como n_i raíces, entonces $Q_n(s) = 0$ tiene exactamente n raíces. (Teorema fundamental del álgebra.)
2. Si se divide a $Q_n(s)$ por el factor $s + p$ hasta que se encuentre un residuo constante, el residuo es $Q_n(-p)$.
3. $s + p$ es un factor de $Q_n(s)$ sii $Q_n(-p) = 0$ ($-p$ es una raíz de $Q_n(s) = 0$).
4. Si $\sigma + j\omega$ (σ, ω reales) es una raíz de $Q_n(s) = 0$, entonces $\sigma - j\omega$ es también una raíz de $Q_n(s) = 0$.
5. Si n es impar, $Q_n(s) = 0$ tiene por lo menos una raíz real.
6. El número de raíces reales positivas de $Q_n(s) = 0$ no puede exceder el número de variaciones de signo de los coeficientes en el polinomio $Q_n(s)$ y el número de raíces negativas no puede exceder el número de variaciones de signo de los coeficientes de $Q_n(-s)$. (Regla de los signos de Descartes.)

De las técnicas disponibles para determinar iterativamente las raíces de una ecuación polinomia (o lo que es equivalente, los factores del polinomio) algunas pueden determinar solamente raíces reales y otras, tanto raíces reales como complejas. Ambos tipos se presentan a continuación.

Método de Horner

Por este método se pueden determinar las *raíces reales* de la ecuación polinomia $Q_n(s) = 0$. Los pasos que se deben seguir son:

1. Evaluar $Q_n(s)$ para valores reales y enteros de s, $s = 0, \pm 1, \pm 2, \ldots$, hasta que para dos valores enteros consecutivos tales como k_0 y $k_0 + 1$, $Q_n(k_0)$ y $Q_n(k_0 + 1)$ tengan signos opuestos. Una raíz real se encuentra entonces entre k_0 y $k_0 + 1$. Se puede suponer que esta raíz es positiva sin tener que perder la generalidad. Una primera aproximación de la raíz se toma como k_0. La corrección para esta aproximación se obtiene en los pasos restantes.

2. Determinar una secuencia de polinomios tipo $Q_n^l(s)$ usando la relación recursiva

$$Q_n^{l+1}(s) = Q_n^l(k_l/10^l + s) = \sum_{i=0}^{n} a_i^{l+1} s^i, \qquad l = 0, 1, 2, \ldots \tag{4.13}$$

donde $Q_n^0(s) = Q_n(s)$ y los valores k_l, $l = 1, 2, \ldots$, se generan en el paso 3.

3. Determinar el entero k_l en cada iteración evaluando $Q_n^l(s)$ para valores reales de s dados por $s = \dfrac{k}{10^l}$ para $k = 0, 1, 2, \ldots, 9$. Para dos valores consecutivos de k como k_l y k_{l+1}, los valores $Q_n(k_l/10^l)$ y $Q_n(k_{l+1}/10^l)$ tienen signos opuestos.

4. Repetir hasta que se obtenga la exactitud deseada para la raíz. La aproximación de la raíz real después de la iteración N-ésima se da por

$$s_N = \sum_{l=0}^{N} \frac{k_l}{10^l} \tag{4.14}$$

Cada iteración aumenta la exactitud de la aproximación de un lugar decimal.

Método de Newton

Con este método se pueden determinar *raíces reales* de la ecuación polinomia $Q_n(s) = 0$. Los pasos que se deben seguir son:

1. Obtener una primera aproximación s_0 de una raíz haciendo una apreciación "instructiva" o por medio de una técnica como la del paso 1 en el método de Horner.

2. Generar una secuencia de aproximaciones sucesivamente mejoradas hasta que se obtenga la exactitud deseada por medio de la relación recursiva

$$s_{l+1} = s_l - \left. \frac{Q_n(s)}{\dfrac{d}{ds}[Q_n(s)]} \right|_{s=s_l}$$

que se puede volver a escribir como

$$s_{l+1} = \frac{\sum_{i=0}^{n} (i-1)\, a_i s_l^i}{\sum_{i=1}^{n} i\, a_i s_l^{i-1}} \tag{4.15}$$

donde $l = 0, 1, 2, \ldots$.

Este método no suministra una medida de la exactitud de la aproximación. En realidad no existe garantía de que las aproximaciones puedan converger hacia el valor correcto.

Método de Lin-Bairstow

Con este método se pueden determinar tanto *raíces reales como complejas* de la ecuación polinomia $Q_n(s) = 0$. Más exactamente, este método determina factores cuadráticos de $Q_n(s)$ de donde se pueden determinar dos raíces usando la fórmula cuadrática. Desde luego que las raíces pueden ser tanto reales como complejas. Los pasos a seguir son:

1. Obtener una primera aproximación de un factor cuadrático

$$s^2 + \alpha_1 s + \alpha_0$$

de $Q_n(s) = \sum_{i=0}^{n} a_i s^i$ por medio de algún método, tal vez una apreciación "instructiva". Las correcciones a esta aproximación se obtienen en los pasos restantes.

2. Generar un conjunto de constantes $b_{n-2}, b_{n-3}, \ldots, b_0, b_{-1}, b_{-2}$ a partir de la relación recursiva

$$b_{i-2} = a_i - \alpha_1 b_{i-1} - \alpha_0 b_i$$

donde $b_n = b_{n-1} = 0$, e $i = n, n-1, \ldots, 1, 0$.

3. Generar un conjunto de constantes $c_{n-2}, c_{n-3}, \ldots, c_1, c_0$ a partir de la relación recursiva

$$c_{i-1} = b_{i-1} - \alpha_1 c_i - \alpha_0 c_{i+1}$$

donde $c_n = c_{n-1} = 0$, e $i = n, n—1, \ldots, 1$.

4. Resolver las dos ecuaciones simultáneas

$$c_0 \Delta\alpha_1 + c_1 \Delta\alpha_0 = b_{-1}$$
$$(-\alpha_1 c_0 - \alpha_0 c_1)\Delta\alpha_1 + c_0 \Delta\alpha_0 = b_{-2}$$

para $\Delta\alpha_1$ y $\Delta\alpha_0$. La nueva aproximación del factor cuadrático es

$$s^2 + (\alpha_1 + \Delta\alpha_1)s + (\alpha_0 + \Delta\alpha_0)$$

5. Repetir los pasos 1 a 4 para el factor cuadrático obtenido en el paso 4, hasta que las sucesivas aproximaciones estén lo suficientemente juntas.

Este método no proporciona una medida de la exactitud de la aproximación. En realidad no hay garantía de que las aproximaciones puedan converger hacia el valor correcto.

Método del lugar de raíces

Este método se puede usar para determinar tanto raíces reales como raíces complejas de la ecuación polinomia $Q_n(s) = 0$. La técnica se discute en el capítulo 13.

4.10 PLANO COMPLEJO: MAPAS DE POLOS Y CEROS

La función racional $F(s)$ de las secciones anteriores se puede volver a escribir como

$$F(s) = \frac{b_m \sum_{i=0}^{m} \frac{b_i}{b_m} s^i}{\sum_{i=0}^{n} a_i s^i} = \frac{b_m \prod_{i=1}^{m}(s+z_i)}{\prod_{i=1}^{n}(s+p_i)}$$

donde los términos $s + z_i$ son factores del polinomio del numerador y los términos $s + p_i$ son factores del polinomio del denominador.

Definición 4.4: Esos valores de la variable compleja s para los cuales $|F(s)|$ (valor absoluto de $F(s)$) es cero se llaman los **ceros** de $F(s)$.

Definición 4.5: Esos valores de la variable compleja s para los cuales $|F(s)|$ es infinito se llaman los **polos** de $F(s)$.

Ejemplo 4.25:

Dando a $F(s)$ por $F(s) = \dfrac{2s^2 - 2s - 4}{s^3 + 5s^2 + 8s + 6}$ lo cual se puede volver a escribir como

$$F(s) = \frac{2(s+1)(s-2)}{(s+3)(s+1+j)(s+1-j)}$$

$F(s)$ tiene *ceros finitos* en $s = -1$ y $s = 2$, y un *cero* en $s = \infty$.
$F(s)$ tiene *polos finitos* en $s = -3$, $s = -1 - j$, y $s = -1 + j$.

Los polos y ceros son números complejos determinados por dos variables reales, una de las cuales representa la parte real y la otra, la parte imaginaria del número complejo. Un polo o cero se puede por tanto representar como un punto en coordenadas rectangulares. La *abscisa* de este punto representa la parte real y la *ordenada* la parte imaginaria. La abscisa también se llama **eje** σ y la ordenada **eje** $j\omega$. El plano definido por este sistema de coordenadas se llama *plano complejo* o **plano s**. La parte del plano en la cual $\sigma < 0$ se llama

mitad izquierda del plano s (MIP) y la parte en la cual $\sigma > 0$ se llama **mitad derecha del plano** s (MDP).

La localización de un polo en el plano s se marca simbólicamente con una cruz inclinada (×) y la localización de un cero con un pequeño círculo (∘). El plano s incluyendo las localizaciones de los polos y ceros finitos de $F(s)$ se denomina el **mapa de los polos y ceros** de $F(s)$.

Ejemplo 4.26.

La función racional
$$F(s) = \frac{(s+1)(s-2)}{(s+3)(s+1+j)(s+1-j)}$$
tiene los polos finitos $s = -3$, $s = -1 - j$ y $s = -1 + j$, y los ceros finitos $s = -1$ y $s = 2$. El mapa de los polos y ceros de $F(s)$ se muestra en la figura 4-1.

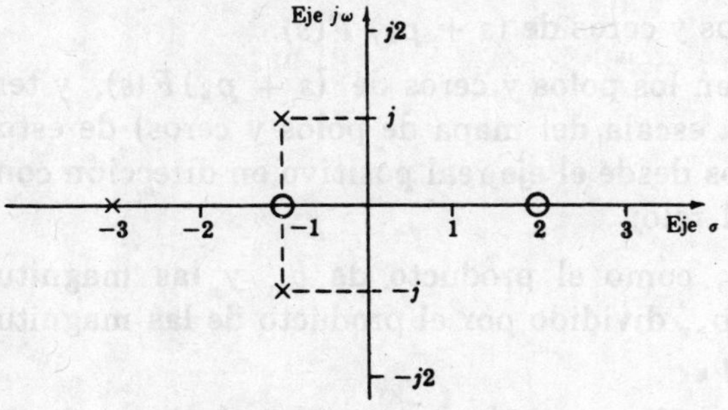

Fig. 4-1

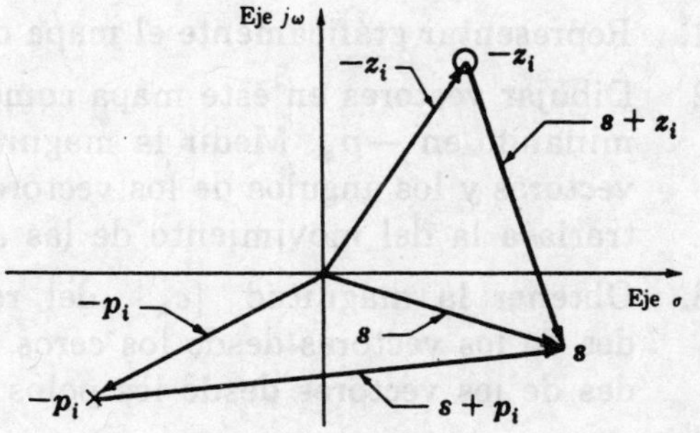

Fig. 4-2

4.11 EVALUACION GRAFICA DE RESIDUOS

Sea $F(s)$ una función racional escrita en su forma factorizada:

$$F(s) = \frac{b_m \prod_{i=1}^{m} (s+z_i)}{\prod_{i=1}^{n} (s+p_i)}$$

Puesto que $F(s)$ es una función compleja, se puede escribir en *forma polar* como

$$F(s) = |F(s)|\,e^{j\phi} = |F(s)|\,\underline{/\phi}$$

donde $|F(s)|$ es el valor absoluto de $F(s)$ y $\phi \equiv \arg F(s) = \tan^{-1}\left[\frac{\operatorname{Im} F(s)}{\operatorname{Re} F(s)}\right]$.

Aún más, $F(s)$ se puede escribir en términos de las formas polares de los factores $s + z_i$ y $s + p_i$ como

$$F(s) = \frac{b_m \prod_{i=1}^{m} |s+z_i|}{\prod_{i=1}^{n} |s+p_i|} \underline{\Big/ \left[\sum_{i=1}^{m} \phi_{iz} - \sum_{i=1}^{n} \phi_{ip}\right]}$$

donde $s + z_i = |s + z_i|\,\underline{/\phi_{iz}}$ y $s + p_i = |s + p_i|\,\underline{/\phi_{ip}}$.

Cada número complejo s, z_i, p_i, $s + z_i$ y $s + p_i$ se puede representar por un vector en el plano s. Si p es un número complejo general, entonces el vector que representa a p tiene una magnitud $|p|$ y una dirección definida por el ángulo

$$\phi = \tan^{-1}\left[\frac{\operatorname{Im} p}{\operatorname{Re} p}\right]$$

medido desde el eje σ positivo, en sentido contrario al del movimiento de las agujas del reloj.

Un polo $-p_i$ y un cero $-z_i$ típicos se muestran en la figura 4-2, lo mismo que una variable compleja general s. También se muestran los *vectores suma* $s + z_i$ y $s + p_i$. Nótese que el vector $s + z_i$ es un vector que comienza en el cero $-z_i$ y termina en s y el vector $s + p_i$ comienza en el polo $-p_i$ y termina en s.

Para diferentes polos de la función racional $F(s)$, el *residuo* $c_{k1} \equiv c_k$ del polo $-p_k$ se da por

$$c_k = (s+p_k)F(s)\Big|_{s=-p_k} = \left.\frac{b_m(s+p_k)\prod_{i=1}^{m}(s+z_i)}{\prod_{i=1}^{n}(s+p_i)}\right|_{s=-p_k}$$

Estos residuos se pueden obtener por medio del siguiente procedimiento gráfico:

1. Representar gráficamente el mapa de los polos y ceros de $(s + p_k)\,F(s)$.
2. Dibujar vectores en este mapa comenzando en los polos y ceros de $(s + p_k)F(s)$, y terminando en $-p_k$. Medir la magnitud (en la escala del mapa de polos y ceros) de estos vectores y los ángulos de los vectores medidos desde el eje real positivo en dirección contraria a la del movimiento de las agujas del reloj.
3. Obtener la magnitud $|c_k|$ del residuo c_k, como el producto de b_m y las magnitudes de los vectores desde los ceros hasta $-p_k$, dividido por el producto de las magnitudes de los vectores desde los polos hasta $-p_k$.
4. Determinar el ángulo ϕ_k del residuo c_k como la suma de los ángulos de los vectores desde los ceros hasta $-p_k$, menos la suma de los ángulos de los vectores desde los polos hasta $-p_k$. Esto es cierto para b_m positivo. Si b_m es negativo, entonces se agrega 180° a este ángulo.

El residuo c_k se da en forma polar por

$$c_k = |c_k|\,e^{j\phi_k} = |c_k|\underline{/\phi_k}$$

o en forma rectangular por $\quad c_k = |c_k|\cos\phi_k + j\,|c_k|\operatorname{sen}\phi_k$

Esta técnica gráfica no es directamente aplicable cuando se trata de residuos de múltiples polos.

4.12 SISTEMAS DE SEGUNDO ORDEN

Muchos sistemas de control se pueden describir o aproximar por la ecuación diferencial general de segundo orden

$$\frac{d^2y}{dt^2} + 2\,\zeta\,\omega_n\frac{dy}{dt} + \omega_n^2\,y = \omega_n^2\,x$$

El coeficiente positivo ω_n se llama la **frecuencia natural no amortiguada** y el coeficiente ζ es la **razón de amortiguación** del sistema.

La trasformada de Laplace de $y(t)$ cuando las condiciones iniciales son cero, es

$$Y(s) = \left[\frac{\omega_n^2}{s^2 + 2\,\zeta\,\omega_n s + \omega_n^2}\right]X(s)$$

donde $X(s) = \mathcal{L}[x(t)]$. Los polos de la función $\dfrac{Y(s)}{X(s)} = \dfrac{\omega_n^2}{s^2 + 2\,\zeta\,\omega_n s + \omega_n^2}$ son

$$s = -\zeta\,\omega_n \pm \omega_n\sqrt{\zeta^2 - 1}$$

Obsérvese que

1. Si $\zeta > 1$, ambos polos son negativos y reales.
2. Si $\zeta = 1$, los polos son iguales, negativos y reales $(s = -\omega_n)$.
3. Si $0 < \zeta < 1$, los polos son conjugados complejos con partes reales negativas $(s = -\zeta\omega_n \pm j\omega_n\sqrt{1-\zeta^2})$.
4. Si $\zeta = 0$, los polos son imaginarios y conjugados complejos $(s = \pm j\omega_n)$.
5. Si $\zeta < 0$, los polos se hallan en la mitad derecha del plano s (MDP).

En este libro, el caso 3 es de interés particular y representa un **sistema de segundo orden subamortiguado.** Los polos son conjugados complejos con partes reales negativas y están localizados en

$$s = -\zeta\omega_n \pm j\omega_n\sqrt{1-\zeta^2}$$

o en

$$s = -\alpha \pm j\omega_d$$

donde $\dfrac{1}{\alpha} \equiv \dfrac{1}{\zeta\omega_n}$ se llama la **constante de tiempo** del sistema y $\omega_d \equiv \omega_n\sqrt{1-\zeta^2}$ se llama la **frecuencia natural amortiguada** del sistema. Cuando ω_n es fija, la figura adyacente muestra el lugar de estos polos como una función de ζ $(0 < \zeta < 1)$. El lugar es un semicírculo de radio ω_n. El ángulo θ está relacionado a la razón de amortiguación por $\theta = \cos^{-1}\zeta$.

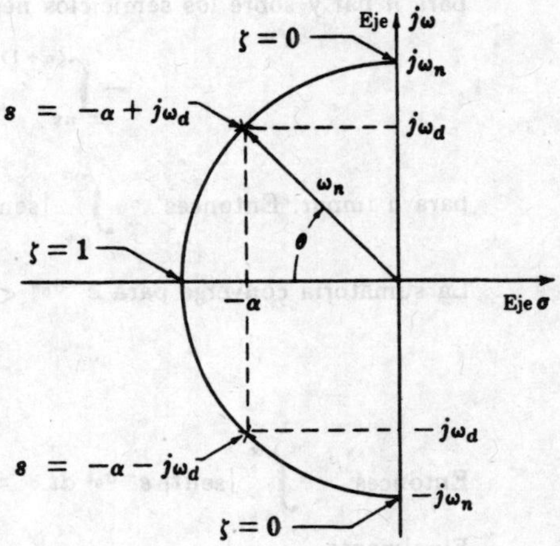

Problemas resueltos

DE LA DEFINICION DE LAS TRASFORMADAS DE LAPLACE

4.1. Mostrar que a la función paso unidad $u(t)$ se puede aplicar la trasformada de Laplace y determinar su trasformada.

La sustitución directa en la ecuación de la definición 4.2, da

$$\int_{0+}^{\infty} |u(t)|\, e^{-\sigma_0 t}\, dt = \int_{0+}^{\infty} e^{-\sigma_0 t}\, dt = -\frac{1}{\sigma_0} e^{-\sigma_0 t}\Big|_{0+}^{\infty} = \frac{1}{\sigma_0} < +\infty$$

para $\sigma_0 > 0$. La trasformada de Laplace se da en la defición 4.1:

$$\mathcal{L}[u(t)] = \int_{0+}^{\infty} u(t)\, e^{-st}\, dt = -\frac{1}{s} e^{-st}\Big|_{0+}^{\infty} = \frac{1}{s} \qquad \text{para } \operatorname{Re} s > 0$$

4.2. Mostrar que a la función rampa unidad t se le puede aplicar la trasformada de Laplace y determinar su trasformada.

La sustitución directa en la ecuación de la definición 4.2 da

$$\int_{0+}^{\infty} |t|\, e^{-\sigma_0 t}\, dt = \frac{e^{-\sigma_0 t}}{\sigma_0^2}(-\sigma_0 t - 1)\Big|_{0+}^{\infty} = \frac{1}{\sigma_0^2} < +\infty$$

para $\sigma_0 < 0$. La trasformada de Laplace se da en la definición 4.1:

$$\mathcal{L}[t] = \int_{0+}^{\infty} t\,e^{-st}\,dt = \frac{e^{-st}}{s^2}(-st-1)\bigg|_{0+}^{\infty} = \frac{1}{s^2} \qquad \text{para Re } s > 0$$

4.3. Mostrar que a la función sen t se le puede aplicar la trasformada de Laplace y determinar su trasformada.

La integral $\int_{0+}^{\infty} |\text{sen}\,t|\,e^{-\sigma_0 t}\,dt$ se puede evaluar escribiendo la integral sobre los semiciclos positivos de sen t como

$$\int_{n\pi}^{(n+1)\pi} \text{sen}\,t\,e^{-\sigma_0 t}\,dt = \frac{e^{-\sigma_0 n\pi}}{\sigma_0^2+1}[e^{-\sigma_0\pi}+1]$$

para n par y sobre los semiciclos negativos de sen t como

$$-\int_{n\pi}^{(n+1)\pi} \text{sen}\,t\,e^{-\sigma_0 t}\,dt = \frac{e^{-\sigma_0 n\pi}}{\sigma_0^2+1}[e^{-\sigma_0\pi}+1]$$

para n impar. Entonces $\displaystyle\int_{0+}^{\infty} |\text{sen}\,t|\,e^{-\sigma_0 t}\,dt = \frac{e^{-\sigma_0\pi}+1}{\sigma_0^2+1}\sum_{n=0}^{\infty} e^{-\sigma_0 n\pi}$

La sumatoria converge para $e^{-\sigma_0\pi} < 1$ o $\sigma_0 > 0$ y se puede escribir como

$$\sum_{n=0}^{\infty} e^{-\sigma_0 n\pi} = \frac{1}{1-e^{-\sigma_0\pi}}$$

Entonces $\displaystyle\int_{0+}^{\infty} |\text{sen}\,t|\,e^{-\sigma_0 t}\,dt = \left[\frac{1+e^{-\sigma_0\pi}}{1-e^{-\sigma_0\pi}}\right]\left(\frac{1}{\sigma_0^2+1}\right) < +\infty \qquad \text{para } \sigma_0 > 0$

Finalmente,

$$\mathcal{L}[\text{sen}\,t] = \int_{0+}^{\infty} \text{sen}\,t\,e^{-st}\,dt = \frac{e^{-st}(-s\,\text{sen}\,t - \cos t)}{s^2+1}\bigg|_{0+}^{\infty} = \frac{1}{s^2+1} \qquad \text{para Re } s > 0$$

4.4. Mostrar que la trasformada de Laplace de la función impulso unidad se da por $\mathcal{L}[\delta(t)] = 1$.

La sustitución directa de la ecuación (*3.20*) en la ecuación de la definición 4.1 da

$$\int_{0+}^{\infty} \delta(t)\,e^{-st}\,dt = \int_{0+}^{\infty} \lim_{\Delta t\to 0}\left[\frac{u(t)-u(t-\Delta t)}{\Delta t}\right]e^{-st}\,dt$$

$$= \lim_{\Delta t\to 0}\left[\int_{0+}^{\infty}\frac{u(t)}{\Delta t}e^{-st}\,dt - \int_{0+}^{\infty}\frac{u(t-\Delta t)}{\Delta t}e^{-st}\,dt\right] = \lim_{\Delta t\to 0}\frac{1}{\Delta t}\left[\frac{1}{s}-\frac{e^{-\Delta t\,s}}{s}\right]$$

donde la trasformada de Laplace de $u(t)$ es $1/s$, como se muestra en el problema 4.1 y el segundo término se obtiene usando la propiedad 9. Ahora $e^{-\Delta ts} = 1 - \Delta t\,s + \dfrac{(\Delta t\,s)^2}{2!} - \dfrac{(\Delta t\,s)^3}{3!} + \cdots$ (véase la referencia [6]). Luego

$$\mathcal{L}[\delta(t)] = \lim_{\Delta t\to 0}\frac{1}{\Delta t}\left[\frac{1}{s}-\frac{e^{-\Delta t\,s}}{s}\right] = \lim_{\Delta t\to 0}\frac{1}{\Delta t}\left[\Delta t - \frac{(\Delta t)^2 s}{2!} + \frac{(\Delta t)^3 s^2}{3!} - \cdots\right] = 1$$

PROPIEDADES DE LA TRASFORMADA DE LAPLACE Y SU INVERSO

4.5. Mostrar que $\mathcal{L}[a_1 f_1(t) + a_2 f_2(t)] = a_1 F_1(s) + a_2 F_2(s)$ donde $F_1(s) = \mathcal{L}[f_1(t)]$ y $F_2(s) = \mathcal{L}[f_2(t)]$ (propiedad 1).

Por definición,

$$\begin{aligned}
\mathcal{L}[a_1 f_1(t) + a_2 f_2(t)] &= \int_{0+}^{\infty} [a_1 f_1(t) + a_2 f_2(t)]\, e^{-st}\, dt \\
&= \int_{0+}^{\infty} a_1 f_1(t)\, e^{-st}\, dt + \int_{0+}^{\infty} a_2 f_2(t)\, e^{-st}\, dt \\
&= a_1 \int_{0+}^{\infty} f_1(t)\, e^{-st}\, dt + a_2 \int_{0+}^{\infty} f_2(t)\, e^{-st}\, dt \\
&= a_1 \mathcal{L}[f_1(t)] + a_2 \mathcal{L}[f_2(t)] = a_1 F_1(s) + a_2 F_2(s)
\end{aligned}$$

4.6. Mostrar que $\mathcal{L}^{-1}[a_1 F_1(s) + a_2 F_2(s)] = a_1 f_1(t) + a_2 f_2(t)$ donde $\mathcal{L}^{-1}[F_1(s)] = f_1(t)$ y $\mathcal{L}^{-1}[F_2(s)] = f_2(t)$ (propiedad 2).

Por definición,

$$\begin{aligned}
\mathcal{L}^{-1}[a_1 F_1(s) + a_2 F_2(s)] &= \frac{1}{2\pi j} \int_{c-j\infty}^{c+j\infty} [a_1 F_1(s) + a_2 F_2(s)]\, e^{st}\, ds \\
&= \frac{1}{2\pi j} \int_{c-j\infty}^{c+j\infty} a_1 F_1(s)\, e^{st}\, ds + \frac{1}{2\pi j} \int_{c-j\infty}^{c+j\infty} a_2 F_2(s)\, e^{st}\, ds \\
&= a_1 \left[\frac{1}{2\pi j} \int_{c-j\infty}^{c+j\infty} F_1(s)\, e^{st}\, ds \right] + a_2 \left[\frac{1}{2\pi j} \int_{c-j\infty}^{c+j\infty} F_2(s)\, e^{st}\, ds \right] \\
&= a_1 \mathcal{L}^{-1}[F_1(s)] + a_2 \mathcal{L}^{-1}[F_2(s)] = a_1 f_1(t) + a_2 f_2(t)
\end{aligned}$$

4.7. Mostrar que la trasformada de Laplace de la derivada df/dt de una función $f(t)$ se da por $\mathcal{L}[df/dt] = s\,F(s) - f(0+)$ donde $F(s) = \mathcal{L}[f(t)]$ (propiedad 3).

Por definición, $\mathcal{L}\left[\frac{df}{dt}\right] = \lim_{\substack{T\to\infty \\ \epsilon\to 0}} \int_{\epsilon}^{T} \frac{df}{dt} e^{-st}\, dt$. Integrando por partes,

$$\lim_{\substack{T\to\infty \\ \epsilon\to 0}} \int_{\epsilon}^{T} \frac{df}{dt} e^{-st}\, dt = \lim_{\substack{T\to\infty \\ \epsilon\to 0}} \left[f(t)\, e^{-st} \Big|_{\epsilon}^{T} + s \int_{\epsilon}^{T} f(t)\, e^{-st}\, dt \right] = -f(0^+) + s\,F(s)$$

donde $\lim_{\epsilon\to 0} f(\epsilon) = f(0^+)$.

4.8. Mostrar que $\mathcal{L}\left[\int_0^t f(\tau)\, d\tau\right] = \frac{F(s)}{s}$ donde $F(s) = \mathcal{L}[f(t)]$ (propiedad 4).

Por definición y haciendo un cambio en el orden de las integraciones, se tiene

$$\begin{aligned}
\mathcal{L}\left[\int_0^t f(\tau)\, d\tau\right] &= \int_{0+}^{\infty} \int_0^t f(\tau)\, d\tau\, e^{-st}\, dt = \int_{0+}^{\infty} f(\tau) \int_{\tau}^{\infty} e^{-st}\, dt\, d\tau \\
&= \int_{0+}^{\infty} f(\tau) \left[-\frac{1}{s} e^{-st} \Big|_{\tau}^{\infty} \right] d\tau = \int_{0+}^{\infty} f(\tau) \frac{e^{-s\tau}}{s}\, d\tau = \frac{F(s)}{s}
\end{aligned}$$

4.9. Mostrar que $f(0^+) \equiv \lim_{t\to 0} f(t) = \lim_{s\to\infty} s\,F(s)$ donde $F(s) = \mathcal{L}[f(t)]$ (propiedad 5).

Según el problema 4.7,

$$\mathcal{L}\left[\frac{df}{dt}\right] = s\,F(s) - f(0^+) = \lim_{\substack{T\to\infty \\ \epsilon\to 0}} \int_{\epsilon}^{T} \frac{df}{dt} e^{-st}\, dt$$

Ahora haciendo $s \to \infty$, es decir

$$\lim_{s\to\infty} [s\,F(s) - f(0^+)] = \lim_{s\to\infty} \left[\lim_{\substack{T\to\infty \\ \epsilon\to 0}} \int_{\epsilon}^{T} \frac{df}{dt} e^{-st}\, dt \right]$$

Puesto que el proceso de limitación se puede intercambiar, se tiene

$$\lim_{s\to\infty} \left[\lim_{\substack{T\to\infty \\ \epsilon\to 0}} \int_{\epsilon}^{T} \frac{df}{dt} e^{-st}\, dt \right] = \lim_{\substack{T\to\infty \\ \epsilon\to 0}} \int_{\epsilon}^{T} \frac{df}{dt} \left(\lim_{s\to\infty} e^{-st} \right) dt$$

Pero $\lim_{s\to\infty} e^{-st} = 0$. Luego el miembro de la derecha de la ecuación es cero y $\lim_{s\to\infty} s\,F(s) = f(0^+)$.

4.10. Mostrar que si $\lim_{t\to\infty} f(t)$ existe, entonces $f(\infty) \equiv \lim_{t\to\infty} f(t) = \lim_{s\to 0} s\,F(s)$ donde $F(s) = \mathcal{L}[f(t)]$ (propiedad 6).

Del problema 4.7,

$$\mathcal{L}\left[\frac{df}{dt}\right] = s\,F(s) - f(0^+) = \lim_{\substack{T\to\infty\\ \epsilon\to 0}} \int_\epsilon^T \frac{df}{dt} e^{-st}\,dt$$

Haciendo $s \to 0$, esto es

$$\lim_{s\to 0} [s\,F(s) - f(0^+)] = \lim_{s\to 0}\left[\lim_{\substack{T\to\infty\\ \epsilon\to 0}} \int_\epsilon^T \frac{df}{dt} e^{-st}\,dt\right]$$

Puesto que el proceso de limitación se puede intercambiar, se tiene,

$$\lim_{s\to 0}\left[\lim_{\substack{T\to\infty\\ \epsilon\to 0}} \int_\epsilon^T \frac{df}{dt} e^{-st}\,dt\right] = \lim_{\substack{T\to\infty\\ \epsilon\to 0}} \int_\epsilon^T \frac{df}{dt}\left(\lim_{s\to 0} e^{-st}\right) dt = \lim_{\substack{T\to\infty\\ \epsilon\to 0}} \int_\epsilon^T \frac{df}{dt}\,dt = f(\infty) - f(0^+)$$

Añadiendo $f(0+)$ a ambos lados de la última ecuación, $\lim_{s\to 0} s\,F(s) = f(\infty)$ si $f(\infty) = \lim_{t\to\infty} f(t)$ existe.

4.11. Mostrar que $\mathcal{L}[f(t/a)] = a\,F(as)$ donde $F(s) = \mathcal{L}[f(t)]$ (propiedad 7).

Por definición $\mathcal{L}[f(t/a)] = \int_{0+}^\infty f(t/a)\,e^{-st}dt$. Cambiando de variable, $\tau = t/a$,

$$\mathcal{L}[f(t/a)] = a\int_{0+}^\infty f(\tau)\,e^{-(as)\tau}\,d\tau = a\,F(as)$$

4.12. Mostrar que $\mathcal{L}^{-1}[F(s/a)] = a\,f(at)$ donde $f(t) = \mathcal{L}^{-1}[F(s)]$ (propiedad 8).

Por definición $\mathcal{L}^{-1}[F(s/a)] = \dfrac{1}{2\pi j}\int_{c-j\infty}^{c+j\infty} F(s/a)\,e^{st}\,ds$. Cambiando de variable, $\omega = s/a$,

$$\mathcal{L}^{-1}[F(s/a)] = \frac{a}{2\pi j}\int_{c-j\infty}^{c+j\infty} F(\omega)\,e^{\omega(at)}\,d\omega = a\,f(at)$$

4.13. Mostrar que $\mathcal{L}[f(t-T)] = e^{-sT}F(s)$ donde $f(t-T) = 0$ para $t \leqq T$ y $F(s) = \mathcal{L}[f(t)]$ (propiedad 9).

Por definición,

$$\mathcal{L}[f(t-T)] = \int_{0+}^\infty f(t-T)\,e^{-st}\,dt = \int_T^\infty f(t-T)\,e^{-st}\,dt$$

Cambiando de variable $\theta = t - T$,

$$\mathcal{L}[f(t-T)] = \int_{0+}^\infty f(\theta)\,e^{-s\theta}\,e^{-sT}\,d\theta = e^{-sT}F(s)$$

4.14. Mostrar que $\mathcal{L}[e^{-at}f(t)] = F(s+a)$ donde $F(s) = \mathcal{L}[f(t)]$ (propiedad 10).

Por definición,

$$\mathcal{L}[e^{-at}f(t)] = \int_{0+}^\infty e^{-at}f(t)\,e^{-st}\,dt = \int_{0+}^\infty f(t)\,e^{-(s+a)t}\,dt = F(s+a)$$

4.15. Mostrar que

$$\mathcal{L}[f_1(t)\cdot f_2(t)] = \frac{1}{2\pi j}\int_{c-j\infty}^{c+j\infty} F_1(\omega)\,F_2(s-\omega)\,d\omega$$

donde $F_1(s) = \mathcal{L}[f_1(t)]$ y $F_2(s) = \mathcal{L}[f_2(t)]$ (propiedad 11).

Por definición, $$\mathcal{L}[f_1(t)\cdot f_2(t)] = \int_{0+}^{\infty} f_1(t)\cdot f_2(t)\,e^{-st}\,dt$$

Pero $f_1(t) = \dfrac{1}{2\pi j}\displaystyle\int_{c-j\infty}^{c+j\infty} F_1(\omega)\,e^{\omega t}\,d\omega$. Luego

$$\mathcal{L}[f_1(t)\cdot f_2(t)] = \frac{1}{2\pi j}\int_{0+}^{\infty}\int_{c-j\infty}^{c+j\infty} F_1(\omega)\,e^{\omega t}\,d\omega\, f_2(t)\,e^{-st}\,dt$$

Cambiando el orden de integración,

$$\mathcal{L}[f_1(t)\cdot f_2(t)] = \frac{1}{2\pi j}\int_{c-j\infty}^{c+j\infty} F_1(\omega)\int_{0+}^{\infty} f_2(t)\,e^{-(s-\omega)t}\,dt\,d\omega$$

Puesto que $\displaystyle\int_{0+}^{\infty} f_2(t)\,e^{-(s-\omega)t}\,dt = F_2(s-\omega)$,

$$\mathcal{L}[f_1(t)\cdot f_2(t)] = \frac{1}{2\pi j}\int_{c-j\infty}^{c+j\infty} F_1(\omega)\,F_2(s-\omega)\,d\omega$$

4.16. Mostrar que $$\mathcal{L}^{-1}[F_1(s)\cdot F_2(s)] = \int_{0+}^{t} f_1(\tau)\,f_2(t-\tau)\,d\tau$$

donde $f_1(t) = \mathcal{L}^{-1}[F_1(s)]$ y $f_2(t) = \mathcal{L}^{-1}[F_2(s)]$ (propiedad 12).

Por definición, $$\mathcal{L}^{-1}[F_1(s)\cdot F_2(s)] = \frac{1}{2\pi j}\int_{c-j\infty}^{c+j\infty} F_1(s)\,F_2(s)\,e^{st}\,ds$$

Pero $F_1(s) = \displaystyle\int_{0+}^{\infty} f_1(\tau)\,e^{-s\tau}\,d\tau$. Luego,

$$\mathcal{L}^{-1}[F_1(s)\,F_2(s)] = \frac{1}{2\pi j}\int_{c-j\infty}^{c+j\infty}\int_{0+}^{\infty} f_1(\tau)\,e^{-s\tau}\,d\tau\,F_2(s)\,e^{st}\,ds$$

Cambiando el orden de integración,

$$\mathcal{L}^{-1}[F_1(s)\,F_2(s)] = \int_{0+}^{\infty}\frac{1}{2\pi j}\int_{c-j\infty}^{c+j\infty} F_2(s)\,e^{s(t-\tau)}\,ds\,f_1(\tau)\,d\tau$$

Puesto que $\dfrac{1}{2\pi j}\displaystyle\int_{c-j\infty}^{c+j\infty} F_2(s)\,e^{s(t-\tau)}\,ds = f_2(t-\tau)$,

$$\mathcal{L}^{-1}[F_1(s)\,F_2(s)] = \int_{0+}^{\infty} f_1(\tau)\,f_2(t-\tau)\,d\tau = \int_{0+}^{t} f_1(\tau)\,f_2(t-\tau)\,d\tau$$

donde la segunda igualdad es verdadera puesto que $f_2(t-\tau) = 0$ para $\tau \geqq t$.

4.17. Mostrar que
$$\mathcal{L}\left[\frac{d^iy}{dt^i}\right] = s^iY(s) - \sum_{k=0}^{i-1} s^{i-1-k}\,y_0^k$$

para $i > 0$ donde $Y(s) = \mathcal{L}[y(t)]$ y $y_0^k = \left.\dfrac{d^ky}{dt^k}\right|_{t=0^+}$

Este resultado se puede mostrar por inducción matemática. Para $i = 1$,

$$\mathcal{L}\left[\frac{dy}{dt}\right] = s\,Y(s) - y(0^+) = s\,Y(s) - y_0^0$$

como se muestra en el problema 4.7. Suponga que el resultado es cierto para $n-1$, es decir,

$$\mathcal{L}\left[\frac{d^{n-1}y}{dt^{n-1}}\right] = s^{n-1}\,Y(s) - \sum_{k=0}^{n-2} s^{n-2-k}\,y_0^k$$

Entonces $\mathcal{L}\left[\frac{d^n y}{dt^n}\right]$ se puede escribir como

$$\mathcal{L}\left[\frac{d^n y}{dt^n}\right] = \mathcal{L}\left[\frac{d}{dt}\left(\frac{d^{n-1}y}{dt^{n-1}}\right)\right] = s\,\mathcal{L}\left[\frac{d^{n-1}y}{dt^{n-1}}\right] - \left.\frac{d^{n-1}y}{dt^{n-1}}\right|_{t=0^+}$$

$$= s\left(s^{n-1}Y(s) - \sum_{k=0}^{n-2} s^{n-2-k}y_0^k\right) - y_0^{n-1} = s^n Y(s) - \sum_{k=0}^{n-1} s^{n-1-k}y_0^k$$

Para el caso especial $n = 2$, se tiene $\mathcal{L}\left[\frac{d^2y}{dt^2}\right] = s^2 Y(s) - sy_0^0 - y_0^1$.

TRASFORMADAS DE LAPLACE Y SUS INVERSOS A PARTIR DE LA TABLA DE PARES DE TRASFORMADAS

4.18. Encontrar la trasformada de Laplace de $f(t) = 2e^{-t}\cos 10t - t^4 + 6e^{-(t-10)}$ para $t > 0$.

Según la tabla de pares de trasformadas,

$$\mathcal{L}[e^{-t}\cos 10t] = \frac{s+1}{(s+1)^2 + 10^2}, \quad \mathcal{L}[t^4] = \frac{4!}{s^5}, \quad \mathcal{L}[e^{-t}] = \frac{1}{s+1}$$

Usando la propiedad 9, $\mathcal{L}[e^{-(t-10)}] = \frac{e^{-10s}}{s+1}$. Usando la propiedad 1,

$$\mathcal{L}[f(t)] = 2\mathcal{L}[e^{-t}\cos 10t] - \mathcal{L}[t^4] + 6\mathcal{L}[e^{-(t-10)}] = \frac{2(s+1)}{s^2+2s+101} - \frac{24}{s^5} + \frac{6e^{-10s}}{s+1}$$

4.19. Encontrar el inverso de la trasformada de Laplace de $F(s) = \frac{2e^{-0,5s}}{s^2-6s+13} - \frac{s-1}{s^2-2s+2}$ para $t > 0$.

$$\frac{2}{s^2-6s+13} = \frac{2}{(s-3)^2+2^2}, \qquad \frac{s-1}{s^2-2s+2} = \frac{s-1}{(s-1)^2+1}$$

El inverso de la trasformada se determina directamente de la tabla 4.1 como

$$\mathcal{L}^{-1}\left[\frac{2}{(s-3)^2+2^2}\right] = e^{3t}\,\mathrm{sen}\,2t, \qquad \mathcal{L}^{-1}\left[\frac{s-1}{(s-1)^2+1}\right] = e^t\cos t$$

Mediante la propiedad 9, y *luego* la propiedad 2, resulta

$$f(t) = \begin{cases} -e^t\cos t & 0 < t \leq 0,5 \\ e^{3(t-0,5)}\,\mathrm{sen}\,2(t-0,5) - e^t\cos t & t > 0,5 \end{cases}$$

TRASFORMADAS DE LAPLACE DE ECUACIONES DIFERENCIALES LINEALES CON COEFICIENTES CONSTANTES

4.20. Determinar la trasformada de salida $Y(s)$ para la ecuación diferencial

$$\frac{d^3y}{dt^3} + 3\frac{d^2y}{dt^2} - \frac{dy}{dt} + 6y = \frac{d^2x}{dt^2} - x$$

donde y = salida, x = entrada, y las condiciones iniciales son

$$y(0^+) = \left.\frac{dy}{dt}\right|_{t=0^+} = 0, \quad \left.\frac{d^2y}{dt^2}\right|_{t=0^+} = 1$$

Usando la propiedad 3 o el resultado del problema 4.17, las trasformadas de Laplace de los términos de la ecuación se dan como

$$\mathcal{L}\left[\frac{d^3y}{dt^3}\right] = s^3Y(s) - s^2y(0^+) - s\left.\frac{dy}{dt}\right|_{t=0^+} - \left.\frac{d^2y}{dt^2}\right|_{t=0^+} = s^3Y(s) - 1$$

$$\mathcal{L}\left[\frac{d^2y}{dt^2}\right] = s^2Y(s) - s\,y(0^+) - \left.\frac{dy}{dt}\right|_{t=0^+} = s^2Y(s)$$

$$\mathcal{L}\left[\frac{dy}{dt}\right] = sY(s) - y(0^+) = sY(s) \qquad \mathcal{L}\left[\frac{d^2x}{dt^2}\right] = s^2X(s) - s\,x(0^+) - \left.\frac{dx}{dt}\right|_{t=0^+}$$

donde $Y(s) = \mathcal{L}[y(t)]$ y $X(s) = \mathcal{L}[x(t)]$. La trasformada de Laplace de la ecuación dada se puede escribir ahora como

$$\mathcal{L}\left[\frac{d^3y}{dt^3}\right] + 3\mathcal{L}\left[\frac{d^2y}{dt^2}\right] - \mathcal{L}\left[\frac{dy}{dt}\right] + 6\mathcal{L}[y]$$

$$= s^3Y(s) - 1 + 3s^2Y(s) - sY(s) + 6Y(s)$$

$$= \mathcal{L}\left[\frac{d^2x}{dt^2}\right] - \mathcal{L}[x] = s^2X(s) - sx(0^+) - \left.\frac{dx}{dt}\right|_{t=0^+} - X(s)$$

Resolviendo para $Y(s)$, se obtiene

$$Y(s) = \frac{(s^2-1)X(s)}{s^3+3s^2-s+6} - \frac{sx(0^+) + \left.\frac{dx}{dt}\right|_{t=0^+}}{s^3+3s^2-s+6} + \frac{1}{s^3+3s^2-s+6}$$

4.21. ¿Qué parte de la solución al problema 4.20 es la trasformada de la respuesta libre? ¿de la respuesta fija?

La trasformada de la respuesta libre $Y_a(s)$ es esa parte de la trasformada de salida $Y(s)$ que no depende de la entrada $x(t)$, sus derivadas o su trasformada; esto es,

$$Y_a(s) = \frac{1}{s^3+3s^2-s+6}$$

La trasformada de la respuesta fija $Y_b(s)$ es esa parte de $Y(s)$ que depende de $x(t)$, su derivada y su trasformada; esto es,

$$Y_b(s) = \frac{(s^2-1)X(s)}{s^2+3s^2-s+6} - \frac{sx(0^+) + \left.\frac{dx}{dt}\right|_{t=0^+}}{s^3+3s^2-s+6}$$

4.22. ¿Cuál es el polinomio característico para la ecuación diferencial de los problemas 4.20 y 4.21?

El polinomio característico es el polinomio del denominador que es común a las trasformadas de las respuestas libre y fija (véase el problema 4.21) es decir, el polinomio $s^2 + 3s^2 - s + 6$.

4.23. Determinar la trasformada de salida $Y(s)$ del sistema del problema 4.20 para una entrada $x(t) = 5\,\text{sen}\,t$.

Según la tabla 4.1, $X(s) \equiv \mathcal{L}[x(t)] = \mathcal{L}[5\,\text{sen}\,t] = \dfrac{5}{s^2+1}$.

Los valores iniciales de $x(t)$ y $\dfrac{dx}{dt}$ son $x(0^+) = \lim\limits_{t\to 0} 5\,\text{sen}\,t = 0$, $\left.\dfrac{dx}{dt}\right|_{t=0^+} = \lim\limits_{t\to 0} 5\cos t = 5$.

Sustituyendo estos valores en la trasformada de salida $Y(s)$ dada en el problema 4.20, se obtiene

$$Y(s) = \frac{s^2-9}{(s^3+3s^2-s+6)(s^2+1)}$$

DESARROLLO EN FRACCIONES PARCIALES

4.24. Una función racional $F(s)$ se puede representar por

$$F(s) = \frac{\sum_{i=0}^{n} b_i s^i}{\prod_{i=1}^{r}(s+p_i)^{n_i}} = b_n + \sum_{i=1}^{r}\sum_{k=1}^{n_i}\frac{c_{ik}}{(s+p_i)^k} \qquad (4.10\,a)$$

donde la segunda forma es el desarrollo en fracciones parciales de $F(s)$. Mostrar que las constantes c_{ik} se dan por

$$c_{ik} = \frac{1}{(n_i-k)!}\frac{d^{n_i-k}}{ds^{n_i-k}}\left[(s+p_i)^{n_i}F(s)\right]\Big|_{s=-p_i} \qquad (4.10\,b)$$

Sea $(s+p_j)$ el factor de interés y fórmese

$$(s+p_j)^{n_j}F(s) \quad = \quad (s+p_j)^{n_j}b_n + \sum_{i=1}^{r}\sum_{k=1}^{n_i}\frac{(s+p_j)^{n_j}c_{ik}}{(s+p_i)^k}$$

Esto se puede volver a escribir como

$$(s+p_j)^{n_j}F(s) \quad = \quad (s+p_j)^{n_j}b_n + \sum_{i=1}^{j-1}\sum_{k=1}^{n_i}\frac{(s+p_j)^{n_j}c_{ik}}{(s+p_i)^k}$$
$$+ \sum_{i=j+1}^{r}\sum_{k=1}^{n_i}\frac{(s+p_j)^{n_j}c_{ik}}{(s+p_i)^k} + \sum_{k=1}^{n_j}(s+p_j)^{n_j-k}c_{jk}$$

Ahora fórmese
$$\frac{d^{n_j-l}}{ds^{n_j-l}}[(s+p_j)^{n_j}F(s)]\bigg|_{s=-p_j}$$

Obsérvese que los primeros tres términos en el lado de la derecha de $(s+p_j)^{n_j}F(s)$ tendrán un factor $s+p_j$ en el numerador, aun después de haber sido diferenciados $n_j - l$ veces ($l = 1, 2, \ldots, n_j$) y por tanto estos tres términos vienen a ser cero cuando se evalúan para $s = -p_j$. Por consiguiente

$$\frac{d^{n_j-l}}{ds^{n_j-l}}[(s+p_j)^{n_j}F(s)]\bigg|_{s=-p_j} \quad = \quad \frac{d^{n_j-l}}{ds^{n_j-l}}\left[\sum_{k=1}^{n_j}(s+p_j)^{n_j-k}c_{jk}\right]\bigg|_{s=-p_j}$$
$$= \sum_{k=1}^{l}(n_j-k)(n_j-k-1)\cdots(l-k+1)(s+p_j)^{(-k+l)}c_{jk}\bigg|_{s=-p_j}$$

Exceptuando el término de la sumatoria para el cual $k = l$, todos los otros términos son cero puesto que contienen factores $s+p_j$. Entonces

$$\frac{d^{n_j-l}}{ds^{n_j-l}}[(s+p_j)^{n_j}F(s)]\bigg|_{s=-p_j} \quad = \quad (n_j-l)(n_j-l-1)\cdots(1)\,c_{jl}$$

o
$$c_{jl} \quad = \quad \frac{1}{(n_j-l)!}\frac{d^{n_j-l}}{ds^{n_j-l}}[(s+p_j)^{n_j}F(s)]\bigg|_{s=-p_j}$$

4.25. Desarrollar $Y(s)$ del ejemplo 4.17 en fracciones parciales.

$Y(s)$ se puede volver a escribir poniendo el polinomio del denominador en su forma factorizada como

$$Y(s) \quad = \quad \frac{-(s^2+s-1)}{s(s+1)(s+2)}$$

El desarrollo en fracciones parciales de $Y(s)$ (véase la ecuación (*4.11*)) es

$$Y(s) \quad = \quad b_3 + \frac{c_{11}}{s} + \frac{c_{21}}{s+1} + \frac{c_{31}}{s+2}$$

donde $b_3 = 0$, $\quad c_{11} = \dfrac{-(s^2+s-1)}{(s+1)(s+2)}\bigg|_{s=0} = \dfrac{1}{2}, \quad c_{21} = \dfrac{-(s^2+s-1)}{s(s+2)}\bigg|_{s=-1} = -1,$

$$c_{31} \quad = \quad \frac{-(s^2+s-1)}{s(s+1)}\bigg|_{s=-2} \quad = \quad -\frac{1}{2}$$

Entonces
$$Y(s) \quad = \quad \frac{1}{2s} - \frac{1}{s+1} - \frac{1}{2(s+2)}$$

4.26. Desarrollar $Y(s)$ del ejemplo 4.19 en fracciones parciales.

$Y(s)$ se puede volver a escribir con el polinomio del denominador en su forma factorizada como

$$Y(s) \quad = \quad \frac{s^2+9s+19}{(s+1)(s+2)(s+4)}$$

El desarrollo en fracciones parciales de $Y(s)$ (véase la ecuación (*4.11*)), es

$$Y(s) \quad = \quad b_3 + \frac{c_{11}}{s+1} + \frac{c_{21}}{s+2} + \frac{c_{31}}{s+4}$$

donde $b_3 = 0$,

$$c_{11} = \frac{s^2+9s+19}{(s+2)(s+4)}\bigg|_{s=-1} = \frac{11}{3}, \quad c_{21} = \frac{s^2+9s+19}{(s+1)(s+4)}\bigg|_{s=-2} = -\frac{5}{2},$$

$$c_{31} = \frac{s^2+9s+19}{(s+1)(s+2)}\bigg|_{s=-4} = -\frac{1}{6}$$

Entonces
$$Y(s) = \frac{11}{3(s+1)} - \frac{5}{2(s+2)} - \frac{1}{6(s+4)}$$

TRASFORMADAS INVERSAS USANDO EL DESARROLLO EN FRACCIONES PARCIALES

4.27. Determinar $y(t)$ para el sistema del ejemplo 4.17.

De los resultados del problema 4.25, la trasformada de $y(t)$ se puede escribir como

$$\mathcal{L}[y(t)] \equiv Y(s) = \frac{1}{2s} - \frac{1}{s+1} - \frac{1}{2(s+2)}$$

Por tanto

$$y(t) = \frac{1}{2}\mathcal{L}^{-1}\left[\frac{1}{s}\right] - \mathcal{L}^{-1}\left[\frac{1}{s+1}\right] - \frac{1}{2}\mathcal{L}^{-1}\left[\frac{1}{s+2}\right] = \frac{1}{2}[1-2e^{-t}-e^{-2t}] \qquad t>0$$

4.28. Determinar $y(t)$ para el sistema del ejemplo 4.19.

De los resultados del problema 4.26, la trasformada de $y(t)$ se puede escribir como

$$\mathcal{L}[y(t)] = Y(s) = \frac{11}{3(s+1)} - \frac{5}{2(s+2)} - \frac{1}{6(s+4)}$$

Por tanto
$$y(t) = \frac{11}{3}e^{-t} - \frac{5}{2}e^{-2t} - \frac{1}{6}e^{-4t}$$

RAICES DE POLINOMIOS

4.29. Encontrar una aproximación de una raíz real de la ecuación polinomia

$$Q_3(s) = s^3 - 3s^2 + 4s - 5 = 0$$

con una exactitud de tres cifras significativas usando el *método de Horner.*

Según la regla de los signos de Descartes, $Q_3(s)$ tiene 3 variaciones en los signos de sus coeficientes (1 a —3, —3 a 4, y 4 a —5). Por tanto puede haber tres raíces reales positivas. $Q_3(-s) = -s^3 - 3s^2 - 4s - 5$ no tiene cambio de signos; por consiguiente, $Q_3(s)$ no tiene raíces reales negativas y solamente es necesario considerar valores reales de s superiores a cero.

Paso 1: Se tiene $Q_3(0) = -5$, $Q_3(1) = -3$, $Q_3(2) = -1$, $Q_3(3) = 7$. Por tanto $k_0 = 2$ y la primera aproximación es $s_0 = k_0 = 2$.

Paso 2: Determinar $Q_3^1(s)$ como

$$Q_3^1(s) = Q_3^0(2+s) = (2+s)^3 - 3(2+s)^2 + 4(2+s) - 5 = s^3 + 3s^2 + 4s - 1$$

Paso 3: $Q_3^1(0) = -1$, $Q_3^1(1/10) = -0{,}569$, $Q_3^1(2/10) = -0{,}072$, $Q_3^1(3/10) = 0{,}497$. Luego $k_1 = 0{,}2$ y $s_1 = k_0 + k_1 = 2{,}2$.

Ahora se repite el paso 2 para determinar $Q_3^2(s)$:

$$Q_3^2(s) = Q_3^1(0{,}2+s) = (0{,}2+s)^3 + 3(0{,}2+s)^2 + 4(0{,}2+s) - 1 = s^3 + 3{,}6s^2 + 5{,}32s - 0{,}072$$

Repitiendo el paso 3: $Q_3^2(0) = -0{,}072$, $Q_3^2(1/100) = -0{,}018$, $Q_3^2(2/100) = 0{,}036$. Luego $k_2 = 0{,}01$ y $s_2 = k_0 + k_1 + k_2 = 2{,}21$ que es una aproximación de la raíz con una exactitud de 3 cifras significativas.

4.30. Encontrar una aproximación de una raíz real de la ecuación polinomia dada en el problema 4.29, usando el *método de Newton.* Hacer 4 iteraciones y comparar el resultado con la solución del problema 4.29.

La secuencia de aproximaciones se define haciendo $n = 3$, $a_3 = 1$, $a_2 = -3$, $a_1 = 4$ y $a_0 = -5$ en la relación recursiva del método de Newton (ecuación (*4.15*)). El resultado es

$$s_{l+1} = \frac{2s_l^3 - 3s_l^2 + 5}{3s_l^2 - 6s_l + 4} \qquad l = 0, 1, 2, \ldots$$

Sea $s_0 = 0$ la primera apreciación. Entonces

$$s_1 = \frac{5}{4} = 1{,}25 \qquad s_3 = \frac{2(3{,}55)^3 - 3(3{,}55)^2 + 5}{3(3{,}55)^2 - 6(3{,}55) + 4} = 2{,}76$$

$$s_2 = \frac{2(1{,}25)^3 - 3(1{,}25)^2 + 5}{3(1{,}25)^2 - 6(1{,}25) + 4} = 3{,}55 \qquad s_4 = \frac{2(2{,}76)^3 - 3(2{,}76)^2 + 5}{3(2{,}76)^2 - 6(2{,}76) + 4} = 2{,}35$$

La próxima iteración da $s_5 = 2{,}22$ y la secuencia es convergente.

4.31. Encontrar una aproximación de un factor cuadrático del polinomio

$$Q_3(s) = s^3 - 3s^2 + 4s - 5$$

de los problemas 4.29 y 4.30, usando el método de *Lin-Bairstow*. Hacer dos iteraciones.

Paso 1: Escoger como una primera aproximación el factor $s^2 - s + 2$.

Las constantes necesarias en el **paso 2** son $\alpha_1 = -1$, $\alpha_0 = 2$, $n = 3$, $a_3 = 1$, $a_2 = -3$, $a_1 = 4$, $a_0 = -5$.

Paso 2: De la relación recursiva

$$b_{i-2} = a_i - \alpha_1 b_{i-1} - \alpha_0 b_i$$

$i = n, n-1, \ldots, 1, 0,$ se forman las siguientes constantes:

$$b_1 = a_3 = 1 \qquad b_0 = a_2 + b_1 = -2$$

$$b_{-1} = a_1 + b_0 - 2b_1 = 0 \qquad b_{-2} = a_0 + b_{-1} - 2b_0 = -1$$

Paso 3: De la relación recursiva

$$c_{i-1} = b_{i-1} - \alpha_1 c_i - \alpha_0 c_{i+1}$$

$i = n, n-1, \ldots, 1,$ se determinan las siguientes constantes:

$$c_1 = b_1 = 1 \qquad c_0 = b_0 + c_1 = -1$$

Paso 4: Las ecuaciones simultáneas

$$c_0\,\Delta\alpha_1 + c_1\,\Delta\alpha_0 = b_{-1}$$

$$(-\alpha_1 c_0 - \alpha_0 c_1)\,\Delta\alpha_1 + c_0\,\Delta\alpha_0 = b_{-2}$$

se pueden ahora escribir como

$$-\Delta\alpha_1 + \Delta\alpha_0 = 0$$

$$-3\,\Delta\alpha_1 - \Delta\alpha_0 = -1$$

cuya solución es $\Delta\alpha_1 = 1/4$, $\Delta\alpha_0 = 1/4$, y la nueva aproximación del factor cuadrático es

$$s^2 - 0{,}75s + 2{,}25$$

Si se repiten los **pasos 1 a 4** para $\alpha_1 = -0{,}75$, $\alpha_0 = 2{,}25$, la segunda iteración produce

$$s^2 - 0{,}7861s + 2{,}2583$$

MAPAS DE POLOS Y CEROS

4.32. Determinar todos los polos y ceros de $F(s) = \dfrac{s^2 - 16}{s^5 - 7s^4 - 30s^3}$.

Los polos finitos de $F(s)$ son las raíces de la ecuación polinomia del denominador

$$s^5 - 7s^4 - 30s^3 = s^3(s+3)(s-10) = 0$$

Por tanto $s = 0$, $s = -3$ y $s = 10$ son los polos finitos de $F(s)$. $s = 0$ es una raíz triple de la ecuación y se llama un **triple polo** de $F(s)$. Estos son los únicos valores de s para los cuales $|F(s)|$ es infinito y son todos los polos de $F(s)$. Los ceros finitos de $F(s)$ son las raíces de la ecuación polinomia del numerador

$$s^2 - 16 = (s-4)(s+4) = 0$$

Por tanto $s = 4$ y $s = -4$ son los *ceros finitos* de $F(s)$. A medida que $|s| \to \infty$, $F(s) \cong \frac{1}{s^3} \to 0$. Entonces $F(s)$ tiene un triple cero en $s = \infty$.

4.33. Hacer un mapa de polos y ceros para la función del problema 4.32.

De la solución del problema 4.32, $F(s)$ tiene *ceros finitos* en $s = 4$ y $s = -4$ y *polos finitos* en $s = 0$ (un triple polo) $s = -3$ y $s = 10$. El mapa de polos y ceros se muestra en la figura adyacente.

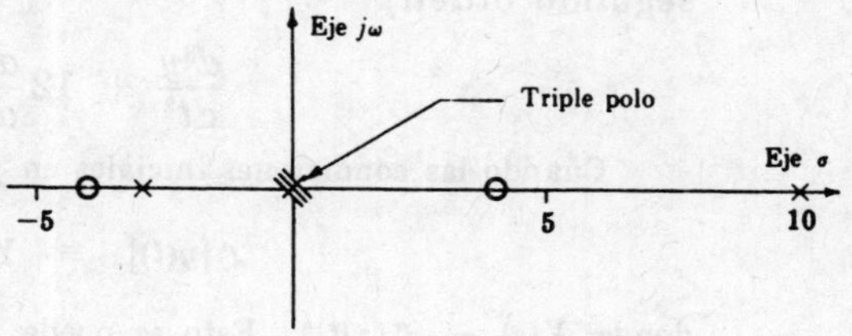

4.34. Usando la técnica gráfica, evaluar los residuos de la función

$$F(s) = \frac{20}{(s+10)(s+1+j)(s+1-j)}$$

El mapa de polos y ceros de $F(s)$ es

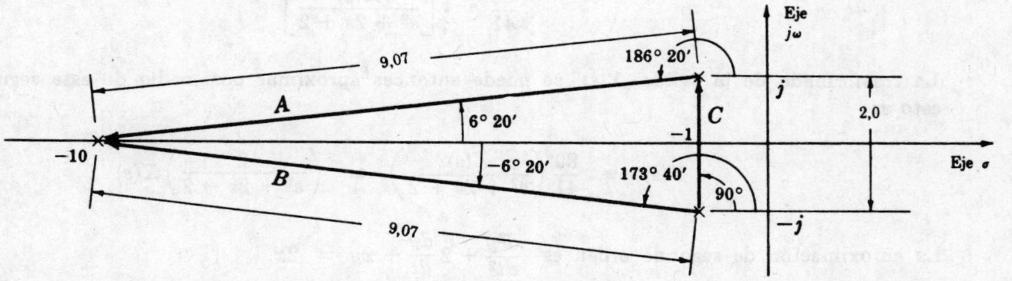

En este mapa de polos y ceros están incluidos los vectores de los desplazamientos entre los polos. Por ejemplo, A es el vector de desplazamiento del polo $s = -10$ con relación al polo $s = -1 + j$. Entonces, $-A$ es el vector de desplazamiento del polo $s = -1 + j$ con relación al polo $s = -10$.

La magnitud del residuo en el polo $s = -10$ es $|c_1| = \frac{20}{|A|\,|B|} = \frac{20}{(9{,}07)\,(9{,}07)} = 0{,}243$.

El ángulo ϕ_1 del residuo en $s = -10$ es el negativo de la suma de los ángulos A y B, es decir $\phi_1 = -[186^\circ\ 20' + 173^\circ\ 40'] = -360^\circ$. Luego $c_1 = 0{,}243$.

La magnitud del residuo en el polo $s = -1 + j$ es $|c_2| = \frac{20}{|-A|\,|C|} = \frac{20}{(9{,}07)(2)} = 1{,}102$. El ángulo ϕ_2 del residuo en el polo $s = -1 + j$ es el negativo de las sumas de los ángulos de $-A$ y C: $\phi_2 = -[6^\circ\ 20' + 90^\circ] = -96^\circ\ 20'$. Luego $c_2 = 1{,}102\underline{/-96^\circ\ 20'} = -0{,}128 - j\,1{,}095$.

La magnitud del residuo en el polo $s = -1 - j$ es $|c_3| = \frac{20}{|-B|\,|-C|} = \frac{20}{(9{,}07)(2)} = 1{,}102$. El ángulo ϕ_3 del residuo en el polo $s = -1 - j$ es el negativo de la suma de los ángulos de $-B$ y $-C$: $\phi_3 = -[-90^\circ - 6^\circ\ 20'] = 96^\circ\ 20'$. Luego $c_3 = 1{,}102\underline{/96^\circ\ 20'} = -0{,}128 + j\,1{,}095$.

Obsérvese que los residuos c_2 y c_3 de los polos que son conjugados complejos son también conjugados complejos. Esto siempre es verdadero para los residuos de los polos que son conjugados complejos.

4.35. Determinar, (*a*) la frecuencia natural no amortiguada ω_n, (*b*) la razón de amortiguación ζ, (*c*) la constante de tiempo τ, (*d*) la frecuencia natural amortiguada ω_d, y (*e*) la ecuación característica para el sistema de segundo orden dado por

$$\frac{d^2y}{dt^2} + 5\frac{dy}{dt} + 9y = 9x$$

Comparando esta ecuación con las definiciones de la sección 4.12, se tiene

(a) $\omega_n^2 = 9$ o $\omega_n = 3$ rad/seg (c) $\tau = \dfrac{1}{\zeta\omega_n} = \dfrac{2}{5}$ seg (e) $s^2 + 5s + 9 = 0$

(b) $2\zeta\omega_n = 5$ o $\zeta = \dfrac{5}{2\omega_n} = \dfrac{5}{6}$ (d) $\omega_d = \omega_n\sqrt{1-\zeta^2} = 1{,}66$ rad/seg

4.36. ¿Cómo y por qué el siguiente sistema puede ser aproximado por un sistema de segundo orden?

$$\frac{d^3y}{dt^3} + 12\frac{d^2y}{dt^2} + 22\frac{dy}{dt} + 20y = 20x$$

Cuando las condiciones iniciales en $y(t)$ y sus derivadas son cero, la trasformada de salida es

$$\mathcal{L}[y(t)] \equiv Y(s) = \frac{20}{s^3 + 12s^2 + 22s + 20}X(s)$$

donde $X(s) = \mathcal{L}[x(t)]$. Esto se puede volver a escribir como

$$Y(s) = \frac{10}{41}\left(\frac{1}{s+10} - \frac{s}{s^2+2s+2}\right)X(s) + \frac{80}{41}\left(\frac{X(s)}{s^2+2s+2}\right)$$

El factor constante 80/41 del segundo término es igual a ocho veces el factor constante 10/41, del primer término. La salida $y(t)$ estará entonces dominada por la función de tiempo

$$\frac{80}{41}\mathcal{L}^{-1}\left[\frac{X(s)}{s^2+2s+2}\right]$$

La trasformada de la salida $Y(s)$ se puede entonces aproximar por medio de este segundo término; esto es

$$Y(s) \cong \frac{80}{41}\left(\frac{X(s)}{s^2+2s+2}\right) \cong \left(\frac{2}{s^2+2s+2}\right)X(s)$$

La aproximación de segundo orden es $\dfrac{d^2y}{dt^2} + 2\dfrac{dy}{dt} + 2y = 2x$.

4.37. En el capítulo 6 se mostrará que la salida $y(t)$ de un sistema causal lineal invariable con el tiempo con todas las condiciones iniciales iguales a cero, se relaciona a la entrada $x(t)$ en el dominio de la trasformada de Laplace por medio de la ecuación $Y(s) = P(s)X(s)$, donde $P(s)$ se llama la *función de trasferencia* del sistema. Mostrar que $p(t)$, el inverso de la trasformada de Laplace de $P(s)$, es igual a la *función de peso* $w(t)$ de un sistema descrito por la ecuación diferencial con coeficientes constantes $\sum_{i=0}^{n} a_i \dfrac{d^iy}{dt^i} = x$.

La respuesta fija de un sistema descrito por la ecuación anterior se da en la ecuación (*3.15*) con todo $b_i = 0$ excepto $b_0 = 1$:

$$y(t) = \int_{0+}^{t} w(t-\tau)\, x(\tau)\, d\tau$$

y $w(t-\tau)$ es la función de peso de la ecuación diferencial.

El inverso de la trasformada de Laplace de $Y(s) = P(s)X(s)$ se determina fácilmente con la ayuda de la integral de convolución de la propiedad 12 como

$$y(t) = \mathcal{L}^{-1}[Y(s)] = \mathcal{L}^{-1}[P(s)\,X(s)] = \int_{0+}^{t} p(t-\tau)\, x(\tau)\, d\tau$$

Entonces $$\int_{0+}^{t} w(t-\tau)\, x(\tau)\, d\tau = \int_{0+}^{t} p(t-\tau)\, x(\tau)\, d\tau \quad \text{o} \quad w(t) = p(t)$$

PROBLEMAS VARIOS

4.38. En la red RC que se muestra en el esquema adyacente,

(*a*) encontrar una ecuación diferencial que relacione el voltaje de salida y y el voltaje de entrada x.

(*b*) si el voltaje inicial en el capacitor C es $v_{co} = 1$ voltio con la polaridad indicada y si $x = 2e^{-t}$, encontrar y usando la técnica de la trasformada de Laplace.

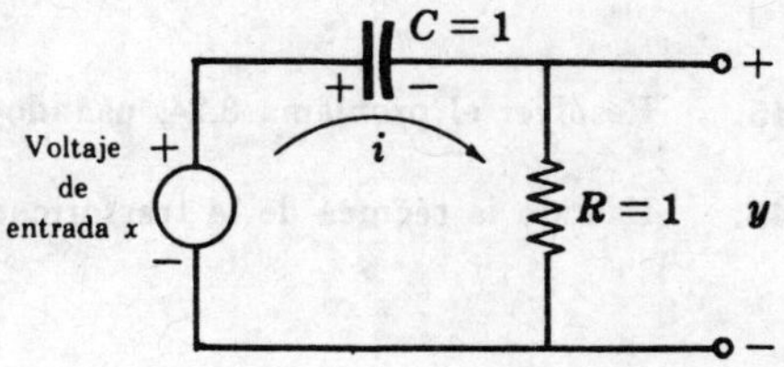

(*a*) Según la ley de voltaje de Kirchhoff

$$x = v_{co} + (1/C)\int_0^t i\,dt + Ri = v_{co} + \int_0^t i\,dt + i$$

Pero $y = Ri = i$. Por tanto $x = v_{co} + \int_0^t y\,dt + y$. Diferenciando ambos lados de esta ecuación da la ecuación diferencial $\dot{y} + y = \dot{x}$.

(*b*) La trasformada de Laplace de la ecuación diferencial encontrada en la parte (*a*) es

$$sY(s) - y(0^+) + Y(s) = sX(s) - x(0^+)$$

donde $X(s) = \mathcal{L}[2e^{-t}] = \dfrac{2}{s+1}$ y $x(0^+) = \lim_{t\to 0} 2e^{-t} = 2$. Para encontrar $y(0^+)$, se toman límites en ambos lados de la ecuación original del voltaje:

$$x(0^+) = \lim_{t\to 0} x(t) = \lim_{t\to 0}\left[v_{co} + \int_0^t y\,dt + y(t)\right] = v_{co} + y(0^+)$$

Luego $y(0^+) = x(0^+) - v_{co} = 2 - 1 = 1$. La trasformada de $y(t)$ es entonces

$$Y(s) = \frac{2s}{(s+1)^2} - \frac{1}{s+1} = -\frac{2}{(s+1)^2} + \frac{2}{s+1} - \frac{1}{s+1} = -\frac{2}{(s+1)^2} + \frac{1}{s+1}$$

Finalmente, $y(t) = \mathcal{L}^{-1}\left[-\dfrac{2}{(s+1)^2}\right] + \mathcal{L}^{-1}\left[\dfrac{1}{s+1}\right] = -2te^{-t} + e^{-t}$

Problemas propuestos

4.39. Mostrar que $\mathcal{L}[-t\,f(t)] = \dfrac{dF(s)}{ds}$ donde $F(s) = \mathcal{L}[f(t)]$.

4.40. Usando la integral de convolución encontrar el inverso de la trasformada de $\dfrac{1}{s(s+2)}$.

4.41. Determinar el valor final de la función $f(t)$ cuya trasformada de Laplace es

$$F(s) = \frac{2(s+1)}{s(s+3)(s+5)^2}$$

4.42. Determinar el valor inicial de la función $f(t)$ cuya trasformada de Laplace es

$$F(s) = \frac{4s}{s^3 + 2s^2 + 9s + 6}$$

4.43. Encontrar el desarrollo en fracciones parciales de la función $F(s) = \dfrac{10}{(s+4)(s+2)^3}$.

4.44. Encontrar el inverso de la trasformada de Laplace $f(t)$ de la función $F(s) = \dfrac{10}{(s+4)(s+2)^3}$.

4.45. Resolver el problema 3.24, usando la técnica de la trasformada de Laplace.

4.46. Usando la técnica de la trasformada de Laplace, encontrar la respuesta fija de la ecuación diferencial

$$\frac{d^2y}{dt^2} + 4\frac{dy}{dt} + 4y = 3\frac{dx}{dt} + 2x$$

donde $x(t) = e^{-3t}$, $t > 0$. Comparar esta solución con la obtenida en el problema 3.26.

4.47. Usando la técnica de la trasformada de Laplace, encontrar la respuesta al estado estacionario y a transitorios del sistema descrito por la ecuación diferencial $\dfrac{d^2y}{dt^2} + 3\dfrac{dy}{dt} + 2y = 1$ con las condiciones iniciales $y(0^+)$ y $\left.\dfrac{dy}{dt}\right|_{t=0^+} = 1$.

4.48. Usando la técnica de la trasformada de Laplace encontrar la respuesta al impulso unidad del sistema descrito por la ecuación diferencial $\dfrac{d^3y}{dt^3} + \dfrac{dy}{dt} = x$.

Respuestas a los problemas propuestos

4.40. $\frac{1}{2}[1 - e^{-2t}]$

4.41. 2/75

4.42. 0

4.43. $F(s) = \dfrac{5}{(s+2)^3} - \dfrac{5}{2(s+2)^2} + \dfrac{5}{4(s+2)} - \dfrac{5}{4(s+4)}$

4.44. $f(t) = \dfrac{5t^2e^{-2t}}{2} - \dfrac{5te^{-2t}}{2} + \dfrac{5e^{-2t}}{4} - \dfrac{5e^{-4t}}{4}$

4.46. $y_b(t) = 7e^{-2t} - 7e^{-3t} - 7te^{-2t}$

4.47. Respuesta a transitorios $= 2e^{-t} - \frac{3}{2}e^{-2t}$. Respuesta al estado estacionario $= \frac{1}{2}$

4.48. $y_\delta(t) = 1 - \cos t$

Capítulo 5

Estabilidad

5.1 DEFINICIONES DE ESTABILIDAD

La estabilidad de un sistema se determina por su respuesta a las entradas o las perturbaciones. Intuitivamente, un sistema estable es aquel que permanece en reposo a no ser que se excite por una fuente externa y en tal caso, volverá al reposo una vez que desaparezcan todas las excitaciones. La estabilidad se puede definir exactamente, en términos de la respuesta al impulso de un sistema como sigue. (Véanse los capítulos 3 y 4.)

Definición 5.1a: Un sistema es **estable** si su respuesta al impulso tiende a cero a medida que el tiempo tiende a infinito.

Alternativamente, la definición de un sistema estable se puede basar en la respuesta del sistema a entradas limitadas, es decir, entradas cuyas magnitudes son inferiores a un valor finito para todo tiempo.

Definición 5.1b: Un sistema es **estable,** si cada entrada limitada produce una salida limitada.

La consideración del **grado** de estabilidad de un sistema, a menudo proporciona una valiosa información sobre su comportamiento. Es decir, si un sistema es estable, ¿cuán cerca está de ser inestable? Este es el concepto de **estabilidad relativa.** Generalmente, la estabilidad relativa se expresa en términos de alguna variación permitida en un parámetro de un sistema particular, para la cual el sistema permanecerá estable. Definiciones más precisas de indicadores de estabilidad relativa se presentarán en capítulos posteriores.

5.2 LOCALIZACION DE RAICES CARACTERISTICAS

En el capítulo 4 se mostró que la respuesta al impulso de un sistema lineal invariable con el tiempo, se compone de una suma de funciones de tiempo exponenciales cuyos exponentes son las raíces de la ecuación característica del sistema. Una condición necesaria para que el sistema sea estable es que las partes reales de las raíces de la ecuación característica, sean partes reales negativas. Esto asegura que la respuesta al impulso decaerá exponencialmente con el tiempo.

Si el sistema tiene algunas raíces cuyas partes reales sean iguales a cero, pero ninguna raíz con partes reales positivas, se dice que el sistema es **marginalmente estable.** En este caso, la respuesta al impulso no decae hasta cero aunque la entrada es limitada. Por otra parte, algunas entradas producirán salidas no limitadas. Por consiguiente, los sistemas marginalmente estables son inestables.

Ejemplo 5.1.

El sistema descrito por la ecuación diferencial en términos de trasformadas de Laplace

$$(s^2+1)\,Y(s) \;=\; X(s)$$

tiene la ecuación característica

$$s^2+1 \;=\; 0$$

Esta ecuación tiene las dos raíces $\pm j$. Puesto que estas raíces tienen partes reales iguales a cero, el sistema no es estable. Sin embargo, el sistema es marginalmente estable puesto que la ecuación no tiene raíces con partes reales positivas. Como respuesta a la mayoría de entradas o perturbaciones, el sistema oscilará con una salida limitada. No obstante, si la entrada es $x = \operatorname{sen} t$, la salida será

$$y = t \operatorname{sen} t$$

la cual no es limitada.

5.3 CRITERIO DE ESTABILIDAD DE ROUTH

El criterio de estabilidad de Routh es un método para determinar la estabilidad de un sistema que se puede aplicar a una ecuación característica de n-ésimo orden de la forma

$$a_n s^n + a_{n-1} s^{n-1} + \cdots + a_1 s + a_0 = 0$$

El criterio se aplica usando una **tabla de Routh** que se define como

$$\begin{array}{c|cccc} s^n & a_n & a_{n-2} & a_{n-4} & \cdots \\ s^{n-1} & a_{n-1} & a_{n-3} & a_{n-5} & \cdots \\ \cdot & b_1 & b_2 & b_3 & \cdots \\ \cdot & c_1 & c_2 & c_3 & \cdots \\ \cdot & \cdots & \cdots & \cdots & \cdots \end{array}$$

donde $a_n, a_{n-1}, \ldots, a_0$ son los coeficientes de la ecuación característica y

$$b_1 \equiv \frac{a_{n-1}a_{n-2} - a_n a_{n-3}}{a_{n-1}}, \quad b_2 \equiv \frac{a_{n-1}a_{n-4} - a_n a_{n-5}}{a_{n-1}}, \quad \text{etc.}$$

$$c_1 \equiv \frac{b_1 a_{n-3} - a_{n-1} b_2}{b_1}, \quad c_2 \equiv \frac{b_1 a_{n-5} - a_{n-1} b_3}{b_1}, \quad \text{etc.}$$

La tabla se continúa horizontal y verticalmente hasta que sólo se obtengan ceros. Cualquier fila se puede multiplicar por una constante antes de calcular la siguiente fila, sin que esto vaya a perturbar las propiedades de la tabla. Todas las raíces de esta ecuación característica tienen partes reales negativas, sii los elementos de la primera columna de la tabla de Routh tienen el mismo signo. De lo contrario, el número de raíces con partes reales positivas es igual al número de cambios de signo.

Ejemplo 5.2.

$$s^3 + 6s^2 + 12s + 8 = 0$$

$$\begin{array}{c|ccc} s^3 & 1 & 12 & 0 \\ s^2 & 6 & 8 & 0 \\ s^1 & \frac{64}{6} & 0 & \\ s^0 & 8 & & \end{array}$$

Puesto que no hay cambios de signo en la primera columna de la tabla, todas las raíces de la ecuación tienen partes reales negativas.

A menudo se desea determinar un intervalo de valores de un parámetro particular del sistema, para el cual el sistema es estable. Esto se puede hacer escribiendo las desigualdades que aseguran que no habrá cambio de signo en la primera columna de la tabla de Routh del sistema. Estas desigualdades especifican entonces el intervalo de valores permitidos al parámetro.

Ejemplo 5.3.

$$s^3 + 3s^2 + 3s + 1 + K = 0$$

$$\begin{array}{c|ccc} s^3 & 1 & 3 & 0 \\ s^2 & 3 & 1+K & 0 \\ s^1 & \frac{8-K}{3} & 0 & \\ s^0 & 1+K & & \end{array}$$

Para evitar cambios de signo en la primera columna es necesario que se cumplan las condiciones $8 - K > 0$, y $1 + K > 0$. Luego la ecuación característica tiene raíces con partes reales negativas si $-1 < K < 8$.

Una fila de ceros para la fila s^1 de la tabla de Routh indica que el polinomio tiene un par de raíces que satisfacen la **ecuación auxiliar** formada como sigue:

$$As^2 + B = 0$$

donde A y B son el primero y segundo elementos de la fila s^2.

Ejemplo 5.4.

En el ejemplo anterior, la fila s^1 es cero si $K = 8$. En este caso la ecuación auxiliar es $3s^2 + 9 = 0$. Por tanto $s = \pm j\sqrt{3}$ son dos de las raíces de la ecuación característica.

5.4 CRITERIO DE ESTABILIDAD DE HURWITZ

El criterio de estabilidad de Hurwitz es otro método para determinar si todas las raíces de una ecuación característica tienen partes reales negativas. Este criterio se aplica por medio del uso de determinantes formados con los coeficientes de la ecuación característica. Se supone que el primer coeficiente a_n, es positivo. Los determinantes Δ_i para $i = 1, 2, \ldots, n-1$ se forman como los menores principales del determinante

$$\Delta_n = \begin{vmatrix} a_{n-1} & a_{n-3} & \cdots & \begin{bmatrix} a_0 \text{ si } n \text{ impar} \\ a_1 \text{ si } n \text{ par} \end{bmatrix} & 0 & \cdots & 0 \\ a_n & a_{n-2} & \cdots & \begin{bmatrix} a_1 \text{ si } n \text{ impar} \\ a_0 \text{ si } n \text{ par} \end{bmatrix} & 0 & \cdots & 0 \\ 0 & a_{n-1} & a_{n-3} & \cdots & \cdots & \cdots & 0 \\ 0 & a_n & a_{n-2} & \cdots & \cdots & \cdots & 0 \\ \cdots & \cdots & \cdots & \cdots & \cdots & \cdots & \cdots \\ 0 & \cdots & \cdots & \cdots & \cdots & \cdots & a_0 \end{vmatrix}$$

Los determinantes se forman por tanto como sigue:

$$\Delta_1 = a_{n-1}$$

$$\Delta_2 = \begin{vmatrix} a_{n-1} & a_{n-3} \\ a_n & a_{n-2} \end{vmatrix} = a_{n-1}a_{n-2} - a_n a_{n-3}$$

$$\Delta_3 = \begin{vmatrix} a_{n-1} & a_{n-3} & a_{n-5} \\ a_n & a_{n-2} & a_{n-4} \\ 0 & a_{n-1} & a_{n-3} \end{vmatrix} = a_{n-1}a_{n-2}a_{n-3} + a_n a_{n-1} a_{n-5} - a_n a_{n-3}^2 - a_{n-4}a_{n-1}^2$$

y así sucesivamente hasta Δ_{n-1}.

Todas las raíces de la ecuación característica tienen partes reales negativas si $\Delta_i > 0$ para $i = 1, 2, \ldots, n$.

Ejemplo 5.5.

Para $n = 3$,

$$\Delta_3 = \begin{vmatrix} a_2 & a_0 & 0 \\ a_3 & a_1 & 0 \\ 0 & a_2 & a_0 \end{vmatrix} = a_2a_1a_0 - a_0^2a_3, \quad \Delta_2 = \begin{vmatrix} a_2 & a_0 \\ a_3 & a_1 \end{vmatrix} = a_2a_1 - a_0a_3, \quad \Delta_1 = a_2$$

De este modo, todas las raíces de la ecuación característica tienen partes reales negativas si

$$a_2 > 0, \quad a_2a_1 - a_0a_3 > 0, \quad a_2a_1a_0 - a_0^2a_3 > 0$$

5.5 CRITERIO DE ESTABILIDAD DE LA FRACCION CONTINUADA

El criterio de estabilidad de la fracción continuada se puede aplicar a la ecuación característica, formando una fracción continuada con las porciones pares e impares de la ecuación de la siguiente manera. Sea

$$Q(s) \equiv a_n s^n + a_{n-1} s^{n-1} + \cdots + a_1 s + a_0$$

$$Q_1(s) \equiv a_n s^n + a_{n-2} s^{n-2} + \cdots$$

$$Q_2(s) \equiv a_{n-1} s^{n-1} + a_{n-3} s^{n-3} + \cdots$$

Se forma la fracción Q_1/Q_2, y luego se divide el numerador por el denominador y se invierte el residuo para formar una fracción continuada como sigue:

$$\frac{Q_1(s)}{Q_2(s)} = \frac{a_n s}{a_{n-1}} + \frac{\left(a_{n-2} - \dfrac{a_n a_{n-3}}{a_{n-1}}\right) s^{n-2} + \left(a_{n-4} - \dfrac{a_n a_{n-5}}{a_{n-1}}\right) s^{n-4} + \cdots}{Q_2}$$

$$= h_1 s + \cfrac{1}{h_2 s + \cfrac{1}{h_3 s + \cfrac{1}{h_4 s + \cfrac{1}{\ddots \, \cfrac{1}{h_n s}}}}}$$

Si $h_1, h_2, \ldots, h_n$ son todos positivos, entonces todas las raíces de $Q(s)$ tienen partes reales negativas.

Ejemplo 5.6.

$$Q(s) = s^3 + 6s^2 + 12s + 8$$

$$\frac{Q_1(s)}{Q_2(s)} = \frac{s^3 + 12s}{6s^2 + 8} = \frac{1}{6}s + \frac{\frac{32}{3}s}{6s^2 + 8}$$

$$= \frac{1}{6}s + \cfrac{1}{\frac{9}{16}s + \cfrac{1}{\frac{4}{3}s}}$$

Puesto que todos los coeficientes de s en la fracción continuada son positivos, v.gr. $h_1 = 1/6$, $h_2 = 9/16$ y $h_3 = 4/3$, todas las raíces del polinomio $Q(s)$ tienen partes reáles negativas.

Problemas resueltos

DEFINICIONES DE ESTABILIDAD

5.1. A continuación se dan las respuestas al impulso de varios sistemas. Determinar, para cada caso, si la respuesta al impulso representa un sistema estable o inestable.

(*a*) $h(t) = e^{-t}$, (*b*) $h(t) = te^{-t}$, (*c*) $h(t) = 1$, (*d*) $h(t) = e^{-t}\,\text{sen}\,3t$, (*e*) $h(t) = \text{sen}\,\omega t$.

Si la respuesta a la entrada decae hasta cero cuando el tiempo tiende a infinito, el sistema es estable. Como se puede ver en la figura 5-1, las respuestas al impulso de (*a*), (*b*) y (*d*) decaen hasta cero cuando el tiempo tiende a infinito y por tanto representan sistemas *estables*. Puesto que las respuestas al impulso en los casos (*c*) y (*e*) no tienden a cero, éstas representan sistemas *inestables*.

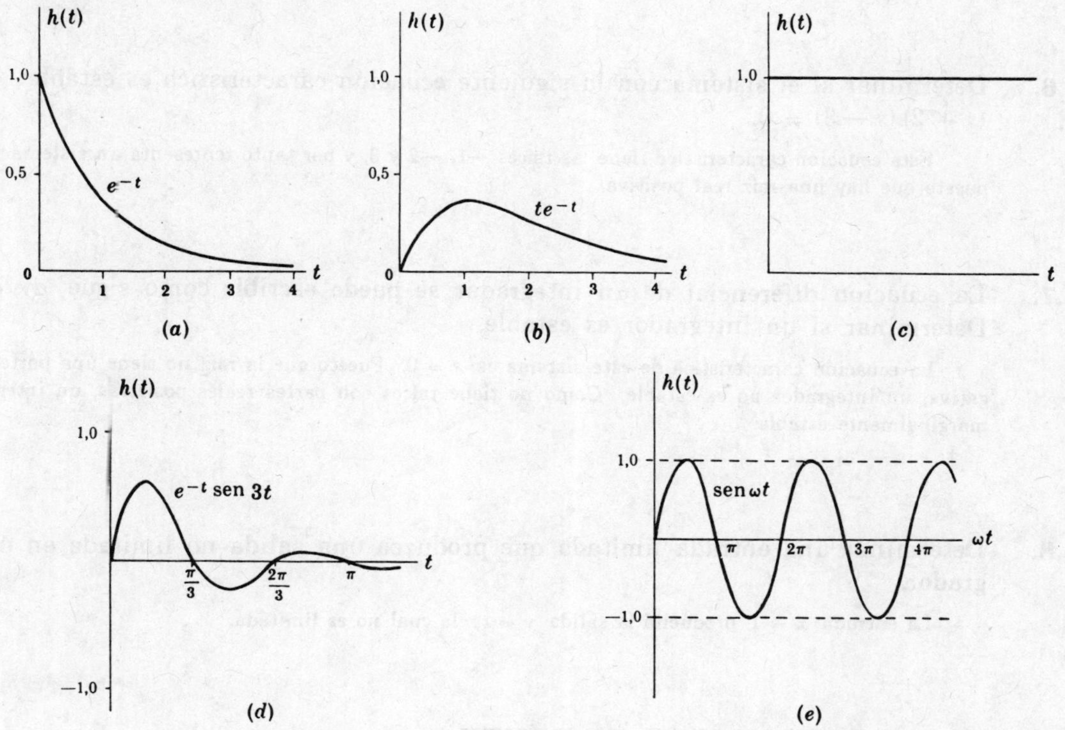

Fig. 5-1

5.2. Si una función paso se aplica a la entrada de un sistema y la salida permanece por debajo de cierto nivel durante todo el tiempo, ¿el sistema es estable?

El sistema no es necesariamente estable puesto que la salida debe ser limitada para cada entrada limitada. Una salida limitada correspondiente a una entrada específica limitada no asegura estabilidad.

5.3. Si se aplica una función paso a la entrada de un sistema y la salida es de la forma $y = t$, ¿el sistema es estable o inestable?

El sistema es inestable ya que una entrada limitada produce una salida no limitada.

LOCALIZACION DE RAICES CARACTERISTICAS

5.4. Las raíces de las ecuaciones características de varios sistemas se dan a continuación. Determinar en cada caso si el conjunto de raíces representa sistemas estables, marginalmente estables o inestables.

(*a*) $-1, -2$ (*d*) $-1+j, -1-j$ (*g*) $-6, -4, 7$

(*b*) $-1, +1$ (*e*) $-2+j, -2-j, 2j, -2j$ (*h*) $-2+3j, -2-3j, -2$

(*c*) $-3, -2, 0$ (*f*) $2, -1, -3$ (*i*) $-j, j, -1, 1$

Los conjuntos de raíces (*a*), (*d*) y (*h*) representan sistemas estables puesto que todas las raíces tienen partes reales negativas. Los conjuntos de raíces (*c*) y (*e*) representan sistemas marginalmente estables, ya que todas las raíces tienen partes reales no positivas, es decir, negativas o iguales a cero. Los conjuntos (*b*), (*f*), (*g*) e (*i*) representan sistemas inestables puesto que cada uno tiene por lo menos una raíz con una parte real positiva.

5.5. Un sistema tiene polos en -1, -5 y ceros en 1 y -2. ¿Es estable el sistema?

El sistema es estable porque los polos que son las raíces de la ecuación característica del sistema (capítulo 4) tienen partes reales negativas. El hecho de que el sistema tenga un cero con una parte real positiva no afecta su estabilidad.

5.6. Determinar si el sistema con la siguiente ecuación característica es estable: $(s+1)(s+2)(s-3) = 0$.

Esta ecuación característica tiene las raíces -1, -2 y 3, y por tanto representa un sistema inestable puesto que hay una raíz real positiva.

5.7. La ecuación diferencial de un integrador se puede escribir como sigue $dy/dt = x$. Determinar si un integrador es estable.

La ecuación característica de este sistema es $s = 0$. Puesto que la raíz no tiene una parte real negativa, un integrador no es estable. Como no tiene raíces con partes reales positivas, un integrador es marginalmente estable.

5.8. Determinar una entrada limitada que produzca una salida no limitada en un integrador.

La entrada $x = 1$ producirá la salida $y = t$, la cual no es limitada.

CRITERIO DE ESTABILIDAD DE ROUTH

5.9. Determinar si la siguiente ecuación característica representa un sistema estable:

$$s^3 + 4s^2 + 8s + 12 = 0$$

La tabla de Routh para este sistema es

s^3	1	8
s^2	4	12
s^1	5	0
s^0	12	

Ya que no hay cambios de signo en la primera columna, todas las raíces de la ecuación característica tienen partes reales negativas y el sistema es estable.

5.10. Determinar si la siguiente ecuación característica tiene raíces con partes reales positivas:

$$s^4 + s^3 - s - 1 = 0$$

Obsérvese que el coeficiente del término s^2 es cero. La tabla de Routh para esta ecuación es

s^4	1	0	-1
s^3	1	-1	0
s^2	1	-1	
s^1	0	0	
s^0	-1		

El coeficiente para la fila s^0 se obtuvo remplazando el 0 de la fila s^1 por ϵ y computando luego el coeficiente de la fila s^0 como

$$\frac{\epsilon(-1)-0}{\epsilon} = -1$$

Este procedimiento es necesario cuando se obtiene un cero en la primera columna. Como hay un cambio de signo, la ecuación característica tiene una raíz con una parte real positiva. La presencia de los ceros en la fila s^1 indica que la ecuación característica tiene dos raíces que satisfacen la ecuación auxiliar formada con la fila s^2 como sigue: $s^2 - 1 = 0$. Las raíces de esta ecuación son $+1$ y -1.

5.11. La ecuación característica de un sistema dado es

$$s^4 + 6s^3 + 11s^2 + 6s + K = 0$$

¿Qué restricciones se deben poner al parámetro K para asegurar que el sistema sea estable?

La tabla de Routh para este sistema es

s^4	1	11	K
s^3	6	6	0
s^2	10	K	0
s^1	$\frac{60-6K}{10}$	0	
s^0	K		

Para que el sistema sea estable, se deben poner las siguientes restricciones en el parámetro K: $60 - 6K > 0$ o $K < 10$ y $K > 0$. Luego K debe ser superior a cero e inferior a 10.

5.12. Construir una tabla de Routh y determinar el número de raíces con partes reales positivas, para la ecuación

$$2s^3 + 4s^2 + 4s + 12 = 0$$

La tabla de Routh para esta ecuación se da a continuación. Aquí la fila s^2 se divide por 4 antes de calcular la fila s^1. La fila s^1 se divide entonces por 2 antes de calcular la fila s^0.

s^3	2	4
s^2	1	3
s^1	-1	0
s^0	3	

Puesto que hay dos cambios de signo en la primera columna de la tabla de Routh, la ecuación anterior tiene dos raíces con partes reales positivas.

CRITERIO DE ESTABILIDAD DE HURWITZ

5.13. Determinar si la ecuación característica siguiente representa un sistema estable o inestable:

$$s^3 + 8s^2 + 14s + 24 = 0$$

Los determinantes de Hurwitz para este sistema son

$$\Delta_3 = \begin{vmatrix} 8 & 24 & 0 \\ 1 & 14 & 0 \\ 0 & 8 & 24 \end{vmatrix} = 2112, \qquad \Delta_2 = \begin{vmatrix} 8 & 24 \\ 1 & 14 \end{vmatrix} = 88, \qquad \Delta_1 = 8$$

Puesto que cada determinante es positivo, el sistema es estable. Observe que el planteamiento general del ejemplo 5.5, hubiera podido usarse para verificar la estabilidad en este caso, sustituyendo los valores apropiados para los coeficientes a_0, a_1, a_2 y a_3.

5.14. ¿Para qué intervalo de valores de K es estable el sistema con la siguiente ecuación característica?

$$s^2 + Ks + 2K - 1 = 0$$

Los determinantes de Hurwitz para este sistema son

$$\Delta_2 = \begin{vmatrix} K & 0 \\ 1 & 2K-1 \end{vmatrix} = 2K^2 - K = K(2K-1), \qquad \Delta_1 = K$$

Para que estos determinantes sean positivos, es necesario que $K > 0$ y $2K - 1 > 0$. Luego el sistema es estable si $K > \frac{1}{2}$.

5.15. Un sistema está diseñado para dar un rendimiento satisfactorio cuando la ganancia de un amplificador K tiene el valor 2. Determinar cuánto varía esta ganancia antes de que el sistema se vuelva inestable si la ecuación característica es

$$s^3 + (4+K)s^2 + 6s + 16 + 8K = 0$$

Sustituyendo los coeficientes de la ecuación dada en las condiciones generales de Hurwitz del ejemplo 5.5, proporciona los siguientes requisitos para estabilidad:

$$4 + K > 0, \quad (4+K)6 - (16+8K) > 0, \quad (4+K)(6)(16+8K) - (16+8K)^2 > 0$$

Suponiendo que la ganancia del amplificador K no puede ser negativa, se satisface la primera condición. La segunda y tercera condiciones se satisfacen si K es menor que 4. Luego, con una ganancia de diseño de 2, el sistema podría tolerar un aumento de ganancia de un factor de 2, antes de que se vuelva inestable. La ganancia puede caer a cero sin que esto cause inestabilidad.

5.16. Determinar las condiciones de estabilidad de Hurwitz de las siguientes ecuaciones características generales de cuarto orden, suponiendo que a_4 es positivo

$$a_4s^4 + a_3s^3 + a_2s^2 + a_1s + a_0 = 0$$

Los determinantes de Hurwitz son

$$\Delta_4 = \begin{vmatrix} a_3 & a_1 & 0 & 0 \\ a_4 & a_2 & a_0 & 0 \\ 0 & a_3 & a_1 & 0 \\ 0 & a_4 & a_2 & a_0 \end{vmatrix} = a_3(a_2a_1a_0 - a_3a_0^2) - a_1^2a_0a_4$$

$$\Delta_3 = \begin{vmatrix} a_3 & a_1 & 0 \\ a_4 & a_2 & a_0 \\ 0 & a_3 & a_1 \end{vmatrix} = a_3a_2a_1 - a_0a_3^2 - a_4a_1^2$$

$$\Delta_2 = \begin{vmatrix} a_3 & a_1 \\ a_4 & a_2 \end{vmatrix} = a_3a_2 - a_4a_1$$

$$\Delta_1 = a_3$$

Las condiciones de estabilidad son entonces

$$a_3 > 0, \quad a_3a_2 - a_4a_1 > 0, \quad a_3a_2a_1 - a_0a_3^2 - a_4a_1^2 > 0, \quad a_3(a_2a_1a_0 - a_3a_0^2) - a_1^2a_0a_4 > 0$$

5.17. ¿Es estable un sistema con la siguiente ecuación característica?

$$s^4 + 3s^3 + 6s^2 + 9s + 12 = 0$$

Sustituyendo los valores apropiados para los coeficientes, en las condiciones generales del problema 5.16, se tiene

$$3 > 0, \quad 18 - 9 > 0, \quad 162 - 108 - 81 \not> 0, \quad 3(648 - 432) - 972 \not> 0$$

Puesto que no se satisfacen las últimas dos condiciones, el sistema es inestable.

CRITERIO DE ESTABILIDAD DE LA FRACCION CONTINUADA

5.18. Repetir el problema 5.9 usando el criterio de estabilidad de la fracción continuada.

El polinomio $Q(s) = s^3 + 4s^2 + 8s + 12$ se divide en dos partes:

$$Q_1(s) = s^3 + 8s, \qquad Q_2(s) = 4s^2 + 12$$

La fracción continuada para $Q_1(s)/Q_2(s)$ es

$$\frac{Q_1(s)}{Q_2(s)} = \frac{s^3 + 8s}{4s^2 + 12} = \frac{1}{4}s + \frac{5s}{4s^2 + 12} = \frac{1}{4}s + \cfrac{1}{\frac{4}{5}s + \cfrac{1}{\frac{5}{12}s}}$$

Como todos los coeficientes de s son positivos, el polinomio tiene todas sus raíces en el semiplano izquierdo y el sistema con la ecuación característica $Q(s) = 0$ es estable.

5.19. Determinar las limitaciones del parámetro K para que el sistema con la siguiente ecuación característica sea estable:

$$s^3 + 14s^2 + 56s + K = 0$$

$$\frac{Q_1(s)}{Q_2(s)} = \frac{s^3 + 56s}{14s^2 + K} = \frac{1}{14}s + \frac{(56 - K/14)s}{14s^2 + K} = \frac{1}{14}s + \cfrac{1}{\left[\frac{14}{56 - K/14}\right]s + \cfrac{1}{\left[\frac{56 - K/14}{K}\right]s}}$$

Para que el sistema sea estable se deben satisfacer las siguientes condiciones: $56 - K/14 > 0$ y $K > 0$, v.gr. $0 < K < 784$.

5.20. Derivar las condiciones necesarias para que todas las raíces de un polinomio general de tercer orden tengan partes reales negativas.

Para el polinomio general de tercer orden $Q(s) = a_3s^3 + a_2s^2 + a_1s + a_0$,

$$\frac{Q_1(s)}{Q_2(s)} = \frac{a_3s^3 + a_1s}{a_2s^2 + a_0} = \frac{a_3}{a_2}s + \frac{[a_1 - a_3a_0/a_2]s}{a_2s^2 + a_0} = \frac{a_3}{a_2}s + \cfrac{1}{\left[\frac{a_2}{a_1 - a_3a_0/a_2}\right]s + \cfrac{1}{\left[\frac{a_1 - a_3a_0/a_2}{a_0}\right]s}}$$

Las condiciones necesarias para que todas las raíces de $Q(s)$ tengan partes reales negativas son por consiguiente

$$\frac{a_3}{a_2} > 0, \qquad \frac{a_2}{a_1 - a_3a_0/a_2} > 0, \qquad \frac{a_1 - a_3a_0/a_2}{a_0} > 0$$

Por tanto si a_3 es positivo, las condiciones requeridas son $a_2, a_1, a_0 > 0$ y $a_1a_2 - a_3a_0 > 0$. Obsérvese que si a_3 no es positivo, $Q(s)$ se debe multiplicar por -1 antes de verificar las condiciones anteriores.

5.21. ¿Es estable el sistema con la siguiente ecuación característica?

$$s^4 + 4s^3 + 8s^2 + 16s + 32 = 0$$

$$\frac{Q_1(s)}{Q_2(s)} = \frac{s^4 + 8s^2 + 32}{4s^3 + 16s} = \frac{1}{4}s + \frac{4s^2 + 32}{4s^3 + 16s}$$

$$= \frac{1}{4}s + \cfrac{1}{s + \cfrac{-16s}{4s^2 + 32}} = \frac{1}{4}s + \cfrac{1}{s + \cfrac{1}{-\frac{1}{4}s + \cfrac{1}{-\frac{1}{2}s}}}$$

Como los coeficientes de s no son todos positivos, el sistema es inestable.

PROBLEMAS VARIOS

5.22. Si un cero aparece en la primera columna de la tabla de Routh, ¿el sistema es necesariamente inestable?

En realidad, un cero en la primera columna de la tabla de Routh se debe interpretar como algo sin signo, es decir, que no es positivo ni negativo. En consecuencia, todos los elementos de la primera columna no pueden tener el mismo signo si uno de ellos es cero y el sistema es inestable. En algunos casos, un cero en la primera columna de la tabla de Routh, indica la presencia de dos raíces de igual magnitud pero de signo opuesto (véase el problema 5.10). En otros casos esto indica la presencia de una o más raíces con partes reales iguales a cero. Luego una ecuación característica que tenga una o más raíces con partes reales iguales a cero y que no tenga raíces con partes reales positivas, producirá una tabla de Routh en la que todos los elementos de la primera columna no tienen el mismo signo y no tienen ningún cambio de signo.

5.23. Probar que un sistema es inestable si uno cualquiera de los coeficientes de la ecuación característica es cero.

La ecuación característica se puede escribir en la forma

$$(s - s_1)(s - s_2)(s - s_3)\cdots(s - s_n) = 0$$

donde $s_1, s_2, \ldots, s_n$ son las raíces de la ecuación. Si en esta ecuación se efectúan las multiplicaciones, se pueden obtener n ecuaciones nuevas, relacionando las raíces y los coeficientes de la ecuación característica en la forma usual. Luego

$$a_n s^n + a_{n-1}s^{n-1} + \cdots + a_0 = 0 \quad \text{o} \quad s^n + \frac{a_{n-1}}{a_n}s^{n-1} + \cdots + \frac{a_0}{a_n} = 0$$

y las relaciones son

$$\frac{a_{n-1}}{a_n} = -\sum_{i=1}^{n} s_i, \quad \frac{a_{n-2}}{a_n} = \sum_{\substack{i=1\\i\neq j}}^{n}\sum_{j=1}^{n} s_i s_j, \quad \frac{a_{n-3}}{a_n} = -\sum_{\substack{i=1\\i\neq j\neq k}}^{n}\sum_{j=1}^{n}\sum_{k=1}^{n} s_i s_j s_k, \quad \ldots, \quad \frac{a_0}{a_n} = (-1)^n s_1 s_2 \cdots s_n$$

Los coeficientes $a_{n-1}, a_{n-2}, \ldots, a_0$ tienen todos el mismo signo que a_n, y son diferentes de cero si todas las raíces $s_1, s_2, \ldots, s_n$ tienen partes reales negativas. La única manera en que uno de estos coeficientes puede ser cero es que una o más de las raíces tengan partes reales positivas o iguales a cero. En cualquier caso el sistema sería inestable.

5.24. Probar que un sistema es inestable si todos los coeficientes de la ecuación característica no tienen el mismo signo.

De las relaciones presentadas en el problema 5.23, se puede ver que los coeficientes $a_{n-1}, a_{n-2}, \ldots, a_0$ tienen el mismo signo que a_n si todas las raíces $s_1, s_2, \ldots, s_n$ tienen partes reales negativas. La única manera en que cualquiera de estos coeficientes puede diferir en signo de a_n, es que una o más de las raíces tenga una parte real negativa. De este modo, el sistema es necesariamente inestable si todos los coeficientes no tienen el mismo signo. Obsérvese que un sistema *no* es necesariamente estable si todos los coeficientes tienen el mismo signo.

5.25. **¿Se pueden aplicar los criterios de estabilidad presentados en este capítulo a sistemas que contengan retardos de tiempo?**

No, éstos no se pueden aplicar directamente porque los sistemas que contienen retardos de tiempo no tienen ecuaciones características de la forma requerida, es decir, polinomios finitos en s. Por ejemplo, la siguiente ecuación característica representa un sistema que contiene un retardo de tiempo:

$$s^2 + s + e^{-sT} = 0$$

En realidad esta ecuación tiene un número infinito de raíces. Sin embargo, en algunos casos se puede emplear una aproximación para e^{-sT} y así dar información útil, aunque no enteramente exacta acerca de la estabilidad del sistema. Para ilustrar, remplazamos a e^{-sT} en la ecuación anterior por los primeros dos términos de su serie de Taylor. La ecuación viene a ser

$$s^2 + s + 1 - sT = 0 \quad \text{o} \quad s^2 + (1-T)s + 1 = 0$$

Uno de los criterios de estabilidad de este capítulo, se puede entonces aplicar a esta aproximación de la ecuación característica.

5.26. **Determinar un límite superior aproximado en el retardo de tiempo, con el fin de que el sistema discutido en la solución del problema 5.25 sea estable.**

Empleando la ecuación aproximada $s^2 + (1-T)s + 1 = 0$, los determinantes de Hurwitz son $\Delta_1 = \Delta_2 = 1 - T$. Luego para que el sistema sea estable, el retardo de tiempo T debe ser menos de 1 segundo.

Problemas propuestos

5.27. Para cada polinomio característico, determinar si este representa un sistema estable o inestable.

(*a*) $2s^4 + 8s^3 + 10s^2 + 10s + 20$ (*c*) $s^5 + 6s^4 + 10s^2 + 5s + 24$ (*e*) $s^4 + 8s^3 + 24s^2 + 32s + 16$

(*b*) $s^3 + 7s^2 + 7s + 46$ (*d*) $s^3 - 2s^2 + 4s + 6$ (*f*) $s^6 + 4s^4 + 8s^2 + 16$

5.28. ¿Para qué valores de K tiene el polinomio $s^3 + (4+K)s^2 + 6s + 12$ raíces con partes reales negativas?

5.29. ¿Cuántas raíces con partes reales positivas tiene cada polinomio?

(*a*) $s^3 + s^2 - s + 1$ (*b*) $s^4 + 2s^3 + 2s^2 + 2s + 1$ (*c*) $s^3 + s^2 - 2$ (*d*) $s^4 - s^2 - 2s + 2$ (*e*) $s^3 + s^2 + s + 6$

5.30. ¿Para qué valor positivo de K tiene el polinomio $s^4 + 8s^3 + 24s^2 + 32s + K$ raíces con partes reales iguales a cero? ¿Cuáles son estas raíces?

Respuestas a los problemas propuestos

5.27. (*b*) y (*e*) representan sistemas estables; (*a*), (*c*), (*d*) y (*f*) representan sistemas inestables

5.28. $K > -2$

5.29. (*a*) 2, (*b*) 0, (*c*) 1, (*d*) 2, (*e*) 2

5.30. $K = 80$; $s = \pm j2$

Capítulo 6

Funciones de trasferencia

6.1 DEFINICION DE UNA FUNCION DE TRASFERENCIA

Como se mostró en los capítulos 3 y 4, la respuesta de un sistema lineal invariable con el tiempo se puede separar en dos partes: La respuesta fija y la respuesta libre. La ecuación (*4.8*) ilustra claramente esta división para las ecuaciones diferenciales lineales con coeficientes constantes más generales. La respuesta fija incluye términos debidos a valores iniciales x_0^k de la entrada y la respuesta libre depende solamente de las condiciones iniciales y_0^k en la salida. Si los términos debidos a *todos* los valores iniciales, v.gr. x_0^k y y_0^k se agrupan entre sí, la ecuación (*4.8*) se puede escribir como

$$y(t) = \mathcal{L}^{-1}\left[\left(\sum_{i=0}^{m} b_i s^i \Big/ \sum_{i=0}^{n} a_i s^i\right) X(s) + (\text{términos debidos a } \textit{todos} \text{ los valores iniciales } x_0^k, y_0^k)\right]$$

o, en la notación de la trasformada, como

$$Y(s) = \left(\sum_{i=0}^{m} b_i s^i \Big/ \sum_{i=0}^{n} a_i s^i\right) X(s) + (\text{términos debidos a } \textit{todos} \text{ los valores iniciales } x_0^k, y_0^k)$$

La **función de trasferencia** $P(s)$ de un sistema se define como el factor, en la ecuación de $Y(s)$, que multiplica a la trasformada de la entrada $X(s)$. La función de trasferencia para el sistema descrito anteriormente es

$$P(s) = \sum_{i=0}^{m} b_i s^i \Big/ \sum_{i=0}^{n} a_i s^i = \frac{b_m s^m + b_{m-1} s^{m-1} + \cdots + b_0}{a_n s^n + a_{n-1} s^{n-1} + \cdots + a_0}$$

y la trasformada de la respuesta se puede escribir como

$$Y(s) = P(s)\,X(s) + (\text{términos debidos a } \textit{todos} \text{ los valores iniciales } x_0^k, y_0^k)$$

Si la cantidad (formada por los términos debidos a *todos* los valores iniciales x_0^k, y_0^k) es igual a cero, la trasformada de Laplace de la salida $Y(s)$ en respuesta a una entrada $X(s)$ está dada por

$$Y(s) = P(s)\,X(s)$$

Si el sistema está en estado de reposo antes de que se aplique la entrada, v.gr. $d^k y/dt^k = 0$, $k = 0, 1, \ldots, n-1$ para $t < 0$, entonces

$$(\text{términos debidos a } \textit{todos} \text{ los valores iniciales } x_0^k, y_0^k) = 0$$

y la salida como función de tiempo, $y(t)$, es simplemente el inverso de la trasformada de $P(s)\,X(s)$.

Se debe insistir en que no todas las funciones de trasferencia son expresiones algebraicas racionales. La función de trasferencia de un sistema que incluye retardos de tiempo, contiene términos de la forma e^{-sT} (v.gr. problema 5.25). De hecho, la función de trasferencia de un elemento que representa un retardo de tiempo puro es $P(s) = e^{-sT}$ donde T es el retardo de tiempo en unidades de tiempo.

Puesto que la trasformada de la salida $Y(s)$ se forma simplemente con una multiplicación algebraica de $P(s)$ y $X(s)$ cuando (los términos debidos a *todos* los valores iniciales x_0^k, y_0^k) = 0, la multiplicación es conmutativa; es decir,

$$Y(s) = X(s)\,P(s) = P(s)\,X(s) \tag{6.1}$$

6.2 PROPIEDADES DE UNA FUNCION DE TRASFERENCIA

La función de trasferencia de un sistema tiene varias propiedades importantes:

1. La función de traferencia de un sistema es la trasformada de Laplace de su respuesta al impulso. Es decir, si la entrada de un sistema con una función de trasferencia $P(s)$ es un impulso, y todos los valores iniciales son cero, la trasformada de la salida es $P(s)$.
2. La función de trasferencia del sistema se puede determinar a partir de la ecuación diferencial del sistema, usando la trasformada de Laplace e ignorando todos los términos ocasionados por valores iniciales. La función de trasferencia $P(s)$ está dada entonces por
$$P(s) = \frac{Y(s)}{X(s)}$$
3. La ecuación diferencial del sistema se puede obtener de la función de trasferencia remplazando la variable s por el operador diferencial D definido por $D \equiv d/dt$.
4. La estabilidad de un sistema lineal invariable con el tiempo se puede determinar de la ecuación característica (véase el capítulo 5). El denominador de la función de trasferencia del sistema igualado a cero, constituye la ecuación característica. En consecuencia, si todas las raíces del denominador tienen partes reales negativas, el sistema es estable.
5. Las raíces del denominador son los polos del sistema y las raíces del numerador son los ceros del sistema (véase el capítulo 4). La función de trasferencia del sistema se puede entonces especificar como una constante, especificando los polos y ceros del sistema. Esta constante, que generalmente se denota por K, es el **factor de ganancia** del sistema. Como se describió en el capítulo 4, los polos y ceros del sistema se pueden representar esquemáticamente por un mapa de polos y ceros en el plano s.

Ejemplo 6.1.

Considerar el sistema con la ecuación diferencial $\frac{dy}{dt} + 2y = \frac{dx}{dt} + x$.

La trasformada de Laplace de esta ecuación con todos los valores iniciales igualados a cero es $(s+2)\,Y(s) = (s+1)\,X(s)$.

Por tanto la función de trasferencia del sistema está dada por $P(s) = \frac{Y(s)}{X(s)} = \frac{s+1}{s+2}$.

Ejemplo 6.2.

Dado $P(s) = \frac{2s+1}{s^2+s+1}$, la ecuación diferencial del sistema es

$$y = \left[\frac{2D+1}{D^2+D+1}\right]x \quad \text{o} \quad D^2y + Dy + y = 2Dx + x \quad \text{o} \quad \frac{d^2y}{dt^2} + \frac{dy}{dt} + y = 2\frac{dx}{dt} + x$$

Ejemplo 6.3.

La función de trasferencia $P(s) = \frac{K(s+a)}{(s+b)(s+c)}$ se puede especificar dando la localización del cero $-a$, las localizaciones de los polos $-b$ y $-c$, y el factor de ganancia K.

6.3 FUNCIONES DE TRASFERENCIA DE COMPENSADORES DE SISTEMAS DE CONTROL

Las funciones de trasferencia de tres compensadores comunes de sistemas de control se presentan a continuación. Realizaciones típicas de estas funciones de trasferencia, usando redes R-C se presentan en los problemas resueltos.

Ejemplo 6.4.

La función de trasferencia de un **compensador de adelanto** es

$$P_{\text{Adelanto}}(s) = \frac{s+a}{s+b} \tag{6.2}$$

Este compensador tiene un cero en $s = -a$ y un polo en $s = -b$. Para la compensación de adelanto, b es más grande que a.

Ejemplo 6.5.

La función de trasferencia de un **compensador de atraso** es

$$P_{\text{Atraso}}(s) = \frac{a(s+b)}{b(s+a)} \tag{6.3}$$

Para la compensación de atraso, b es más grande que a. Sin embargo en este caso, el cero está en $s = -b$ y el polo en $s = -a$. Se incluye el factor de ganancia a/b debido a la manera en que usualmente se realiza (véase el problema 6.13).

Ejemplo 6.6.

La función de trasferencia de un **compensador de atraso y adelanto** es

$$P_{AA}(s) = \frac{(s+a_1)(s+b_2)}{(s+b_1)(s+a_2)} \tag{6.4}$$

Este compensador tiene dos ceros y dos polos. Para compensación de atraso y adelanto, b_1 es más grande que a_1 y b_2 es más grande que a_2. En la consideración de la realización se impone usualmente la restricción $a_1 b_2 = b_1 a_2$ (véase el problema 6.14).

6.4 RESPUESTA DE TIEMPO DEL SISTEMA

La trasformada de Laplace de la respuesta de un sistema a una entrada específica está dada por

$$Y(s) = P(s)\,X(s)$$

cuando todas las condiciones iniciales son cero. El inverso de la trasformada $y(t) = \mathcal{L}^{-1}[P(s)\,X(s)]$ es la respuesta de tiempo y $y(t)$ se puede determinar definiendo los polos de $P(s)\,X(s)$ y evaluando los residuos en estos polos (cuando no hay polos múltiples). Por tanto $y(t)$ depende tanto de los polos como de los ceros de la función de trasferencia y de los polos y ceros de la entrada.

Los residuos se pueden determinar gráficamente a partir de un *mapa de polos y ceros* de $Y(s)$, que se construye de un mapa de polos y ceros de $P(s)$ añadiendo simplemente los polos y ceros de $X(s)$. La evaluación gráfica de los residuos se puede hacer como se indicó en el capítulo 4.

6.5 RESPUESTA DE FRECUENCIA DEL SISTEMA

La respuesta en estado estacionario de un sistema a entradas sinusoidales se puede determinar a partir de la función de trasferencia del sistema. Para el caso especial de una entrada con una función paso de amplitud A, a menudo llamada **entrada c.d.**, la trasformada de Laplace de la salida del sistema está dada por

$$Y(s) = P(s)\,\frac{A}{s}$$

Si el sistema es estable, la respuesta al estado estacionario es una función paso de amplitud $A\,P(0)$, ya que este es el residuo en el polo de entrada. La amplitud de la señal de entrada se multiplica por $P(0)$ para determinar la amplitud de la salida. $P(0)$ es, por consiguiente, la **ganancia c.d.**, del sistema.

Obsérvese que para un sistema inestable como un integrador con $P(s) = 1/s$, la respuesta al estado estacionario no existe. Si la entrada a un integrador es una función paso, la salida es una rampa no limitada (véanse los problemas 5.7 y 5.8). Por esta razón se dice algunas veces que los integradores tienen una ganancia c.d. infinita.

La respuesta al estado estacionario de una entrada $x = A$ sen ωt en un sistema estable está dada por

$$y_{ss} = A\,|P(j\omega)|\,\text{sen}(\omega t + \phi)$$

donde $|P(j\omega)|$ = magnitud de $P(j\omega)$, $\phi = \arg P(j\omega)$ y el número complejo $P(j\omega)$ se determina de $P(s)$ remplazando a s por $j\omega$ (véase el problema 6.20). La salida del sistema tiene la misma frecuencia que la entrada y se puede obtener multiplicando la magnitud de la entrada por $|P(j\omega)|$ y desplazando el ángulo de fase de la entrada por $\arg P(j\omega)$. La magnitud $|P(j\omega)|$ y el ángulo $\arg P(j\omega)$ constituyen la **respuesta de frecuencia del sistema para todo** ω. La magnitud $|P(j\omega)|$ representa la *ganancia* del sistema para entradas sinusoidales de frecuencia ω.

La respuesta de frecuencia del sistema se puede determinar gráficamente en el plano s, por medio de un mapa de polos y ceros de $P(s)$, en la misma forma en que se hace el cálculo gráfico de residuos. En este caso, sin embargo, la magnitud y ángulo de fase de $P(s)$ se computan en un punto sobre el eje $j\omega$, midiendo las magnitudes y ángulos de fase de los vectores dibujados desde los polos y ceros de $P(s)$ hasta el punto sobre el eje $j\omega$. La espirula se puede usar para efectuar rápidamente el cómputo de $|P(j\omega)|$ y $\arg P(j\omega)$ (véase la sección 13.9).

Ejemplo 6.7.

Considerar el sistema con la función de trasferencia

$$P(s) = \frac{1}{(s+1)(s+2)}$$

Refiriéndose a la figura adyacente, la magnitud y ángulo de $P(j\omega)$ para $\omega = 1$ se computan en el plano s como sigue: La magnitud de $P(j1)$ es

$$|P(j1)| = \frac{1}{\sqrt{5}\cdot\sqrt{2}} = 0{,}316$$

y el ángulo es

$$\arg P(j1) = -26{,}6° - 45° = -71{,}6°$$

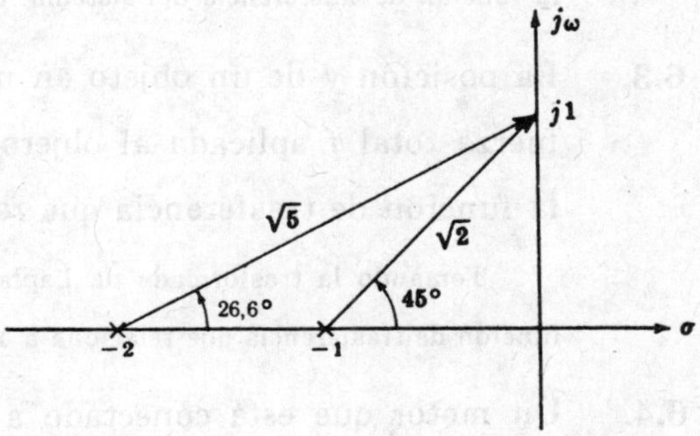

Ejemplo 6.8.

La respuesta de frecuencia de un sistema se representa generalmente por medio de dos gráficas: Una de $|P(j\omega)|$ como una función de ω y una de $\arg P(j\omega)$ como una función de ω. Para la función de trasferencia del ejemplo 6.7, $P(s) = \dfrac{1}{(s+1)(s+2)}$, estas gráficas se determinan fácilmente representando en el diagrama los valores de $|P(j\omega)|$ y $\arg P(j\omega)$ para varios valores de ω como se muestra a continuación.

ω	0	0,5	1,0	2,0	4,0	8,0
$\lvert P(j\omega)\rvert$	0,5	0,433	0,316	0,158	0,054	0,015
$\arg P(j\omega)$	0	−40,6°	−71,6°	−108,5°		−139,4°	−158,9°

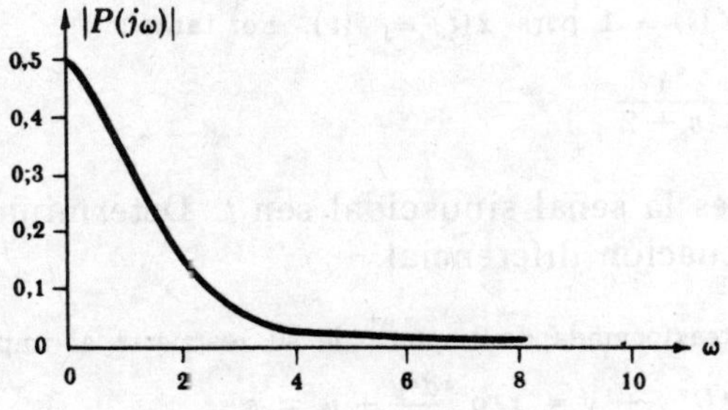

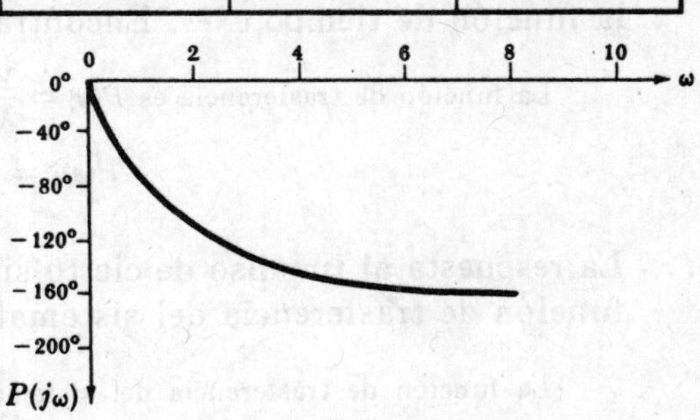

Problemas resueltos

DEFINICIONES DE UNA FUNCION DE TRASFERENCIA

6.1. ¿Cuál es la función de trasferencia de un sistema cuya entrada y salida están relacionadas por la siguiente ecuación diferencial?

$$\frac{d^2y}{dt^2} + 3\frac{dy}{dt} + 2y = x + \frac{dx}{dt}$$

Tomando la trasformada de Laplace de esta ecuación, e ignorando términos debidos a las condiciones iniciales, se tiene

$$s^2 Y(s) + 3s\,Y(s) + 2\,Y(s) = X(s) + s\,X(s)$$

Esta ecuación se puede escribir en la forma $Y(s) = \left[\frac{s+1}{s^2+3s+2}\right] X(s)$.

La función de trasferencia de este sistema está dada, por tanto, por $P(s) = \dfrac{s+1}{s^2+3s+2}$.

6.2. Un sistema particular que contiene un retardo de tiempo tiene la ecuación diferencial $\frac{d}{dt}y(t) + y(t) = x(t-T)$. Encontrar la función de trasferencia de este sistema.

La trasformada de Laplace de la ecuación diferencial, ignorando términos debidos a condiciones iniciales, es $sY(s) + Y(s) = e^{-sT}X(s)$. $Y(s)$ y $X(s)$ se relacionan por la siguiente función de s, que es la función de trasferencia del sistema: $P(s) = \dfrac{Y(s)}{X(s)} = \dfrac{e^{-sT}}{s+1}$.

6.3. La posición y de un objeto en movimiento, de masa constante M, se relaciona a la fuerza total f aplicada al objeto, por la ecuación diferencial $M\frac{d^2y}{dt^2} = f$. Determinar la función de trasferencia que relaciona la posición a la fuerza aplicada.

Tomando la trasformada de Laplace de la ecuación diferencial, se obtiene $Ms^2Y(s) = F(s)$. La función de trasferencia que relaciona a $Y(s)$ con $F(s)$ es, por tanto, $P(s) = \dfrac{Y(s)}{F(s)} = \dfrac{1}{Ms^2}$.

6.4. Un motor que está conectado a una carga con una inercia J y fricción viscosa B, produce un torque que es proporcional a la corriente de entrada i. Si la ecuación diferencial para el motor y su carga es $J\frac{d^2\theta}{dt^2} + B\frac{d\theta}{dt} = Ki$, determinar la función de trasferencia entre la corriente de entrada i y la posición del eje θ.

La trasformada de Laplace de la ecuación diferencial es $(Js^2 + Bs)\Theta(s) = KI(s)$, y la función de trasferencia requerida es $P(s) = \dfrac{\Theta(s)}{I(s)} = \dfrac{K}{s(Js+B)}$.

PROPIEDADES DE UNA FUNCION DE TRASFERENCIA

6.5. Un impulso se aplica a la entrada de un sistema y se ha observado que la salida es la función de tiempo e^{-2t}. Encontrar la función de trasferencia de este sistema.

La función de trasferencia es $P(s) = \dfrac{Y(s)}{X(s)}$ y $X(s) = 1$ para $x(t) = \delta(t)$. Por tanto

$$P(s) = Y(s) = \frac{1}{s+2}$$

6.6. La respuesta al impulso de cierto sistema es la señal sinusoidal sen t. Determinar la función de trasferencia del sistema y la ecuación diferencial.

La función de trasferencia del sistema es la trasformada de Laplace de su respuesta al impulso $P(s) = \dfrac{1}{s^2+1}$. Entonces $P(D) = \dfrac{y}{x} = \dfrac{1}{D^2+1}$, $D^2y + y = x$ o $\dfrac{d^2y}{dt^2} + y = x$.

6.7. La respuesta al paso de un sistema dado es $y = 1 - \frac{7}{3}e^{-t} + \frac{3}{2}e^{-2t} - \frac{1}{6}e^{-4t}$. ¿Cuál es la función de trasferencia de este sistema?

Puesto que la derivada de un paso es un impulso (véase la definición 3.20), la respuesta al impulso de este sistema es $p(t) = dy/dt = \frac{7}{3}e^{-t} - 3e^{-2t} + \frac{2}{3}e^{-4t}$.

La trasformada de Laplace de $p(t)$ es la función de trasferencia deseada. Luego

$$P(s) = \frac{7/3}{s+1} + \frac{-3}{s+2} + \frac{2/3}{s+4} = \frac{s+8}{(s+1)(s+2)(s+4)}$$

Obsérvese que una alternativa a esta solución sería computar la trasformada de Laplace de y y luego multiplicar por s para determinar $P(s)$, ya que una multiplicación por s en el dominio s es equivalente a diferenciación en el dominio del tiempo.

6.8. Determinar si la función de trasferencia $P(s) = \dfrac{2s+1}{s^2+s+1}$ representa un sistema estable o inestable.

La ecuación característica del sistema se obtiene igualando a cero el polinomio del denominador, i.e. $s^2 + s + 1 = 0$. La ecuación característica se puede verificar usando uno de los criterios de estabilidad descritos en el capítulo 5. La tabla de Routh para este sistema está dada por

s^2	1	1
s^1	1	
s^0	1	

Puesto que no hay cambios de signo en la primera columna, el sistema es estable.

6.9. ¿La función de trasferencia $P(s) = \dfrac{s+4}{(s+1)(s+2)(s-1)}$ representa un sistema estable o inestable?

La estabilidad del sistema se determina por las raíces del polinomio del denominador, es decir, los *polos* del sistema. Aquí el denominador está en su forma factorizada y los polos están localizados en $s = -1, -2, +1$. Puesto que existe un polo con una parte real positiva, el sistema es inestable.

6.10. ¿Cuál es la función de trasferencia de un sistema que tiene un factor de ganancia de 2 y un mapa de polos y ceros en el plano s como se muestra en la figura 6-1?

La función de trasferencia tiene un cero en -1 y polos en -2 y en el origen. Por tanto, la función de trasferencia es $P(s) = \dfrac{2(s+1)}{s(s+2)}$.

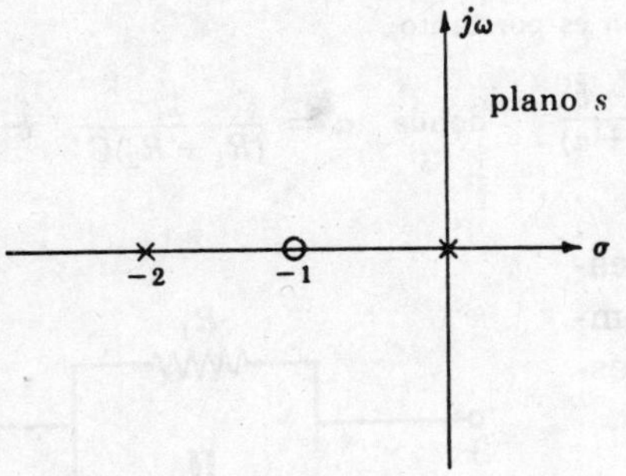

Fig. 6-1

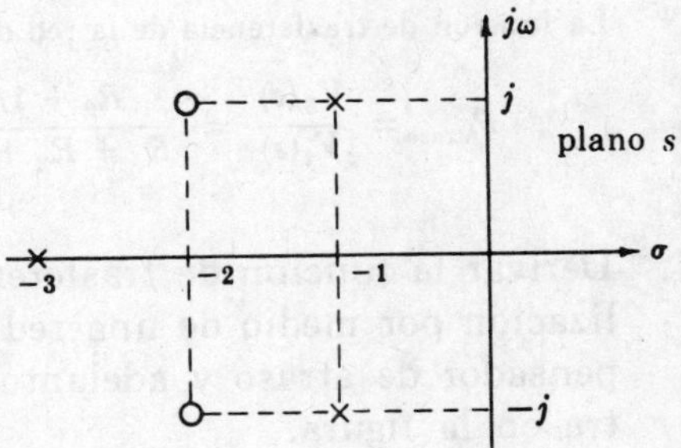

Fig. 6-2

6.11. Determinar la función de trasferencia de un sistema que tiene un factor de ganancia de 3 y el mapa de polos y ceros que se muestra en la figura 6-2.

La función de trasferencia tiene ceros en $-2 \pm j$ y polos en -3 y en $-1 \pm j$. La función de trasferencia es por tanto $P(s) = \dfrac{3(s+2+j)(s+2-j)}{(s+3)(s+1+j)(s+1-j)}$.

FUNCIONES DE TRASFERENCIA DE COMPENSADORES DE SISTEMAS DE CONTROL

6.12. Una red R-C para la realización de un compensador de adelanto se muestra en la figura adyacente. Encontrar su función de trasferencia.

Suponiendo que el circuito no está cargado, es decir, que no fluye corriente por los terminales de salida, el empleo de la ley de corriente de Kirchhoff en los nodos de salida da

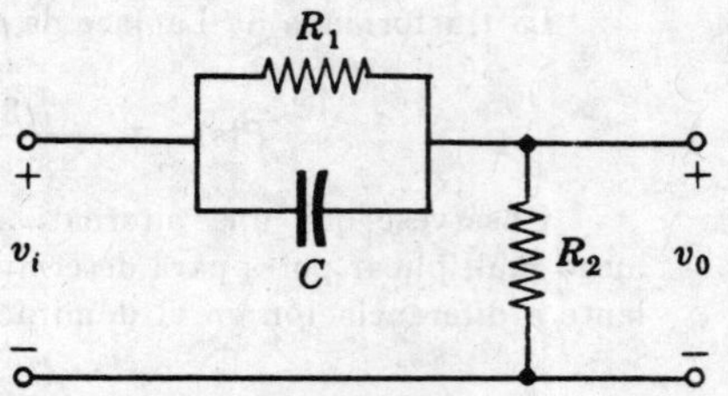

$$C\frac{d}{dt}(v_i - v_0) + \frac{1}{R_1}(v_i - v_0) = \frac{1}{R_2}v_0$$

La trasformada de Laplace de esta ecuación (con condiciones iniciales de cero) es

$$Cs[V_i(s) - V_0(s)] + \frac{1}{R_1}[V_i(s) - V_0(s)] = \frac{1}{R_2}V_0(s)$$

La función de trasferencia es

$$P_{\text{Adelanto}} = \frac{V_0(s)}{V_i(s)} = \frac{Cs + 1/R_1}{Cs + 1/R_1 + 1/R_2} = \frac{s+a}{s+b}$$

donde $a = 1/R_1C$ y $b = 1/R_1C + 1/R_2C$.

6.13. Determinar la función de trasferencia de la realización por medio de una red R-C del compensador de atraso que se muestra en la figura.

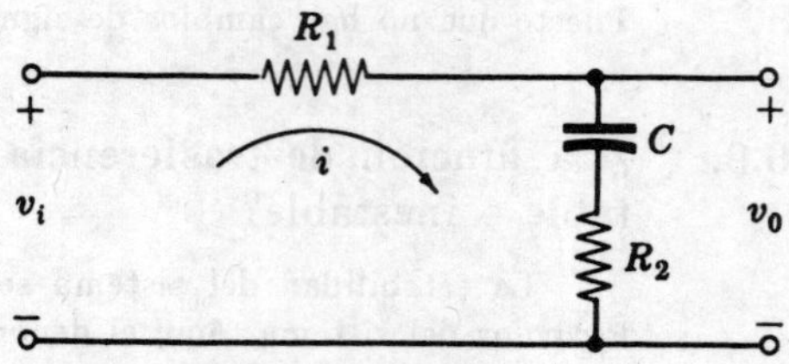

La ley de voltaje de Kirchhoff aplicada a la malla de entrada da la ecuación

$$iR_1 + \frac{1}{C}\int_0^t i\,dt + iR_2 = v_i$$

cuya trasformada de Laplace es

$$\left(R_1 + R_2 + \frac{1}{Cs}\right)I(s) = V_i(s)$$

El voltaje de salida está dado por $\quad V_0(s) = \left(R_2 + \frac{1}{Cs}\right)I(s)$

La función de trasferencia de la red de compensación es por tanto

$$P_{\text{Atraso}} = \frac{V_0(s)}{V_i(s)} = \frac{R_2 + 1/Cs}{R_1 + R_2 + 1/Cs} = \frac{a(s+b)}{b(s+a)} \quad \text{donde} \quad a = \frac{1}{(R_1+R_2)C}, \quad b = \frac{1}{R_2C}$$

6.14. Derivar la función de trasferencia de la realización por medio de una red R-C del compensador de atraso y adelanto que se muestra en la figura.

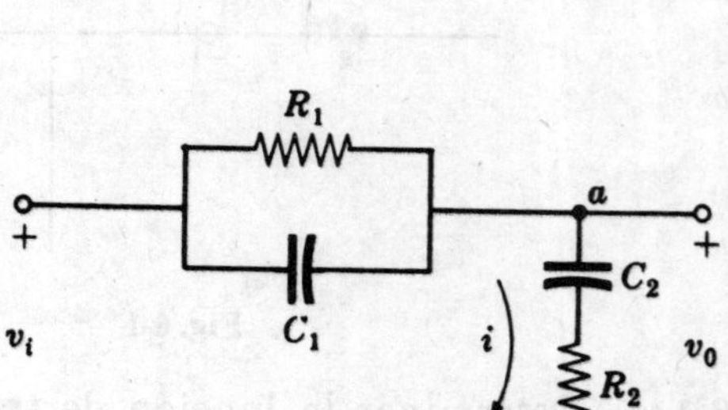

Igualando las corrientes en el nodo de salida a da

$$\frac{1}{R_1}(v_i - v_0) + C_1\frac{d}{dt}(v_i - v_0) = i$$

El voltaje v_0 y la corriente i están relacionados por

$$\frac{1}{C_2}\int_0^t i\,dt + iR_2 = v_0$$

Tomando la trasformada de Laplace de estas dos ecuaciones (con condiciones iniciales de cero) y eliminando $I(s)$ resulta la ecuación

$$\left(\frac{1}{R_1} + C_1s\right)[V_i(s) - V_0(s)] = \frac{V_0(s)}{1/sC_2 + R_2}$$

La función de trasferencia de la red es, por tanto,

$$P_{AA} = \frac{V_0(s)}{V_i(s)} = \frac{\left(s + \frac{1}{R_1C_1}\right)\left(s + \frac{1}{R_2C_2}\right)}{s^2 + \left(\frac{1}{R_2C_2} + \frac{1}{R_2C_1} + \frac{1}{R_1C_1}\right)s + \frac{1}{R_1C_1R_2C_2}} = \frac{(s+a_1)(s+b_2)}{(s+b_1)(s+a_2)}$$

donde $a_1 = \frac{1}{R_1C_1}$, $b_1a_2 = a_1b_2$, $b_1 + a_2 = a_1 + b_2 + \frac{1}{R_2C_1}$, $b_2 = \frac{1}{R_2C_2}$.

6.15. Encontrar la función de trasferencia de la red *simple* de compensación de atraso que se muestra en la figura 6-3.

Esta red es un caso especial de la red de compensación de atraso del problema 6.13 igualando R_2 a cero. Luego la función de trasferencia está dada por

$$P(s) = \frac{V_0(s)}{V_i(s)} = \frac{1/Cs}{R + 1/Cs} = \frac{1/RC}{s + 1/RC}$$

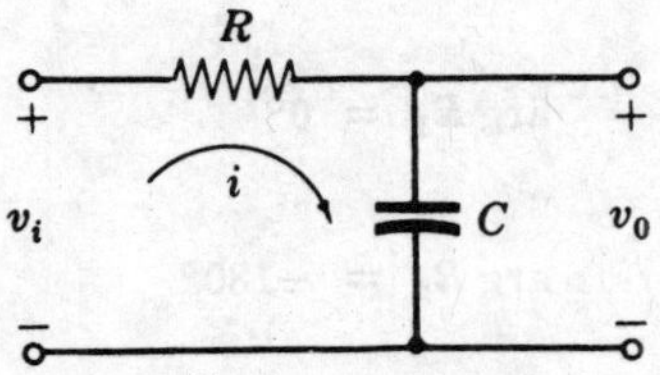

Fig. 6-3

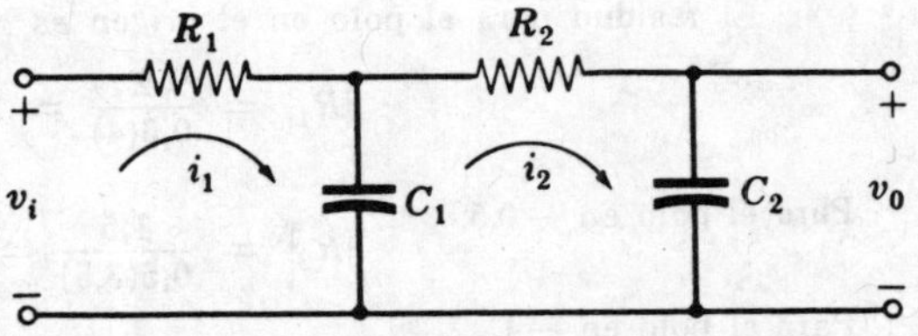

Fig. 6-4

6.16. Determinar la función de trasferencia de las dos redes de compensación de atraso conectadas en serie como se muestra en la figura 6-4.

Las dos ecuaciones de malla son

$$R_1i_1 + \frac{1}{C_1}\int_0^t (i_1 - i_2)\,dt = v_i$$

$$R_2i_2 + \frac{1}{C_2}\int_0^t i_2\,dt + \frac{1}{C_1}\int_0^t (i_2 - i_1)\,dt = 0$$

Usando la trasformada de Laplace y resolviendo las dos ecuaciones de malla para $I_2(s)$ se obtiene

$$I_2(s) = \frac{C_2 s\, V_i(s)}{R_1R_2C_1C_2s^2 + (R_1C_1 + R_1C_2 + R_2C_2)s + 1}$$

El voltaje de salida está dado por $v_0 = \frac{1}{C_2}\int_0^t i_2\,dt$. Luego

$$\frac{V_0(s)}{V_i(s)} = \frac{1}{R_1R_2C_1C_2s^2 + (R_1C_1 + R_1C_2 + R_2C_2)s + 1}$$

RESPUESTA DE TIEMPO DEL SISTEMA

6.17. ¿Cuál es la respuesta al paso de un sistema cuya función de trasferencia tiene un cero en —1, un polo en —2 y un factor de ganancia de 2?

La trasformada de Laplace de la salida está dada por $Y(s) = P(s)X(s)$. Aquí

$$P(s) = \frac{2(s+1)}{s+2}, \quad X(s) = \frac{1}{s}, \quad Y(s) = \frac{2(s+1)}{s(s+2)} = \frac{1}{s} + \frac{1}{s+2}$$

Evaluando el inverso de la trasformada de Laplace del desarrollo en fracciones parciales de $Y(s)$ da $y(t) = 1 + e^{-2t}$.

6.18. Evaluar gráficamente la respuesta al paso de un sistema cuya función de trasferencia está dada por

$$P(s) = \frac{(s+2)}{(s+0{,}5)(s+4)}$$

El mapa de polos y ceros de la salida se obtiene añadiendo el mapa de polos y ceros de la entrada al mapa de polos y ceros de la función de trasferencia. El mapa de polos y ceros de salida tiene por tanto polos en 0, —0,5 y —4 y un cero en —2 como se muestra a continuación.

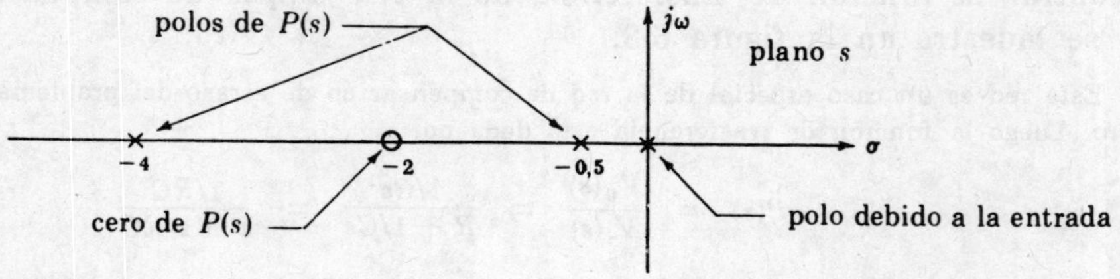

El residuo para el polo en el origen es

$$|R_1| = \frac{2}{0{,}5(4)} = 1 \qquad \arg R_1 = 0°$$

Para el polo en —0,5,

$$|R_2| = \frac{1{,}5}{0{,}5(3{,}5)} = 0{,}857 \qquad \arg R_2 = -180°$$

Para el polo en —4,

$$|R_3| = \frac{2}{4(3{,}5)} = 0{,}143 \qquad \arg R_3 = -180°$$

La respuesta de tiempo es por tanto $y(t) = R_1 + R_2e^{-0,5t} + R_3e^{-4t} = 1 - 0{,}857e^{-0,5t} - 0{,}143e^{-4t}$.

6.19. Evaluar la respuesta al paso del sistema del problema 6.11.

La trasformada de Laplace de la salida del sistema es

$$Y(s) = P(s)X(s) = \frac{3(s+2+j)(s+2-j)}{s(s+3)(s+1+j)(s+1-j)}$$

Desarrollando $Y(s)$ en fracciones parciales se tiene

$$Y(s) = \frac{R_1}{s} + \frac{R_2}{s+3} + \frac{R_3}{s+1+j} + \frac{R_4}{s+1-j}$$

donde $R_1 = \dfrac{3(2+j)(2-j)}{3(1+j)(1-j)} = \dfrac{5}{2}$ $\qquad R_3 = \dfrac{3(1)(1-2j)}{(-1-j)(2-j)(-2j)} = \dfrac{-3}{20}(7+j)$

$$R_2 = \frac{3(-1+j)(-1-j)}{-3(-2+j)(-2-j)} = \frac{-2}{5} \qquad R_4 = \frac{3(1+2j)(1)}{(2+j)(-1+j)(2j)} = \frac{-3}{20}(7-j)$$

Evaluando el inverso de la trasformada de Laplace

$$y = \frac{5}{2} - \frac{2}{5}e^{-3t} - \frac{3\sqrt{2}}{4}e^{-t}\left[e^{-j(t+\theta)} + e^{j(t+\theta)}\right] = \frac{5}{2} - \frac{2}{5}e^{-3t} - \frac{3\sqrt{2}}{2}e^{-t}\cos(t+\theta)$$

donde $\theta = -\tan^{-1}[1/7] = -8{,}13°$.

RESPUESTA DE FRECUENCIA DEL SISTEMA

6.20. Probar que la salida en estado estacionario de un sistema estable con una función de trasferencia $P(s)$ y una entrada $x = A \operatorname{sen} \omega t$ está dada por

$$y_{ss} = A|P(j\omega)| \operatorname{sen}(\omega t + \phi) \qquad \text{donde } \phi = \arg P(j\omega)$$

La trasformada de Laplace de la salida es $Y(s) = P(s)X(s) = P(s)\dfrac{A\omega}{s^2+\omega^2}$.

Cuando esta trasformada se desarrolla en fracciones parciales, habrá términos debidos a los polos de $P(s)$ y dos términos debidos a los polos de la entrada ($s = \pm j\omega$). Puesto que el sistema es estable, todas las funciones de tiempo que resultan de los polos de $P(s)$ decaerán a cero a medida que el tiempo tiende a infinito. Por tanto, la salida en estado estacionario contendrá solamente las funciones de tiempo que resulten de los términos en el desarrollo en fracciones parciales, debida a los polos de la entrada. La trasformada de Laplace de la salida en estado estacionario es por consiguiente

$$Y_{ss}(s) = \frac{AP(j\omega)}{2j(s-j\omega)} + \frac{AP(-j\omega)}{-2j(s+j\omega)}$$

El inverso de la trasformada de esta ecuación es

$$y_{ss} = A|P(j\omega)|\left[\frac{e^{j\phi}e^{j\omega t} - e^{-j\phi}e^{-j\omega t}}{2j}\right] = A|P(j\omega)|\,\text{sen}(\omega t + \phi) \qquad \text{donde } \phi = \arg P(j\omega)$$

6.21. Encontrar la *ganancia c.d.* de cada uno de los sistemas representados por las siguientes funciones de trasferencia:

$$(a)\ P(s) = \frac{1}{s+1}, \quad (b)\ P(s) = \frac{10}{(s+1)(s+2)}, \quad (c)\ P(s) = \frac{(s+8)}{(s+2)(s+4)}$$

La ganancia c.d. está dada por $P(0)$. Entonces (*a*) $P(0) = 1$, (*b*) $P(0) = 5$, (*c*) $P(0) = 1$.

6.22. Evaluar la ganancia y defasaje de $P(s) = \dfrac{2}{s+2}$ para $\omega = 1, 2$ y 10.

La ganancia de $P(s)$ está dada por $|P(j\omega)| = \dfrac{2}{\sqrt{\omega^2+4}}$. Para $\omega = 1$, $|P(j1)| = 2/\sqrt{5} = 0{,}894$; para $\omega = 2$, $|P(j2)| = 2/\sqrt{8} = 0{,}707$; para $\omega = 10$, $|P(j10)| = 2/\sqrt{104} = 0{,}196$.

El defasaje de la función de trasferencia es el ángulo de fase de $P(j\omega)$, $\arg P(j\omega) = -\tan^{-1}\omega/2$. Para $\omega = 1$, $\arg P(j1) = -\tan^{-1}\frac{1}{2} = -26{,}6°$; para $\omega = 2$, $\arg P(j2) = -\tan^{-1} 1 = -45°$; para $\omega = 10$, $\arg P(j10) = -\tan^{-1} 5 = -78{,}7°$.

6.23. Esbozar las gráficas de $|P(j\omega)|$ y $\arg P(j\omega)$ como función de frecuencia para la función de trasferencia del problema 6.22.

Además de los valores calculados en el problema 6.22 para $|P(j\omega)|$ y $\arg P(j\omega)$, los valores para $\omega = 0$ también serán útiles: $|P(j0)| = 2/2 = 1$, $\arg P(j0) = -\tan^{-1} 0 = 0$.

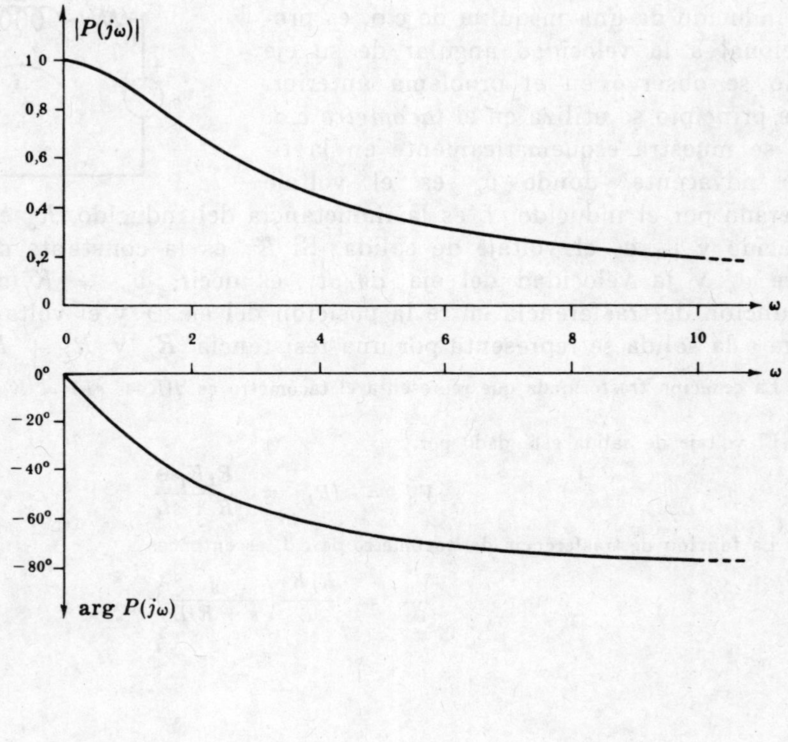

A medida que ω aumenta, $|P(j\omega)|$ tiende asintóticamente a cero mientras que $\arg P(j\omega)$ se acerca asintóticamente a $-90°$. Las gráficas que representan la respuesta de frecuencia de $P(s)$ se muestran en la figura de la página anterior.

PROBLEMAS VARIOS

6.24. Un *motor c.d. (de corriente directa)* se muestra esquemáticamente en el diagrama que sigue. L y R representan la inductancia y la resistencia del circuito del inducido del motor y el voltaje v_b representa la f.e.m. (fuerza electromotriz) que es proporcional a la velocidad del eje $d\theta/dt$. El torque T generado por el motor es proporcional a la corriente en el inducido i. La inercia J representa la inercia combinada del inducido y la carga, y B es la fricción viscosa que actúa sobre el eje de salida. Determinar la función de trasferencia entre el voltaje de entrada V y la posición angular Θ del eje de salida.

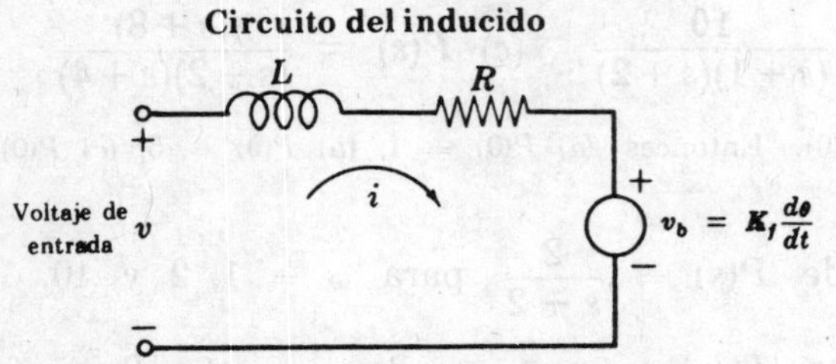

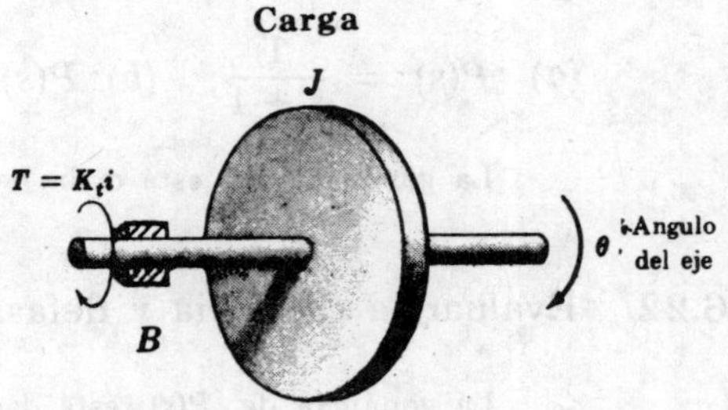

Las ecuaciones diferenciales del circuito del inducido del motor y de la inercia de la carga son

$$Ri + L\frac{di}{dt} = v - K_f\frac{d\theta}{dt} \qquad \text{y} \qquad K_t i = J\frac{d^2\theta}{dt^2} + B\frac{d\theta}{dt}$$

Tomando trasformada de Laplace de cada ecuación e ignorando las condiciones iniciales,

$$(R + sL)I = V - K_f s\Theta \qquad \text{y} \qquad K_t I = (Js^2 + Bs)\Theta$$

La función de trasferencia entre V y Θ, resulta resolviendo simultáneamente estas ecuaciones

$$\frac{\Theta}{V} = \frac{K_t}{(Js^2 + Bs)(Ls + R) + K_t K_f s} = \frac{K_t/JL}{s[s^2 + (B/J + R/L)s + BR/JL + K_t K_f/JL]}$$

6.25. La f.e.m. inversa generada por el circuito del inducido de una máquina de c.d. es proporcional a la velocidad angular de su eje como se observó en el problema anterior. Este principio se utiliza en el *tacómetro c.d.* que se muestra esquemáticamente en la figura adyacente, donde v_b es el voltaje generado por el inducido, L es la inductancia del inducido, R_a es la resistencia del inducido y v_0 es el voltaje de salida. Si K_f es la constante de proporcionalidad entre v_b y la velocidad del eje $d\theta/dt$, es decir, $v_b = K_f(d\theta/dt)$, determinar la función de trasferencia entre la posición del eje Θ y el voltaje de salida V_0. La carga a la salida se representa por una resistencia R_L y $R_L + R_a \equiv R$.

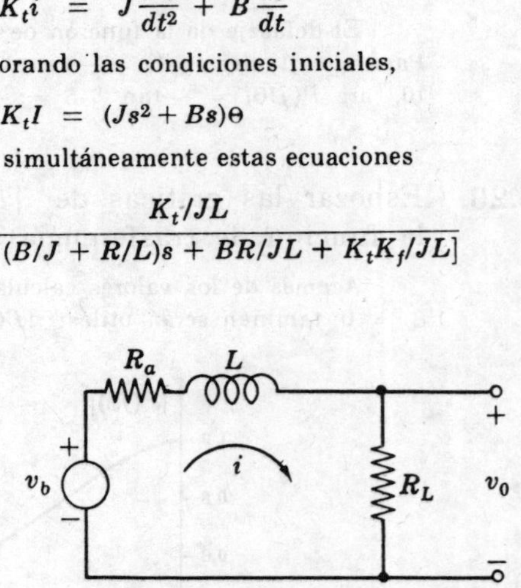

La ecuación trasformada que representa el tacómetro es $I(R + sL) = K_f s\Theta$.

El voltaje de salida está dado por

$$V_0 = IR_L = \frac{R_L K_f s\Theta}{R + sL}$$

La función de trasferencia del tacómetro de c.d. es entonces

$$\frac{V_0}{\Theta} = \frac{R_L K_f}{L}\left(\frac{s}{s + R/L}\right)$$

6.26. Un *acelerómetro* mecánico simple se muestra en el diagrama adyacente. La posición y de la masa M con respecto a la caja del acelerómetro es proporcional a la aceleración de la caja. ¿Cuál es la función de trasferencia entre la aceleración de entrada $A(a = d^2x/dt^2)$ y la salida Y?

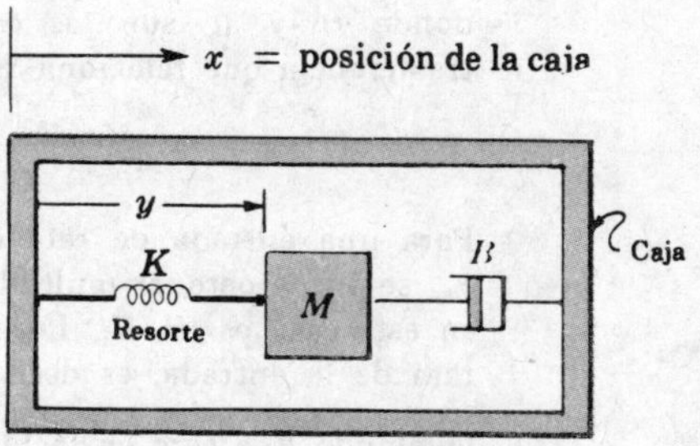

Igualando la suma de las fuerzas que actúan sobre la masa M a la aceleración de ésta, se obtiene

$$-B\frac{dy}{dt} - Ky = M\frac{d^2}{dt^2}(y-x)$$

o

$$M\frac{d^2y}{dt^2} + B\frac{dy}{dt} + Ky = M\frac{d^2x}{dt^2} = Ma$$

donde a es la aceleración de entrada. La ecuación trasformada de la condición inicial es

$$(Ms^2 + Bs + K)Y = MA$$

La función de trasferencia del acelerómetro es por tanto $\dfrac{Y}{A} = \dfrac{1}{s^2 + (B/M)s + K/M}$.

6.27. Una ecuación diferencial que describe el funcionamiento dinámico del *giroscopio de un grado de libertad*, que se muestra después, es

$$J\frac{d^2\theta}{dt^2} + B\frac{d\theta}{dt} + K\theta = H\omega$$

donde ω es la velocidad angular del giroscopio alrededor del eje de entrada, θ es la posición angular del eje de rotación —la salida medida del giroscopio, H es el momento angular almacenado en la rueda volante, J es la inercia de la rueda alrededor del eje de salida, B es el coeficiente de fricción viscosa alrededor del eje de salida, y K es la constante de elasticidad del resorte de amortiguación que está sujetado al eje de rotación.

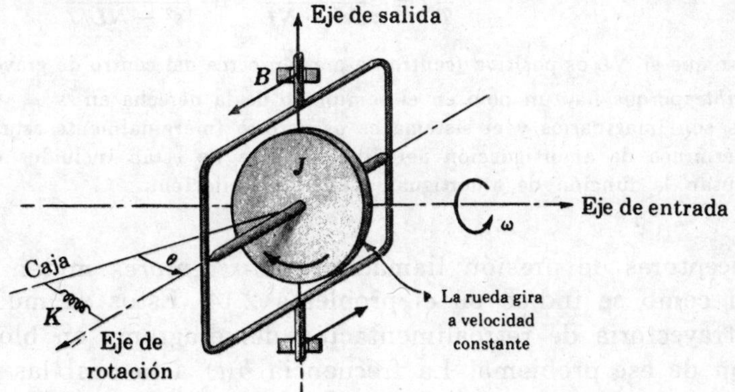

(*a*) Determinar la función de trasferencia que relaciona las trasformadas de Laplace de ω y θ y mostrar que la salida en estado estacionario es proporcional a la magnitud de una entrada de rata constante. Este tipo de giroscopio se denomina *giro de rata*.

(*b*) Determinar la función de trasferencia entre ω y θ cuando se ha retirado el resorte ($K = 0$). Puesto que ahora la salida es proporcional a la integral de la rata de entrada, este tipo de giroscopio se denomina *giro integrante*.

(*a*) La trasformada de la ecuación diferencial del giroscopio con condiciones iniciales de cero es

$$(Js^2 + Bs + K)\Theta = H\Omega$$

donde Θ y Ω son las trasformadas de Laplace de θ y ω respectivamente. La función de trasferencia que relaciona Θ con Ω es por tanto

$$\frac{\Theta}{\Omega} = \frac{H}{(Js^2 + Bs + K)}$$

Para una entrada de rata c.d. o constante ω_K, la magnitud de la salida en estado estacionario θ_{ss} se puede obtener multiplicando la entrada por la ganancia c.d. de la función de trasferencia que en este caso es H/K. Luego la salida en estado estacionario es proporcional a la magnitud de la rata de la entrada, es decir, $\theta_{ss} = (H/K)\omega_K$.

(*b*) Igualando K a cero en la función de trasferencia de (*a*) nos da $\dfrac{\Theta}{\Omega} = \dfrac{H}{s(Js+B)}$. Esta función de trasferencia tiene ahora un polo en el origen, luego se obtiene una integración entre la entrada Ω y la salida Θ. La salida es pues proporcional a la integral de la rata de la entrada o, lo que es lo mismo, al ángulo de entrada.

6.28. Una ecuación diferencial que aproxima la dinámica rotacional de un vehículo rígido que se mueve en la atmósfera es

$$J\frac{d^2\theta}{dt^2} - NL\theta = T$$

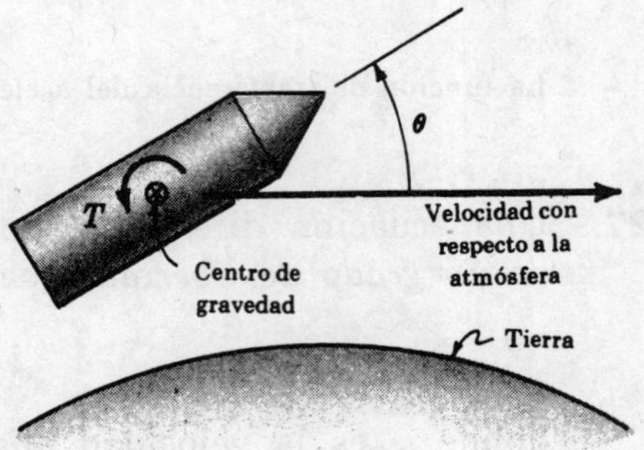

donde θ es el ángulo de posición del vehículo, J es su inercia, N es el coeficiente de la fuerza normal, L es la distancia del centro de gravedad al centro de presión, y T es cualquier torque aplicado. Determinar la función de trasferencia entre un torque que se aplica y el ángulo de posición del vehículo.

La ecuación diferencial trasformada del sistema con condiciones iniciales de cero es

$$(Js^2 - NL)\Theta = T$$

La función de trasferencia deseada es

$$\frac{\Theta}{T} = \frac{1}{Js^2 - NL} = \frac{1/J}{s^2 - NL/J}$$

Obsérvese que si NL es positivo (centro de presión cerca del centro de gravedad del vehículo), el sistema es *inestable* porque hay un polo en el semiplano de la derecha en $s = \sqrt{NL/J}$. Si NL es negativo, los polos son imaginarios y el sistema es *oscilatorio* (marginalmente estable). Sin embargo están presentes términos de amortiguación aerodinámica que no están incluidos en la ecuación diferencial y que ejecutan la función de amortiguar cualquier oscilación.

6.29. Los receptores de presión llamados *baro-receptores* miden cambios en la presión arterial como se indicó en el problema 2.14. Estos se muestran como un bloque en la trayectoria de retroalimentación del diagrama en bloque determinado en la solución de ese problema. La frecuencia $b(t)$ a la cual las señales (potenciales de acción) se mueven a lo largo del vago y los nervios glosofaríngeos desde los barorreceptores hasta el centro vasomotor (CVM) en el cerebro, es proporcional a la presión arterial p más la rata de cambio con el tiempo de la presión de la sangre. Determinar la forma de la función de trasferencia para los baro-receptores.

Según la descripción dada, la ecuación para b es

$$b = k_1 p + k_2 \frac{dp}{dt}$$

donde k_1 y k_2 son constantes y p es la presión de la sangre. (p no se debe confundir aquí con la notación $p(t)$ que es el inverso de la trasformada de Laplace de $P(s)$ introducida en este capítulo como una representación general para una función de trasferencia.) La trasformada de Laplace de la ecuación anterior con condiciones iniciales de cero, es

$$B = k_1 P + k_2 sP = P(k_1 + k_2 s)$$

La función de trasferencia de los barorreceptores es por tanto $B/P = k_1 + k_2 s$. Se recuerda de nuevo que P representa la trasformada de la presión arterial en este problema.

6.30. Considerar la función de trasferencia C_k/R_k para el sistema biológico descrito en el problema 3.4(*a*) por las ecuaciones

$$c_k(t) = r_k(t) - \sum_{i=1}^{n} a_{k-i}\, c_i(t - \Delta t)$$

para $k = 1, 2, \ldots, n$. Explicar cómo se puede computar C_k/R_k.

Tomando la trasformada de Laplace de las ecuaciones anteriores, e ignorando las condiciones iniciales se obtiene el siguiente conjunto de ecuaciones:

$$C_k = R_k - \sum_{i=1}^{n} a_{k-i}\, C_i e^{-s\Delta t}$$

para $k = 1, 2, \ldots, n$. Si se escribieran todas las n ecuaciones, se tendrían n ecuaciones con n incógnitas (C_k para $k = 1, 2, \ldots, n$). La solución general para cualquier C_k en términos de las entradas R_k se puede determinar usando técnicas estándar para resolver ecuaciones simultáneas. Si D representa el determinante de la matriz de coeficientes

$$D \equiv \begin{vmatrix} 1 + a_0 e^{-s\Delta t} & a_{-1} e^{-s\Delta t} & \cdots & a_{1-n} e^{-s\Delta t} \\ a_1 e^{-s\Delta t} & 1 + a_0 e^{-s\Delta t} & \cdots & a_{2-n} e^{-s\Delta t} \\ \cdots & \cdots & \cdots & \cdots \\ a_{n-1} e^{-s\Delta t} & \cdots & a_1 e^{-s\Delta t} & 1 + a_0 e^{-s\Delta t} \end{vmatrix}$$

Entonces, en general, $$C_k = D_k/D$$

donde D_k es el determinante de la matriz de coeficientes cuando la columna k se remplaza por

$$\begin{matrix} R_1 \\ R_2 \\ \vdots \\ R_n \end{matrix}$$

La función de trasferencia C_k/R_k se determina haciendo que todas las entradas con excepción de R_k sean iguales a cero, calculando luego a C_k de acuerdo con la fórmula anterior y dividiendo a C_k por R_k.

Problemas propuestos

6.31. Determinar la función de trasferencia de la red R-C que se muestra en la figura 6-5.

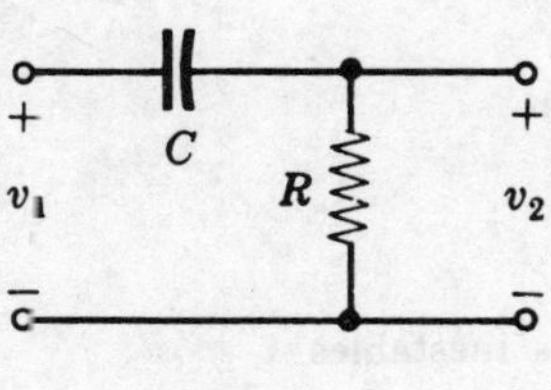

Fig. 6-5

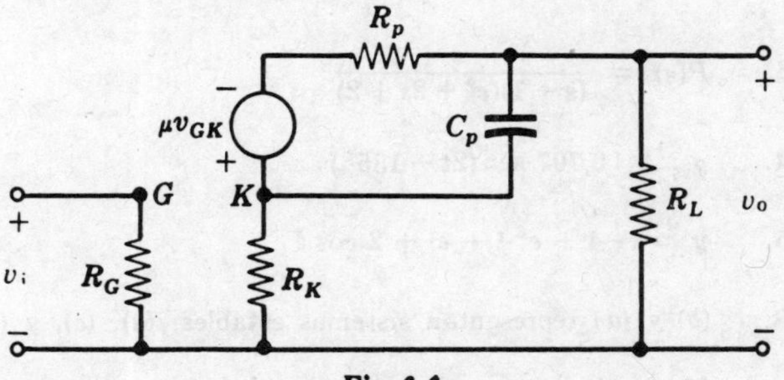

Fig. 6-6

6.32. Un circuito equivalente de un amplificador con tubo de vacío se muestra en la figura 6-6. ¿Cuál es la función de trasferencia?

6.33. Encontrar la función de trasferencia de un sistema cuya respuesta al impulso es $p(t) = e^{-t}(1 - \text{sen } t)$.

6.34. Una entrada sinusoidal $x = 2 \text{ sen } 2t$ se aplica a un sistema cuya función de trasferencia es $P(s) = \dfrac{2}{s(s+2)}$. Determinar la salida en estado estacionario y_{ss}.

6.35. Encontrar la respuesta al paso de un sistema cuya función de trasferencia es $P(s) = \dfrac{4}{(s^2-1)(s^2+1)}$.

6.36. Determinar cuáles de las siguientes funciones de trasferencia representan sistemas estables y cuáles representan sistemas inestables:

(*a*) $P(s) = \dfrac{(s-1)}{(s+2)(s^2+4)}$ (*c*) $P(s) = \dfrac{(s+2)(s-2)}{(s+1)(s-1)(s+4)}$ (*e*) $P(s) = \dfrac{5(s+10)}{(s+5)(s^2-s+10)}$

(*b*) $P(s) = \dfrac{(s-1)}{(s+2)(s+4)}$ (*d*) $P(s) = \dfrac{6}{(s^2+s+1)(s+1)^2}$

6.37. Usar el teorema del valor final (capítulo 4) para mostrar que el valor en estado estacionario de la salida de un sistema estable en respuesta al paso unidad como entrada es igual a la ganancia c.d. del sistema.

6.38. Determinar la función de trasferencia de dos de las redes que se muestran en el problema 6.31 cuando se conectan en cascada (en serie).

6.39. Examinar la teoría de las funciones de trasferencia de giroscopios de dos y tres grados de libertad y compárela con la del giroscopio de un grado de libertad del problema 6.27.

6.40. Determinar la respuesta a la rampa de un sistema que tiene una función de trasferencia $P(s) = \dfrac{s+1}{s+2}$.

6.41. Mostrar que si un sistema descrito por

$$\sum_{i=0}^{n} a_i \frac{d^i y}{dt^i} = \sum_{i=0}^{m} b_i \frac{d^i x}{dt^i}$$

para $m \leqq n$ está en estado de reposo antes de que se le aplique la entrada, i.e. $d^k y/dt^k = 0$, $k = 0, 1, \ldots, n-1$ para $t < 0$, entonces (los términos debidos a *todos* los valores iniciales x_0^k, y_0^k) $= 0$. (*Sugerencia.* Integrar la ecuación diferencial n veces desde $0^- \equiv \lim_{\substack{\epsilon \to 0 \\ \epsilon < 0}} \epsilon$ hasta t, y luego hacer que $t \to 0^+$.)

Respuestas a los problemas suplementarios

6.31. $\dfrac{V_2}{V_1} = \dfrac{s}{s + 1/RC}$

6.32. $\dfrac{V_0}{V_i} = \dfrac{-\mu R_L}{(R_k + R_L)R_p C_p s + (\mu+1)R_k + R_p + R_L}$

6.33. $P(s) = \dfrac{s^2+s+1}{(s+1)(s^2+2s+2)}$

6.34. $y_{ss} = 0{,}707 \text{ sen}(2t - 135°)$

6.35. $y = -4 + e^{-t} + e^{t} + 2\cos t$

6.36. (*b*) y (*d*) representan sistemas estables; (*a*), (*c*), y (*e*) sistemas inestables

6.38. $\dfrac{V_2}{V_1} = \dfrac{s^2}{s^2 + (3/RC)s + 1/R^2C^2}$

6.40. $y = \frac{1}{4} - \frac{1}{4}e^{-2t} + \frac{1}{2}t$

Capítulo 7

Algebra de los diagramas en bloque y funciones de trasferencia de sistemas

7.1 INTRODUCCION

En los capítulos 1 y 2 se indicó que el diagrama en bloque es una simplificación, una representación gráfica de un sistema físico que ilustra las relaciones funcionales entre los componentes del sistema. Este último rasgo permite la evaluación de las contribuciones de los elementos individuales hacia la ejecución completa del trabajo realizado por el sistema.

En este capítulo investigaremos primero estas relaciones más detalladamente, utilizando el dominio de la frecuencia y los conceptos de la función de trasferencia desarrollados en capítulos precedentes. Luego, desarrollaremos métodos para reducir los diagramas en bloque complicados a formas fácilmente manejables, de tal manera, que éstos se puedan usar para predecir el rendimiento completo del sistema.

7.2 REVISION DE FUNDAMENTOS

En general, un diagrama en bloque consta de una configuración específica de cuatro tipos de elementos-bloques, puntos de suma, puntos de toma y flechas que representan el flujo unidireccional de señales:

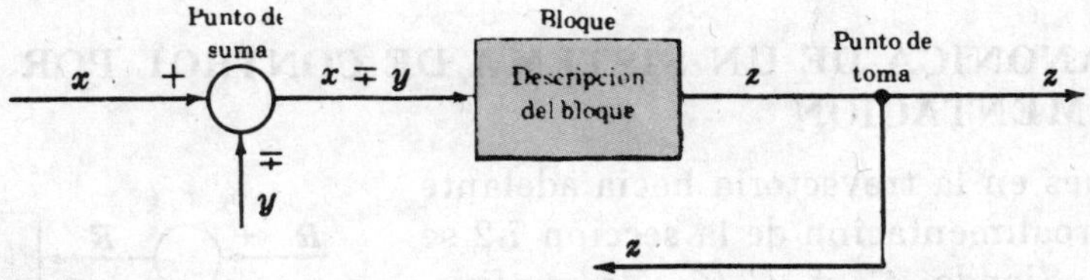

El significado de cada elemento se debe entender claramente de acuerdo con el diagrama anterior.

Las cantidades en el dominio del tiempo se representan con letras minúsculas.

Ejemplo 7.1. $r = r(t)$

En este capítulo las letras mayúsculas se usan para las trasformadas de Laplace.

Ejemplo 7.2. $R = R(s)$

La configuración básica de un sistema de control por retroalimentación presentada en el capítulo 2 se reproduce aquí usando para todas las cantidades la notación de su trasformada de Laplace en forma abreviada:

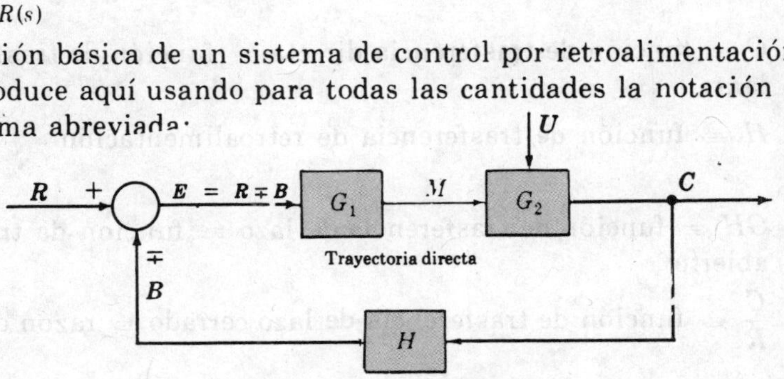

Las cantidades G_1, G_2 y H son las funciones de trasferencia de las componentes en los bloques.

Ejemplo 7.3. $G_1 = M/E$ o $M = G_1 E$

7.3 BLOQUES EN CASCADA

Cualquier número finito de bloques en serie se puede combinar algebraicamente por medio de multiplicación. Es decir, n componentes o bloques con las funciones de trasferencia G_1, $G_2, \ldots, G_n$ conectados en cascada son equivalentes a un solo elemento G con una función de trasferencia dada por

$$G = G_1 \cdot G_2 \cdot G_3 \cdots G_n = \prod_{i=1}^{n} G_i \qquad (7.1)$$

El símbolo de la multiplicación "**·**" se omite a veces cuando no hay lugar a confusión.

Ejemplo 7.4

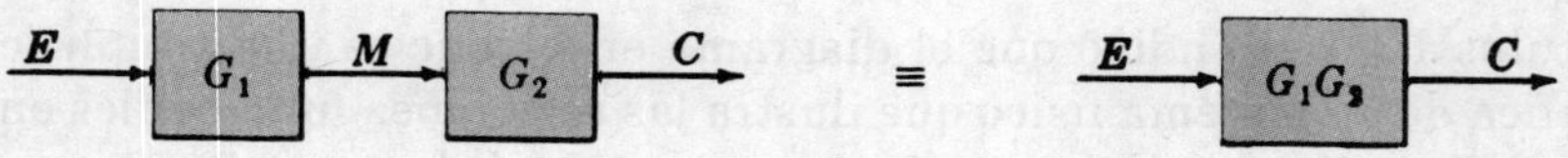

La multiplicación de funciones de trasferencia es *conmutativa,* es decir

$$G_i G_j = G_j G_i \qquad (7.2)$$

para cualquier i o j.

Ejemplo 7.5.

Los efectos del cargue (interacción de una función de trasferencia con su vecina) se deben tener en consideración en la derivación de las funciones de trasferencia individuales antes de que los bloques se conecten en cascada.

7.4 FORMA CANONICA DE UN SISTEMA DE CONTROL POR RETROALIMENTACION

Los dos bloques en la trayectoria hacia adelante del sistema de retroalimentación de la sección 7.2 se pueden combinar. Siendo $G \equiv G_1 G_2$, la configuración resultante se denomina **forma canónica** de un sistema de control por retroalimentación. G y H no son necesariamente únicos para un sistema particular.

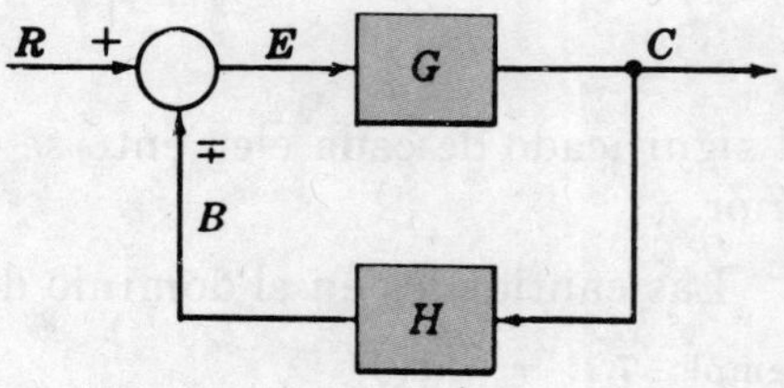

Las siguientes definiciones se refieren a este diagrama en bloque.

Definición 7.1: $G \equiv$ función de trasferencia directa $\equiv$ función de trasferencia hacia adelante

Definición 7.2: $H \equiv$ función de trasferencia de retroalimentación

Definición 7.3: $GH \equiv$ función de trasferencia de lazo $\equiv$ función de trasferencia de lazo abierto

Definición 7.4: $\dfrac{C}{R} \equiv$ función de trasferencia de lazo cerrado $\equiv$ razón de control

Definición 7.5: $\dfrac{E}{R} \equiv$ razón de señal impulsora $\equiv$ razón de error

Definición 7.6: $\dfrac{B}{R} \equiv$ razón de retroalimentación primaria

En las siguientes ecuaciones, el signo $-$ se refiere a un sistema de retroalimentación *positiva* y el signo $+$ se refiere a un sistema de retroalimentación *negativa*.

$$\frac{C}{R} = \frac{G}{1 \pm GH} \tag{7.3}$$

$$\frac{E}{R} = \frac{1}{1 \pm GH} \tag{7.4}$$

$$\frac{B}{R} = \frac{GH}{1 \pm GH} \tag{7.5}$$

La *ecuación característica* del sistema, el cual se determina a partir de $1 \pm GH = 0$, es

$$D_{GH} \pm N_{GH} = 0 \tag{7.6}$$

donde D_{GH} es el denominador y N_{GH} es el numerador de GH.

7.5 TEOREMAS DE TRASFORMACION DE LOS DIAGRAMAS EN BLOQUE

Los diagramas en bloque de sistemas de control complicados se pueden simplificar usando trasformaciones que se pueden derivar fácilmente. La primera trasformación importante, donde se combinan bloques en cascada se ha presentado ya en la sección 7.3. Con el fin de dar una visión completa, esta trasformación se incluye en la siguiente ilustración de los teoremas de trasformación. La letra P se usa para representar cualquier función de trasferencia y W, X, Y, Z denotan cualquier señal en el dominio s.

	Trasformación	Ecuación	Diagrama en bloque	Diagrama en bloque equivalente
1	Combinación de bloques en cascada	$Y = (P_1P_2)X$	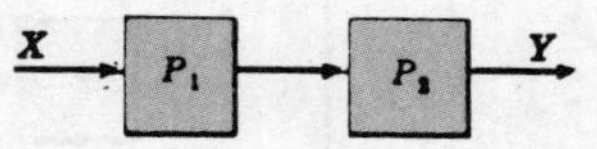	
2	Combinación de bloques en paralelo o eliminación de un lazo directo	$Y = P_1X \pm P_2X$	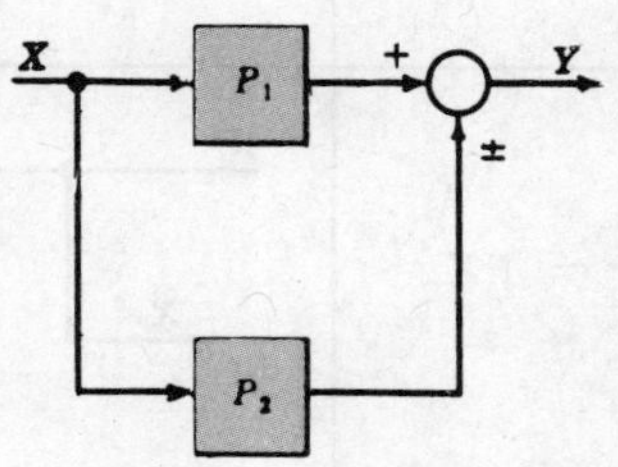	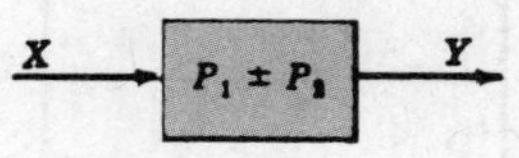
3	Eliminación de un bloque de la trayectoria directa	$Y = P_1X \pm P_2X$		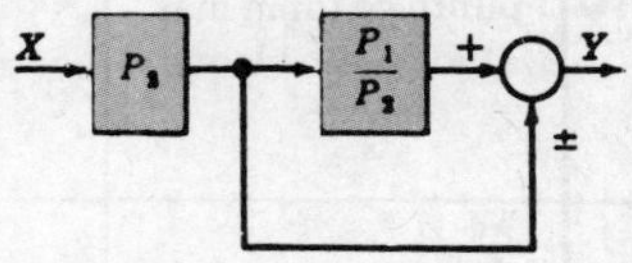
4	Eliminación de un lazo de retroalimentación	$Y = P_1(X \mp P_2Y)$	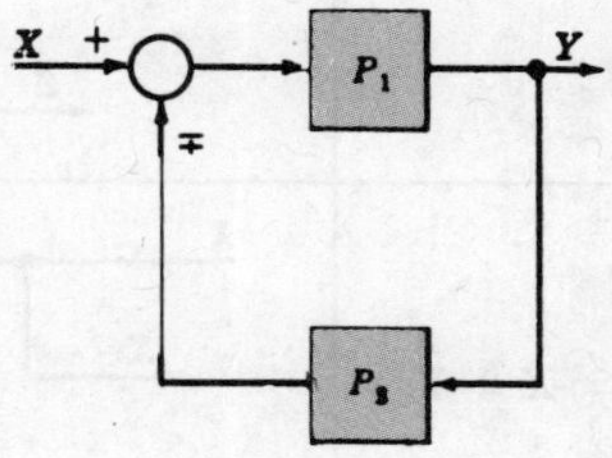	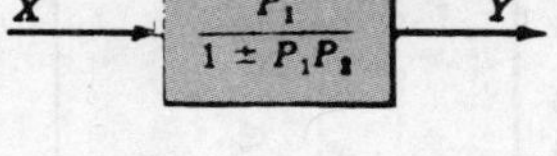
5	Eliminación de un bloque de un lazo de retroalimentación	$Y = P_1(X \mp P_2Y)$		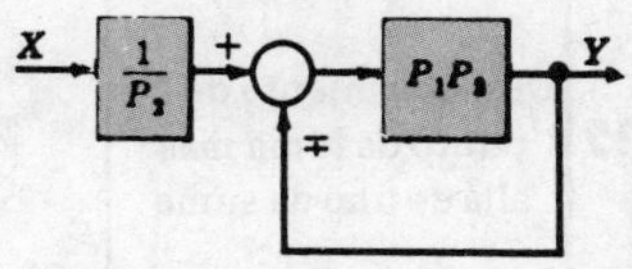

	Trasformación	Ecuación	Diagrama en bloque	Diagrama en bloque equivalente
6a	Redistribución de los puntos de suma	$Z = W \pm X \pm Y$	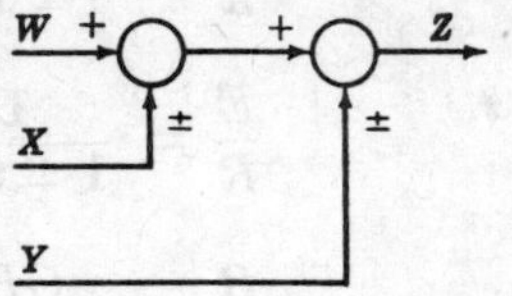	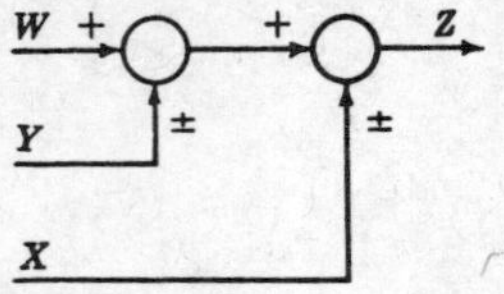
6b	Redistribución de los puntos de suma	$Z = W \pm X \pm Y$	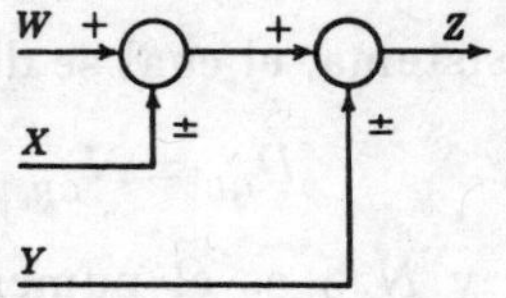	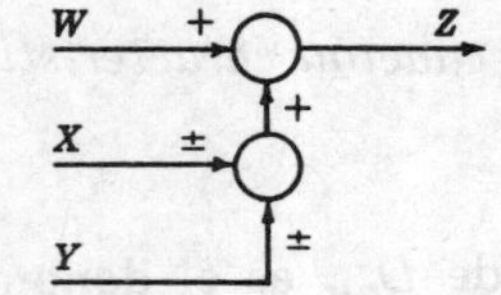
7	Desplazamiento de un punto de suma hacia adelante de un bloque	$Z = PX \pm Y$	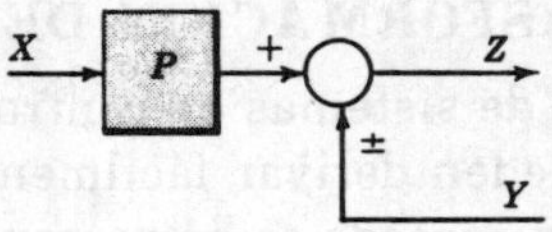	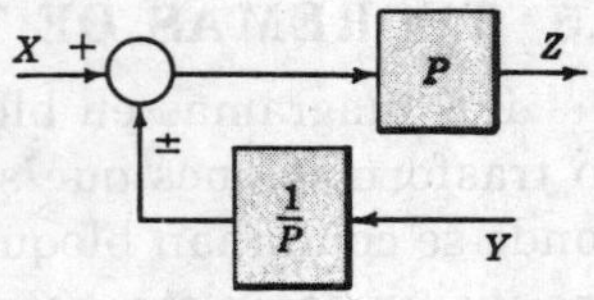
8	Desplazamiento de un punto de suma más allá de un bloque	$Z = P[X \pm Y]$	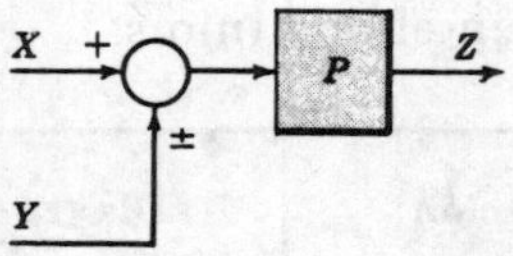	
9	Desplazamiento de un punto de toma hacia adelante de un bloque	$Y = PX$	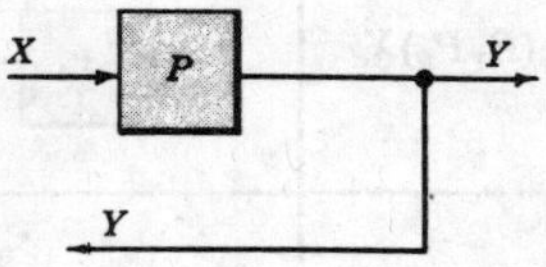	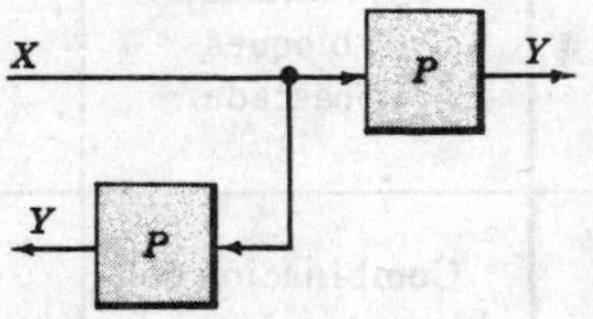
10	Desplazamiento de un punto de toma más allá de un bloque	$Y = PX$	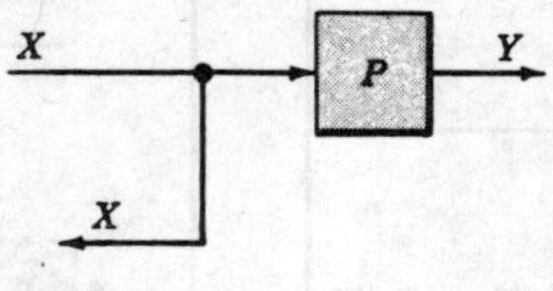	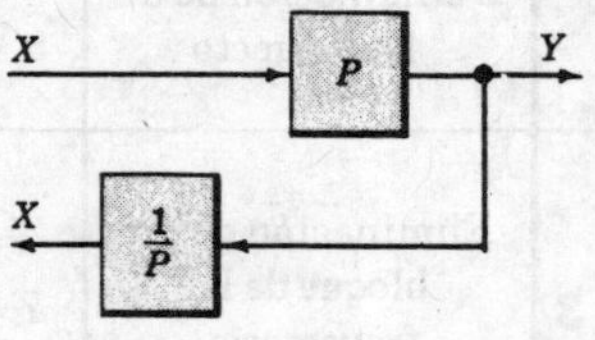
11	Desplazamiento de un punto de toma hacia adelante de uno de suma	$Z = X \pm Y$	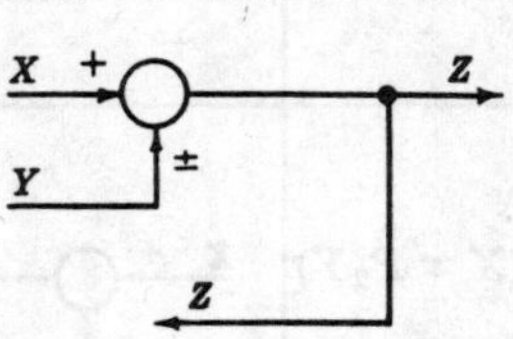	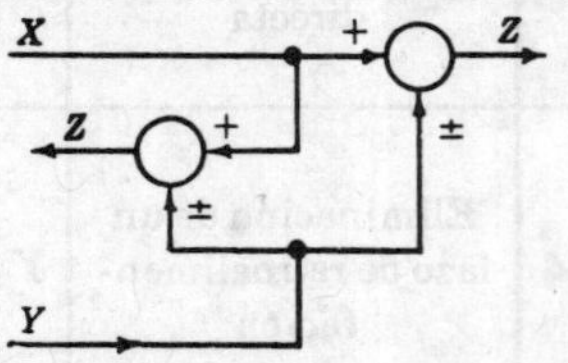
12	Desplazamiento de un punto de toma más allá de uno de suma	$Z = X \pm Y$	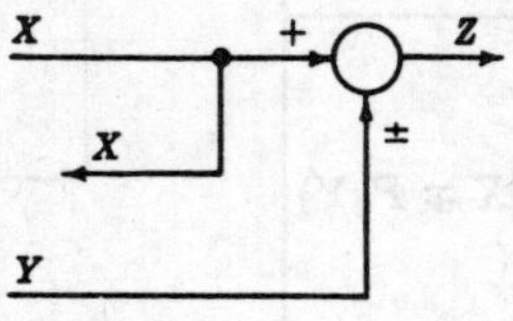	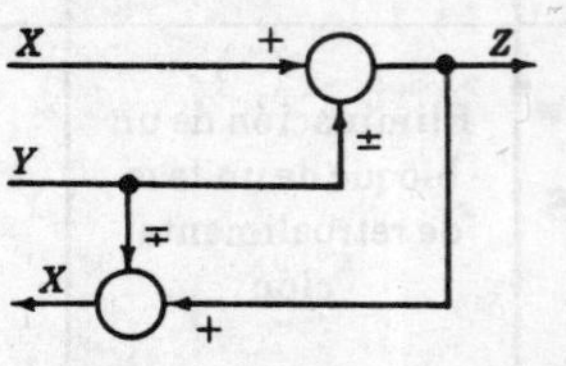

7.6 SISTEMAS DE RETROALIMENTACION DE UNIDAD

Definición 7.7: Un **sistema de retroalimentación de unidad** es un sistema de retroalimentación en el cual la retroalimentación primaria b es igual a la salida controlada c.

Ejemplo 7.6. $H = 1$ para un sistema de retroalimentación y lineal de unidad:

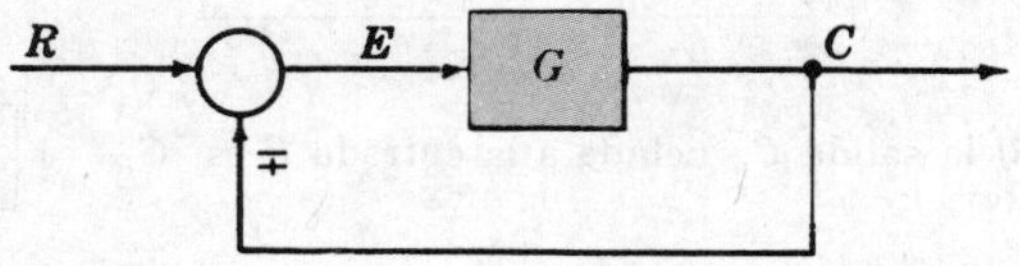

Cualquier sistema de retroalimentación, con elementos lineales solamente en el lazo de retroalimentación, se puede poner en la forma de un sistema de retroalimentación de unidad, usando la trasformación 5.

Ejemplo 7.7.

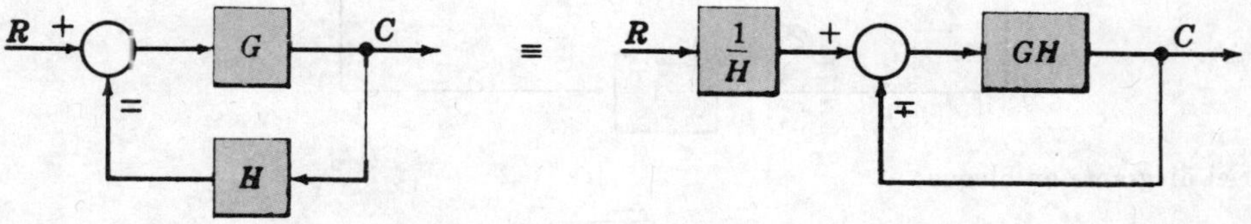

La ecuación característica para el sistema de retroalimentación de unidad determinado a partir de $1 \pm G = 0$, es

$$D_G \pm N_G = 0 \tag{7.7}$$

donde D_G es el denominador y N_G el numerador de G.

7.7 ENTRADAS MULTIPLES

A veces es necesario evaluar el trabajo ejecutado por un sistema cuando se aplican simultáneamente varios estímulos en diferentes puntos del sistema.

Cuando están presentes entradas múltiples en un sistema *lineal*, cada una se trata independientemente de las otras. La salida ocasionada por todos los estímulos actuando conjuntamente se encuentra de la siguiente manera:

Paso 1: Igualar todas las entradas a cero excepto una.

Paso 2: Trasformar el diagrama en bloque a la forma canónica, usando las trasformaciones de la sección 7.5.

Paso 3: Calcular la respuesta debida a la entrada escogida actuando sola.

Paso 4: Repetir los pasos 1 a 3 para cada una de las entradas restantes.

Paso 5: Añadir algebraicamente todas las respuestas (salidas) determinadas en los pasos 1 a 5. Esta suma es la salida total del sistema con todas las entradas actuando simultáneamente.

Se vuelve a insistir aquí en que el proceso de superposición anterior depende de si el sistema es lineal.

Ejemplo 7.8. Determinaremos la salida C del siguiente sistema:

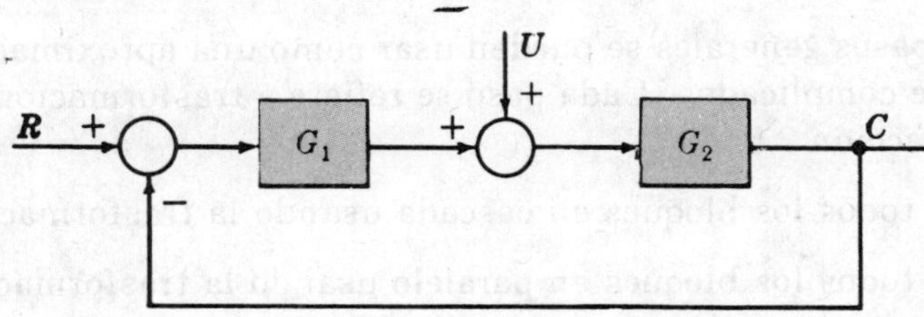

Paso 1: Sea $U \equiv 0$.

Paso 2: El sistema se reduce a

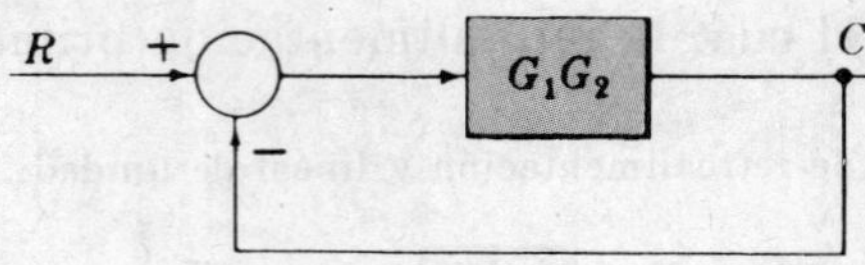

Paso 3: Según la ecuación (7.3) la salida C_R debida a la entrada R es $C_R = \left[\dfrac{G_1G_2}{1 + G_1G_2}\right] R$.

Paso 4a: Sea $R = 0$.

Paso 4b: Poner −1 dentro de un bloque para representar el efecto de retroalimentación negativa:

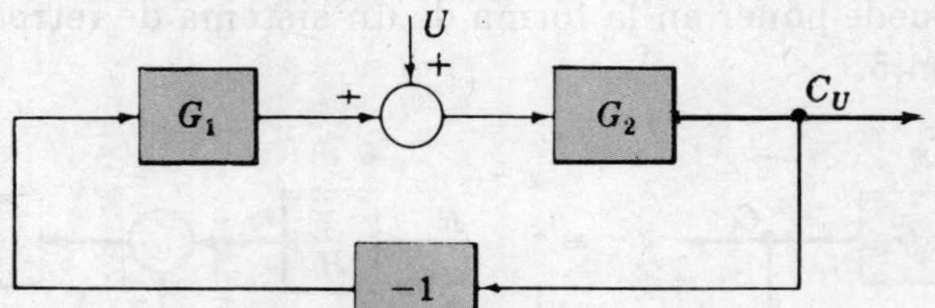

Ordenar el diagrama en bloque:

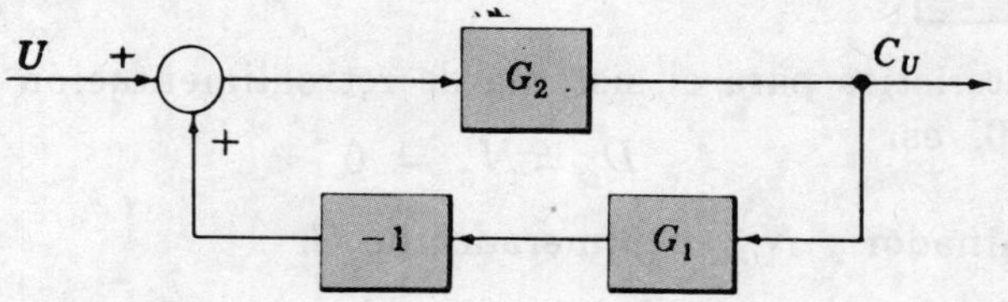

Hacer que el bloque con —1 sea absorbido en el punto de suma:

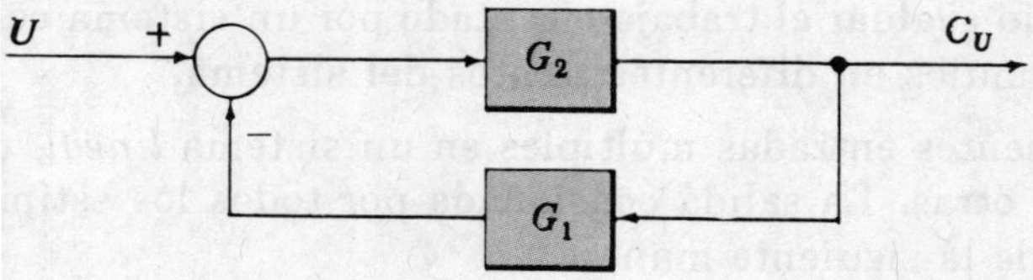

Paso 4c: Según la ecuación (7.3), la salida C_U debida a la entrada U es $C_U = \left[\dfrac{G_2}{1 + G_1G_2}\right] U$.

Paso 5: La salida total es

$$C = C_R + C_U = \left[\frac{G_1G_2}{1 + G_1G_2}\right] R + \left[\frac{G_2}{1 + G_1G_2}\right] U = \left[\frac{G_2}{1 + G_1G_2}\right] [G_1R + U]$$

7.8 REDUCCION DE DIAGRAMAS EN BLOQUE COMPLICADOS

El diagrama en un bloque de un sistema simple de control por retroalimentación es a menudo bastante complicado. Puede incluir varios lazos de retroalimentación o de alimentación directa y entradas múltiples. Por medio de una reducción sistemática del diagrama en bloque, cada sistema de retroalimentación de lazo múltiple se puede reducir a una forma canónica. Las técnicas desarrolladas en los parágrafos anteriores proporcionan los medios necesarios.

Los siguientes pasos generales se pueden usar como una aproximación en la reducción de diagramas en bloque complicados. Cada paso se refiere a trasformaciones específicas en la representación de la sección 7.5.

Paso 1: Combinar todos los bloques en cascada usando la trasformación 1.

Paso 2: Combinar todos los bloques en paralelo usando la trasformación 2.

Paso 3: Eliminar todos los lazos menores de retroalimentación usando la trasformación 4.

Paso 4: Desplazar los puntos de suma hacia la izquierda y los puntos de toma hacia la derecha del lazo principal, usando las trasformaciones 7, 10 y 12.

Paso 5: Repetir los pasos de 1 a 4 hasta que se logre la forma canónica para una entrada particular.

Paso 6: Repetir los pasos de 1 a 5 para cada entrada según sea necesario.

Las trasformaciones 3, 5, 6, 8, 9 y 11 a veces son útiles y la experiencia con la técnica de reducción determinará su aplicación.

Ejemplo 7.9.

Reducir el siguiente diagrama en bloque a una forma canónica.

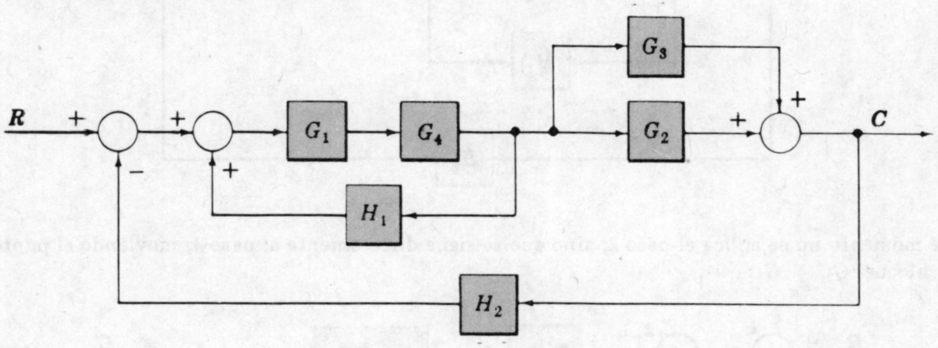

Paso 1:

Paso 2:

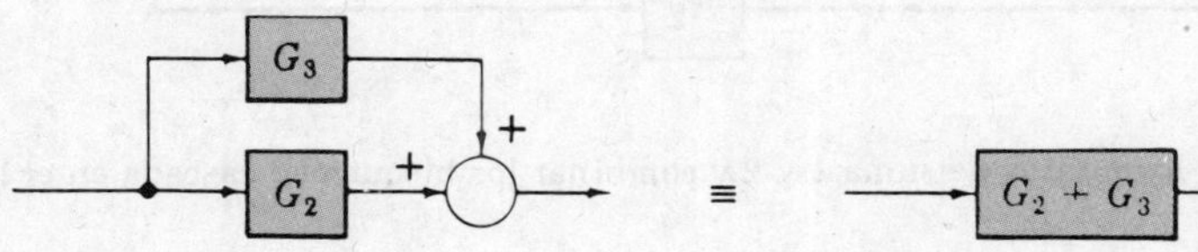

Paso 3:

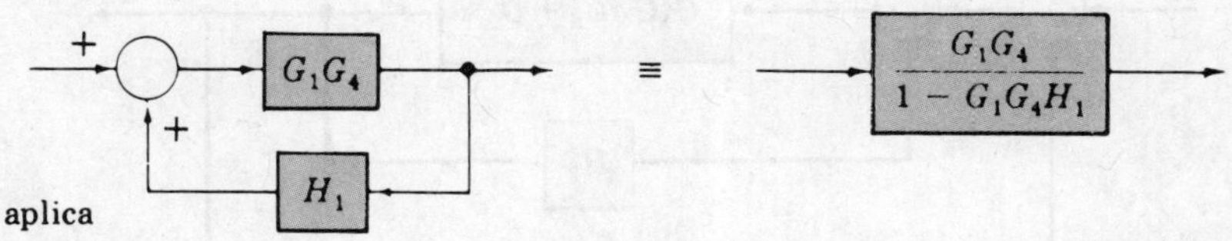

Paso 4: No se aplica

Paso 5:

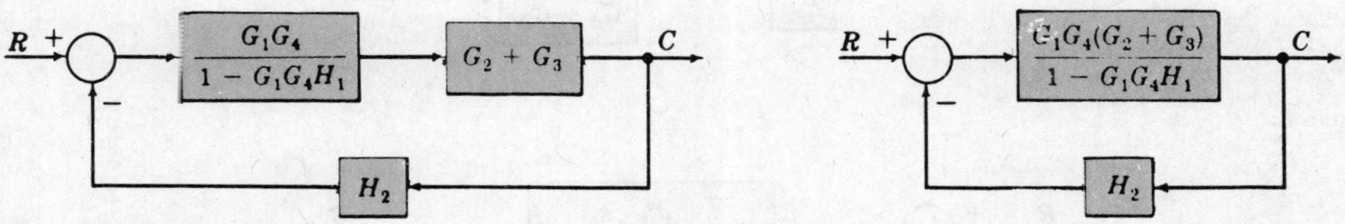

Paso 6: No se aplica.

Un requisito ocasional en la reducción de diagramas en bloque es el aislamiento de un bloque particular de un lazo de retroalimentación o de alimentación directa. Esto es conveniente para examinar más fácilmente el efecto de un bloque particular sobre el sistema completo.

El aislamiento de un bloque se puede llevar a cabo generalmente aplicando los mismos pasos de reducción al sistema, pero con frecuencia en un orden diferente. Hay que tener en cuenta también que el bloque que se va a aislar no se puede combinar con otros.

Ordenar los puntos de suma (trasformación 6) y las trasformaciones 8, 9 y 11 es especialmente útil para aislar bloques.

Ejemplo 7.10.

Reducir el diagrama en bloque del ejemplo 7.9, aislando el bloque H_1.

Pasos 1 y 2:

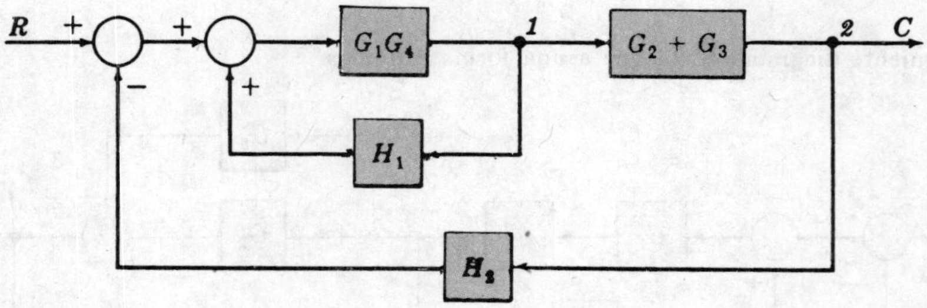

En este momento no se aplica el paso 3, sino que se sigue directamente al paso 4, moviendo el punto de toma 1 más allá del bloque $G_2 + G_3$:

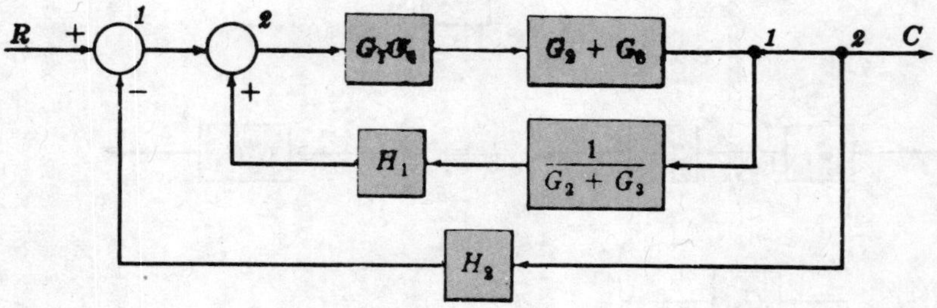

Ahora se pueden ordenar los puntos de suma 1 y 2 y combinar los bloques en cascada en el lazo directo usando la trasformación 6, luego la 1:

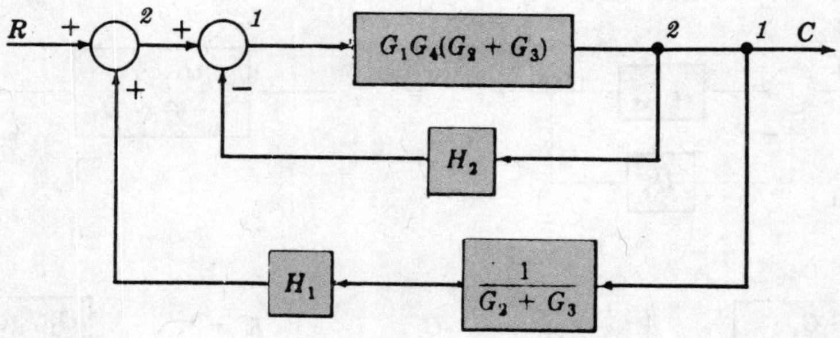

Paso 3:

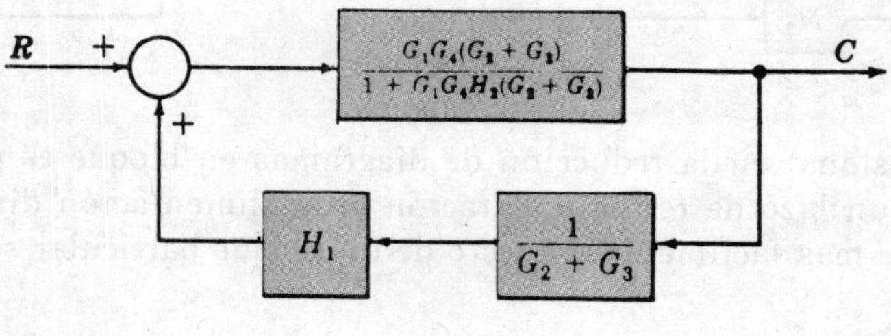

Finalmente se aplica la trasformación 5 para quitar a $\frac{1}{G_2 + G_3}$ del lazo de retroalimentación:

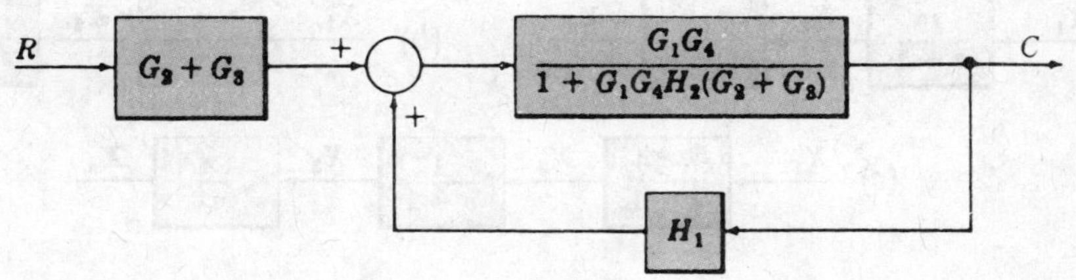

Obsérvese que el mismo resultado se hubiera podido obtener después de aplicar el paso 2, moviendo *hacia adelante* el punto de toma 2 de $G_2 + G_3$, en lugar de mover el punto de toma 1 *más allá* de $G_2 + G_3$. El bloque $G_2 + G_3$ tiene el mismo efecto sobre la razón de control C/R, ya sea que siga directamente a R o preceda directamente a C.

Problemas resueltos

BLOQUES EN CASCADA

7.1. Probar la ecuación (*7.1*) para bloques en cascada.

El diagrama en bloque para n funciones de trasferencia en cascada $G_1, G_2, \ldots, G_n$ es

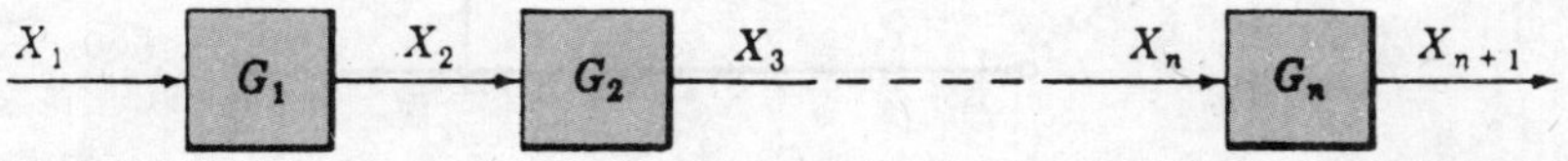

La trasformada de la salida para cualquier bloque es igual a la trasformada de la entrada multiplicada por la función de trasferencia (véase la sección 6.1). Por tanto

$$X_2 = X_1G_1, \quad X_3 = X_2G_2, \quad \ldots, \quad X_n = X_{n-1}G_{n-1}, \quad X_{n+1} = X_nG_n$$

Combinando estas dos ecuaciones, se tiene

$$X_{n+1} = X_nG_n = X_{n-1}G_{n-1}G_n = \cdots = X_1G_1G_2 \cdots G_{n-1}G_n$$

Dividiendo ambos lados por X_1, se obtiene $X_{n+1}/X_1 = G_1G_2 \cdots G_{n-1}G_n$.

7.2. Probar que dos bloques en cascada son conmutativos. Ecuación (*7.2*).

Considérense dos bloques en cascada:

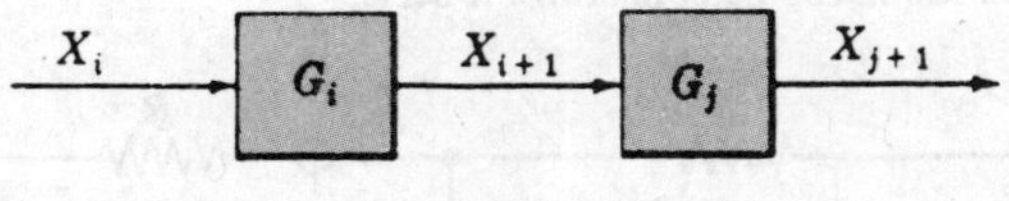

Según la ecuación (*6.1*) se tiene $X_{i+1} = X_iG_i = G_iX_i$ y $X_{j+1} = X_{i+1}G_j = G_jX_{i+1}$. Por tanto $X_{j+1} = (X_iG_i)G_j = X_iG_iG_j$. Dividiendo ambos lados por X_i se obtiene X_i, $X_{j+1}/X_i = G_iG_j$.

También, $X_{j+1} = G_j(G_iX_i) = G_jG_iX_i$. Dividiendo de nuevo por X_i, $X_{j+1}/X_i = G_jG_i$. Luego $G_iG_j = G_jG_i$.

Este resultado se puede extender por inducción matemática a cualquier número finito de funciones de trasferencia (bloques) en cascada.

7.3. Encontrar a X_n/X_1 para cada uno de los siguientes sistemas:

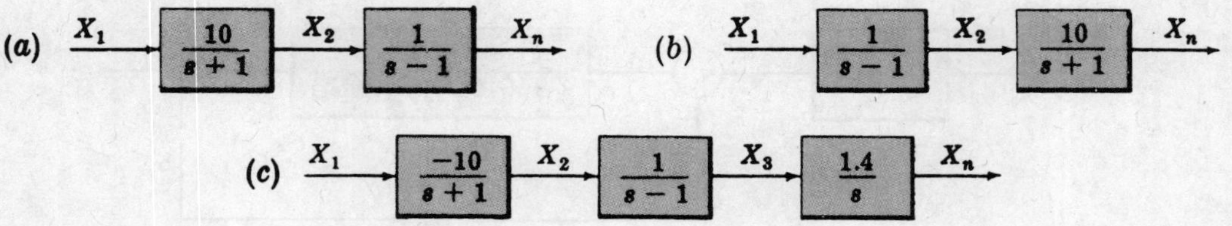

(*a*) Una manera de resolver este problema es escribiendo primero X_2 en términos de X_1: $X_2 = \left(\frac{10}{s+1}\right)X_1$. Luego se escribe X_n en términos de $X_2: X_n = \left(\frac{1}{s-1}\right)X_2 = \left(\frac{1}{s-1}\right)\left(\frac{10}{s+1}\right)X_1$. Multiplicando y dividiendo ambos lados por X_1, se obtiene $X_n/X_1 = 10/(s^2 - 1)$.

Un método más corto es el siguiente: Se sabe, según la ecuación (*7.1*), que dos bloques se pueden reducir a uno multiplicando simplemente sus funciones de trasferencia. También, la función de trasferencia de un bloque simple es la trasformada de su salida sobre su entrada. Luego

$$X_n/X_1 = \left(\frac{1}{s-1}\right)\left(\frac{10}{s+1}\right) = 10/(s^2-1)$$

(*b*) Este sistema tiene la misma función de trasferencia determinada en la parte (*a*) ya que la multiplicación de funciones de trasferencia es conmutativa.

(*c*) Según la ecuación (*7.1*), se tiene $X_n/X_1 = \left(\frac{-10}{s+1}\right)\left(\frac{1}{s-1}\right)\left(\frac{1{,}4}{s}\right) = \frac{-14}{s(s^2-1)}$.

7.4. La función de trasferencia de

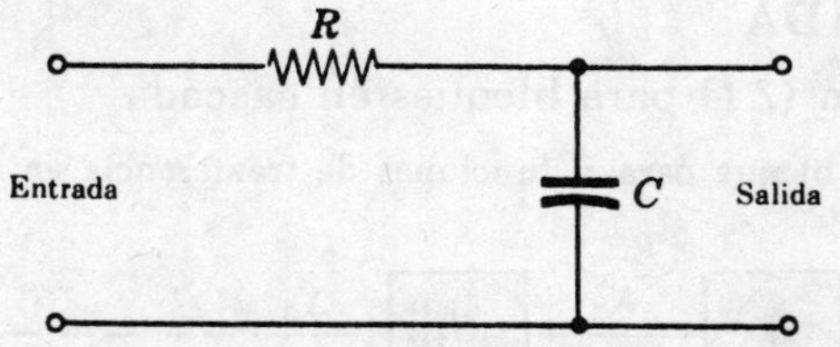

es $\frac{\omega_0}{s+\omega_0}$, donde $\omega_0 = \frac{1}{RC}$. ¿Es la función de trasferencia de

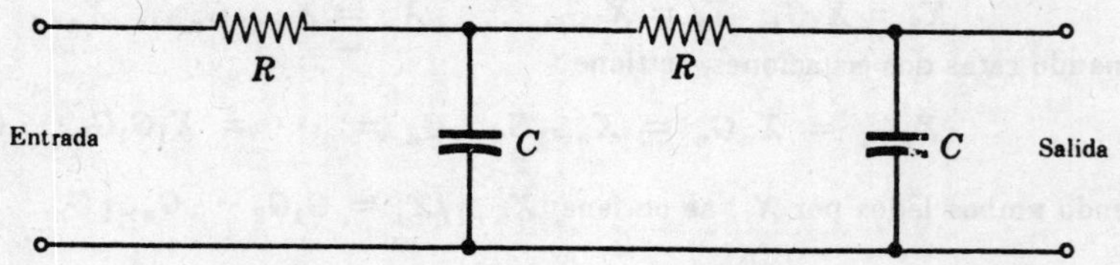

igual a $\left(\frac{\omega_0}{s+\omega_0}\right)^2$? ¿Por qué?

No. Si dos redes idénticas se conectan en serie,

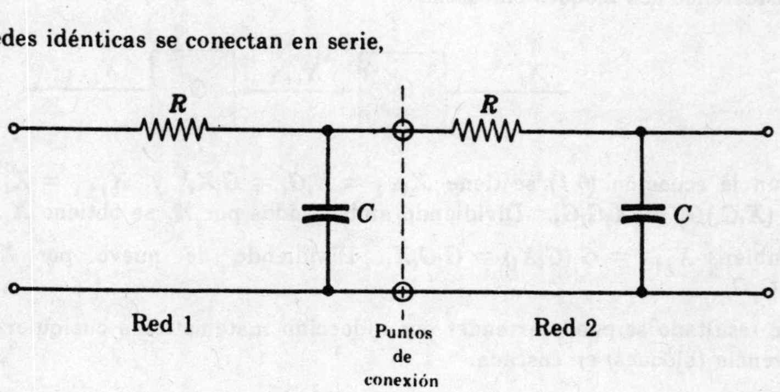

la segunda recarga a la primera tomando corriente de ella. Por tanto la ecuación (*7.1*) no se puede aplicar directamente al sistema combinado. La función de trasferencia correcta de las dos redes conectadas es $\dfrac{\omega_0^2}{s^2 + 3\omega_0 s + \omega_0^2}$ (véase el problema 6.16) y esto *no* es igual a $\left(\dfrac{\omega_0}{s + \omega_0}\right)^2$.

FORMA CANONICA DE UN SISTEMA DE CONTROL POR RETROALIMENTACION

7.5. Probar la ecuación (*7.3*), $\dfrac{C}{R} = \dfrac{G}{1 \pm GH}$.

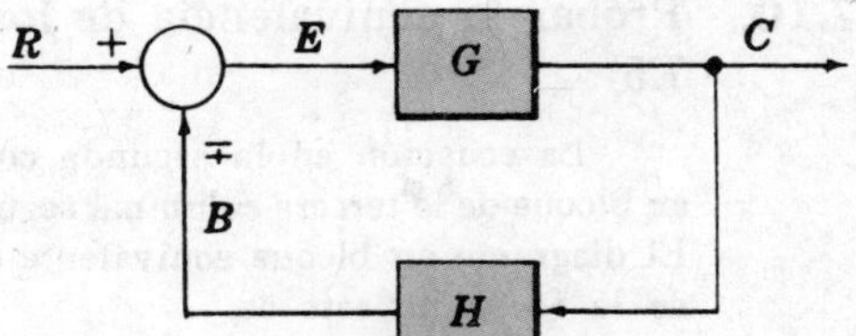

Las ecuaciones que describen la forma canónica del sistema de retroalimentación se toman directamente del diagrama adyacente. Estas están dadas por $E = R \mp B$, $B = HC$ y $C = GE$. Sustituyendo una por otra, se tiene,

$$C = G(R \mp B) = G(R \mp HC)$$
$$= GR \mp GHC = GR + (\mp GHC)$$

Restando a $(\mp GHC)$ de ambos lados, se obtiene $C \pm GHC = GR$ o $\dfrac{C}{R} = \dfrac{G}{1 \pm GH}$.

7.6. Probar la ecuación (*7.4*), $\dfrac{E}{R} = \dfrac{1}{1 \pm GH}$.

Según el problema anterior se tiene $E = R \mp B$, $B = HC$, y $C = GE$.

Entonces, $E = R \mp HC = R \mp HGE$, $E \pm GHE = R$, y $\dfrac{E}{R} = \dfrac{1}{1 \pm GH}$.

7.7. Probar la ecuación (*7.5*), $\dfrac{B}{R} = \dfrac{GH}{1 \pm GH}$.

De $E = R \mp B$, $B = HC$, y $C = GE$, se obtiene $B = HGE = HG(R \mp B) = GHR \mp GHB$.

Entonces $B \pm GHB = GHR$, $B = \dfrac{GHR}{1 \pm GH}$, y $\dfrac{B}{R} = \dfrac{GH}{1 \pm GH}$.

7.8. Probar la ecuación (*7.6*), $D_{GH} \pm N_{GH} = 0$.

Según la ecuación (*7.3*), $C(1 \pm GH) = GR$. La ecuación característica se obtiene haciendo $R = 0$; luego $1 \pm GH = 0$. Poniendo $GH \equiv N_{GH}/D_{GH}$, se obtiene $D_{GH} \pm N_{GH} = 0$.

7.9. Determinar, (*a*) la función de trasferencia de lazo, (*b*) la razón de control, (*c*) la razón de error, (*d*) la razón de retroalimentación primaria, y (*e*) la ecuación característica para el sistema de control por retroalimentación, que se muestra en la figura, en el cual K_1 y K_2 son constantes.

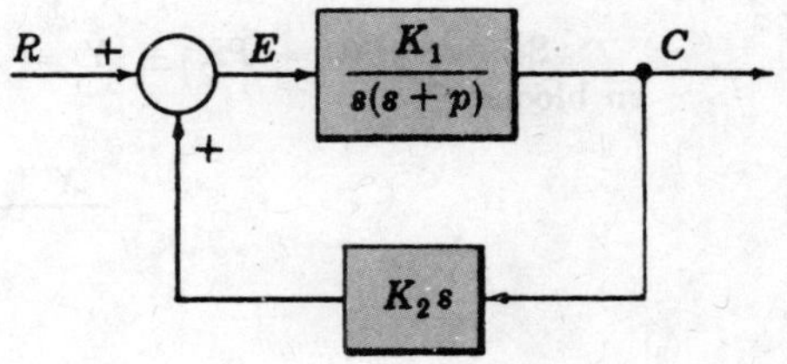

(*a*) La función de trasferencia de lazo es igual a GH. Luego

$$GH = \left[\frac{K_1}{s(s+p)}\right] K_2 s = \frac{K_1 K_2}{s+p}$$

(*b*) La razón de control o función de trasferencia de lazo cerrado está dada por la ecuación (*7.3*) (con un signo menos para retroalimentación positiva): $\dfrac{C}{R} = \dfrac{G}{1 - GH} = \dfrac{K_1}{s(s + p - K_1 K_2)}$.

(*c*) La razón de error o razón de señal impulsora, está dada por la ecuación (*7.4*): $\dfrac{E}{R} = \dfrac{1}{1-GH} = \dfrac{1}{1-K_1K_2/(s+p)} = \dfrac{s+p}{s+p-K_1K_2}$.

(*d*) La razón de retroalimentación primaria está dada por la ecuación (*7.5*):

$$\frac{B}{R} = \frac{GH}{1-GH} = \frac{K_1K_2}{s+p-K_1K_2}$$

(*e*) La ecuación característica está dada por la ecuación (*7.6*): $1 - GH = 0$, $s + p - K_1K_2 = 0$.

TRASFORMACIONES DE DIAGRAMAS EN BLOQUE

7.10. Probar la equivalencia de los diagramas en bloque para la trasformación 2 (sección 7.5).

La ecuación en la segunda columna, $Y = P_1X \pm P_2X$, gobierna la construcción del diagrama en bloque de la tercera columna, según se muestra. La ecuación se vuelve a escribir como $Y = (P_1 \pm P_2)X$. El diagrama en bloque equivalente en la última columna es obviamente la representación de esta forma de la ecuación, esto es,

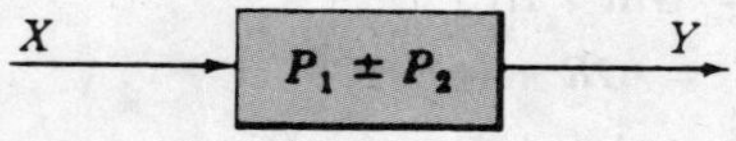

7.11. Repetir el problema 7.10 para la trasformación 3.

Se vuelve a escribir $Y = P_1X \pm P_2X$ como $Y = (P_1/P_2)P_2X \pm P_2X$. El diagrama en bloque para esta forma de la ecuación está dado claramente por

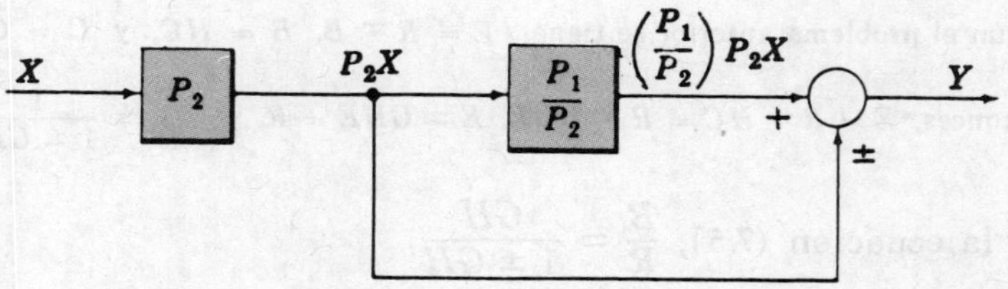

7.12. Repetir el problema 7.10 para la trasformación 5.

Se tiene: $Y = P_1[X \mp P_2Y] = P_1P_2\left[\left(\dfrac{1}{P_2}\right)X \mp Y\right]$. El diagrama en bloque para la última forma está dado por

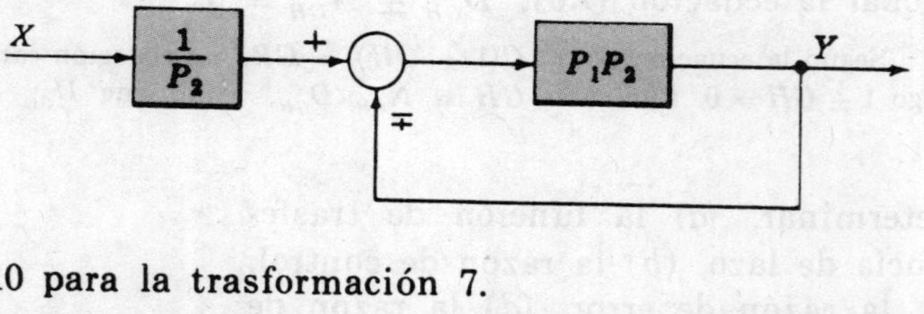

7.13. Repetir el problema 7.10 para la trasformación 7.

Se tiene: $Z = PX \pm Y = P[X \pm (1/P)Y]$, lo cual da como resultado el siguiente diagrama en bloque

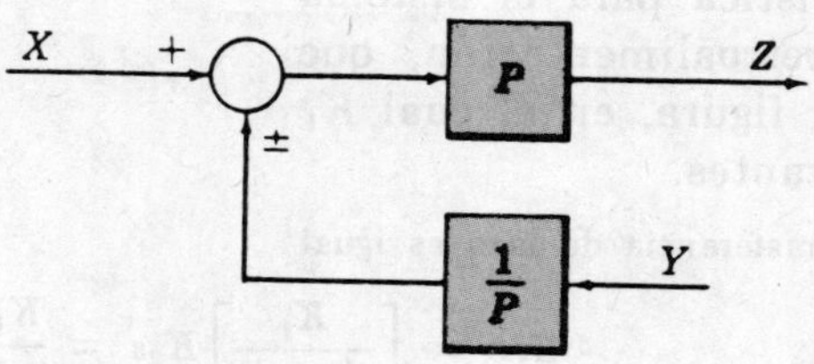

7.14. Repetir el problema 7.10 para la trasformación 8.

Se tiene: $Z = P(X \pm Y) = PX \pm PY$, cuyo diagrama en bloque es claramente

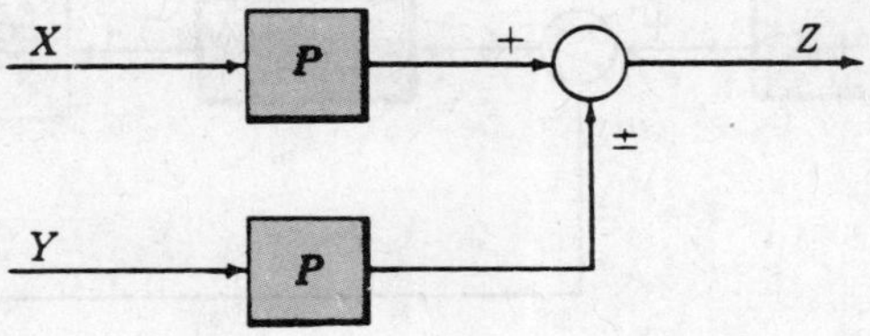

SISTEMAS DE RETROALIMENTACION DE UNIDAD

7.15. Reducir el siguiente diagrama en bloque a la forma de retroalimentación de unidad y encontrar la ecuación característica del sistema.

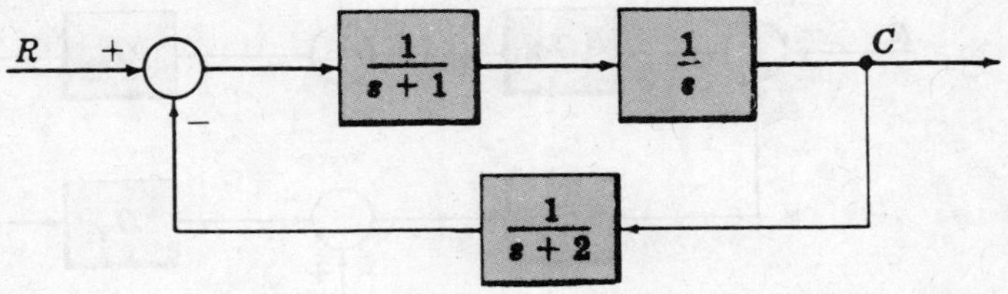

Combinando los bloques en la trayectoria directa, se obtiene

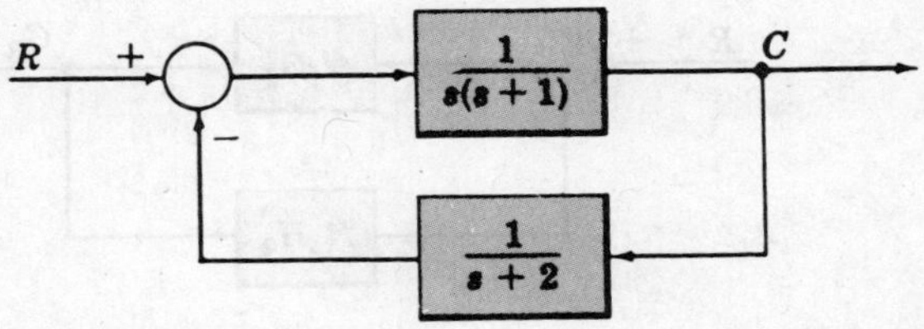

Aplicando la trasformación 5 se tiene

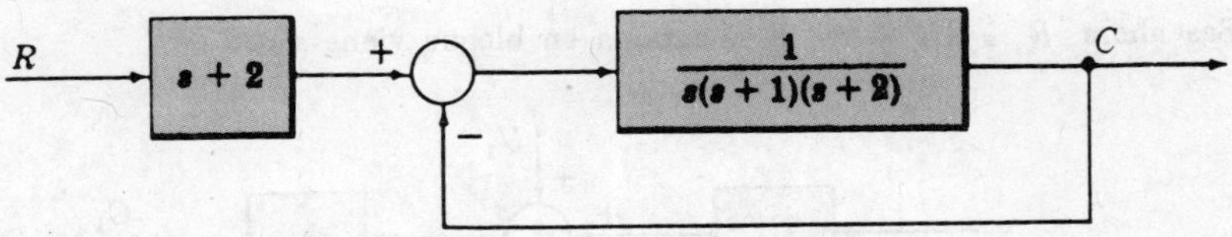

Según la ecuación (7.7), la ecuación característica para este sistema es $s(s + 1)(s + 2) + 1 = 0$ o $s^3 + 3s^2 + 2s + 1 = 0$.

7.16. Reducir el siguiente sistema a un sistema de retroalimentación de unidad.

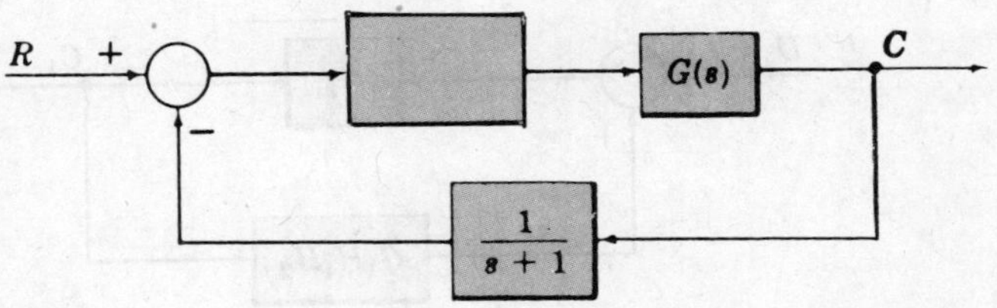

Un elemento no lineal en la trayectoria directa no limita la utilidad de la trasformación 5. El bloque lineal en la trayectoria de retroalimentación se puede combinar con los elementos lineales de la trayectoria directa, dando como resultado el sistema de retroalimentación de unidad que está dado por

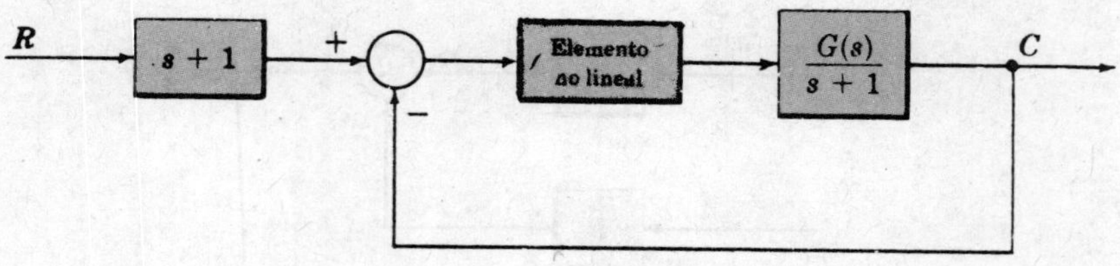

ENTRADAS Y SALIDAS MULTIPLES

7.17. Determinar la salida C para el siguiente sistema:

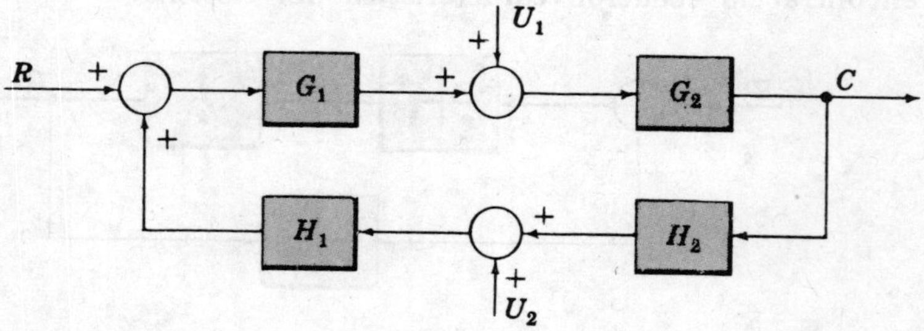

Sea $U_1 = U_2 = 0$. Después de combinar los bloques en cascada, el sistema se da por

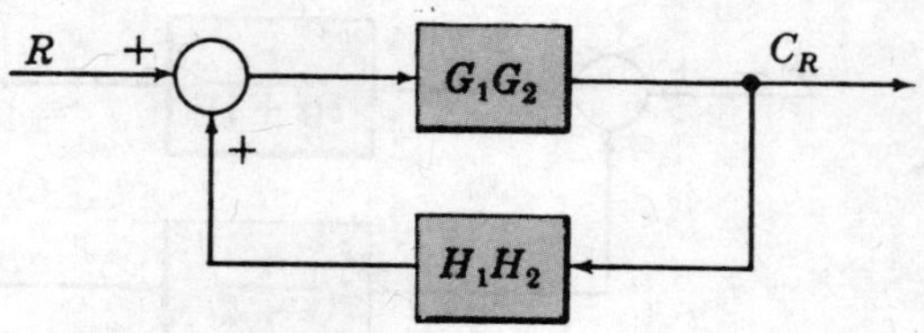

donde C_R es la salida cuando la acción se debe solamente a R. Aplicando la ecuación (*7.3*) a este sistema, $C_R = \left[\dfrac{G_1G_2}{1 - G_1G_2H_1H_2}\right] R$.

Sea ahora $R = U_2 = 0$. El diagrama en bloque viene a ser

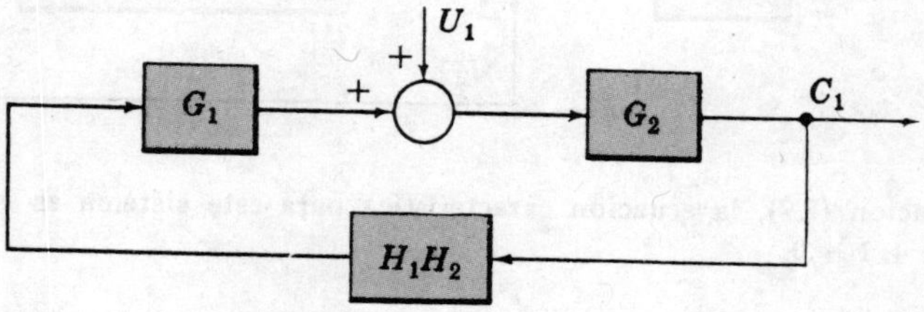

donde C_1 es la respuesta cuando la acción se debe solamente a U_1. Arreglando de nuevo los bloques, se tiene

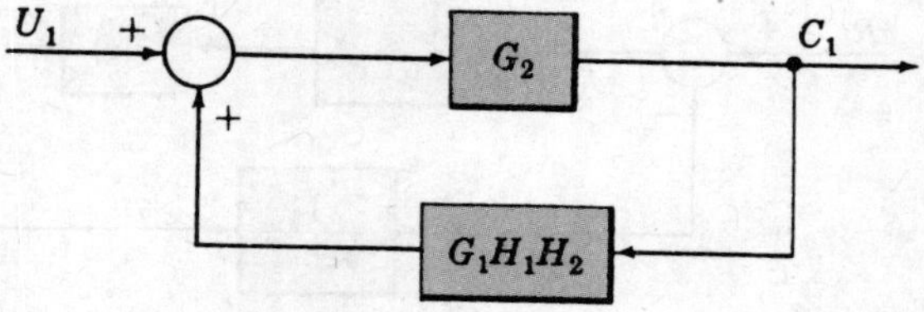

De la ecuación (*7.3*), se obtiene $C_1 = \left[\dfrac{G_2}{1 - G_1G_2H_1H_2}\right] U_1$.

Finalmente, haciendo $R = U_1 = 0$, el diagrama en bloque viene a ser

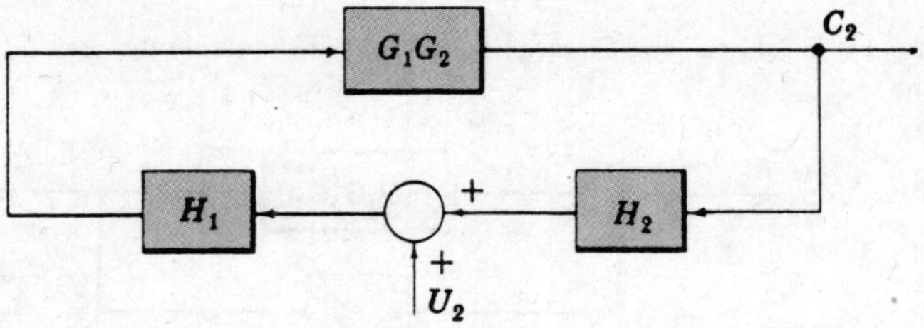

donde C_2 es la respuesta obtenida cuando solamente actúa U_2. Volviendo a arreglar los bloques, se obtiene

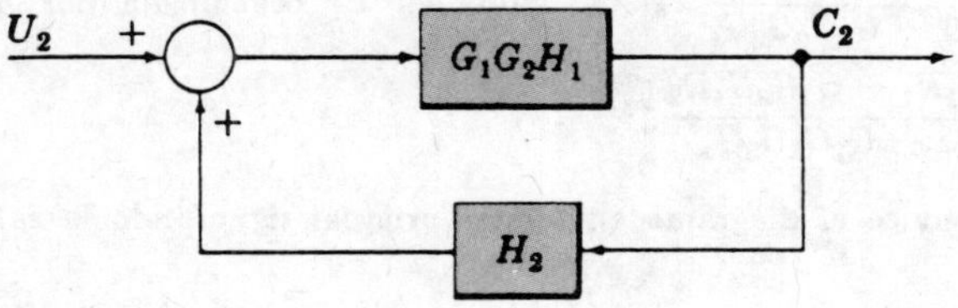

Luego $C_2 = \left[\dfrac{G_1G_2H_1}{1 - G_1G_2H_1H_2}\right] U_2$.

Aplicando superposición se obtiene la salida total

$$C = C_R + C_1 + C_2 = \frac{G_1G_2R + G_2U_1 + G_1G_2H_1U_2}{1 - G_1G_2H_1H_2}$$

7.18. El siguiente diagrama en bloque es un ejemplo de un sistema de entradas y salidas múltiples.

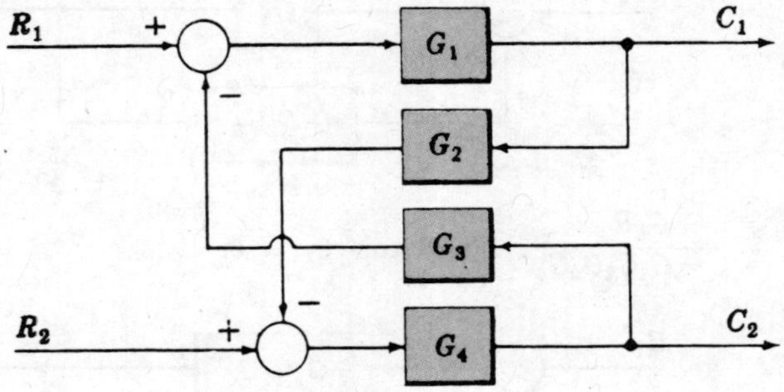

Determinar C_1 y C_2.

Primero se pone el diagrama en bloque en la forma siguiente, ignorando la salida C_2:

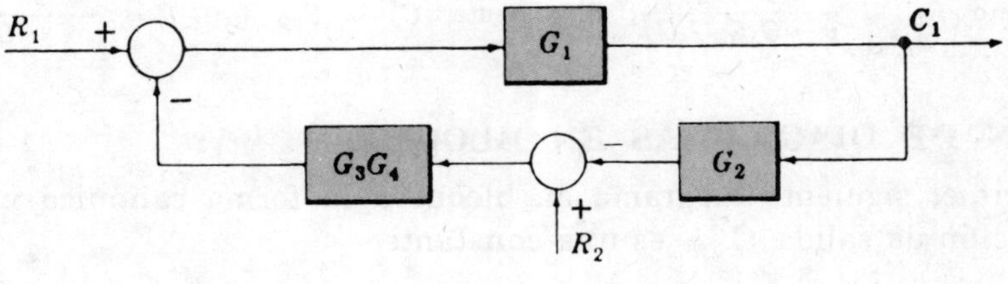

Con $R_2 = 0$ y combinando los puntos de suma, se obtiene

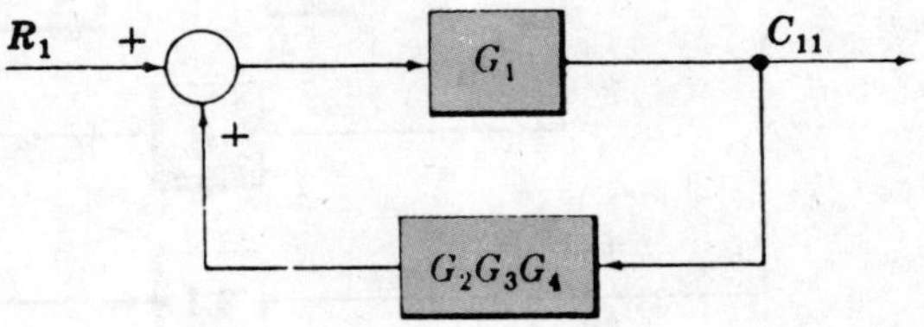

Luego C_{11}, que es la salida en C_1 ocasionada por R_1 solamente, es $C_{11} = \dfrac{G_1R_1}{1 - G_1G_2G_3G_4}$. Para $R_1 = 0$, se tiene

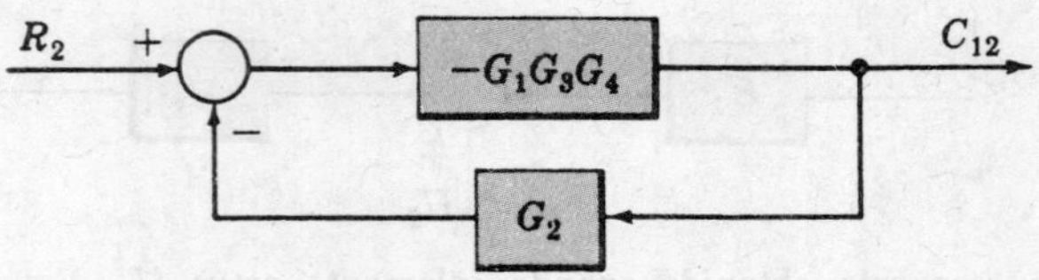

Luego $C_{12} = \dfrac{-G_1G_3G_4R_2}{1 - G_1G_2G_3G_4}$ es la salida en C_1 ocasionada por R_2 solamente. Por tanto $C_1 = C_{11} + C_{12} = \dfrac{G_1R_1 - G_1G_3G_4R_2}{1 - G_1G_2G_3G_4}$.

Ahora se reduce el diagrama en bloque original, ignorando la salida C_1. Primero,

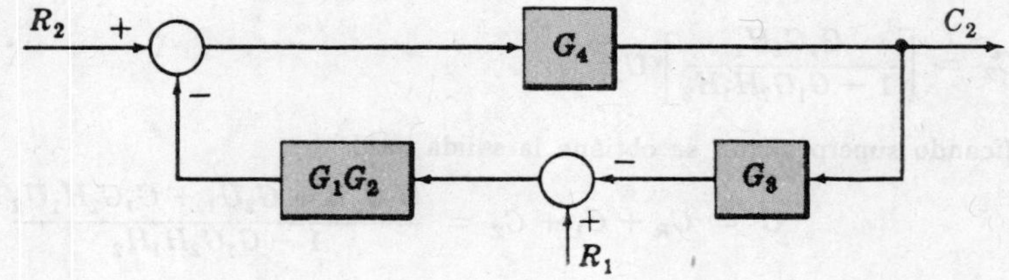

Luego

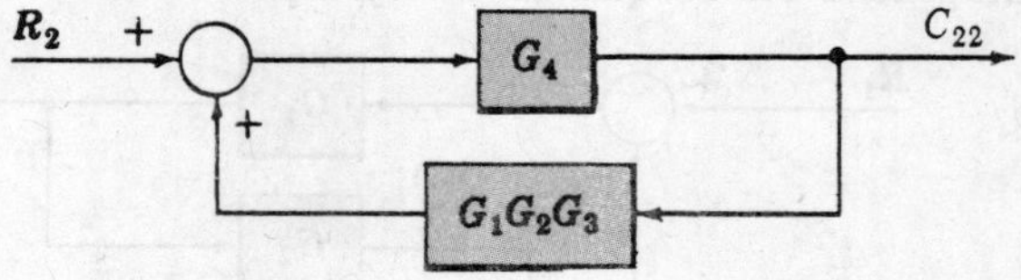

Por tanto $C_{22} = \dfrac{G_4R_2}{1 - G_1G_2G_3G_4}$. Luego, con $R_2 = 0$:

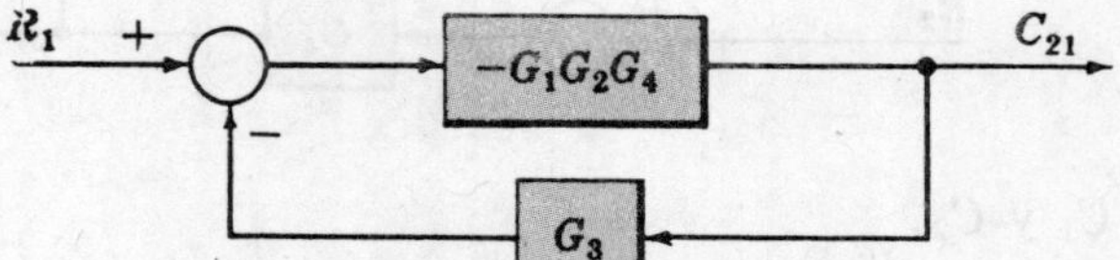

Por tanto $C_{21} = \dfrac{-G_1G_2G_4R_1}{1 - G_1G_2G_3G_4}$. Finalmente, $C_2 = C_{22} + C_{21} = \dfrac{G_4R_2 - G_1G_2G_4R_1}{1 - G_1G_2G_3G_4}$.

REDUCCION DE DIAGRAMAS EN BLOQUE

7.19. Reducir el siguiente diagrama en bloque a la forma canónica y encontrar la trasformación de salida C. K es una constante.

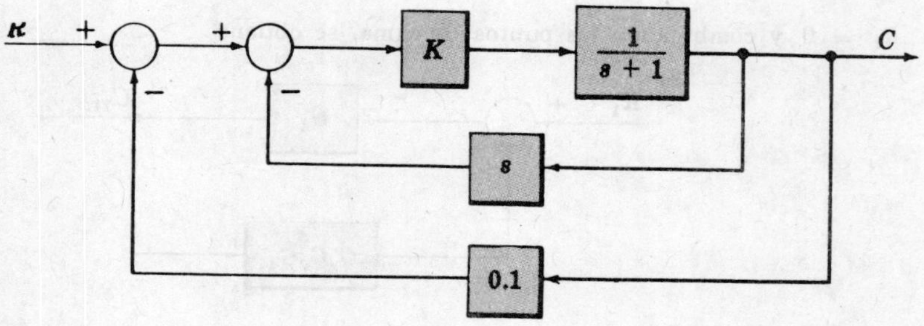

Primero se combinan los bloques en cascada de la trayectoria directa y se aplica la trasformación 4, al lazo de retroalimentación interior:

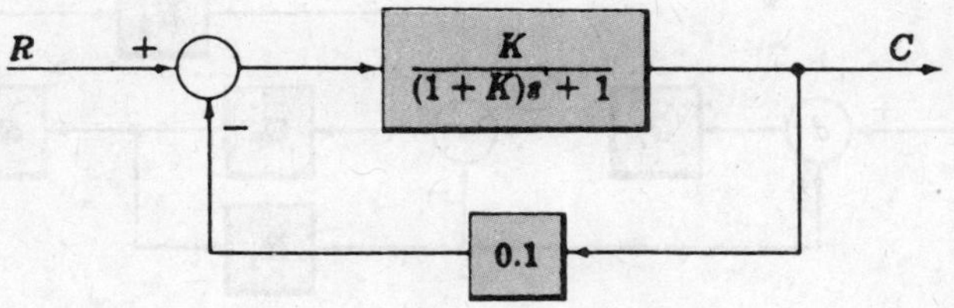

La ecuación (7.3) o el nuevo uso de la trasformación 4 da como resultado $C = \dfrac{KR}{(1+K)s + (1 + 0{,}1K)}$

7.20. Reducir el diagrama en bloque del problema 7.19 a la forma canónica, aislando el bloque K en la trayectoria directa.

Según la trasformación 9 se puede mover el punto de toma por delante del bloque $\dfrac{1}{s+1}$:

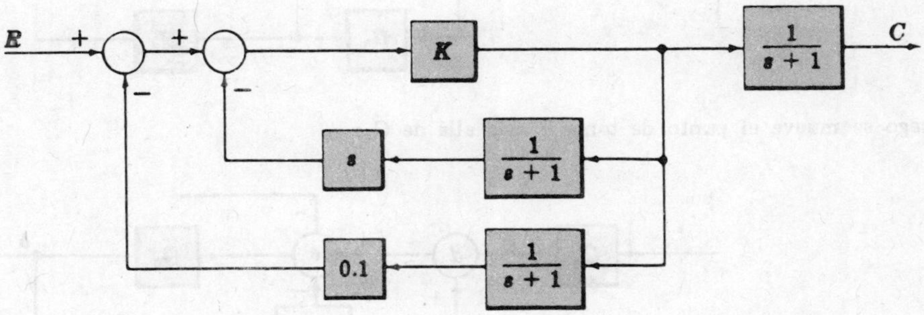

Aplicando las trasformaciones 1 y 6*b*, se tiene

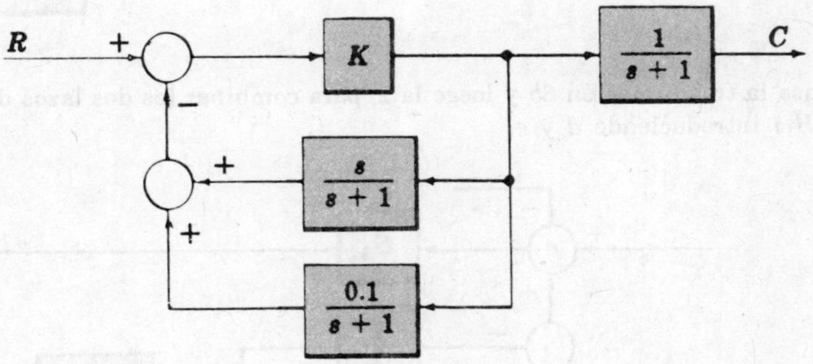

Ahora se puede aplicar la trasformación 2 a los lazos de retroalimentación, obteniéndose así la forma final:

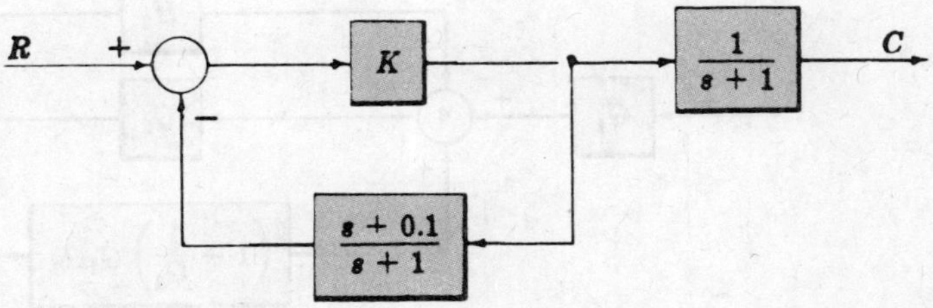

7.21. Reducir el siguiente diagrama en bloque a la forma en lazo abierto.

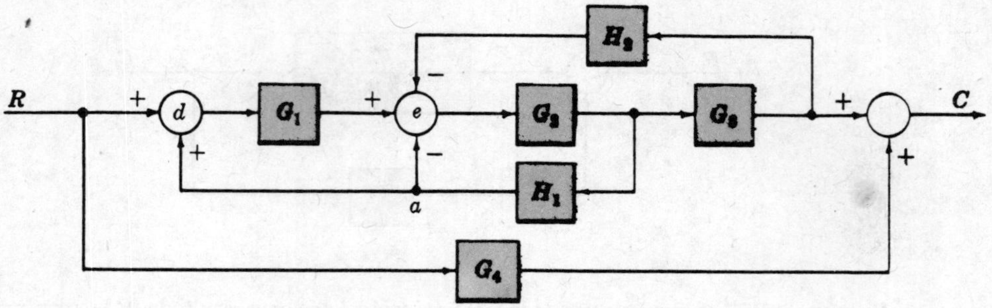

Primero se mueve el punto de suma de la extrema izquierda más allá de G_1 (trasformación 8):

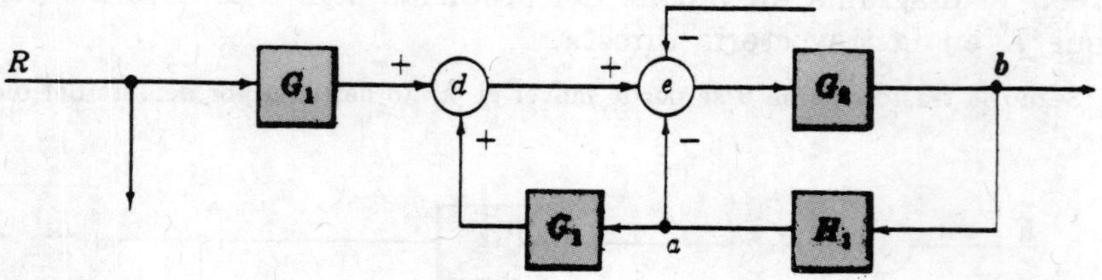

Luego se mueve el punto de toma a más allá de G_1:

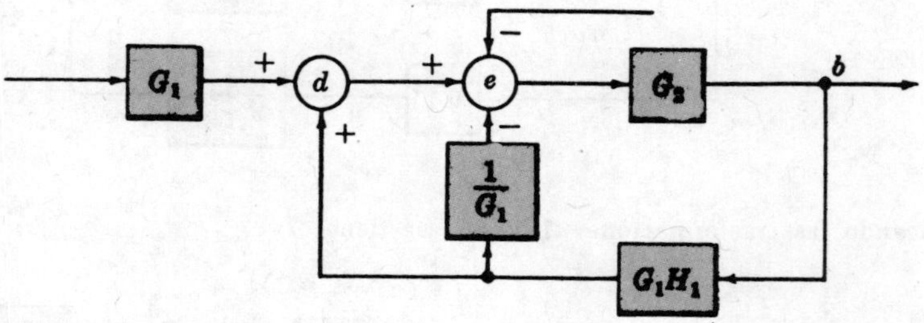

Ahora se usa la trasformación 6b y luego la 2, para combinar los dos lazos de retroalimentación inferiores (desde $G_1 H_1$) introduciendo d y e.

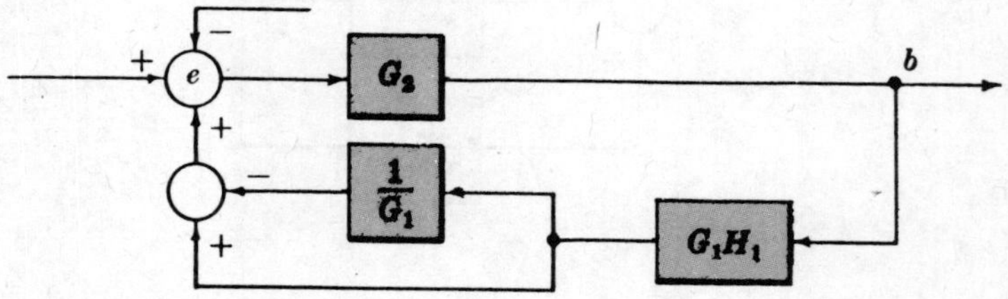

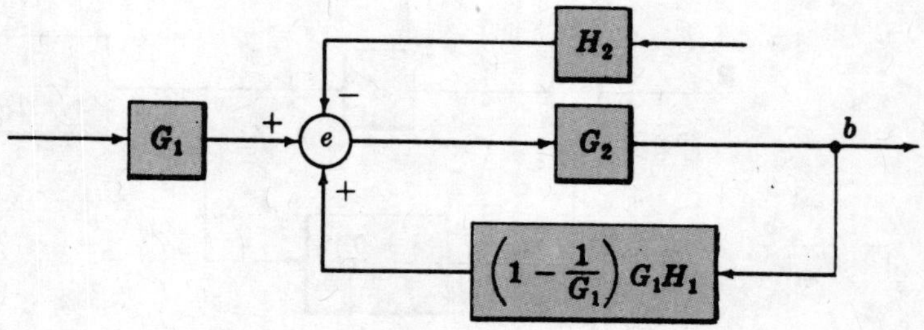

Al aplicar la trasformación 4 a este lazo interior, el sistema viene a ser

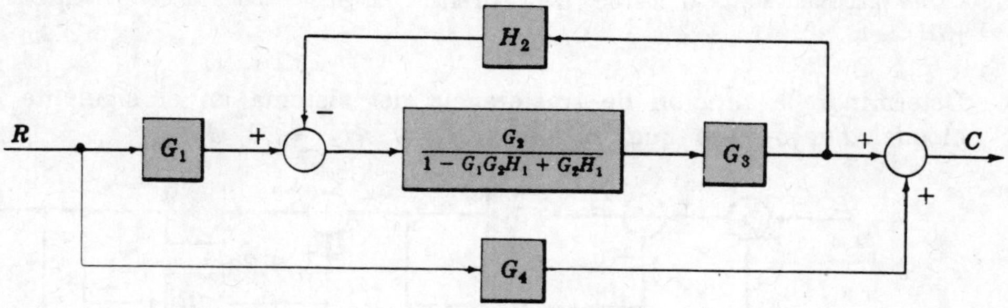

Aplicando de nuevo la trasformación 4 al lazo de retroalimentación restante se obtiene

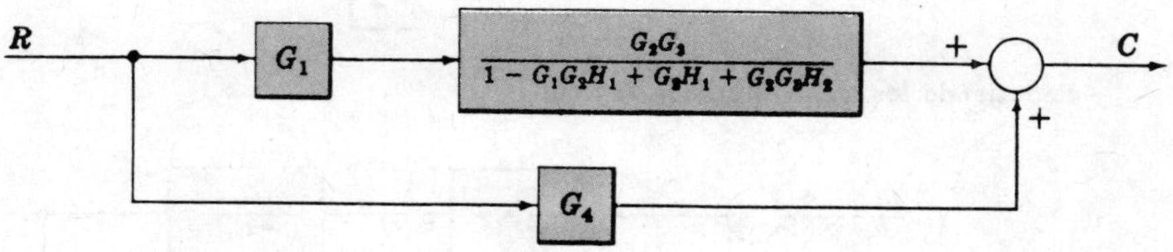

Finalmente, las trasformaciones 1 y 2 dan como resultado

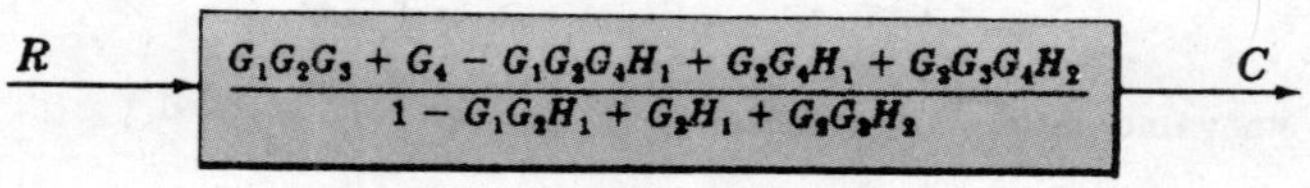

PROBLEMAS VARIOS

7.22. ¿Por qué es invariable la ecuación característica cuando se hace la trasformación del diagrama en bloque?

Las trasformaciones de los diagramas en bloque se determinan *ordenando* las ecuaciones de entrada y salida de uno o más de los subsistemas que componen el sistema completo. Por tanto, el sistema que resulta finalmente después de la trasformación está gobernado por las mismas ecuaciones, aunque probablemente estén ordenadas de una manera diferente a la del sistema original.

Ahora, la ecuación característica queda determinada por el denominador de la función de trasferencia de todo el sistema, cuando éste se iguala a cero. El factorizar u ordenar tanto el numerador como el denominador de la función de trasferencia del sistema, no la cambia ni tampoco altera la operación de igualar el denominador a cero.

7.23. Probar que la función de trasferencia representada por C/R en la ecuación (*7.3*) se puede aproximar por $\pm 1/H$ cuando $|G|$ o $|GH|$ son muy grandes.

Dividiendo el numerador y denominador de $\dfrac{G}{1 \pm GH}$ por G, se tiene $\dfrac{1}{1/G \pm H}$. Entonces

$$\lim_{|G| \to \infty} \left[\frac{C}{R}\right] = \lim_{|G| \to \infty} \left[\frac{1}{1/G \pm H}\right] = \pm \frac{1}{H}$$

Dividiendo por GH y tomando el límite, se tiene

$$\lim_{|GH| \to \infty} \left[\frac{C}{R}\right] = \lim_{|GH| \to \infty} \left[\frac{1/H}{1/GH \pm 1}\right] = \pm \frac{1}{H}$$

7.24. Suponer que las características de G cambian radicalmente o en forma incierta durante la operación del sistema. Usando los resultados del problema anterior, mostrar cómo se debe diseñar el sistema de tal manera que la salida C se pueda siempre predecir razonablemente.

En el problema 7.23 se encontró que $\lim_{|GH|\to\infty}\left[\frac{C}{R}\right] = \pm\frac{1}{H}$. Luego $C \to \pm\frac{R}{H}$ cuando $|GH| \to \infty$, o C es independiente de G cuando $|GH|$ es grande. Luego el sistema se debe diseñar de tal manera que $|GH| \gg 1$.

7.25. Determinar la función de trasferencia del sistema en el siguiente diagrama en bloque. *Luego* haga que $H_1 = 1/G_1$ y $H_2 = 1/G_2$.

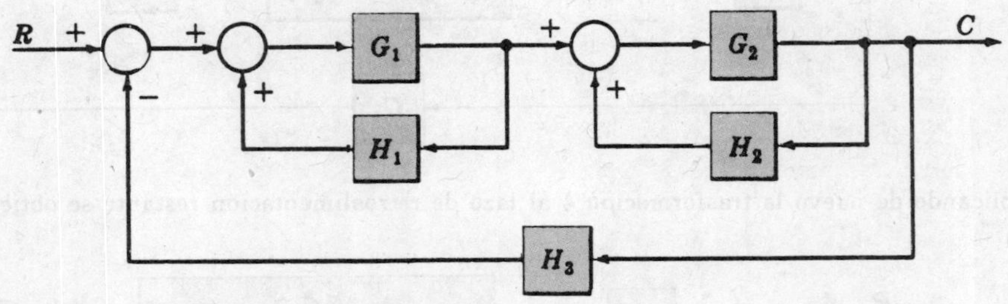

Reduciendo los lazos interiores se tiene

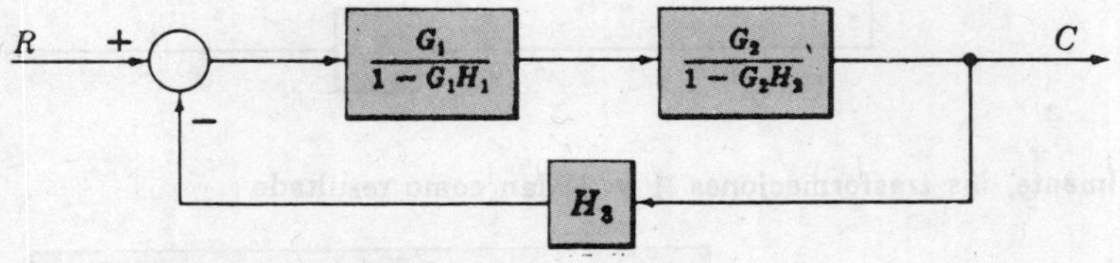

Aplicando nuevamente la trasformación 4 se obtiene

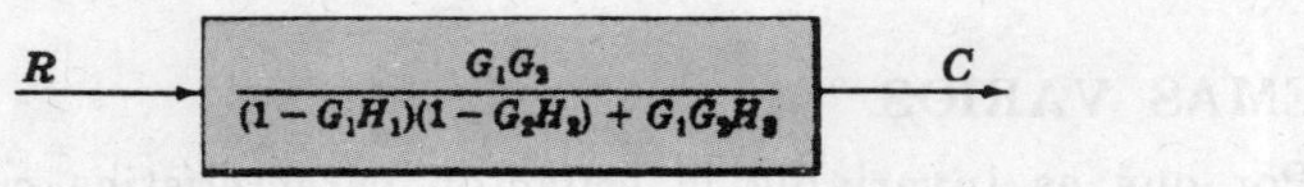

Ahora se pone $H_1 = 1/G_1$ y $H_2 = 1/G_2$. Esto da $\dfrac{C}{R} = \dfrac{G_1G_2}{(1-1)(1-1) + G_1G_2H_3} = \dfrac{1}{H_3}$.

7.26. Mostrar que

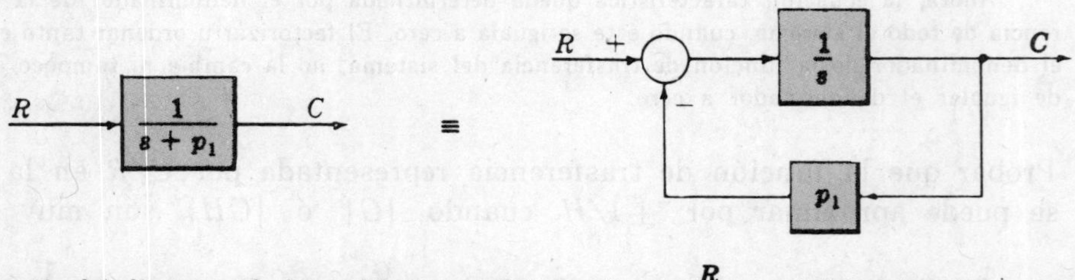

A partir del diagrama de lazo abierto, se obtiene $C = \dfrac{R}{s + p_1}$. Ordenando, $(s + p_1)C = R$ y $C = \dfrac{1}{s}(R - p_1C)$. El diagrama de lazo cerrado se obtiene a partir de esta ecuación.

7.27. Probar que

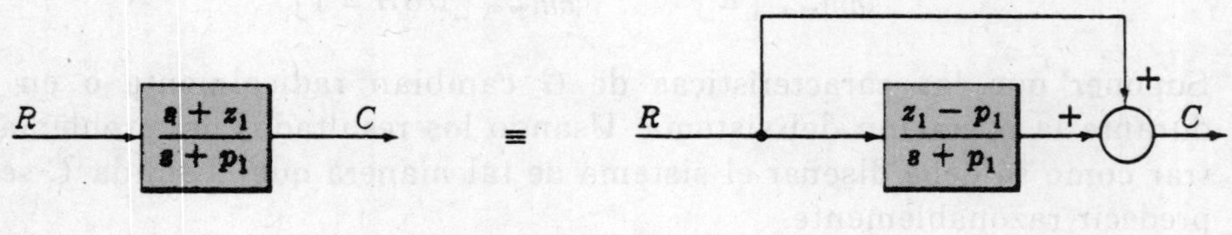

Este problema muestra cómo se puede quitar un cero de un bloque.

A partir del diagrama de lazo abierto, $C = R + (z_1 - p_1)R/(s + p_1)$. Ordenando,

$$C = \left(1 + \frac{z_1 - p_1}{s + p_1}\right) R = \left(\frac{s + p_1 + z_1 - p_1}{s + p_1}\right) R = \left(\frac{s + z_1}{s + p_1}\right) R$$

Esta equivalencia matemática prueba claramente la equivalencia de los diagramas en bloque.

7.28. Suponer que existen aproximaciones lineales en forma de funciones de trasferencia para cada bloque del sistema de la oferta y la demanda del problema 2.13 y que el sistema se puede representar por

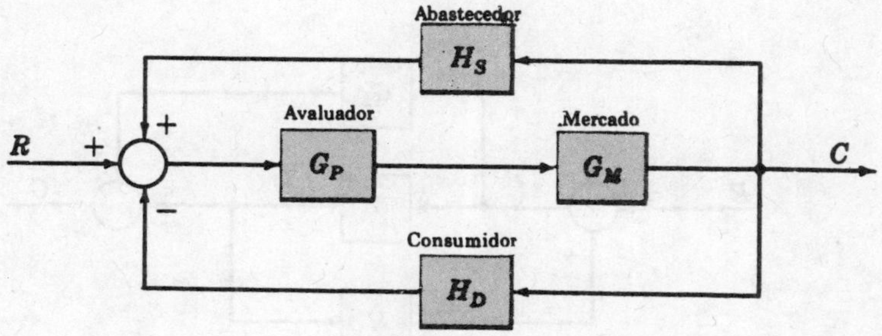

Determinar la función de trasferencia total del sistema.

Aplicando dos veces la trasformación 4 a este sistema, se tiene

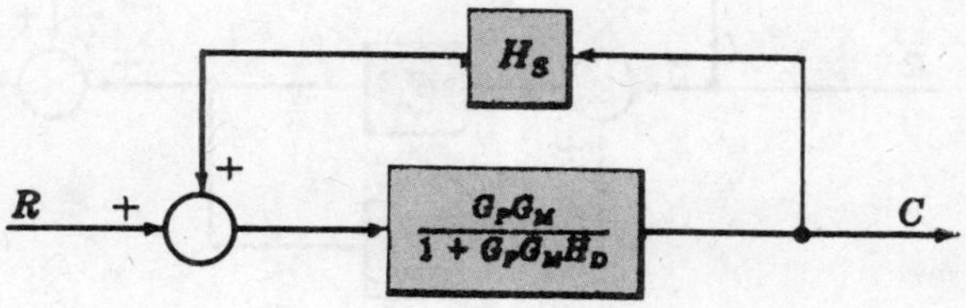

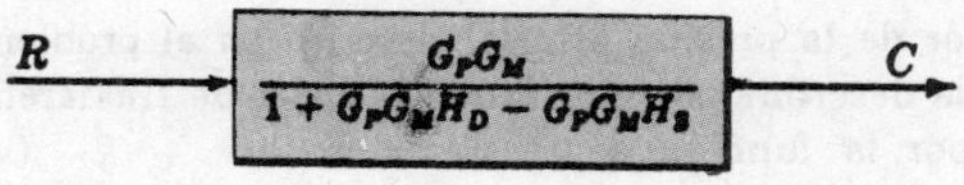

Luego la función de trasferencia para el modelo linealizado de la oferta y la demanda es

$$\frac{G_PG_M}{1 + G_PG_M(H_D - H_S)}$$

Problemas propuestos

7.29. Determinar C/R para cada sistema.

(*a*)

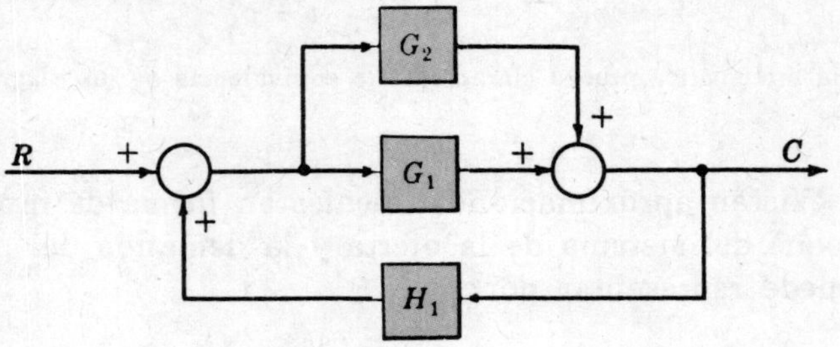

(*b*)

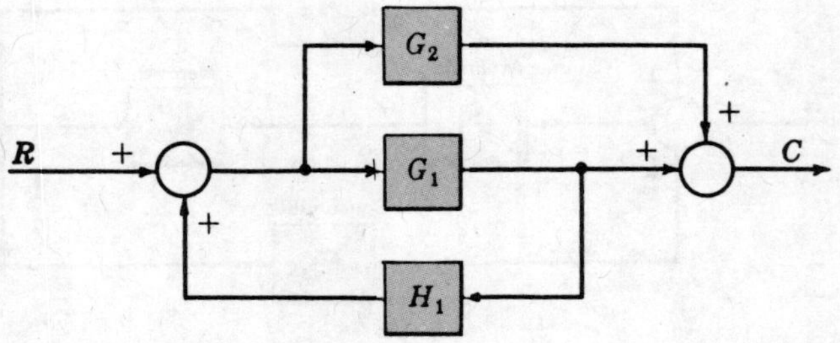

(*c*)

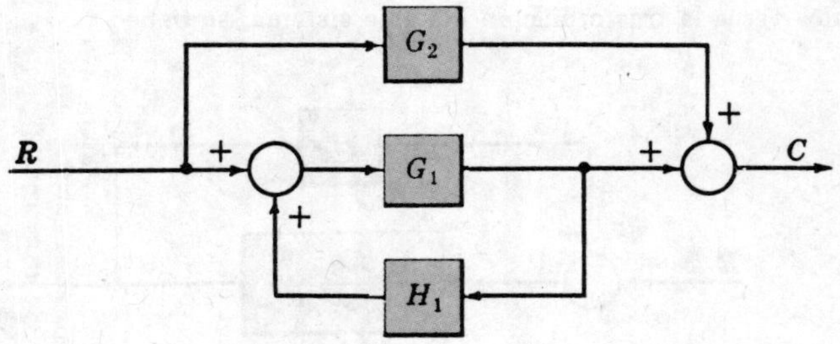

7.30. Considerar el regulador de la presión arterial descrito en el problema 2.14. Suponer que el centro vasomotor (CVM) se puede describir por una función lineal de trasferencia $G_{11}(s)$ y que los barorreceptores se pueden describir por la función de trasferencia $k_1 s + k_2$ (véase el problema 6.29). Trasformar el diagrama en bloque a su forma de retroalimentación de unidad más simple.

7.31. Reducir el siguiente diagrama en bloque a la forma canónica.

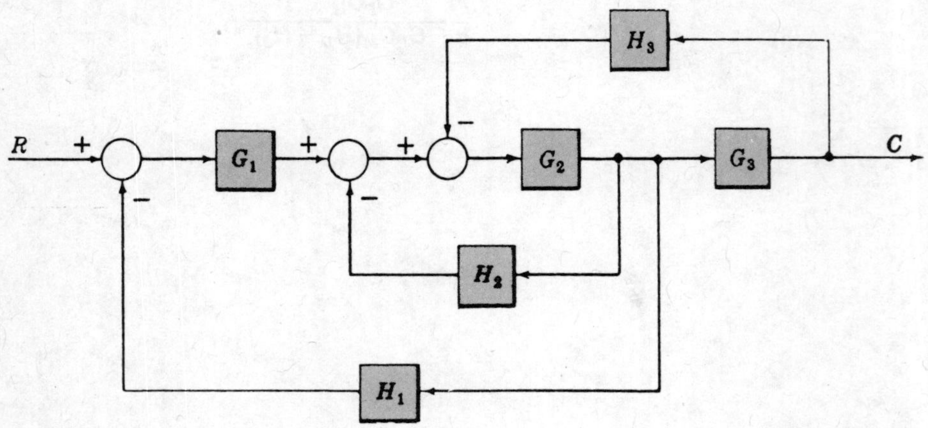

7.32. Determinar C para el siguiente sistema.

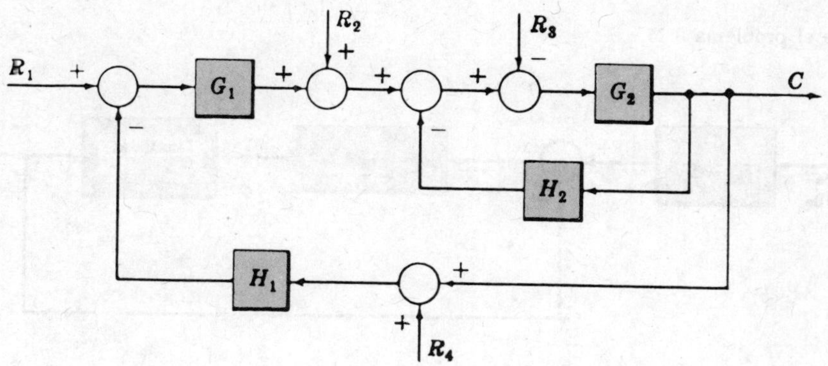

7.33. Dar un ejemplo de los dos sistemas de retroalimentación en forma canónica que tienen la misma razón de control C/R, pero componentes G y H diferentes.

7.34. Determinar C/R_2 para el siguiente sistema.

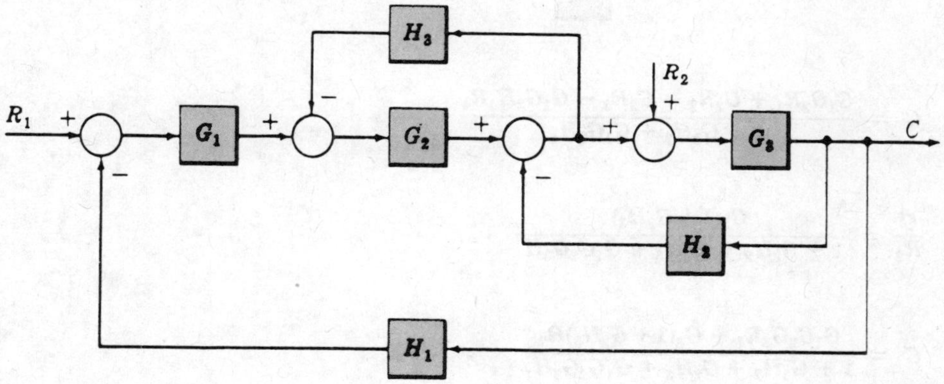

7.35. Determinar la salida completa C cuando ambas entradas R_1 y R_2 actúan simultáneamente, para el sistema dado en el problema anterior.

7.36. Determinar C/R para el sistema representado por

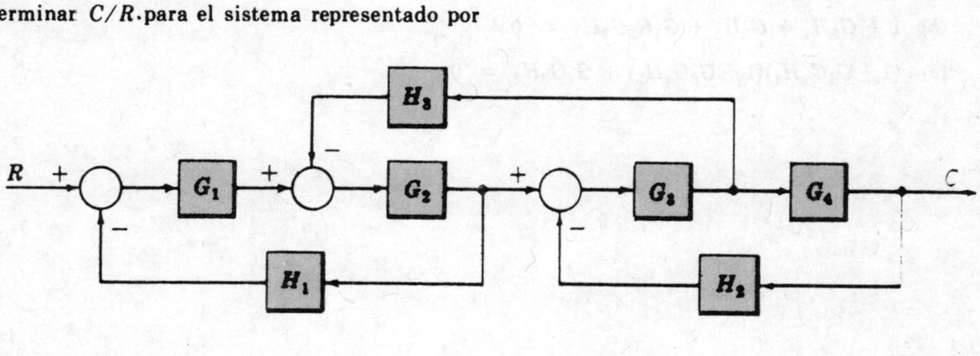

7.37. Determinar la ecuación característica para cada uno de los sistemas de los siguientes problemas: (*a*) 7.32, (*b*) 7.35, (*c*) 7.36.

Respuestas a los problemas propuestos

7.29. Véase el problema 8.15.

7.30.

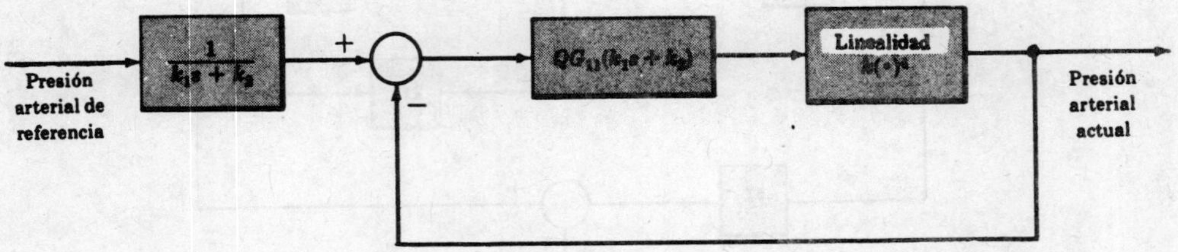

7.31.

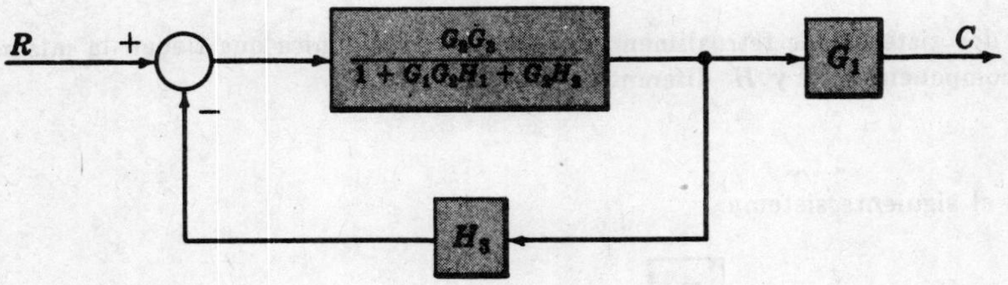

7.32. $$C = \frac{G_1G_2R_1 + G_2R_2 - G_2R_3 - G_1G_2H_1R_4}{1 + G_2H_2 + G_1G_2H_1}$$

7.34. $$\frac{C}{R_2} = \frac{G_3(1 + G_2H_3)}{1 + G_3H_2 + G_2H_3 + G_1G_2G_3H_1}$$

7.35. $$C = \frac{G_1G_2G_3R_1 + G_3(1 + G_2H_3)R_2}{1 + G_3H_2 + G_2H_3 + G_1G_2G_3H_1}$$

7.36. $$\frac{C}{R} = \frac{G_1G_2G_3G_4}{(1 + G_1G_2H_1)(1 + G_3G_4H_2) + G_2G_3H_3}$$

7.37. (*a*) $1 + G_2H_2 + G_1G_2H_1 = 0$

(*b*) $1 + G_3H_2 + G_2H_3 + G_1G_2G_3H_1 = 0$

(*c*) $(1 + G_1G_2H_1)(1 + G_3G_4H_2) + G_2G_3H_3 = 0$

Capítulo 8

Gráficas del flujo de señales

8.1 INTRODUCCION

La representación gráfica del sistema de control por retroalimentación más usada es el diagrama en bloque. Esto se ha tratado en los capítulos 2 y 7. En este capítulo se considerará otro modelo: la gráfica del flujo de señales.

Una **gráfica del flujo de señales** es una representación pictórica de las ecuaciones simultáneas que describen un sistema. En ésta se muestra la trasmisión de señales por el sistema como se hace en el diagrama en bloque. Sin embargo, la gráfica del flujo de señales es más fácil de dibujar y de manejar que el diagrama en bloque.

Las propiedades de las gráficas del flujo de señales se presentan en las próximas secciones. En el resto del capítulo se consideran las aplicaciones.

8.2 FUNDAMENTOS DE LAS GRAFICAS DEL FLUJO DE SEÑALES

Considérese la ecuación simple

$$X_i = A_{ij}X_j \tag{8.1}$$

Las variables X_i y X_j pueden ser funciones de tiempo, de la frecuencia compleja o de cualquier otra cantidad. Inclusive pueden ser constantes, las cuales son "variables" en el sentido matemático.

En lo que respecta a las gráficas del flujo de señales, A_{ij} es un operador matemático que proyecta a X_j sobre X_i, y se denomina **función de trasmisión.** Por ejemplo, A_{ij} puede ser una constante, en cuyo caso X_i es igual a una constante por X_i en la ecuación (*8.1*); si X_i y X_j son funciones de *s*, A_{ij} puede ser una función de trasferencia $A_{ij}(s)$.

La gráfica del flujo de señales para la ecuación (*8.1*) es

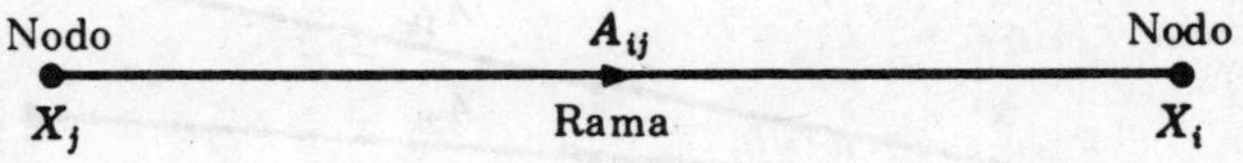

Esta es la forma más simple de una gráfica del flujo de señales. Obsérvese que las variables X_i y X_j están representadas por un punto llamado **nodo** y la función de trasmisión A_{ij} se representa por una línea con una flecha, llamada **rama**.

Cada variable en una gráfica del flujo de señales se designa por un nodo y cada función de trasmisión por una rama. Las ramas son siempre unidireccionales. La flecha indica la dirección del flujo de señales.

Ejemplo 8.1.

La ley de Ohm establece que $E = RI$, donde E es un voltaje, I una corriente y R una resistencia. La gráfica del flujo de señales para esta ecuación es

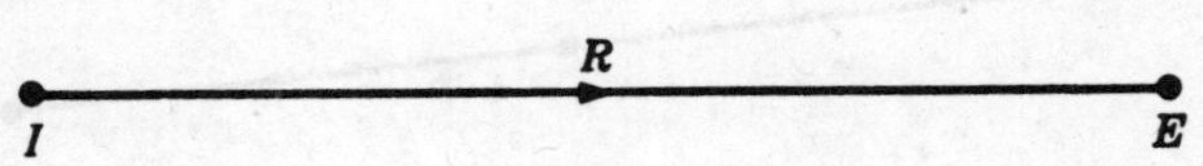

8.3 ALGEBRA DE LAS GRAFICAS DEL FLUJO DE SEÑALES

1. La regla de adición

El valor de la variable que se designa por un nodo es igual a la suma de todas las señales que llegan al nodo. En otras palabras, la ecuación

$$X_i = \sum_{j=1}^{n} A_{ij} X_j$$

se representa por

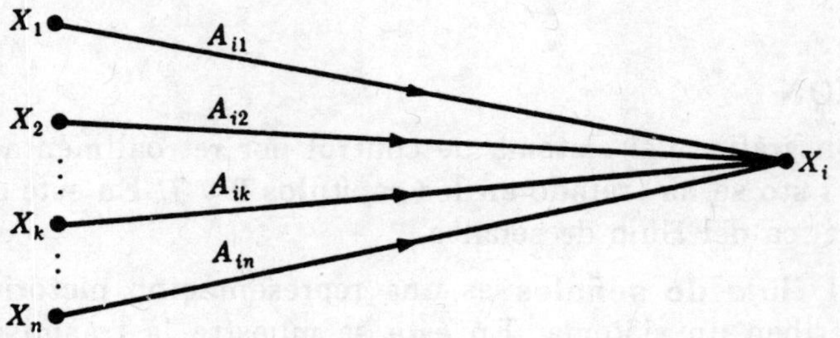

Ejemplo 8.2.

La gráfica del flujo de señales para la ecuación de una línea en coordenadas rectangulares, $Y = mX + b$, es

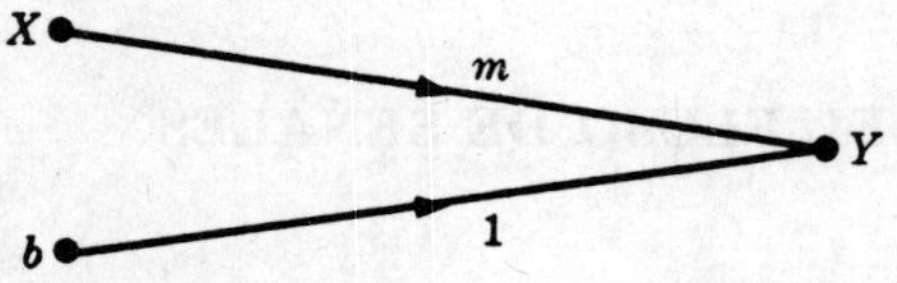

o

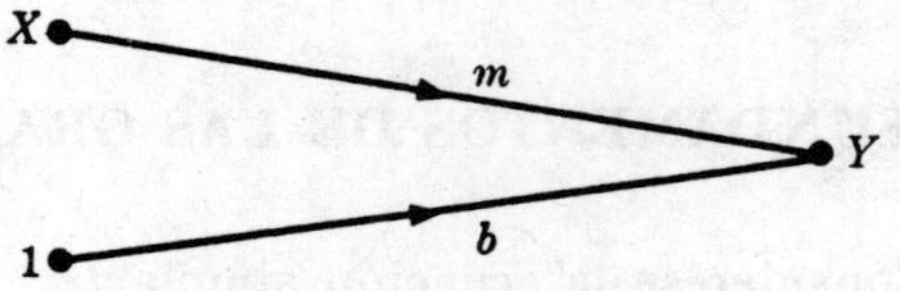

Puesto que la intersección de la recta con el eje *Y* es una constante *b*, ésta puede representar un nodo (variable) o una función de trasmisión.

2. La regla de trasmisión

El valor de la variable que se designa por un nodo, se trasmite sobre cada rama que parte del nodo. En otras palabras, la ecuación

$$X_i = A_{ik} X_k, \qquad i = 1, 2, \ldots, n, \; k \text{ fijo}$$

se representa por

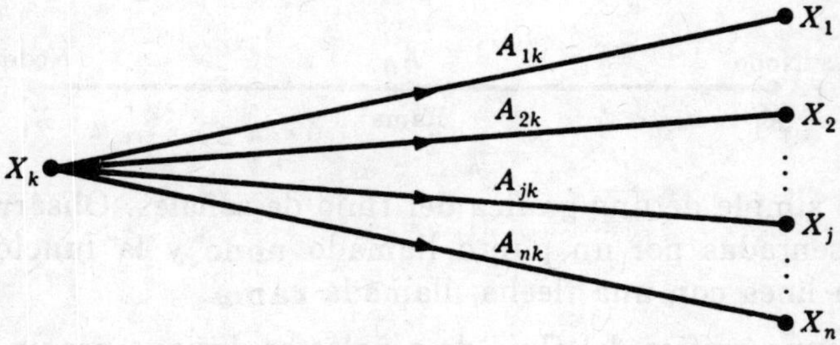

Ejemplo 8.3.

La gráfica del flujo de señales de las ecuaciones simultáneas $Y = 3X$, $Z = -4X$ es

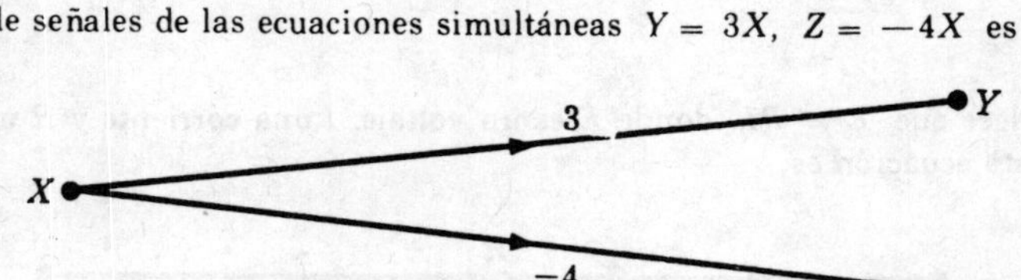

3. La regla de multiplicación

Una conexión en cascada (en serie) de $n - 1$ ramas con funciones de trasmisión A_{21}, A_{32}, A_{43}, ..., $A_{n(n-1)}$ se puede remplazar por una sola rama, con una nueva función de trasmisión igual al producto de las anteriores. Esto es,

$$X_n = A_{21} \cdot A_{32} \cdot A_{43} \cdots A_{n(n-1)} \cdot X_1$$

La equivalencia de las gráficas del flujo de señales se representa por

Ejemplo 8.4.

La gráfica del flujo de señales de las ecuaciones simultáneas $Y = 10X$, $Z = -20Y$ es

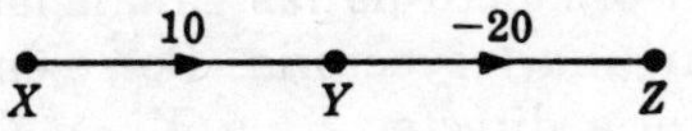

que se reduce a

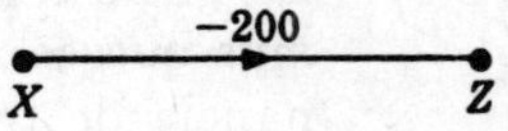

8.4 DEFINICIONES

La siguiente terminología se usa frecuentemente en la teoría de las gráficas del flujo de señales. Los ejemplos asociados con cada definición se refieren a la siguiente gráfica del flujo de señales:

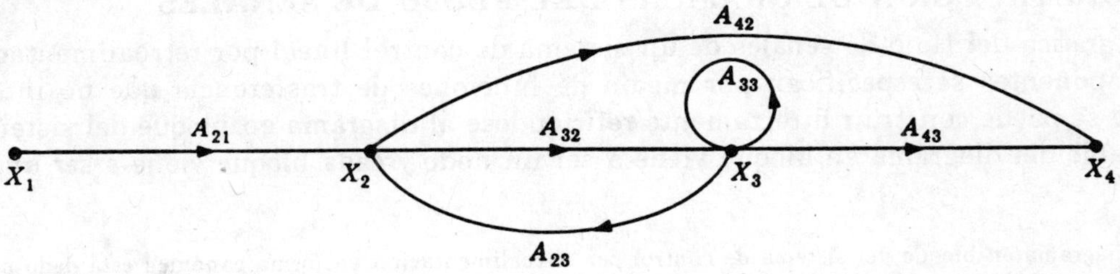

Definición 8.1: Una **trayectoria** es una sucesión unidireccional de ramas a lo largo de la cual ningún nodo se pasa más de una vez. Por ejemplo, son trayectorias las siguientes uniones: X_1 a X_2 a X_3 a X_4, X_2 a X_3 y atrás a X_2 y X_1 a X_2 a X_4.

Definición 8.2: Un **nodo de entrada** o **fuente** es un nodo con ramas salientes solamente. Por ejemplo, X_1 es un nodo de entrada.

Definición 8.3: Un **nodo de salida** o **absorción** es un nodo con ramas entrantes solamente. Por ejemplo, X_4 es un nodo de salida.

A menudo en un sistema, una variable puede ser función de la variable de salida. El sistema de retroalimentación en forma canónica es un ejemplo ilustrativo. En este caso, si la gráfica del flujo de señales se dibujara directamente a partir de las ecuaciones, el "nodo de salida" requeriría una rama saliente, lo cual es contrario a la definición. Este problema se puede resolver añadiendo una rama con una función de trasmisión de unidad que llega a un nodo "ficticio". Por ejemplo, las siguientes gráficas son equivalentes y Y_4 es un nodo de salida. Obsérvese que $Y_4 = Y_3$.

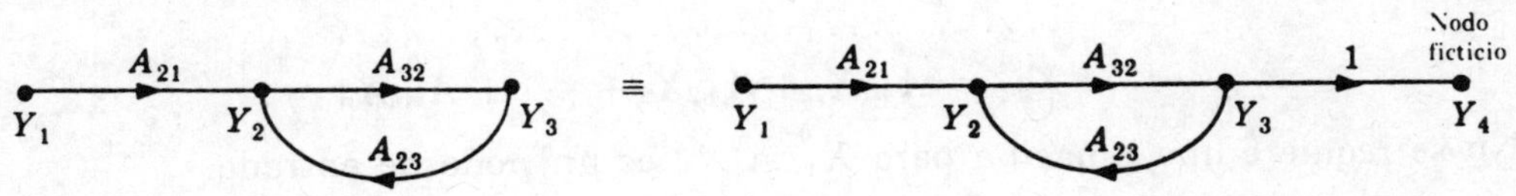

Definición 8.4: Una **trayectoria directa** es una trayectoria que va desde el nodo de entrada hasta el nodo de salida. Por ejemplo, son trayectorias directas las uniones X_1 a X_2 a X_3 a X_4, y X_1 a X_2 a X_4.

Definición 8.5: Una **trayectoria de retroalimentación** o **lazo de retroalimentación** es una trayectoria que se origina y termina sobre el mismo nodo. Por ejemplo, una trayectoria de retroalimentación es la formada por X_2 a X_3 y luego atrás a X_2.

Definición 8.6: Un **lazo simple** es un lazo de retroalimentación que consiste en una sola rama. Por ejemplo, A_{33} es un lazo simple.

Definición 8.7: La **ganancia** de una rama es la función de trasmisión de esa rama, cuando la función de trasmisión es un operador multiplicativo. Por ejemplo, A_{33} es la ganancia del lazo simple si A_{33} es una constante o función de trasferencia.

Definición 8.8: La **ganancia de trayectoria** es el producto de las ganancias de las ramas que se encuentran al atravesar una trayectoria. Por ejemplo, la ganancia de trayectoria de la trayectoria directa X_1 a X_2 a X_3 a X_4 es $A_{21}A_{32}A_{43}$.

Definición 8.9: La **ganancia de lazo** es el producto de las ganancias de las ramas del lazo. Por ejemplo, la ganancia de lazo del lazo de retroalimentación que va desde X_2 a X_3 y atrás a X_2 es $A_{32}A_{23}$.

8.5 CONSTRUCCION DE GRAFICAS DEL FLUJO DE SEÑALES

La gráfica del flujo de señales de un sistema de control lineal por retroalimentación cuyos componentes se especifican por medio de funciones de trasferencia que no interfieren entre sí, se puede construir directamente refiriéndose al diagrama en bloque del sistema. Cada variable del diagrama en bloque viene a ser un nodo y cada bloque viene a ser una rama.

Ejemplo 8.5.

El diagrama en bloque del sistema de control por retroalimentación en forma canónica está dado por

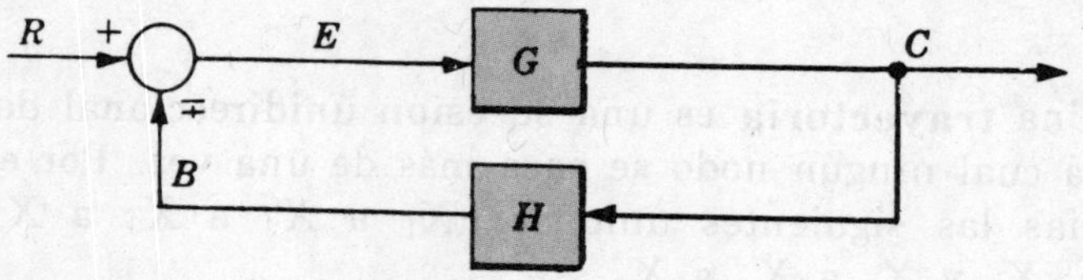

La gráfica del flujo de senales se construye fácilmente de este diagrama:

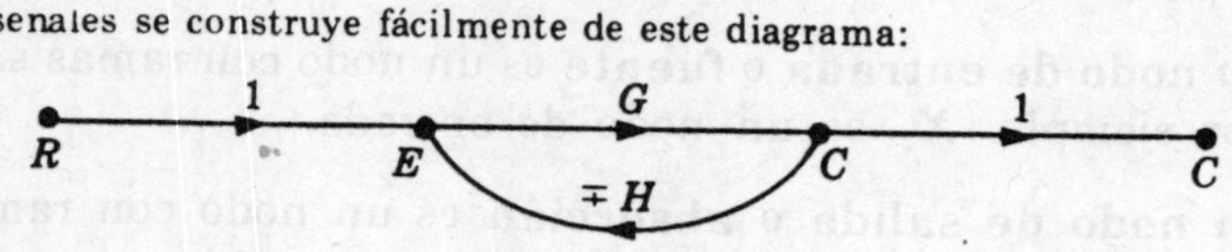

Obsérvese que el signo — o + del punto de suma se asocia a *H*.

La gráfica del flujo de señales de un sistema descrito por un conjunto de ecuaciones simultáneas se puede construir de la siguiente manera:

1. Las ecuaciones del sistema se escriben en la forma

$$X_1 = A_{11}X_1 + A_{12}X_2 + \dots + A_{1n}X_n$$
$$X_2 = A_{21}X_1 + A_{22}X_2 + \cdots + A_{2n}X_n$$
$$\dots\dots\dots\dots\dots\dots\dots\dots\dots$$
$$X_m = A_{m1}X_1 + A_{m2}X_2 + \cdots + A_{mn}X_n$$

No se requiere una ecuación para X_1 si X_1 es un nodo de entrada.

2. Se ordenan nodos de m o n (el que sea más grande) de izquierda a derecha. Los nodos se pueden volver a ordenar si los lazos requeridos se vuelven luego difíciles de manejar.
3. Se conectan los nodos por medio de las ramas apropiadas, A_{11}, A_{12}, etc.
4. Si el nodo de salida deseado tiene ramas salientes, se añade un nodo ficticio y una rama de ganancia de unidad.
5. Se vuelven a ordenar los nodos y los lazos en la gráfica con el fin de obtener máxima claridad.

Ejemplo 8.6.

Construir una gráfica del flujo de señales para la red simple de resistencias dada por

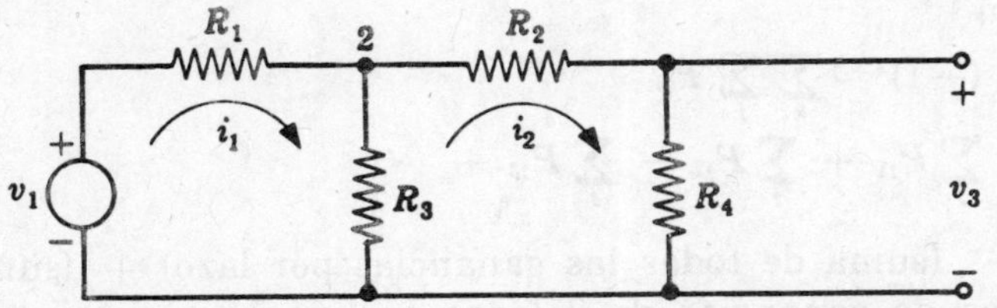

Hay cinco variables, v_1, v_2, v_3, i_1 e i_2. v_1 se conoce. Se pueden escribir cuatro ecuaciones independientes a partir de las leyes de voltaje y corriente de Kirchhoff. Procediendo de izquierda a derecha en el diagrama esquemático, se tiene

$$i_1 = \left(\frac{1}{R_1}\right)v_1 - \left(\frac{1}{R_1}\right)v_2, \quad v_2 = R_3 i_1 - R_3 i_2, \quad i_2 = \left(\frac{1}{R_2}\right)v_2 - \left(\frac{1}{R_2}\right)v_3, \quad v_3 = R_4 i_2$$

Colocando los cinco nodos en el mismo orden, teniendo a v_1 como el nodo de entrada, y conectando los nodos con las ramas apropiadas, se tiene

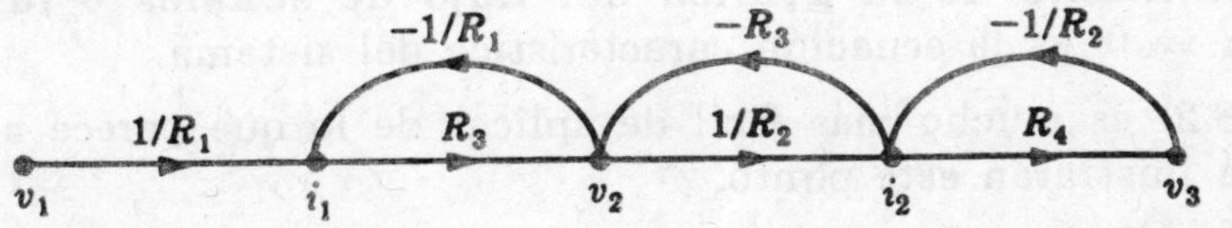

Si se quiere considerar a v_3 como un nodo de salida, se debe agregar una rama de ganancia de unidad y otro nodo, lo cual da lugar a

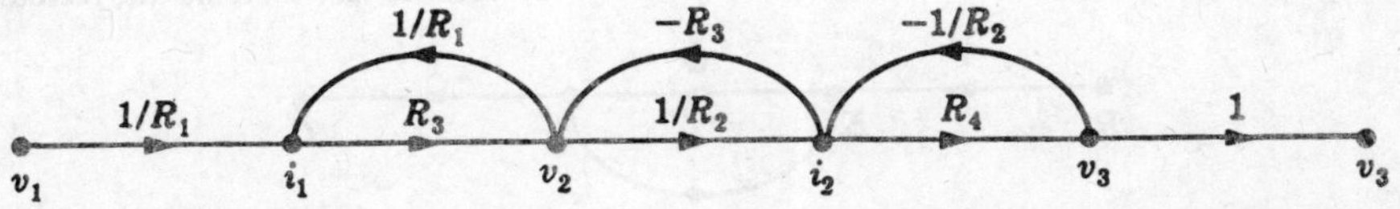

No es necesario volver a arreglar los nodos. Se tienen pues, una trayectoria directa y tres lazos de retroalimentación completamente identificados.

Obsérvese que la representación de las ecuaciones por medio de gráficas del flujo de señales no es única. Por ejemplo, el agregar una rama de ganancia de unidad seguida de un nodo ficticio, cambia la gráfica pero no las ecuaciones que representa.

8.6 LA FORMULA GENERAL DE LA GANANCIA ENTRE ENTRADA Y SALIDA

En el capítulo 7 se encontró que es posible reducir diagramas en bloque complicados a la forma canónica, de donde se puede fácilmente escribir la razón de control:

$$\frac{C}{R} = \frac{G}{1 \pm GH}$$

Es posible simplificar gráficas del flujo de señales de una manera similar a la simplificación de diagramas en bloque. Pero también es posible, y en forma más rápida, escribir *por simple inspección* la relación entre la entrada y la salida a partir de la gráfica original del flujo de señales. Esto se puede llevar a cabo usando la fórmula que se presenta luego. Esta fórmula también se puede aplicar directamente a diagramas en bloque, pero la representación por medio de gráficas del flujo de señales es mucho más fácil de leer —especialmente cuando el diagrama en bloque es muy complicado.

La razón de la variable de entrada a la variable de salida se puede designar por T. Para sistemas lineales de control por retroalimentación $T = C/R$. Para la gráfica general del flujo de señales presentada en los parágrafos anteriores $T = X_n/X_1$, donde X_n es la salida y X_1 es la entrada.

La fórmula general para cualquier gráfica del flujo de señales es

$$T = \frac{\sum_i P_i \Delta_i}{\Delta} \tag{8.2}$$

donde P_i = es la ganancia de la i-ésima trayectoria directa

P_{jk} = cualquier j-ésimo producto posible de las k ganancias de lazos que no se tocan

Δ = $1 - (-1)^{k+1} \sum_k \sum_j P_{jk}$

= $1 - \sum_j P_{j1} + \sum_j P_{j2} - \sum_j P_{j3} + \cdots$

= 1 — (suma de todas las ganancias por lazo) + (suma de todos los productos de ganancias de 2 lazos que no se tocan) — (suma de todos los productos de ganancias de 3 lazos que no se tocan) + ...

Δ_i = valor de Δ evaluado cuando se eliminan todos los lazos P_i que se tocan

Se dice que dos lazos, trayectorias, o un lazo y una trayectoria **no se tocan** si no tienen nodos comunes.

Δ es el **determinante de la gráfica del flujo de señales** o **función característica,** puesto que $\Delta = 0$ es la ecuación característica del sistema.

La ecuación (*8.2*) es mucho más fácil de aplicar de lo que parece a simple vista. Los siguientes ejemplos ilustrarán este punto.

Ejemplo 8.7.

Apliquemos primero la ecuación (*8.2*) a la gráfica del flujo de señales del sistema de retroalimentación en forma canónica:

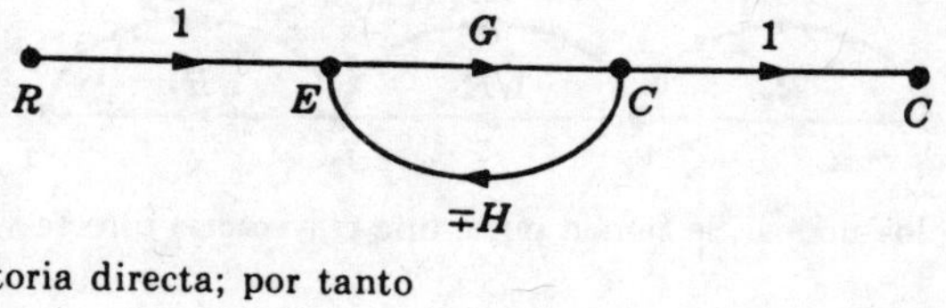

Solamente hay una trayectoria directa; por tanto

$$P_1 = G$$
$$P_2 = P_3 = \cdots = 0$$

Solamente hay un lazo (de retroalimentación). Luego

$$P_{11} = \mp GH$$
$$P_{jk} = 0, \quad j \neq 1, \quad k \neq 1$$

Entonces, $\Delta = 1 - P_{11} = 1 \pm GH$ y $\Delta_1 = 1 - 0 = 1$

Finalmente, $$T = \frac{C}{R} = \frac{P_1 \Delta_1}{\Delta} = \frac{G}{1 \pm GH}$$

Ejemplo 8.8.

Se ha mostrado que la gráfica del flujo de señales de la red resistiva del ejemplo 8.6 está dada por

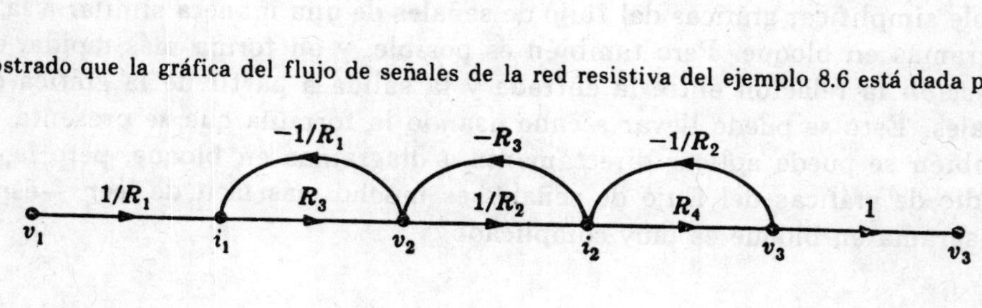

Ahora se aplica la ecuación (8.2) a esta gráfica y se determina la ganancia de voltaje $T = v_3/v_1$ de la red resistiva.

Hay una trayectoria directa:

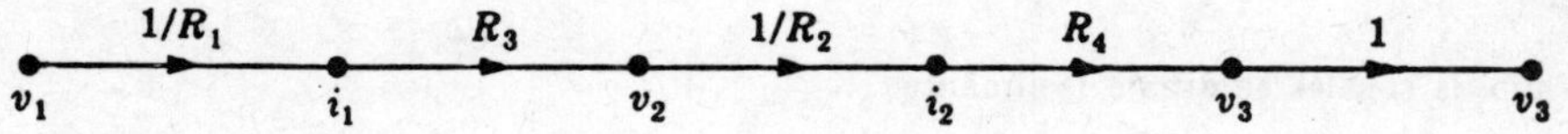

Luego la ganancia de la trayectoria directa es

$$P_1 = \frac{R_3R_4}{R_1R_2}$$

Hay tres lazos de retroalimentación:

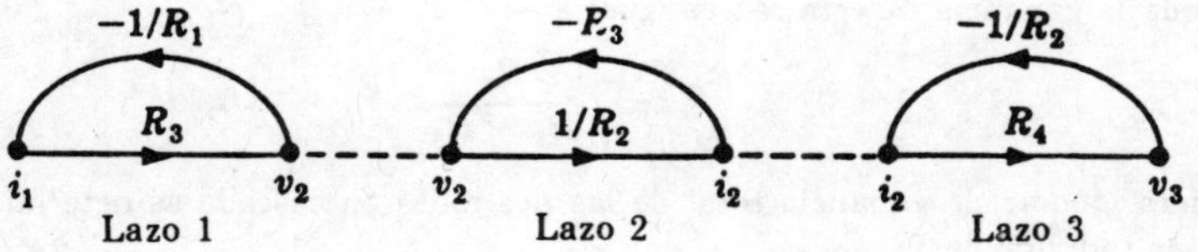

Luego la ganancia de los lazos es

$$P_{11} = -\frac{R_3}{R_1}, \quad P_{21} = -\frac{R_3}{R_2}, \quad P_{31} = -\frac{R_4}{R_2}$$

Hay dos lazos que no se tocan y son los lazos uno y tres. Luego

$$P_{12} = \text{producto de ganancias de los únicos dos lazos que no se tocan} = P_{11} \cdot P_{31} = \frac{R_3R_4}{R_1R_2}$$

No existen a la vez tres lazos que no se toquen. Por tanto

$$\Delta = 1 - (P_{11} + P_{21} + P_{31}) + P_{12} = 1 + \frac{R_3}{R_1} + \frac{R_3}{R_2} + \frac{R_4}{R_2} + \frac{R_3R_4}{R_1R_2}$$
$$= \frac{R_1R_2 + R_1R_3 + R_1R_4 + R_2R_3 + R_3R_4}{R_1R_2}$$

Puesto que todos los lazos tocan a la trayectoria directa, $\Delta_1 = 1$. Finalmente,

$$\frac{v_3}{v_1} = \frac{P_1\Delta_1}{\Delta} = \frac{R_3R_4}{R_1R_2 + R_1R_3 + R_1R_4 + R_2R_3 + R_3R_4}$$

8.7 CALCULO DE LA FUNCION DE TRASFERENCIA DE COMPONENTES EN CASCADA

Los efectos de recargue debido a la interacción entre componentes requieren poca atención cuando se utilizan gráficas del flujo de señales. Simplemente se combinan las gráficas de los componentes en sus puntos de juntura normales (el nodo de salida del uno al nodo de entrada del otro) y el recargue se toma en cuenta añadiendo nuevos lazos en los nodos de juntura, mientras que la ganancia total se calcula usando la ecuación (*8.2*). Este procedimiento se ilustra mejor por medio de un ejemplo.

Ejemplo 8.9.

Suponer que dos redes resistivas idénticas se van a conectar en cascada para ser usadas como los elementos de control en el lazo directo de un sistema de control. Las redes son simples divisores de voltaje de la forma

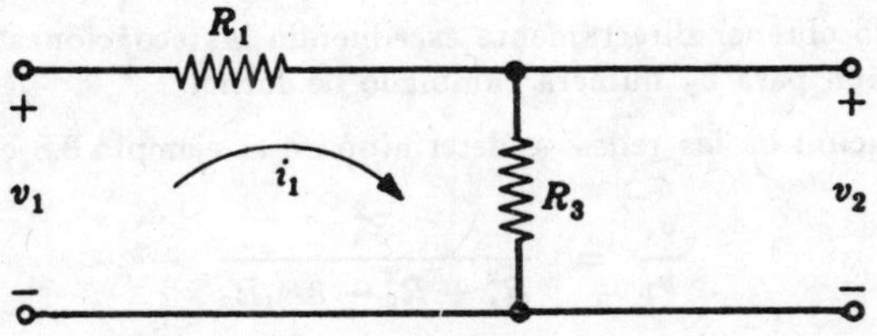

Se pueden hallar dos ecuaciones independientes para esta red como

$$i_1 = \left(\frac{1}{R_1}\right)v_1 - \left(\frac{1}{R_1}\right)v_2 \qquad \text{y} \qquad v_2 = R_3 i_1$$

La gráfica del flújo de señales se dibuja fácilmente:

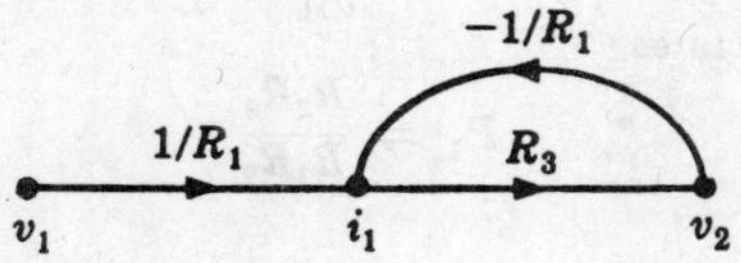

A simple vista se ve que la ganancia de esta red es igual a

$$\frac{v_2}{v_1} = \frac{R_3}{R_1 + R_3}$$

Si el recargue se pudiera ignorar, la ganancia total de las dos redes en cascada se determinaría simplemente multiplicando las ganancias individuales:

$$\left(\frac{v_2}{v_1}\right)^2 = \frac{R_3^2}{R_1^2 + R_3^2 + 2R_1R_3}$$

Esta respuesta es incorrecta. Esto se prueba de la siguiente manera: Cuando dos redes idénticas se conectan en cascada se puede apreciar que el resultado es equivalente a la red del ejemplo 8.6, con $R_2 = R_1$ y $R_4 = R_3$:

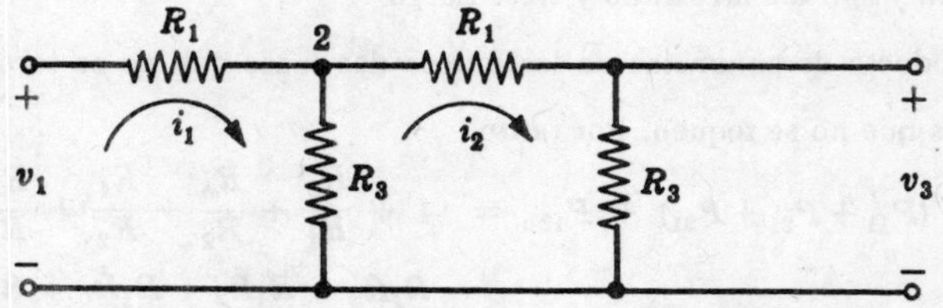

La gráfica del flujo de señales para esta red también se determinó en el ejemplo 8.6:

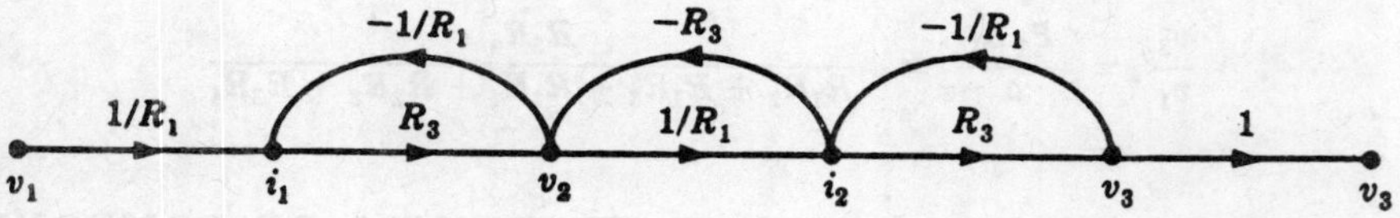

Se observa que la rama de retroalimentación $-R_3$ en la gráfica anterior, no aparece en la gráfica del flujo de señales de las gráficas en cascada de las redes individuales conectadas desde el nodo v_2 hasta v_1':

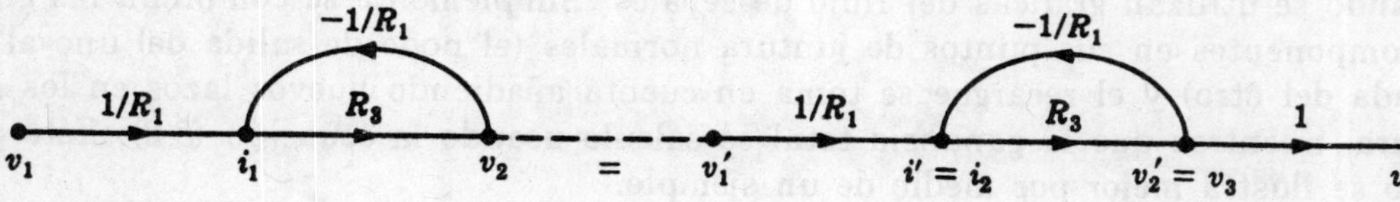

Esto significa que, como resultado de la conexión de las dos redes, la segunda recarga a la primera, cambiando la ecuación para v_2 de

$$v_2 = R_3 i_1 \quad \text{a} \quad v_2 = R_3 i_1 - R_3 i_2$$

Este resultado se hubiera podido obtener directamente escribiendo las ecuaciones para la combinación de las redes. En este caso, sólo la ecuación para v_2 hubiera cambiado de forma.

La ganancia de la combinación de las redes se determinó en el ejemplo 8.8 como

$$\frac{v_3}{v_1} = \frac{R_3^2}{R_1^2 + R_3^2 + 3R_1R_3}$$

donde R_2 se iguala a R_1 y R_4 se iguala a R_3. Se puede observar que

$$\left(\frac{v_2}{v_1}\right)^2 = \frac{R_3^2}{R_1^2 + R_3^2 + 2R_1R_3} \neq \frac{v_3}{v_1}$$

Es una buena práctica calcular la ganancia de redes en cascada directamente a partir de la gráfica del flujo de señales de la *combinación*. La mayoría de componentes en sistemas prácticos de control se recargan recíprocamente cuando se conectan en serie.

8.8 REDUCCION DE DIAGRAMAS EN BLOQUE USANDO GRAFICAS DEL FLUJO DE SEÑALES Y LA FORMULA GENERAL DE LA GANANCIA ENTRE ENTRADA Y SALIDA

A menudo, la manera más fácil de determinar la razón de control de un diagrama en bloque complicado consiste en convertir el diagrama en bloque en una gráfica del flujo de señales y aplicar luego la ecuación (*8.2*). Los puntos de toma y los puntos de suma se deben separar por una rama de ganancia de unidad en la gráfica del flujo de señales cuando se usa la ecuación (*8.2*).

Si se desean los elementos G y H de una representación de retroalimentación en forma canónica, la ecuación (*8.2*) también puede suministrar esta información. La función de trasferencia directa es

$$G = \sum_i P_i \Delta_i \tag{8.3}$$

La función de trasferencia del lazo es $GH = \Delta - 1$ (*8.4*)

Las ecuaciones (*8.3*) y (*8.4*) se resuelven simultáneamente para G y H, y el sistema de control por retroalimentación en forma canónica se dibuja a partir del resultado.

Ejemplo 8.10.

Determinar la razón de control C/R y el diagrama en bloque en forma canónica del sistema de control por retroalimentación del ejemplo 7.9:

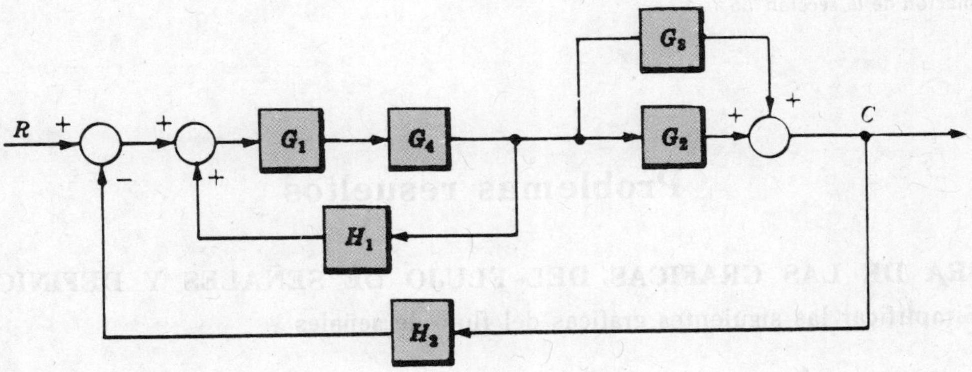

La gráfica del flujo de señales es

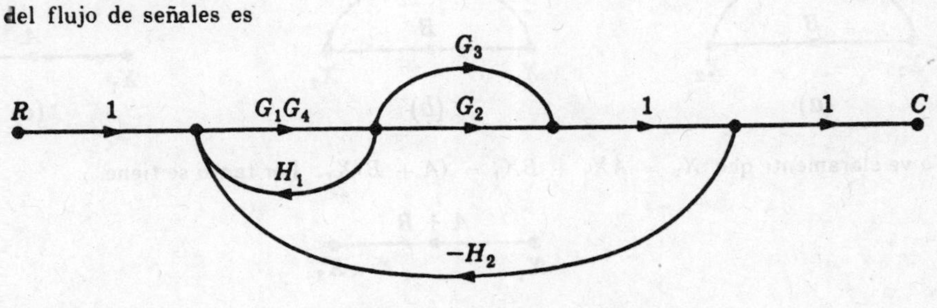

Hay dos trayectorias directas: $P_1 = G_1G_2G_4$, $P_2 = G_1G_3G_4$

Hay tres lazos de retroalimentación:

$$P_{11} = G_1G_4H_1, \quad P_{21} = -G_1G_2G_4H_2, \quad P_{31} = -G_1G_3G_4H_2$$

No hay lazos que no se toquen y todos los lazos tocan ambas trayectorias directas; entonces

$$\Delta_1 = 1, \quad \Delta_2 = 1$$

Por consiguiente la razón de control es

$$T = \frac{C}{R} = \frac{P_1\Delta_1 + P_2\Delta_2}{\Delta} = \frac{G_1G_2G_4 + G_1G_3G_4}{1 - G_1G_4H_1 + G_1G_2G_4H_2 + G_1G_3G_4H_2}$$

$$= \frac{G_1G_4(G_2+G_3)}{1 - G_1G_4H_1 + G_1G_2G_4H_2 + G_1G_3G_4H_2}$$

De las ecuaciones (*8.3*) y (*8.4*), se tiene

$$G = G_1G_4(G_2+G_3) \quad \text{y} \quad GH = G_1G_4(G_3H_2 + G_2H_2 - H_1)$$

Por tanto
$$H = \frac{GH}{G} = \frac{(G_2+G_3)H_2 - H_1}{G_2 + G_3}$$

La forma canónica del diagrama en bloque está dada en consecuencia por

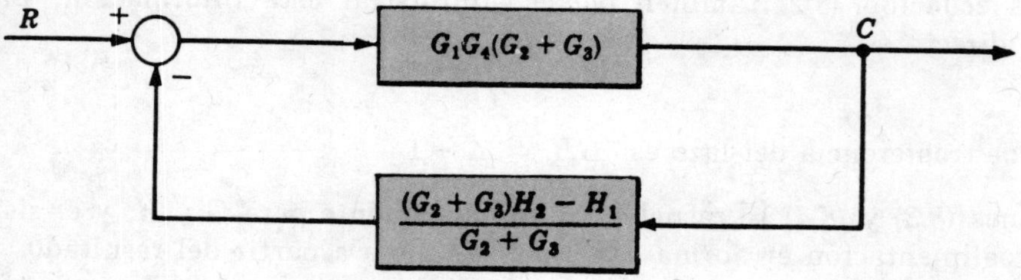

El signo negativo del punto de suma para el lazo de retroalimentación es el resultado de usar un signo positivo en la fórmula anterior para GH. Si esto no es obvio, se puede referir a la ecuación (*7.3*) y su explicación en la sección 7.4.

El diagrama en bloque anterior se puede poner en la forma final de los ejemplos 7.9 ó 7.10 usando los teoremas de trasformación de la sección 7.5.

Problemas resueltos

ALGEBRA DE LAS GRAFICAS DEL FLUJO DE SEÑALES Y DEFINICIONES

8.1. Simplificar las siguientes gráficas del flujo de señales

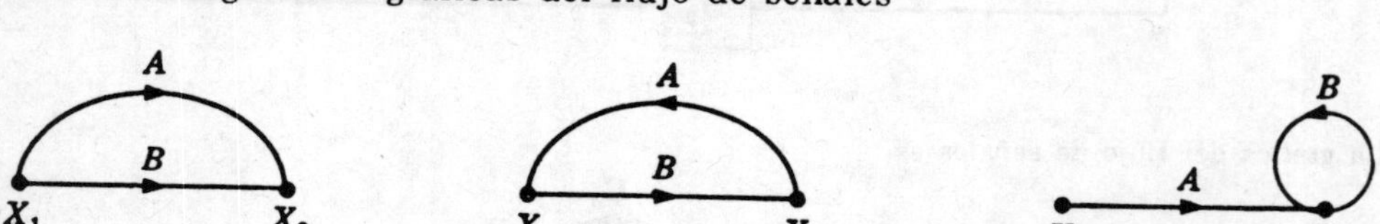

(*a*) (*b*) (*c*)

(*a*) Se ve claramente que $X_2 = AX_1 + BX_1 = (A+B)X_1$. Por tanto se tiene

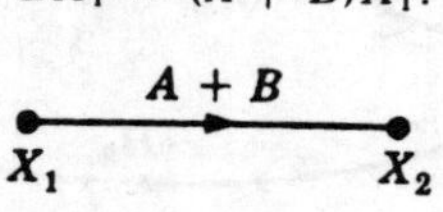

(*b*) Se tiene que $X_2 = BX_1$ y $X_1 = AX_2$. Entonces $X_2 = BAX_2$, o $X_1 = ABX_1$, lo cual da

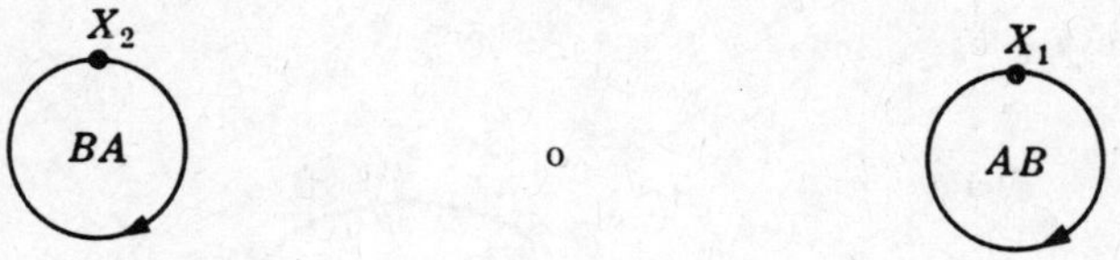

(c) Si A y B son operadores multiplicativos (v.gr. constantes o funciones de trasferencia), se tiene que $X_2 = AX_1 + BX_2 = \left(\dfrac{A}{1-B}\right) X_1$. Luego la gráfica del flujo de señales viene a ser

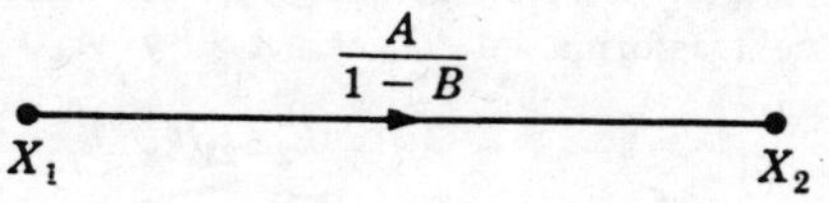

8.2. Hacer gráficas del flujo de señales para los diagramas en bloque en el problema 7.3 y reducirlas por medio de la regla de multiplicación.

(a)

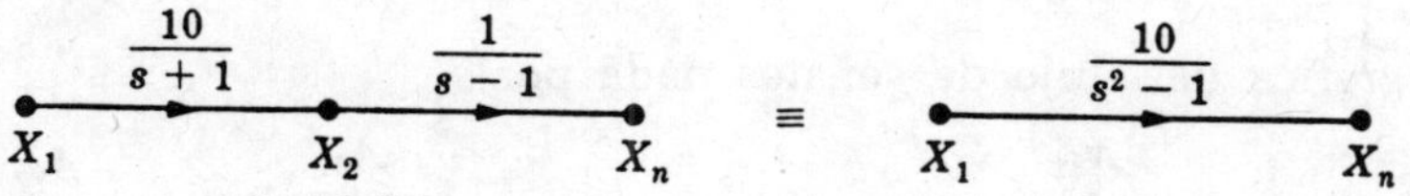

(b)

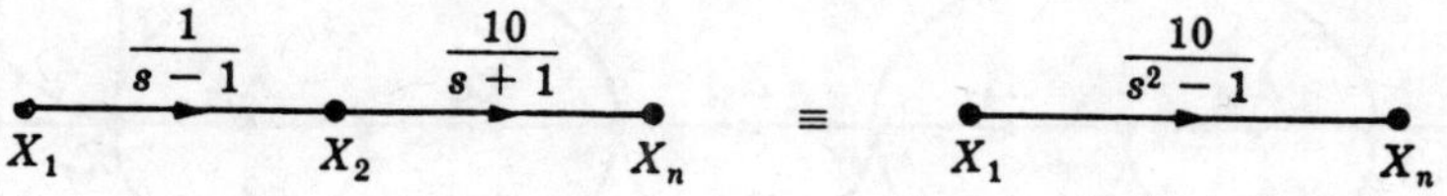

(c)

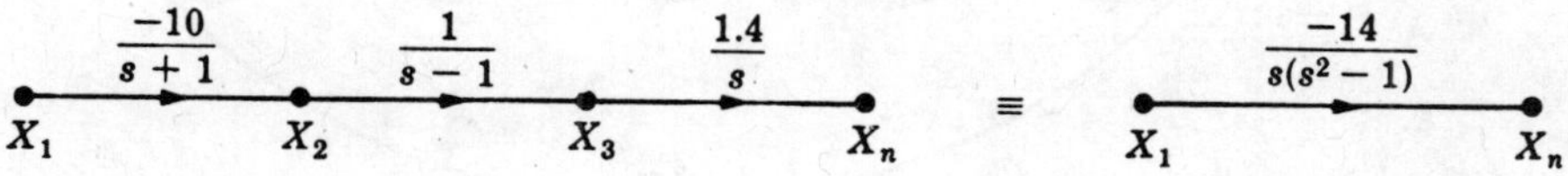

8.3. Considerar la siguiente gráfica del flujo de señales:

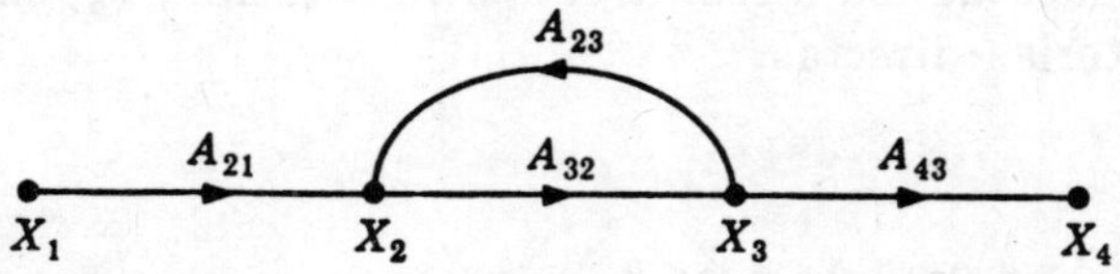

(a) Hacer la gráfica del flujo de señales para el sistema equivalente al que se ha representado, pero en el cual X_3 viene a ser kX_3 (k es constante) mientras que X_1, X_2, X_4 permanecen igual.

(b) Repetir (a) para el caso en que X_2 y X_3 se trasformen en k_2X_2 y k_3X_3, mientras que X_1, X_4 permanecen igual (k_2 y k_3 son constantes).

Este problema ilustra los fundamentos de una técnica que se puede usar para el *escalado* de las variables en un programa del computador análogo.

(a) Para que el sistema permanezca invariable cuando una variable de nodo se multiplica por una constante, todas las señales que entran al nodo se deben multiplicar por la misma constante y todas las señales que se alejan del nodo se deben dividir por esa constante. Puesto que X_1, X_2 y X_4 deben permanecer igual, las *ramas* deben modificarse:

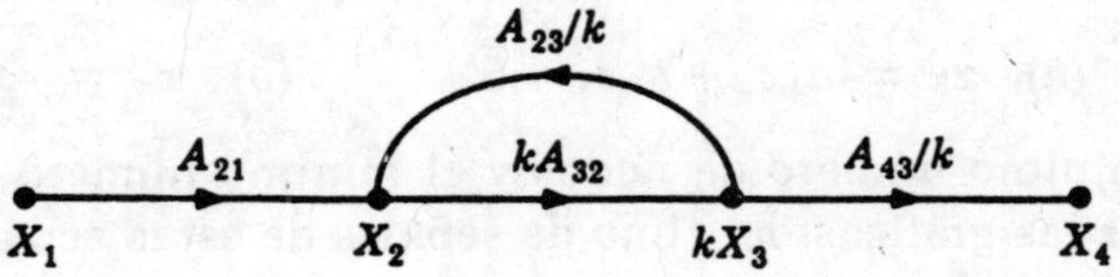

(*b*) Se sustituye a k_2X_2 por X_2 y a k_3X_3 por X_3:

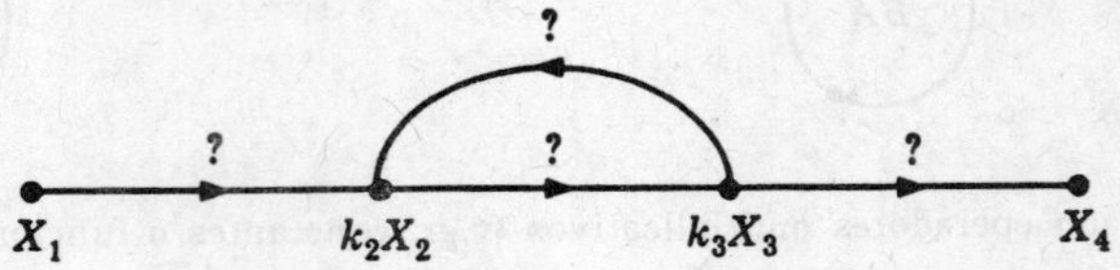

Se ve claramente según la gráfica que A_{21} se trasforma en k_2A_{21}, A_{32} se trasforma en $(k_3/k_2)A_{32}$, A_{23} se trasforma en $(k_2/k_3)A_{23}$ y A_{43} en $(1/k_3)A_{43}$:

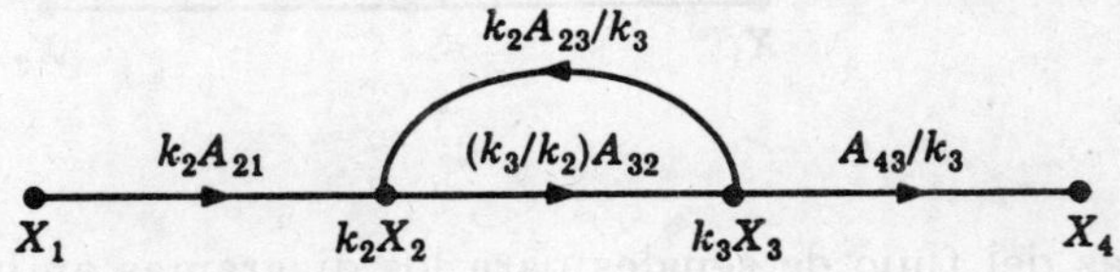

8.4. Considerar la gráfica del flujo de señales dada por

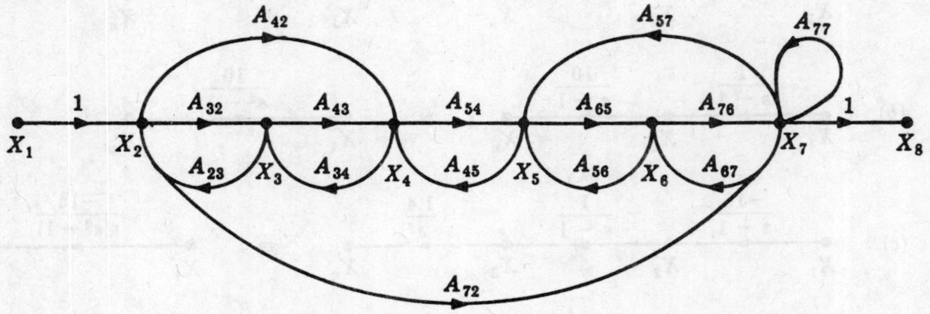

Identificar, (*a*) el nodo de entrada, (*b*) el nodo de salida, (*c*) las trayectorias directas, (*d*) las trayectorias de retroalimentación, (*e*) los lazos simples. Determinar, (*f*) las ganancias de lazo de los lazos de retroalimentación, (*g*) las ganancias de trayectoria de las trayectorias directas.

(*a*) X_1

(*b*) X_8

(*c*) X_1 a X_2 a X_3 a X_4 a X_5 a X_6 a X_7 a X_8
X_1 a X_2 a X_7 a X_8
X_1 a X_2 a X_4 a X_5 a X_6 a X_7 a X_8

(*d*) X_2 a X_3 a X_2; X_3 a X_4 a X_3; X_4 a X_5 a X_4; X_2 a X_4 a X_3 a X_2;
X_2 a X_7 a X_5 a X_4 a X_3 a X_2; X_5 a X_6 a X_5; X_6 a X_7 a X_6;
X_5 a X_6 a X_7 a X_5; X_7 a X_7; X_2 a X_7 a X_6 a X_5 a X_4 a X_3 a X_2

(*e*) X_7 a X_7

(*f*) $A_{32}A_{23}$; $A_{43}A_{34}$; $A_{54}A_{45}$; $A_{65}A_{56}$; $A_{76}A_{67}$; $A_{65}A_{76}A_{57}$; A_{77}; $A_{42}A_{34}A_{23}$;
$A_{72}A_{57}A_{45}A_{34}A_{23}$; $A_{72}A_{67}A_{56}A_{45}A_{34}A_{23}$

(*g*) $A_{32}A_{43}A_{54}A_{65}A_{76}$; A_{72}; $A_{42}A_{54}A_{65}A_{76}$

CONSTRUCCION DE GRAFICAS DEL FLUJO DE SEÑALES

8.5. Considerar las siguientes ecuaciones en las que $x_1, x_2, \ldots, x_n$ son variables y a_1, $a_2, \ldots, a_n$ son coeficientes u operadores matemáticos:

$$(a)\quad x_3 = a_1x_1 + a_2x_2 - 5 \qquad (b)\quad x_n = \sum_{k=1}^{n-1} a_kx_k + 5$$

¿Cuál es el mínimo número de nodos y el mínimo número de ramas que se requieren para construir las gráficas del flujo de señales de estas ecuaciones? Hacer las gráficas.

(*a*) En esta ecuación hay cuatro variables: x_1, x_2, x_3 y ± 5. Por tanto se requiere un mínimo de cuatro nodos. Hay tres coeficientes o funciones de trasmisión en el lado de la derecha de la ecuación: a_1, a_2 y ∓ 1. Por consiguiente se necesita un mínimo de tres ramas. La gráfica del flujo de señales optimizada se muestra en la figura (*a*).

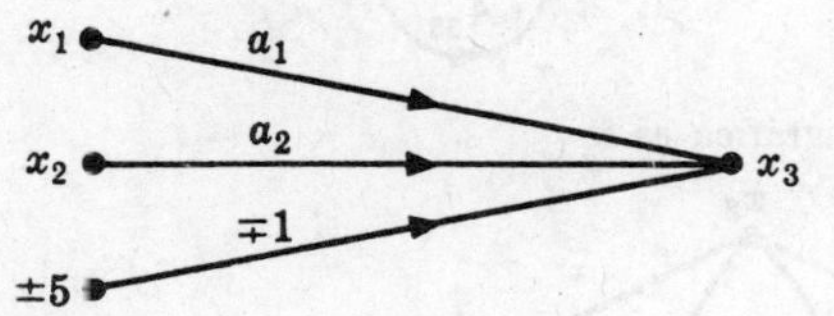

(*a*)

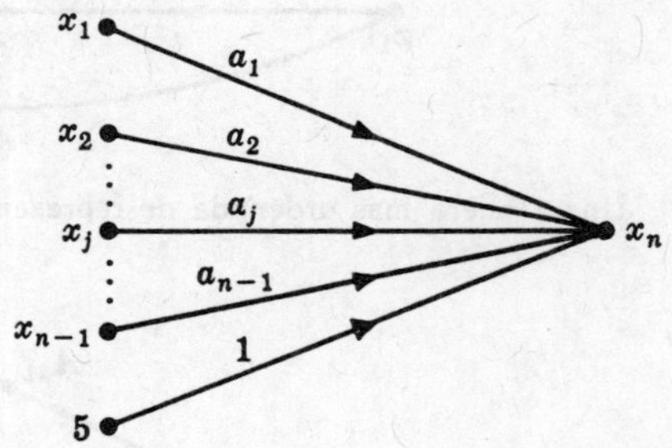

(*b*)

(*b*) En este caso hay $n+1$ variables: $x_1, x_2, \ldots, x_n$ y 5; y hay n coeficientes; $a_1, a_2, \ldots, a_{n-1}$, y 1. En consecuencia la gráfica del flujo de señales optimizada es como se muestra en la figura (*b*).

8.6. Hacer gráficas del flujo de señales para

(*a*) $x_2 = a_1\left(\dfrac{dx_1}{dt}\right)$ (*b*) $x_3 = \dfrac{d^2x_2}{dt^2} + \dfrac{dx_1}{dt} - x_1$ (*c*) $x_4 = \displaystyle\int x_3\, dt$

(*a*) Las operaciones requeridas en esta ecuación son a_1 y d/dt. La ecuación se puede escribir como $x_2 = a_1 \cdot \dfrac{d}{dt}(x_1)$. Puesto que hay dos operaciones implicadas, se puede definir una nueva variable, dx_1/dt la cual se puede usar como un nodo intermediario. La gráfica del flujo de señales está dada por

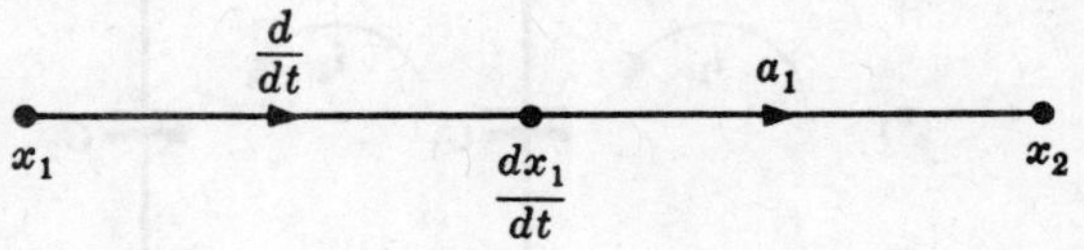

(*b*) Similarmente, $x_3 = \dfrac{d^2}{dt^2}(x_2) + \dfrac{d}{dt}(x_1) - x_1$. Por tanto,

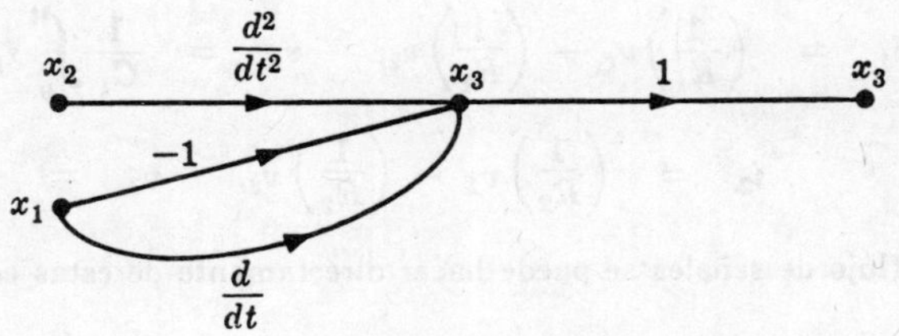

(*c*) La operación es integración. Representando al operador por $\int dt$, la gráfica del flujo de señales es

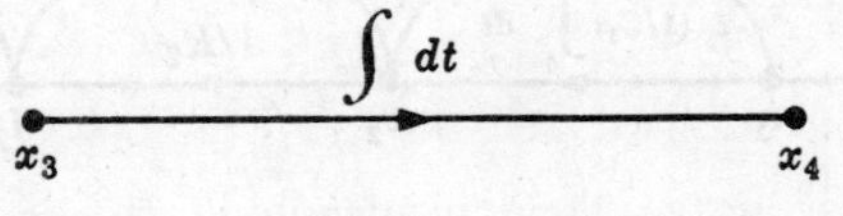

8.7. Construir la gráfica del flujo de señales para el siguiente conjunto de ecuaciones simultáneas:

$$x_2 = A_{21}x_1 + A_{23}x_3, \qquad x_3 = A_{31}x_1 + A_{32}x_2 + A_{33}x_3, \qquad x_4 = A_{42}x_2 + A_{43}x_3$$

Aquí hay cuatro variables: $x_1, \ldots, x_4$. Luego se requieren cuatro nodos. Ordenándolos de izquierda a derecha y conectándolos con las ramas apropiadas, se obtiene

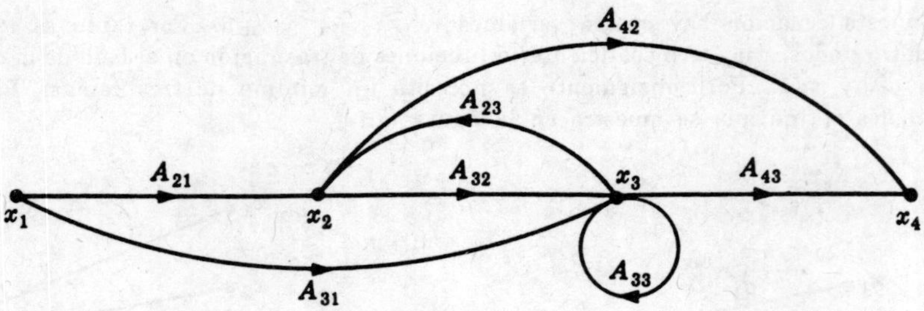

Una manera más ordenada de representar esta gráfica es

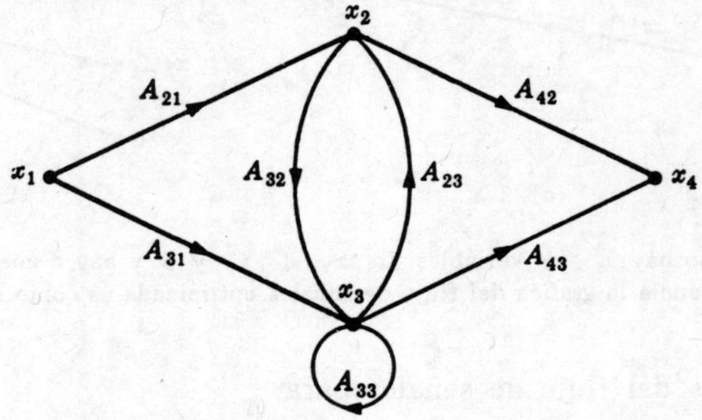

8.8. Hacer una gráfica del flujo de señales para la siguiente red resistiva en la que $v_2(0) = v_3(0) = 0$. El voltaje a través de C_1 es v_2.

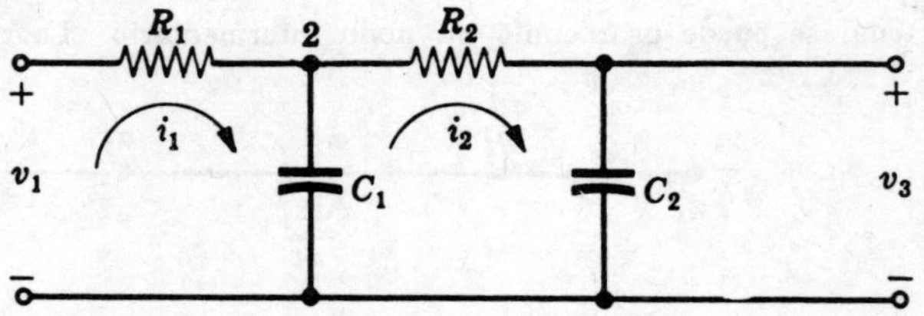

Las cinco variables son v_1, v_2, v_3, i_1 e i_2, mientras que v_1 es la entrada. Las cuatro ecuaciones independientes derivadas a partir de las leyes de Kirchhoff son

$$i_1 = \left(\frac{1}{R_1}\right)v_1 - \left(\frac{1}{R_1}\right)v_2, \qquad v_2 = \frac{1}{C_1}\int_0^t i_1\,dt - \frac{1}{C_1}\int_0^t i_2\,dt,$$

$$i_2 = \left(\frac{1}{R_2}\right)v_2 - \left(\frac{1}{R_2}\right)v_3, \qquad v_3 = \frac{1}{C_2}\int_0^t i_2\,dt$$

La gráfica del flujo de señales se puede hacer directamente de estas ecuaciones:

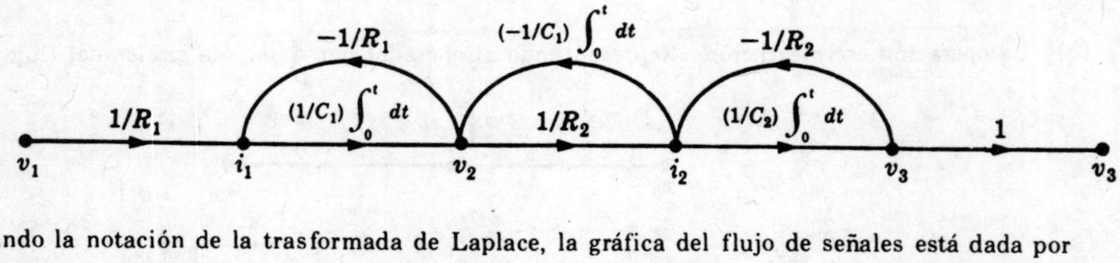

Usando la notación de la trasformada de Laplace, la gráfica del flujo de señales está dada por

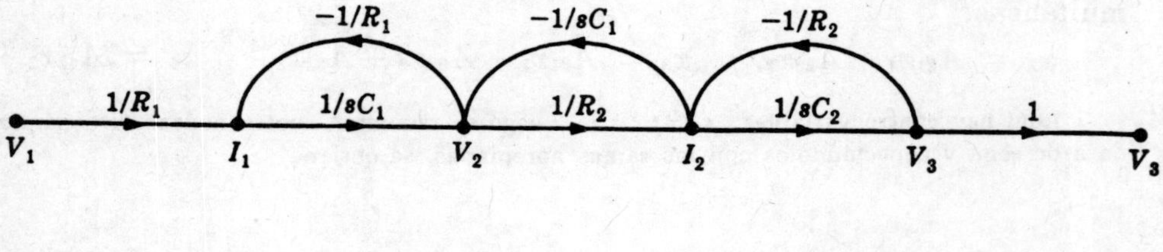

LA FORMULA GENERAL DE LA GANANCIA ENTRE ENTRADA Y SALIDA

8.9. Las ecuaciones trasformadas para el sistema mecánico dado por

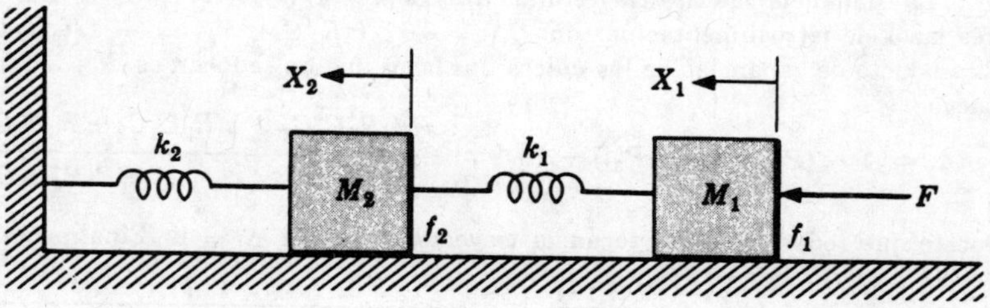

son

$$\text{(i)} \quad F + k_1X_2 = (M_1s^2 + f_1s + k_1)X_1$$

$$\text{(ii)} \quad k_1X_1 = (M_2s^2 + f_2s + k_1 + k_2)X_2$$

donde F es fuerza, M es masa, k es la constante de elasticidad del resorte, f es fricción, y X es desplazamiento. Determinar X_2/F usando la ecuación (8.2).

Aquí hay tres variables: X_1, X_2 y F. Por tanto se requieren tres nodos. Con el fin de hacer la gráfica del flujo de señales, la ecuación (i) se divide por A y la ecuación (ii) por B, donde $A \equiv M_1s^2 + f_1s + k_1$, y $B \equiv M_2s^2 + f_2s + k_1 + k_2$:

$$\text{(iii)} \quad (1/A)F + (k_1/A)X_2 = X_1$$

$$\text{(iv)} \quad (k_1/B)X_1 = X_2$$

Por consiguiente, la gráfica del flujo de señales es

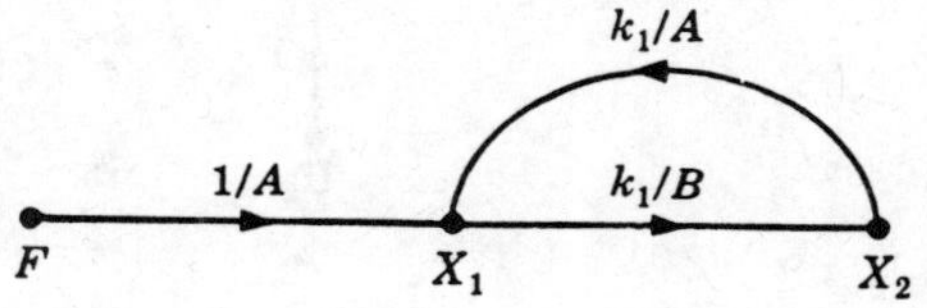

La ganancia de la trayectoria directa es $P_1 = k_1/AB$. La ganancia del lazo de retroalimentación. es $P_{11} = k_1^2/AB$. Entonces $\Delta = 1 - P_{11} = (AB - k_1^2)/AB$ y $\Delta_1 = 1$. Finalmente,

$$X_2/F = P_1\Delta_1/\Delta = k_1/(AB - k_1^2) = k_1/[(M_1s^2 + f_1s + k_1)(M_2s^2 + f_2s + k_1 + k_2) - k_1^2]$$

8.10. Determinar la función de trasferencia para el diagrama en bloque del problema 7.21 por medio de la técnica de las gráficas del flujo de señales.

La gráfica del flujo de señales se hace directamente del diagrama en bloque.

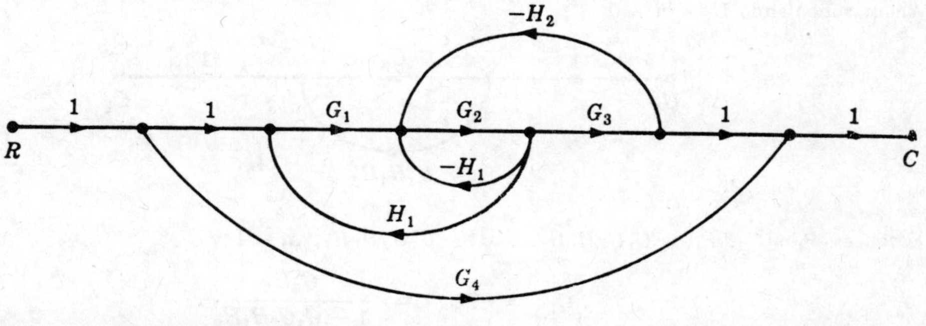

La gráfica tiene dos trayectorias directas. Las ganancias de trayectoria son $P_1 = G_1G_2G_3$ y $P_2 = G_4$. Las tres ganancias de los lazos de retroalimentación son $P_{11} = -G_2H_1$, $P_{21} = G_1G_2H_1$ y $P_{31} = -G_2G_3H_2$. No todos los lazos se tocan. Luego $\Delta = 1 - (P_{11} + P_{21} + P_{31})$. También $\Delta_1 = 1$, y puesto que no hay lazos que toquen los nodos de P_2, $\Delta_2 = \Delta$. Por tanto,

$$T = \frac{P_1\Delta_1 + P_2\Delta_2}{\Delta} = \frac{G_1G_2G_3 + G_4 + G_2G_4H_1 - G_1G_2G_4H_1 + G_2G_3G_4H_2}{1 + G_2H_1 - G_1G_2H_1 + G_2G_3H_2}$$

8.11. Determinar la función de trasferencia V_3/V_1 a partir de la gráfica del flujo de señales del problema 8.8.

La ganancia de la trayectoria directa es $1/(s^2 R_1 R_2 C_1 C_2)$. Las ganancias de lazo de los tres lazos de retroalimentación son $P_{11} = -1/(sR_1C_1)$, $P_{21} = -1/(sR_2C_1)$ y $P_{31} = -1/(sR_2C_2)$. El producto de ganancias de los únicos dos lazos que no se tocan es $P_{12} = P_{11} \cdot P_{31} = 1/(s^2 R_1 R_2 C_1 C_2)$. Luego

$$\Delta = 1 - (P_{11} + P_{21} + P_{31}) + P_{12} = \frac{s^2R_1R_2^2C_1^2C_2 + s(R_2^2C_1C_2 + R_1R_2C_1C_2 + R_1R_2C_1^2) + R_2C_1}{s^2R_1R_2^2C_1^2C_2}$$

Puesto que todos los lazos tocan la trayectoria directa $\Delta_1 = 1$. Finalmente,

$$\frac{V_3}{V_1} = \frac{P_1\Delta_1}{\Delta} = \frac{1}{s^2R_1R_2C_1C_2 + s(R_2C_2 + R_1C_2 + R_1C_1) + 1}$$

8.12. Resolver el problema 7.17 con la ayuda de la técnica de las gráficas del flujo de señales.

La gráfica del flujo de señales se hace directamente del diagrama en bloque:

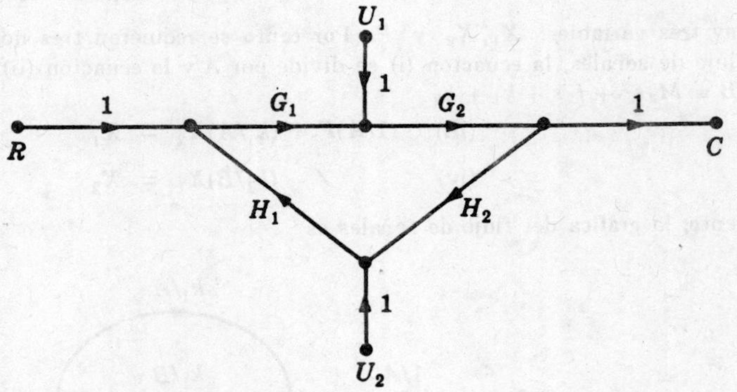

Con $U_1 = U_2 = 0$, se tiene

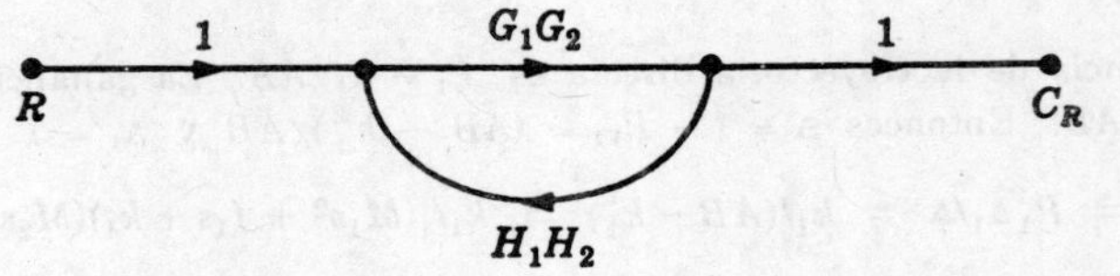

Entonces $P_1 = G_1G_2$ y $P_{11} = G_1G_2H_1H_2$. Luego $\Delta = 1 - P_{11} = 1 - G_1G_2H_1H_2$, $\Delta_1 = 1$ y

$$C_R = TR = \frac{P_1\Delta_1 R}{\Delta} = \frac{G_1G_2R}{1 - G_1G_2H_1H_2}$$

Ahora suponiendo $U_2 = R = 0$:

Entonces $P_1 = G_2$, $P_{11} = G_1G_2H_1H_2$, $\Delta = 1 - G_1G_2H_1H_2$, $\Delta_1 = 1$ y

$$C_1 = TU_1 = \frac{G_2U_1}{1 - G_1G_2H_1H_2}$$

Ahora con $R = U_1 = 0$:

Entonces $P_1 = G_1G_2H_1$, $P_{11} = G_1G_2H_1H_2$, $\Delta = 1 - G_1G_2H_1H_2$, $\Delta_1 = 1$, y

$$C_2 = TU_2 = \frac{P_1\Delta_1U_2}{\Delta} = \frac{G_1G_2H_1U_2}{1 - G_1G_2H_1H_2}$$

Finalmente, se tiene

$$C = C_R + C_1 + C_2 = \frac{G_1G_2R + G_2U_1 + G_1G_2H_1U_2}{1 - G_1G_2H_1H_2}$$

CALCULO DE LA FUNCION DE TRASFERENCIA DE COMPONENTES EN CASCADA

8.13. Determinar la función de trasferencia para dos redes en cascada como la que a continuación se muestra:

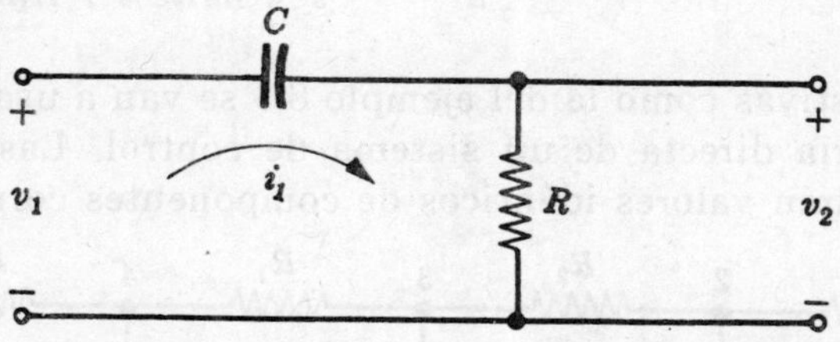

Usando la notación de la trasformada de Laplace la red se convierte en

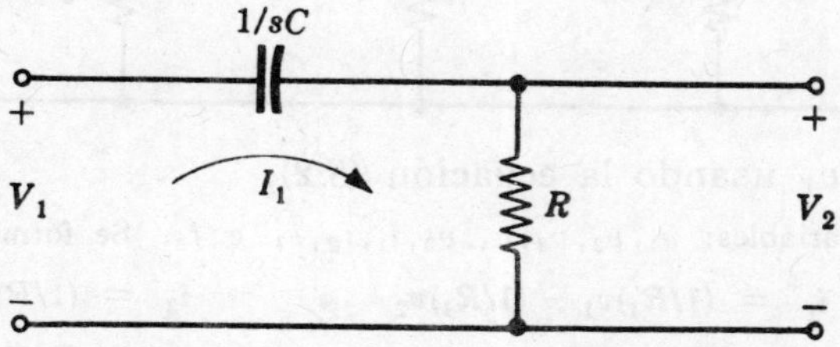

Según las leyes de Kirchhoff se tiene $I_1 = sCV_1 - sCV_2$ y $V_2 = RI_1$. La gráfica del flujo de señales es

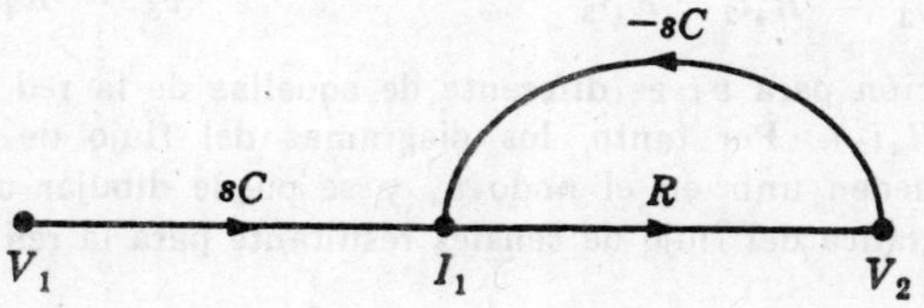

Para dos redes en cascada,

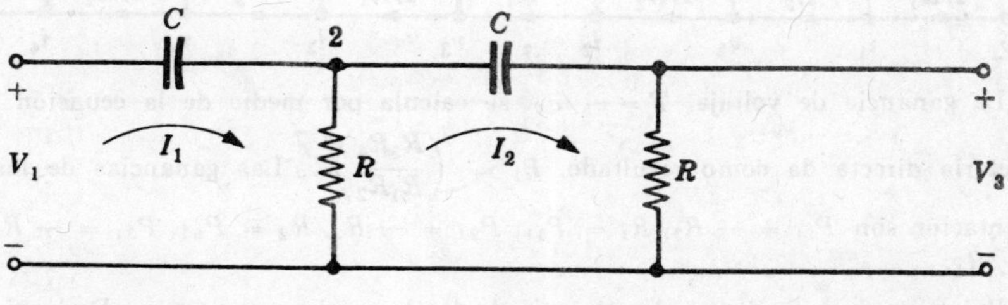

la ecuación V_2 también depende de I_2: $V_2 = RI_1 - RI_2$. Luego las dos redes se unen en el nodo 2.

y se añade un lazo de retroalimentación $(-RI_2)$ entre I_2 y V_2:

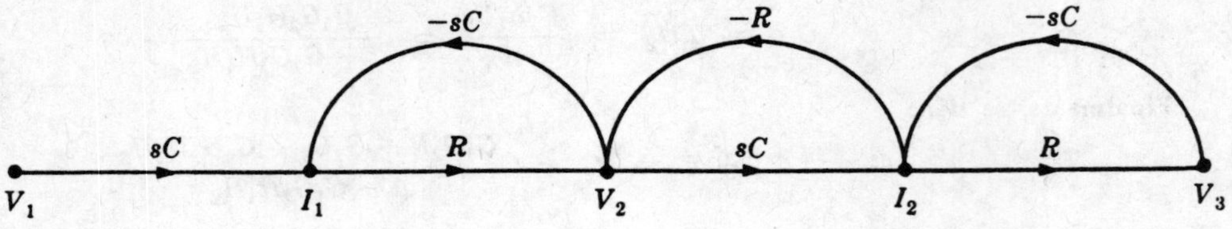

Entonces $P_1 = s^2R^2C^2$, $P_{11} = P_{21} = P_{31} = -sRC$, $P_{12} = P_{11} \cdot P_{31} = s^2R^2C^2$,

$$\Delta = 1 - (P_{11} + P_{21} + P_{31}) + P_{12} = 1 + 3sRC + s^2R^2C^2, \quad \Delta_1 = 1,$$

y
$$T = \frac{P_1\Delta_1}{\Delta} = \frac{s^2}{s^2 + (3/RC)s + 1/(RC)^2}$$

8.14. Dos redes resistivas como la del ejemplo 8.6 se van a usar como elementos de control en la trayectoria directa de un sistema de control. Las redes se van a conectar en cascada y tendrán valores idénticos de componentes correspondientes:

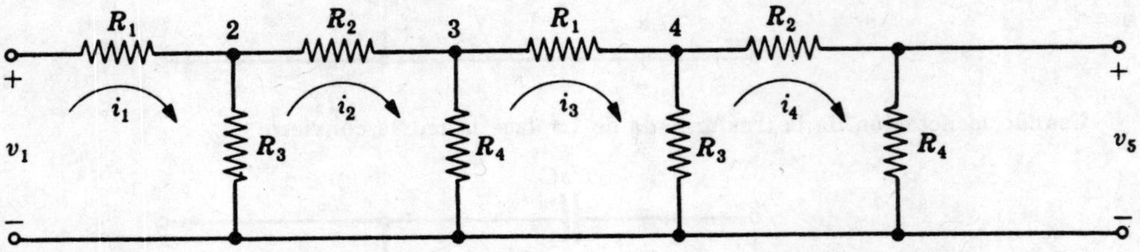

Encontrar v_5/v_1 usando la ecuación (*8.2*).

Hay nueve variables: $v_1, v_2, v_3, v_4, v_5, i_1, i_2, i_3$ e i_4. Se forman ocho ecuaciones independientes

$$i_1 = (1/R_1)v_1 - (1/R_1)v_2 \qquad i_3 = (1/R_1)v_3 - (1/R_1)v_4$$
$$v_2 = R_3i_1 - R_3i_2 \qquad v_4 = R_3i_3 - R_3i_4$$
$$i_2 = (1/R_2)v_2 - (1/R_2)v_3 \qquad i_4 = (1/R_2)v_4 - (1/R_2)v_5$$
$$v_3 = R_4i_2 - R_4i_3 \qquad v_5 = R_4i_4$$

Solamente la ecuación para v_3 es diferente de aquellas de la red simple del ejemplo 8.6; ella tiene un término más, $(-R_4i_3)$. Por tanto, los diagramas del flujo de señales para cada red por separado (ejemplo 8.6) se pueden unir en el nodo v_3 y se puede dibujar una rama más entre i_3 y v_3 de ganancia $-R_4$. La gráfica del flujo de señales resultante para la red compuesta es

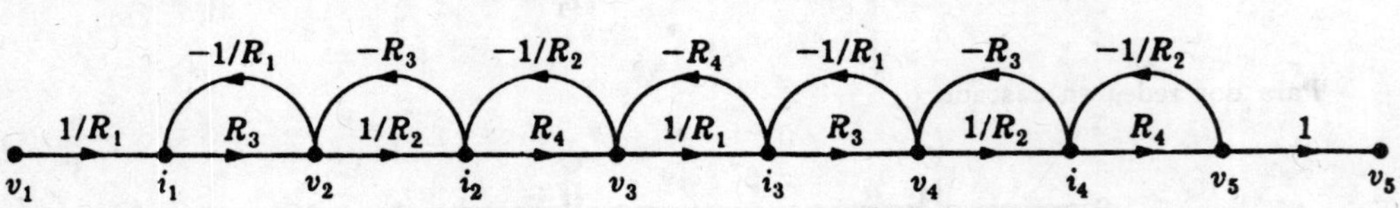

La ganancia de voltaje $T = v_5/v_1$ se calcula por medio de la ecuación (*8.2*) como sigue: Una trayectoria directa da como resultado $P_1 = \left(\dfrac{R_3R_4}{R_1R_2}\right)^2$. Las ganancias de los siete lazos de retroalimentación son $P_{11} = -R_3/R_1 = P_{51}$, $P_{21} = -R_3/R_2 = P_{61}$, $P_{31} = -R_4/R_2 = P_{71}$ y $P_{41} = -R_4/R_1$.

Existen quince productos de ganancia de dos lazos que no se tocan. De izquierda a derecha se tiene,

$$P_{12} = \frac{R_3R_4}{R_1R_2} \qquad P_{42} = \frac{R_3^2}{R_1R_2} \qquad P_{72} = \frac{R_3^2}{R_1R_2} \qquad P_{10,2} = \frac{R_3R_4}{R_1R_2} \qquad P_{13,2} = \frac{R_3R_4}{R_1R_2}$$

$$P_{22} = \frac{R_3R_4}{R_1^2} \qquad P_{52} = \frac{R_3R_4}{R_1R_2} \qquad P_{82} = \left(\frac{R_3}{R_2}\right)^2 \qquad P_{11,2} = \frac{R_3R_4}{R_2^2} \qquad P_{14,2} = \frac{R_4^2}{R_1R_2}$$

$$P_{32} = \left(\frac{R_3}{R_1}\right)^2 \qquad P_{62} = \frac{R_3R_4}{R_1R_2} \qquad P_{92} = \frac{R_3R_4}{R_2^2} \qquad P_{12,2} = \left(\frac{R_4}{R_2}\right)^2 \qquad P_{15,2} = \frac{R_3R_4}{R_1R_2}$$

Existen diez productos de ganancia de tres lazos que no se tocan. De izquierda a derecha se tiene

$$P_{13} = -\frac{R_3^2R_4}{R_1^2R_2} \qquad P_{33} = -\frac{R_3R_4^2}{R_1R_2^2} \qquad P_{63} = -\frac{R_3^2R_4}{R_1^2R_2} \qquad P_{83} = -\frac{R_3R_4^2}{R_1R_2^2} \qquad P_{53} = -\frac{R_3R_4^2}{R_1^2R_2}$$

$$P_{23} = \frac{R_3^2R_4}{R_1R_2^2} \qquad P_{43} = -\frac{R_3^2R_4}{R_1^2R_2} \qquad P_{73} = -\frac{R_3^2R_4}{R_1R_2^2} \qquad P_{93} = -\frac{R_3^2R_4}{R_1R_2^2} \qquad P_{10,3} = -\frac{R_3R_4^2}{R_1R_2^2}$$

Existe un producto de ganancia de cuatro lazos que no se tocan: $P_{14} = P_{11}P_{31}P_{51}P_{71} = \left(\frac{R_3R_4}{R_1R_2}\right)^2$.

Por tanto el determinante es

$$\Delta = 1 - \sum_{j=1}^{7} P_{j1} + \sum_{j=1}^{15} P_{j2} - \sum_{j=1}^{10} P_{j3} + P_{14}$$

$$= 1 + \frac{R_1R_3 + R_1R_4 + R_2R_3 + R_2R_4 + 6R_3R_4 + 2R_3^2 + R_4^2}{R_1R_2} + \frac{R_3R_4 + R_3^2}{R_1^2} + \frac{R_3^2 + R_4^2 + R_3R_4}{R_2^2}$$

Puesto que todos los lazos tocan la trayectoria directa, $\Delta_1 = 1$ y

$$T = \frac{P_1\Delta_1}{\Delta} = \frac{(R_3R_4)^2}{(R_1R_2)^2 + R_1^2(R_2R_3 + R_2R_4 + R_3R_4 + R_3^2 + R_4^2) + R_2^2(R_3^2 + R_1R_3 + R_1R_4 + R_3R_4) + 2R_1R_2R_3^2 + R_1R_2R_4^2 + 6R_1R_2R_3R_4}$$

REDUCCION DE DIAGRAMAS EN BLOQUE

8.15. Determinar C/R para cada uno de los siguientes sistemas, usando la ecuación (*8.2*).

(*a*)

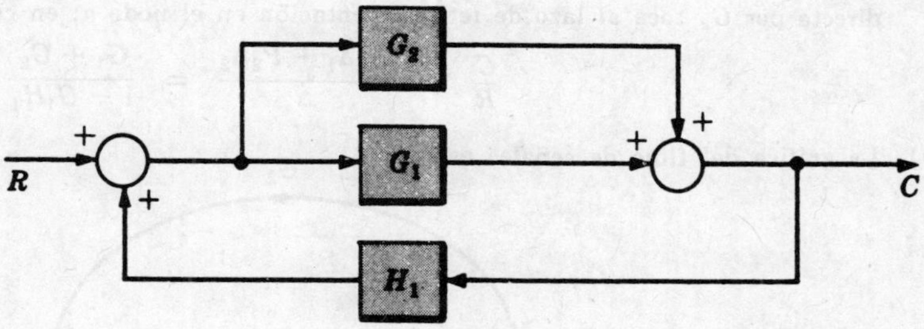

(*b*)

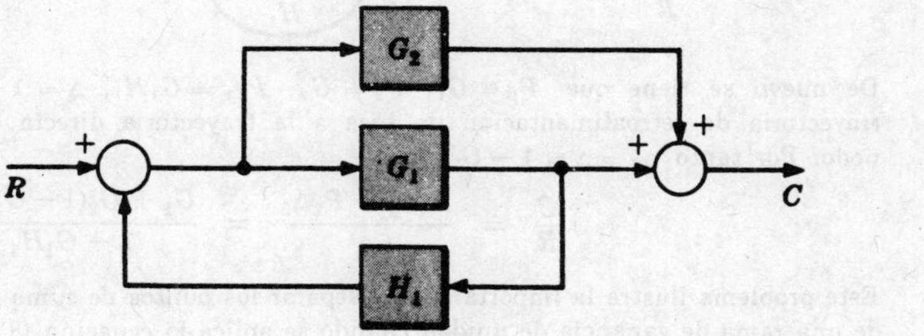

(*c*)

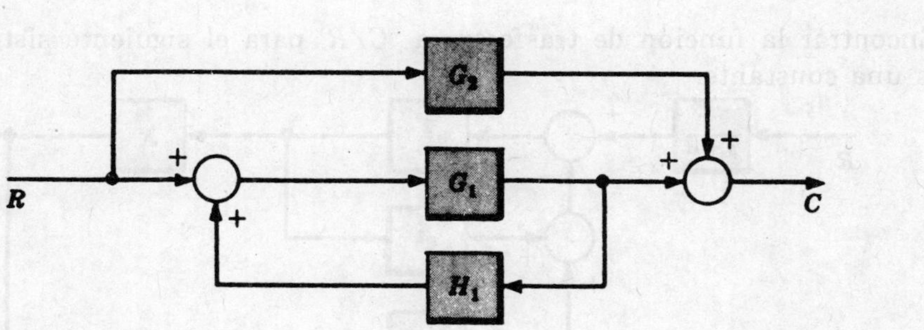

(*a*) La gráfica del flujo de señales es

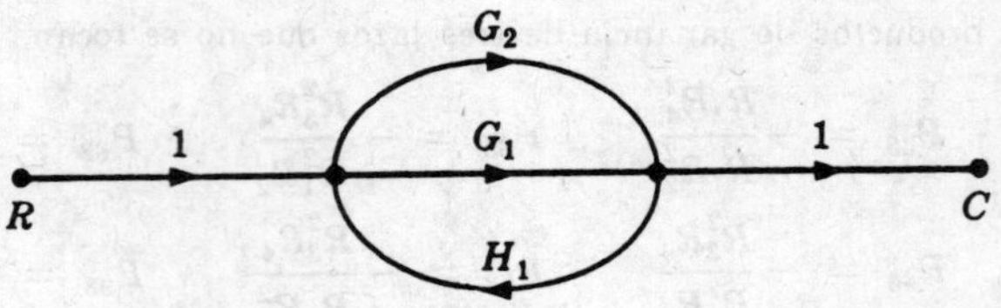

Las ganancias de las dos trayectorias directas son: $P_1 = G_1$, $P_2 = G_2$. Las ganancias de los dos lazos de retroalimentación son: $P_{11} = G_1H_1$, $P_{21} = G_2H_1$. De ahí que

$$\Delta = 1 - (P_{11} + P_{21}) = 1 - G_1H_1 - G_2H_1$$

Ahora, $\Delta_1 = 1$ y $\Delta_2 = 1$ puesto que àmbas trayectorias tocan los lazos de retroalimentación en los nodos interiores. Luego

$$\frac{C}{R} = \frac{P_1\Delta_1 + P_2\Delta_2}{\Delta} = \frac{G_1 + G_2}{1 - G_1H_1 - G_2H_1}$$

(*b*) La gráfica del flujo de señales es

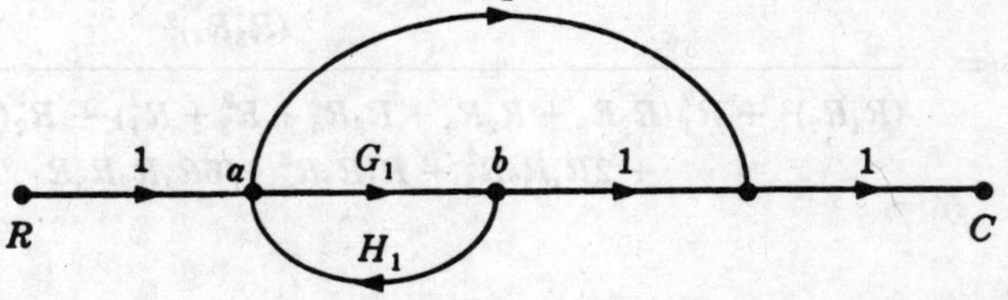

De nuevo se tiene que $P_1 = G_1$ y $P_2 = G_2$. Pero ahora hay solamente un lazo de retroalimentación y $P_{11} = G_1H_1$; por consiguiente $\Delta = 1 - G_1H_1$. La trayectoria directa a través de G_1 toca claramente al lazo de retroalimentación en los nodos a y b; entonces $\Delta_1 = 1$. La trayectoria directa por G_2 toca al lazo de retroalimentación en el nodo a; en consecuencia $\Delta_2 = 1$. Por tanto

$$\frac{C}{R} = \frac{P_1\Delta_1 + P_2\Delta_2}{\Delta} = \frac{G_1 + G_2}{1 - G_1H_1}$$

(*c*) La gráfica del flujo de señales es

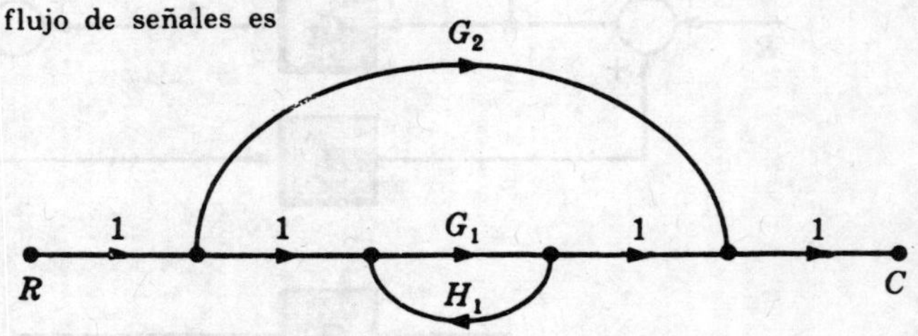

De nuevo se tiene que $P_1 = G_1$, $P_2 = G_2$, $P_{11} = G_1H_1$, $\Delta = 1 - G_1H_1$ y $\Delta_1 = 1$. Pero la trayectoria de retroalimentación *no* toca a la trayectoria directa que pasa por G_2 en *cualquier* nodo. Por tanto $\Delta_2 = \Delta = 1 - G_1H_1$ y

$$\frac{C}{R} = \frac{P_1\Delta_1 + P_2\Delta_2}{\Delta} = \frac{G_1 + G_2(1 - G_1H_1)}{1 - G_1H_1}$$

Este problema ilustra la importancia de separar los puntos de suma y los puntos de toma por medio de una rama de ganancia de unidad cuando se aplica la ecuación (*8.2*).

8.16. Encontrar la función de trasferencia C/R para el siguiente sistema en el cual K es una constante.

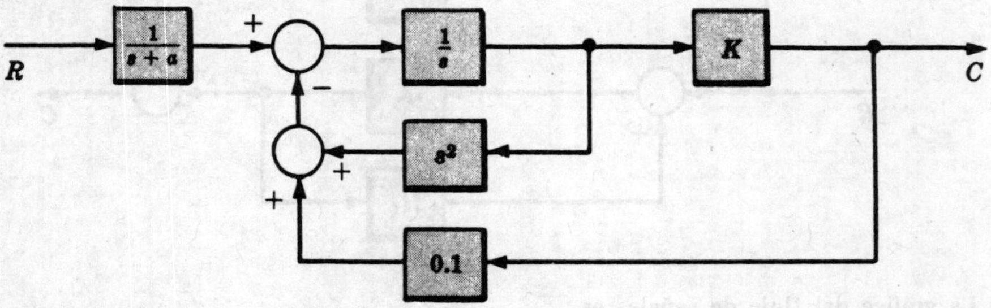

La gráfica del flujo de señales es

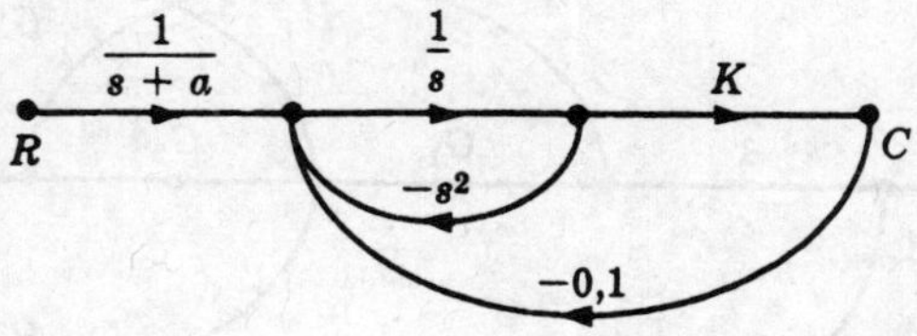

La única ganancia de la trayectoria directa es $P_1 = \left(\frac{1}{s+a}\right)\cdot\left(\frac{1}{s}\right)K = \frac{K}{s(s+a)}$. Las ganancias de los dos lazos de retroalimentación son $P_{11} = \left(\frac{1}{s}\right)\cdot(-s^2) = -s$ y $P_{21} = \frac{0{,}1K}{s}$. No hay lazos que no se toquen. Luego

$$\Delta = 1-(P_{11}+P_{21}) = \frac{s^2+s+0{,}1K}{s}, \quad \Delta_1 = 1 \quad \text{y}$$

$$\frac{C}{R} = \frac{P_1\Delta_1}{\Delta} = \frac{K}{(s+a)(s^2+s+0{,}1K)}$$

8.17. Resolver el problema 7.19 usando las técnicas de las gráficas del flujo de señales.

La gráfica del flujo de señales es

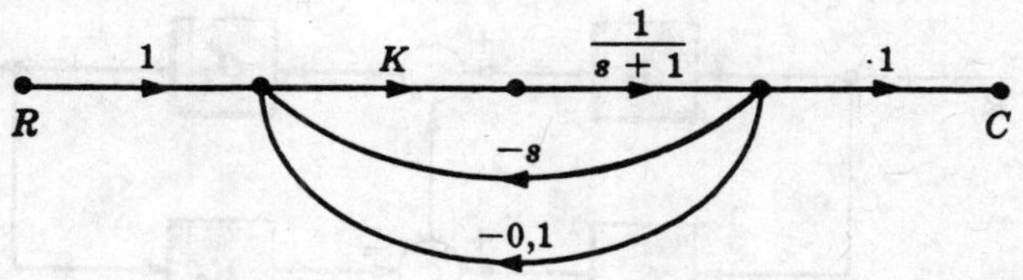

Aplicando las reglas de multiplicación y adición, se obtiene,

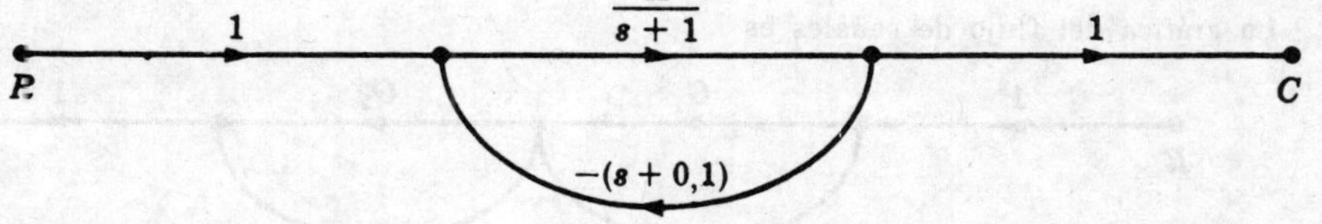

Ahora $P_1 = \frac{K}{s+1}$, $P_{11} = -\frac{K(s+0{,}1)}{s+1}$, $\Delta = 1+\frac{K(s+0{,}1)}{s+1}$, $\Delta_1 = 1$, y

$$C = TR = \frac{P_1\Delta_1 R}{\Delta} = \frac{KR}{(1+K)s+1+0{,}1K}$$

8.18. Encontrar C/R para el sistema de control dado por

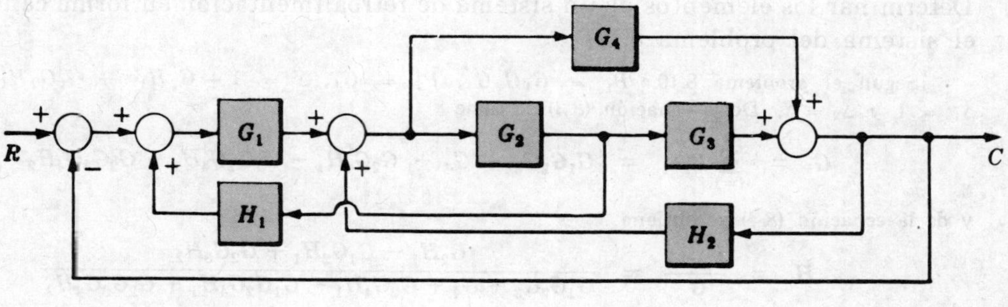

La gráfica del flujo de señales es

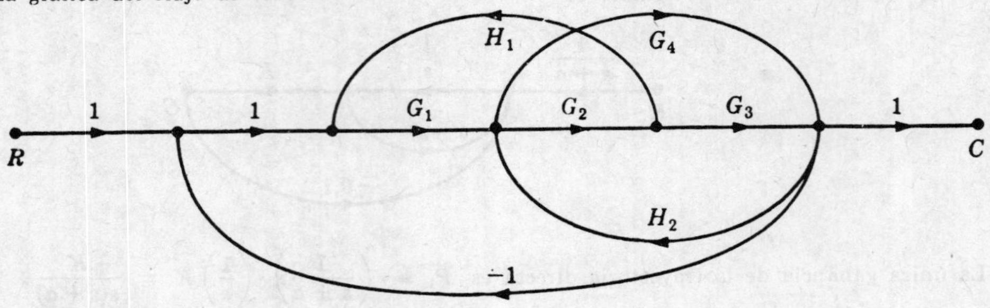

Las ganancias de las dos trayectorias directas son $P_1 = G_1G_2G_3$ y $P_2 = G_1G_4$. Las ganancias de los cinco lazos de retroalimentación son $P_{11} = G_1G_2H_1$, $P_{21} = G_2G_3H_2$, $P_{31} = -G_1G_2G_3$, $P_{41} = G_4H_2$, y $P_{51} = -G_1G_4$. Luego

$$\Delta = 1 - (P_{11} + P_{21} + P_{31} + P_{41} + P_{51}) = 1 + G_1G_2G_3 - G_1G_2H_1 - G_2G_3H_2 - G_4H_2 + G_1G_4$$

y $\Delta_1 = \Delta_2 = 1$. Finalmente,

$$\frac{C}{R} = \frac{P_1\Delta_1 + P_2\Delta_2}{\Delta} = \frac{G_1G_2G_3 + G_1G_4}{1 + G_1G_2G_3 - G_1G_2H_1 - G_2G_3H_2 - G_4H_2 + G_1G_4}$$

8.19. Determinar C/R para el sistema dado por

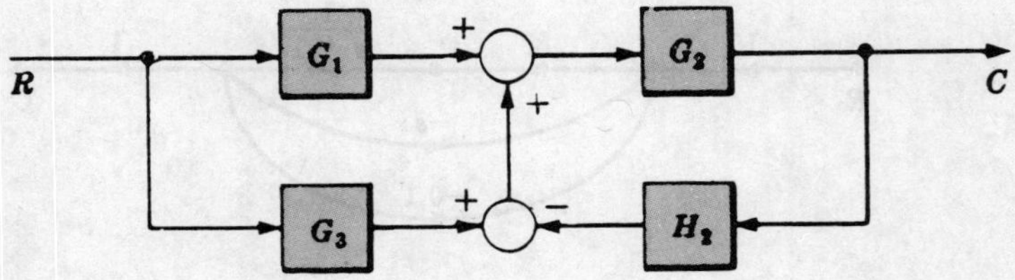

Luego $G_3 = G_1G_2H_2$.

La gráfica del flujo de señales es

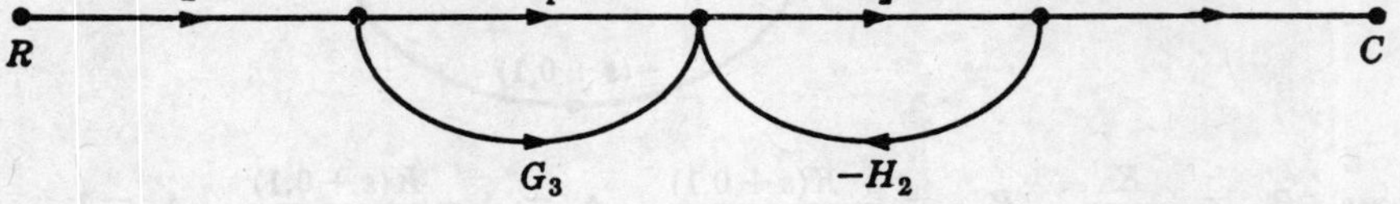

Se tiene que $P_1 = G_1G_2$, $P_2 = G_2G_3$, $P_{11} = -G_2H_2$, $\Delta = 1 + G_2H_2$, $\Delta_1 = \Delta_2 = 1$, y

$$\frac{C}{R} = \frac{P_1\Delta_1 + P_2\Delta_2}{\Delta} = \frac{G_2(G_1 + G_3)}{1 + G_2H_2}$$

Haciendo $G_3 = G_1G_2H_2$, se obtiene $C/R = G_1G_2$ y la función de trasferencia del sistema se convierte de lazo abierto.

8.20. Determinar los elementos de un sistema de retroalimentación en forma canónica para el sistema del problema 8.10.

Según el problema 8.10, $P_1 = G_1G_2G_3$, $P_2 = G_4$, $\Delta = 1 + G_2H_1 - G_1G_2H_1 + G_2G_3H_2$, $\Delta_1 = 1$ y $\Delta_2 = \Delta$. De la ecuación (*8.3*) se tiene

$$G = \sum_{i=1}^{2} P_i\Delta_i = G_1G_2G_3 + G_4 + G_2G_4H_1 - G_1G_2G_4H_1 + G_2G_3G_4H_2$$

y de la ecuación (*8.4*) se obtiene

$$H = \frac{\Delta - 1}{G} = \frac{G_2H_1 - G_1G_2H_1 + G_2G_3H_2}{G_1G_2G_3 + G_4 + G_2G_4H_1 - G_1G_2G_4H_1 + G_2G_3G_4H_2}$$

Problemas propuestos

8.21. Encontrar C/R para el siguiente sistema, usando la ecuación (*8.2*).

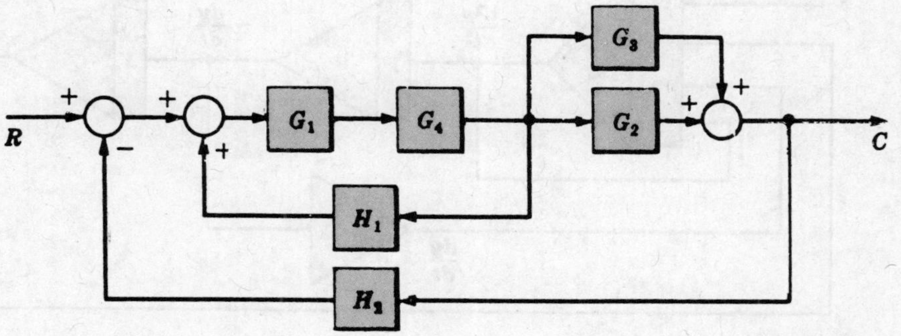

8.22. Determinar un conjunto de funciones de trasferencia de sistemas de retroalimentación en forma canónica para el sistema del problema anterior, usando las ecuaciones (*8.3*) y (*8.4*).

8.23. Hacer el escalado de la siguiente gráfica del flujo de señales de tal manera que X_3 venga a ser $X_3/2$ (véase el problema 8.3).

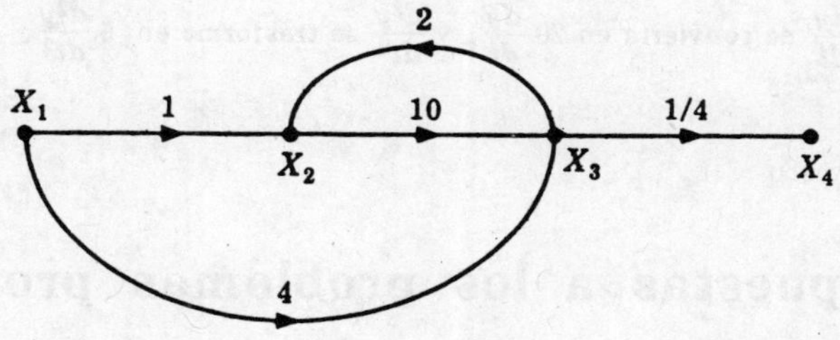

8.24. Hacer una gráfica del flujo de señales para varios nodos del sistema de inhibición lateral descrito en el problema 3.4 por la ecuación

$$c_k = r_k - \sum_{i=1}^{n} a_{k-i}\, c_i$$

8.25. Hacer una gráfica del flujo de señales para el sistema presentado en el problema 7.31.

8.26. Hacer una gráfica del flujo de señales para el sistema presentado en el problema 7.32.

8.27. Determinar C/R_4 a partir de la ecuación (*8.2*) para la gráfica del flujo de señales hecha en el problema 8.26.

8.28. Hacer una gráfica del flujo de señales para la siguiente red eléctrica:

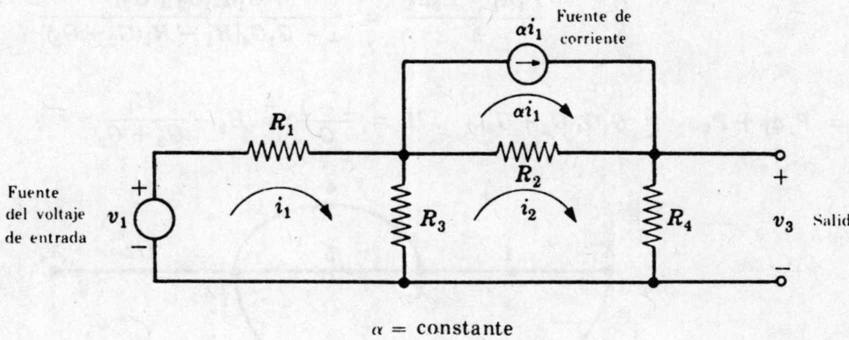

α = constante

8.29. Determinar V_3/V_1 a partir de la ecuación (*8.2*) para la red del problema 8.28.

8.30. Determinar los elementos de un sistema de retroalimentación en forma canónica para la red del problema 8.28, usando las ecuaciones *(8.3)* y *(8.4)*.

8.31. Hacer la gráfica del flujo de señales para el siguiente circuito de computador análogo.

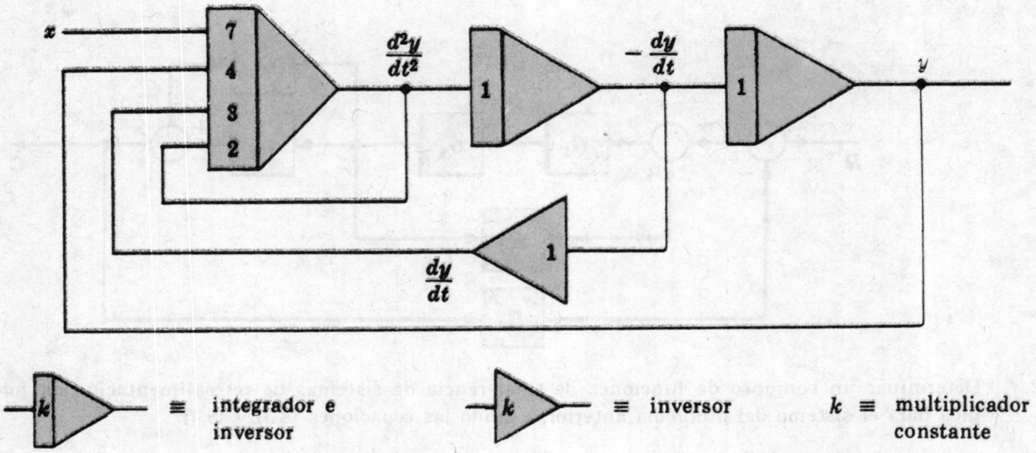

8.32. Hacer el escalado del circuito de computador análogo del problema 8.31 de tal manera que y se trasforme en $10y$, $\frac{dy}{dt}$ se convierta en $20\,\frac{dy}{dt}$, y $\frac{d^2y}{dt^2}$ se trasforme en $5\,\frac{d^2y}{dt^2}$.

Respuestas a los problemas propuestos

8.21.

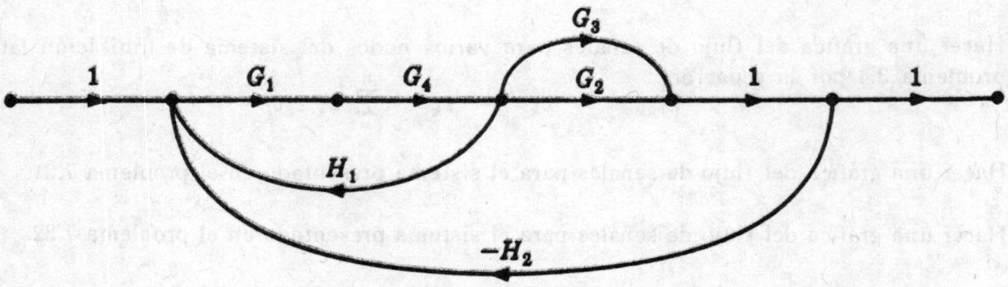

$P_1 = G_1G_2G_4$, $P_2 = G_1G_3G_4$, $P_{11} = G_1G_4H_1$, $P_{21} = -G_1G_2G_4H_2$, $P_{31} = -G_1G_3G_4H_2$, $\Delta = 1 - G_1G_4H_1 + G_1G_2G_4H_2 + G_1G_3G_4H_2$, y $\Delta_1 = \Delta_2 = 1$. Por tanto

$$\frac{C}{R} = \frac{P_1\Delta_1 + P_2\Delta_2}{\Delta} = \frac{G_1G_4(G_2+G_3)}{1 - G_1G_4[H_1 - H_2(G_2+G_3)]}$$

8.22. $G = P_1\Delta_1 + P_2\Delta_2 = G_1G_4(G_2+G_3)$, $\quad H = \frac{\Delta - 1}{G} = H_2 - \frac{H_1}{G_2+G_3}$

8.23.

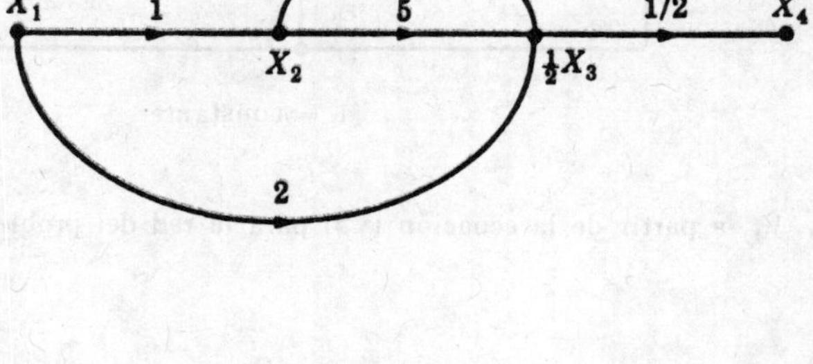

8.24.

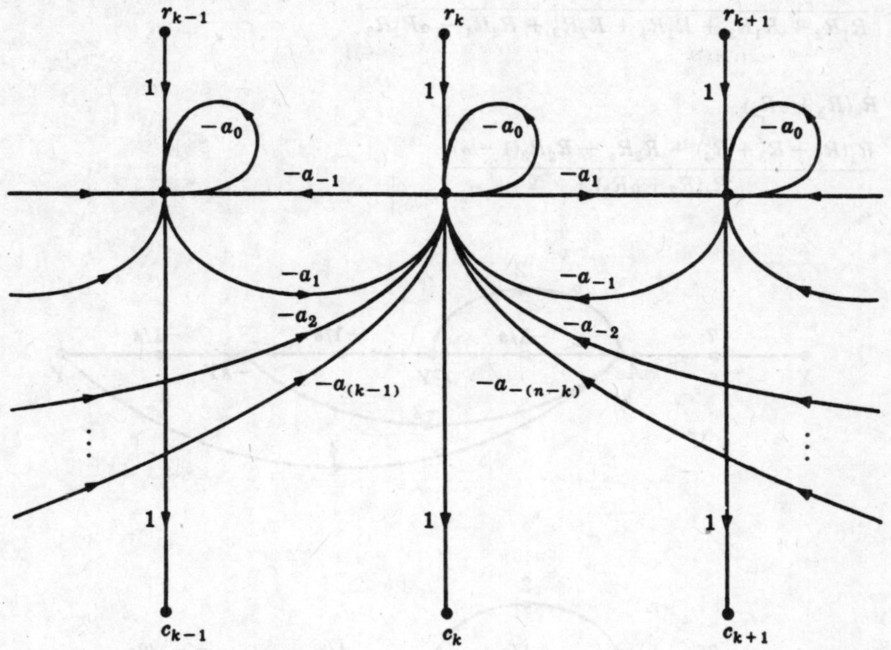

8.25.

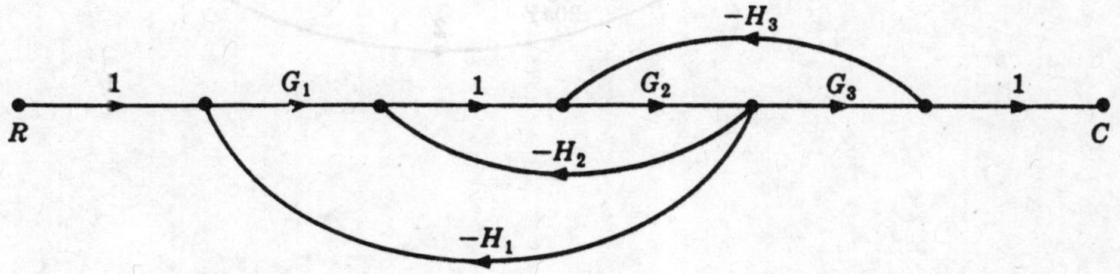

8.26.

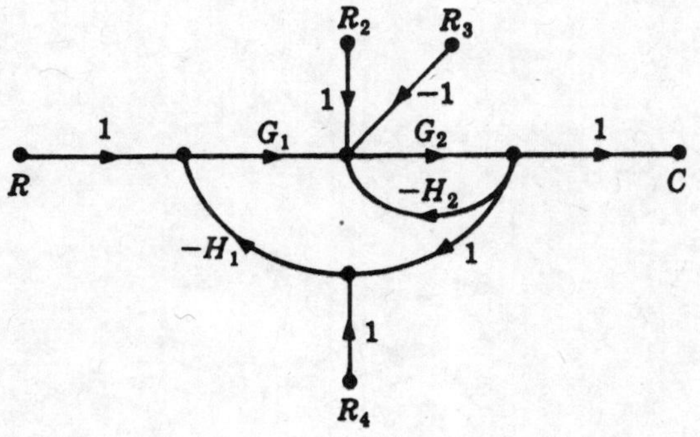

8.27. $\dfrac{C}{R_4} = \dfrac{-G_1G_2H_1}{1 + G_2H_2 + G_1G_2H_1}$

8.28.

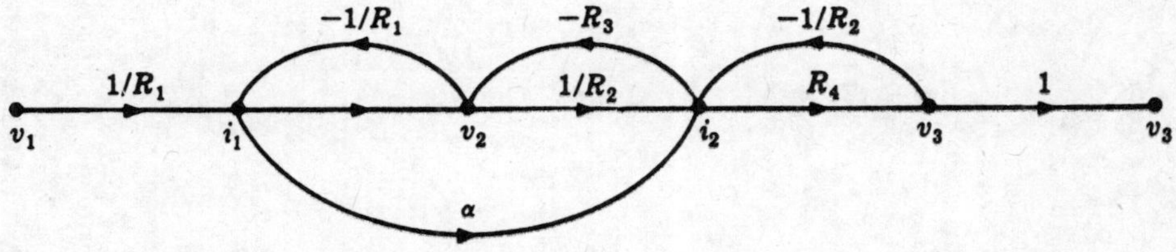

8.29. $\dfrac{V_3}{V_1} = \dfrac{R_3R_4 + \alpha R_2R_4}{R_1R_2 + R_1R_3 + R_1R_4 + R_2R_3 + R_3R_4 - \alpha R_2R_3}$

8.30. $G = R_4(R_3 + \alpha R_2)$

$$H = \frac{R_1(R_2 + R_3 + R_4) + R_3R_4 + R_2R_3(1 - \alpha)}{R_4(R_3 + \alpha R_2)}$$

8.31.

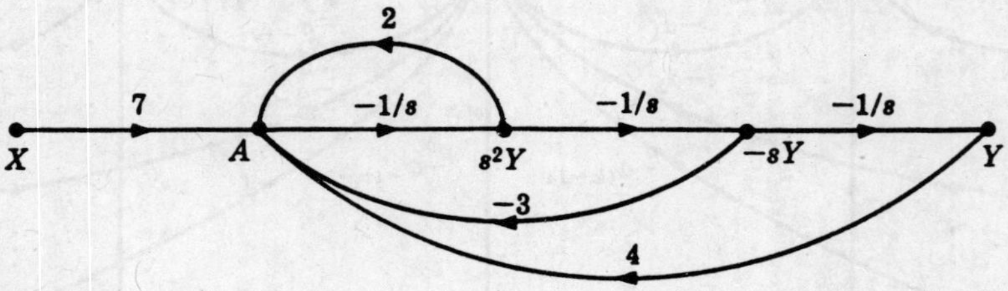

8.32.

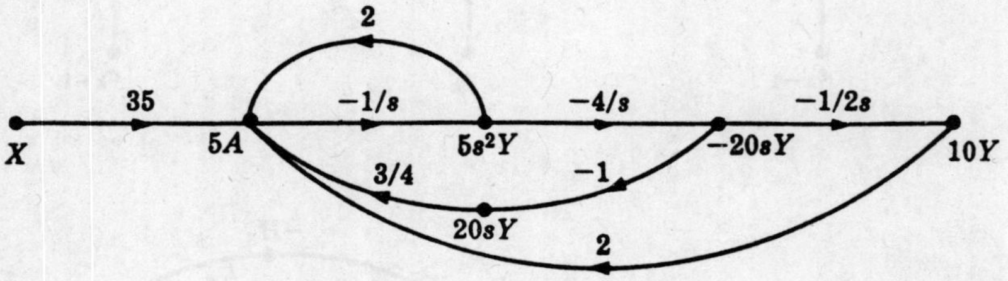

Capítulo 9

Clasificación de sistemas, constantes de error y sensibilidad

9.1 INTRODUCCION

En los capítulos anteriores se han destacado los conceptos de retroalimentación y de sistemas de retroalimentación. Dada una función de trasferencia, un sistema se puede sintetizar por medio de una configuración de lazo abierto o de lazo cerrado, una configuración de lazo cerrado (retroalimentación) debe tener algunas propiedades deseables que la configuración de lazo abierto no posee.

En este capítulo se discuten más profundamente algunas de las propiedades y de los sistemas de retroalimentación y se desarrollan medidas cuantitativas de la efectividad de la retroalimentación, en términos de los conceptos de *constantes de error* y de *sensibilidad*.

Ejemplo 9.1.

Los siguientes sistemas de lazo abierto y de lazo cerrado tienen la misma planta y la misma función de trasferencia total para $K = 2$.

$$\left(\frac{C}{R}\right)_1 = \frac{K}{s^2 + 4s + 5}$$

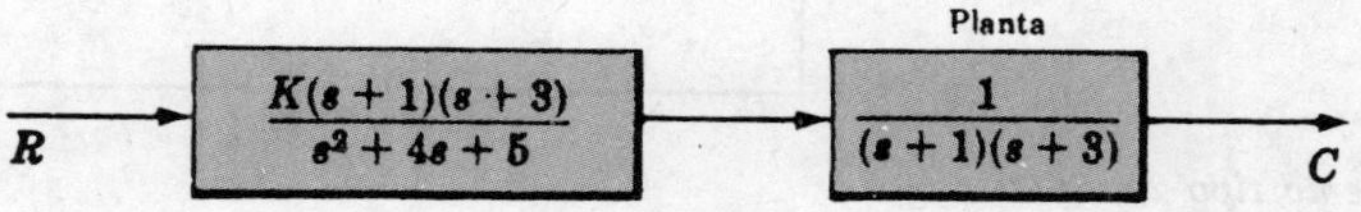

$$\left(\frac{C}{R}\right)_2 = \frac{K}{s^2 + 4s + 3 + K}$$

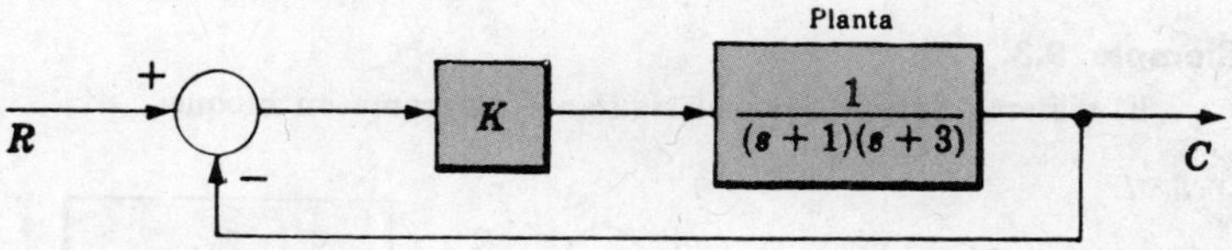

$$\left.\left(\frac{C}{R}\right)_1\right|_{K=2} = \left.\left(\frac{C}{R}\right)_2\right|_{K=2} = \frac{2}{s^2 + 4s + 5}$$

Aunque estos sistemas son exactamente equivalentes para $K = 2$, sus propiedades difieren considerablemente para desviaciones pequeñas (y grandes) de K a partir de $K = 2$. Esta situación se clarifica en la sección 9.8.

9.2 CLASIFICACION DE LOS SISTEMAS DE CONTROL SEGUN EL TIPO

Considérese la clase de sistemas de retroalimentación en forma canónica, definida por el diagrama en bloque adyacente. La función de trasferencia de lazo abierto del sistema se puede escribir como:

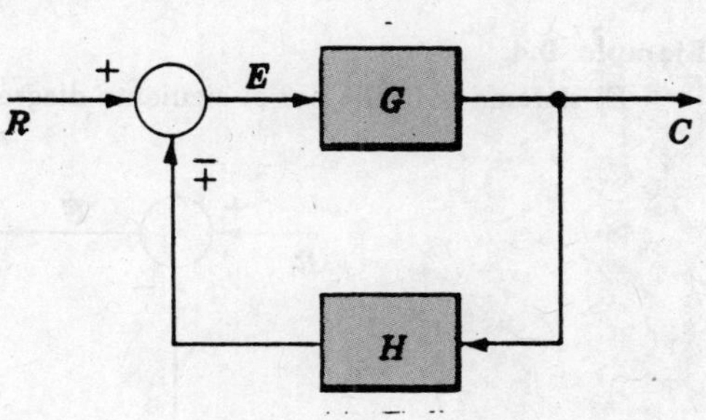

$$GH = \frac{K \prod_{i=1}^{m} (s + z_i)}{\prod_{i=1}^{n} (s + p_i)}$$

donde K es una constante, $m \leq n$ y $-z_i$ y $-p_i$ son los ceros y polos finitos, respectivamente, de GH. Si hay a ceros y b polos en el origen, entonces

$$GH = \frac{Ks^a \prod_{i=1}^{m-a} (s+z_i)}{s^b \prod_{i=1}^{n-b} (s+p_i)}$$

En el resto de este capítulo, se consideran solamente sistemas para los cuales $b \geqq a$ y $l \equiv b - a$.

Definición 9.1: Un sistema de retroalimentación en forma canónica cuya función de trasferencia de lazo abierto se puede escribir en la forma

$$GH = \frac{K \prod_{i=1}^{m-a} (s+z_i)}{s^l \prod_{i=1}^{n-a-l} (s+p_i)} \equiv \frac{K B_1(s)}{s^l B_2(s)} \tag{9.1}$$

donde $l \geqq 0$ y $-z_i$ y $-p_i$ son los ceros y polos finitos, diferentes de cero, de GH, respectivamente, se llama un **sistema tipo** ***l***.

Ejemplo 9.2.

El sistema definido por el siguiente diagrama en bloque

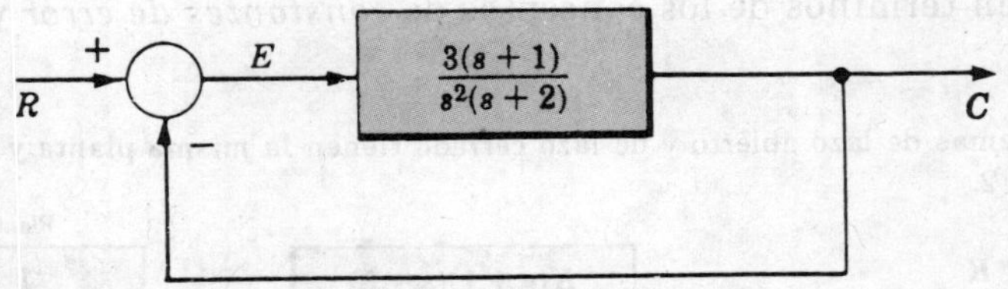

es un *sistema tipo 2.*

Ejemplo 9.3.

El sistema definido por el siguiente diagrama en bloque

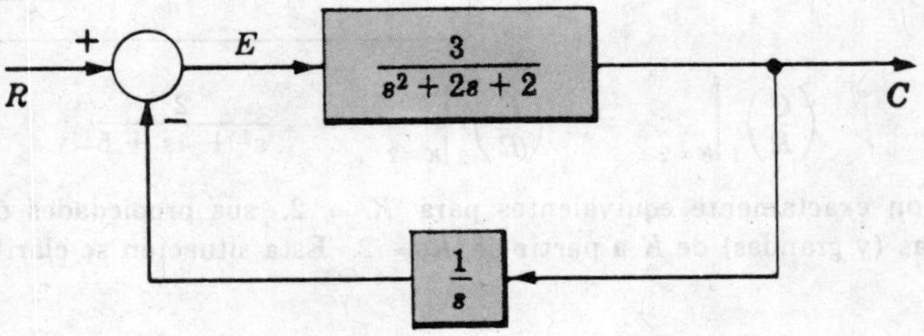

es un *sistema tipo 1.*

Ejemplo 9.4.

El sistema definido por el siguiente diagrama en bloque

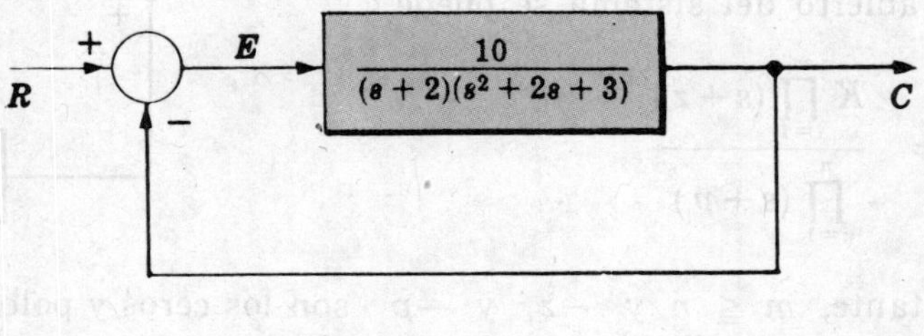

es un *sistema tipo 0.*

9.3 CONSTANTES DE ERROR DE POSICION

Un criterio de la efectividad de la retroalimentación en un *sistema estable de retroalimentación de unidad tipo l* lo constituye la *constante de error de posición (paso).* Es una medida del error en estado estacionario entre la entrada y la salida, cuando la entrada es una función paso unidad.

Definición 9.2: **La constante de error de posición, K_p,** de un sistema de retroalimentación de unidad tipo l se define como

$$K_p \equiv \lim_{s\to 0} G(s) = \lim_{s\to 0} \frac{K B_1(s)}{s^l B_2(s)} = \begin{cases} \dfrac{K B_1(0)}{B_2(0)} & l = 0 \\ \infty & l > 0 \end{cases} \tag{9.2}$$

El error en estado estacionario de un sistema estable de retroalimentación de unidad tipo l cuando la entrada es una función paso unidad $(e(\infty) = 1 - c(\infty))$, está relacionado a la constante de error de posición por

$$e(\infty) = \lim_{t\to\infty} e(t) = \frac{1}{1+K_p} \tag{9.3}$$

Ejemplo 9.5.

La constante de error de posición para un sistema tipo 0 es finita. Es decir,

$$|K_p| = \left|\frac{K B_1(0)}{B_2(0)}\right| < \infty$$

El error en estado estacionario para un sistema tipo 0 no es cero y es finito.

Ejemplo 9.6.

La constante de error de posición para un sistema tipo 1 es $K_p = \lim_{s\to 0} \frac{K B_1(0)}{s B_2(0)} = \infty$.

Por tanto el error en estado estacionario es $e(\infty) = \frac{1}{1+K_p} = 0$.

Ejemplo 9.7.

La constante de error de posición para un sistema tipo 2 es $K_p = \lim_{s\to 0} \frac{K B_1(s)}{s^2 B_2(s)} = \infty$.

Por tanto el error en estado estacionario es $e(\infty) = \frac{1}{1+K_p} = 0$.

9.4 CONSTANTES DE ERROR DE VELOCIDAD

Otro criterio de efectividad de la retroalimentación en un *sistema estable de retroalimentación de unidad tipo l* es la *constante de error de velocidad (rampa).* Es una medida del error en estado estacionario entre la entrada y la salida del sistema cuando la entrada es una función rampa unidad.

Definición 9.3: **La constante de error de velocidad, K_v,** de un sistema estable de retroalimentación de unidad tipo l se define como

$$K_v \equiv \lim_{s\to 0} sG(s) = \lim_{s\to 0} \frac{K B_1(s)}{s^{l-1} B_2(s)} = \begin{cases} 0 & l = 0 \\ \dfrac{K B_1(0)}{B_2(0)} & l = 1 \\ \infty & l > 1 \end{cases} \tag{9.4}$$

El error en estado estacionario de un sistema estable de retroalimentación de unidad tipo l cuando la entrada es una función rampa unidad, está relacionado a la constante de error de velocidad por

$$e(\infty) = \lim_{t\to\infty} e(t) = \frac{1}{K_v} \tag{9.5}$$

Ejemplo 9.8.

La constante de error de velocidad para un sistema tipo 0 es $K_v = 0$. Luego, el error en estado estacionario es infinito.

Ejemplo 9.9.

La constante de error de velocidad para un sistema tipo 1, $K_v = \dfrac{K B_1(0)}{B_2(0)}$, es finita. Por tanto, el error en estado estacionario no es cero y es finito.

Ejemplo 9.10.

La constante de error de velocidad para un sistema tipo 2 es infinita. Por tanto, el error en estado estacionario es cero.

9.5 CONSTANTES DE ERROR DE ACELERACION

Un tercer criterio de la efectividad de la retroalimentación en un sistema *estable de retroalimentación de unidad tipo l* es la *constante de error de aceleración (o parabólica).* Esta es una medida del error en estado estacionario del sistema cuando la entrada es una función parabólica unidad; esto es $r = t^2/2$ y $R = 1/s^3$.

Definición 9.4: **La constante de error de aceleración,** K_a, de un sistema estable de retroalimentación de unidad tipo l se define como

$$K_a \equiv \lim_{s\to 0} s^2 G(s) = \lim_{s\to 0} \frac{K B_1(s)}{s^{l-2} B_2(s)} = \begin{cases} 0 & l = 0, 1 \\ \dfrac{K B_1(0)}{B_2(0)} & l = 2 \\ \infty & l > 2 \end{cases} \tag{9.6}$$

El error en estado estacionario de un sistema estable de retroalimentación de unidad tipo l cuando la entrada es una función parabólica unidad, está relacionada a la constante de error de aceleración por

$$e(\infty) = \lim_{t\to\infty} e(t) = \frac{1}{K_a} \tag{9.7}$$

Ejemplo 9.11.

La constante de error de aceleración para un sistema tipo 0 es $K_a = 0$. Luego el error en estado estacionario es infinito.

Ejemplo 9.12.

La constante de error de aceleración para un sistema tipo 1 es $K_a = 0$. Luego el error en estado estacionario es infinito.

Ejemplo 9.13.

La constante de error de aceleración para un sistema tipo 2, $K_a = \dfrac{K B_1(0)}{B_2(0)}$ es finita. Luego el error en estado estacionario no es cero y es finito.

9.6 RESUMEN TABULADO DE RESULTADOS

Las constantes de error y los errores en estado estacionario para los sistemas estables de retroalimentación de unidad tipo 0, tipo 1 y tipo 2 que se trataron en las secciones 9.3, 9.4 y 9.5 se tabulan a continuación con el fin de facilitar la referencia a ellos.

Entrada / Tipo de sistema	Paso unidad		Rampa unidad		Parábola unidad	
	K_p	Error en estado estacionario	K_v	Error en estado estacionario	K_a	Error en estado estacionario
Tipo 0	$\dfrac{K B_1(0)}{B_2(0)}$	$\dfrac{1}{1+K_p}$	0	∞	0	∞
Tipo 1	∞	0	$\dfrac{K B_1(0)}{B_2(0)}$	$\dfrac{1}{K_v}$	0	∞
Tipo 2	∞	0	∞	0	$\dfrac{K B_1(0)}{B_2(0)}$	$\dfrac{1}{K_a}$

9.7 CONSTANTES DE ERROR PARA SISTEMAS GENERALES

Los resultados de las secciones 9.3 a 9.6 son aplicables solamente a sistemas estables de retroalimentación de unidad. Ellos se pueden extender, sin embargo, a sistemas estables generales. En la figura que se muestra a continuación, T_d representa la función de trasferencia de un sistema deseado (ideal) y C/R representa la función de trasferencia del sistema actual (una aproximación de T_d). R es la entrada a ambos sistemas y E es la diferencia (el error) entre la salida deseada y la salida actual. Para este sistema general se definen luego tres constantes de error que se relacionan al error en estado estacionario.

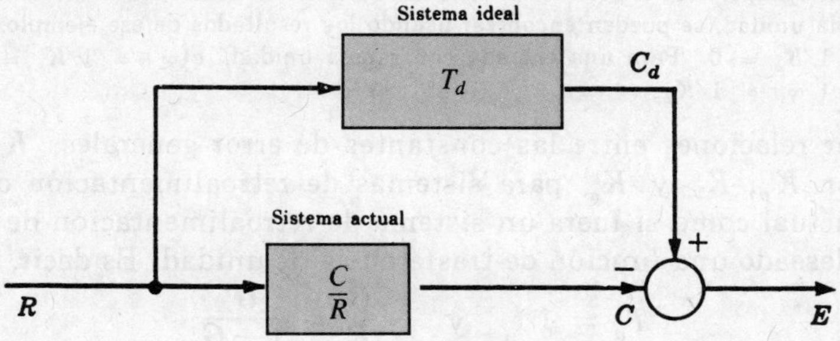

Definición 9.5: **La constante de error para el paso, K_s, se define como**

$$K_s \equiv \frac{1}{\lim\limits_{s\to 0}[T_d - C/R]} \tag{9.8}$$

El error en estado estacionario para el sistema general cuando la entrada es una función paso unidad está relacionado a K_s por

$$e(\infty) = \lim_{t\to\infty} e(t) = \frac{1}{K_s} \tag{9.9}$$

Definición 9.6: **La constante de error para la rampa, K_r, se define como**

$$K_r \equiv \frac{1}{\lim\limits_{s\to 0}\frac{1}{s}[T_d - C/R]} \tag{9.10}$$

El error en estado estacionario para el sistema general cuando la entrada es una función rampa unidad está relacionado a K_r por

$$e(\infty) = \lim_{t\to\infty} e(t) = \frac{1}{K_r} \tag{9.11}$$

Definición 9.7: **La constante de error parabólica, K_{pa}, se define como**

$$K_{pa} \equiv \frac{1}{\lim\limits_{s\to 0}\frac{1}{s^2}[T_d - C/R]} \tag{9.12}$$

El error en estado estacionario para el sistema general cuando la entrada es una función parabólica unidad está relacionado a K_{pa} por

$$e(\infty) = \lim_{t\to\infty} e(t) = \frac{1}{K_{pa}} \tag{9.13}$$

Ejemplo 9.14.

El sistema de retroalimentación de no-unidad

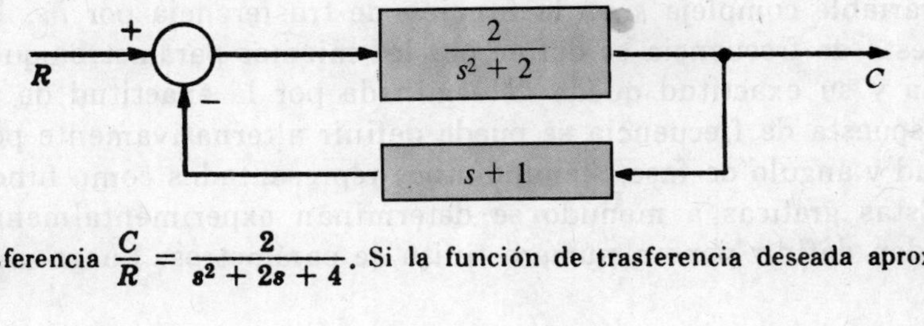

tiene la función de trasferencia $\frac{C}{R} = \frac{2}{s^2+2s+4}$. Si la función de trasferencia deseada aproximada por C/R

es $T_d = \frac{1}{2}$, entonces $T_d - \frac{C}{R} = \frac{s(s+2)}{2(s^2+2s+4)}$. Por tanto

$$K_s = \frac{1}{\lim_{s\to 0}\left[\frac{s(s+2)}{2(s^2+2s+4)}\right]} = \infty \qquad K_r = \frac{1}{\lim_{s\to 0}\frac{1}{s}\left[\frac{s(s+2)}{2(s^2+2s+4)}\right]} = 4$$

$$K_{pa} = \frac{1}{\lim_{s\to 0}\frac{1}{s^2}\left[\frac{s(s+2)}{2(s^2+2s+4)}\right]} = 0$$

Ejemplo 9.15.

Para el sistema del ejemplo 9.14 los errores en estado estacionario ocasionados por entradas con paso unidad, rampa unidad y parábola unidad, se pueden encontrar usando los resultados de ese ejemplo. Para una entrada con paso unidad, $e(\infty) = 1/K_s = 0$. Para una entrada con rampa unidad, $e(\infty) = 1/K_r = \frac{1}{4}$. Para una entrada con parábola unidad, $e(\infty) = 1/K_{pa} = \infty$.

Para establecer relaciones entre las constantes de error generales, K_s, K_r y K_{pa} y las constantes de error K_p, K_v y K_a para sistemas de retroalimentación de unidad, se considera el sistema actual como si fuera un sistema de retroalimentación de unidad y se le adjudica al sistema deseado una función de trasferencia de unidad. Es decir, se hace que

$$T_d = 1 \quad \text{y} \quad \frac{C}{R} = \frac{G}{1+G}$$

Por tanto

$$K_s = \frac{1}{\lim_{s\to 0}\left[\frac{1}{1+G}\right]} = 1 + \lim_{s\to 0} G(s) = 1 + K_p \tag{9.14}$$

$$K_r = \frac{1}{\lim_{s\to 0}\left[\frac{1}{s}\left(\frac{1}{1+G}\right)\right]} = \lim_{s\to 0} s\,G(s) = K_v \tag{9.15}$$

$$K_{pa} = \frac{1}{\lim_{s\to 0}\left[\frac{1}{s^2}\left(\frac{1}{1+G}\right)\right]} = \lim_{s\to 0} s^2 G(s) = K_a \tag{9.16}$$

9.8 SENSIBILIDAD

Un primer paso en el análisis o diseño de un sistema de control consiste en generar modelos para los diferentes elementos del sistema. Si se supone que el sistema es lineal e invariable con el tiempo, se pueden generar dos modelos matemáticos importantes: La *función de trasferencia* y la *función de respuesta de frecuencia* (véase el capítulo 6).

Una vez que se haya escogido un número finito de parámetros constantes, la función de trasferencia se considera fija. Los valores dados a estos parámetros se denominan **valores nominales** y la función de trasferencia correspondiente se denomina **función de trasferencia nominal.** La exactitud del modelo depende aparentemente de cuán cerca estén los valores de los parámetros nominales de los valores de los parámetros actuales y de cuánto se desvíen estos últimos parámetros de los valores nominales durante el funcionamiento del sistema. La *sensibilidad* de un sistema se puede entonces definir como la medida de la cantidad por la cual la función de trasferencia del sistema difiere de su valor nominal cuando uno de sus parámetros difiere del número escogido como su valor nominal.

La función de respuesta de frecuencia de un sistema se puede determinar directamente a partir de la función de trasferencia del sistema cuando ésta se conoce, simplemente remplazando la variable compleja s en la función de trasferencia por $j\omega$. En este caso la función de respuesta de frecuencia se define por los mismos parámetros que definen la función de trasferencia y su exactitud queda determinada por la exactitud de esos parámetros. La función de respuesta de frecuencia se puede definir alternativamente por medio de gráficas de su magnitud y ángulo de fase, siendo ambos representados como funciones de la frecuencia real ω. Estas gráficas a menudo se determinan experimentalmente y en muchos casos no se pueden definir por un número finito de parámetros. Luego un número infinito de valores de amplitud y ángulo de fase (valores para todas las frecuencias) definen todos la función de respuesta de frecuencia. La exactitud del modelo depende entonces de cuán cerca se aproximen las gráficas de amplitud y ángulo de fase, a la función de respuesta de frecuencia actual. La *sensibilidad* del sistema en este caso es una medida de la cantidad según la cual su función de respuesta de frecuencia difiere de su valor nominal cuando la función de respuesta de frecuencia de un elemento del sistema difiere de su valor nominal.

Considérese el modelo matemático $T(k)$ (función de trasferencia o función de respuesta de frecuencia) de un sistema lineal invariable con el tiempo, escrito en forma polar como

$$T(k) = |T(k)|\, e^{j\phi_T} \tag{9.17}$$

donde k es un parámetro del cual depende $T(k)$. Generalmente tanto $T(k)$ como ϕ_T dependen de k, siendo k una cantidad real o compleja que representa un parámetro del sistema que puede ser identificado.

Definición 9.8: Para el modelo matemático $T(k)$, donde k se considera una variable, la **sensibilidad de $T(k)$ con respecto al parámetro k** se define por

$$S_k^{T(k)} \equiv \frac{d \ln T(k)}{d \ln k} = \frac{dT(k)/T(k)}{dk/k} = \frac{dT(k)}{dk}\frac{k}{T(k)} \tag{9.18}$$

Definición 9.9: **La sensibilidad de la magnitud de $T(k)$ con respecto al parámetro k** se define por

$$S_k^{|T(k)|} \equiv \frac{d \ln |T(k)|}{d \ln k} = \frac{d|T(k)|/|T(k)|}{dk/k} = \frac{d|T(k)|}{dk}\frac{k}{|T(k)|} \tag{9.19}$$

Definición 9.10: **La sensibilidad del ángulo de fase ϕ_T de $T(k)$ con respecto al parámetro k** se define por

$$S_k^{\phi_T} \equiv \frac{d \ln \phi_T}{d \ln k} = \frac{d\phi_T/\phi_T}{dk/k} = \frac{d\phi_T}{dk}\frac{k}{\phi_T} \tag{9.20}$$

Las sensibilidades de $T(k) = |T(k)|e^{j\phi_T}$, la magnitud $|T(k)|$ y el ángulo de fase ϕ_T con respecto al parámetro k están relacionados por

$$S_k^{T(k)} = S_k^{|T(k)|} + j\phi_T S_k^{\phi_T} \tag{9.21}$$

Obsérvese que, en general, $S_k^{|T(k)|}$ y $S_k^{\phi_T}$ son números complejos. En el caso especial y muy importante en que k sea real, entonces tanto $S_k^{|T(k)|}$ como $S_k^{\phi_T}$ serán reales.

Ejemplo 9.16.

Considérese la función de respuesta de frecuencia

$$T(\mu) = e^{-j\omega\mu}$$

donde $\mu \equiv k$. La magnitud de $T(\mu)$ es $|T(\mu)| = 1$, y el ángulo de fase de $T(\mu)$ es $\phi_T = -\omega\mu$.

La sensibilidad de $T(\mu)$ *con respecto al parámetro* μ es

$$S_\mu^{T(\mu)} = \frac{d(e^{-j\omega\mu})}{d\mu}\frac{\mu}{e^{-j\omega\mu}} = -j\omega\mu$$

La sensibilidad de la magnitud de $T(\mu)$ *con respecto al parámetro* μ es

$$S_\mu^{|T(\mu)|} = \frac{d|T(\mu)|}{\mu}\frac{\mu}{|T(\mu)|} = 0$$

La sensibilidad del ángulo de fase de $T(\mu)$ *con respecto al parámetro* μ es

$$S_\mu^{\phi_T} = \frac{d\phi_T}{d\mu}\frac{\mu}{\phi_T} = -\omega \cdot \frac{\mu}{-\omega\mu} = 1$$

Obsérvese que

$$S_\mu^{|T(\mu)|} + j\phi_T S_\mu^{\phi_T} = -j\omega\mu = S_\mu^{T(\mu)}$$

Ejemplo 9.17.

La función de respuesta de frecuencia del sistema de retroalimentación de unidad

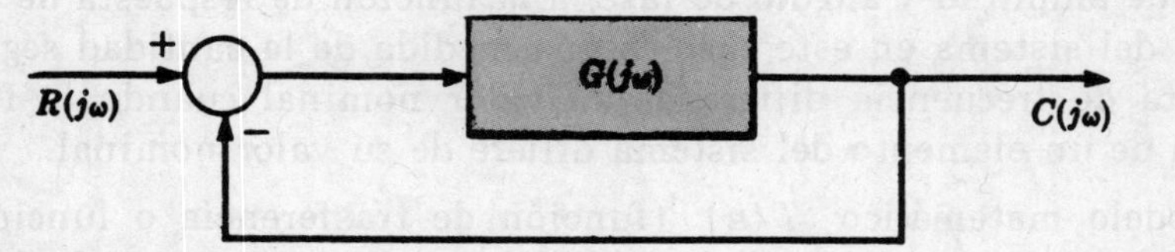

está relacionada a la función de respuesta de frecuencia de lazo directo $G(j\omega)$ por

$$\frac{C}{R}(j\omega) = \left|\frac{C}{R}(j\omega)\right| e^{j\phi_{C/R}} = \frac{G(j\omega)}{1+G(j\omega)} = \frac{|G(j\omega)|e^{j\phi_G}}{1+|G(j\omega)|e^{j\phi_G}}$$

donde $\phi_{C/R}$ es el ángulo de fase de $(C/R)(j\omega)$ y ϕ_G es el ángulo de fase de $G(j\omega)$. *La sensibilidad de* $(C/R)(j\omega)$ con respecto a $|G(j\omega)|$ está dada por

$$S_{|G(j\omega)|}^{(C/R)(j\omega)} = \frac{d\left(\frac{C}{R}(j\omega)\right)}{d|G(j\omega)|} \cdot \frac{|G(j\omega)|}{\frac{C}{R}(j\omega)} = \frac{e^{j\phi_G}}{(1+|G(j\omega)|e^{j\phi_G})^2} \cdot \frac{|G(j\omega)|}{\dfrac{|G(j\omega)|e^{j\phi_G}}{1+|G(j\omega)|e^{j\phi_G}}}$$

$$= \frac{1}{1+|G(j\omega)|e^{j\phi_G}} = \frac{1}{1+G(j\omega)} \tag{9.22}$$

Ejemplo 9.18.

Para el sistema del ejemplo 9.17 se supone que $\omega = 1$ y $G(j\omega) = G(j1) = 1 + j$. Entonces $|G(j\omega)| = \sqrt{2}$, $\phi_G = \pi/4$ radianes, $(C/R)(j\omega) = \frac{3}{5} + j\frac{1}{5}$, $|(C/R)(j\omega)| = \sqrt{10}/5$ y $\phi_{C/R} = 0{,}3215$ radianes.

Usando los resultados del ejemplo anterior, la *sensibilidad de* $(C/R)(j\omega)$ *con respecto a* $|G(j\omega)|$ es $S_{|G(j\omega)|}^{(C/R)(j\omega)} = \frac{1}{2+j} = \frac{2}{5} - j\frac{1}{5}$. Entonces, de la ecuación (*9.21*) se tiene

$$S_{|G(j\omega)|}^{|(C/R)(j\omega)|} = \frac{2}{5} = 0{,}4, \qquad \phi_{C/R}\, S_{|G(j\omega)|}^{\phi_{C/R}} = -\frac{1}{5}, \qquad S_{|G(j\omega)|}^{\phi_{C/R}} = -\frac{1}{5(0{,}3215)} = -0{,}622$$

Estos valores reales de sensibilidad significan que un cambio de 10% en $|G(j\omega)|$ producirá aproximadamente un cambio de 4% en $|(C/R)(j\omega)|$ y un cambio de —6,22% en $\phi_{C/R}$.

Una clase especial pero muy importante de funciones de trasferencia de sistemas tiene la forma

$$T = \frac{A_1 + kA_2}{A_3 + kA_4} \tag{9.23}$$

donde k es un parámetro y A_1, A_2, A_3, A_4 son polinomios en s. Este tipo de dependencia entre un parámetro k y una función de trasferencia T es tan general que incluye la mayoría de sistemas considerados en este libro.

Obsérvese que mientras el siguiente desarrollo es en términos de funciones de trasferencia, todo se puede aplicar a funciones de respuesta de frecuencia al remplazar simplemente a s por $j\omega$ en todas las ecuaciones,

Ejemplo 9.19.

La función de trasferencia del siguiente sistema es

$$T \equiv \frac{C}{R} = \frac{K}{s^3 + (a+b)s^2 + abs + K}$$

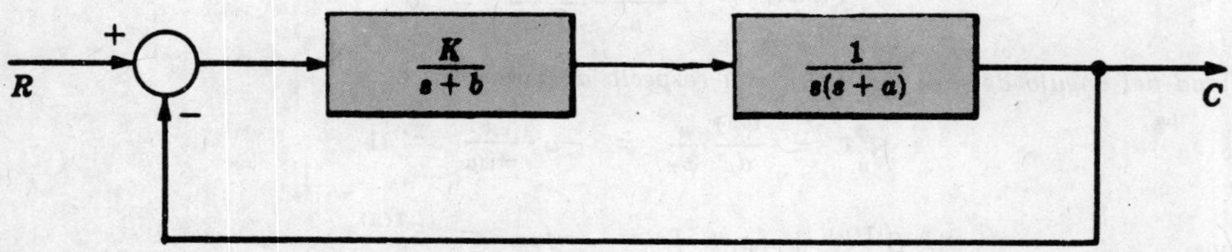

Si K es el parámetro de interés $(k \equiv K)$, se agrupan todos los términos en T como sigue:

$$T = \frac{K}{[s^3 + (a+b)s^2 + abs] + K}$$

Comparando a T con la ecuación (9.23), se ve que

$$A_1 = 0, \quad A_2 = 1, \quad A_3 = s^3 + (a+b)s^2 + abs, \quad A_4 = 1$$

Si a es el parámetro de interés $(k \equiv a)$, T se puede volver a escribir como

$$T = \frac{K}{[s^3 + bs^2 + K] + a[s^2 + bs]}$$

Comparando esta expresión con la ecuación (9.23), se ve que

$$A_1 = K, \quad A_2 = 0, \quad A_3 = s^3 + bs^2 + K, \quad A_4 = s^2 + bs$$

Si b es el parámetro de interés $(k \equiv b)$, T se puede volver a escribir como

$$T = \frac{K}{[s^3 + as^2 + K] + b[s^2 + as]}$$

De nuevo, comparando esta expresión con la ecuación (9.23), se ve que

$$A_1 = K, \quad A_2 = 0, \quad A_3 = s^3 + as^2 + K, \quad A_4 = s^2 + as$$

Ejemplo 9.20.

Para la red de adelanto, que se muestra en la figura adyacente, la función de trasferencia es $T \equiv \dfrac{E_0}{E_i} = \dfrac{1 + RCs}{2 + RCs}$. Si C (capacitancia) es el parámetro de interés, se escribe $T = \dfrac{1 + C(Rs)}{2 + C(Rs)}$. Comparando esta expresión con la ecuación (9.23), se ve que $A_1 = 1$, $A_2 = Rs$, $A_3 = 2$, $A_4 = Rs$.

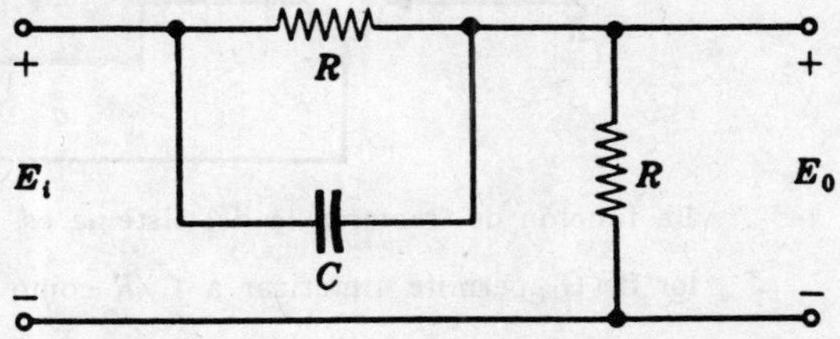

Para una función de trasferencia con la forma de la ecuación (9.23), *la sensibilidad de T con respecto al parámetro k* está dada por

$$S_k^T \equiv \frac{dT}{dk} \cdot \frac{k}{T} = \frac{k(A_2A_3 - A_1A_4)}{(A_3 + kA_4)(A_1 + kA_2)} \tag{9.24}$$

En general, S_k^T es una función de la variable compleja s.

Ejemplo 9.21.

Para el sistema del ejemplo 9.19, *la sensibilidad de T con respecto a K* es

$$S_K^T = \frac{K[s^3 + (a+b)s^2 + abs]}{K[s^3 + (a+b)s^2 + abs + K]} = \frac{1}{1 + \dfrac{K}{s^3 + (a+b)s^2 + abs}}$$

La sensibilidad de T con respecto al parámetro a es

$$S_a^T = \frac{-aK(s^2 + bs)}{K[s^3 + bs^2 + K + a(s^2 + bs)]} = \frac{-1}{1 + \dfrac{s^3 + bs^2 + K}{a(s^2 + bs)}}$$

La sensibilidad de T con respecto al parámetro b es

$$S_b^T = \frac{-bK(s^2 + as)}{K[s^3 + as^2 + K + b(s^2 + as)]} = \frac{-1}{1 + \dfrac{s^3 + as^2 + K}{b(s^2 + as)}}$$

Ejemplo 9.22.

Para la red de adelanto del ejemplo 9.20 la sensibilidad de T con respecto a la capacitancia C es

$$S_C^T = \frac{C(2Rs - Rs)}{(2 + RCs)(1 + RCs)} = \frac{RCs}{(2 + RCs)(1 + RCs)} = \frac{1}{(1 + 2/RCs)(1 + 1/RCs)}$$

Problemas resueltos

CONFIGURACION DE SISTEMAS

9.1. Una planta dada tiene la función de trasferencia G_2. Se desea un sistema que incluya a G_2 como elemento de salida y con una función de trasferencia C/R. Mostrar que si no se exigen condiciones (tales como estabilidad) sobre los elementos compensadores entonces tal sistema se puede sintetizar como un sistema de lazo abierto o como un sistema de retroalimentación de unidad.

Si el sistema se puede sintetizar como un sistema de lazo abierto, entonces tendrá la siguiente configuración:

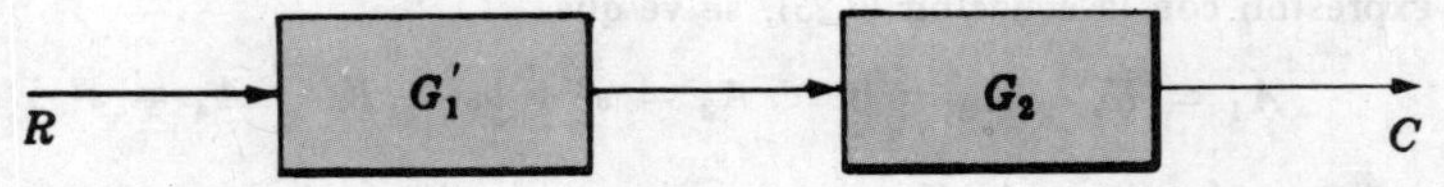

donde G_1 es un elemento de compensación desconocido. La función de trasferencia del sistema es $C/R = G_1' G_2$ de donde $G_1' = (C/R)/G_2$. Este valor para G_1' permite sintetizar a C/R como un sistema de lazo abierto.

Si el sistema se puede sintetizar como un sistema de retroalimentación de unidad, entonces tendrá la siguiente configuración:

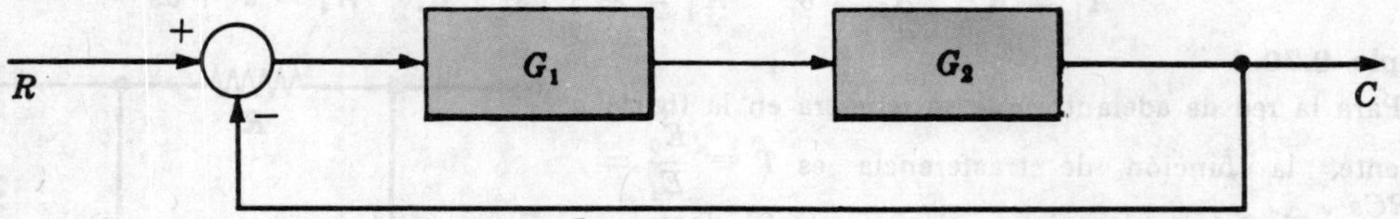

La función de trasferencia del sistema es $\dfrac{C}{R} = \dfrac{G_1 G_2}{1 + G_1 G_2}$ de donde $G_1 = \dfrac{1}{G_2}\left(\dfrac{C/R}{1 - C/R}\right)$. Este valor de G_1 permite sintetizar a C/R como un sistema de retroalimentación de unidad.

9.2. Usando los resultados del problema 9.1, mostrar cómo la función de trasferencia del sistema $\dfrac{C}{R} = \dfrac{2}{s^2 + s + 2}$ que incluye como elemento de salida la planta $G_2 = \dfrac{1}{s(s+1)}$ se puede sintetizar como, (*a*) un sistema de lazo abierto, (*b*) un sistema de retroalimentación de unidad.

(*a*) Para el sistema de lazo abierto, $G_1' = \dfrac{C/R}{G_2} = \dfrac{2s(s+1)}{s^2 + s + 2}$ y el diagrama en bloque del sistema es

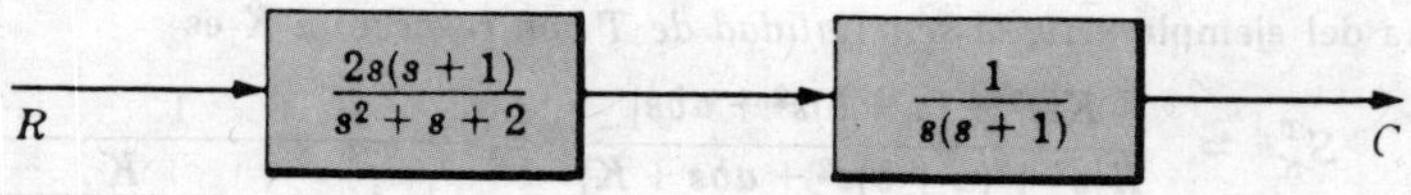

(*b*) Para el sistema de retroalimentación de unidad,

$$G_1 = \frac{1}{G_2}\left(\frac{C/R}{1 - C/R}\right) = s(s+1)\left[\frac{2/(s^2+s+2)}{(s^2+s+2-2)/(s^2+s+2)}\right] = 2$$

y el diagrama en bloque del sistema es

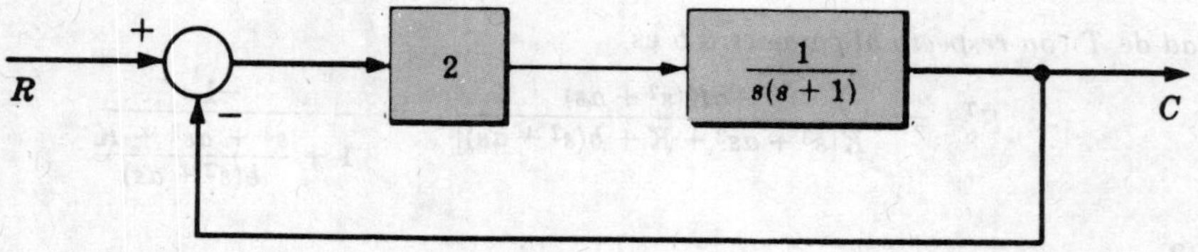

CLASIFICACION DE SISTEMAS SEGUN EL TIPO

9.3. El sistema de retroalimentación en forma canónica se representa por

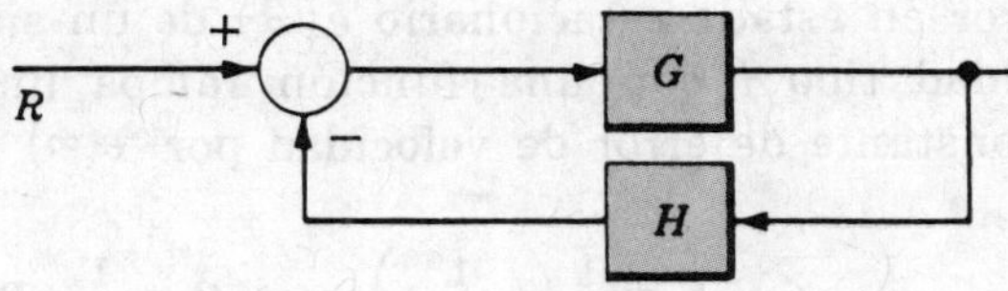

Clasificar este sistema de acuerdo con el tipo si

(*a*) $G = \dfrac{1}{s}$ $\quad H = 1$

(*b*) $G = \dfrac{5}{s(s+3)}$ $\quad H = \dfrac{s+1}{s+2}$

(*c*) $G = \dfrac{2}{s^2+2s+5}$ $\quad H = s+5$

(*d*) $G = \dfrac{24}{(2s+1)(4s+1)}$ $\quad H = \dfrac{4}{4s(3s+1)}$

(*e*) $G = \dfrac{4}{s(s+3)}$ $\quad H = \dfrac{1}{s}$

(*a*) $GH = \dfrac{1}{s}$; *tipo 1.* (*b*) $GH = \dfrac{5(s+1)}{s(s+2)(s+3)}$; *tipo 1.* (*c*) $GH = \dfrac{2(s+5)}{s^2+2s+5}$; *tipo 0.*

(*d*) $GH = \dfrac{96}{4s(2s+1)(3s+1)(4s+1)} = \dfrac{1}{s(s+\frac{1}{2})(s+\frac{1}{3})(s+\frac{1}{4})}$; *tipo 1.*

(*e*) $GH = \dfrac{4}{s^2(s+3)}$; *tipo 2.*

9.4. Clasificar el siguiente sistema de acuerdo con el tipo:

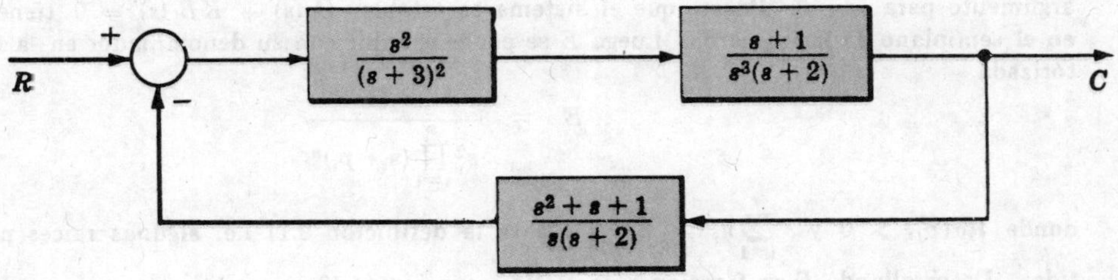

La función de trasferencia de lazo abierto de este sistema es

$$GH = \frac{s^2(s+1)(s^2+s+1)}{s^4(s+2)^2(s+3)^2} = \frac{(s+1)(s^2+s+1)}{s^2(s+2)^2(s+3)^2}$$

Es decir es un sistema *tipo 2.*

CONSTANTES DE ERROR Y ERRORES EN ESTADO ESTACIONARIO

9.5. Mostrar que el error en estado estacionario $e(\infty)$ de un sistema estable de retroalimentación de unidad tipo l cuando la entrada es una función paso unidad, está relacionado a la constante de error de posición por

$$e(\infty) = \lim_{t\to\infty} e(t) = \frac{1}{1+K_p}$$

La razón de error (definición 7.5) para un sistema de retroalimentación negativo de unidad está dada por la ecuación (7.4) con $H = 1$, es decir, $\dfrac{E}{R} = \dfrac{1}{1+G}$. Para $R = \dfrac{1}{s}$, $E = \dfrac{1}{s}\left(\dfrac{1}{1+G}\right)$. Según el teorema del valor final, se obtiene

$$e(\infty) = \lim_{s\to 0} sE(s) = \lim_{s\to 0}\left(\frac{s}{s[1+G(s)]}\right) = \frac{1}{1+\lim_{s\to 0} G(s)} = \frac{1}{1+K_p}$$

donde se usa la definición $K_p \equiv \lim_{s\to 0} G(s)$.

9.6. Mostrar que el error en estado estacionario $e(\infty)$ de un sistema estable de retroalimentación de unidad tipo l con una función rampa unidad como entrada, está relacionado a la constante de error de velocidad por $e(\infty) = \lim_{t\to\infty} e(t) = 1/K_v$.

Se tiene que $\dfrac{E}{R} = \dfrac{1}{1+G}$, y $E = \dfrac{1}{s^2}\left(\dfrac{1}{1+G}\right)$ para $R = \dfrac{1}{s^2}$. Puesto que $G = \dfrac{K\,B_1(s)}{s^l\,B_2(s)}$ según la definición 9.1, entonces

$$E = \frac{1}{s^2}\left[\frac{s^l B_2(s)}{s^l B_2(s) + K B_1(s)}\right]$$

Para $l > 0$, se tiene

$$s\,E(s) = \frac{B_2(s)}{s\,B_2(s) + K\,B_1(s)/s^{l-1}}$$

donde $l - 1 \geqq 0$. Ahora se puede aplicar el teorema del valor final como se hizo en el problema anterior ya que queda satisfecha la condición para la aplicación de este teorema. Esto es, para $l > 0$ se tiene

$$e(\infty) = \lim_{s\to 0} s\,E(s) = \begin{cases} 0 & \text{para } l > 1 \\ \dfrac{B_2(0)}{K\,B_1(0)} & \text{para } l = 1 \end{cases}$$

$B_1(0)$ y $B_2(0)$ no son cero y finitos según la definición 9.1; luego el límite existe (i.e. es finito).

No se puede emplear el teorema del valor final para el caso $l = 0$ debido a que

$$s\,E(s)\Big|_{l=0} = \frac{1}{s}\left[\frac{B_2(s)}{B_2(s) + K\,B_1(s)}\right]$$

y no existe el límite de la cantidad a la derecha cuando $s \to 0$. Sin embargo, se puede usar el siguiente argumento para $l = 0$. Puesto que el sistema es estable, $B_2(s) + KB_1(s) = 0$ tiene raíces solamente en el semiplano de la izquierda. Luego E se puede escribir con su denominador en la forma general factorizada

$$E = \frac{B_2(s)}{s^2 \prod_{i=1}^{r} (s + p_i)^{n_i}}$$

donde $\mathrm{Re}(p_i) > 0$ y $\sum_{i=1}^{r} n_i = n - a$ (véase la definición 9.1) i.e. algunas raíces pueden estar repetidas. Desarrollando E en fracciones parciales (ecuación (*4.10a*)) se obtiene

$$E = \frac{c_{20}}{s^2} + \frac{c_{10}}{s} + \sum_{i=1}^{r}\sum_{k=1}^{n_i} \frac{c_{ik}}{(s+p_i)^k}$$

donde b_n es cero en la ecuación (*4.10a*) puesto que el grado del denominador es mayor que el del numerador ($m < n$). Invirtiendo $E(s)$ (sección 4.8) se obtiene

$$e(t) = c_{20}t + c_{10} + \sum_{i=1}^{r}\sum_{k=1}^{n_i} \frac{c_{ik}}{(k-1)!}\, t^{k-1} e^{-p_i t}$$

Puesto que $\mathrm{Re}(p_i) > 0$ y c_{20} y c_{10} son constantes finitas diferentes de cero (E es una expresión algebraica racional), entonces

$$e(\infty) = \lim_{t\to\infty} e(t) = \lim_{t\to\infty} (c_{20}t) + c_{10} = \infty$$

Ordenando resultados se tiene

$$e(\infty) = \begin{cases} \infty & \text{para } l = 0 \\ \dfrac{B_2(0)}{K\,B_1(0)} & \text{para } l = 1 \\ 0 & \text{para } l > 1 \end{cases} \qquad \text{Equivalente a,} \quad \frac{1}{e(\infty)} = \begin{cases} 0 & \text{para } l = 0 \\ \dfrac{K\,B_1(0)}{B_2(0)} & \text{para } l = 1 \\ \infty & \text{para } l > 1 \end{cases}$$

Estos tres valores para $1/e(\infty)$ definen a K_v; por tanto

$$e(\infty) = 1/K_v$$

9.7. Para el sistema estable

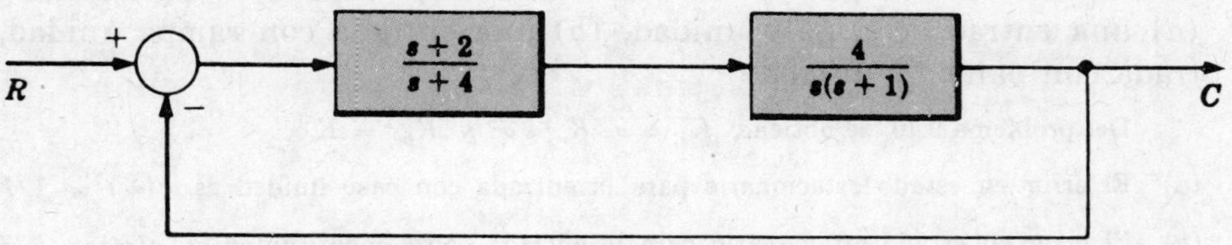

encontrar las constantes de error de posición, velocidad y aceleración.

La constante de error de posición es $K_p = \lim_{s\to 0} G(s) = \lim_{s\to 0} \dfrac{4(s+2)}{s(s+1)(s+4)} = \infty$.

La constante de error de velocidad es $K_v = \lim_{s\to 0} s\,G(s) = \lim_{s\to 0} \dfrac{4(s+2)}{(s+1)(s+4)} = 2$.

La constante de error de aceleración es $K_a = \lim_{s\to 0} s^2\,G(s) = \lim_{s\to 0} \dfrac{4s(s+2)}{(s+1)(s+4)} = 0$.

9.8. Para el sistema del problema 9.7, encontrar el error en estado estacionario para, (*a*) una entrada con paso unidad, (*b*) una entrada con rampa unidad, (*c*) una entrada con parábola unidad.

(*a*) El error en estado estacionario para una entrada con paso unidad está dado por $e(\infty) = 1/(1+K_p)$. Usando el resultado del problema 9.7 se obtiene $e(\infty) = 1/(1+\infty) = 0$.

(*b*) El error en estado estacionario para una entrada con rampa unidad está dado por $e(\infty) = 1/K_v$. Usando de nuevo el resultado del problema 9.7 se obtiene $e(\infty) = 1/2$.

(*c*) El error en estado estacionario para una entrada con parábola unidad está dado por $e(\infty) = 1/K_a$. Entonces $e(\infty) = 1/0 = \infty$.

9.9. El siguiente sistema representa aproximadamente un diferenciador:

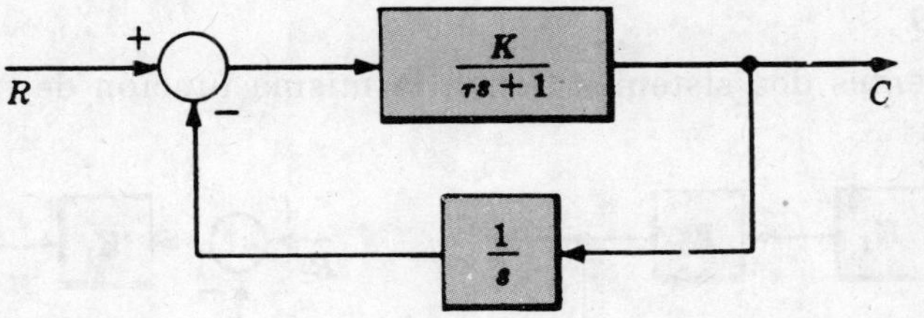

Su función de trasferencia es $\dfrac{C}{R} = \dfrac{Ks}{s(\tau s+1)+K}$. Obsérvese que $\lim_{\substack{\tau\to 0\\ K\to\infty}} C/R = s$, es decir, en el límite, C/R es un diferenciador puro. Encontrar las constantes de error del paso, la rampa y la parábola para este sistema en donde se supone que el sistema ideal T_d es un diferenciador.

Usando la notación de la sección 9.7, $T_d = s$ y $T_d - \dfrac{C}{R} = \dfrac{s^2(\tau s+1)}{s(\tau s+1)+K}$.

Aplicando las definiciones 9.5, 9.6 y 9.7 resulta en

$$K_s = \frac{1}{\lim_{s\to 0}[T_d - C/R]} = \frac{1}{\lim_{s\to 0}\left[\dfrac{s^2(\tau s+1)}{s(\tau s+1)+K}\right]} = \infty$$

$$K_r = \frac{1}{\lim_{s\to 0}\dfrac{1}{s}[T_d - C/R]} = \frac{1}{\lim_{s\to 0}\left[\dfrac{s(\tau s+1)}{s(\tau s+1)+K}\right]} = \infty$$

$$K_{pa} = \frac{1}{\lim_{s\to 0}\dfrac{1}{s^2}[T_d - C/R]} = \frac{1}{\lim_{s\to 0}\left[\dfrac{\tau s+1}{s(\tau s+1)+K}\right]} = K$$

9.10. Encontrar el valor en estado estacionario de la diferencia (el error) entre las salidas de un diferenciador puro y del diferenciador aproximado del problema anterior para, (*a*) una entrada con paso unidad, (*b*) una entrada con rampa unidad, (*c*) una entrada con parábola unidad.

Del problema 9.10, se obtiene, $K_s = \infty$, $K_r = \infty$ y $K_{pa} = K$.

(*a*) El error en estado estacionario para la entrada con paso unidad es $e(\infty) = 1/K_s = 0$.

(*b*) El error en estado estacionario para la entrada con rampa unidad es $e(\infty) = 1/K_r = 0$.

(*c*) El error en estado estacionario para la entrada con parábola unidad es $e(\infty) = 1/K_{pa} = 1/K$.

9.11. Dado el sistema estable de retroalimentación de unidad tipo 2 encontrar, (*a*) las constantes de error de posición, velocidad y aceleración, (*b*) el error en estado estacionario cuando la entrada es $R = \dfrac{3}{s} - \dfrac{1}{s^2} + \dfrac{1}{2s^3}$.

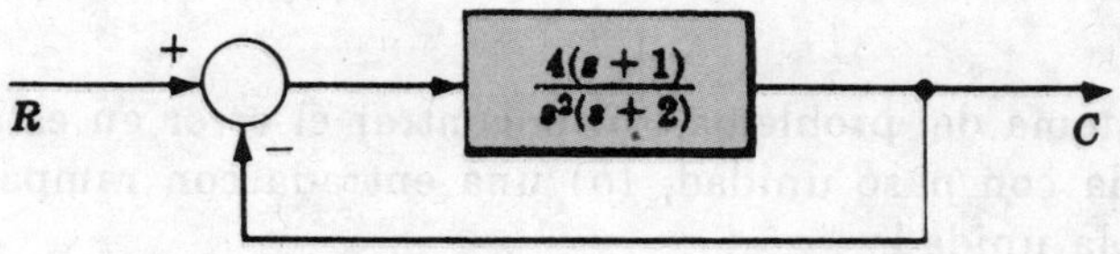

(*a*) Usando la última fila de la tabla en la sección 9.6 (sistemas *tipo 2*) las constantes de error son: $K_p = \infty$, $K_v = \infty$, $K_a = (4)(1)/2 = 2$.

(*b*) Los errores en estado estacionario para las entradas con paso, rampa y parábola se obtienen de la misma fila en la tabla y están dados por: $e_1(\infty) = 0$ para el paso unidad; $e_2(\infty) = 0$ para la rampa unidad; $e_3(\infty) = \frac{1}{2}$ para la parábola unidad.

Puesto que el sistema es lineal, los errores pueden estar superpuestos. Por tanto el error en estado estacionario cuando la entrada es $R = 3/s - 1/s^2 + 1/2s^3$ está dado por $e(\infty) = 3e_1(\infty) - e_2(\infty) + \frac{1}{2}e_3(\infty) = \frac{1}{4}$.

SENSIBILIDAD

9.12. Los siguientes dos sistemas tienen la misma función de trasferencia cuando $K_1 = K_2 = 100$:

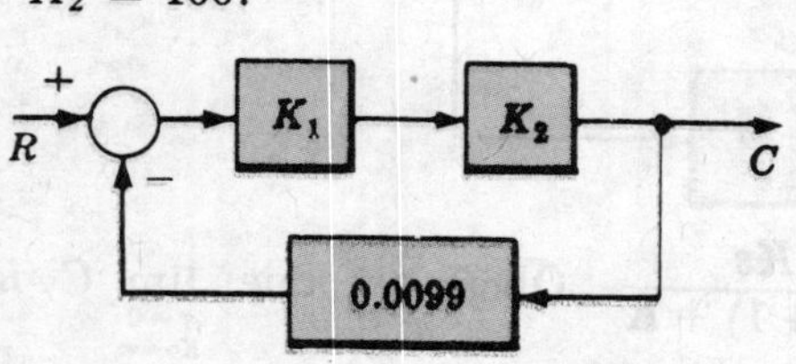

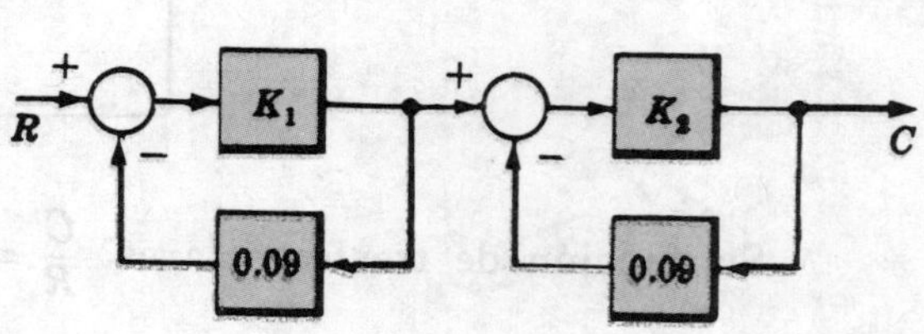

$$T_1 = \left(\frac{C}{R}\right)_1\Bigg|_{\substack{K_1=100\\K_2=100}} = \frac{K_1K_2}{1+0{,}0099K_1K_2} = 100$$

$$T_2 = \left(\frac{C}{R}\right)_2\Bigg|_{\substack{K_1=100\\K_2=100}} = \left(\frac{K_1}{1+0{,}09K_1}\right)\left(\frac{K_2}{1+0{,}09K_2}\right) = 100$$

Comparar las sensibilidades de estos dos sistemas con respecto al parámetro K_1 para los valores nominales $K_1 = K_2 = 100$.

Para el primer sistema $T_1 = \dfrac{K_1K_2}{1+K_1(0{,}0099K_2)}$. Comparando esta expresión con la ecuación (*9.23*) da $A_1 = 0$, $A_2 = K_2$, $A_3 = 1$, $A_4 = 0{,}0099K_2$. Sustituyendo estos valores en la ecuación (*9.24*), se obtiene

$$S_{K_1}^{T_1} = \frac{K_1K_2}{(1+0{,}0099K_1K_2)(K_1K_2)} = \frac{1}{1+0{,}0099K_1K_2} = 0{,}01 \qquad \text{para } K_1 = K_2 = 100$$

Para el segundo sistema

$$T_2 = \left(\frac{K_1}{1+0{,}09K_1}\right)\left(\frac{K_2}{1+0{,}09K_2}\right) = \frac{K_1K_2}{1+0{,}09K_1+0{,}09K_2+0{,}0081K_1K_2}$$

Comparando esta expresión con la ecuación (*9.23*) da como resultado, $A_1 = 0$, $A_2 = K_2$, $A_3 = 1 + 0{,}09K_2$, $A_4 = 0{,}09 + 0{,}0081K_2$. Sustituyendo estos dos valores en la ecuación (*9.24*) se tiene

$$S_{K_1}^{T_2} = \frac{K_1K_2(1+0{,}09K_2)}{(1+0{,}09K_1)(1+0{,}09K_2)(K_1K_2)} = \frac{1}{1+0{,}09K_1} = 0{,}1 \quad \text{para } K_1 = K_2 = 100$$

Una variación de 10% en K_1 producirá aproximadamente una variación de 0,1% en T_1 y una variación de 1% en T_2. Luego el segundo sistema T_2 es 10 veces más sensible a variaciones en K_1 que el primer sistema T_1.

9.13. **Determinar las sensibilidades de los sistemas del ejemplo 9.1 con respecto al parámetro K.**

La función de trasferencia del primer sistema es $T_1 \equiv \left(\frac{C}{R}\right) = \frac{K}{s^2+4s+5}$. Comparando esta expresión con la ecuación (*9.23*) da $A_1 = 0$, $A_2 = 1$, $A_3 = s^2+4s+5$, $A_4 = 0$. Sustituyendo estos valores en la ecuación (*9.24*) se obtiene $S_K^{T_1} = \frac{K(s^2+4s+5)}{(s^2+4s+5)K} = 1$ para todo K.

La función de trasferencia del segundo sistema es $T_2 \equiv \left(\frac{C}{R}\right)_2 = \frac{K}{s^2+4s+3+K}$. Comparando esta expresión con la ecuación (*9.23*) da como resultado $A_1 = 0$, $A_2 = 1$, $A_3 = s^2+4s+3$, $A_4 = 1$. Sustituyendo estos valores en la ecuación (*9.24*), se obtiene

$$S_K^{T_2} = \frac{K(s^2+4s+3)}{(s^2+4s+3+K)(K)} = \frac{1}{1+K/(s^2+4s+3)}$$

Para $K = 2$, $S_K^{T_2} = \frac{1}{1+2/(s^2+s+3)}$.

Obsérvese que la sensibilidad del sistema de lazo abierto T_1 se fija en 1 para todos los valores de la ganancia K. Por otra parte, la sensibilidad de lazo cerrado es una función de K y de la variable compleja s. Luego $S_K^{T_2}$ se puede ajustar en un problema de diseño variando a K, o manteniendo las frecuencias de la función de entrada dentro de un intervalo apropiado.

9.14. **El siguiente sistema de lazo cerrado se define en términos de la función de respuesta de frecuencia del elemento de realimentación $G(j\omega)$.**

$$\frac{C}{R}(j\omega) = \frac{G(j\omega)}{1+G(j\omega)}$$

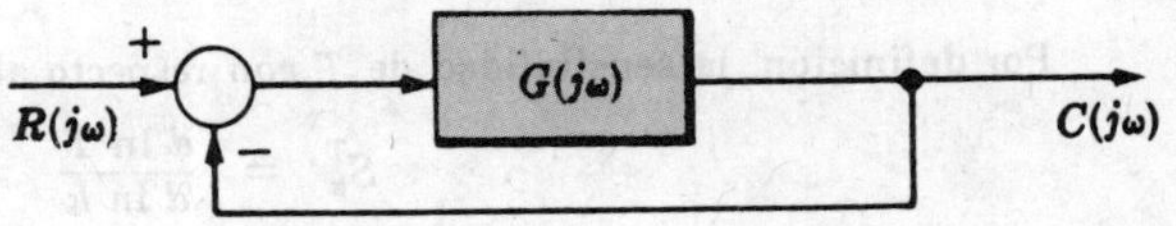

Suponer que $G(j\omega) = 1/(j\omega+1)$. En el capítulo 15 se muestra que las funciones de respuesta de frecuencia $1/(j\omega+1)$ se pueden aproximar por las siguientes gráficas en línea recta de la magnitud y ángulo de fase de $G(j\omega)$.

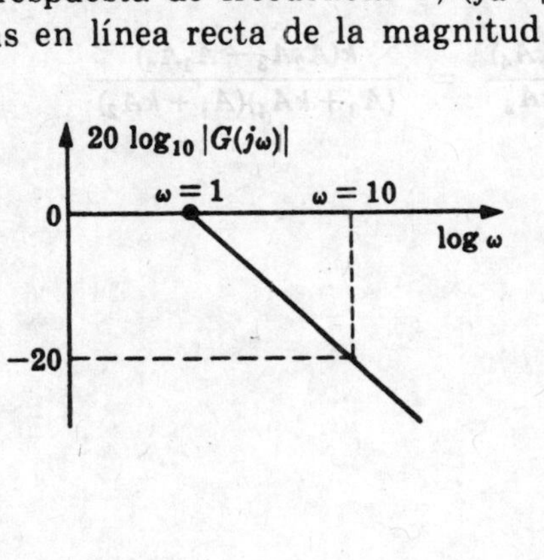

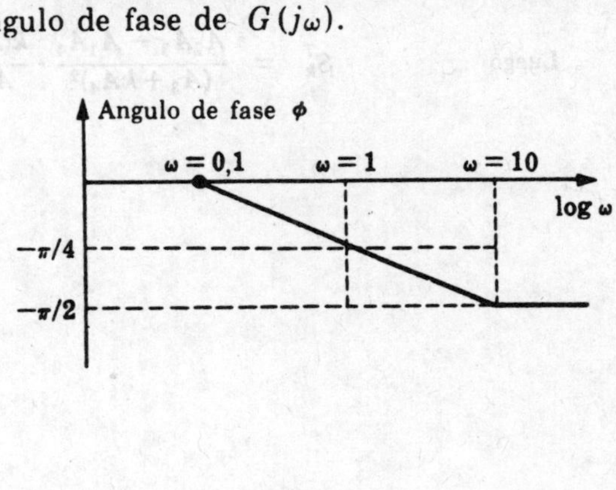

Cuando $\omega = 1$, los verdaderos valores de $20 \log_{10} |G(j\omega)|$ y ϕ son -3 y $-\pi/4$, respectivamente. Para $\omega = 1$, encontrar:

(*a*) La sensibilidad de $|(C/R)(j\omega)|$ con respecto a $|G(j\omega)|$.

(*b*) Usando el resultado de (*a*) determinar un valor aproximado para el error en $|(C/R)(j\omega)|$ usando las aproximaciones en línea recta para $1/(j\omega + 1)$.

(*a*) Usando la ecuación (*9.22*), la sensibilidad de $(C/R)(j\omega)$ con respecto a $|G(j\omega)|$ está dada por

$$S_{|G(j\omega)|}^{(C/R)(j\omega)} = \frac{1}{1+G(j\omega)} = \frac{1}{2+j\omega} = \frac{2-j\omega}{4+\omega^2}$$

Puesto que $|G(j\omega)|$ es real, $S_{|G(j\omega)|}^{|(C/R)(j\omega)|} = \text{Re}\, S_{|G(j\omega)|}^{(C/R)(j\omega)} = \dfrac{2}{4+\omega^2}$. Para $\omega = 1$, $S_{|G(j\omega)|}^{|(C/R)(j\omega)|} = 0{,}4$.

(*b*) Para $\omega = 1$, el valor exacto de $|G(j\omega)|$ es $|G(j\omega)| = 1/\sqrt{2} = 0{,}707$. El valor aproximado tomado de la gráfica es $|G(j\omega)| = 1$. Luego el porcentaje de error en la aproximación es $100\,(1 - 0{,}707)/0{,}707 = 41{,}4\%$. El porcentaje de error aproximado en $|(C/R)(j\omega)|$ es $41{,}4\, S_{|G(j\omega)|}^{|(C/R)(j\omega)|} = 16{,}6\%$.

9.15. Mostrar que las sensibilidades de $T(k) = |T(k)|\, e^{j\phi_T}$, la magnitud $|T(k)|$, y el ángulo de fase ϕ_T con respecto al parámetro K están relacionados por

$$S_k^{T(k)} = S_k^{|T(k)|} + j\phi_T \cdot S_k^{\phi_T} \qquad \text{(ecuación } 9.21\text{)}$$

Usando la ecuación (*9.18*), se tiene

$$S_k^{T(k)} = \frac{d \ln T(k)}{d \ln k} = \frac{d \ln [|T(k)|\, e^{j\phi_T}]}{d \ln k} = \frac{d\, [\ln |T(k)| + j\phi_T]}{d \ln k}$$

$$= \frac{d \ln |T(k)|}{d \ln k} + j\frac{d\phi_T}{d \ln k} = \frac{d \ln |T(k)|}{d \ln k} + j\phi_T \frac{d \ln \phi_T}{d \ln k} = S_k^{|T(k)|} + j\phi_T S_k^{\phi_T}$$

Obsérvese que si k es real, entonces $S_k^{|T(k)|}$ y $S_k^{\phi_T}$ son reales y

$$S_k^{|T(k)|} = \text{Re}\, S_k^{T(k)}, \qquad \phi_T S_k^{\phi_T} = \text{Im}\, S_k^{T(k)}$$

9.16. Mostrar que la sensibilidad de la función de trasferencia $T = \dfrac{A_1 + kA_2}{A_3 + kA_4}$ con respecto al parámetro k, está dada por $S_k^T = \dfrac{k(A_2A_3 - A_1A_4)}{(A_3 + kA_4)(A_1 + kA_2)}$.

Por definición, la sensibilidad de T con respecto al parámetro k es

$$S_k^T = \frac{d \ln T}{d \ln k} = \frac{dT}{dk} \cdot \frac{k}{T}$$

Ahora $$\frac{dT}{dk} = \frac{A_2(A_3 + kA_4) - A_4(A_1 + kA_2)}{(A_3 + kA_4)^2} = \frac{A_2A_3 - A_1A_4}{(A_3 + kA_4)^2}$$

Luego $$S_k^T = \frac{A_2A_3 - A_1A_4}{(A_3 + kA_4)^2} \cdot \frac{k(A_3 + kA_4)}{A_1 + kA_2} = \frac{k(A_2A_3 - A_1A_4)}{(A_3 + kA_4)(A_1 + kA_2)}$$

Problemas propuestos

9.17. Probar la validez de la ecuación (*9.9*). (*Sugerencia*: Véanse los problemas 9.5 y 9.6.)

9.18. Probar la validez de la ecuación (*9.11*). (*Sugerencia*: Véanse los problemas 9.5 y 9.6.)

9.19. Probar la validez de la ecuación (*9.13*). (*Sugerencia*: Véanse los problemas 9.5 y 9.6.)

9.20. Determinar la sensibilidad del sistema del problema 7.9 a las variaciones en cada uno de los parámetros K_1, K_2 y p individualmente.

9.21. Derivar una expresión, en términos de las sensibilidades determinadas en el problema 9.20, que relacione la variación total en la función de trasferencia del sistema en el problema 7.9 a variaciones en K_1, K_2 y p.

9.22. Mostrar que el error en estado estacionario $e(\infty)$ de un sistema estable de retroalimentación de unidad tipo l y entrada con parábola unidad se relaciona a la constante de error de aceleración por $e(\infty) = \lim_{t\to\infty} e(t) = 1/K_a$. (*Sugerencia*: Véase el problema 9.6.)

Respuestas a los problemas propuestos

9.20. $S_{K_1}^{C/R} = \dfrac{s+p}{s+p-K_1K_2} \qquad S_{K_2}^{C/R} = \dfrac{K_1K_2}{s+p-K_1K_2} \qquad S_{p}^{C/R} = \dfrac{-p}{s+p-K_1K_2}$

9.21. $\Delta \dfrac{C}{R} = \dfrac{(s+p)\,\Delta K_1 + (K_1K_2)\,\Delta K_2 - p\,\Delta p}{s+p-K_1K_2}$

Capítulo 10

El análisis y diseño de sistemas de control por retroalimentación: Objetivos y métodos

10.1 INTRODUCCION

Los conceptos básicos, los medios matemáticos y las propiedades de los sistemas de control por retroalimentación se han presentado en los primeros nueve capítulos. De ahora en adelante la atención se concentra en el objetivo principal: el *análisis y diseño* de sistemas de control por retroalimentación.

Nosotros hemos considerado solamente modelos lineales y matemáticas lineales. En realidad los sistemas lineales no existen. Todos los sistemas físicos son un poco alineales. Afortunadamente, un gran porcentaje de sistemas se puede representar por modelos lineales si se limita el intervalo de operación. Muchos sistemas funcionan dentro de un *dominio lineal.* Otros exceden los límites de operación lineal, pero se pueden *aproximar* por medio de sistemas lineales.

Los métodos de análisis y diseño presentados en los próximos ocho capítulos constituyen técnicas lineales aplicables a modelos lineales. Las técnicas para resolver problemas sobre sistemas de control representados por modelos no lineales son muy complicadas y no se tratarán aquí.

Este capítulo se dedica a hacer más claros los objetivos y a describir brevemente la metodología del análisis y diseño.

10.2 OBJETIVOS DEL ANALISIS

Los tres objetivos principales del análisis de sistemas de control por retroalimentación son la determinación de las siguientes características del sistema:

1. El grado de estabilidad del sistema
2. La calidad del trabajo ejecutado en estado estacionario
3. La respuesta a transitorios

El conocimiento de si el sistema es absolutamente estable o no lo es, es una información insuficiente para la mayoría de los propósitos. Si un sistema es estable, generalmente se quiere conocer cuán cercano está de volverse inestable. Se requiere pues establecer su *estabilidad relativa.*

En el capítulo 3 se aprendió que la solución completa de las ecuaciones diferenciales que describen un sistema se puede considerar dividida en dos partes. La primera, es la solución en estado estacionario, aquella parte de la solución completa que no se acerca a cero a medida que el tiempo tiende a infinito. La segunda, es la respuesta a transitorios, aquella parte de la solución completa que se acerca a cero (o decae), cuando el tiempo tiende a infinito.

Existe una relación estrecha entre la estabilidad relativa y la respuesta a transitorios de sistemas de control por retroalimentación.

10.3 METODOS DE ANALISIS

El procedimiento general para analizar un sistema de control es el siguiente:

1. Se determinan las ecuaciones o función de trasferencia para cada componente del sistema.
2. Se escoge un modelo para representar al sistema (diagrama en bloque o gráfica del flujo de señales).
3. Se realiza el modelo del sistema conectando apropiadamente los componentes (bloques o nodos y ramas).
4. Se determinan las características del sistema.

Hay varios métodos para determinar las características de sistemas lineales. La solución de la ecuación diferencial del sistema se puede emplear directamente para encontrar las soluciones al estado estacionario y al transitorio (capítulos 3 y 4). Esta técnica es muy engorrosa para sistemas de orden superior al segundo y la estabilidad relativa es muy difícil de estudiar en el dominio del tiempo.

A la disposición del analizador de sistemas de control hay cuatro métodos gráficos más simples y más directos que los métodos en el dominio del tiempo para modelos lineales prácticos de sistemas de control por retroalimentación. Estos son:

1. Método del lugar de raíces
2. Representaciones gráficas de Bode
3. Diagramas de Nyquist
4. Cartas de Nichols

Las últimas tres técnicas pertenecen al dominio de la frecuencia. Todas cuatro se consideran en detalle en los capítulos 13, 15, 11 y 17 respectivamente.

10.4 OBJETIVOS DEL DISEÑO

El objetivo básico en el diseño de sistemas de control es satisfacer las *especificaciones del trabajo por ejecutar.* Estas especificaciones son las limitaciones que se ponen a la funciones matemáticas que describen las características del sistema. Ellas se pueden establecer de maneras diferentes. Generalmente éstas toman dos formas:

1. Especificaciones en el dominio de la frecuencia (las cantidades pertinentes se expresan como funciones de frecuencia)
2. Especificaciones en el dominio del tiempo (en términos de la respuesta al tiempo)

Las características deseadas del sistema se pueden establecer en cualquiera o en ambas de las formas mencionadas. En general, ellas especifican tres propiedades importantes de los sistemas dinámicos:

1. Rapidez de respuesta
2. Estabilidad relativa
3. Exactitud del sistema o error permitido

Las *especificaciones en el dominio de la frecuencia* generalmente se establecen en los siguientes términos:

1. Margen de ganancia

Es una medida de la estabilidad relativa; se define como la magnitud del recíproco de la función de trasferencia de lazo abierto, y se calcula a la frecuencia ω_π a la cual el ángulo de fase (véase el capítulo 6) es de -180 grados. Esto es,

$$\text{margen de ganancia} \equiv \frac{1}{|GH(j\omega_\pi)|}$$

donde $\arg GH(j\omega_\pi) = -180$ grados $= -\pi$ radianes y ω_π es la frecuencia del **cruce de fase.**

2. Margen de fase ϕ_{PM}

Es una medida de la estabilidad relativa y se define como la suma de 180 grados al ángulo de fase ϕ_1 de la función de trasferencia de lazo abierto y ganancia unidad. Esto es,

$$\phi_{PM} \equiv [180 + \arg GH(j\omega_1)] \text{ grados} \qquad (10.2)$$

donde $|GH(j\omega_1)| = 1$ y ω_1 se llama la frecuencia del **cruce de ganancia.**

Ejemplo 10.1.

Los márgenes de ganancia y de fase de un sistema de control por retroalimentación típico se ilustran en las siguientes gráficas:

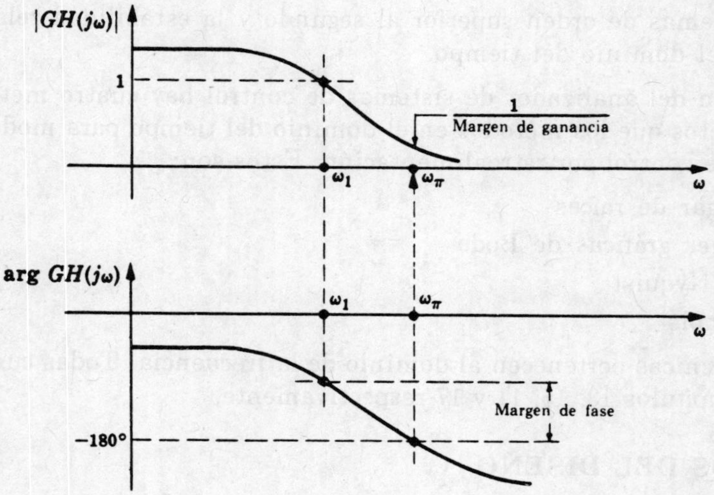

3. Tiempo de retardo T_d

Es una medida de la rapidez de respuesta y está dado por

$$T_d(\omega) = -\frac{d\gamma}{d\omega} \qquad (10.3)$$

donde $\gamma = \arg \frac{C}{R}(j\omega)$. El valor promedio de $T_d(\omega)$ en el dominio de las frecuencias de interés se especifica generalmente.

4. Ancho de banda (AB)

El ancho de banda de un sistema se definió en el capítulo 1 como el intervalo de frecuencias (de la entrada) en el cual el sistema responde satisfactoriamente.

El trabajo satisfactorio se determina por medio de aplicaciones y por las características del sistema particular. Por ejemplo, los amplificadores de audio a menudo se comparan por medio del ancho de banda. Un amplificador ideal de audio de alta fidelidad tiene una *respuesta de frecuencia plana* desde 20 hasta 20.000 ciclos por segundo (cps). Es decir, pasa una banda o tiene un ancho de banda de 19.980 cps (generalmente aproximado a 20.000 cps). La respuesta de frecuencia plana indica que la razón de magnitudes de entrada a salida es realmente constante a lo largo del intervalo del ancho de banda. Luego las señales en el espectro de audio se reproducen fielmente con un amplificador cuyo ancho de banda es de 20.000 cps. La razón de magnitudes es el valor absoluto de la función de trasferencia del sistema con $s = j\omega$.

La respuesta de frecuencia de un amplificador de audio de alta fidelidad se muestra en la figura adyacente. La razón de magnitudes es igual a 0,707 de su valor máximo a las *frecuencias de corte,* o su valor a estas frecuencias está 3 db por debajo del valor máximo

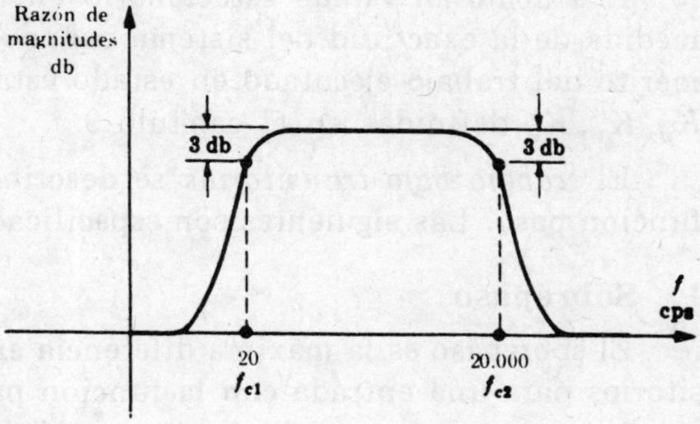

$$f_{c1} = 20 \text{ cps}, \quad f_{c2} = 20.000 \text{ cps}$$

"db" es la abreviatura de *decibelio,* la cual se define por la siguiente ecuación:

$$\text{db} \equiv 20 \log_{10} \text{ (razón de magnitudes)} \quad (10.4)$$

A menudo el ancho de banda de un sistema se define como el intervalo de frecuencias por el cual la razón de magnitudes no difiere en más de —3 db de su valor a una frecuencia especificada. Para muchos sistemas de control por retroalimentación esta frecuencia es cero. En este caso el ancho de banda es igual a la frecuencia de corte ω_c (en radianes por segundo).

En general el significado preciso de ancho de banda se aclara con la descripción del problema.

El ancho de banda es una medida de la rapidez de la respuesta de un sistema.

5. Rata de corte

Es la rata de frecuencia a la cual la razón de magnitudes decrece después de la frecuencia de corte ω_c. Por ejemplo, la rata de corte se puede especificar como 6 db/octava. Una octava es un factor de dos en el cambio de la frecuencia.

6. El máximo de resonancia M_p

Es una medida de la estabilidad relativa y es el valor máximo de la magnitud de la respuesta de frecuencia de lazo cerrado. Esto es,

$$M_p \equiv \max_{\omega} \left| \frac{C}{R}(j\omega) \right| \quad (10.5)$$

7. Frecuencia de resonancia ω_p

La frecuencia de resonancia ω_p es la frecuencia a la cual ocurre M_p.

Ejemplo 10.2.

El ancho de banda BW, la frecuencia de corte ω_c, el máximo de resonancia M_p y la frecuencia de resonancia ω_p para un sistema de segundo orden subamortiguado se ilustran a continuación.

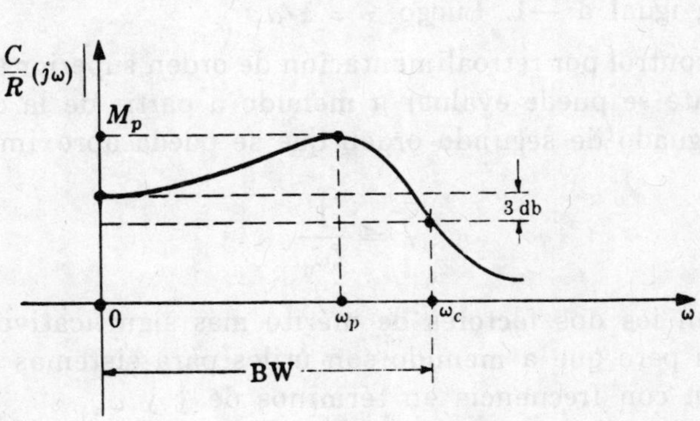

Las *especificaciones en el dominio del tiempo* generalmente se definen en términos de las respuestas a las funciones paso, rampa y parábola.

El *trabajo en estado estacionario* en términos del error en estado estacionario es una medida de la exactitud del sistema cuando se aplica una entrada específica. Los factores de mérito del trabajo ejecutado en estado estacionario son por ejemplo las constantes de error K_p, K_v, K_a definidas en el capítulo 9.

El *trabajo bajo transitorios* se describe normalmente en términos de la respuesta a la función paso. Las siguientes son especificaciones típicas:

1. Sobrepaso

El sobrepaso es la máxima diferencia entre las soluciones al estado estacionario y a transitorios para una entrada con la función paso. Es una medida de la estabilidad relativa y a menudo se representa como un porcentaje del valor final de la salida (solución en estado estacionario).

Las siguientes cuatro especificaciones son medidas de la rapidez de respuesta.

2. Tiempo de retardo T_d

El tiempo de retardo T_d, interpretado como una especificación en el dominio del tiempo, a menudo se define como el tiempo requerido para que la respuesta a una entrada con la función paso alcance el 50% de su valor final.

3. Tiempo de subida T_r

Se acostumbra a definir el tiempo de subida T_r como el tiempo que se requiere para que la respuesta a una entrada con la función paso suba de 10% a 90% de su valor final.

4. Tiempo de restablecimiento T_s

El tiempo de restablecimiento T_s a menudo se define como el tiempo requerido para que la respuesta a una entrada con la función paso alcance y permanezca dentro de un porcentaje especificado (frecuentemente 2% ó 5%) de su valor final.

5. Constante de tiempo predominante τ

La constante de tiempo predominante τ es una medida de corrección para el tiempo de restablecimiento. La envolvente de la respuesta a transitorios decae a 37% de su valor inicial en τ segundos.

La constante de tiempo de un sistema estable se define en términos de la naturaleza exponencial decreciente de la respuesta a transitorios. Para sistemas subamortiguados de primero y segundo orden, los términos de los transitorios tienen la forma $Ae^{-\alpha t}$ y $Ae^{-\alpha t}\cos(\omega_d t + \theta)$ respectivamente $(\alpha > 0)$. En cada caso la exponencial decreciente está gobernada por $e^{-\alpha t}$. La constante de tiempo τ se define como el tiempo requerido para que el exponente $-\alpha t$ sea igual a -1. Luego $\tau = 1/\alpha$.

Para sistemas de control por retroalimentación de orden superior al segundo, la constante de tiempo predominante se puede evaluar a menudo a partir de la constante de tiempo de un sistema subamortiguado de segundo orden que se pueda aproximar al sistema de orden superior, ya que

$$\tau \leq \frac{1}{\zeta\omega_n} \tag{10.6}$$

ζ y ω_n (capítulo 3) son los dos factores de mérito más significativos definidos para sistemas de segundo orden pero que a menudo son útiles para sistemas de orden superior. Las especificaciones se dan con frecuencia en términos de ζ y ω_n.

Ejemplo 10.3.

La siguiente representación de la respuesta al paso unidad de un sistema de segundo orden subamortiguado ilustra las especificaciones en el dominio del tiempo:

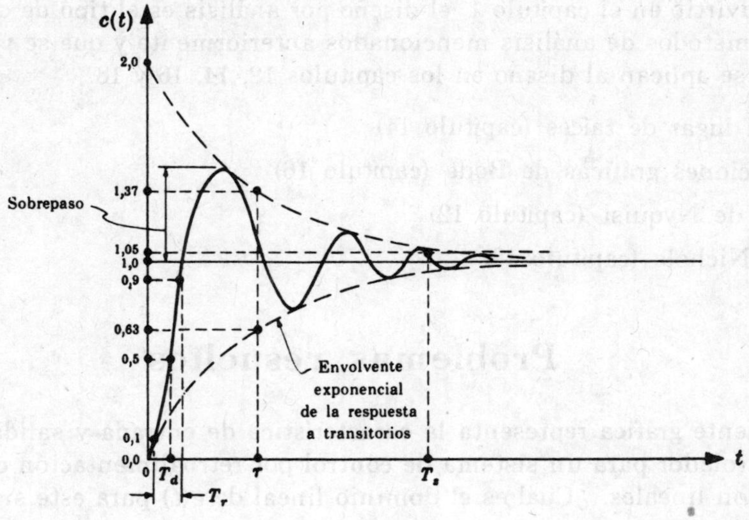

10.5 METODOS DE DISEÑO

Con el fin de satisfacer las especificaciones sobre el trabajo que el sistema debe ejecutar se deben introducir en el sistema redes de *compensación* apropiadas. (Se supone aquí que G y H son configuraciones fijas de componentes sobre las cuales el diseñador no ejerce control.) Las redes de compensación pueden constar tanto de elementos pasivos como activos, muchos de los cuales ya se han discutido, especialmente en el capítulo 6. Estos se pueden introducir en la trayectoria directa (compensación en cascada) o en la trayectoria de retroalimentación (compensación en la retroalimentación).

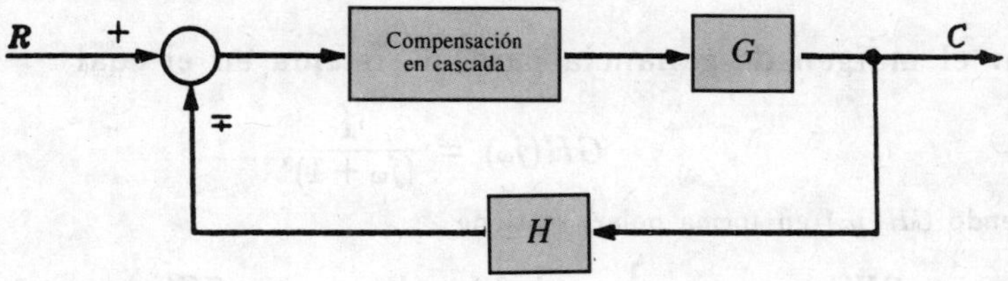

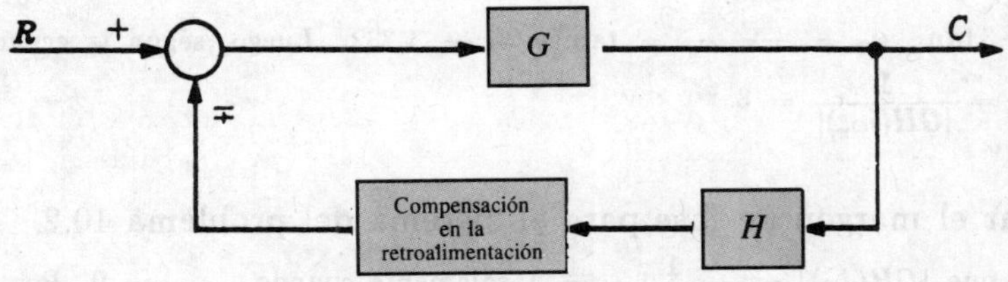

La compensación en la retroalimentación se puede efectuar también en lazos de retroalimentación secundarios:

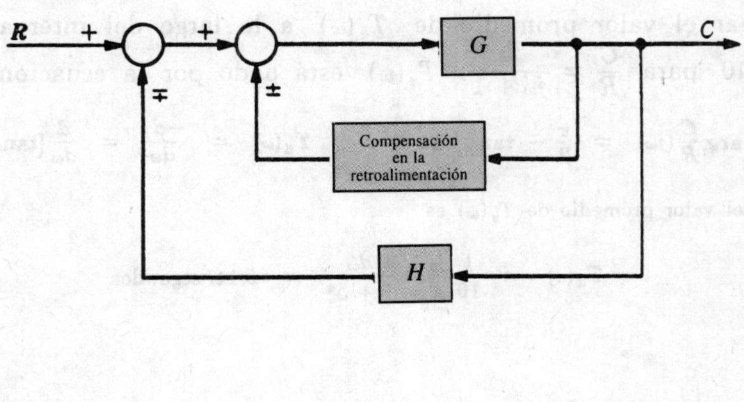

Como se advirtió en el capítulo 1, el diseño por análisis es el tipo de diseño empleado en este libro. Los métodos de análisis mencionados anteriormente y que se vuelven a enumerar a continuación se aplican al diseño en los capítulos 12, 14, 16 y 18.

1. Método del lugar de raíces (capítulo 14)
2. Representaciones gráficas de Bode (capítulo 16)
3. Diagramas de Nyquist (capítulo 12)
4. Cartas de Nichols (capítulo 18)

Problemas resueltos

10.1. La siguiente gráfica representa la característica de entrada y salida de un amplificador controlador para un sistema de control por retroalimentación cuyos otros componentes son lineales. ¿Cuál es el dominio lineal de $e(t)$ para este sistema?

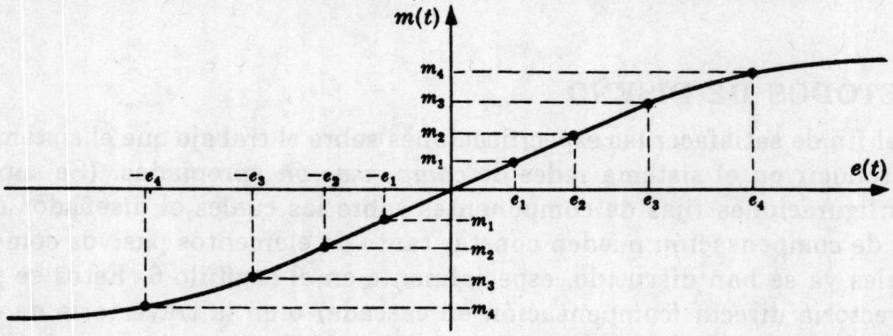

El amplificador controlador opera linealmente en el intervalo aproximado, $-e_3 \leqq e \leqq e_3$.

10.2. Determinar el margen de ganancia para el sistema en el cual

$$GH(j\omega) = \frac{1}{(j\omega+1)^3}$$

Escribiendo $GH(j\omega)$ en forma polar, se tiene

$$GH(j\omega) = \frac{1}{(\omega^2+1)^{3/2}} \angle -3\tan^{-1}\omega, \qquad \arg GH(j\omega) = -3\tan^{-1}\omega$$

Entonces $-3\tan^{-1}\omega_\pi = -\pi$, $\omega_\pi = \tan(\pi/3) = 1{,}732$. Luego, según la ecuación (*10.1*), el margen de ganancia $= \dfrac{1}{|GH(j\omega_\pi)|} = 8$.

10.3. Determinar el margen de fase para el sistema del problema 10.2.

Se tiene que $|GH(j\omega)| = \dfrac{1}{(\omega^2+1)^{3/2}} = 1$ solamente cuando $\omega = \omega_1 = 0$. Por tanto

$$\phi_{PM} = 180° + (-3\tan^{-1} 0) = 180° = \pi \text{ radianes}$$

10.4. Determinar el valor promedio de $T_d(\omega)$ a lo largo del intervalo de frecuencias $0 \leqq \omega \leqq 10$ para $\dfrac{C}{R} = \dfrac{j\omega}{j\omega+1}$. $T_d(\omega)$ está dado por la ecuación (*10.3*).

$$\gamma = \arg\frac{C}{R}(j\omega) = \frac{\pi}{2} - \tan^{-1}\omega \quad \text{y} \quad T_d(\omega) = \frac{-d\gamma}{d\omega} = \frac{d}{d\omega}[\tan^{-1}\omega] = \frac{1}{1+\omega^2}$$

Por tanto, el valor promedio de $T_d(\omega)$ es

$$T_d(\omega) = \frac{1}{10}\int_0^{10} \frac{d\omega}{1+\omega^2} = 0{,}147 \text{ segundos}$$

10.5. Determinar el ancho de banda para el sistema cuya función de trasferencia es

$$\frac{C}{R}(s) = \frac{1}{s+1}$$

Se tiene que $\left|\frac{C}{R}(j\omega)\right| = \frac{1}{\sqrt{\omega^2+1}}$. Un bosquejo de $\left|\frac{C}{R}(j\omega)\right|$ contra ω está dado por

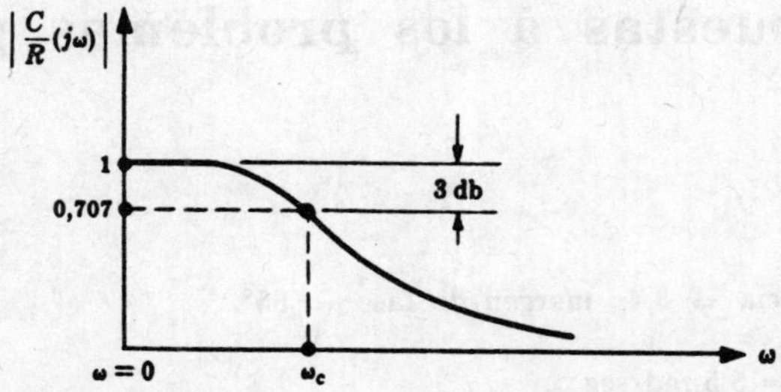

ω_c se determina a partir de $1/\sqrt{\omega_c^2+1} = 0{,}707$. Puesto que $\left|\frac{C}{R}(j\omega)\right|$ es una función estrictamente decreciente de frecuencia positiva, se tiene $\text{AB} = \omega_c = 1$ radián.

10.6. ¿Cuántas octavas hay entre, (*a*) 200 cps y 800 cps? (*b*) 200 cps y 100 cps? (*c*) 10.048 rad/seg (rps) y 100 cps?

(*a*) Dos octavas.

(*b*) Una octava.

(*c*) $f = \omega/2\pi = 10.048/2\pi = 1600$ cps. Luego hay cuatro octavas entre 10.048 rps y 100 cps.

10.7. Determinar el máximo de resonancia M_p y la frecuencia de resonancia ω_p para el sistema cuya función de trasferencia es $\frac{C}{R}(s) = \frac{5}{s^2+2s+5}$.

$$\left|\frac{C}{R}(j\omega)\right| = \frac{5}{|-\omega^2+2j\omega+5|} = \frac{5}{\sqrt{\omega^4-6\omega^2+25}}$$

Igualando a cero la derivada de $\left|\frac{C}{R}(j\omega)\right|$ se tiene $\omega_p = \pm\sqrt{3}$. Por tanto

$$M_p = \max_{\omega}\left|\frac{C}{R}(j\omega)\right| = \left|\frac{C}{R}(j\sqrt{3})\right| = \frac{5}{4}$$

10.8. La salida en respuesta a una entrada con función paso unidad para un sistema de control particular es $c(t) = 1 - e^{-t}$. ¿Cuál es el tiempo de retardo T_d?

La salida está dada como una función de tiempo. Por tanto la definición en el dominio del tiempo de T_d presentada en la sección 10.4 es aplicable. El valor final de la salida es $\lim_{t\to\infty} c(t) = 1$. Luego T_d (cuando se tiene 50% del valor final) es la solución de $0{,}5 = 1 - e^{-T_d}$, y es igual a $\log_e(2)$, o 0,693.

10.9. Encontrar el tiempo de subida T_r para $c(t) = 1 - e^{-t}$.

Para el 10% del valor final, $0{,}1 = 1 - e^{-t_1}$; luego $t_1 = 0{,}104$ seg. Para el 90% del valor final, $0{,}9 = 1 - e^{-t_2}$; luego $t_2 = 2{,}302$ seg. Entonces $T_r = 2{,}302 - 0{,}104 = 2{,}198$ seg.

Problemas propuestos

10.10. Determinar el margen de fase para $GH = 2(s+1)/s^2$.

10.11. Determinar el ancho de banda de $GH = \frac{60}{s(s+2)(s+6)}$ para el sistema de lazo cerrado.

10.12. Calcular los márgenes de ganancia y de fase para $GH = \dfrac{432}{s(s^2+13s+115)}$.

10.13. Calcular el margen de fase y ancho de banda para $GH = \dfrac{640}{s(s+4)(s+16)}$ para el sistema de lazo cerrado.

Respuestas a los problemas propuestos

10.10. $\phi_{PM} = 65{,}5°$

10.11. BW = 3 rad/seg

10.12. Margen de ganancia = 3,4, margen de fase = 65°

10.13. $\phi_{PM} = 17°$, BW = 5,5 rad/seg

Capítulo 11

Análisis de Nyquist

11.1 INTRODUCCION

El análisis de Nyquist, un método según la respuesta de frecuencia, es esencialmente un procedimiento gráfico para determinar la estabilidad absoluta y relativa de los sistemas de control de lazo cerrado. La información acerca de estabilidad es disponible directamente de una gráfica de la función de trasferencia sinusoidal de lazo abierto $GH(j\omega)$ una vez que el sistema de retroalimentación se haya pasado a su forma canónica.

Existen muchas razones para la escogencia del método de Nyquist para obtener la información acerca de la estabilidad del sistema. Los métodos del capítulo 5 (Routh, Hurwitz, etc.), son a menudo inadecuados, con algunas excepciones, porque se pueden usar solamente para determinar la estabilidad *absoluta* y sólo se aplican a sistemas cuya ecuación característica es un *polinomio finito* en s. Cuando una señal se retarda T segundos en alguna parte del lazo de un sistema, aparecen en la ecuación característica términos exponenciales de la forma e^{-Ts}. Los métodos del capítulo 5 se pueden aplicar a tales sistemas solamente si e^{-Ts} se puede aproximar por medio de algunos términos de la serie de potencias

$$e^{-Ts} = 1 - Ts + \frac{T^2s^2}{2!} - \frac{T^3s^3}{3!} + \cdots$$

y esta técnica proporciona solamente información *aproximada* acerca de la estabilidad. En el método de Nyquist se consideran sistemas que tienen tiempos (períodos) de retardo sin necesidad de tener que hacer aproximaciones y, por tanto, proporciona resultados *exactos* de la estabilidad absoluta y relativa del sistema.

Las técnicas de Nyquist también son útiles para obtener información acerca de las funciones de trasferencia de componentes o sistemas a partir de datos experimentales sobre la respuesta de frecuencia. La representación polar (sección 11.5) se puede hacer directamente a partir de medidas sinusoidales en estado estacionario sobre las componentes que conforman la función de trasferencia de lazo abierto. Este rasgo característico es muy útil en la determinación de las características de estabilidad del sistema, cuando las funciones de trasferencia de las componentes no están disponibles en forma analítica o cuando los sistemas físicos se deben probar y evaluar experimentalmente.

En las siguientes secciones se presentan los fundamentos matemáticos y las técnicas necesarias para generar representaciones polares y representaciones de estabilidad de Nyquist de sistemas de control por retroalimentación, al igual que las bases matemáticas y las propiedades del criterio de estabilidad de Nyquist. Las secciones restantes de este capítulo tratan de la interpretación y usos del análisis de Nyquist para la determinación de la estabilidad *relativa* y la evaluación de la respuesta de frecuencia de lazo cerrado.

11.2 REPRESENTACION DE FUNCIONES COMPLEJAS DE UNA VARIABLE COMPLEJA

Una función real de una variable real se puede representar fácilmente sobre un conjunto único de ejes de coordenadas. Por ejemplo, la función real $f(x)$, siendo x real, se puede representar fácilmente en coordenadas rectangulares con x como la abscisa y $f(x)$ como la ordenada. Una función compleja de una variable compleja tal como la función de trasferencia $P(s)$ con $s = \sigma + j\omega$, no se puede representar sobre un conjunto único de coordenadas.

La variable compleja $s = \sigma + j\omega$ depende de dos cantidades independientes que son las partes real e imaginaria de s. Luego s no se puede representar por medio de una línea. Como la función compleja $P(s)$ también tiene las partes real e imaginaria, no se puede representar sobre una sola dimensión.

En general, para representar a $P(s)$ con $s = \sigma + j\omega$ se requieren 2 gráficas bidimensionales. La primera es una gráfica de $j\omega$ contra σ que se denomina **plano *s*,** con el mismo conjunto de coordenadas usadas para representar mapas de polos y ceros en el capítulo 4. La segunda es la parte imaginaria de $P(s)$ (ImP) contra la parte real de $P(s)$ (ReP) que se denomina **plano *P*(*s*).**

Existe una correspondencia entre los puntos de los dos planos que conlleva una **proyección** o **trasformación.** Los puntos en el plano s se proyectan sobre puntos en el plano $P(s)$ por medio de la función P:

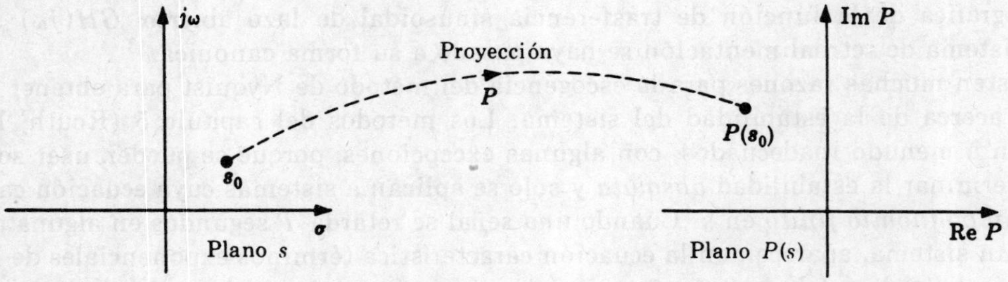

En general, sólo se proyecta un lugar de puntos muy específico del plano s al plano $P(s)$. Para las representaciones de estabilidad de Nyquist este lugar se llama la *trayectoria de Nyquist* y constituye el objeto de la sección 11.7.

Para el caso especial en que $\sigma = 0$, $s = j\omega$, el plano s degenera en una línea y $P(j\omega)$ se puede representar en un plano $P(j\omega)$ con ω como parámetro. Las *representaciones polares* se construyen en el plano $P(j\omega)$ a partir de esta línea ($s = j\omega$) del plano s.

Ejemplo 11.1.

Considérese la función compleja $P(s) = s^2 + 1$. El punto $s_0 = 2 + j4$ se proyecta sobre el punto $P(s_0) = P(2 + j4) = (2 + j4)^2 + 1 = -11 + j16$.

11.3 DEFINICIONES

Las siguientes definiciones se necesitan en las secciones que siguen.

Definición 11.1: Si la *derivada* de P en s_0 definida por

$$\left.\frac{dP}{ds}\right|_{s=s_0} \equiv \lim_{s \to s_0} \left[\frac{P(s) - P(s_0)}{s - s_0}\right]$$

existe en todos los puntos de una región del plano s (es decir, si el límite es finito y único), entonces P es **analítica** en esa región.

Las funciones de trasferencia de todos los sistemas físicos prácticos (que se consideran en este libro) son analíticas en el plano s finito excepto en los polos de $P(s)$.

Definición 11.2: Un punto en el cual $P(s)$ no es analítica es un **punto singular** o una **singularidad** de $P(s)$.

Un *polo* de $P(s)$ es un punto singular.

Definición 11.3: Un **contorno cerrado** es un plano complejo, es una curva continua que comienza y termina en el mismo punto.

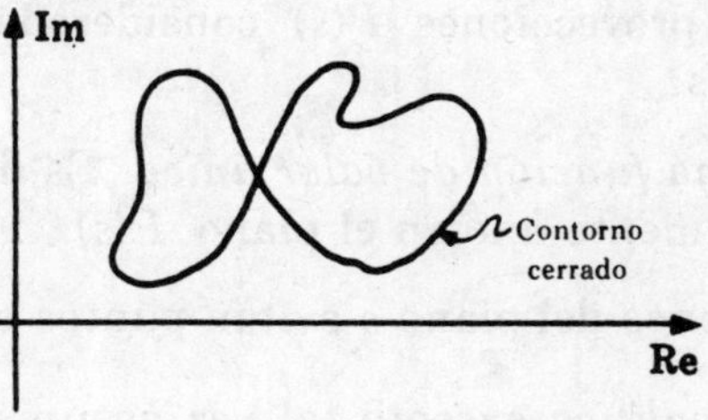

Definición 11.4: Se dice que todos los puntos hacia la derecha de un contorno están **encerrados** por éste cuando se atraviesa el contorno en una dirección prescrita.

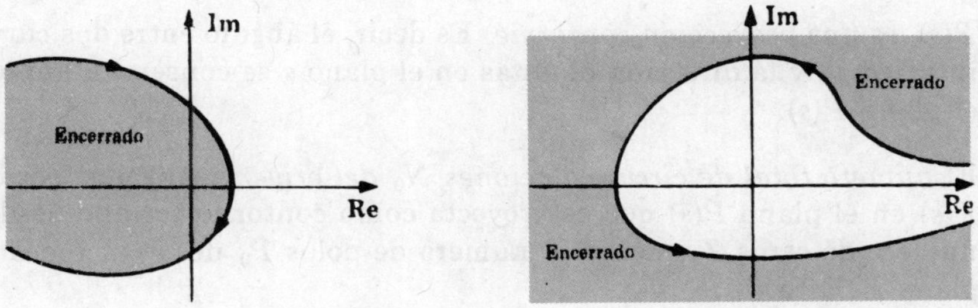

Definición 11.5: Una travesía alrededor de un contorno en el *sentido del movimiento de las agujas del reloj* (SMAR) se define como la **dirección positiva.**

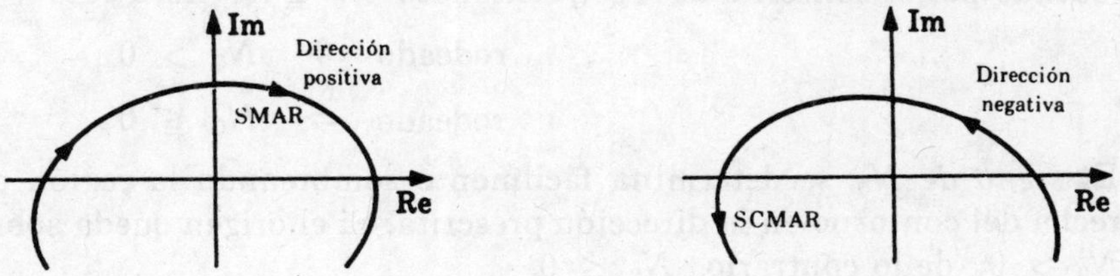

Definición 11.6: Se dice que un contorno cerrado en el plano $P(s)$ hace n **circunvalaciones positivas** del origen, si una línea radial dibujada desde el origen hasta un punto sobre la curva $P(s)$ gira en el SMAR a través de $360n$ grados al cubrir completamente la trayectoria cerrada. Si la trayectoria se atraviesa en el *sentido contrario al del movimiento de las agujas del reloj* (SCMAR), se obtiene una **circunvalación negativa.** El **número total de circunvalaciones** N_0 es igual a las circunvalaciones en el SMAR menos las circunvalaciones en el SCMAR.

Ejemplo 11.2.

El siguiente contorno en el plano $P(s)$ rodea el origen una vez. Es decir, $N_0 = 1$.

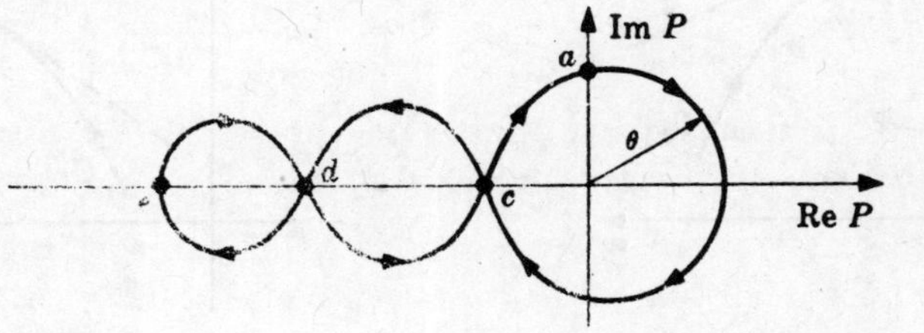

Comenzando en el punto a, se gira una línea radial desde el origen al contorno en el SMAR hasta el punto c. El ángulo que subtiende es de $+270°$. Desde c hasta d el ángulo aumenta, luego disminuye y la suma total es $0°$. De d a e y de nuevo hacia d, el ángulo explorado por la línea radial es de nuevo $0°$. Hay $0°$ de d a c y $+90°$ de c a a. Luego el ángulo total es $270° + 90° = 360°$. Por tanto $N_0 = 1$.

11.4 PROPIEDADES DE LA PROYECCION $P(s)$

Todas las proyecciones $P(s)$ consideradas en el resto de este capítulo tienen las siguientes propiedades:

1. $P(s)$ es una *función de valor único.* Es decir, cada punto en el plano s se proyecta sobre uno y solamente uno en el plano $P(s)$.
2. Los contornos del plano s evitan puntos singulares de $P(s)$.
3. $P(s)$ es *analítica* excepto tal vez en un número finito de puntos (singularidades) en el plano s.
4. Cada contorno cerrado del plano s se proyecta en un contorno cerrado del plano $P(s)$.
5. $P(s)$ es una *proyección conforme.* Es decir, el ángulo entre dos curvas cualesquiera que se intersectan y la dirección de éstas en el plano s se conservan al proyectar estas curvas en el plano $P(s)$.
6. El *número total de circunvalaciones* N_0 *del origen* realizadas por un contorno cerrado de $P(s)$ en el plano $P(s)$ que se proyecta como contorno cerrado desde el plano s es igual al número de ceros Z_0 menos el número de polos P_0 de $P(s)$ rodeados por el contorno del plano s. Esto es,

$$N_0 = Z_0 - P_0 \qquad (11.1)$$

7. Si el origen está *rodeado* por el contorno de $P(s)$, entonces $N_0 > 0$. Si el origen *no está rodeado* por el contorno de $P(s)$, entonces $N_0 \leqq 0$. Esto es

$$\text{rodeado} \Rightarrow N_0 > 0$$

$$\text{no rodeado} \Rightarrow N_0 \leqq 0$$

El *signo de* N_0 se determina fácilmente sombreando la región que queda hacia la derecha del contorno en la dirección prescrita. Si el origen queda sobre la región sombreada, $N_0 > 0$; de lo contrario, $N_0 \leqq 0$.

Ejemplo 11.3.

El principio de la proyección conforme se ilustra en las siguientes gráficas. Las curvas C_1 y C_2 se proyectan en C_1' y C_2'. El ángulo formado por las tangentes a estas curvas en s_0 y $P(s_0)$ es igual a α y la dirección indicada por las flechas es en el SMAR en ambas gráficas.

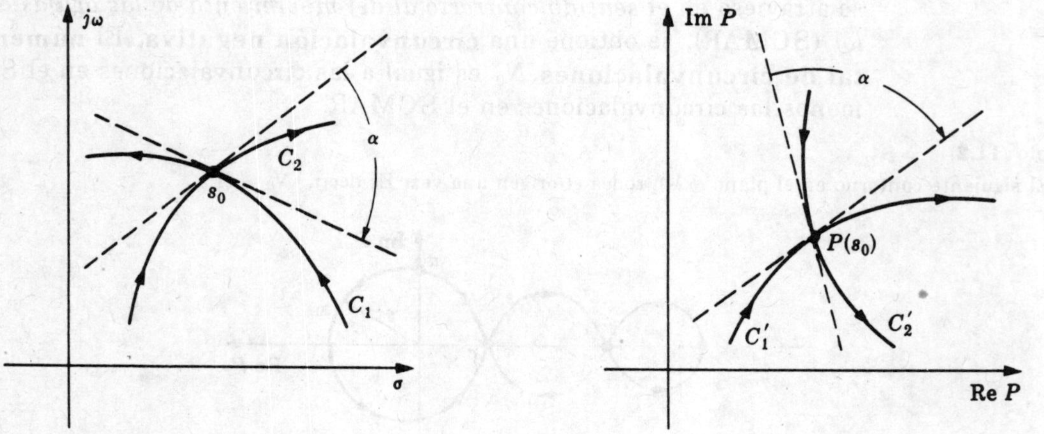

Ejemplo 11.4.

Se sabe que cierta función de trasferencia $P(s)$ tiene un cero en la mitad derecha del plano s y que este cero está rodeado por el contorno del plano s que se proyecta en el plano $P(s)$ como se muestra a continuación. Los puntos S_1, S_2, S_3 y $P(s_1)$, $P(s_2)$, $P(s_3)$ determinan las direcciones de sus respectivos contornos.

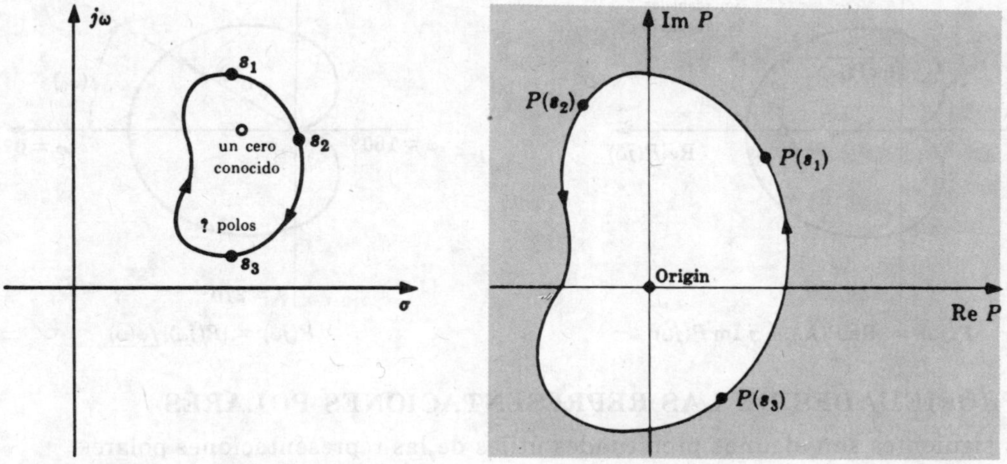

La región sombreada hacia la derecha del contorno en el plano $P(s)$ indica que $N_0 \leqq 0$, puesto que el origen no se encuentra sobre el área sombreada. Pero, claramente, el contorno en $P(s)$ rodea una vez al origen en el SCMAR. Luego $N_0 = -1$. Por tanto, el número de polos de $P(s)$ rodeados por el contorno en el plano s es $P_0 = Z_0 - N_0 = 1 - (-1) = 2$.

11.5 REPRESENTACIONES POLARES

Una función de trasferencia $P(s)$ se puede representar en el dominio de la frecuencia, como una función de trasferencia sinusoidal sustituyendo a $j\omega$ por s en la expresión de $P(s)$. La forma resultante $P(j\omega)$ es una función compleja de la simple variable ω. Por tanto se puede representar en dos dimensiones con ω como parámetro, y escrita en las siguientes formas equivalentes

$$\text{Forma polar:} \quad P(j\omega) = |P(j\omega)| \underline{/\phi(\omega)} \tag{11.2}$$

$$\text{Forma de Euler:} \quad P(j\omega) = |P(j\omega)| (\cos\phi(\omega) + j \operatorname{sen}\phi(\omega)) \tag{11.3}$$

$|P(j\omega)|$ es la magnitud de la función compleja $P(j\omega)$, y $\phi(\omega)$ es el ángulo de fase, arg $P(\omega)$.

$|P(j\omega)| \cos\phi(\omega)$ es la parte real y $|P(j\omega)| \operatorname{sen}\phi(\omega)$ es la parte imaginaria de $P(j\omega)$. Por tanto $P(j\omega)$ también se puede escribir como

$$\text{Forma rectangular o compleja:} \quad P(j\omega) = \operatorname{Re} P(j\omega) + j \operatorname{Im} P(j\omega) \tag{11.4}$$

Una **representación polar** de $P(j\omega)$ es una gráfica de Im $P(j\omega)$ contra Re $P(j\omega)$ en la porción finita del plano $P(j\omega)$ para $-\infty < \omega < \infty$. En puntos singulares de $P(j\omega)$ (los polos sobre el eje $j\omega$), se tiene que $|P(j\omega)| \to \infty$. Una representación polar también se puede hacer sobre papel de coordenadas polares. La magnitud y el ángulo de fase de $P(j\omega)$ se representan con ω variando desde $-\infty$ hasta $+\infty$.

El lugar de $P(j\omega)$ es el mismo en coordenadas rectangulares o polares. La escogencia del sistema de coordenadas puede depender de si $P(j\omega)$ es disponible en forma analítica o como datos experimentales. Si $P(j\omega)$ se expresa analíticamente, la escogencia de coordenadas depende de si es más fácil escribir $P(j\omega)$ en la forma de la ecuación (*11.2*), en cuyo caso se usan coordenadas polares, o en la forma de la ecuación (*11.4*) para coordenadas rectangulares. Los datos experimentales sobre $P(j\omega)$ se expresan generalmente en términos de la magnitud y ángulo de fase. En este caso, la escogencia más obvia es la de las coordenadas polares.

Ejemplo 11.5.

Las siguientes representaciones polares son idénticas; solamente son diferentes los sistemas de coordenadas.

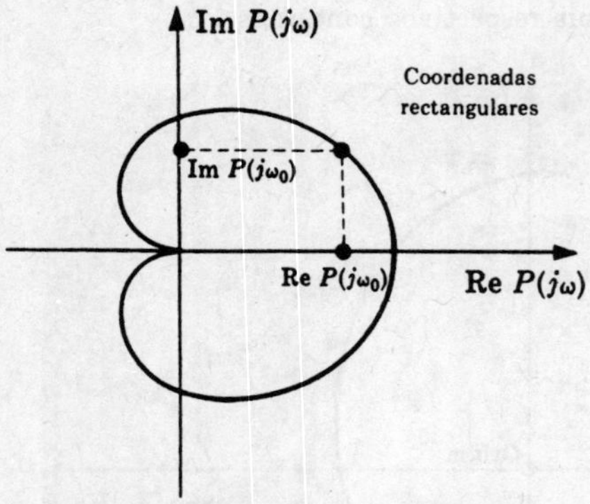

$P(j\omega) = \text{Re}\,P(j\omega) + j\,\text{Im}\,P(j\omega)$

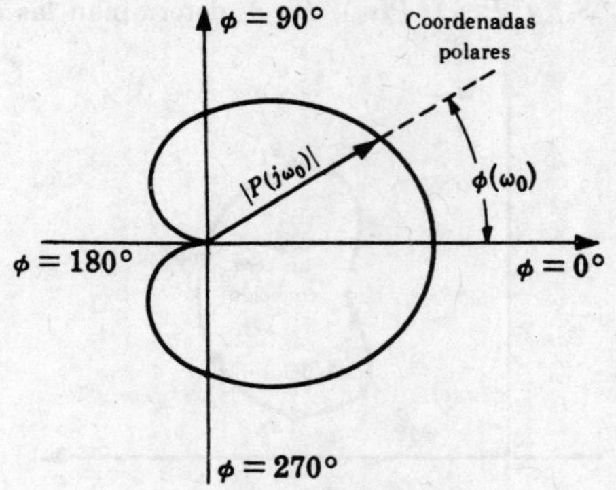

$P(j\omega) = |P(j\omega)|\,\underline{/\phi(\omega)}$

11.6 PROPIEDADES DE LAS REPRESENTACIONES POLARES

Las siguientes son algunas propiedades útiles de las representaciones polares.

1. La representación polar para $P(j\omega) + a$ donde a es cualquier constante compleja, es idéntica a la representación para $P(j\omega)$ con el origen de coordenadas desplazado al punto $-a = -(\text{Re}\,a + j\,\text{Im}\,a)$.

2. La representación polar de la función de trasferencia de un sistema lineal invariable con el tiempo y con coeficientes constantes exhibe la simetría del conjugado. Es decir, la gráfica para $-\infty < \omega < 0$ es la imagen de espejo respecto al eje horizontal de la gráfica para $0 \leqq \omega < \infty$.

3. La representación polar se puede construir directamente a partir de una representación de Bode (capítulo 15) cuando existe una disponible. Los valores de la magnitud y ángulo de fase a varias frecuencias ω sobre la representación de Bode, representan puntos a lo largo del lugar de la representación polar.

4. En la representación polar los incrementos constantes de frecuencia no están generalmente separados por intervalos iguales.

Ejemplo 11.6.

Para $a = 1$ y $P = GH$, la representación polar de la función $1 + GH$ está dada por la representación para GH con el origen de las coordenadas desplazado al punto $-1 + j0$ en coordenadas rectangulares:

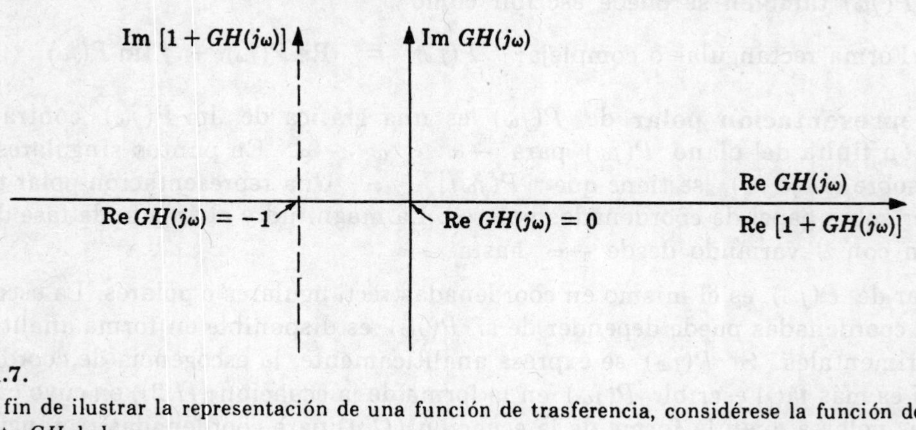

Ejemplo 11.7.

Con el fin de ilustrar la representación de una función de trasferencia, considérese la función de trasferencia de lazo abierto GH dada por

$$GH(s) = \frac{1}{s+1}$$

Haciendo $s = j\omega$ y volviendo a escribir $GH(j\omega)$ en la forma de la ecuación (*11.2*) (forma polar) se tiene

$$GH(j\omega) = \frac{1}{j\omega + 1} = \frac{1}{\sqrt{\omega^2 + 1}} \underline{/-\tan^{-1}\omega}$$

Para $\omega = 0$, $\omega = 1$, $\omega \to \infty$:

$$GH(j0) = 1 \underline{/0^\circ}$$

$$GH(j1) = (1/\sqrt{2}) \underline{/-45^\circ}$$

$$\lim_{\omega \to \infty} GH(j\omega) = 0 \underline{/-90^\circ}$$

La sustitución de algunos otros valores positivos de ω resulta en un lugar semicircular para $0 \leq \omega < \infty$. La gráfica para $-\infty < \omega < 0$ es la imagen de espejo respecto al diámetro de este semicírculo. En la figura acompañante se muestra esto en la representación polar completa por una línea discontinua. Obsérvese los marcados incrementos desiguales de frecuencia entre los arcos $\overline{ab}$ y $\overline{bc}$.

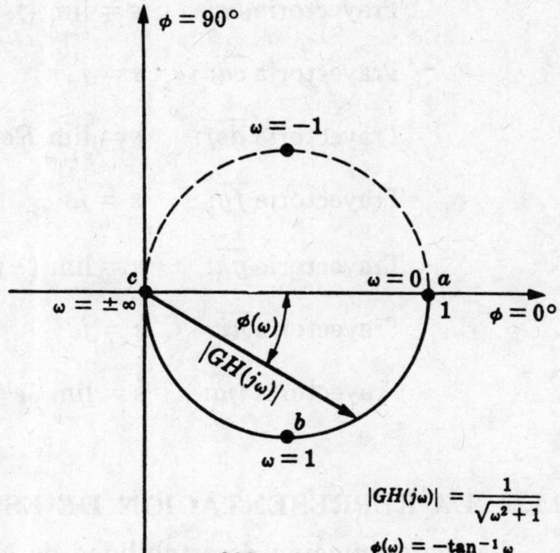

11.7 LA TRAYECTORIA DE NYQUIST

La **trayectoria de Nyquist** es un contorno cerrado en el plano s que rodea completamente todo el semiplano derecho del plano s (SPD).

Para que la trayectoria de Nyquist no pase por cualquier polo de $P(s)$, se requieren en la trayectoria pequeños semicírculos a lo largo del eje imaginario o en el origen de $P(s)$, si $P(s)$ tiene polos sobre el eje $j\omega$ o en el origen. Los radios ρ de estos pequeños círculos se interpretan como tendiendo a cero en el límite.

Para rodear en el infinito al SPD se dibuja una gran trayectoria semicircular en el SPD y el radio R de este semicírculo se interpreta como infinito en el límite.

La trayectoria de Nyquist generalizada se ilustra por medio del siguiente contorno en el plano s:

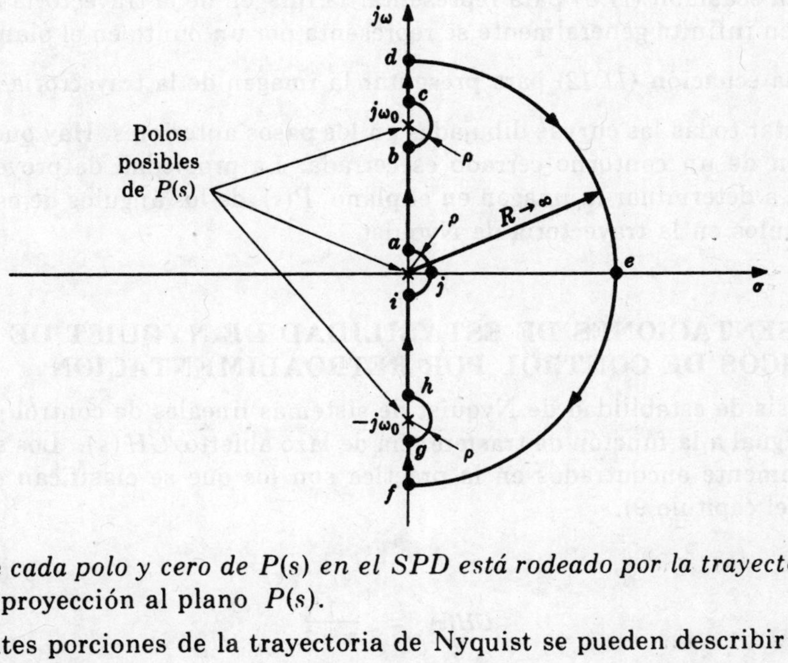

Es evidente que *cada polo y cero de* $P(s)$ *en el SPD está rodeado por la trayectoria de Nyquist* cuando se hace proyección al plano $P(s)$.

Las diferentes porciones de la trayectoria de Nyquist se pueden describir analíticamente de la siguiente manera:

Trayectoria $\overline{ab}$: $\quad s = j\omega \quad\quad 0 < \omega < \omega_0$ (*11.5*)

Trayectoria $\overline{bc}$: $s = \lim_{\rho \to 0} (j\omega_0 + \rho e^{j\theta})$ $\quad -90° \leq \theta \leq 90°$ (11.6)

Trayectoria $\overline{cd}$: $s = j\omega$ $\quad \omega_0 \leq \omega < \infty$ (11.7)

Trayectoria $\overline{def}$: $s = \lim_{R \to \infty} Re^{j\theta}$ $\quad +90° \leq \theta \leq -90°$ (11.8)

Trayectoria $\overline{fg}$: $s = j\omega$ $\quad -\infty < \omega < -\omega_0$ (11.9)

Trayectoria $\overline{gh}$: $s = \lim_{\rho \to 0} (-j\omega_0 + \rho e^{j\theta})$ $\quad -90° \leq \theta \leq 90°$ (11.10)

Trayectoria $\overline{hi}$: $s = j\omega$ $\quad -\omega_0 < \omega < 0$ (11.11)

Trayectoria $\overline{ija}$: $s = \lim_{\rho \to 0} \rho e^{j\theta}$ $\quad -90° \leq \theta \leq 90°$ (11.12)

11.8 LA REPRESENTACION DE ESTABILIDAD DE NYQUIST

La representación de estabilidad de Nyquist, siendo una extensión de la representación polar, es una proyección de la trayectoria *completa* de Nyquist sobre el plano $P(s)$. Se construye usando las propiedades de proyección de las secciones 11.4 y 11.6, las ecuaciones (*11.5*) a (*11.8*) y la ecuación (*11.12*) de la sección 11.7. Un bosquejo dibujado con cuidado es suficiente en la mayoría de propósitos.

Un procedimiento general de construcción se presenta a continuación:

Paso 1: Probar si $P(s)$ tiene polos sobre el eje $j\omega$ y en el origen.

Paso 2: Usando las ecuaciones (*11.5*) a (*11.7*), bosquejar la imagen de la trayectoria $\overline{ad}$ en el plano $P(s)$. Si no hay polos sobre el eje $j\omega$, no es necesario usar la ecuación (*11.6*). En este caso, el paso 2 debería ser: bosquejar la representación polar de $P(j\omega)$.

Paso 3: Dibujar la imagen de espejo respecto al eje real Re P del bosquejo hecho en el paso 2. Esta es la proyección de la trayectoria $\overline{fi}$.

Paso 4: Usar la ecuación (*11.8*) para representar la imagen de la trayectoria $\overline{def}$. Esta trayectoria en infinito generalmente se representa por un punto en el plano $P(s)$.

Paso 5: Usar la ecuación (*11.12*) para presentar la imagen de la trayectoria $\overline{ija}$.

Paso 6: Conectar todas las curvas dibujadas en los pasos anteriores. Hay que recordar que la imagen de un contorno cerrado es cerrada. La propiedad de proyección conforme ayuda a determinar la imagen en el plano $P(s)$ de los ángulos de esquina de los semicírculos en la trayectoria de Nyquist.

11.9 REPRESENTACIONES DE ESTABILIDAD DE NYQUIST DE SISTEMAS PRACTICOS DE CONTROL POR RETROALIMENTACION

En el análisis de estabilidad de Nyquist de sistemas lineales de control por retroalimentación, $P(s)$ es igual a la función de trasferencia de lazo abierto $GH(s)$. Los sistemas de control más comúnmente encontrados en la práctica son los que se clasifican como tipos 0, 1, 2, . . ., l (véase el capítulo 9).

Ejemplo 11.8.
Sistema tipo 0

$$GH(s) = \frac{1}{s+1}$$

Por definición, un *sistema tipo* 0 no tiene polos en el origen. Este sistema particular no tiene polos sobre el eje $j\omega$. La trayectoria de Nyquist se muestra en la figura 11-1.

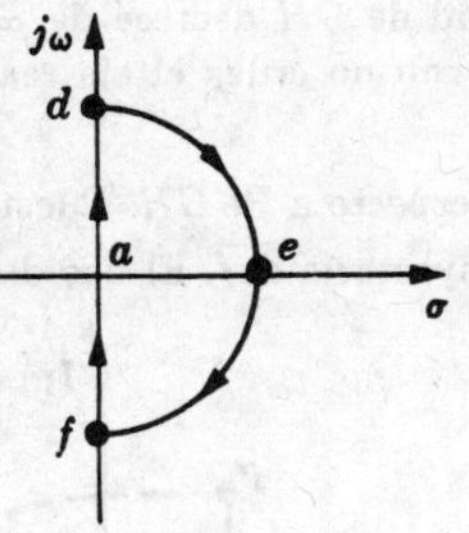

Fig. 11-1

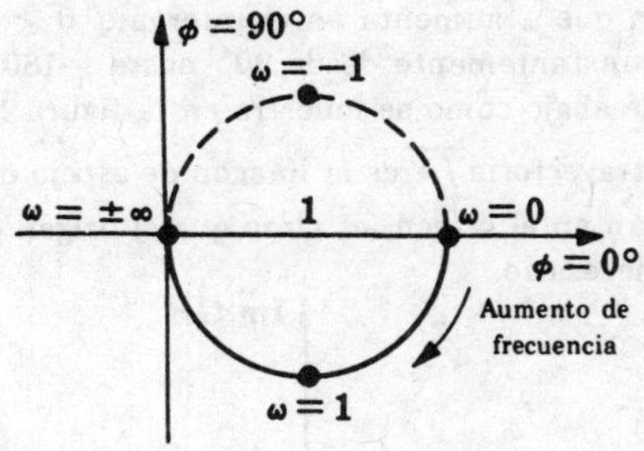

Fig. 11-2

La representación polar para esta función de trasferencia de lazo se construyó en el ejemplo 11.7 y se muestra en la figura 11-2. Esta representación es la imagen del eje $j\omega$ o trayectoria $\overline{fad}$ de la trayectoria de Nyquist en el plano $GH(s)$. La trayectoria semicircular en el infinito $\overline{def}$ se proyecta en el plano $GH(s)$ de la siguiente manera: La ecuación (*11.8*) implica sustitución de $s = \lim_{R\to\infty} Re^{j\theta}$ en la expresión para $GH(s)$ donde $90° \leqq \theta \leqq -90°$. Luego

$$GH(s)\Bigg|_{\substack{\text{trayec.}\\ def}} \equiv GH(\infty) = \frac{1}{\lim\limits_{R\to\infty} Re^{j\theta} + 1}$$

Según las propiedades elementales de los límites

$$GH(\infty) = \lim_{R\to\infty}\left[\frac{1}{Re^{j\theta}+1}\right]$$

Pero puesto que $|a+b| \geqq ||a| - |b||$, entonces

$$|GH(\infty)| = \lim_{R\to\infty}\left|\frac{1}{Re^{j\theta}+1}\right| \leq \lim_{R\to\infty}\left(\frac{1}{R-1}\right) = 0$$

y el semicírculo infinito viene a ser un punto en el origen. Desde luego que este cómputo era innecesario para este ejemplo simple puesto que la representación polar produce un contorno cerrado completamente en el plano $GH(s)$. En realidad las representaciones polares de todos los *sistemas tipo* 0 exhiben esta propiedad. La representación de estabilidad de Nyquist es una réplica de la representación polar cambiando la nomenclatura de los ejes y está dada por

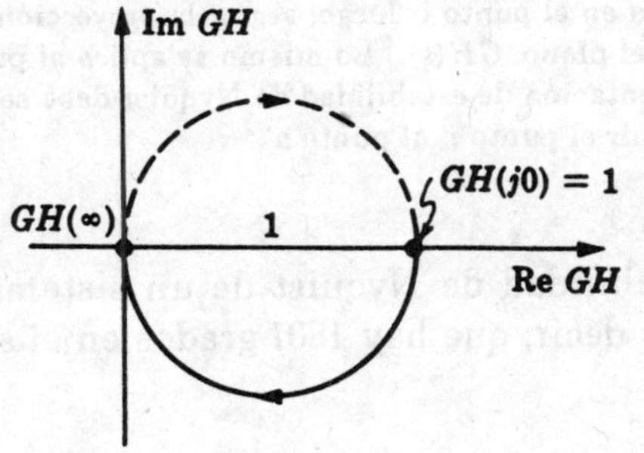

Ejemplo 11.9.

Sistema tipo 1

$$GH(s) = \frac{1}{s(s+1)}$$

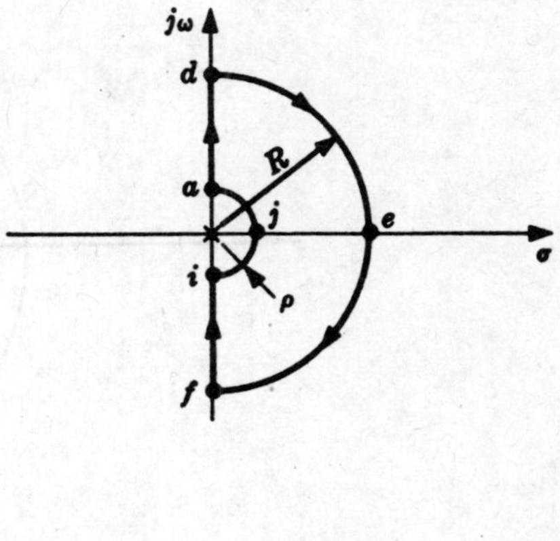

Hay un polo en el origen. La trayectoria de Nyquist está dada en el diagrama adyacente.

Trayectoria $\overline{ad}$: $s = j\omega$ para $0 < \omega < \infty$, y

$$GH(j\omega) = \frac{1}{j\omega(j\omega+1)} = \frac{1}{\omega\sqrt{\omega^2+1}}\underline{/-90° - \tan^{-1}\omega}$$

Para valores extremos de ω se tiene

$$\lim_{\omega\to 0} GH(j\omega) = \infty\,\underline{/-90°}$$

$$\lim_{\omega\to\infty} GH(j\omega) = 0\,\underline{/-180°}$$

A medida que ω aumenta en el intervalo $0 < \omega < \infty$, la magnitud de GH decrecé de ∞ a 0 y el ángulo de fase decrece constantemente desde 90° hasta −180°. Por tanto el contorno no cruza el eje real negativo pero se acerca a él desde abajo como se muestra en la figura 11-3.

La trayectoria $\overline{f'i'}$ es la imagen de espejo de la trayectoria $\overline{a'd'}$ respecto a Re GH. Puesto que los puntos d' y f' se encuentran en el origen, es claro que el origen es la imagen de la trayectoria $\overline{def}$. El uso de la ecuación (*11.8*) es por tanto innecesario.

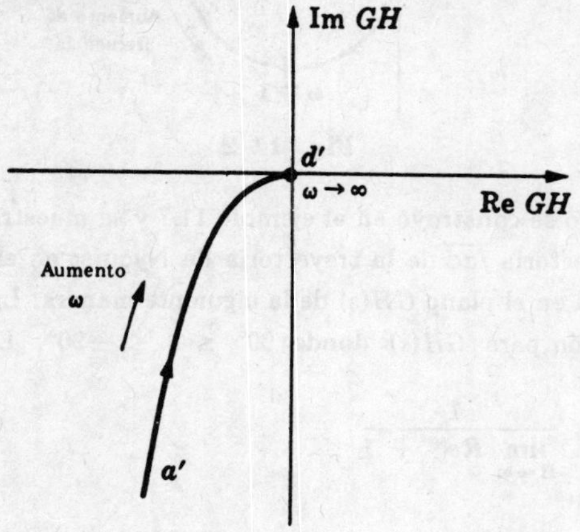

Fig. 11-3

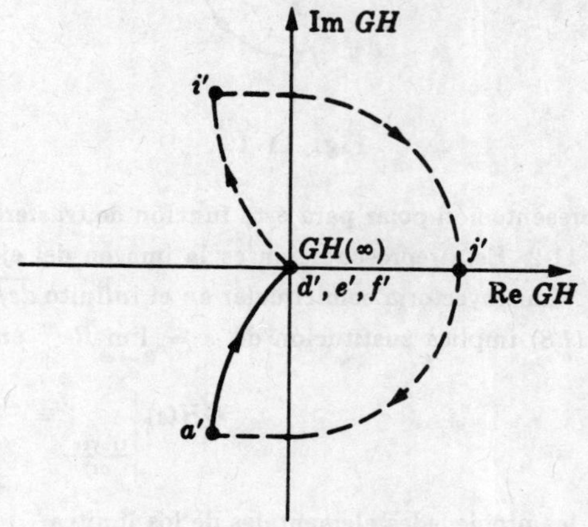

Fig. 11-4

Trayectoria $\overline{ija}$: $s = \lim_{\rho \to 0} \rho e^{j\theta}$ para $-90° \leqq \theta \leqq 90°$, y

$$\lim_{\rho \to 0} GH(\rho e^{j\theta}) = \lim_{\rho \to 0} \left[\frac{1}{\rho e^{j\theta}(\rho e^{j\theta}+1)}\right] = \lim_{\rho \to 0} \left[\frac{1}{\rho e^{j\theta}}\right] = \infty \cdot e^{-j\theta} = \infty \underline{/-\theta}$$

donde se considera el hecho que $(\rho e^{j\theta}+1) \to 1$ cuando $\rho \to 0$. Por tanto la trayectoria $\overline{ija}$ se proyecta en un semicírculo de radio infinito. Para el punto i, $GH = \infty \underline{/90°}$; para el punto j, $GH = \infty \underline{/0°}$; y para el punto a, $GH = \infty \underline{/-90°}$. La representación de estabilidad de Nyquist resultante está dada en la figura 11-4.

La trayectoria $\overline{i'j'a'}$ se hubiera también podido determinar de la siguiente manera: La trayectoria de Nyquist da una vuelta de 90° hacia la derecha en el punto i; luego, según la proyección conforme se debe dar una vuelta hacia la derecha de 90° en el punto i' del plano $GH(s)$. Lo mismo se aplica al punto a'. Puesto que i' y a' son puntos en el infinito, y puesto que la representación de estabilidad de Nyquist debe ser un contorno cerrado, un semicírculo en el SMAR de radio infinito debe unir el punto i' al punto a'.

Sistema tipo *l*

La représentación de estabilidad de Nyquist de un sistema tipo l incluye l semicírculos infinitos en su trayectoria. Es decir, que hay $180l$ grados en el arco de conexión en el infinito del plano $GH(s)$.

Ejemplo 11.10.

El sistema tipo 3 con

$$GH(s) = \frac{1}{s^3(s+1)}$$

tiene tres semicírculos infinitos en su representación de estabilidad de Nyquist:

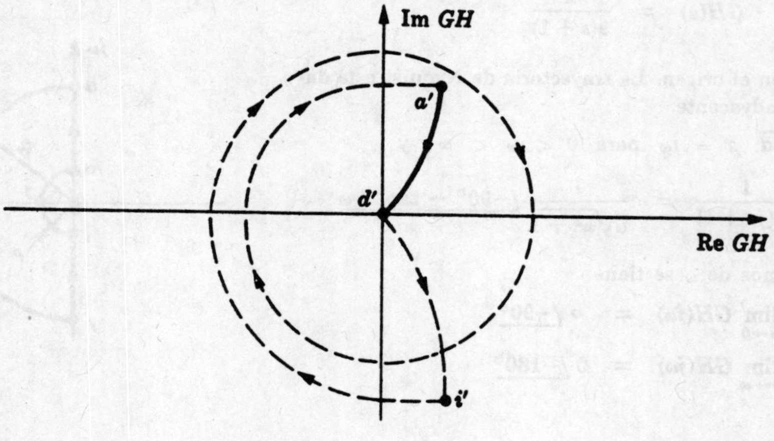

11.10 EL CRITERIO DE ESTABILIDAD DE NYQUIST

Un sistema de control de lazo cerrado es absolutamente estable si las raíces de la ecuación característica tienen partes reales negativas (sección 5.2). Puesto en otra forma, los polos de la función de trasferencia de lazo cerrado o los *ceros* del denominador

$$1 + GH(s)$$

de la función de trasferencia de lazo cerrado deben estar en el semiplano de la izquierda (SPI). El criterio de estabilidad de Nyquist establece el número de ceros de $1 + GH(s)$ en el SPD, directamente a partir de la representación de estabilidad de Nyquist de $GH(s)$. Esto se puede establecer de la siguiente manera:

Criterio de estabilidad de Nyquist

El sistema de control de lazo cerrado cuya función de trasferencia de lazo abierto sea $GH(s)$ es estable sii

$$N = -P_0 \leqq 0 \qquad (11.13)$$

donde $P_0 \equiv$ número de *polos* de GH en el SPD $\geqq 0$

$N \equiv$ número total de circunvalaciones en el SMAR del punto (—1, 0) (es decir $GH(s) = -1$), en el plano $GH(s)$

Si $N > 0$, *el número de ceros* Z_0 *de* $1 + GH$ *en el SPD* está determinado por

$$Z_0 = N + P_0 \qquad (11.14)$$

Si $N \leqq 0$, el punto (—1, 0) no está encerrado por la representación de estabilidad de Nyquist. Por tanto $N \leqq 0$ si la región hacia la derecha del contorno en la dirección prescrita no incluye al punto (—1, 0). El sombrear esta región es una ayuda significativa para determinar si $N \leqq 0$.

Si $N \leqq 0$ *y* $P_0 = 0$, entonces el sistema es absolutamente estable sii $N = 0$; esto es, sii el punto (—1, 0) *no* queda sobre la región sombreada.

Ejemplo 11.11.

La representación de estabilidad de Nyquist para $GH(s) = \frac{1}{s(s+1)}$ se ha determinado en el ejemplo 11.9 como se muestra en la figura 11-5. La región hacia la derecha del contorno se ha sombreado. Claro que el punto (—1, 0) no queda sobre la región sombreada, por tanto no está encerrado por el contorno y entonces $N \leqq 0$. Los polos de $GH(s)$ están en $s = 0$ y $s = -1$, ninguno de los cuales está en el SPD; luego $P_0 = 0$. Entonces

$$N = -P_0 = 0$$

y el sistema es absolutamente estable.

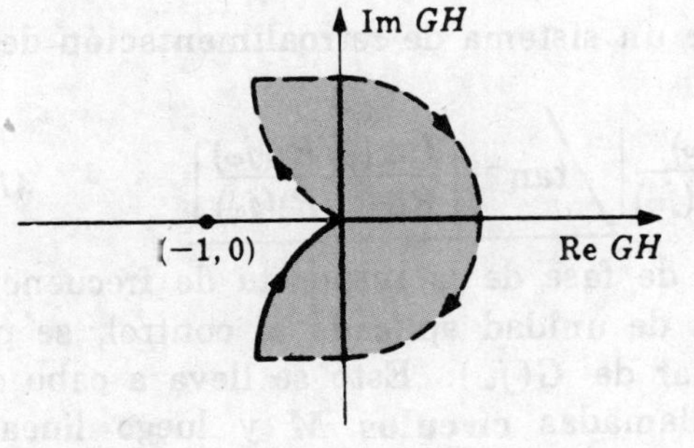

Fig. 11-5

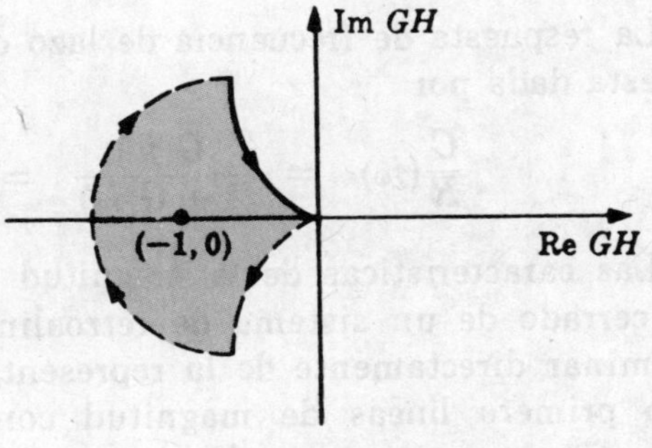

Fig. 11-6

Ejemplo 11.12.

La representación de estabilidad de Nyquist para $GH(s) = \frac{1}{s(s-1)}$ está dada en la figura 11-6. La región hacia la derecha del contorno se ha sombreado y el punto (—1, 0) está rodeado; entonces $N > 0$. (Es claro que $N = 1$.) Los polos de GH están en $s = 0$ y $s = +1$; el último polo está en el SPD. Luego $P_0 = 1$.

$N \neq -P_0$ indica que el sistema es *inestable*. De la ecuación (*11.14*) se tiene

$$Z_0 = N + P_0 = 2$$

los ceros de $1 + GH$ en el SPD.

11.11 ESTABILIDAD RELATIVA

La estabilidad relativa de un sistema de control por retroalimentación se determina fácilmente de la representación de estabilidad de Nyquist o de la representación polar.

La **frecuencia del cruce de fase** ω_π es la frecuencia a la cual el ángulo de fase de $GH(j\omega)$ es $-180°$, es decir, la frecuencia a la cual la representación polar cruza el eje real negativo. El **margen de ganancia** está dado por

$$\text{margen de ganancia} = \frac{1}{|GH(j\omega_\pi)|}$$

Estas cantidades se ilustran en la figura 11-7.

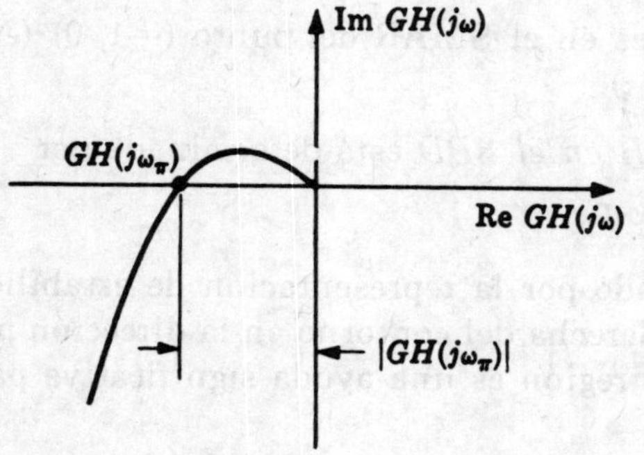

Fig. 11-7

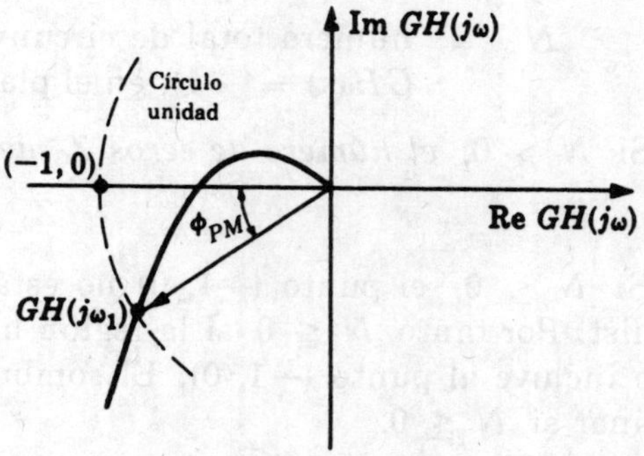

Fig. 11-8

La **frecuencia del cruce de ganancia** ω_1 es la frecuencia a la cual $|GH(j\omega)| = 1$. El **margen de fase** ϕ_{PM} es el ángulo según el cual la representación polar se debe girar para hacerla pasar por el punto (—1, 0). Este está dado por

$$\phi_{PM} = [180 + \arg GH(j\omega_1)] \text{ grados}$$

Estas cantidades se ilustran en la figura 11-8.

11.12 CIRCULOS *M* Y *N**

La respuesta de frecuencia de lazo cerrado de un sistema de retroalimentación de unidad está dada por

$$\frac{C}{R}(j\omega) = \frac{G(j\omega)}{1+G(j\omega)} = \left|\frac{G(j\omega)}{1+G(j\omega)}\right| \underline{/\tan^{-1}\left[\frac{\text{Im }(C/R)(j\omega)}{\text{Re }(C/R)(j\omega)}\right]} \qquad (11.15)$$

Las características de la magnitud y ángulo de fase de la respuesta de frecuencia de lazo cerrado de un sistema de retroalimentación de unidad aplicada al control, se puede determinar directamente de la representación polar de $G(j\omega)$. Esto se lleva a cabo dibujando primero líneas de magnitud constante, llamadas **círculos** ***M*** y luego líneas de ángulo de fase constante, llamadas **círculos** ***N*** directamente en el plano $G(j\omega)$ donde

*Los símbolos *M*, *N* usados en esta sección para los círculos *M* y *N* no son iguales ni deben confundirse con la señal de control $M = M(s)$ definida en el capítulo 2, ni con el número de circunvalaciones *N* del punto (—1, 0) de la sección 11.10. Desafortunadamente el mismo símbolo se ha usado para determinar más de una cantidad. Pero con el fin de mantenernos de acuerdo con muchos otros textos hemos utilizado esta terminología y aprovechamos la oportunidad ahora de aclarárselo al lector.

$$M \equiv \left|\frac{G(j\omega)}{1+G(j\omega)}\right| \qquad (11.16)$$

$$N \equiv \frac{\text{Im}\,(C/R)(j\omega)}{\text{Re}\,(C/R)(j\omega)} \qquad (11.17)$$

La intersección de la representación polar con un círculo M en particular, proporciona el valor de M a la frecuencia ω de $G(j\omega)$ en el punto de intersección. La intersección de la representación polar con un círculo N en particular, proporciona el valor de N a la frecuencia ω de $G(j\omega)$ en el punto de intersección. A partir de estos puntos se puede representar gráficamente a M contra ω y N contra ω.

En la figura que sigue se muestran varios círculos M superpuestos sobre una representación polar típica en el plano $G(j\omega)$. El **radio de un círculo** M está dado por

$$\text{radio del círculo } M = \left|\frac{M}{M^2-1}\right| \qquad (11.18)$$

El **centro de un círculo** M siempre queda sobre el eje $\text{Re}\,G(j\omega)$. El punto del centro está dado por

$$\text{centro del círculo } M = \left(\frac{-M^2}{M^2-1}, 0\right) \qquad (11.19)$$

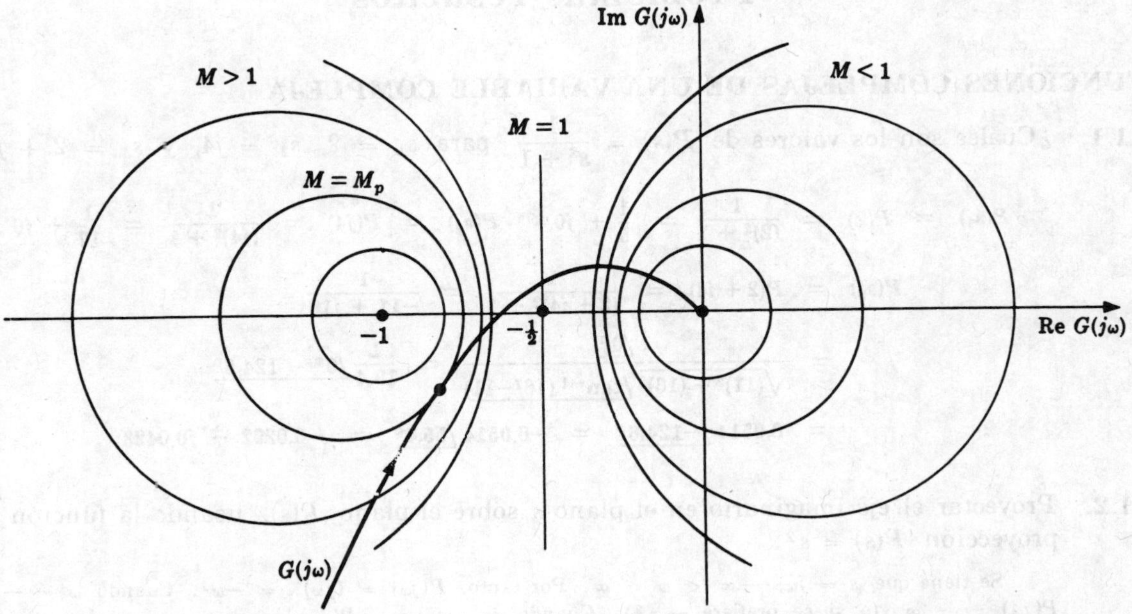

El **máximo de resonancia** M_p está dado por el mayor valor de M de los círculos M tangentes a la representación polar. (Puede haber más de un punto tangencial.)

La **razón de amortiguación** ζ para un sistema de segundo orden con $0 \leqq \zeta \leqq 0{,}707$ está relacionada a M_p por

$$M_p = \frac{1}{2\zeta\sqrt{1-\zeta^2}} \qquad (11.20)$$

En la figura que sigue se muestran varios círculos N superpuestos sobre una representación polar. El **radio de un círculo** N está dado por

$$\text{radio del círculo } N = \sqrt{\tfrac{1}{4} + (1/2N)^2} \qquad (11.21)$$

El **centro de un círculo** N siempre queda sobre la línea $\text{Re}\,G(j\omega) = -\tfrac{1}{2}$. El punto del centro está dado por

$$\text{centro del círculo } N = (-\tfrac{1}{2}, 1/2N) \qquad (11.22)$$

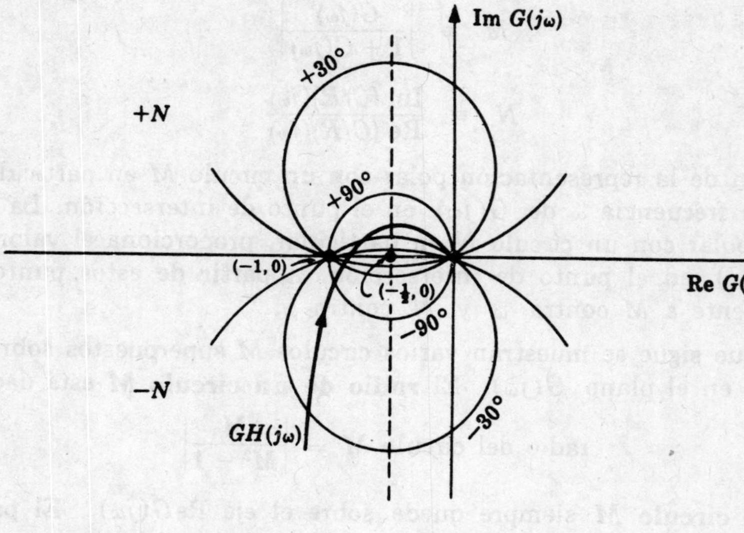

Problemas resueltos

FUNCIONES COMPLEJAS DE UNA VARIABLE COMPLEJA

11.1. ¿Cuáles son los valores de $P(s) = \dfrac{1}{s^2+1}$ para $s_1 = 2$, $s_2 = j4$, y $s_3 = 2 + j4$?

$$P(s_1) = P(2) = \frac{1}{(2)^2+1} = \frac{1}{5} + j0, \qquad P(s_2) = P(j4) = \frac{1}{(j4)^2+1} = \frac{1}{17} + j0$$

$$P(s_3) = P(2+j4) = \frac{1}{(2+j4)^2+1} = \frac{1}{-11+j16}$$

$$= \frac{1\,\underline{/0°}}{\sqrt{(11)^2+(16)^2}\,\underline{/\tan^{-1}(16/-11)}} = \frac{1}{19{,}4}\,\underline{/0° - 124{,}6°}$$

$$= 0{,}0514\,\underline{/-124{,}6°} = -0{,}0514\,\underline{/55{,}4°} = -0{,}0292 - j0{,}0423$$

11.2. Proyectar el eje imaginario en el plano s sobre el plano $P(s)$, usando la función de proyección $P(s) = s^2$.

Se tiene que $s = j\omega$, $-\infty < \omega < \infty$. Por tanto, $P(j\omega) = (j\omega)^2 = -\omega^2$. Cuando $\omega \to -\infty$, $P(j\omega) \to -\infty$ (o si se prefiere $-\infty^2$). Cuando $\omega \to +\infty$, $P(j\omega) \to -\infty$; y cuando $\omega = 0$, $P(j0) = 0$. Luego a medida que $j\omega$ aumenta a lo largo del eje *imaginario* negativo desde $-j\infty$ hacia $+j0$, $P(j\omega)$ aumenta a lo largo del eje *real* negativo desde $-\infty$ a 0. Cuando $j\omega$ aumenta desde $j0$ a $+j\infty$, $P(j\omega)$ vuelve a disminuir hasta $-\infty$, a lo largo del eje *real* negativo. La proyección se representa de la siguiente manera:

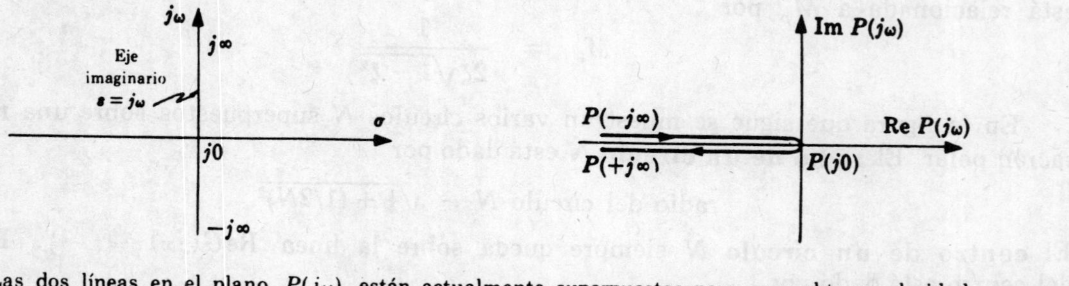

Las dos líneas en el plano $P(j\omega)$ están actualmente superpuestas pero para obtener claridad se muestran separadas.

11.3. Proyectar la región rectangular en el plano s limitada por las líneas $\omega = 0$, $\sigma = 0$, $\omega = 1$, y $\sigma = 2$ sobre el plano $P(s)$ usando la trasformación $P(s) = s + 1 - j2$.

Se tiene que

$$\omega = 0: \quad P(\sigma) = (\sigma + 1) - j2 \qquad\qquad \omega = 1: \quad P(\sigma + j1) = (\sigma + 1) - j1$$

$$\sigma = 0: \quad P(j\omega) = 1 + j(\omega - 2) \qquad\qquad \sigma = 2: \quad P(2 + j\omega) = 3 + j(\omega - 2)$$

Puesto que σ varía en todo el dominio real $(-\infty < \sigma < \infty)$ sobre la línea $\omega = 0$, también lo hace sobre $\sigma + 1$ sobre $P(\sigma) = (\sigma + 1) - j2$. Por tanto $\omega = 0$ se proyecta sobre la línea $-j2$ en el plano $P(s)$. Similarmente, $\sigma = 0$ se proyecta sobre la línea $P(s) = 1$, $\omega = 1$ se proyecta sobre la línea $P(s) = -j1$ y $\sigma = 2$ sobre la línea $P(s) = 3$. La trasformación resultante se ilustra como sigue:

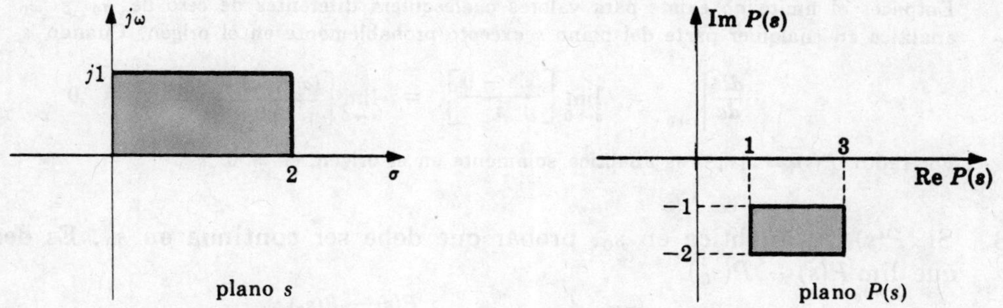

Este tipo de proyección se llama proyección por **traslación.**

11.4. Encontrar la derivada de $P(s) = s^2$ en los puntos $s = s_0$ y $s_0 = 1$.

$$\left.\frac{dP}{ds}\right|_{s=s_0} = \lim_{s \to s_0}\left[\frac{P(s) - P(s_0)}{s - s_0}\right] = \lim_{s \to s_0}\left[\frac{s^2 - s_0^2}{s - s_0}\right] = \lim_{s \to s_0}(s + s_0) = 2s_0$$

En $s_0 = 1$, se tiene que $(dP/ds)|_{s=1} = 2$.

FUNCIONES ANALITICAS Y SINGULARIDADES

11.5. ¿Es $P(s) = s^2$ una función analítica en cualquier región del plano s? Si así es, ¿en qué región?

Según el problema anterior $(dP/ds)|_{s=s_0} = 2s_0$. Luego s^2 es analítica siempre que $2s_0$ sea finita (definición 11.1). Luego s^2 es analítica en toda la región finita del plano s. Tales funciones se llaman a menudo **funciones completas.**

11.6. ¿Es $P(s) = 1/s$ analítica en cualquier región del plano s?

$$\left.\frac{dP}{ds}\right|_{s=s_0} = \lim_{s \to s_0}\left[\frac{1/s - 1/s_0}{s - s_0}\right] = \lim_{s \to s_0}\left[\frac{-(s - s_0)}{ss_0(s - s_0)}\right] = \frac{-1}{s_0^2}$$

Esta derivada es única y finita para todo $s_0 \neq 0$. Luego $1/s$ es analítica en todos los puntos en el plano s excepto en el origen, $s = s_0 = 0$. El punto $s = 0$ es una *singularidad* (polo) de $1/s$. Existen otras singularidades fuera de los polos, pero no en las funciones de trasferencia de las componentes de sistemas de control ordinarios.

11.7. ¿Es $P(s) = |s|^2$ analítica en cualquier región del plano s?

Primero se pone $s = \sigma + j\omega$, $s_0 = \sigma_0 + j\omega_0$. Entonces

$$\left.\frac{dP}{ds}\right|_{s=s_0} = \lim_{(s - s_0) \to 0}\left[\frac{|\sigma + j\omega|^2 - |\sigma_0 + j\omega_0|^2}{(\sigma + j\omega) - (\sigma_0 + j\omega_0)}\right]$$

$$= \lim_{[(\sigma - \sigma_0) + j(\omega - \omega_0)] \to 0}\left[\frac{(\sigma - \sigma_0)(\sigma + \sigma_0) + (\omega - \omega_0)(\omega + \omega_0)}{(\sigma - \sigma_0) + j(\omega - \omega_0)}\right]$$

Si existe el límite, éste debe ser único y no debe depender de la manera en que s se aproxime a s_0 o de la manera en que $[(\sigma - \sigma_0) + j(\omega - \omega_0)]$ se acerca a cero. Luego primero se hace que $s \to s_0$ a lo largo del eje $j\omega$ y se obtiene

$$\left.\frac{dP}{ds}\right|_{s=s_0} = \lim_{\substack{\omega\to\omega_0 \\ \sigma=\sigma_0}} \left[\frac{(\omega-\omega_0)(\omega+\omega_0)}{j(\omega-\omega_0)}\right] = -j2\omega_0$$

Ahora, se hace que $s \to s_0$ a lo largo del eje σ; esto es,

$$\left.\frac{dP}{ds}\right|_{s=s_0} = \lim_{\substack{\sigma\to\sigma_0 \\ \omega=\omega_0}} \left[\frac{(\sigma-\sigma_0)(\sigma+\sigma_0)}{\sigma-\sigma_0}\right] = 2\sigma_0$$

Entonces el límite *no* existe para valores cualesquiera diferentes de cero de σ_0 y ω_0 y $|s|^2$ no es analítica en cualquier parte del plano s excepto probablemente en el origen. Cuando $s_0 = 0$, se tiene

$$\left.\frac{dP}{ds}\right|_{s=0} = \lim_{s\to 0}\left[\frac{|s|^2-0}{s}\right] = \lim_{s\to 0}\left[\frac{(\sigma+j\omega)(\sigma-j\omega)}{\sigma+j\omega}\right] = 0$$

Por tanto $P(s) = |s|^2$ es analítica solamente en el origen, $s = 0$.

11.8. Si $P(s)$ es analítica en s_0, probar que debe ser continua en s_0. Es decir, mostrar que $\lim_{s\to s_0} P(s) = P(s_0)$.

Puesto que
$$P(s) - P(s_0) = \frac{P(s)-P(s_0)}{(s-s_0)}\cdot(s-s_0)$$

para $s \neq s_0$, entonces

$$\lim_{s\to s_0}[P(s)-P(s_0)] = \lim_{s\to s_0}\left[\frac{P(s)-P(s_0)}{(s-s_0)}\right]\cdot\lim_{s\to s_0}(s-s_0) = \left[\left.\frac{dP}{ds}\right|_{s=s_0}\right]\cdot 0 = 0$$

puesto que $\left.\dfrac{dP}{ds}\right|_{s=s_0}$ existe por hipótesis (es decir $P(s)$ es analítica). Por tanto

$$\lim_{s\to s_0}[P(s)-P(s_0)] = 0 \quad \text{o} \quad \lim_{s\to s_0} P(s) = P(s_0)$$

11.9. Las **funciones polinómicas** se definen por $Q(s) \equiv a_n s^n + a_{n-1}s^{n-1} + \cdots + a_1 s + a_0$, donde $a_n \neq 0$, n es un entero positivo llamado el **grado del polinomio** y $a_0, a_1, \ldots, a_n$ son constantes complejas. Probar que $Q(s)$ es analítica en cada región limitada (finita) del plano s.

Primero se considera s^n:

$$\left.\frac{d}{ds}[s^n]\right|_{s=s_0} = \lim_{s\to s_0}\left[\frac{s^n - s_0^n}{s-s_0}\right] = \lim_{s\to s_0}(s^{n-1} + s^{n-2}s_0 + \cdots + ss_0^{n-2} + s_0^{n-1}) = ns_0^{n-1}$$

Luego s^n es analítica en cada región finita del plano s. Por inducción matemática se muestra que $s^{n-1}, s^{n-2}, \ldots, s$ son también analíticas. Luego, según los teoremas elementales sobre suma y producto de límites, se ve que $Q(s)$ es analítica en cada región finita del plano s.

11.10. Las **funciones algebraicas racionales** se definen por $P(s) \equiv N(s)/D(s)$, donde $N(s)$ y $D(s)$ son polinomios. Mostrar que $P(s)$ es analítica en cada punto s donde $D(s) \neq 0$; es decir, probar que las funciones de trasferencia, de los elementos de sistemas de control, que toman la forma de funciones algebraicas racionales son analíticas excepto en sus polos.

La gran mayoría de los elementos de los sistemas de control están en esta categoría. El teorema fundamental del álgebra según el cual, "un polinomio de grado n con n ceros se puede expresar como un producto de n factores lineales", sirve para poner a $P(s)$ en una forma más reconocible como función de trasferencia de un sistema de control; esto es $P(s)$ se puede escribir en la forma familiar

$$P(s) \equiv \frac{N(s)}{D(s)} = \frac{b_m s^m + b_{m-1}s^{m-1} + \cdots + b_0}{a_n s^n + a_{n-1}s^{n-1} + \cdots + a_0} = \frac{b_m(s+z_1)(s+z_2)\cdots(s+z_m)}{a_n(s+p_1)(s+p_2)\cdots(s+p_n)}$$

donde $-z_1, -z_2, \ldots, -z_n$ son ceros, $-p_1, -p_2, \ldots, -p_n$ son polos y $m \leq n$.

De la identidad dada por

$$\frac{N(s)}{D(s)} - \frac{N(s_0)}{D(s_0)} \equiv \frac{1}{D(s)\,D(s_0)}\,[D(s_0)\,(N(s) - N(s_0)) - N(s_0)\,(D(s) - D(s_0))]$$

donde $D(s) \neq 0$, se obtiene

$$\begin{aligned}
\left.\frac{dP}{ds}\right|_{s=s_0} &= \lim_{s\to s_0}\left[\frac{\dfrac{N(s)}{D(s)} - \dfrac{N(s_0)}{D(s_0)}}{s - s_0}\right] \\
&= \lim_{s\to s_0}\left[\frac{1}{D(s)\,D(s_0)}\left(D(s_0)\left[\frac{N(s) - N(s_0)}{s - s_0}\right] - N(s_0)\left[\frac{D(s) - D(s_0)}{s - s_0}\right]\right)\right] \\
&= \lim_{s\to s_0}\left[\frac{1}{D(s)}\left(\frac{N(s) - N(s_0)}{s - s_0}\right)\right] - \lim_{s\to s_0}\left[\frac{N(s_0)}{D(s)\,D(s_0)}\left(\frac{D(s) - D(s_0)}{s - s_0}\right)\right] \\
&= \lim_{s\to s_0}\left[\frac{1}{D(s)}\right]\cdot\lim_{s\to s_0}\left[\frac{N(s) - N(s_0)}{s - s_0}\right] - \lim_{s\to s_0}\left[\frac{N(s_0)}{D(s)\,D(s_0)}\right]\cdot\lim_{s\to s_0}\left[\frac{D(s) - D(s_0)}{s - s_0}\right] \\
&= \frac{1}{D(s_0)}\cdot\left.\frac{dN}{ds}\right|_{s=s_0} - \frac{N(s_0)}{D(s_0)^2}\cdot\left.\frac{dD}{ds}\right|_{s=s_0}
\end{aligned}$$

donde se usan los resultados de los problemas 11.8 y 11.9, y la definición 11.1. Por tanto, la derivada de $P(s)$ existe ($P(s)$ es analítica) para todos los puntos s donde $D(s) \neq 0$.

Obsérvese que se ha calculado la derivada de una función algebraica racional (la última parte en la ecuación anterior) en términos de las derivadas de su numerador y denominador además de resolver el problema requerido.

11.11. Probar que e^{-sT} es analítica en cada región limitada del plano s.

En la teoría de la variable compleja e^{-sT} se define por medio de la serie de potencias

$$e^{-sT} = \sum_{k=0}^{\infty}\frac{(-sT)^k}{k!}$$

Según la prueba de la razón, cuando $k \to \infty$ se tiene

$$\left|\frac{(-sT)^k/k!}{(-sT)^{k+1}/(k+1)!}\right| = \left|\frac{k+1}{-sT}\right| \to \infty$$

Luego el radio de convergencia de esta serie es finito. La suma de una serie de potencias es analítica dentro de su radio de convergencia. Luego e^{-sT} es analítica en cada región limitada del plano s.

11.12. Probar que $e^{-sT}\cdot P(s)$ es analítica siempre y cuando que $P(s)$ sea analítica. Luego los sistemas que contienen una combinación de funciones de trasferencia algebraicas racionales y operadores de tiempo de retardo (a saber, e^{-sT}) son analíticas excepto en los polos del sistema.

Según el problema 11.11, e^{-sT} es analítica en cada región limitada del plano s; según el problema 11.10, $P(s)$ es analítica excepto en sus polos. Ahora

$$\begin{aligned}
\left.\frac{d}{ds}[e^{-sT}\cdot P(s)]\right|_{s=s_0} &= \lim_{s\to s_0}\left[\frac{e^{-sT}\cdot P(s) - e^{-s_0T}\cdot P(s_0)}{s - s_0}\right] \\
&= \lim_{s\to s_0}\left[e^{-sT}\left(\frac{P(s) - P(s_0)}{s - s_0}\right) + P(s_0)\left(\frac{e^{-sT} - e^{-s_0T}}{s - s_0}\right)\right] \\
&= e^{-s_0T}\cdot\left.\frac{dP}{ds}\right|_{s=s_0} + P(s_0)\cdot\left.\frac{d}{ds}(e^{-sT})\right|_{s=s_0}
\end{aligned}$$

Por tanto $e^{-sT}\cdot P(s)$ es analítica siempre y cuando que $P(s)$ sea analítica.

11.13. Considerar la función dada por $P(s) = e^{-sT}(s^2 + 2s + 3)/(s^2 - 2s + 2)$. ¿Dónde están las singularidades de esta función? ¿En dónde es $P(s)$ analítica?

Los puntos singulares están en los polos de $P(s)$. Puesto que $s^2 - 2s + 2 = (s - 1 + j1)(s - 1 - j1)$, los dos polos están dados por $-p_1 = 1 - j1$ y $p_2 = 1 + j1$. $P(s)$ es analítica en cada región limitada del plano s excepto en los puntos $s = -p_1$ y $s = -p_2$.

CONTORNOS Y CIRCUNVALACIONES

11.14. ¿Qué puntos están *encerrados* por los siguientes contornos?

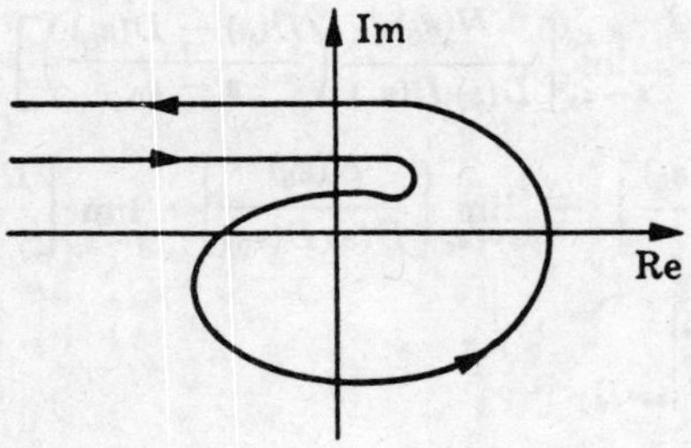

(*a*)

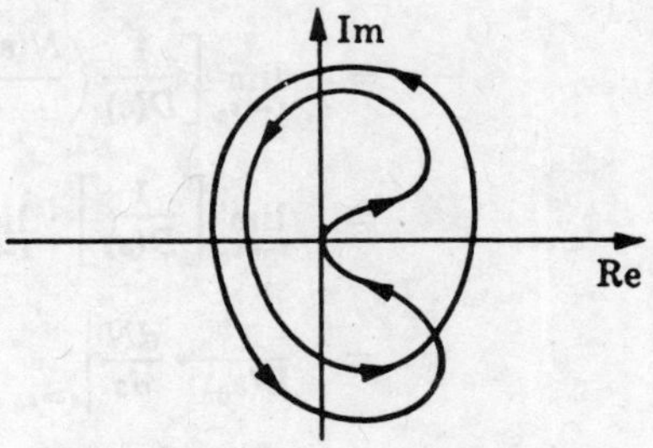

(*b*)

Al sombrear la región hacia la derecha de cada contorno a medida que se atraviesa en la dirección prescrita, se obtiene

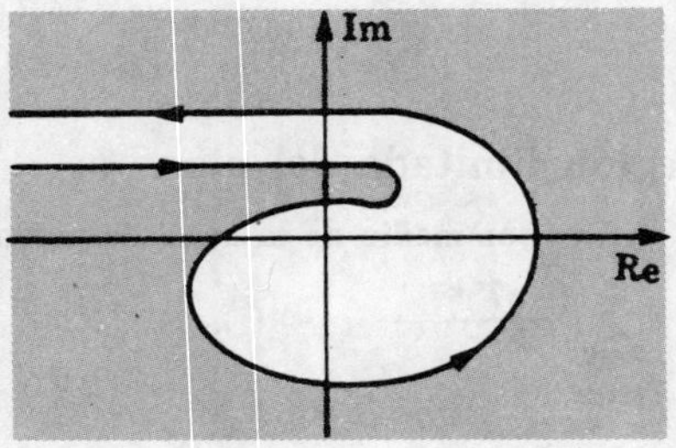

(*a*)

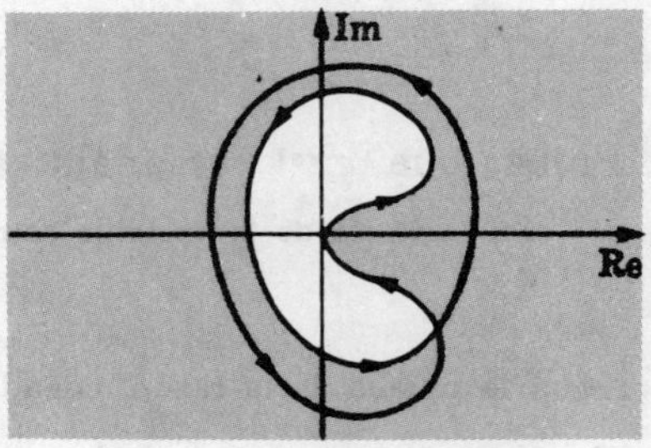

(*b*)

Todos los puntos de las regiones sombreadas están encerrados.

11.15. ¿Cuáles de los contornos del problema 11.14 están *cerrados*?

Obviamente, el contorno de la parte (*b*) está cerrado. El contorno de la parte (*a*) puede o no cerrarse sobre sí mismo en el infinito del plano complejo. Esto no se puede determinar según la gráfica dada.

11.16. ¿Cuál es la *dirección* (positiva o negativa) de cada contorno en el problema 11.14(*a*) y (*b*)?

Usando el origen como una base, cada contorno se dirige en el SCMAR o dirección negativa, con respecto al origen.

11.17. Determinar el número de circunvalaciones N_0 del origen en el contorno de la figura adyacente.

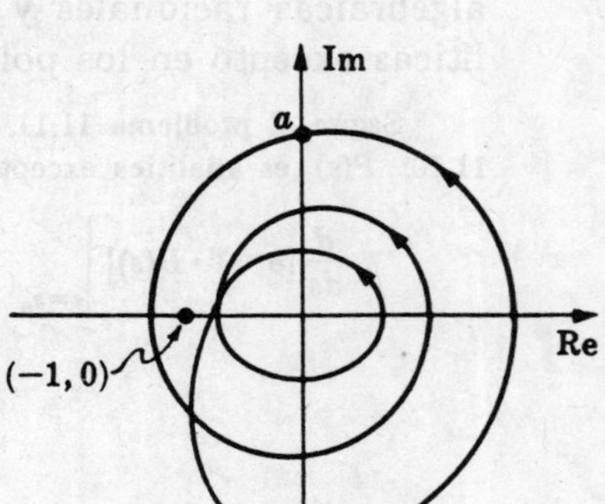

Comenzando en el punto a se hace girar una línea radial, desde el origen hasta el contorno, en la dirección de las flechas. Tres rotaciones en el SCMAR de 360° dan como resultado la línea radial que retorna al punto a. Luego $N_0 = -3$.

11.18. Determinar el número de circunvalaciones N_0 del origen para el contorno de la figura 11-9.

Comenzando en el punto a, se exploran $+180°$ por el contorno cuando se llega a b por primera vez. Al ir de b a c y de nuevo a b la ganancia angular neta es de cero. Al volver a a desde b se obtienen $+180°$. Luego $N_0 = +1$.

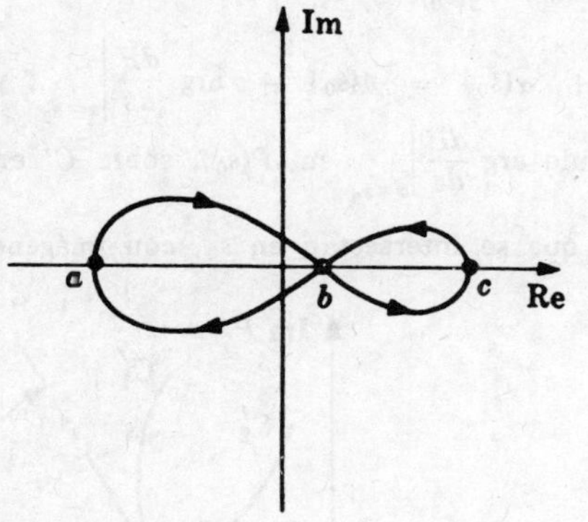

Fig. 11-9

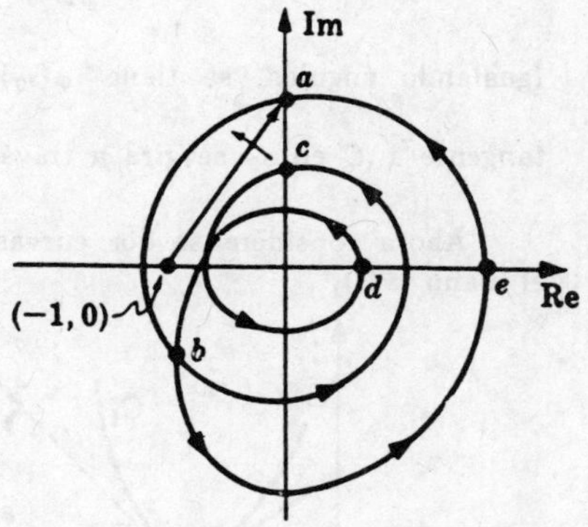

Fig. 11-10

11.19. Determinar el número de circunvalaciones N del punto (—1, 0), (es decir el punto —1 sobre el eje real) para el contorno del problema 11.17.

De nuevo, comenzando en el punto a, se hace girar una línea radial *desde el punto* (—1, 0) hasta el contorno en la dirección de las flechas como se muestra en la figura 11-10. Al ir de a a b a c, la línea radial explora un poco menos de —360°. Pero desde c a d y de nuevo a b el ángulo aumenta de nuevo hacia el valor alcanzado al ir solamente desde a a b. Luego desde b a e a a el ángulo resultante es de —360°. Luego $N = -1$.

PROPIEDADES DE LA PROYECCION $P(s)$

11.20. ¿Son las funciones siguientes de valor único? (*a*) $P(s) = s^2$, (*b*) $P(s) = s^{1/2}$.

(*a*) Sustituyendo cualquier número complejo s en $P(s) = s^2$ se obtiene un valor único para $P(s)$. Luego $P(s) = s^2$ es una función de valor único.

(*b*) En forma polar se tiene $s = |s|e^{j\theta}$, donde $\theta = \arg(s)$. Por tanto $s^{1/2} = |s|^{1/2}e^{j\theta/2}$. Ahora si θ tiene un aumento de 2π se vuelve al mismo punto s. Pero

$$P(s) = |s|^{1/2}e^{j(\theta+2\pi)/2} = |s|^{1/2}e^{j\theta/2}\cdot e^{j\pi} = P(s)\cdot e^{j\pi}$$

que es *otro* punto en el plano $P(s)$. Luego $P(s) = s^{1/2}$ tiene dos puntos en el plano $P(s)$ por cada punto en el plano s. No es una función de valor único, es una **función de valor múltiple** (con dos valores).

11.21. Probar que cada contorno cerrado que no tiene puntos singulares de $P(s)$ en el plano s se proyecta en un contorno cerrado en el plano $P(s)$.

Se supone que esto no es cierto. Entonces, en algún punto s_0 donde el contorno del plano s se cierra sobre sí mismo, el contorno del plano $P(s)$ no está cerrado. Esto significa que un punto s_0 (no singular) en el plano s se proyecta en más de un punto en el plano $P(s)$ (las imágenes del punto s_0). Esto contradice el hecho de que $P(s)$ es una función de valor único (propiedad 1, sección 11.4).

11.22. Probar que P es una proyección conforme siempre y cuando que P sea analítica y $dP/ds \neq 0$.

Considérense dos curvas: C en el plano s y C' en el plano $P(s)$, siendo C' la imagen de C. La curva en el plano s se puede describir por el parámetro t; esto es, cada t corresponde a un punto $s = s(t)$ a lo largo de la curva C. Luego C' se describe por $P[s(t)]$ en el plano $P(s)$. Las derivadas ds/dt y dP/dt representan vectores tangentes a puntos correspondientes sobre C y C'. Ahora

$$\left.\frac{dP[s(t)]}{dt}\right|_{P(s)=P(s_0)} = \frac{ds}{dt}\cdot\left.\frac{dP(s)}{ds}\right|_{s=s_0}$$

donde se utiliza el hecho que P es analítica en algún punto $s_0 \equiv s(t_0)$. Se puede poner $dP/dt \equiv r_1e^{j\phi}$, $dP/ds \equiv r_2e^{j\alpha}$, y $ds/dt \equiv r_3e^{j\theta}$. Entonces

$$r_1(s_0)e^{j\phi(s_0)} = r_2(s_0)\cdot r_3(s_0)e^{j[\theta(s_0)+\alpha(s_0)]}$$

Igualando ángulos, se tiene $\phi(s_0) = \theta(s_0) + \alpha(s_0) = \theta(s_0) + \arg\left.\frac{dP}{ds}\right|_{s=s_0}$, y se ve que la tangente a C en s_0 se gira a través de un ángulo $\arg\left.\frac{dP}{ds}\right|_{s=s_0}$ en $P(s_0)$ sobre C' en el plano $P(s)$.

Ahora considérense dos curvas C_1 y C_2 que se intersectan en s_0, con imágenes C_1' y C_2' en el plano $P(s)$:

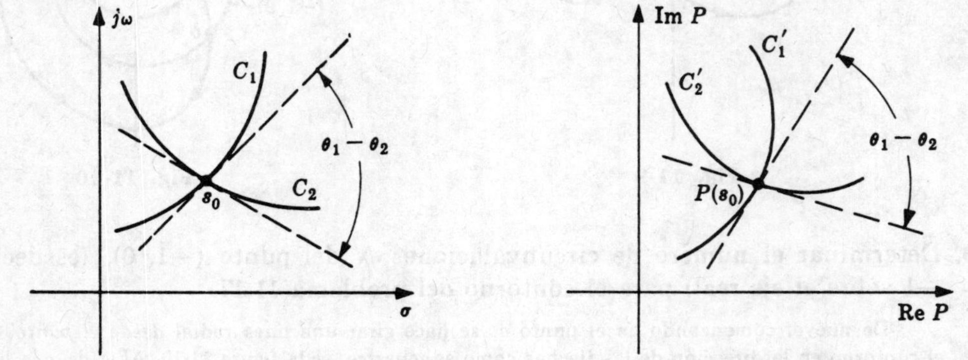

Sea θ_1 el ángulo de inclinación de la tangente a C_1 y θ_2 el que corresponde a C_2. Entonces los ángulos de inclinación para C_1' y C_2' son $\theta_1 + \arg\left.\frac{dP}{ds}\right|_{s=s_0}$, y $\theta_2 + \arg\left.\frac{dP}{ds}\right|_{s=s_0}$. Por tanto el ángulo $(\theta_1 - \theta_2)$ entre C_1 y C_2 es igual en magnitud y sentido al ángulo entre

$$C_1' \text{ y } C_2',\quad \theta_1 + \arg\left.\frac{dP}{ds}\right|_{s=s_0} - \theta_2 - \arg\left.\frac{dP}{ds}\right|_{s=s_0} = \theta_1 - \theta_2$$

Obsérvese que $\arg\left.\frac{dP}{ds}\right|_{s=s_0}$ es indeterminado si $\left.\frac{dP}{ds}\right|_{s=s_0} = 0$.

11.23. Mostrar que $P(s) = e^{-sT}$ es conforme en cada región limitada del plano s.

e^{-sT} es analítica (véase el problema 11.11). También, $\frac{d}{ds}(e^{-sT}) = -Te^{-sT} \neq 0$ en cualquier región limitada (finita) del plano s. Entonces, según el problema 11.22, $P(s) = e^{-sT}$ es conforme.

11.24. Mostrar que $P(s)\cdot e^{-sT}$ es conforme para $P(s)$ racional y $dP/ds \neq 0$.

Según el problema 11.12, Pe^{-sT} es analítica excepto en los polos de P. Según el problema 11.12,

$$\frac{d}{ds}[Pe^{-sT}] = e^{-sT}\frac{dP}{ds} - P\cdot Te^{-sT} = e^{-sT}\left(\frac{dP}{ds} - TP\right)$$

Suponga que $\frac{d}{ds}[Pe^{-sT}] = 0$. Entonces puesto que $e^{-sT} \neq 0$ para s finito, se tiene $dP/ds - TP = 0$ cuya solución general es $P(s) = ke^{sT}$, siendo k constante. Pero P es racional y e^{sT} no lo es. Entonces $\frac{d}{ds}[Pe^{-sT}] \neq 0$.

11.25. Dos contornos C_1 y C_2 en el plano s se intersectan a 90° como se muestra. La función analítica $P(s)$ proyecta estos contornos en el plano $P(s)$ y $dP/ds \neq 0$, en s_0. Bosquejar la imagen del contorno C_2 en la vecindad de $P(s_0)$. La imagen de C_1 también está dada.

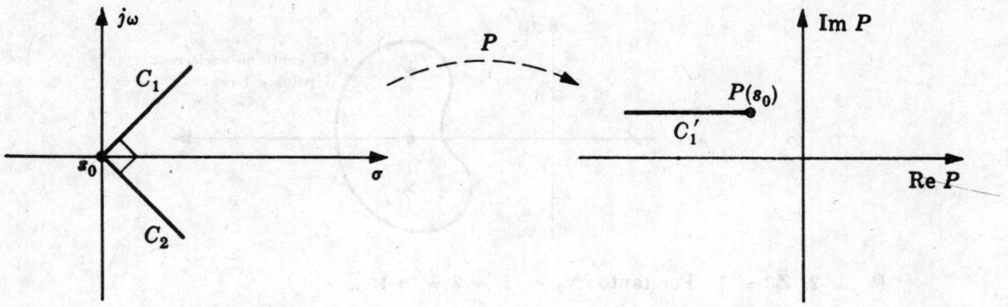

Según el problema 11.22, P es conforme; luego el ángulo entre C_1' y C_2' es de 90°. Puesto que C_1 da una vuelta a la izquierda sobre C_2 en s_0, entonces C_1' también debe voltear a la izquierda en $P(s_0)$:

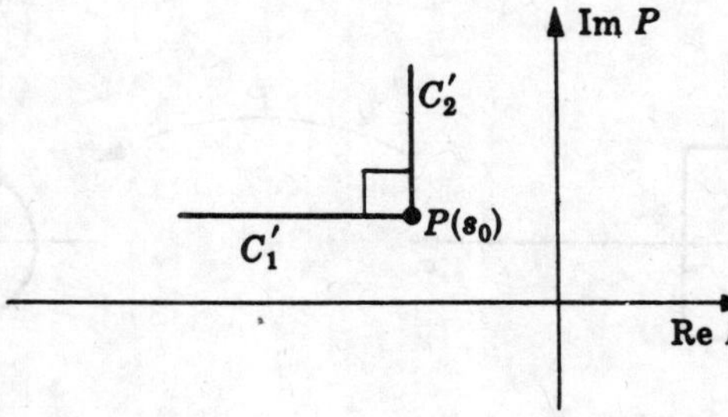

11.26. Probar la ecuación (*11.1*): $N_0 = Z_0 - P_0$.

La mayor parte de la prueba es un poco complicada para ser tratada con la teoría de la variable compleja presentada en este libro. Entonces vamos a suponer que se conoce un teorema muy importante sobre funciones de una variable compleja y proseguimos adelante. El teorema dice que si C es un contorno cerrado en el plano s, $P(s)$ una función analítica en C y dentro de C excepto para posibles polos y $P(s) \neq 0$ en C, entonces

$$\frac{1}{2\pi j}\int_C \frac{P'(s)}{P(s)}ds = Z_0 - P_0$$

donde Z_0 es el número total de ceros dentro de C, P_0 el número total de polos dentro de C, y $P' \equiv dP/ds$. Los polos y ceros múltiples se cuentan uno por uno; esto es, un polo doble en un punto constituye dos polos del total, un triple cero constituye tres ceros del total.

Ahora, puesto que $d[\ln P(s)] = [P'(s)/P(s)]\,ds$ y $\ln P(s) \equiv \ln|P(s)| + j \arg P(s)$, se tiene

$$\frac{1}{2\pi j}\int_C [P'(s)/P(s)]\,ds = \frac{1}{2\pi j}\int_C d[\ln P(s)] = \frac{1}{2\pi j}[\ln P(s)]\Big|_C = \frac{1}{2\pi j}[\ln|P(s)| + j \arg P(s)]\Big|_C$$

$$= \frac{1}{2\pi j}[\ln|P(s)|]\Big|_C + \frac{1}{2\pi j}[j \arg P(s)]\Big|_C$$

Ahora, puesto que $\ln|P(s)|$ vuelve a su valor original cuando se va una vez alrededor de C, el primer término en la última ecuación es cero. Luego

$$Z_0 - P_0 = \frac{1}{2\pi}[\arg P(s)]\Big|_C$$

Puesto que C es cerrado, la imagen de C en el plano $P(s)$ está cerrada y el cambio neto en el ángulo $\arg P(s)$ alrededor del contorno $P(s)$ es 2π veces el número de circunvalaciones N_0 del origen en el plano $P(s)$. Entonces $Z_0 - P_0 = 2N_0\pi/2\pi = N_0$. Este resultado a veces se llama *el principio del argumento*.

11.27. Determinar el número de circunvalaciones N_0 del contorno en el plano $P(s)$ para el siguiente contorno del plano s que se proyecta en el plano $P(s)$.

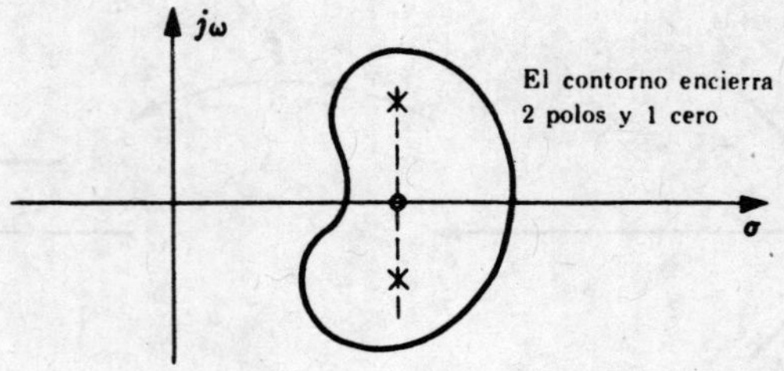

$P_0 = 2$, $Z_0 = 1$. Por tanto $N_0 = 1 - 2 = -1$.

11.28. Determinar el número de ceros Z_0 encerrados por el contorno del plano s donde $P_0 = 5$.

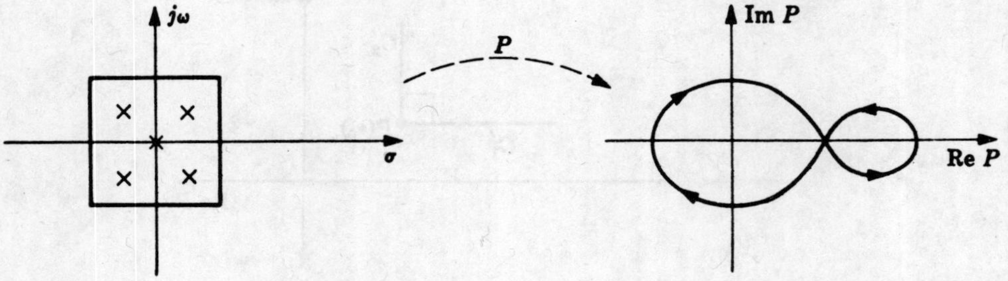

$N_0 = 1$ se calculó en el problema 11.18 para el contorno dado del plano $P(s)$. Puesto que $P_0 = 5$, entonces $Z_0 = N_0 + P_0 = 1 + 5 = 6$.

11.29. Determinar el número de polos P_0 encerrados por el contorno en el plano s, donde $Z_0 = 0$.

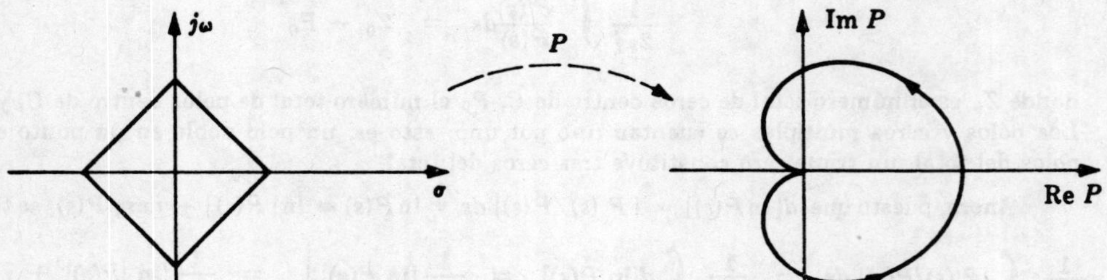

Claramente, $N_0 = 1$. Luego $P_0 = Z_0 - N_0 = 0 + 1 = 1$.

11.30. Determinar N_0 (ecuación (*11.1*)), para la siguiente función de trasferencia (trasformación) y contorno del plano s:

$$P(s) = \frac{K(s+5)(s-2,1)}{s^2(s+1)}$$

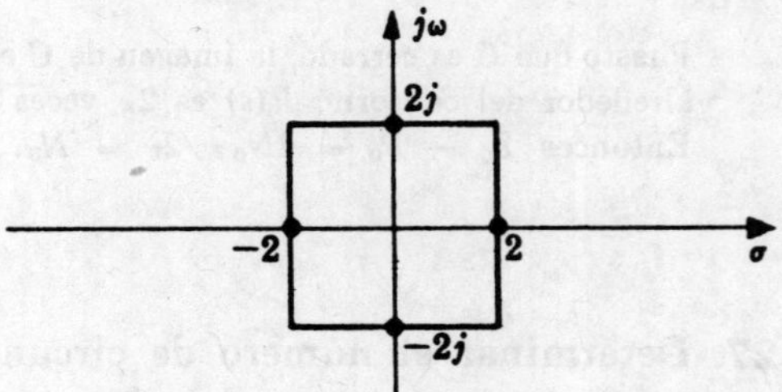

El mapa de polos y ceros de $P(s)$ es

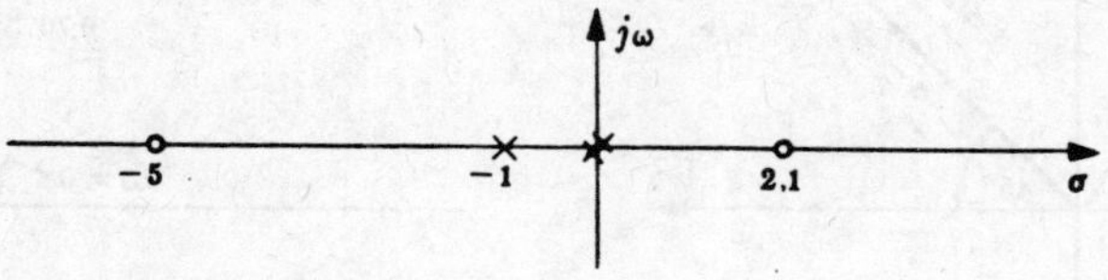

Luego hay tres polos (dos en $s = 0$ y uno en $s = -1$) y ningún cero encerrado por el contorno. Luego $P_0 = 3$, $Z_0 = 0$, y $N_0 = -3$.

11.31. ¿Está el origen *encerrado* por el siguiente contorno?

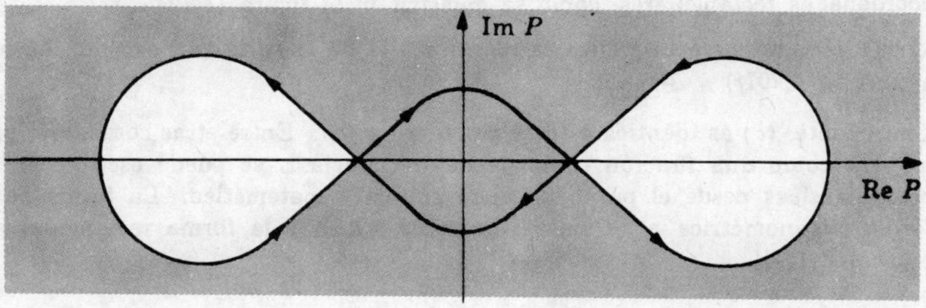

La región hacia la derecha del contorno se ha sombreado. El origen está en una región sombreada y está por tanto *encerrado* por el contorno.

11.32. ¿Cuál es el signo de N_0 en el problema 11.31?

Puesto que el origen está encerrado, $N_0 > 0$.

REPRESENTACIONES POLARES

11.33. Probar la propiedad 1 de la sección 11.6.

Sea $P(j\omega) \equiv P_1(\omega) + jP_2(\omega)$ y $a \equiv a_1 + ja_2$, donde $P_1(\omega)$, $P_2(\omega)$, a_1 y a_2 son reales. Entonces

$$P(j\omega) + a = (P_1(\omega) + a_1) + j(P_2(\omega) + a_2)$$

y la imagen de cualquier punto $(P_1(\omega), P_2(\omega))$ en el plano $P(j\omega)$ es $(P_1(\omega) + a_1, P_2(\omega) + a_2)$ en el plano $P(j\omega) + a$. Luego la imagen de un contorno de $P(j\omega)$ es simplemente una *traslación* (véase el problema 11.3). Luego la traslación del contorno de a unidades es equivalente a la traslación de los ejes (origen) de $-a$ unidades.

11.34. Probar la propiedad 2 de la sección 11.6.

La función de trasferencia $P(s)$ de un sistema lineal con coeficientes constantes es en general, una razón de polinomios con coeficientes constantes. Las raíces de tales polinomios ocurren en pares conjugados; es decir, si $a + jb$ es una raíz, entonces $a - jb$ es también una raíz. Si se hace que un asterisco $(*)$ represente conjugación compleja, entonces $a + jb = (a - jb)*$ y si $a = 0$, entonces $jb = (-jb)*$. Por tanto $P(j\omega) = P(-j\omega)*$ o $P(-j\omega) = P(j\omega)*$. Gráficamente esto significa que la representación para $P(-j\omega)$ es la imagen de espejo de la representación para $P(j\omega)$ respecto al eje real ya que sólo la parte imaginaria de $P(j\omega)$ cambia de signo.

11.35. Bosquejar la representación polar de cada una de las siguientes funciones complejas: (*a*) $P(j\omega) = \omega^2\underline{/45^\circ}$, (*b*) $P(j\omega) = \omega^2(\cos 45^\circ + j \operatorname{sen} 45^\circ)$, (*c*) $P(j\omega) = 0{,}707\omega^2 + 0{,}707j\omega^2$.

(*a*) $\omega^2\underline{/45^\circ}$ está en la forma de la ecuación (*11.2*). Luego en la figura 11-11 se usan coordenadas polares.

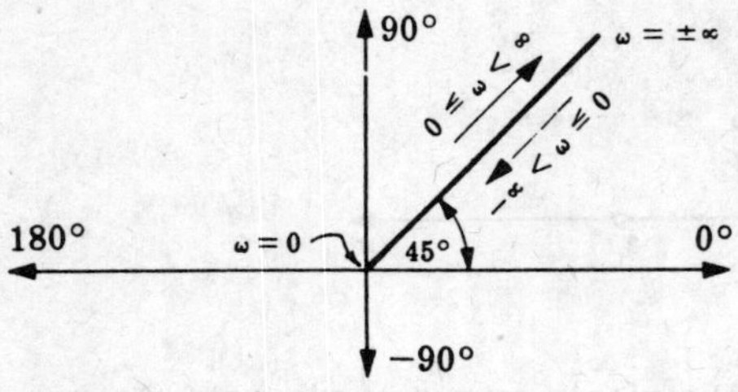

Fig. 11-11

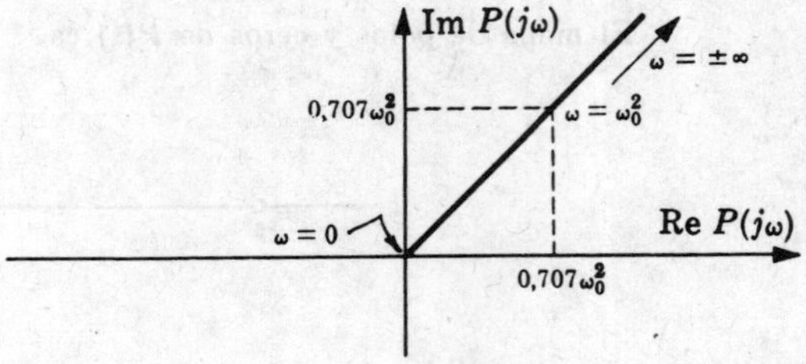

Fig. 11-12

(*b*) $$P(j\omega) = \omega^2(\cos 45° + j \text{ sen } 45°) = \omega^2(0{,}707 + 0{,}707j)$$

Esto es, $P(j\omega)$ está en la forma de la ecuación (*11.3*) o (*11.4*). Luego la elección natural es la de coordenadas rectangulares, como se muestra en la figura 11-12.

Obsérvese que esta gráfica es idéntica a la de la parte (*a*), excepto las coordenadas. En efecto, $\omega^2(0{,}707 + 0{,}707j) = \omega^2\underline{/45°}$.

(*c*) Claramente, (*c*) es idéntica a (*b*) y por tanto a (*a*). Entre otras cosas, este problema ha ilustrado la manera como una función compleja de frecuencia ω se puede escribir en tres formas diferentes pero idénticas desde el punto de vista gráfico y matemático: La forma polar, ecuación (*11.2*); la forma trigonométrica o de *Euler*, ecuación (*11.3*); y la forma rectangular equivalente (compleja), ecuación (*11.4*).

11.36. Bosquejar la representación polar de

$$P(j\omega) = 0{,}707\omega^2(1+j) + 1$$

La representación polar de $0{,}707\omega^2(1 + j)$ se dibujó en el problema 11.35(*b*). Según la propiedad 1 de la sección 11.6, la representación polar requerida está dada por la del problema 11.35(*b*) con el origen desplazado a $-a = -1$ como se muestra en la figura adyacente.

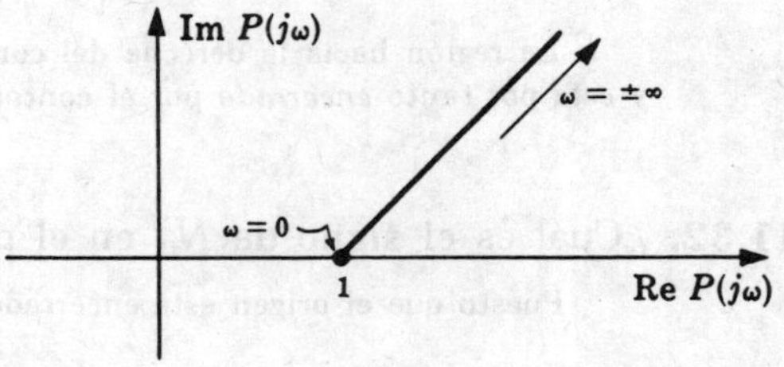

11.37. Construir una representación polar a partir del siguiente conjunto de gráficas de la magnitud y ángulo de fase de $P(j\omega)$ que represente la respuesta de frecuencia de un sistema lineal con coeficientes constantes:

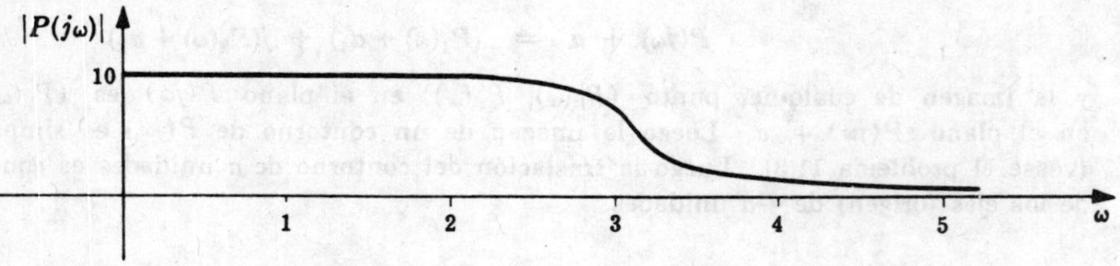

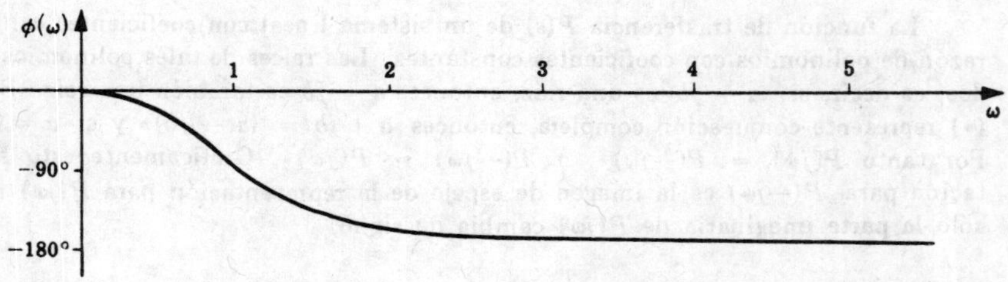

Las gráficas que se han mostrado difieren muy poco de las *representaciones de Bode* que se tratan en detalle en el capítulo 15. La representación polar se construye proyectando este conjunto de gráficas en el plano $P(j\omega)$. Solamente es necesario escoger valores de ω y valores correspondientes de $|P(j\omega)|$ y $\phi(\omega)$ de las gráficas y representar estos puntos en el plano $P(j\omega)$. Por ejemplo en $\omega = 0$, $|P(j\omega)| = 10$ y $\phi(\omega) = 0$. La representación polar resultante está dada por

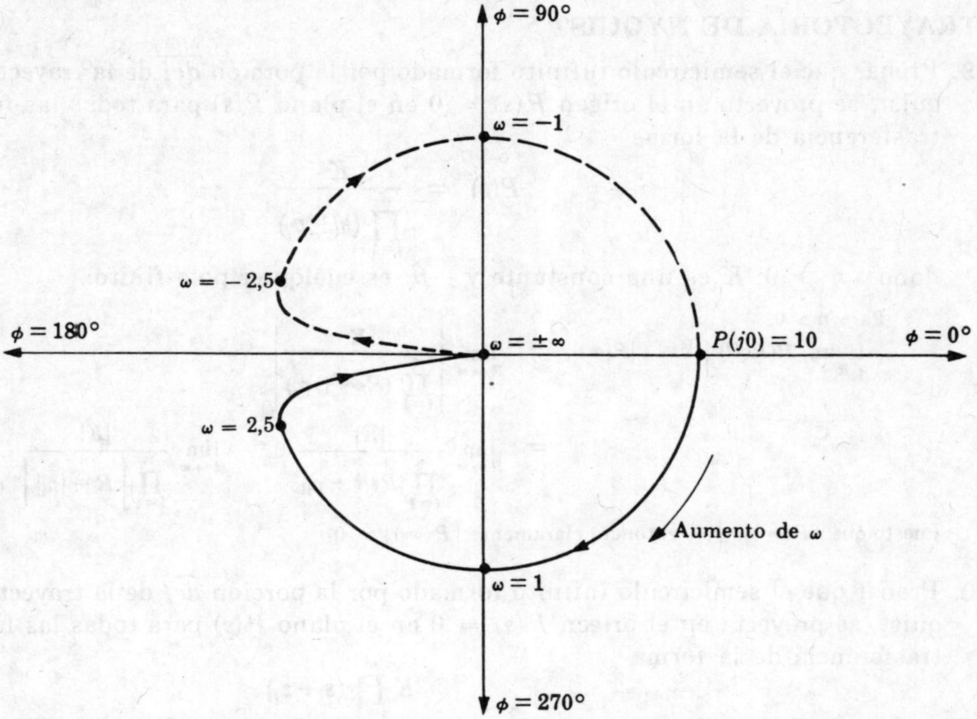

La porción de la gráfica para la cual $-\infty < \omega < 0$ se ha dibujado usando la propiedad de simetría del conjugado (sección 11.6).

11.38. Bosquejar la representación polar para

$$GH(s) = \frac{1}{s^4(s+p)}, \quad p > 0$$

Sustituyendo a $j\omega$ por s y aplicando la ecuación (*11.2*) se obtiene

$$GH(j\omega) = \frac{1}{j^4\omega^4(j\omega + p)}$$

$$= \frac{1}{\omega^4\sqrt{\omega^2+p^2}} \underline{/-\tan^{-1}(\omega/p)}$$

Para $\omega = 0$ y $\omega \to \infty$, se tiene

$$GH(j0) = \infty \underline{/0°}$$

$$\lim_{\omega\to\infty} GH(j\omega) = 0 \underline{/-90°}$$

Se ve claramente, que a medida que ω aumenta de cero a infinito, el ángulo de fase permanece negativo y decrece hasta $-90°$ y la magnitud decrece en forma monótona hasta cero. Luego la representación polar se puede bosquejar como se muestra en la figura adyacente. La línea de rayas representa la imagen de espejo de la representación para $0 < \omega < \infty$ (sección 11.6 propiedad 2). Luego esto constituye la representación polar para $-\infty < \omega < 0$.

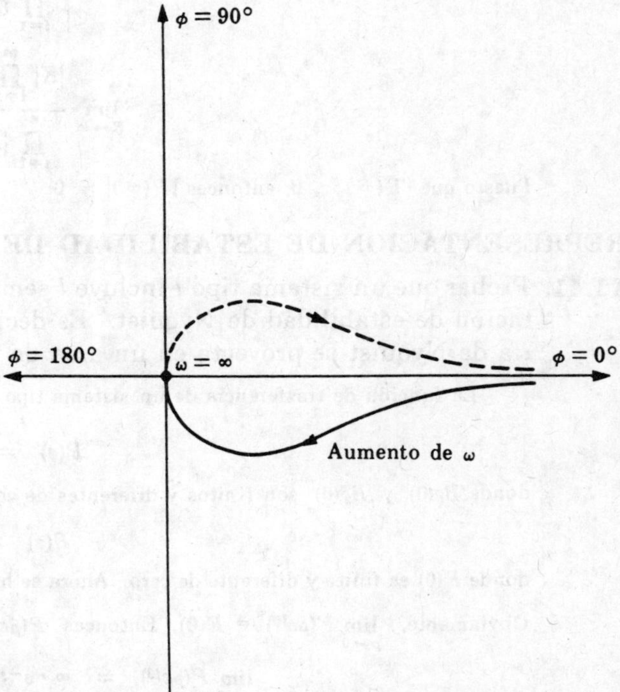

LA TRAYECTORIA DE NYQUIST

11.39. Probar que el semicírculo infinito formado por la porción $\overline{def}$ de la trayectoria de Nyquist, se proyecta en el origen $P(s) = 0$ en el plano $P(s)$ para todas las funciones de trasferencia de la forma

$$P(s) = \frac{K}{\prod_{i=1}^{n}(s+p_i)}$$

donde $n > 0$, K es una constante y $-p_i$ es cualquier polo finito.

Para $n > 0$,

$$\left|\lim_{R\to\infty} P(Re^{j\theta})\right| \equiv |P(\infty)| = \lim_{R\to\infty}\left|\frac{K}{\prod_{i=1}^{n}(Re^{j\theta}+p_i)}\right|$$

$$= \lim_{R\to\infty}\frac{|K|}{\prod_{i=1}^{n}|Re^{j\theta}+p_i|} \leqq \lim_{R\to\infty}\frac{|K|}{\prod_{i=1}^{n}\left|R-|p_i|\right|} = 0$$

Puesto que $|P(\infty)| \leqq 0$, entonces claramente $|P(\infty)| \equiv 0$.

11.40. Probar que el semicírculo infinito formado por la porción $\overline{def}$ de la trayectoria de Nyquist, se proyecta en el origen $P(s) = 0$ en el plano $P(s)$ para todas las funciones de trasferencia de la forma

$$P(s) = \frac{K\prod_{i=1}^{m}(s+z_i)}{\prod_{i=1}^{n}(s+p_i)}$$

donde $m < n$, K es una constante y $-p_i$ y $-z_i$ son polos y ceros finitos respectivamente.

Para $m < n$,

$$\left|\lim_{R\to\infty} P(Re^{j\theta})\right| \equiv |P(\infty)| = \lim_{R\to\infty}\left|\frac{K\prod_{i=1}^{m}(Re^{j\theta}+z_i)}{\prod_{i=1}^{n}(Re^{j\theta}+p_i)}\right|$$

$$= \lim_{R\to\infty}\frac{|K|\prod_{i=1}^{m}|Re^{j\theta}+z_i|}{\prod_{i=1}^{n}|Re^{j\theta}+p_i|} \leqq \lim_{R\to\infty}\frac{|K|\prod_{i=1}^{m}\left|R+|z_i|\right|}{\prod_{i=1}^{n}\left|R-|p_i|\right|} = 0$$

Puesto que $|P(\infty)| \leqq 0$, entonces $|P(\infty)| \equiv 0$.

REPRESENTACION DE ESTABILIDAD DE NYQUIST

11.41. Probar que un sistema tipo l incluye l semicírculos infinitos en el lugar de su representación de estabilidad de Nyquist. Es decir, mostrar que la porción $\overline{ija}$ de la trayectoria de Nyquist se proyecta en un arco de $180l$ grados en el infinito en el plano $P(s)$.

La función de trasferencia de un sistema tipo l tiene la forma

$$P(s) = \frac{B_1(s)}{s^l B_2(s)}$$

donde $B_1(0)$ y $B_2(0)$ son finitos y diferentes de cero. Si se hace que $B_1(s)/B_2(s) \equiv F(s)$, entonces

$$P(s) = \frac{F(s)}{s^l}$$

donde $F(0)$ es finito y diferente de cero. Ahora se hace $s = \rho e^{j\theta}$, como lo exige la ecuación (*11.12*).

Obviamente, $\lim_{\rho\to 0} F(\rho e^{j\theta}) = F(0)$. Entonces $P(\rho e^{j\theta}) = \dfrac{F(\rho e^{j\theta})}{\rho^l e^{jl\theta}}$ y

$$\lim_{\rho\to 0} P(\rho e^{j\theta}) = \infty \cdot e^{-jl\theta} \qquad -90° \leqq \theta \leqq +90°$$

Cuando $\theta = -90°$, el límite es $\infty \cdot e^{j90l}$. Cuando $\theta = +90°$, el límite es $\infty \cdot e^{-j90l}$. Luego el ángulo que se subtiende en el plano $P(s)$ al proyectar el lugar del semicírculo infinitesimal de la trayectoria de Nyquist en la vecindad del origen en el plano s es $90l - (-90l) = 180l$ grados, lo cual representa l semicírculos infinitos en el plano $P(s)$.

11.42. Bosquejar la representación de estabilidad de Nyquist para la función de trasferencia de lazo abierto dada por

$$GH(s) = \frac{1}{(s+p_1)(s+p_2)}, \quad p_1, p_2 > 0$$

La trayectoria de Nyquist para este sistema tipo 0 se muestra en la figura 11-13.

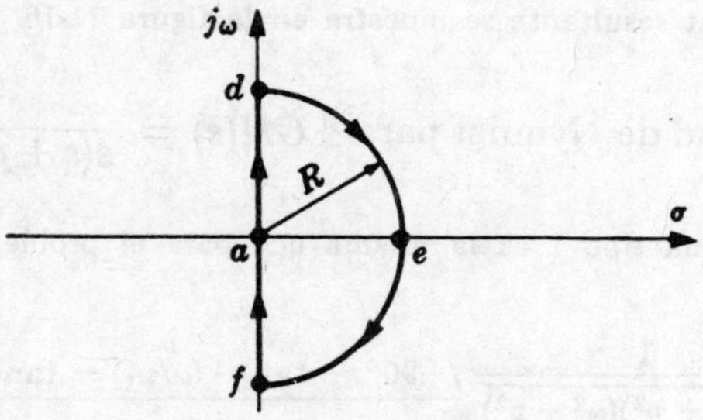

Fig. 11-13

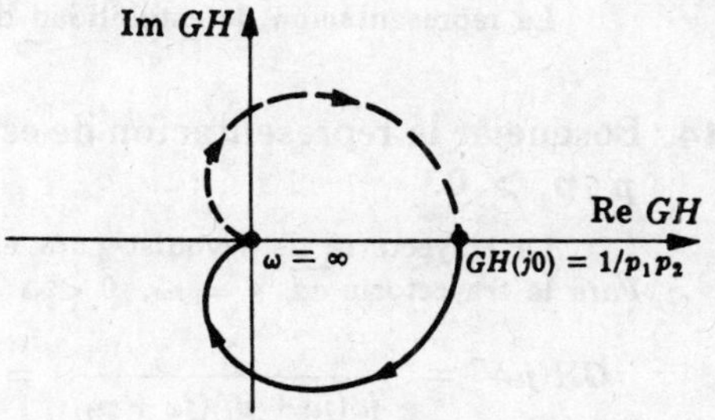

Fig. 11-14

Puesto que no hay polos sobre el eje $j\omega$, el paso 2 de la sección 11.8 indica que la representación polar de $GH(j\omega)$ da la imagen de la trayectoria ad (y por tanto fad) en el plano $GH(s)$. Haciendo $s = j\omega$ para $0 < \omega < \infty$,

$$GH(j\omega) = \frac{1}{(j\omega+p_1)(j\omega+p_2)} = \frac{1}{\sqrt{(\omega^2+p_1^2)(\omega^2+p_2^2)}} \underline{/-\tan^{-1}(\omega/p_1) - \tan^{-1}(\omega/p_2)}$$

$$GH(j0) = \frac{1}{p_1p_2}\underline{/0^\circ}, \qquad \lim_{\omega\to\infty} GH(j\omega) = 0\,\underline{/180^\circ}$$

Para $0 < \omega < \infty$, la representación polar pasa por el tercero y cuarto cuadrantes porque $\phi = -[\tan^{-1}(\omega/p_1) + \tan^{-1}(\omega/p_2)]$ varía desde 0° hasta 180° cuando ω aumenta.

Según el problema 11.39 la trayectoria $\overline{def}$ se proyecta en el origen $P(s) = 0$. Por tanto, la representación de estabilidad de Nyquist es una réplica de la representación polar. Esto se bosqueja fácilmente a partir de las derivaciones anteriores y se muestra en la figura 11-14.

11.43. Bosquejar la representación de estabilidad de Nyquist para $GH(s) = 1/s$.

La trayectoria de Nyquist para este sistema simple tipo 1 se muestra en la figura 11-15.

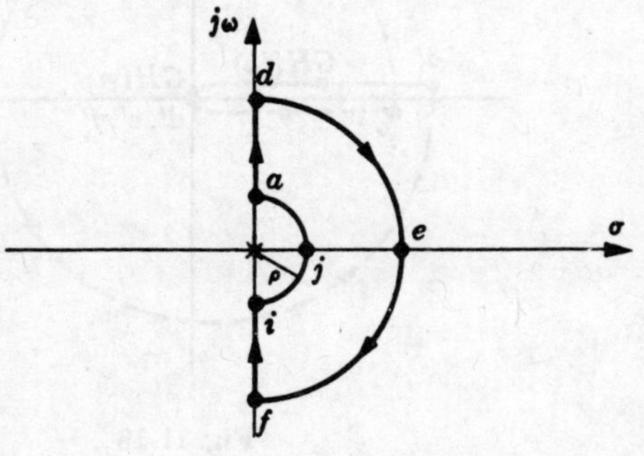

Fig. 11-15

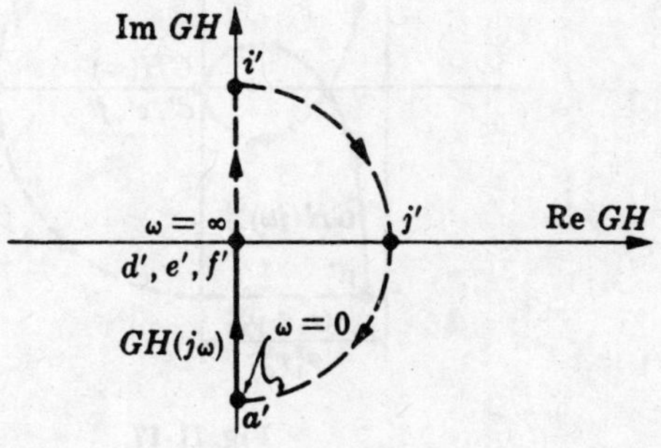

Fig. 11-16

Para la trayectoria $\overline{ad}$, $s = j\omega$, $0 < \omega < \infty$, y

$$GH(j\omega) = \frac{1}{j\omega} = \frac{1}{\omega}\underline{/-90^\circ}, \qquad \lim_{\omega\to 0} GH(j\omega) = \infty\,\underline{/-90^\circ}, \qquad \lim_{\omega\to\infty} GH(j\omega) = 0\,\underline{/-90^\circ}$$

La trayectoria $\overline{def}$ se proyecta en el origen (véase el problema 11.39).

La trayectoria $\overline{f'i'}$ es la imagen de espejo de $\overline{a'd'}$ con respecto al eje real.

La imagen de la trayectoria $\overline{ija}$ se determina de la ecuación (*11.12*) haciendo $s = \lim_{\rho\to 0} \rho e^{j\theta}$, donde $-90^\circ \leq \theta \leq 90^\circ$:

$$\lim_{\rho\to 0} GH(\rho e^{j\theta}) = \lim_{\rho\to 0}\left[\frac{1}{\rho}e^{-i\theta}\right] = \infty \cdot e^{-i\theta} = \infty \underline{/-\theta}$$

Para el punto i, $\theta = -90°$; entonces i se proyecta en i' en $\infty \underline{/90°}$. En el punto j, $\theta = 0°$; entonces j se proyecta en j' en $\infty \underline{/0°}$. Similarmente, a se proyecta en a' en $\infty \underline{/-90°}$ La trayectoria $\overline{i'j'a'}$ también se hubiera podido obtener a partir de la propiedad de proyección conforme de la trasformación como se explicó en el ejemplo 11.9 con la ayuda de la prueba hecha en el problema 11.41.

La representación de estabilidad de Nyquist resultante se muestra en la figura 11-16.

11.44. Bosquejar la representación de estabilidad de Nyquist para $GH(s) = \dfrac{1}{s(s+p_1)(s+p_2)}$, $p_1, p_2 > 0$.

La trayectoria de Nyquist para este sistema tipo 1 es la misma que para el problema anterior. Para la trayectoria $\overline{ad}$, $s = j\omega$, $0 < \omega < \infty$, y

$$GH(j\omega) = \frac{1}{j\omega(j\omega+p_1)(j\omega+p_2)} = \frac{1}{\omega\sqrt{(\omega^2+p_1^2)(\omega^2+p_2^2)}}\underline{/-90° - \tan^{-1}(\omega/p_1) - \tan^{-1}(\omega/p_2)}$$

$$\lim_{\omega\to 0} GH(j\omega) = \infty \underline{/-90°}, \qquad \lim_{\omega\to\infty} GH(j\omega) = 0\underline{/-270°} = 0\underline{/+90°}$$

Puesto que el ángulo de fase cambia de signo a medida que ω aumenta, la representación cruza el eje real. Para valores intermedios de la frecuencia el ángulo de fase ϕ permanece dentro del intervalo $-90° < \phi < -270°$. Luego la representación está en el segundo y tercer cuadrantes. Una asíntota de $GH(j\omega)$ para $\omega \to 0$ se encuentra escribiendo $GH(j\omega)$ como una parte real más una parte imaginaria y tomando *luego* el límite cuando $\omega \to 0$:

$$GH(j\omega) = \frac{-(p_1+p_2)}{(\omega^2+p_1^2)(\omega^2+p_2^2)} - \frac{j(p_1p_2-\omega^2)}{\omega(\omega^2+p_1^2)(\omega^2+p_2^2)} \qquad \lim_{\omega\to 0} GH(j\omega) = \frac{-(p_1+p_2)}{p_1^2p_2^2} - j\infty$$

Luego la línea $GH = -(p_1+p_2)/p_1^2p_2^2$ es una asíntota de la representación polar.

La trayectoria $\overline{def}$ se proyecta en el origen (véase el problema 11.39). La trayectoria $\overline{f'i'}$ es la imagen de espejo de $\overline{a'd'}$ con respecto al eje real. La trayectoria $\overline{i'j'a'}$ se determina con más facilidad por medio de la propiedad de proyección conforme y teniendo en cuenta que un sistema tipo 1 tiene *un* semicírculo infinito en su trayectoria (véase el problema 11.41). La representación de estabilidad de Nyquist resultante se muestra en la figura 11-17.

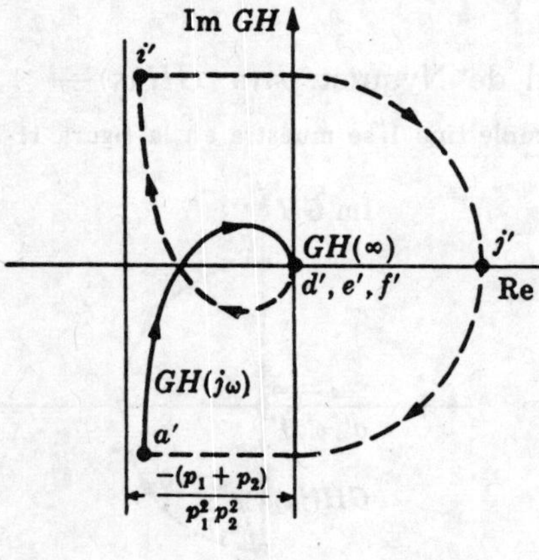

Fig. 11-17

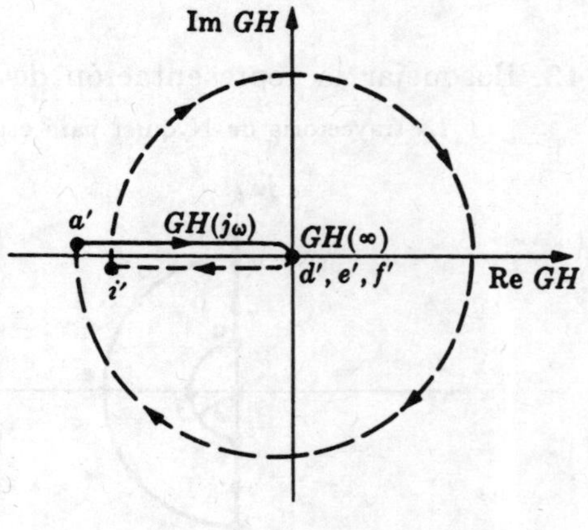

Fig. 11-18

11.45. Bosquejar la representación de estabilidad de Nyquist para $GH(s) = 1/s^2$.

La trayectoria de Nyquist para este sistema tipo 2 es la misma que la del problema anterior con la diferencia que ahora hay dos polos en el origen en lugar de uno. Para $\overline{ad}$,

$$GH(j\omega) = \frac{1}{j^2\omega^2} = \frac{1}{\omega^2}\underline{/180°}, \qquad \lim_{\omega\to 0} GH(j\omega) = \infty\underline{/180°}, \qquad \lim_{\omega\to\infty} GH(j\omega) = 0\underline{/180°}$$

La representación polar claramente queda a lo largo del eje real negativo, aumentando desde $-\infty$ hasta 0 cuando ω aumenta. La trayectoria $\overline{def}$ se proyecta en el origen y la trayectoria $\overline{ija}$ se proyecta en *dos* semicírculos infinitos en el infinito (véase el problema 11.41). Puesto que la trayectoria de Nyquist da vueltas hacia la derecha en i y a, también lo hace la representación de estabilidad de Nyquist en i' y a'. El lugar resultante se muestra en la figura 11-18.

11.46. Bosquejar la representación de estabilidad de Nyquist para $GH(s) = \dfrac{1}{s^2(s+p)}$, $p > 0$.

La trayectoria de Nyquist para este sistema tipo 2 es la misma que para el problema anterior. Para $\overline{ad}$,

$$GH(j\omega) = \frac{1}{j^2\omega^2(j\omega + p)} = \frac{1}{\omega^2\sqrt{\omega^2+p^2}} \angle -180^\circ - \tan^{-1}(\omega/p)$$

$$\lim_{\omega\to 0} GH(j\omega) = \infty \angle -180^\circ$$

$$\lim_{\omega\to\infty} GH(j\omega) = 0 \angle -270^\circ$$

Para $0 < \omega < \infty$ el ángulo de fase varía continuamente desde -180° hasta -270°; luego la representación queda en el segundo cuadrante. El resto de la trayectoria de Nyquist se proyecta en el plano GH como en el problema anterior. La representación de estabilidad de Nyquist resultante se muestra en la figura adyacente.

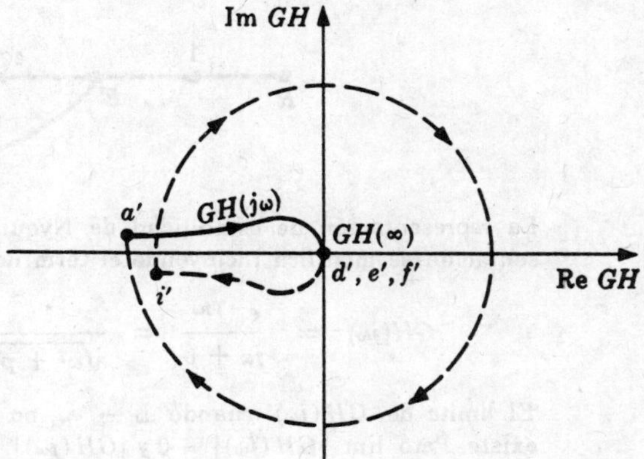

11.47. Bosquejar la representación de estabilidad de Nyquist para $GH(s) = \dfrac{1}{s^4(s+p)}$, $p > 0$.

Hay cuatro polos en el origen en el plano s y la trayectoria de Nyquist es la misma que en el problema anterior. La representación polar para este sistema se determinó en el problema 11.38. El resto de la trayectoria de Nyquist se proyecta usando los resultados de los problemas 11.39 y 11.41 y la propiedad de proyección conforme. La representación de estabilidad de Nyquist resultante está dada por

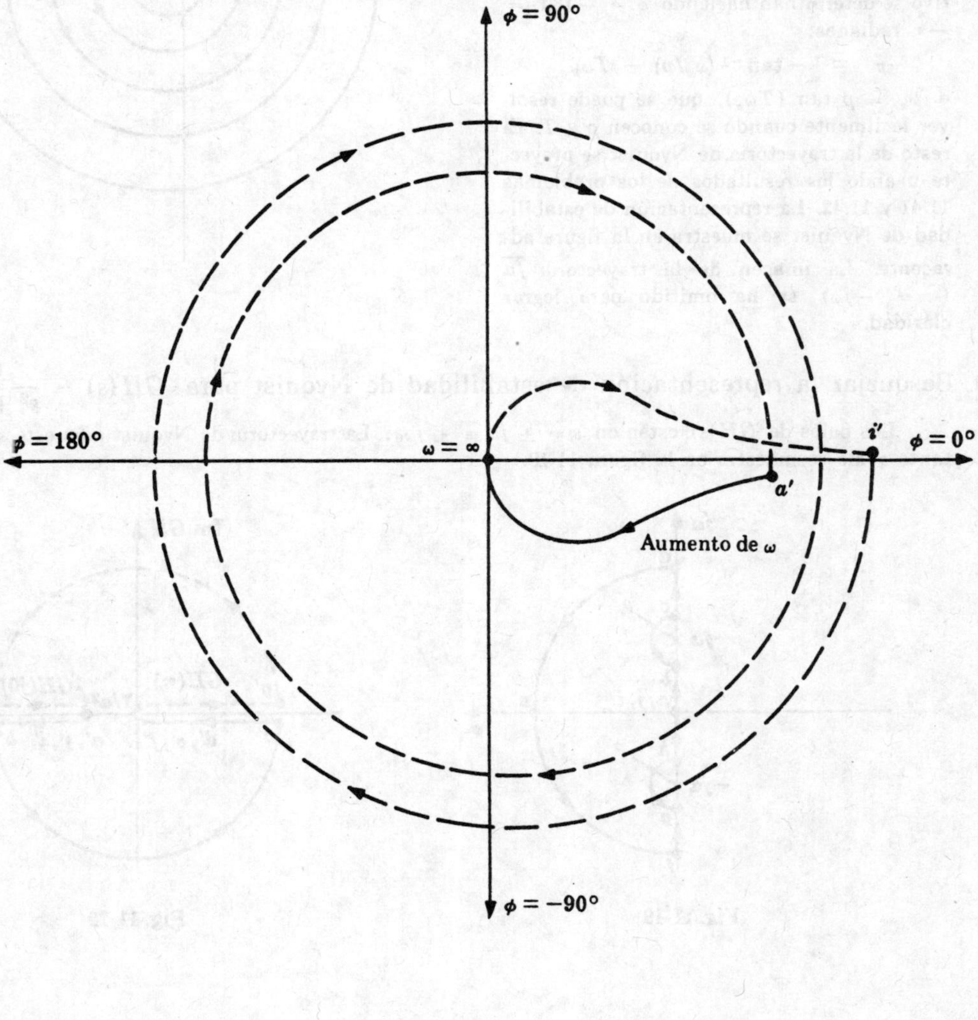

11.48. Bosquejar la representación de estabilidad de Nyquist para $GH(s) = \dfrac{e^{-Ts}}{s+p}$, $p > 0$.

El término e^{-Ts} representa un tiempo de retardo de T segundos en la trayectoria directa o en la de retroalimentación. Por ejemplo, una gráfica del flujo de señales de tal sistema se puede representar por

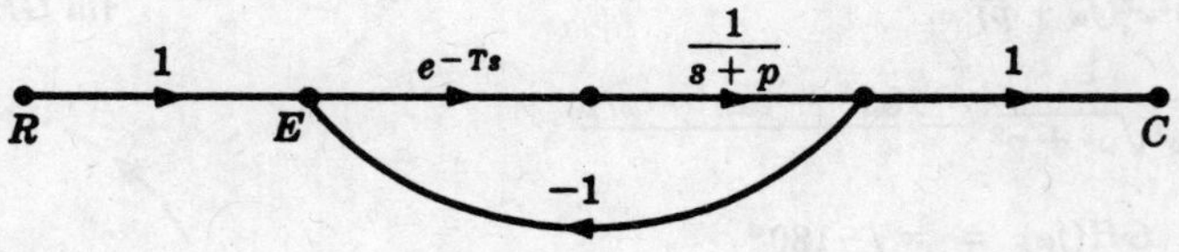

La representación de estabilidad de Nyquist para $1/(s+1)$ se dibujó en el ejemplo 11.8. La representación se modifica incluyendo el término e^{-Ts} de la siguiente manera. Para la trayectoria $\overline{ad}$,

$$GH(j\omega) = \frac{e^{-Tj\omega}}{j\omega + p} = \frac{1}{\sqrt{\omega^2+p^2}}\underline{/-\tan^{-1}(\omega/p) - T\omega}, \qquad GH(j0) = (1/p)\,\underline{/0°}$$

El límite de $GH(j\omega)$ cuando $\omega \to \infty$ no existe. Pero $\lim_{\omega\to\infty} |GH(j\omega)| = 0$ y $|GH(j\omega)|$ decrece en forma monótona cuando ω aumenta. El término del ángulo de fase

$$\phi(\omega) = -\tan^{-1}(\omega/p) - T\omega$$

gira repetidamente alrededor del origen entre 0° y —360° cuando ω aumenta. Por tanto, la representación polar es una espiral decreciente que comienza en $(1/p)\,\underline{/0°}$ y se acerca al origen en el SMAR. Los puntos donde el lugar cruza el eje real negativo se determinan haciendo $\phi = -180° = -\pi$ radianes:

$$-\pi = -\tan^{-1}(\omega_\pi/p) - T\omega_\pi$$

o $\omega_\pi = p\tan(T\omega_\pi)$, que se puede resolver fácilmente cuando se conocen p y T. El resto de la trayectoria de Nyquist se proyecta usando los resultados de los problemas 11.41 y 11.42. La representación de estabilidad de Nyquist se muestra en la figura adyacente. La imagen de la trayectoria $\overline{fa}$ ($s = -j\omega$) se ha omitido para lograr claridad.

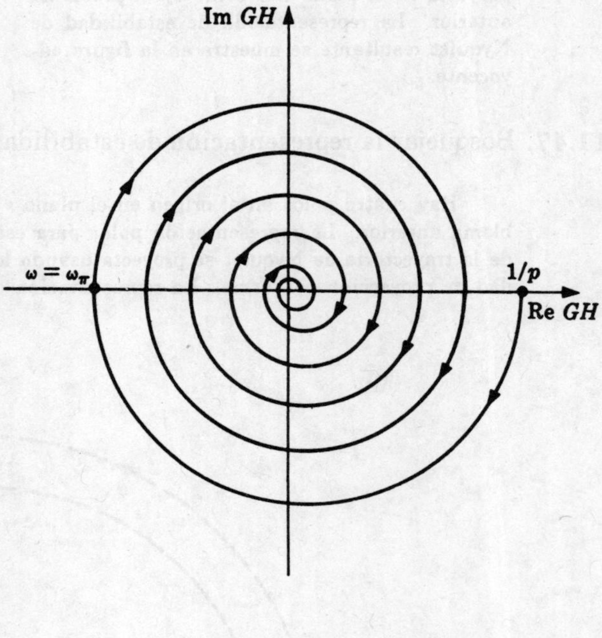

11.49. Bosquejar la representación de estabilidad de Nyquist para $GH(s) = \dfrac{1}{s^2+a^2}$.

Los polos de $GH(s)$ están en $s = \pm ja \equiv \pm j\omega_0$. La trayectoria de Nyquist para este sistema es por tanto como se muestra en la figura 11-19.

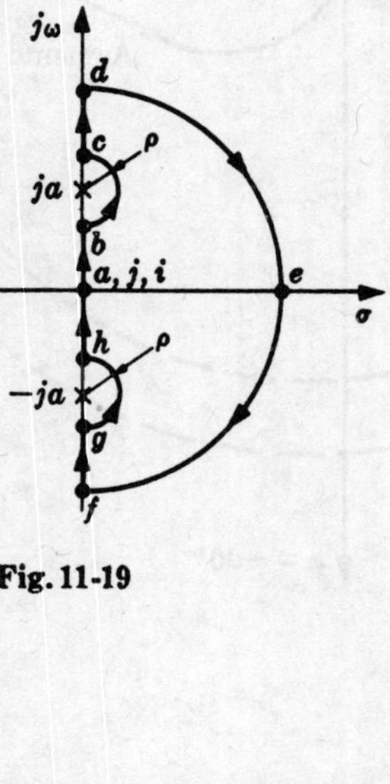

Fig. 11-19

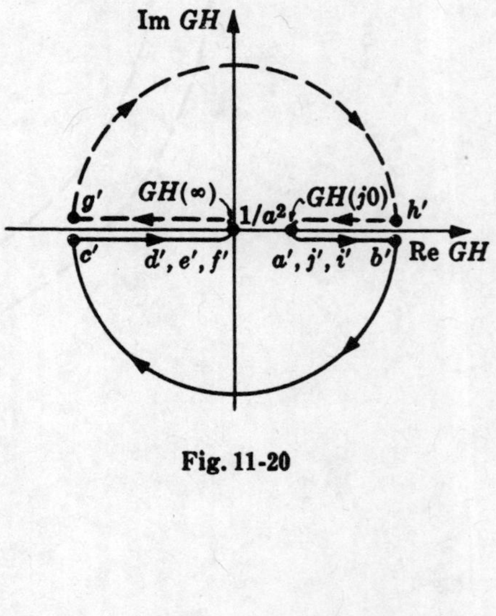

Fig. 11-20

Para la trayectoria $\overline{ab}$, $\omega < a$ y

$$GH(j\omega) = [1/(a^2-\omega^2)]\,\underline{/0^\circ}, \quad GH(j0) = (1/a^2)\,\underline{/0^\circ}, \quad \lim_{\omega\to a} GH(j\omega) = \infty\,\underline{/0^\circ}$$

Para la trayectoria $\overline{bc}$, $s \equiv ja + \rho e^{j\theta}$, $-90^\circ \leq \theta \leq 90^\circ$; entonces

$$\lim_{\rho\to 0} GH(ja+\rho e^{j\theta}) = \lim_{\rho\to 0}\left[\frac{1}{\rho e^{j\theta}(2ja+\rho e^{j\theta})}\right] = -j\infty \cdot e^{-j\theta} = \infty\,\underline{/-\theta^\circ - 90^\circ}$$

En $\theta = -90^\circ$ el límite es $\infty\,\underline{/0^\circ}$; en $\theta = 0^\circ$ éste es $\infty\,\underline{/-90^\circ}$; en $\theta = 90^\circ$ éste es $\infty\,\underline{/-180^\circ}$.

Para la trayectoria $\overline{cd}$, $\omega > a$ y

$$\lim_{\omega\to a} GH(j\omega) = \infty\,\underline{/180^\circ}, \quad \lim_{\omega\to\infty} GH(j\omega) = 0\,\underline{/180^\circ}$$

La trayectoria $\overline{def}$ se proyecta dentro del origen según el problema 11.39 y $\overline{f'g'h'a'}$ es la imagen de espejos de $\overline{a'b'c'd'}$ con respecto al eje real. La representación de estabilidad de Nyquist se muestra en la figura 11-20.

11.50. Bosquejar la representación de estabilidad de Nyquist para $GH(s) = \dfrac{s-z}{s(s+p)}$, $z, p > 0$.

La trayectoria de Nyquist para este sistema tipo 1 es la misma que para el problema 11.43. Para la trayectoria $\overline{ad}$,

$$GH(j\omega) = \frac{j\omega - z}{j\omega(j\omega+p)} = \frac{\sqrt{\omega^2+z^2}}{\omega^2\sqrt{\omega^2+p^2}}\,\underline{/90^\circ - \tan^{-1}\left[\frac{\omega(p+z)}{pz-\omega^2}\right]}$$

donde se ha usado $\tan^{-1}x \pm \tan^{-1}y \equiv \tan^{-1}\left[\dfrac{x\pm y}{1\mp xy}\right]$. Ahora

$$\lim_{\omega\to 0} GH(j\omega) = \infty\,\underline{/+90^\circ}$$

$$GH(j\sqrt{pz}) = \frac{1}{p\sqrt{pz}}\,\underline{/0^\circ}$$

$$\lim_{\omega\to\infty} GH(j\omega) = 0\,\underline{/-90^\circ}$$

Luego el lugar baja por el primer cuadrante, cruza el eje real positivo hacia el cuarto cuadrante y se dirige al origen desde un ángulo de -90°.

La trayectoria $\overline{def}$ se proyecta dentro del origen y $\overline{ija}$ se proyecta dentro de un semicírculo en el infinito. La representación resultante se muestra en la figura adyacente.

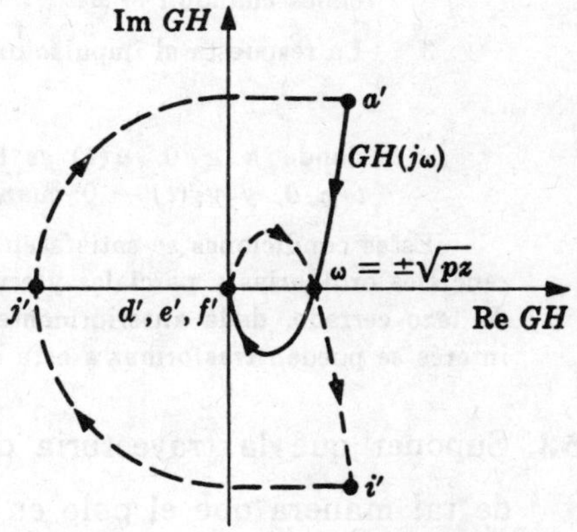

CRITERIO DE ESTABILIDAD DE NYQUIST

11.51. Probar el criterio de estabilidad de Nyquist.

La ecuación (*11.1*) establece que el número de circunvalaciones N_0 en el SMAR del origen hecho por un contorno cerrado $P(s)$ en el plano P proyectado desde un contorno cerrado en el plano s es igual al número de ceros Z_0 menos el número de polos P_0 de $P(s)$ encerrados por el contorno en el plano s: $N_0 = Z_0 - P_0$. Esto se ha probado en el problema 11.26.

Ahora, sea $P(s) \equiv 1 + GH(s)$. Entonces el origen para $1 + GH(s)$ en el plano GH está en $GH = -1$, (véanse el ejemplo 11.6 y el problema 11.33). Luego, sea N el número de circunvalaciones en el SMAR de este punto $-1 + j0 \equiv (-1, 0)$ y sea el contorno en el plano s la trayectoria de Nyquist definida en la sección 11.7. Entonces $N = Z_0 - P_0$, donde Z_0 y P_0 es el número de polos y ceros de $1 + GH$ encerrados por la trayectoria de Nyquist. P_0 es también el número de polos encerrados de GH puesto que si $GH \equiv N/D$, entonces $1 + GH = 1 + N/D = (D+N)/D$. Es decir, GH y $1 + GH$ tienen el mismo denominador.

Se sabe por el capítulo 5 que un sistema de retroalimentación es absolutamente estable sii los ceros del polinomio característico $1 + GH$ (las raíces de la ecuación característica $1 + GH = 0$) están en el SPI, esto es $Z_0 = 0$. Por tanto $N = -P_0$ y claramente $P_0 \geq 0$.

11.52. Extender el criterio de estabilidad de Nyquist de tal manera que pueda aplicarse a una clase más amplia de sistemas lineales de la que se ha considerado en este capítulo.

El criterio ha sido extendido por C.A. Desoer [7] para incluir una gran clase de sistemas lineales causales (físicamente realizables) invariables con el tiempo. La siguiente declaración es una modificación de esta generalización que se puede encontrar con su prueba en la referencia.

Un criterio de estabilidad de Nyquist generalizado: Considérese el sistema lineal invariable con el tiempo descrito por el siguiente diagrama en bloque:

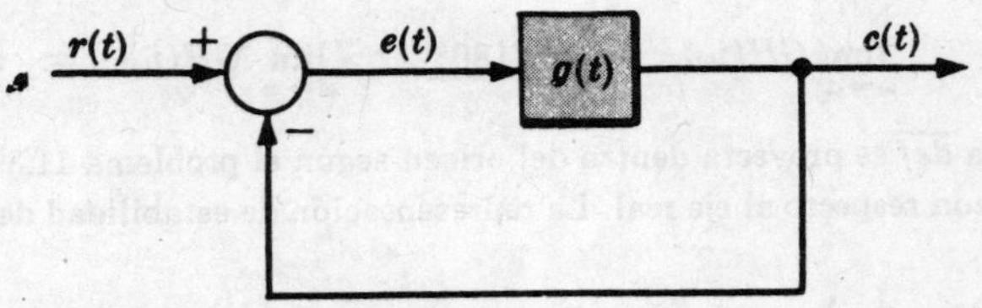

Si $g(t)$ satisface las condiciones dadas a continuación y si la representación de estabilidad de Nyquist de $G(s)$ *no* encierra al punto (—1, 0), entonces el sistema es *estable.* Si el punto (—1, 0) está encerrado, el sistema es inestable.

1. $G(s)$ representa un elemento de un sistema lineal, causal e invariable con el tiempo.
2. La relación entre entrada y salida para $g(t)$ es

$$c(t) = c_a(t) + \int_0^t g(t-\tau)\, e(\tau)\, d\tau \qquad t \geqq 0$$

donde $c_a(t)$ es la respuesta de frecuencia del sistema $g(t)$ y está limitada para todo $t \geqq 0$ y toda condición inicial y tiende a un valor finito que depende de las condiciones iniciales cuando $t \to \infty$.

3. La respuesta al impulso unidad $g(t)$ es

$$g(t) = [k + g_1(t)]\, u(t)$$

donde $k \geqq 0$, $u(t)$ es la función paso unidad, $g_1(t)$ es limitada e integrable para todo $t \geqq 0$, y $g_1(t) \to 0$ cuando $t \to \infty$.

Estas condiciones se satisfacen muy a menudo en los sistemas físicos descritos por ecuaciones diferenciales ordinarias y parciales y ecuaciones de diferencia diferencial. La forma del diagrama en bloque de lazo cerrado, dada anteriormente, no es necesariamente restrictiva. La mayoría de los sistemas de interés se pueden trasformar a esta configuración.

11.53. Suponer que la trayectoria de Nyquist para $GH(s) = \dfrac{1}{s(s+p)}$ ha sido modificada de tal manera que el polo en el origen está encerrado como se muestra en la figura 11-21. ¿Cómo modifica esto las aplicaciones del criterio de estabilidad de Nyquist?

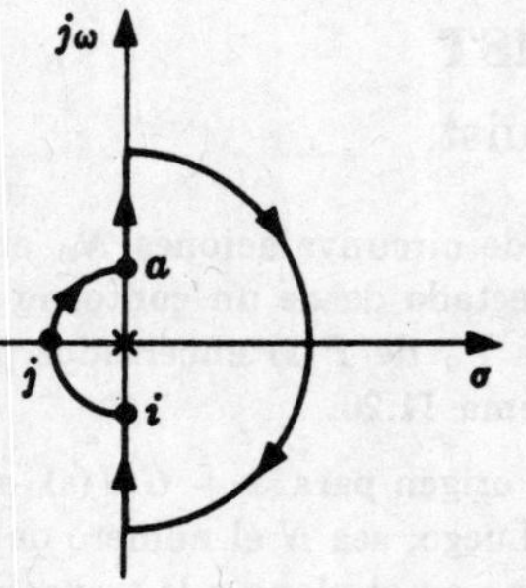

Fig. 11-21

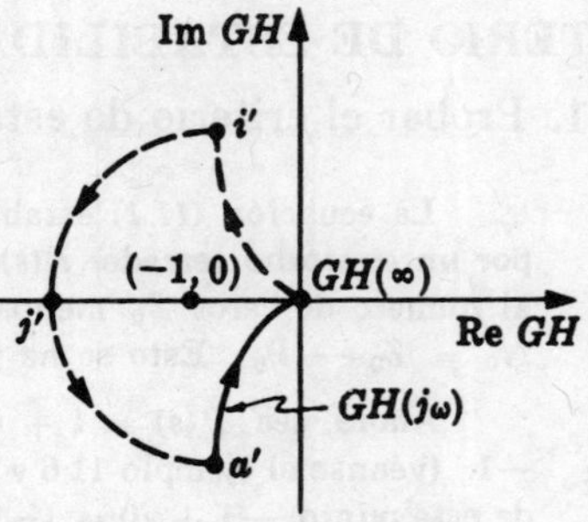

Fig. 11-22

La representación polar permanece lo mismo pero la imagen de la trayectoria $\overline{ija}$ voltea hacia la *izquierda* en vez de hacia la derecha en i' y a' como en la trayectoria de Nyquist. La representación de estabilidad de Nyquist está dada por tanto por la figura 11-22. Claramente, $N = -1$. Pero puesto que el polo de GH en el origen está encerrado por la trayectoria de Nyquist, entonces $P_0 = 1$ y $Z_0 = N + P_0 = -1 + 1 = 0$. Por tanto el sistema es estable. La aplicación del criterio de estabilidad de Nyquist no depende de la trayectoria escogida en el plano s.

11.54. ¿El sistema del problema 11.42 es estable o inestable?

El sombrear la región hacia la derecha del contorno en la dirección prescrita da como resultado la figura 11-23. Es claro que $N = 0$. El punto $(-1, 0)$ no está en la región sombreada. Ahora, puesto que $p_1 > 0$ y $p_2 > 0$, entonces $P_0 = 0$. Por tanto $N = -P_0 = 0$, o $Z_0 = N + P_0 = 0$ y el sistema es estable.

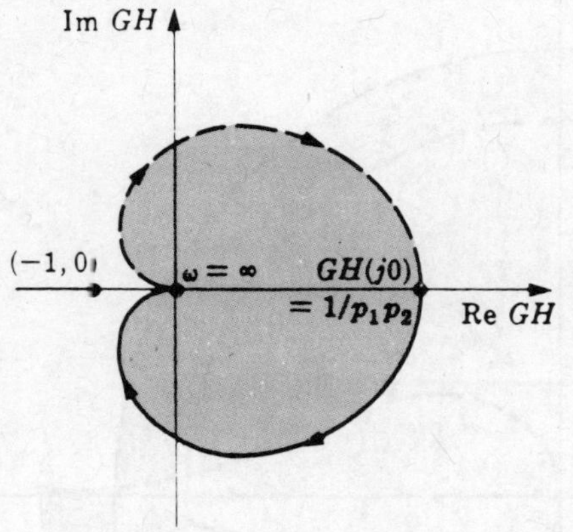

Fig. 11-23

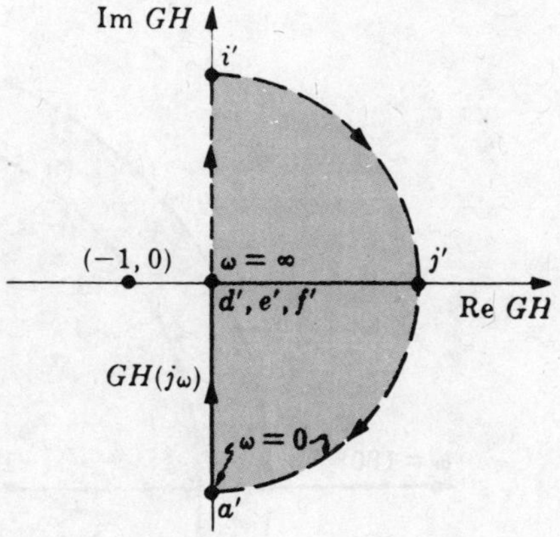

Fig. 11-24

11.55. ¿El sistema del problema 11.43 es estable o inestable?

La región hacia la derecha del contorno se ha sombreado en la figura 11-24. El punto $(-1, 0)$ no está encerrado y $N = 0$. Puesto que $P_0 = 0$, entonces $Z_0 = P_0 + N = 0$ y el sistema es estable.

11.56. Determinar la estabilidad del sistema del problema 11.44.

La región hacia la derecha del contorno se ha sombreado en la figura 11-25. Si el punto $(-1, 0)$ se halla a la izquierda del punto k, entonces $N = 0$; si está hacia la derecha, entonces $N = 1$. Puesto que $P_0 = 0$, entonces $Z_0 = 0$ ó 1. Luego el sistema es estable sii el punto $(-1, 0)$ está hacia la izquierda del punto k. El punto k se puede determinar resolviendo para $GH(j\omega_\pi)$, donde

$$-\pi \quad = \quad -\pi/2 - \tan^{-1}(\omega_\pi/p_1) - \tan^{-1}(\omega_\pi/p_2)$$

ω_π se puede determinar fácilmente de esta ecuación cuando p_1 y p_2 han sido dados.

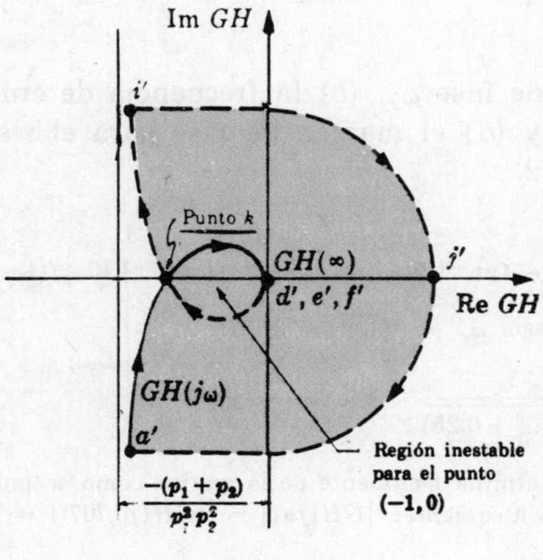

Fig. 11-25

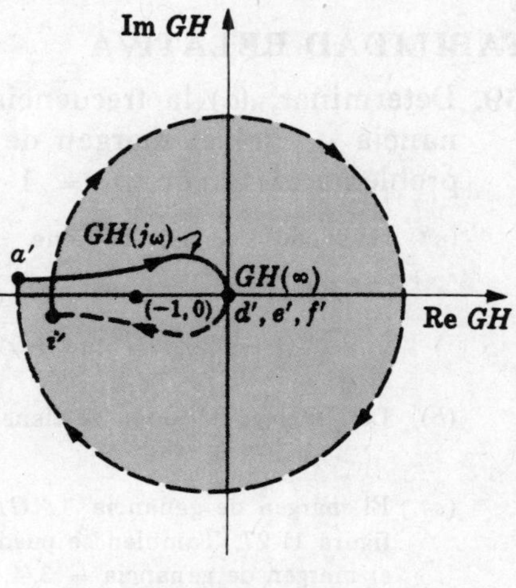

Fig. 11-26

11.57. Determinar la estabilidad del sistema del problema 11.46.

La región hacia la derecha del contorno se ha sombreado en la figura 11-26. Claramente, $N = 1$, $P_0 = 0$ y $Z_0 = 1 + 0 = 1$. Luego el sistema es inestable para todo $p > 0$.

11.58. Determinar la estabilidad del sistema del problema 11.47.

La región hacia la derecha del contorno se ha sombreado:

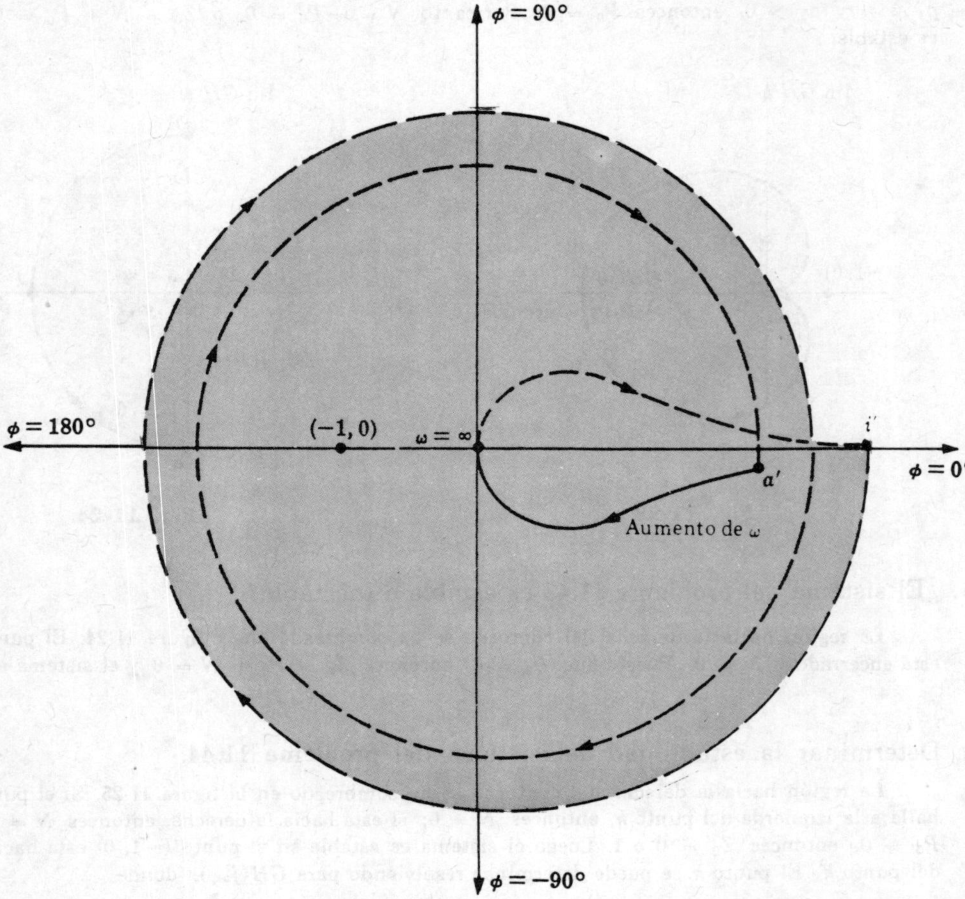

Es claro que $N > 0$. Puesto que $P_0 = 0$, para $p > 0$, entonces $N \neq -P_0$. Luego el sistema es inestable.

ESTABILIDAD RELATIVA

11.59. Determinar, (*a*) la frecuencia de cruce de fase ω_π, (*b*) la frecuencia de cruce de ganancia ω_1, (*c*) el margen de ganancia, y (*d*) el margen de fase para el sistema del problema 11.44 con $p_1 = 1$ y $p_2 = 1/2$.

(*a*) Haciendo $\omega = \omega_\pi$, se tiene

$$\phi(\omega_\pi) = -\pi = -\pi/2 - \tan^{-1}\omega_\pi - \tan^{-1}2\omega_\pi = -\pi/2 - \tan^{-1}[3\omega_\pi/(1-2\omega_\pi^2)]$$

o $3\omega_\pi/(1 - 2\omega_\pi^2) = \tan(\pi/2) = \infty$. Luego $\omega_\pi = \sqrt{1/2} = 0{,}707$.

(*b*) De $|GH(j\omega_1)| = 1$, se tiene $\dfrac{1}{\omega_1\sqrt{(\omega_1^2+1)(\omega_1^2+0{,}25)}} = 1$ o $\omega_1 = 0{,}82$.

(*c*) El margen de ganancia $1/|GH(j\omega)|$ se determina fácilmente de la gráfica como se muestra en la figura 11-27. También se puede calcular analíticamente: $|GH(j\omega)| = |GH(j0{,}707)| = 4/3$; luego, el margen de ganancia $= 3/4$.

(*d*) El margen de fase se determina fácilmente de la gráfica o se puede hallar analíticamente:

$$\arg GH(j\omega_1) = \arg GH(j0{,}82) = -90° - \tan^{-1}(0{,}82) - \tan^{-1}(1{,}64) = -187{,}8°$$

Luego $\phi_{PM} = 180° + \arg GH(j\omega_1) = -7{,}8°$. Como el margen de fase es negativo, el sistema es inestable.

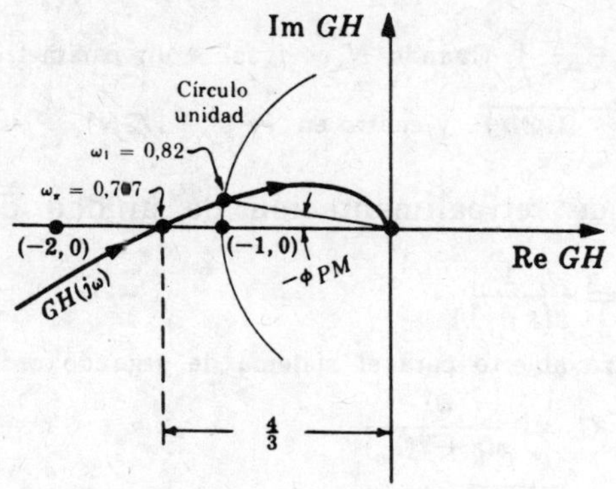

Fig. 11-27

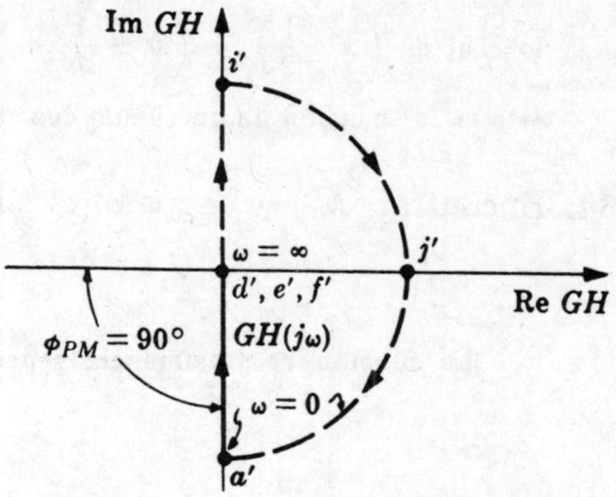

Fig. 11-28

11.60. Determinar el margen de ganancia y el margen de fase para el sistema del problema 11.43 $(GH = 1/s)$.

La representación de estabilidad de Nyquist de $1/s$ nunca cruza el eje real negativo como se ve en la figura 11-28; luego el margen de ganancia es indefinido para este sistema. El margen de fase es $\phi_{PM} = 90°$.

CIRCULOS *M* Y *N*

11.61. Probar las ecuaciones (*11.18*) y (*11.19*) las cuales dan el radio y el centro respectivamente de un círculo *M*.

Sea $G(j\omega) \equiv x + jy$. Entonces $M \equiv \left|\frac{G(j\omega)}{1 + G(j\omega)}\right| = \left|\frac{x + jy}{1 + x + jy}\right|$. Elevando al cuadrado ambos lados y ordenando se tiene

$$\left[x - \left(\frac{M^2}{1 - M^2}\right)\right]^2 + y^2 = \left(\frac{M}{1 - M^2}\right)^2, \quad M < 1; \qquad \left[x + \left(\frac{M^2}{M^2 - 1}\right)\right]^2 + y^2 = \left(\frac{M}{M^2 - 1}\right)^2, \quad M > 1$$

Para $M =$ constante, estas ecuaciones son círculos de radios $|M/(M^2 - 1)|$ y centros en $(-M^2/(M^2 - 1), 0)$.

11.62. Probar la ecuación (*11.20*).

La función de trasferencia G para el sistema de segundo orden cuya gráfica del flujo de señales se muestra en la figura adyacente está dada por $G = \dfrac{\omega_n^2}{s(s + 2\zeta\omega_n)}$. Ahora

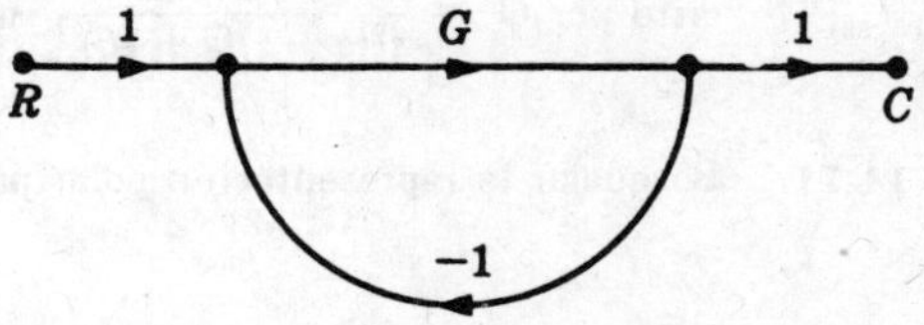

$$M^2 = \left|\frac{G}{1 + G}\right|^2 = \frac{\omega_n^4}{(\omega_n^2 - \omega^2)^2 + 4\zeta^2\omega_n^2\omega^2}$$

Para encontrar ω_p se lleva al máximo la expresión anterior

$$\frac{d}{d\omega}(M^2) = \frac{\omega_n^4[2(\omega_n^2 - \omega^2)(-2\omega) + 8\zeta^2\omega_n^2\omega]}{[(\omega_n^2 - \omega^2)^2 + 4\zeta^2\omega_n^2\omega^2]^2} = 0$$

de donde $\omega = \omega_p = \pm\,\omega_n\sqrt{1 - 2\zeta^2}$. Luego para $0 \leqq \zeta \leqq 0,707$,

$$M_p = \left[\frac{\omega_n^4}{[\omega_n^2 - \omega_n^2(1 - 2\zeta^2)]^2 + 4\zeta^2\omega_n^4(1 - 2\zeta^2)}\right]^{1/2} = \frac{1}{2\zeta\sqrt{1 - \zeta^2}}$$

11.63. Probar las ecuaciones (*11.21*) y (*11.22*) las cuales dan el radio y el centro de un círculo *N*.

Sea $G(j\omega) \equiv x + jy$. Entonces

$$\frac{C(j\omega)}{R(j\omega)} = \frac{x^2 + x + y^2 + jy}{(1 + x)^2 + y^2} \qquad \text{y} \qquad N \equiv \frac{\text{Im}\,(C/R)(j\omega)}{\text{Re}\,(C/R)(j\omega)} = \frac{y}{x^2 + x + y^2}$$

lo cual da $\left(x+\frac{1}{2}\right)^2+\left(y-\frac{1}{2N}\right)^2 = \frac{1}{4}\left(1+\frac{1}{N^2}\right)$. Cuando N es igual a un parámetro constante, esta es la ecuación de un círculo con radio $\sqrt{\frac{1}{4}+(1/2N)^2}$ y centro en $(-\frac{1}{2}, -1/2N)$.

11.64. Encontrar M_p y ζ para el sistema de retroalimentación de unidad dado por

$$G = \frac{1}{s(s+1)}$$

La función de trasferencia general de lazo abierto para el sistema de segundo orden es

$$G = \frac{\omega_n^2}{s(s+2\zeta\omega_n)}$$

Entonces $\omega_n = 1$, $\zeta = 0{,}5$, y $M_p = 1/(2\zeta\sqrt{1-\zeta^2}) = 0{,}866$.

Problemas propuestos

11.65. Sea $T = 2$ y $p = s$ en el sistema del problema 11.48. ¿Este sistema es estable?

11.66. ¿El sistema del problema 11.49 es estable o inestable?

11.67. ¿El sistema del problema 11.50 es estable o inestable?

11.68. Bosquejar la representación polar para $GH = \dfrac{K(s+z_1)(s+z_2)}{s^3(s+p_1)(s+p_2)}$, $z_i, p_i > 0$.

11.69. Bosquejar la representación polar para $GH = \dfrac{K}{(s+p_1)(s+p_2)(s+p_3)}$, $p_i > 0$.

11.70. Encontrar la respuesta de frecuencia de lazo cerrado del sistema de retroalimentación de unidad descrito por $G = \dfrac{10(s+0{,}5)}{s^2(s+1)(s+10)}$, usando círculos M y N.

11.71. Bosquejar la representación polar para $GH = \dfrac{K(s+z)}{s^2(s+p_1)(s+p_2)(s+p_3)}$, $z, p_i > 0$.

11.72. Bosquejar la representación de estabilidad de Nyquist para $GH = \dfrac{Ke^{-Ts}}{s(s+1)}$.

11.73. Bosquejar la representación polar para $GH = \dfrac{s+z_1}{s(s+p_1)}$, $z_1, p_1 > 0$.

11.74. Bosquejar la representación polar para $GH = \dfrac{s+z_1}{s(s+p_1)(s+p_2)}$, $z_1, p_i > 0$.

11.75. Bosquejar la representación polar para $GH = \dfrac{K}{s^2(s+p_1)(s+p_2)}$, $p_i > 0$.

11.76. Bosquejar la representación polar para $GH = \dfrac{s+z_1}{s^2(s+p_1)}$, $z_1, p_1 > 0$.

11.77. Bosquejar la representación polar para $GH = \dfrac{s+z_1}{s^2(s+p_1)(s+p_2)}$, $z_1, p_i > 0$.

11.78. Bosquejar la representación polar para $GH = \dfrac{(s+z_1)(s+z_2)}{s^2(s+p_1)(s+p_2)(s+p_3)}$, $z_i, p_i > 0$.

11.79. Bosquejar la representación polar para $GH = \dfrac{K}{s^3(s+p_1)(s+p_2)}$, $p_i > 0$.

11.80. Bosquejar la representación polar para $GH = \dfrac{(s+z_1)}{s^3(s+p_1)(s+p_2)}$, $z_1, p_i > 0$.

11.81. Bosquejar la representación polar para $GH = \dfrac{s+z_1}{s^4(s+p_1)}$, $z_1, p_1 > 0$.

11.82. Bosquejar la representación polar para $GH = \dfrac{e^{-Ts}(s+z_1)}{s^2(s+p_1)}$, $z_1, p_1 > 0$.

11.83. Bosquejar la representación polar para $GH = \dfrac{e^{-Ts}(s+z_1)}{s^2(s^2+a)(s^2+b)}$, $z_1, a, b > 0$.

11.84. Bosquejar la representación polar para $GH = \dfrac{(s-z_1)}{s^2(s+p_1)}$, $z_1, p_1 > 0$.

11.85. Bosquejar la representación polar para $GH = \dfrac{s}{(s+p_1)(s-p_2)}$, $p_i > 0$.

Respuestas a los problemas propuestos

11.65. Sí

11.66. Inestable

11.67. Inestable

11.68.

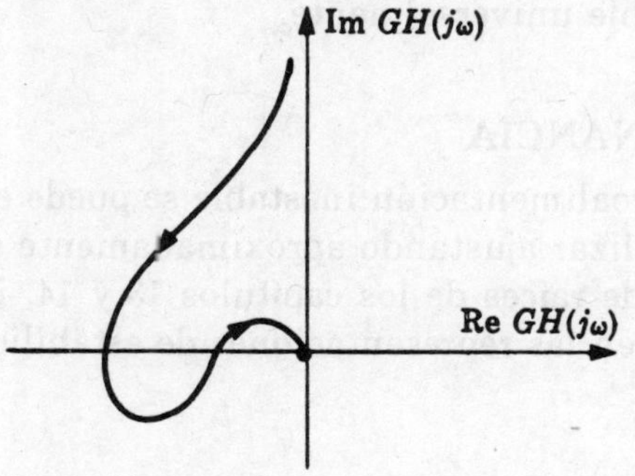

11.69.

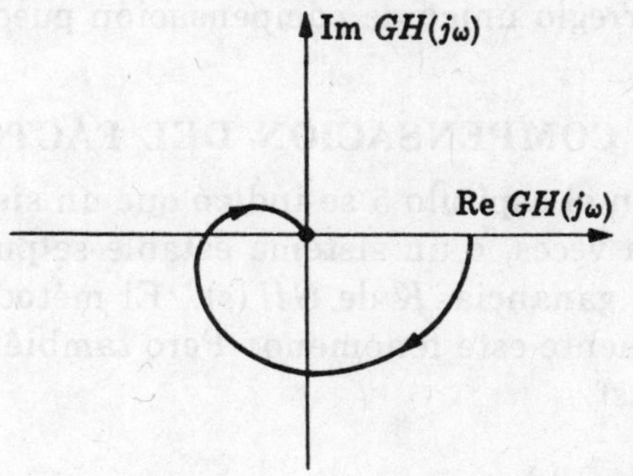

11.71.

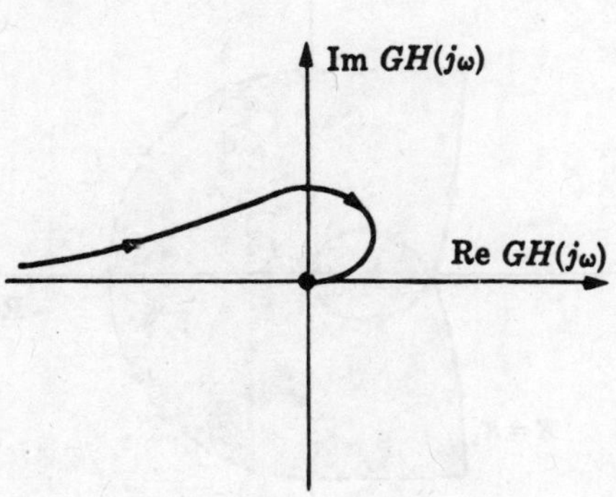

11.72.

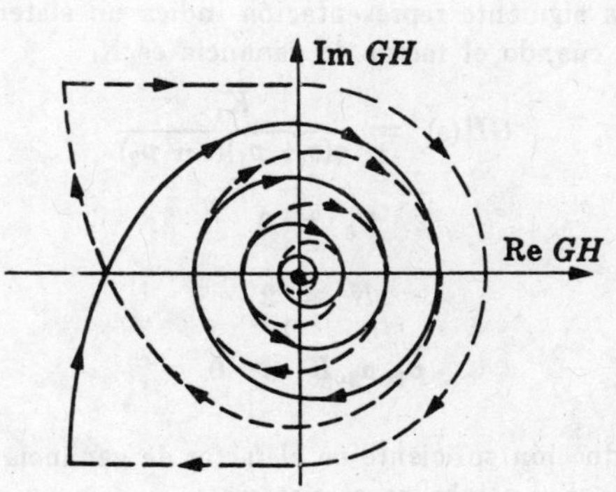

Capítulo 12

Diseño de Nyquist

12.1 FILOSOFIA DEL DISEÑO

El diseño por análisis en el dominio de la frecuencia usando las técnicas de Nyquist se lleva a cabo en la misma forma general que todos los otros métodos de diseño presentados en este libro: se introducen redes de compensación apropiadas en la trayectoria directa y en la de retroalimentación, y el comportamiento del sistema resultante se analiza luego. En esta forma, la representación polar se conforma y reconforma hasta que se satisfagan las especificaciones sobre el trabajo que el sistema debe ejecutar.

Puesto que la representación polar es una gráfica de la función de trasferencia de lazo abierto $GH(j\omega)$, se pueden usar muchos tipos de redes de compensación tanto en la trayectoria directa, como en la de retroalimentación que vienen a ser luego parte integrante de G o H. A menudo sólo un tipo de compensación, o una combinación de la compensación en cascada y la compensación en paralelo, se puede usar para satisfacer las especificaciones. En este capítulo se usa compensación en cascada, pero con fines de ilustración solamente.

Debemos poner en claro que: (1) las técnicas de diseño de Nyquist se usan rara vez por sí solas debido a que las representaciones de estabilidad de Nyquist son difíciles de generar en detalle y por consiguiente, se usan en general para complementar otros métodos, y (2) ningún arreglo único de compensación puede ser aplicable universalmente.

12.2 COMPENSACION DEL FACTOR DE GANANCIA

En el capítulo 5 se indicó que un sistema de retroalimentación inestable se puede estabilizar a veces, o un sistema estable se puede inestabilizar ajustando aproximadamente el factor de ganancia K de $GH(s)$. El método del lugar de raíces de los capítulos 13 y 14, ilustra claramente este fenómeno. Pero también se incluye en las representaciones de estabilidad de Nyquist.

Ejemplo 12.1.

La siguiente representación indica un sistema inestable cuando el factor de ganancia es K_1:

$$GH(s) = \frac{K_1}{s(s+p_1)(s+p_2)}$$

$$P_0 = 0$$

$$N = 2$$

$$p_1, p_2, K_1 > 0$$

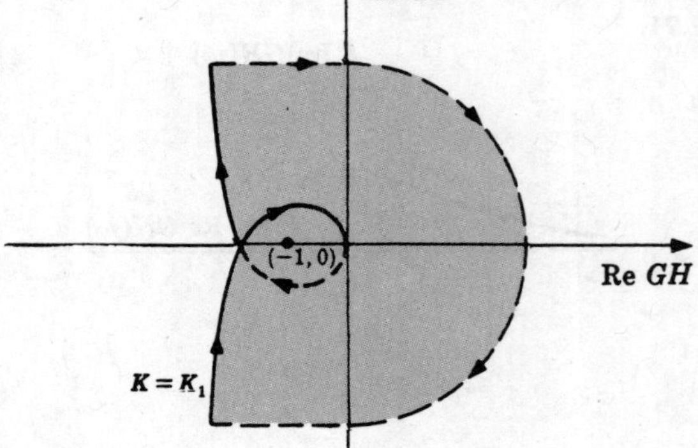

Una reducción suficiente en el factor de ganancia hasta K_2 ($K_2 < K_1$) estabiliza el sistema:

$$GH(s) = \frac{K_2}{s(s+p_1)(s+p_2)}$$

$$P_0 = 0$$

$$N = 0$$

$$0 < K_2 < K_1$$

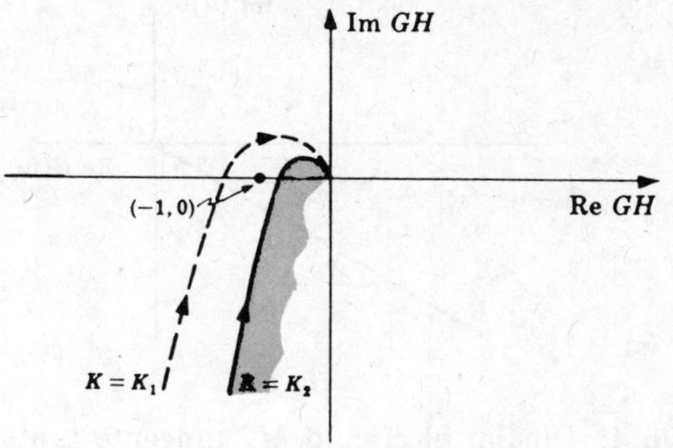

Más decrecimiento de K no altera la estabilidad.

Ejemplo 12.2.

La región estable para el punto (—1, 0) en la siguiente representación se indica por la porción sobre el eje real que contiene al área no sombreada:

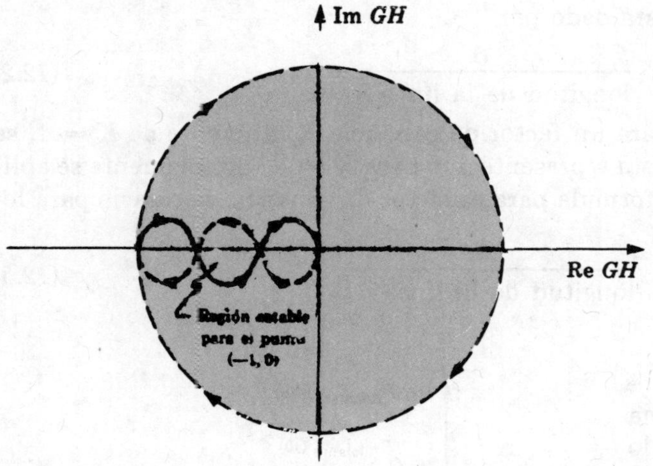

$$GH(s) = \frac{K(s+z_1)(s+z_2)}{s^2(s+p_1)(s+p_2)(s+p_3)}$$

$$P_0 = 0$$

$$z_1, z_2 > 0$$

$$p_i > 0$$

Si el punto (—1, 0) cae en la región estable, un aumento o disminución de K puede causar suficiente desplazamiento en el contorno GH, hacia la izquierda o derecha para estabilizar el sistema. Esto puede suceder debido a que aparece una región sombreada (inestable) tanto a la derecha como a la izquierda de la región no sombreada (estable). Este fenómeno se denomina **estabilidad condicional.**

Aunque la estabilidad absoluta se puede alterar a menudo ajustando solamente el factor de ganancia, los otros criterios sobre el rendimiento, tales como aquellos relacionados a la estabilidad relativa, generalmente implican compensadores adicionales.

12.3 COMPENSACION DEL FACTOR DE GANANCIA USANDO CIRCULOS M

El factor de ganancia K de $G(s)$ para un sistema de *retroalimentación de unidad* se puede determinar para un máximo de resonancia específico M_p. El siguiente procedimiento nos habilita para realizar esta tarea donde se dibuja la representación polar sólo una vez.

Paso 1: Dibujar la representación polar de $G(j\omega)$ para $K = 1$.

Paso 2: Calcular a Ψ_p, dado por

$$\Psi_p = \text{sen}^{-1}\left(\frac{1}{M_p}\right) \qquad (12.1)$$

Paso 3: Dibujar una línea radial $\overline{AB}$ a un ángulo Ψ_p por debajo del eje real negativo como se muestra en la figura 12-1.

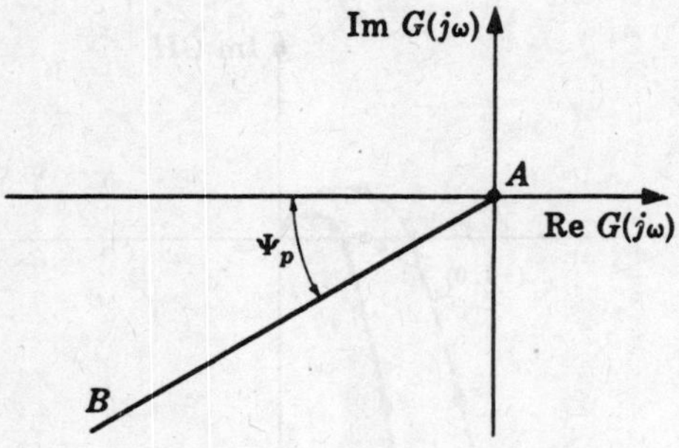

Fig. 12-1

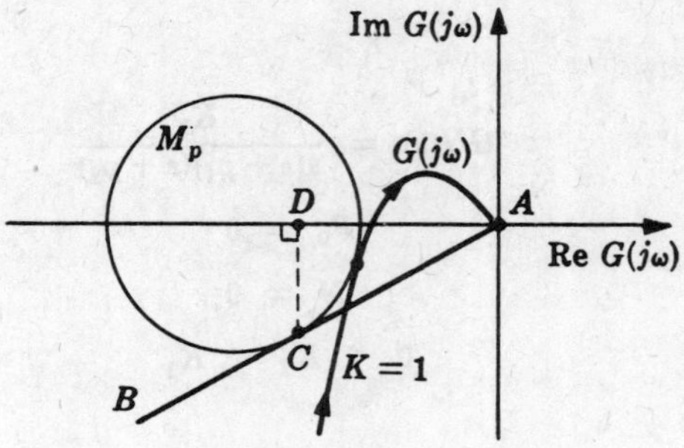

Fig. 12-2

Paso 4: Dibujar el círculo M_p tangente tanto a $G(j\omega)$ como a la línea $\overline{AB}$ en C. Luego, dibujar una línea $\overline{CD}$ perpendicular al eje real como se muestra en el ejemplo de la representación polar en la figura 12-2.

Paso 5: Medir la longitud de la línea $\overline{AD}$ a lo largo del eje real. El factor de ganancia K requerido para el M_p especificado está dado por

$$K_{M_p} = \frac{1}{\text{longitud de la línea } \overline{AD}} \tag{12.2}$$

Si la representación polar de $G(s)$ para un factor de ganancia K' diferente de $K = 1$, se halla disponible, no es necesario repetir esta representación para $K = 1$. Simplemente se aplican los pasos 2 a 5 y se usa la siguiente fórmula para el factor de ganancia necesario para lograr el M_p especificado:

$$K_{M_p} = \frac{K'}{\text{longitud de la línea } \overline{AD}} \tag{12.3}$$

12.4 COMPENSACION DE ADELANTO

La función de trasferencia para una red de adelanto, presentada en el capítulo 6, ecuación (*6.2*), es

$$P_{\text{Adelanto}} = \frac{s+a}{s+b}$$

donde $a < b$. La representación polar de P_{Adelanto} para $0 \leqq \omega < \infty$ se muestra en el diagrama adyacente.

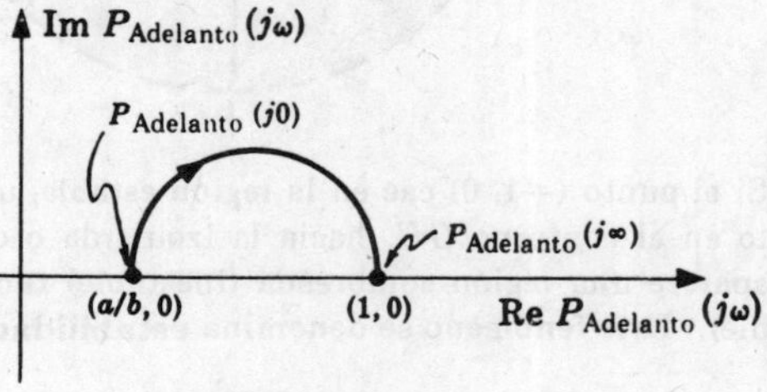

Fig. 12-3

Para algunos sistemas en los cuales se aplica compensación de adelanto, la escogencia apropiada del cero en $-a$ y el polo en $-b$ permite un aumento en el factor de ganancia de lazo abierto K, proporcionando mayor exactitud (y a veces estabilidad), sin afectar adversamente el rendimiento bajo transitorios. Por otra parte, para un K dado, el rendimiento bajo transitorios puede mejorarse. En algunos casos, la respuesta al estado estacionario y al transitorio se puede modificar favorablemente con compensación de adelanto.

La red de adelanto proporciona compensación gracias a su propiedad de adelanto de fase en el intervalo bajo y medio de frecuencias y de su atenuación despreciable a altas frecuencias. El intervalo bajo y medio de frecuencias se define como la vecindad de la frecuencia de resonancia ω_p. Si se requiere un adelanto de fase considerable se pueden conectar en cascada varias redes de adelanto.

La compensación de adelanto generalmente aumenta el ancho de banda de un sistema.

Ejemplo 12.3.

La representación polar para $GH_1(s) = \dfrac{K_1}{s(s+p_1)(s+p_2)}$ $K_1, p_1, p_2 > 0$

se da a continuación. El sistema es estable y el margen de fase ϕ_{PM} es superior a 45 grados. Para una aplicación dada, ϕ_{PM} es demasiado grande, causando un tiempo de retardo T_d superior al deseado en la respuesta a transitorios del sistema. El error en estado estacionario es también demasiado grande. Es decir, la constante de error de velocidad K_v es demasiado pequeña para un factor $\lambda > 1$. Este sistema se modificará por medio de una combinación de compensación del factor de ganancia, para satisfacer la especificación en estado estacionario y de compensación de adelanto de fase, para mejorar la respuesta a transitorios. Suponiendo $H(s) = 1$, la ecuación (*9.4*) da

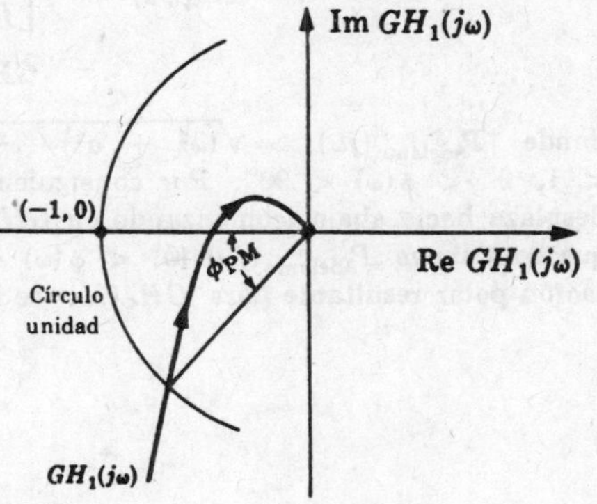

$$K_{v1} = \lim_{s\to 0} [s\,GH_1(s)] = \frac{K_1}{p_1 p_2}$$

y por tanto
$$\lambda K_{v1} = \frac{\lambda K_1}{p_1 p_2}$$

Poniendo $K_2 \equiv \lambda K_1$, la función de trasferencia de lazo abierto viene a ser

$$GH_2 = \frac{K_2}{s(s+p_1)(s+p_2)}$$

El sistema representado por GH_2 tiene la constante de velocidad deseada $K_{v2} = \lambda K_{v1}$. Considérese qué le pasaría a K_{v2} de GH_2 si se introdujera una red de adelanto. La red de adelanto funciona como un atenuador a bajas frecuencias. Esto es,

$$\lim_{s\to 0}[s\,GH_2(s)\cdot P_{\text{Adelanto}}(s)] = \frac{K_2 a}{p_1 p_2 b} < \lambda K_{v1}$$

puesto que $a/b < 1$. Por tanto, si se va a usar una red de adelanto para modificar la respuesta a transitorios, el factor de ganancia K_1 de GH_1 se debe incrementar $\lambda(b/a)$ veces con el fin de satisfacer los requerimientos en estado estacionario. La parte del factor de ganancia de la compensación total debe ser por tanto más grande que la que sería necesaria si sólo se debe satisfacer la especificación del estado estacionario. Luego, se modifica a GH_2, resultando

$$GH_3 = \frac{\lambda K_1(b/a)}{s(s+p_1)(s+p_2)}$$

Como sucede a menudo, el incrementar el factor de ganancia de una cantidad igual a $\lambda(b/a)$ veces inestabiliza el sistema, como se muestra en las representaciones polares adyacentes de $GH_1(j\omega)$, $GH_2(j\omega)$, y $GH_3(j\omega)$.

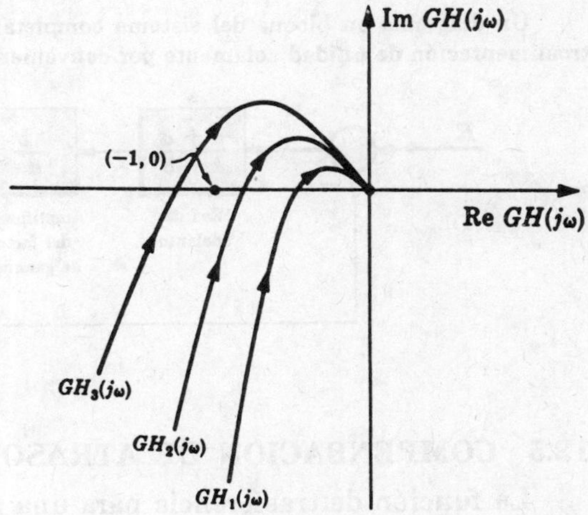

Ahora se inserta la red de compensación de adelanto y se determinan sus efectos. GH_3 viene a ser

$$GH_4 = \frac{\lambda K_1(b/a)(s+a)}{s(s+p_1)(s+p_2)(s+b)}$$

Primero que todo, $\lim_{s\to 0}[s\,GH_4(s)] = \lambda K_{v1}$ es prueba de que se han cumplido las especificaciones en estado estacionario. En efecto, en la región de las muy bajas frecuencias se tiene

$$GH_4(j\omega)\Big|_{\omega \text{ muy pequeño}} \cong \frac{\lambda K_1}{j\omega(j\omega+p_1)(j\omega+p_2)} = GH_2(j\omega)$$

Luego el contorno $GH_4(j\omega)$ casi coincide con el contorno $GH_2(j\omega)$ en el intervalo de las frecuencias muy bajas.

En la región de las frecuencias muy altas,

$$GH_4(j\omega)\Big|_{\omega \text{ muy grande}} \cong \frac{\lambda K_1(b/a)}{j\omega(j\omega+p_1)(j\omega+p_2)} = GH_3(j\omega)$$

Por tanto $GH_4(j\omega)$ casi coincide con $GH_3(j\omega)$ para frecuencias muy altas.

En el intervalo de las frecuencias medias, donde la propiedad de adelanto de fase de la red de adelanto altera bastante la característica de fase de $GH_4(j\omega)$, el contorno $GH_4(j\omega)$ se aleja de $GH_2(j\omega)$ y se dirige hacia el lugar de $GH_4(j\omega)$ a medida que ω aumenta. Este efecto se comprende mejor si se escribe $GH_4(j\omega)$ en la siguiente forma

$$GH_4(j\omega) = \left[\frac{\lambda K_1(b/a)}{j\omega(j\omega+p_1)(j\omega+p_2)}\right]\cdot\left[\frac{j\omega+a}{j\omega+b}\right]$$

$$= GH_3(j\omega)\cdot P_{\text{Adelanto}}(j\omega) = GH_3(j\omega)\cdot|P_{\text{Adelanto}}(j\omega)|\,\underline{/\phi(\omega)}$$

donde $|P_{\text{Adelanto}}(j\omega)| = \sqrt{(\omega^2+a^2)/(\omega^2+b^2)}$, $\phi(\omega) \equiv \tan^{-1}(\omega/a) - \tan^{-1}(\omega/b)$, $a/b < |P_{\text{Adelanto}}(j\omega)| < 1$, $0° < \phi(\omega) < 90°$. Por consiguiente, la red de adelanto modifica a $GH_3(j\omega)$ como sigue: $GH_3(j\omega)$ se desplaza hacia abajo (comenzando en $GH_3(j\infty)$), en el SCMAR hacia $GH_2(j\omega)$ debido a la fase positiva con la que contribuye $P_{\text{Adelanto}}(j\omega)$ ($0° < \phi(\omega) < 90°$). Además, es atenuada ($0 < |P_{\text{Adelanto}}(j\omega)| < 1$). La representación polar resultante para $GH_4(j\omega)$ se ilustra a continuación:

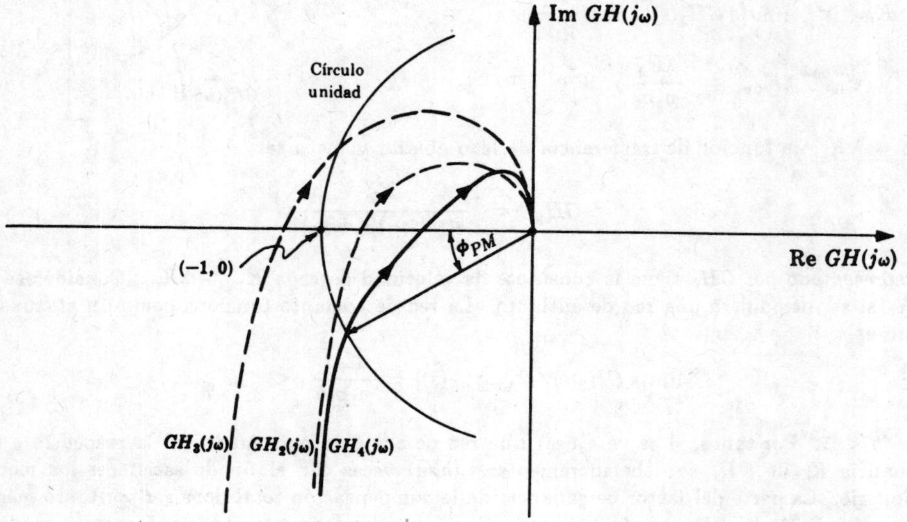

Es claro que el sistema representado por GH_4 es estable y ϕ_{PM} es menos de 45 grados reduciendo el tiempo de retardo T_d del sistema original representado por $GH_1(j\omega)$. Por un procedimiento de tanteo se encuentra que el cero en $-a$ y el polo en $-b$ se pueden escoger de tal manera que se pueda lograr un M_p específico.

Un diagrama en bloque del sistema completamente compensado se muestra a continuación. Se muestra retroalimentación de unidad solamente por conveniencia en la notación.

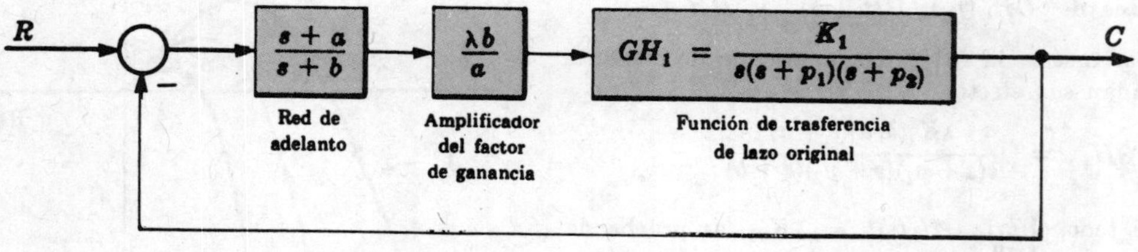

12.5 COMPENSACION DE ATRASO

La función de trasferencia para una red de atraso, presentada en el capítulo 6, ecuación (*6.3*), es

$$P_{\text{Atraso}} = \frac{a}{b}\left[\frac{s+b}{s+a}\right]$$

donde $a < b$. La representación polar de $P_{\text{Atraso}}(j\omega)$ para $0 \leqq \omega < \infty$ se muestra en la figura 12-3.

La red de atraso generalmente produce compensación, gracias a su propiedad de atenuación en la porción de las altas frecuencias de la representación polar ya que $P_{\text{Atraso}}(j0) = 1$ y $P_{\text{Atraso}}(j\infty) = a/b < 1$. Se pueden conectar en cascada varias redes de atraso para suministrar una atenuación más alta si se requiere. La contribución al atraso de fase que la red de atraso proporciona, a menudo se restringe en el diseño al intervalo de las frecuencias muy bajas.

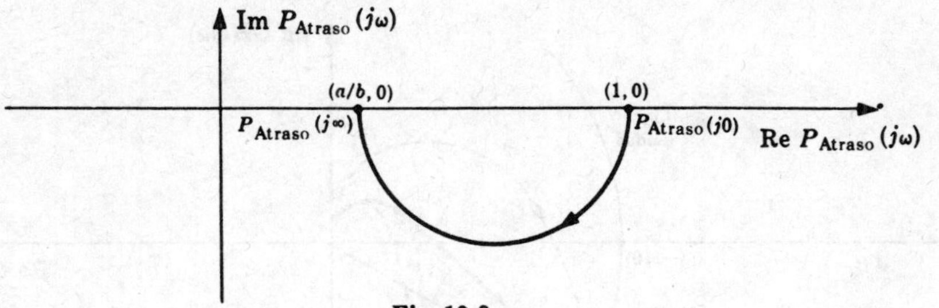

Fig. 12-3

Algunos de los efectos de la compensación de atraso son:

1. El ancho de banda del sistema generalmente decrece.
2. La constante de tiempo predominante del sistema τ generalmente aumenta, produciendo un sistema más lento.
3. Para una estabilidad relativa dada, el valor de la constante de error aumenta.
4. Para un valor dado de la constante de error, la estabilidad relativa se mejora.

El procedimiento para usar compensación de atraso con el fin de mejorar la exactitud de algunos sistemas, es esencialmente el mismo que para la compensación de adelanto.

Ejemplo 12.4.

Vamos a diseñar nuevamente el sistema del ejemplo 12.3 de la última sección, usando la compensación del factor de ganancia y de *atraso*. La función de trasferencia de lazo abierto original es

$$GH_1 = \frac{K_1}{s(s+p_1)(s+p_2)}$$

La función de trasferencia de compensación del factor de ganancia es

$$GH_2 = \frac{\lambda K_1}{s(s+p_1)(s+p_2)}$$

Puesto que $P_{\text{Atraso}}(j0) = 1$, la inclusión de la red de atraso, después de haber satisfecho el criterio en estado estacionario por medio de compensación del factor de ganancia, no requiere un aumento adicional en el factor de ganancia.

Incluyendo la red de atraso, se tiene,

$$GH_3' = \frac{\lambda K_1(a/b)(s+b)}{s(s+p_1)(s+p_2)(s+a)}$$

Ahora

$$\lim_{s\to 0}\,[s\,GH_3'(s)] = \lambda K_{v1}$$

donde $K_{v1} = K_1/p_1p_2$. Por tanto, la especificación en estado estacionario se satisface por medio de GH_3'.

En la región de las muy bajas frecuencias,

$$GH_3'(j\omega)\Big|_{\omega \text{ muy pequeña}} \cong \frac{\lambda K_1}{j\omega(j\omega+p_1)(j\omega+p_2)} = GH_2(j\omega)$$

Luego $GH_3'(j\omega)$ por poco coincide con $GH_2(j\omega)$ a muy bajas frecuencias, rango en el cual la propiedad de atraso de esta red se manifiesta ampliamente.

En la región de las frecuencias muy altas,

$$GH_3'(j\omega)\Big|_{\omega \text{ muy grande}} \cong \frac{\lambda(a/b)K_1}{j\omega(j\omega+p_1)(j\omega+p_2)} = \lambda(a/b)GH_1(j\omega)$$

Por tanto, el contorno $GH_3'(j\omega)$ está por debajo o por encima del contorno $GH_1(j\omega)$, en este intervalo si $\lambda > b/a$ o $\lambda < b/a$. Si $\lambda = b/a$, los contornos $GH_3'(j\omega)$ y $GH_1(j\omega)$ coinciden.

En el intervalo de las frecuencias intermedias, el efecto atenuante de $P_{\text{Atraso}}(j\omega)$ aumenta a medida que ω aumenta y hay un atraso de fase relativamente pequeño.

La representación polar resultante (con $\lambda = b/a$) y un diagrama en bloque del sistema completamente compensado están dados por

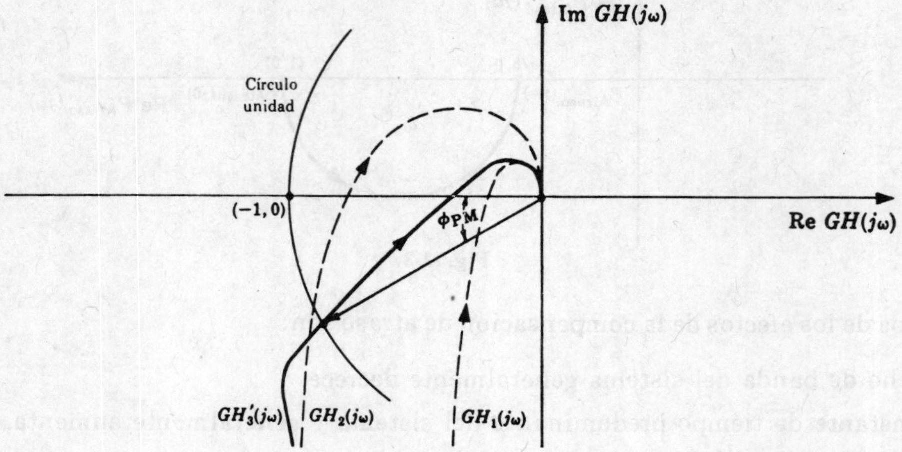

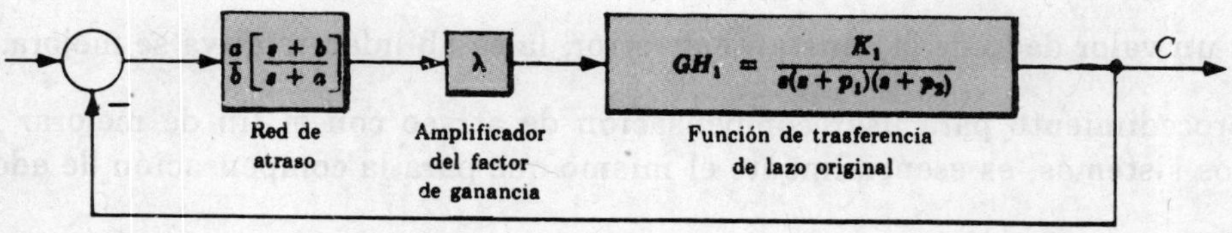

12.6. COMPENSACION DE ATRASO Y ADELANTO

La función de trasferencia para una red de atraso y adelanto, presentada en el capítulo 6, ecuación (*6.4*), es

$$P_{AA} = \frac{(s+a_1)(s+b_2)}{(s+b_1)(s+a_2)}$$

donde $\frac{a_1b_2}{b_1a_2} = 1$, $\frac{b_1}{a_1} = \frac{b_2}{a_2} > 1$, $a_i, b_i > 0$. La representación polar de $P_{AA}(j\omega)$ para $0 \leq \omega \leq \infty$ se muestra en la figura adyacente.

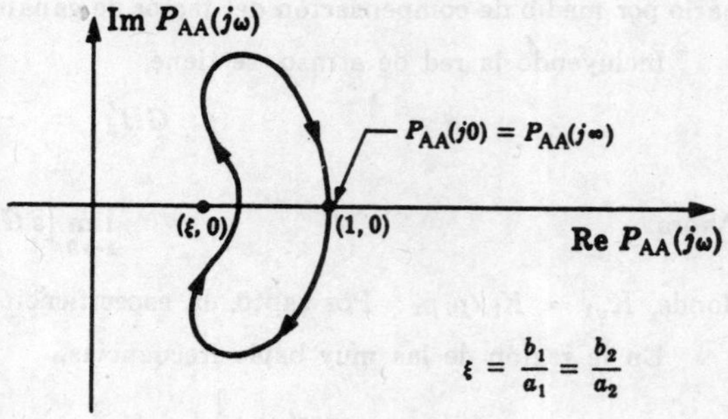

La compensación de atraso y adelanto tiene todas las ventajas de la compensación de atraso y de la compensación de adelanto y solamente un mínimo de las características indeseables de éstas. El satisfacer las especificaciones de muchos sistemas es posible sin las complicaciones explícitas en el ancho de banda y las constantes de tiempo.

No es fácil generalizar acerca de la aplicación de la compensación de atraso y adelanto o prescribir un método para su empleo, especialmente usando las técnicas de Nyquist. Pero para fines de ilustración, se puede describir la manera como altera las propiedades del sistema simple tipo 2, en el siguiente ejemplo.

Ejemplo 12.5.

La representación de estabilidad de Nyquist para

$$GH = \frac{K}{s^2(s+p_1)} \qquad p_1, K > 0$$

se muestra en la figura 12-4. Claro que el sistema es inestable y ninguna cantidad de compensación de atraso y adelanto lo puede estabilizar puesto que el contorno para $0 < \omega < \infty$ siempre está por encima del eje real negativo. Por la misma razón, la compensación de atraso también es inaplicable.

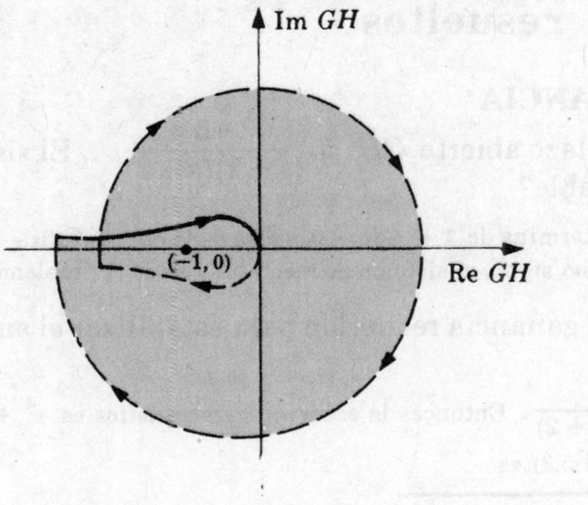

Fig. 12-4

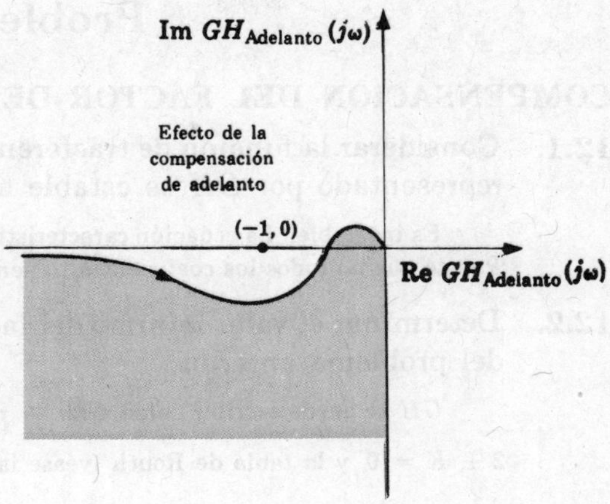

Fig. 12-5

La compensación de adelanto puede ser la apropiada para estabilizar el sistema como se muestra en la figura 12-5. Pero la aplicación del sistema compensando puede exigir un ancho de banda más bajo que el que se puede obtener con una red de adelanto.

Si se usa una red de adelanto y atraso para compensar el sistema, la función de trasferencia de lazo abierto viene a ser

$$GH_{AA} = \frac{K(s+a_1)(s+b_2)}{s^2(s+p_1)(s+b_1)(s+a_2)}$$

y la representación polar es

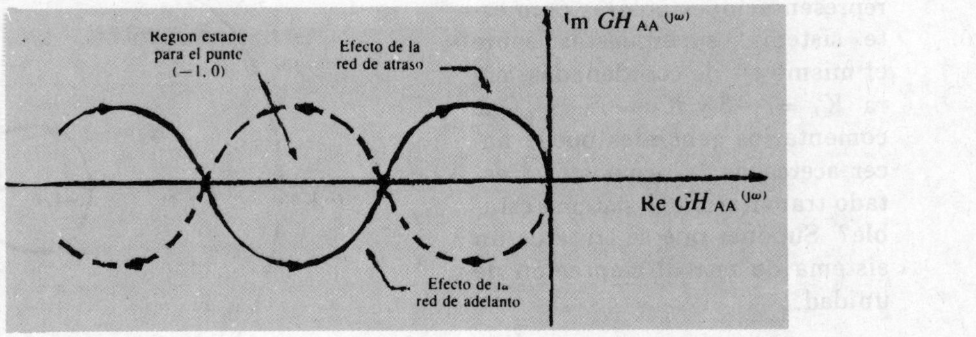

Este sistema es condicionalmente estable si el punto (—1, 0) cae sobre el eje real en la región no sombreada. Por medio de tanteos y experiencia, los parámetros de la red de atraso y adelanto se pueden escoger para que ocasionen un buen trabajo, tanto en estado estacionario, como bajo transitorios, el cual será ejecutado por el sistema previamente inestable. Además, el ancho de banda será más pequeño que para el sistema con compensación de adelanto.

12.7 OTROS METODOS DE COMPENSACION

Hay muchas otras redes físicas prácticas que se pueden usar para compensar sistemas de control por retroalimentación. La representación polar es útil para ilustrar la manera en que estas redes alteran la respuesta de frecuencia cuando la habilidad o el equipo para realizar representaciones polares se encuentra fácilmente disponible.

Problemas resueltos

COMPENSACION DEL FACTOR DE GANANCIA

12.1. Considerar la función de trasferencia de lazo abierto $GH = \dfrac{-3}{(s+1)(s+2)}$. ¿El sistema representado por GH es estable o inestable?

Es inestable. La ecuación característica se determina de $1 + GH = 0$ y está dada por $s^2 + 3s - 1 = 0$. Puesto que no todos los coeficientes tienen el mismo signo, el sistema es inestable (véase el problema 5.24).

12.2. Determinar el valor mínimo del factor de ganancia requerido para estabilizar el sistema del problema anterior.

GH se puede escribir como $GH = \dfrac{K}{(s+1)(s+2)}$. Entonces la ecuación característica es $s^2 + 3s + 2 + K = 0$ y la tabla de Routh (véase la sección 5.3) es

s^2	1	$(2+K)$
s^1	3	0
s^0	$(2+K)$	

Luego el valor mínimo del factor de ganancia es $K = -2 + \epsilon$, donde ϵ es cualquier número positivo pequeño.

12.3. La solución del problema anterior establece que el sistema de los problemas 12.1 y 12.2 es estable para todo $K > -2$. Bosquejar representaciones polares para este sistema, superpuestas sobre el mismo eje de coordenadas, para $K_1 = -3$ y $K_2 = -1$. ¿Qué comentarios generales puede hacer acerca de la respuesta al estado transitorio del sistema estable? Suponer que se trata de un sistema de retroalimentación de unidad.

Las representaciones polares requeridas se muestran en la figura 12-6. El círculo M tangente a la representación polar para $K = -1$, tiene un radio infinito; luego $M_p = 1$. Esto significa que el sobrepaso es cero (no hay sobrepaso) y que el sistema está, o bien, críticamente amortiguado, o, sobreamortiguado.

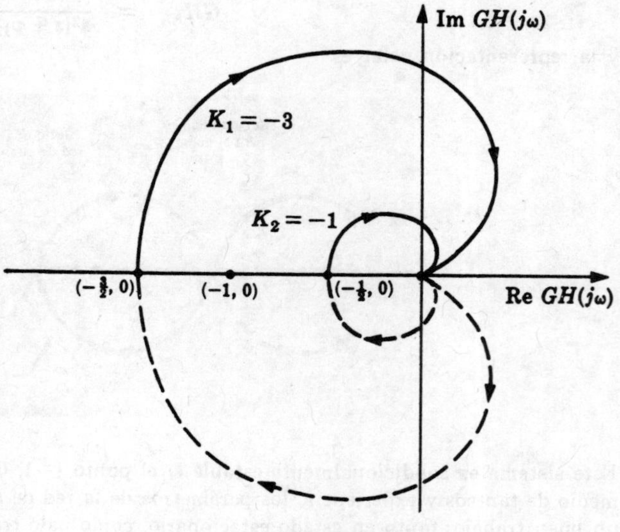

Fig. 12-6

12.4. ¿Llega a ser el sistema representado por la ecuación característica $s^3 + 3s^2 + 3s + 1 + K = 0$ condicionalmente estable? ¿Por qué?

Sí. El intervalo del factor de ganancia para obtener estabilidad en este sistema se determinó en el ejemplo 5.3 como $-1 < K < 8$. Puesto que ambos límites son finitos, un aumento del factor de ganancia por encima de 8, o una disminución por debajo de -1, inestabiliza el sistema.

12.5. Determinar el factor de ganancia K de un sistema de retroalimentación de unidad, cuya función de trasferencia de lazo abierto está dada por $G = \dfrac{K}{(s+1)(s+2)}$ para un máximo de resonancia especificado por $M_p = 2$.

De la ecuación (*12.1*) se tiene $\Psi_p = \text{sen}^{-1}(\frac{1}{2}) = 30°$. La línea $\overline{AB}$ dibujada a un ángulo de 30° por debajo del eje real negativo se muestra en la figura 12-7 la cual es una réplica de la figura 12-6 para $K = -1$.

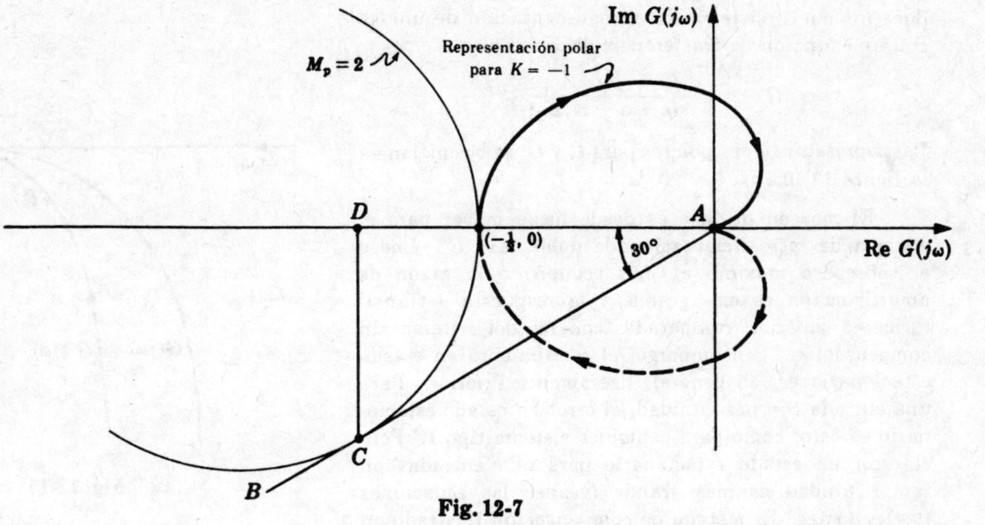

Fig. 12-7

El círculo representado por $M_p = 2$ se ha dibujado tangente tanto a $\overline{AB}$ como a la representación polar para $K = -1$. Usando la escala de esta representación polar, la línea $\overline{AD}$ tiene una longitud igual a 0,76. Por tanto, la ecuación (*12.3*) da el resultado

$$K_{M_p} = \frac{K'}{\text{longitud de } \overline{AD}} = \frac{-1}{0{,}76} = -1{,}32$$

También es posible encontrar un valor *positivo* de ganancia para $M_p = 2$ a partir de una representación polar de $G(s)$ para cualquier valor positivo de K. La representación polar para $K = 1$ es la misma que en la figura 12-7 pero con un giro de 180°.

DIFERENTES METODOS DE COMPENSACION

12.6. ¿Qué clase de compensación es posible para un sistema cuya representación polar está dada por la figura 12-8?

Las compensaciones de adelanto, de atraso y adelanto y del factor de ganancia son capaces de estabilizar el sistema y de mejorar la estabilidad relativa.

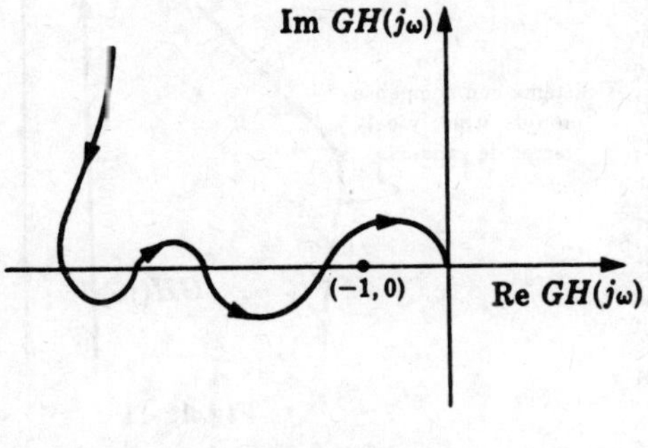

Fig. 12-8

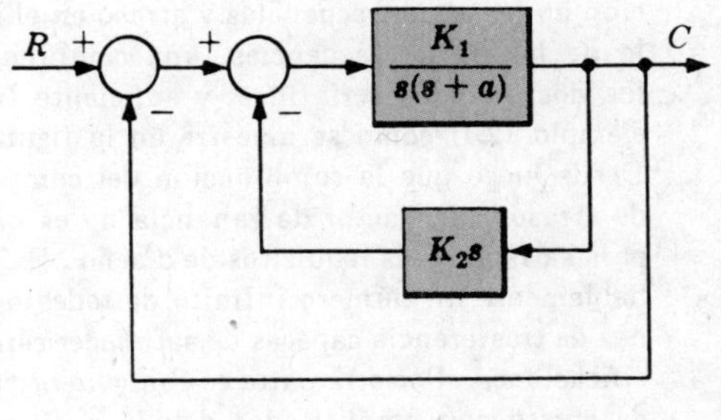

Fig. 12-9

12.7. Considerar el sistema de retroalimentación de unidad cuya función de trasferencia de lazo abierto está dada por

$$G = \frac{K_1}{s(s+a)} \qquad a, K_1 > 0$$

¿Cómo se afectaría el rendimiento en el estado transitorio y estacionario al incluir un lazo menor de retroalimentación con una función de trasferencia $K_2 s$ $(K_2 > 0)$, como se muestra en el diagrama en bloque de la figura 12-9?

Combinando los bloques en el lazo interior se produce un nuevo sistema de retroalimentación de unidad con una función de trasferencia de lazo abierto.

$$G' = \frac{K_1}{s(s+a+K_1K_2)}$$

Las representaciones polares para G y G' se bosquejan en la figura 12-10.

El margen de fase es desde luego mayor para el sistema de retroalimentación de doble lazo G'. Luego el sobrepaso máximo es más pequeño o la razón de amortiguación es más grande y la respuesta a transitorios es superior, comparados con los del sistema sin compensación. Sin embargo, el rendimiento en estado estacionario es, en general, ligeramente inferior. Para una entrada con paso unidad, el error en estado estacionario es cero, como para cualquier sistema tipo 1. Pero el error en estado estacionario para una entrada con rampa unidad es más grande (véanse las ecuaciones *(9.4)* y *(9.5)*). El método de compensación ilustrado en este problema se denomina *retroalimentación derivada o tacométrica.*

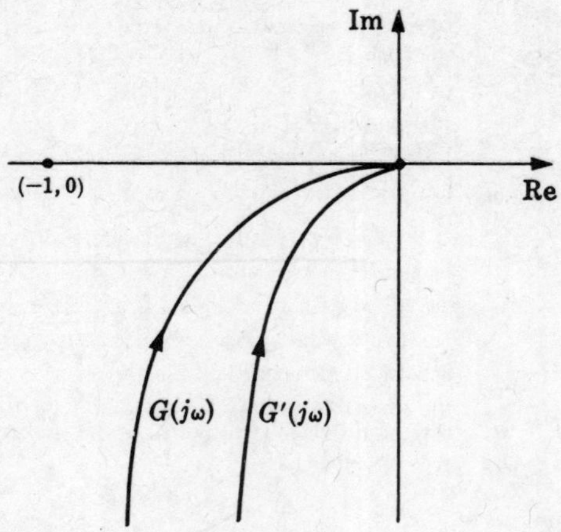

Fig. 12-10

12.8. Determinar un tipo de compensador que producirá un margen de fase aproximadamente de 45° cuando se añade a los componentes del sistema fijo, definido por

$$GH = \frac{4}{s(s^2+3{,}2s+64)}$$

Un requisito adicional es que la respuesta a las altas frecuencias del sistema compensado sea aproximadamente la misma que para el sistema sin compensación.

La representación polar para GH se bosqueja en la figura 12-11. Está muy próxima al eje imaginario negativo para casi todos los valores de ω.

El margen de fase es casi de 90° y tanto un aumento en el factor de ganancia, como un compensador de atraso, son capaces de satisfacer los requisitos del margen de fase. Pero puesto que la red de atraso se puede diseñar para proveer atenuación en las altas frecuencias y atraso en el intervalo de las bajas frecuencias, una combinación de los dos métodos sería ideal y suficiente (véase el ejemplo 12.4) como se muestra en la figura 12-11. Desde luego que la combinación del compensador de atraso y del factor de ganancia no es *necesaria* para satisfacer los requisitos de diseño. Existe probablemente un número infinito de redes o funciones de trasferencia capaces de satisfacer estas especificaciones. Por otra parte es *conveniente* una red de atraso con amplificador debido a su estandarización, disponibilidad y facilidad de síntesis.

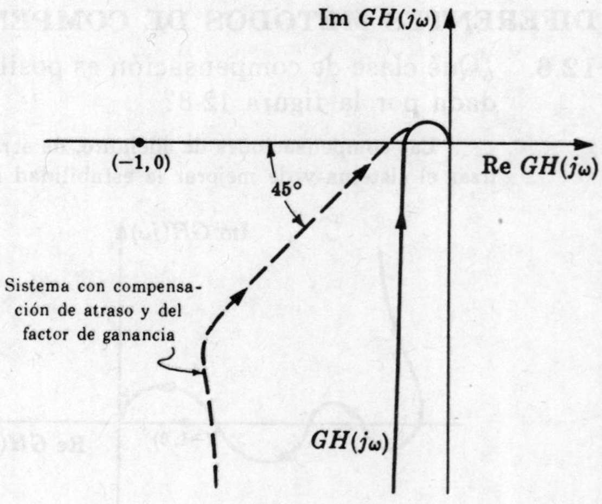

Fig. 12-11

12.9. Esbozar el diseño de un servomecanismo capaz de seguir una entrada de velocidad constante con un error de cero en estado estacionario y aproximadamente un 25% de sobrepaso máximo en el estado transitorio. La planta fija está dada por $G_2 = \dfrac{50}{s^2(s+5)}$.

Puesto que la planta es de tipo 2, ésta es capaz de seguir una entrada con velocidad constante con un error de cero en estado estacionario (véase el capítulo 9). Sin embargo, el sistema de lazo cerrado es inestable para cualquier valor del factor de ganancia (véase el ejemplo 12.5). Puesto que no se han puesto condiciones sobre el ancho de banda, la compensación de adelanto debe ser suficiente para estabilizar el sistema y satisfacer la especificación bajo transitorios. Pero tal vez se requieren dos redes de adelanto en serie puesto que el margen de fase del sistema inestable es negativo y un 25% de sobrepaso es equivalente a un margen de fase de $+45^\circ$. La mayoría de redes de adelanto tienen un adelanto de fase máximo aproximadamente de 54° (véase la figura 16-2). Los detalles del resto de este diseño son muy tediosos por medio de los métodos del análisis de Nyquist, debido a que la representación polar se debe dibujar con cierto detalle varias veces antes de que se llegue a una solución satisfactoria; a no ser, desde luego, que el diseñador sea muy afortunado o bastante hábil, o que disponga de una máquina que le haga el trabajo.

Este problema se puede resolver con más facilidad usando los métodos de diseño introducidos en los capítulos siguientes. Como próxima referencia, cada una de las dos redes de compensación de adelanto puede tener una función de trasferencia aproximadamente de $P_{\text{Adelanto}} = (s+3)/(s+20)$ a fin de satisfacer las especificaciones. Si el máximo error de aceleración en estado estacionario también se especifica, se necesitará un preamplificador con las redes de adelanto. Por ejemplo, si $K_a \equiv 50$, entonces un preamplificador de ganancia igual a $5(20/3)^2$ es necesario. Este preamplificador se debe colocar *entre* las dos redes de adelanto con el fin de prevenir efectos de recargue (véase la sección 8.7).

12.10. Esbozar el diseño de un sistema de retroalimentación de unidad con una planta dada por

$$G_2 = \frac{2000}{s(s+5)(s+10)}$$

y las siguientes especificaciones sobre el trabajo que se va ejecutar:

(1) $\phi_{PM} \cong 45^\circ$

(2) $K_v = 50$

(3) El ancho de banda BW del sistema compensado debe ser aproximadamente igual pero no muy superior al del sistema sin compensación, debido a que se presentan perturbaciones de alta frecuencia con condiciones normales de funcionamiento.

(4) El sistema compensado no debe responder tardíamente; esto significa que la constante de tiempo predominante del sistema τ se debe mantener aproximadamente al mismo valor que para el sistema sin compensación.

Un cálculo simple muestra claramente que el sistema sin compensación es inestable (v. gr., prueba de Routh). Por tanto, la compensación es necesaria. Pero debido a la exigencia de las expecificaciones, un diseño detallado de este sistema usando las técnicas de Nyquist requiere demasiado esfuerzo. Las técnicas de los próximos capítulos facilitan una solución mucho más simple. Un análisis un poco hábil del planteamiento del problema indicará, sin embargo, el tipo de compensación requerido.

Para G_2, $K_v = \lim_{s\to 0} sG_2(s) = 40$. Por tanto, para satisfacer la especificación (2) se requiere una compensación de ganancia de 5/4. Pero un aumento de ganancia hace que el sistema sea más inestable. Luego se requiere compensación adicional. La compensación de adelanto no es probablemente adecuada debido a (3), y la compensación de atraso no es posible debido a (4). Luego parece que la red de atraso y adelanto más un amplificador, posiblemente satisfaga todos los criterios. La porción de atraso de la red de atraso y adelanto satisfará la especificación (3) y la porción de adelanto satisfará las especificaciones (4) y (1).

12.11. ¿Qué efecto se produce sobre la representación polar del sistema

$$GH = \frac{\prod_{i=1}^{m}(s+z_i)}{\prod_{i=1}^{n}(s+p_i)}$$

donde $m \leqq n$, $0 < z_i < \infty$, $0 \leqq p_i < \infty$, cuando se incluyen en GH, k polos finitos diferentes de cero además de los n polos originales?

Para las bajas frecuencias la representación polar se modifica solamente en magnitud, puesto que

$$\lim_{s\to 0} GH' = \lim_{s\to 0}\left[\frac{\prod_{i=1}^{m}(s+z_i)}{\prod_{i=1}^{n+k}(s+p_i)}\right] = \frac{\prod_{i=1}^{m} z_i}{\prod_{i=1}^{n+k} p_i} = \left(\frac{1}{\prod_{i=1}^{k} p_i}\right)\lim_{s\to 0} GH$$

Para las altas frecuencias, el añadir k polos reduce el ángulo de fase de GH de $k\pi/2$ radianes puesto que

$$\begin{aligned}\lim_{\omega\to\infty} \arg GH'(j\omega) &= \lim_{\omega\to\infty}\left[\sum_{i=1}^{m}\tan^{-1}\left(\frac{\omega}{z_i}\right) - \sum_{i=1}^{n+k}\tan^{-1}\left(\frac{\omega}{p_i}\right)\right] \\ &= \frac{m\pi}{2} - \frac{(n+k)\pi}{2} = \lim_{\omega\to\infty}\arg GH - \frac{k\pi}{2}\end{aligned}$$

Por tanto, la porción de la representación polar que está cerca del origen se gira en el SMAR de $k\pi/2$ grados cuando se añaden k polos.

Problemas propuestos

12.12. Determinar un valor positivo del factor de ganancia K cuando $M_p = 2$, para el sistema del problema 12.5.

12.13. Probar la ecuación (*12.1*).

12.14. Probar las ecuaciones (*12.2*) y (*12.3*).

12.15. Diseñar un compensador que proporcionará un margen de fase aproximadamente de 45° para el sistema definido por $GH = \dfrac{84}{s(s+2)(s+6)}$.

12.16. Diseñar un compensador que proporcionará un margen de fase casi de 40° y una constante de velocidad $K_v = 40$ para el sistema definido por $GH = \dfrac{4\times 10^5}{s(s+20)(s+100)}$.

12.17. ¿Qué clase de compensación se puede usar para que se obtenga un sobrepaso máximo de 20% para el sistema definido por $GH = \dfrac{4\times 10^4}{s^2(s+100)}$?

12.18. Mostrar que al añadir k ceros finitos, numéricamente diferentes de cero, el sistema del problema 12.11, gira la porción de las altas frecuencias de la representación polar de $k\pi/2$ radianes en el SCMAR.

Respuestas a los problemas propuestos

12.12. $K = 31{,}2$

12.15. $P_{\text{Adelanto}} = \dfrac{s+30}{s+120}$

12.16. $P_{\text{Adelanto}} = \dfrac{s+20}{s+100}$, no se requiere preamplificador

12.17. Compensación de atraso y adelanto y probablemente compensación del factor de ganancia

Capítulo 13

Análisis del lugar de raíces

13.1 INTRODUCCION

En los capítulos 4 y 6 se mostró que los polos de una función de trasferencia se pueden representar gráficamente en el plano s por medio de un mapa de polos y ceros. En este capítulo se presenta un método analítico para mostrar la localización de los polos de una función de trasferencia de lazo cerrado,

$$\frac{G}{1+GH}$$

como una función del factor de ganancia K (véase sección 6.2) de la función de trasferencia de lazo abierto GH. Este método llamado *análisis del lugar de raíces*, requiere que solamente se conozca la localización de los polos y ceros de GH y no requiere que el polinomio característico sea factorizado.

Las técnicas del lugar de raíces permiten cómputos exactos de la respuesta en el dominio del tiempo además de proporcionar información fácilmente disponible de la respuesta de frecuencia.

13.2 VARIACION DE LOS POLOS DEL SISTEMA DE LAZO CERRADO: EL LUGAR DE RAICES

Considérese el sistema de control por retroalimentación en forma canónica dado en la figura 13-1. La función de trasferencia de este sistema de lazo cerrado es

$$\frac{C}{R} = \frac{G}{1+GH}$$

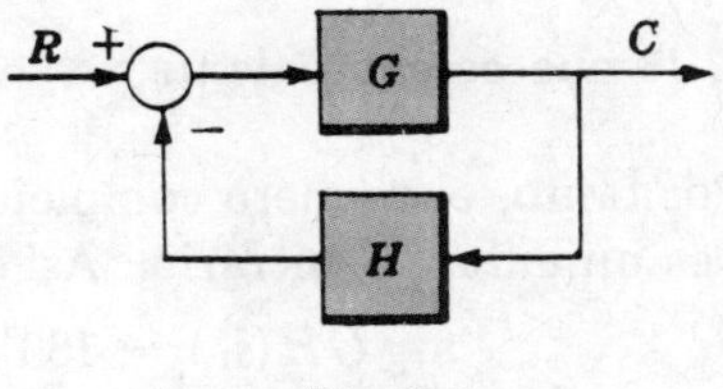

Fig. 13-1

La función de trasferencia de lazo abierto GH se puede representar por

$$GH \equiv \frac{KN(s)}{D(s)} = \frac{K(s^m + a_{m-1}s^{m-1} + \cdots + a_0)}{s^n + b_{n-1}s^{n-1} + \cdots + b_0}$$

donde $N(s)$ y $D(s)$ son los polinomios finitos en la variable compleja s, $m \leqq n$, y K es el factor de ganancia de lazo abierto. La función de trasferencia de lazo cerrado viene entonces a ser

$$\frac{C}{R} = \frac{G}{1+KN/D} = \frac{GD}{D+KN}$$

Los polos de lazo cerrado son las raíces de la ecuación característica

$$D(s) + KN(s) = 0 \qquad (13.1)$$

En general la localización de estas raíces en el plano s cambia a medida que se varía el factor de ganancia en lazo abierto K. El lugar de estas raíces representado en el plano s como una función de K se llama el **lugar de raíces.**

Para K igual a cero, las raíces de (*13.1*) son las raíces del polinomio $D(s)$ y son los mismos polos de la función de trasferencia de lazo abierto GH. Si K se vuelve muy grande, las raíces tienden hacia las del polinomio $N(s)$, que son los ceros en lazo abierto. Luego a medida que K aumenta desde cero hasta infinito, los lugares de los polos de lazo cerrado se originan en los polos de lazo abierto y continúan hacia los ceros de lazo abierto, donde terminan.

Ejemplo 13.1.

Considérese la función de trasferencia de lazo abierto,

$$GH = \frac{K\,N(s)}{D(s)} = \frac{K(s+1)}{s^2+2s} = \frac{K(s+1)}{s(s+2)}$$

Para $H = 1$, la función de trasferencia de lazo cerrado es

$$\frac{C}{R} = \frac{K(s+1)}{s^2+2s+K(s+1)}$$

Los polos de lazo cerrado de este sistema se determinan fácilmente factorizando el polinomio del denominador:

$$s_1 = -\tfrac{1}{2}(2+K) + \sqrt{1+\tfrac{1}{4}K^2}$$

$$s_2 = -\tfrac{1}{2}(2+K) - \sqrt{1+\tfrac{1}{4}K^2}$$

El lugar de estas raíces representado como función de K (para $K > 0$) se muestra en el plano s en la figura 13-2. Como se puede observar en la figura, este lugar de raíces tiene dos *ramas*: Una para un polo de lazo cerrado que se extiende desde el polo de lazo abierto en el origen hasta el cero de lazo abierto en -1, y la otra desde el polo de lazo abierto en -2 hasta el cero de lazo abierto en $-\infty$.

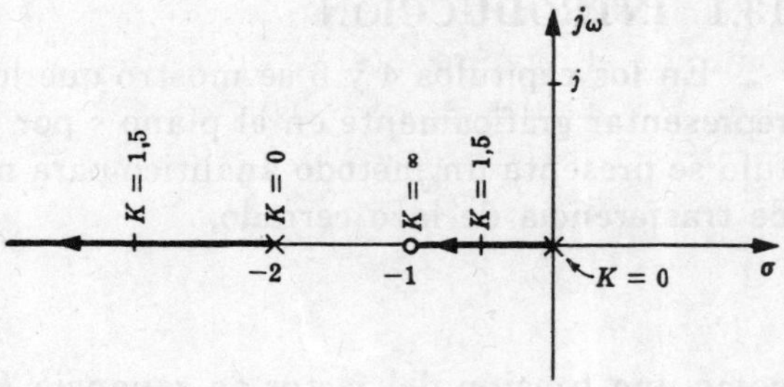

Fig. 13-2

En el ejemplo anterior, el lugar de raíces se construye factorizando el polinomio del denominador de la función de trasferencia del sistema de lazo cerrado. En las siguientes secciones se describen técnicas que permiten la construcción de los lugares de raíces sin necesidad de factorización.

13.3 CRITERIOS DE ANGULO Y MAGNITUD

Para que una rama de un lugar de raíces pase por un punto particular s_1 en el plano s, es necesario que s_1 sea una raíz de la ecuación característica (*13.1*) para algún valor real de K. Esto es,

$$D(s_1) + K\,N(s_1) = 0 \tag{13.2}$$

o, lo que es equivalente,

$$GH(s_1) = \frac{K\,N(s_1)}{D(s_1)} = -1 \tag{13.3}$$

Por tanto, el número complejo $GH(s_1)$ debe tener un ángulo de fase de $180° + 360l°$, donde l es un entero arbitrario. Así se obtiene el *criterio del ángulo*

$$\arg GH(s_1) = 180° + 360l° = (2l+1)\pi \text{ radianes}, \quad l = 0, \pm 1, \pm 2, \ldots \tag{13.4a}$$

lo cual también se puede escribir como

$$\arg\left[\frac{N(s_1)}{D(s_1)}\right] = \begin{cases} (2l+1)\pi \text{ radianes para } K > 0 \\ 2l\pi \text{ radianes para } K < 0 \end{cases} \quad l = 0, \pm 1, \pm 2, \ldots \tag{13.4b}$$

Para que s_1 sea un polo del sistema de lazo cerrado, es decir, que esté sobre el lugar de raíces, es necesario que la ecuación (*13.3*) sea satisfecha en lo que respecta a la *magnitud* además del ángulo de fase. Esto es, K debe tener el valor particular que satisface el *criterio de magnitud*: $|GH(s_1)| = 1$, o

$$|K| = \left|\frac{D(s_1)}{N(s_1)}\right| \tag{13.5}$$

El ángulo y magnitud de $GH(s)$, en cualquier punto del plano s, se pueden determinar gráficamente como se ha descrito en las secciones 4.11 y 6.5. De esta manera, es posible construir el lugar de raíces por medio de un procedimiento de tanteos sobre puntos en el plano s. Esto es, el lugar de raíces se dibuja por todos los puntos que satisfacen el criterio del ángulo (ecuación (*13.4b*)) y el criterio de magnitud se usa para determinar los valores de K sobre puntos a lo largo de los lugares. Este procedimiento de construcción se simplifica considerablemente usando ciertas simplificaciones o reglas de construcción como se describe en las siguientes secciones.

13.4. NUMERO DE LUGARES

El número de lugares, es decir, el número de ramas del lugar de raíces es igual al número de polos de la función de trasferencia de lazo abierto GH.

Ejemplo 13.2.

La función de trasferencia de lazo abierto $GH = \dfrac{K(s+2)}{s^2(s+4)}$ tiene 3 polos. Por tanto hay tres lugares diferentes en la representación del lugar de las raíces.

13.5 LUGARES EN EL EJE REAL

Las secciones del lugar de raíces que quedan sobre el eje real en el plano s se determinan contando el número total de polos y ceros finitos de GH hacia la derecha de los puntos de interés. La siguiente regla depende de si el factor de ganancia en lazo abierto K es positivo o negativo.

Regla para $K > 0$

Hay puntos del lugar de raíces sobre el eje real que quedan hacia la izquierda de un número *impar* de polos y ceros finitos.

Regla para $K < 0$

Hay puntos del lugar de raíces sobre el eje real que quedan hacia la izquierda de un número *par* de polos y ceros finitos.

Si ningún punto sobre el eje real queda a la izquierda de un número impar de polos y ceros finitos, entonces ninguna porción del lugar de raíces para $K > 0$ queda sobre el eje real. Un planteamiento similar es verdadero para $K < 0$.

Ejemplo 13.3.

Considérese el mapa de polos y ceros de una función de trasferencia de lazo abierto GH que se muestra en la figura 13-3. Puesto que todos los puntos sobre el eje real entre 0 y —1 y entre —1 y —2 quedan a la izquierda de un número impar de polos y ceros finitos, estos puntos están sobre el lugar de raíces para $K > 0$. La porción del eje real entre $-\infty$ y —4 está a la izquierda de un número impar de polos y ceros finitos; luego estos puntos están también sobre el lugar de raíces para $K > 0$. Todas las porciones del lugar de raíces para $K > 0$ sobre el eje real se ilustran en la figura 13-4. Todas las porciones restantes del eje real, es decir, entre —2 y —4 y entre 0 e ∞ están sobre el lugar de las raíces para $K < 0$.

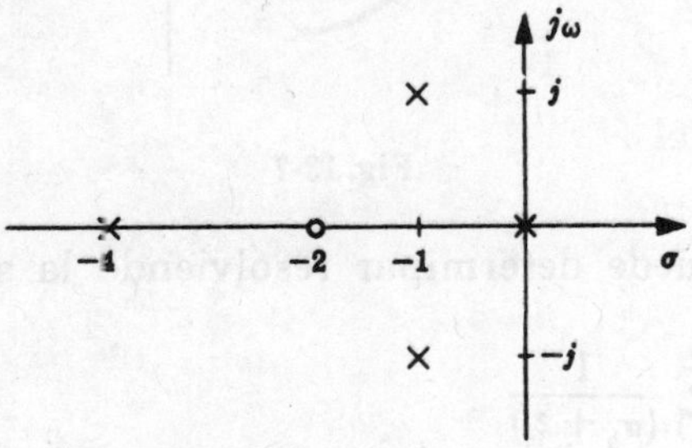

Fig. 13-3

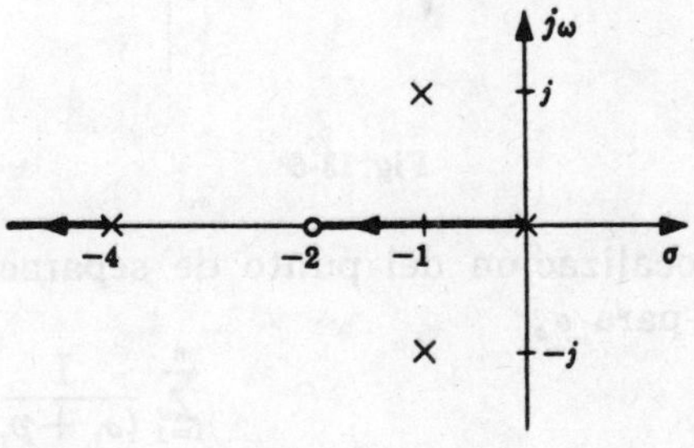

Fig. 13-4

13.6 ASINTOTAS

En las distancias alejadas del origen en el plano s, las ramas de un lugar de raíces tienden hacia un conjunto de asíntotas en línea recta. Estas asíntotas salen de un punto en el plano s sobre el eje real denominado el **centro de asíntotas** σ_c dado por

$$\sigma_c = -\frac{\sum_{i=1}^{n} p_i - \sum_{i=1}^{m} z_i}{n-m} \tag{13.6}$$

donde $-p_i$ son los polos, $-z_i$ son los ceros, n es el número de polos y m el número de ceros de GH.

Los ángulos entre las asíntotas y el eje real están dados por

$$\beta = \begin{cases} \dfrac{(2l+1)180}{n-m} \text{ grados para } K > 0 \\ \dfrac{(2l)180}{n-m} \text{ grados para } K < 0 \end{cases} \qquad (13.7)$$

para $l = 0, 1, 2, \ldots, n-m-1$. Esto resulta en un número de asíntotas igual a $n-m$.

Ejemplo 13.4.

El centro de asíntotas para $GH = \dfrac{K(s+2)}{s^2(s+4)}$ está localizado en

$$\sigma_c = -\frac{4-2}{2} = -1$$

Puesto que $n - m = 3 - 1 = 2$, hay dos asíntotas. Los ángulos que éstas forman con el eje real son de 90° y 270° para $K > 0$, como se muestra en la figura 13-5.

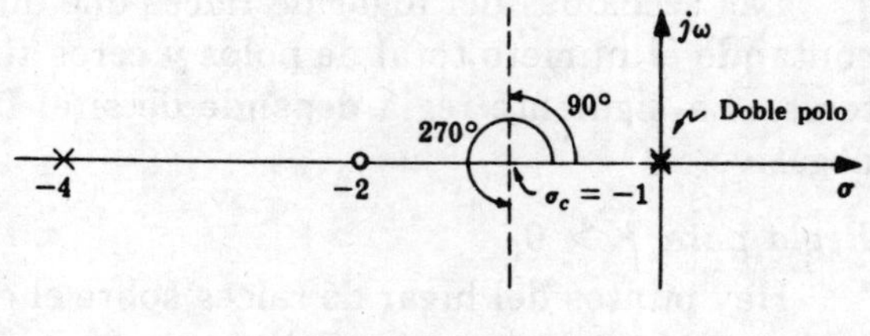

Fig. 13-5

13.7 PUNTOS DE SEPARACION

Un **punto de separación** σ_b es un punto sobre el eje real donde dos o más ramas del lugar de raíces parten o llegan al eje real. En la representación del lugar de raíces de la figura 13-6 se ilustran dos ramas que parten del eje real. Dos ramas que llegan al eje real se ilustran en la figura 13-7.

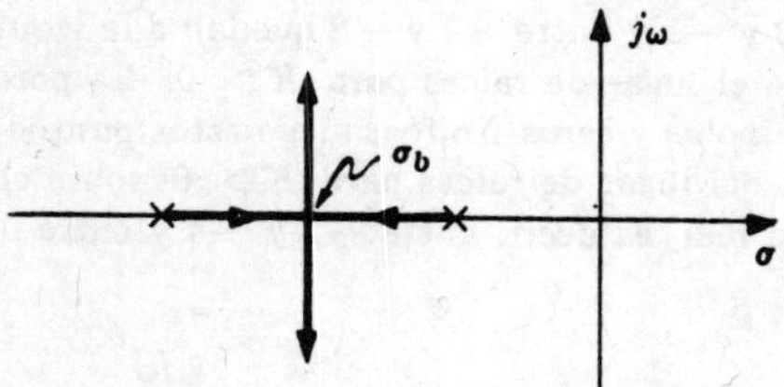

Fig. 13-6

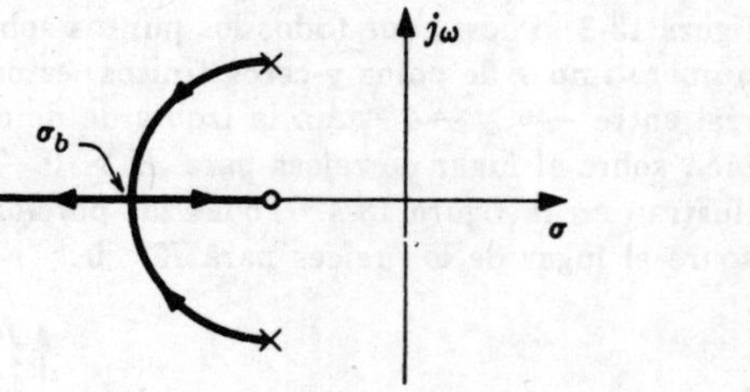

Fig. 13-7

La localización del punto de separación se puede determinar resolviendo la siguiente ecuación para σ_b:

$$\sum_{i=1}^{n} \frac{1}{(\sigma_b + p_i)} = \sum_{i=1}^{m} \frac{1}{(\sigma_b + z_i)} \qquad (13.8)$$

donde $-p_i$ y $-z_i$ son los polos y ceros respectivamente de GH. La solución de esta ecuación requiere la factorización de un polinomio en σ_b de orden $(n + m - 1)$. En consecuencia, el punto de separación se puede determinar analíticamente con facilidad, solamente cuando GH es relativamente simple. Sin embargo, a menudo se puede determinar una localización aproximada intuitivamente; entonces se puede usar un proceso iterativo para resolver la ecuación con más exactitud (véase el problema 13.20).

Ejemplo 13.5.

Para determinar los puntos de separación para $GH = \dfrac{K}{s(s+1)(s+2)}$, se debe resolver la siguiente ecuación para σ_b:

$$\frac{1}{\sigma_b} + \frac{1}{\sigma_b + 1} + \frac{1}{\sigma_b + 2} = 0$$

$$(\sigma_b + 1)(\sigma_b + 2) + \sigma_b(\sigma_b + 2) + \sigma_b(\sigma_b + 1) = 0$$

lo cual se reduce a $3\sigma_b^2 + 6\sigma_b + 2 = 0$ cuyas raíces son $\sigma_b = -0{,}423, -1{,}577$.

Aplicando la regla del eje real de la sección 13.5 para $K > 0$ se indica que existen ramas del lugar de raíces entre cero y -1 y entre $-\infty$ y -2. Por tanto, la raíz en $-0{,}423$ es un punto de separación, como se muestra en la figura 13-8. El valor $\sigma_b = -1{,}577$ representa un punto de separación sobre el lugar de raíces para valores negativos de K puesto que la porción del eje entre -1 y -2 está sobre el lugar de raíces para $K < 0$.

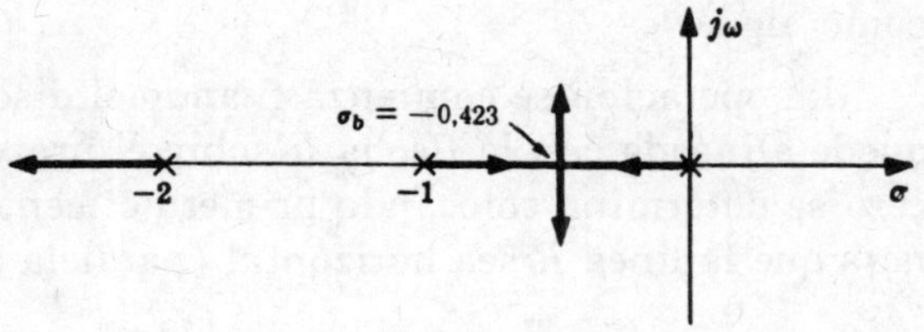

Fig. 13-8

13.8 ANGULOS DE PARTIDA Y LLEGADA

El **ángulo de partida** del lugar de raíces desde un *polo complejo* está dado por

$$\theta_D = 180° + \arg GH' \qquad (13.9)$$

donde arg GH' es el ángulo de fase de GH calculado en el polo complejo pero ignorando la contribución de ese polo particular. Una técnica simple para determinar arg GH' se presenta en la sección 13.9.

Ejemplo 13.6.

Considérese la función de trasferencia de lazo abierto

$$GH = \frac{K(s+2)}{(s+1+j)(s+1-j)}, \qquad K > 0$$

El ángulo de partida del lugar de raíces desde el polo complejo en $s = -1 + j$ se determina como sigue: El ángulo de GH para $s = -1 + j$, ignorando la contribución del polo en $s = -1 + j$, es de $-45°$. Por tanto, el ángulo de partida es

$$\theta_D = 180° - 45° = 135°$$

y se ilustra en la figura 13-9.

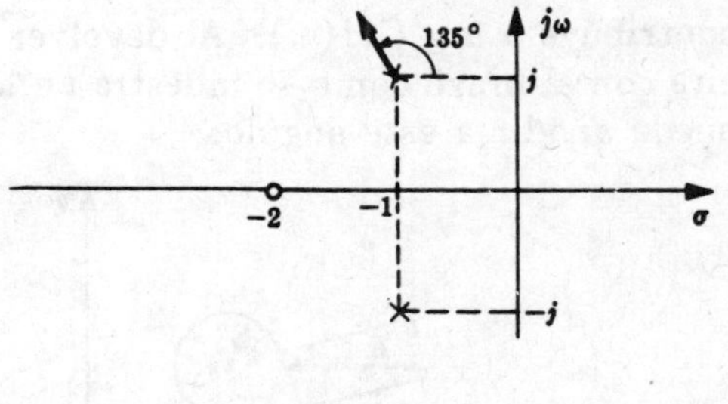

Fig. 13-9

El **ángulo de llegada** del lugar de raíces en un *cero complejo* está dado por

$$\theta_A = 180° - \arg GH'' \qquad (13.10)$$

donde arg GH'' es el ángulo de fase de GH en el cero complejo, ignorando el efecto de ese cero. Una técnica simple para determinar a arg GH'' se da en la sección 13.9.

Ejemplo 13.7.

Considérese la función de trasferencia de lazo abierto

$$GH = \frac{K(s+j)(s-j)}{s(s+1)}, \qquad K > 0$$

El ángulo de llegada del lugar de raíces para el cero complejo en $s = j$ es $\theta_A = 180° - (-45°) = 225°$ como se muestra en la figura 13-10.

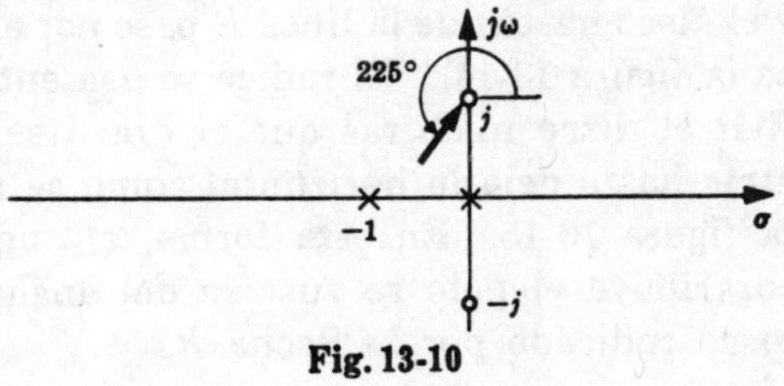

Fig. 13-10

13.9 LA ESPIRULA

Un dispositivo mecánico llamado la espirula* fue desarrollado por Walter Evans para ayudar en la construcción de las representaciones del lugar de raíces. La espirula se puede usar para determinar el ángulo y magnitud de una función de trasferencia en cualquier punto en el plano s de un mapa de polos y ceros de la función de trasferencia.

* The Spirule Co., 9728 El Venado, Whittier, Calif.

El *ángulo* de $GH(s_0)$, donde s_0 es cualquier punto específico en el plano s, se determina como sigue.

La operación se comienza fijando el disco de tal manera que la flecha en 0° sobre el disco quede alineada con la flecha R sobre el brazo. La contribución en fase a $GH(s_0)$ debida a un cero se determina colocando primero el centro del disco en s_0 orientando el brazo de tal manera que la línea R sea horizontal (paralela al eje real) como se muestra en la figura 13-11.

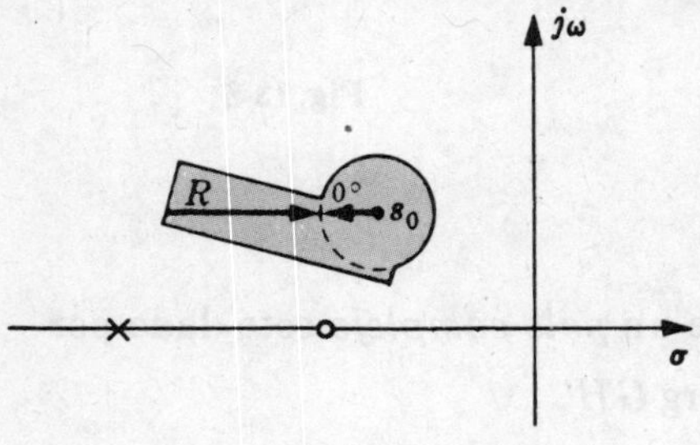

Fig. 13-11

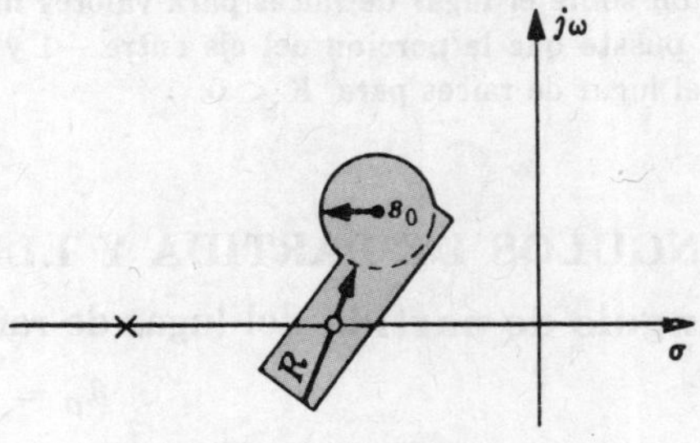

Fig. 13-12

El pulgar de la mano derecha se usa para fijar el punto pivote en s_0 presionando sobre la abertura en el centro del disco. Con el índice de la derecha manteniendo el disco para impedir la rotación, se gira el brazo con la izquierda hasta que la línea R pase por el cero (véase la figura 13-12). El número sobre el disco al cual apunta la flecha R es el ángulo con el cual el cero contribuye a arg $GH(s_0)$. Al devolver el brazo hacia la horizontal, permitiendo que el disco gire con el brazo como se muestra en la figura 13-13, la contribución de otros polos y ceros se puede añadir a este ángulo.

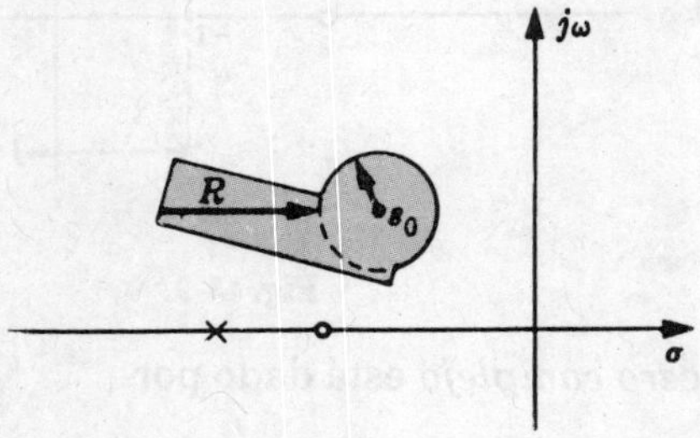

Fig. 13-13

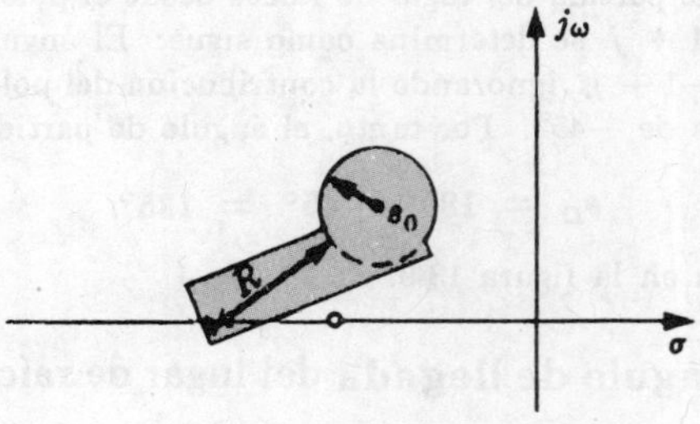

Fig. 13-14

Para medir y añadir el ángulo con el cual un polo contribuye, se giran conjuntamente el brazo y el disco hasta que la línea R pase por el polo (véase la figura 13-14). El índice se usa entonces para fijar el disco mientras que el brazo se gira hacia atrás hasta dejarlo horizontal como se muestra en la figura 13-15. En esta forma, el ángulo al que contribuye el polo se sustrae del ángulo sobre el disco indicado por la flecha R.

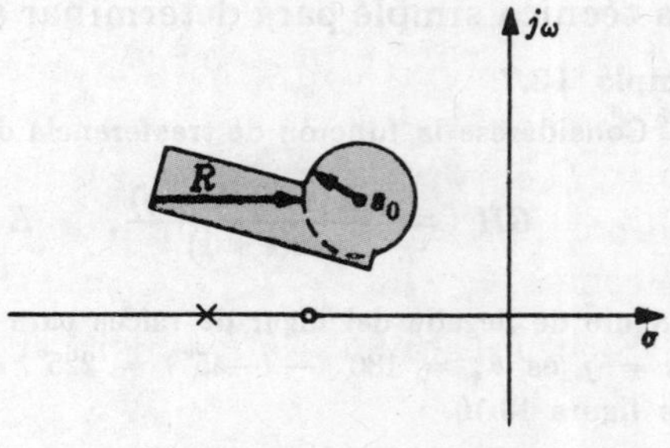

Fig. 13-15

Repitiendo las rotaciones del brazo para todos los polos y ceros finitos de GH, se puede determinar el ángulo de fase total de $GH(s_0)$ y leerse directamente sobre el disco, indicado por la flecha R.

Si el ángulo de fase total medido satisface el criterio del ángulo, (ecuación (*13.4b*)), entonces $s_0 \equiv s_1$ y el punto que se prueba s_0 está sobre el lugar de raíces. Si este no es el caso, se debe escoger un nuevo punto de prueba y repetir el procedimiento de la espirula.

La espirula se puede usar para determinar la *magnitud* de $N(s_0)/D(s_0)$ de la siguiente manera y teniendo en cuenta que

$$GH = \frac{KN}{D} \quad \text{y} \quad \frac{N(s_0)}{D(s_0)} = \frac{(s_0+z_1)(s_0+z_2)\cdots(s_0+z_m)}{(s_0+p_1)(s_0+p_2)\cdots(s_0+p_n)}$$

El brazo y el disco se orientan inicialmente con la flecha R enfrentada a la flecha de 0° sobre el disco y con el punto pivote en s_0. El brazo y el disco se giran primero conjuntamente hasta que la línea R pase por un *cero* como se muestra en la figura 13-16.

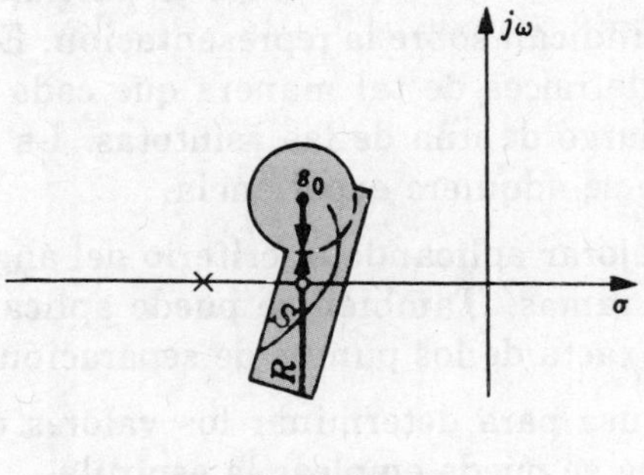

Fig. 13-16

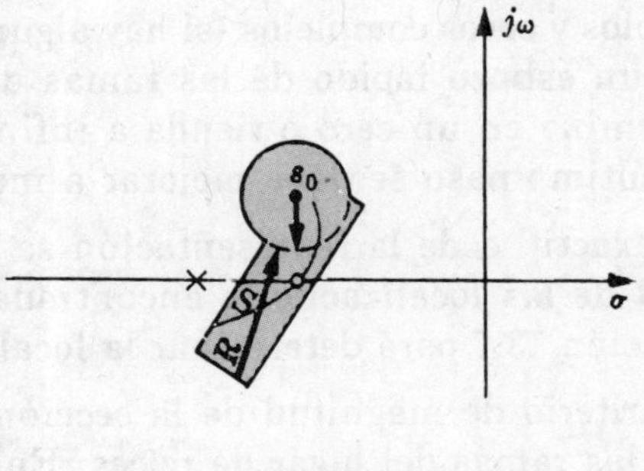

Fig. 13-17

Entonces el disco se mantiene fijo mientras que el brazo se gira hasta que la curva S sobre el brazo pase por el cero (véase la figura 13-17). Repitiendo este procedimiento se asegura que el efecto de otros ceros sea tomado en consideración.

La contribución de un *polo* a $|N(s_0)/D(s_0)|$ se determina girando conjuntamente el brazo y el disco hasta que la curva S pase por el polo (véase la figura 13-18).

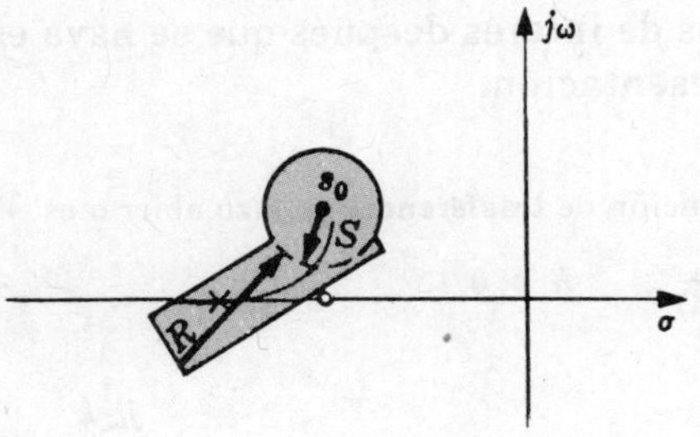

Fig. 13-18

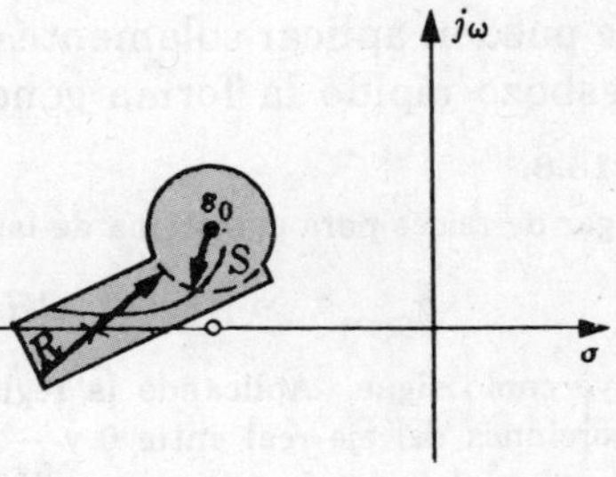

Fig. 13-19

Luego, se mantiene fijo al disco, y el brazo se gira hasta que la línea R pase por el polo como se muestra en la figura 13-19. Este procedimiento se repite para cada polo de GH.

Cuando todos los polos y ceros se han tomado en consideración, la magnitud de $N(s_0)/D(s_0)$ se lee sobre la escala de un cuarto de círculo en el brazo de la espirula, por medio de la flecha cuya indicación caiga sobre el intervalo de la escala. El número al lado de la flecha: ×1, ×10, o ×0,1, es un factor de multiplicación para el número leído sobre la escala.

Si la escala que se usa para el plano s no es la misma escala que queda sobre la parte superior del brazo de la espirula, el número leído en la escala se debe multiplicar por un factor de escala adicional. El factor apropiado es

$$J^{m-n}$$

donde J es el número de unidades de la escala del plano s que corresponde a una unidad de la escala en la parte superior del brazo de la espirula, m es el número total de ceros finitos de GH y n es el número total de polos finitos de GH.

Para determinar el inverso de $|N(s_0)/D(s_0)|$, se usa el mismo procedimiento anterior, pero invirtiendo el desempeño de los polos y ceros.

13.10 CONSTRUCCION DEL LUGAR DE RAICES

Una representación del lugar de raíces se puede bosquejar fácilmente y con exactitud usando las reglas de construcción de las secciones 13.4 a 13.8 y la espirula descrita en la sección 13.9. Un procedimiento eficiente es el siguiente: Primero se determinan las porciones del lugar de raíces sobre el eje real. Luego se calculan el centro y los ángulos de las asíntotas y se dibujan éstas sobre la representación. Después se determinan los ángulos de partida y llegada en los polos y ceros complejos (si hay algunos) y se indican sobre la representación. En seguida se hace un esbozo rápido de las ramas del lugar de raíces de tal manera que cada rama del lugar termine en un cero o tienda a infinito a lo largo de una de las asíntotas. La exactitud de este último paso se debe mejorar a medida que se adquiere experiencia.

La exactitud de la representación se puede mejorar aplicando el criterio del ángulo en la vecindad de las localizaciones encontradas de las ramas. También se puede aplicar la regla de la sección 13.7 para determinar la localización exacta de los puntos de separación.

El criterio de magnitud de la sección 13.3 se usa para determinar los valores de K a lo largo de las ramas del lugar de raíces. En esta tarea se puede emplear la espirula.

Puesto que los polos complejos del sistema deben aparecer en pares de conjugados complejos (suponiendo coeficientes reales para los polinomios del numerador y del denominador de GH), entonces el lugar de raíces es simétrico respecto al eje real. Luego es suficiente representar solamente la mitad superior del lugar de raíces. Sin embargo, debe recordarse que al hacer esto, las partes inferiores de los polos y ceros complejos de lazo abierto se deben incluir al aplicar los criterios de magnitud y ángulo.

A menudo, con fines de análisis o diseño, se requiere una representación exacta del lugar de raíces solamente en ciertas regiones del plano s. En este caso, los criterios de magnitud y ángulo se pueden aplicar solamente en esas regiones de interés después que se haya establecido con un esbozo rápido la forma general de la representación.

Ejemplo 13.8.

El lugar de raíces para el sistema de lazo cerrado cuya función de trasferencia de lazo abierto es

$$GH = \frac{K}{s(s+2)(s+4)}, \qquad K > 0$$

se construye como sigue. Aplicando la regla de la sección 13.5, las porciones del eje real entre 0 y -2 y entre -4 y $-\infty$ están sobre el lugar de raíces para $K > 0$. El centro de asíntotas se determina con la ecuación (*13.6*) como $\sigma_c = -(2+4)/3 = -2$, y hay tres asíntotas localizadas en ángulos de $\beta = 60°$, $180°$ y $300°$.

Puesto que dos ramas del lugar de raíces para $K > 0$ quedan sobre el eje real entre 0 y -2, existe un punto de separación en esa porción del eje real. Luego el lugar de raíces para $K > 0$ se puede bosquejar estableciendo la localización del punto de separación y continuando las ramas del lugar de raíces hasta las asíntotas como se muestra en la figura 13-20. Para mejorar la exactitud de esta representación la localización exacta del punto de separación se determina con la ecuación (*13.8*):

$$\frac{1}{\sigma_b} + \frac{1}{\sigma_b + 2} + \frac{1}{\sigma_b + 4} = 0$$

lo cual se simplifica a $3\sigma_b^2 + 12\sigma_b + 8 = 0$. La solución apropiada de esta ecuación es $\sigma_b = -0{,}845$.

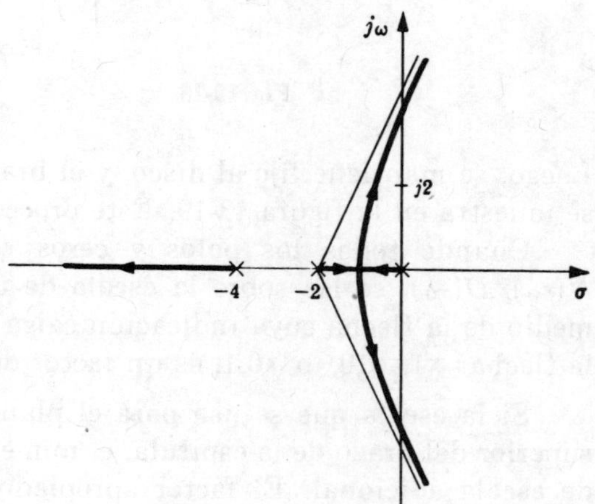

Fig. 13-20

El criterio de ángulo se aplica a los puntos en la vecindad del lugar de raíces aproximado para mejorar la exactitud de la localización de las ramas en la parte compleja del plano s; el criterio de magnitud se usa para determinar los valores de K a lo largo del lugar de raíces. La representación resultante del lugar de raíces para $K > 0$ se muestra en la figura 13-21.

El lugar de raíces para $K < 0$ se construye de una manera similar. En este caso, sin embargo, las porciones del eje real entre 0 e ∞ y entre -2 y -4 quedan sobre el lugar de raíces; el punto de separación se localiza en $-3,155$; las asíntotas tienen ángulos de 0°, 120° y 240°. El lugar de raíces para $K < 0$ se muestra en la figura 13-22.

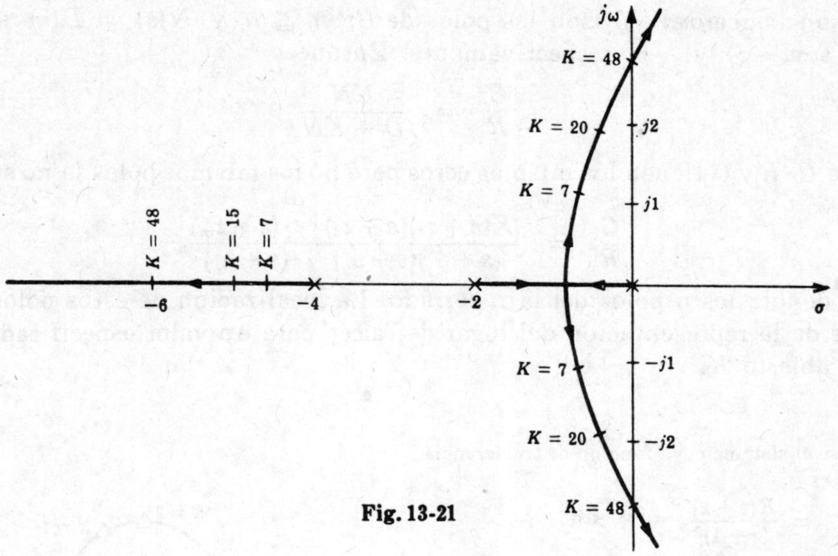

Fig. 13-21

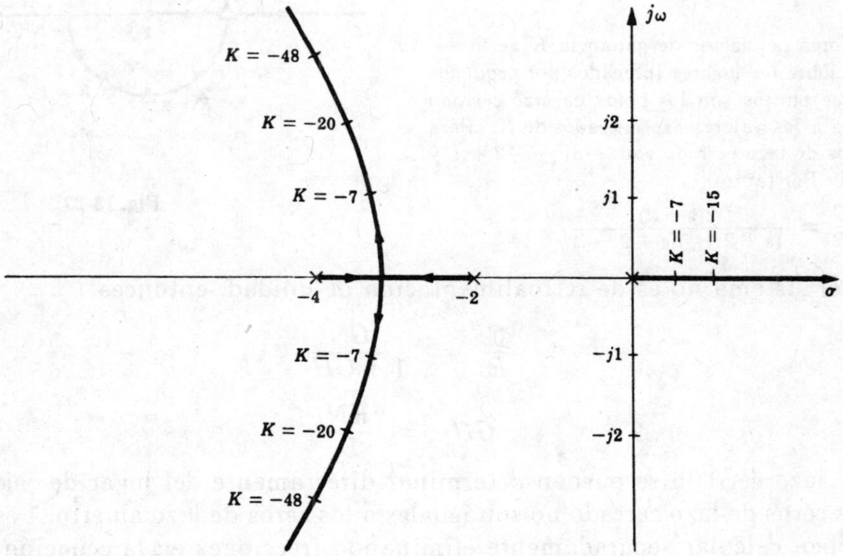

Fig. 13-22

13.11 LA FUNCION DE TRASFERENCIA DE LAZO CERRADO Y LA RESPUESTA EN EL DOMINIO DEL TIEMPO

La función de trasferencia de lazo cerrado C/R se determina fácilmente de la representación del lugar de raíces para un valor especificado del factor de ganancia de lazo abierto, K. A partir de esto, la respuesta en el dominio del tiempo $c(t)$ se puede determinar para una entrada dada $r(t)$, por medio de la inversión de $C(s)$.

Considérese la función de trasferencia de lazo cerrado C/R para el sistema de *retroalimentación (negativa) de unidad* en forma canónica

$$\frac{C}{R} = \frac{G}{1+G} \tag{13.11}$$

La funciones de trasferencia de lazo abierto que sean expresiones algebraicas racionales se pueden escribir como

$$G = \frac{KN(s)}{D(s)} = \frac{K(s+z_1)(s+z_2)\cdots(s+z_m)}{(s+p_1)(s+p_2)\cdots(s+p_n)} \qquad (13.12)$$

donde $-z_i$ son los ceros, $-p_i$ son los polos de G, $m \leqq n$ y $N(s)$ y $D(s)$ son polinomios cuyas raíces son $-z_i$ y $-p_i$ respectivamente. Entonces

$$\frac{C}{R} = \frac{KN}{D+KN} \qquad (13.13)$$

y es claro que C/R y G tienen los mismos ceros pero no los mismos polos (a no ser que $K = 0$). Luego

$$\frac{C}{R} = \frac{K(s+z_1)(s+z_2)\cdots(s+z_m)}{(s+\alpha_1)(s+\alpha_2)\cdots(s+\alpha_n)}$$

donde $-\alpha_i$ denota los n polos del lazo cerrado. La localización de estos polos se determina directamente de la representación del lugar de raíces para un valor especificado de la ganancia del lazo abierto K.

Ejemplo 13.9.

Considérese el sistema cuya función de trasferencia de lazo abierto es

$$G = \frac{K(s+2)}{(s+1)^2}, \qquad K > 0$$

La representación del lugar de raíces se muestra en la figura 13-23.

Varios valores del factor de ganancia K se muestran en puntos sobre los lugares indicados por *pequeños triángulos*. Estos puntos son los *polos de lazo cerrado* correspondientes a los valores especificados de K. Para $K = 2$, los polos de lazo cerrado son $-\alpha_1 = -2 + j$ y $-\alpha_2 = -2 - j$. Por tanto

$$\frac{C}{R} = \frac{2(s+2)}{(s+2+j)(s+2-j)}$$

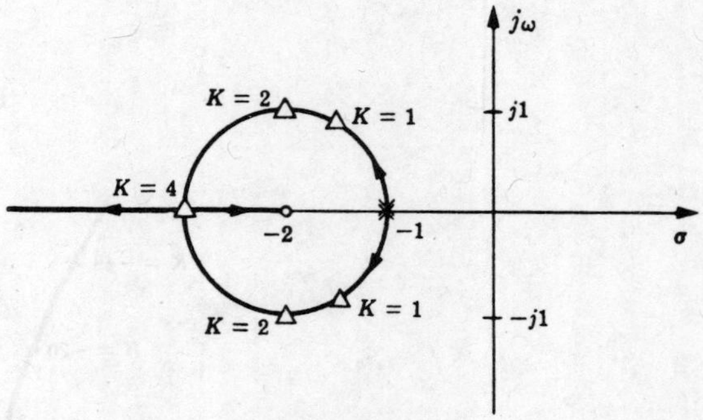

Fig. 13-23

Cuando el sistema no es de retroalimentación de unidad, entonces

$$\frac{C}{R} = \frac{G}{1+GH} \qquad (13.14)$$

y

$$GH = \frac{KN}{D} \qquad (13.15)$$

Los polos de lazo cerrado se pueden determinar directamente del lugar de raíces para un K dado pero los ceros de lazo cerrado no son iguales a los ceros de lazo abierto. Los ceros de lazo abierto se deben calcular separadamente eliminando fracciones en la ecuación (*13.14*).

Ejemplo 13.10.

Considérese el sistema descrito por

$$G = \frac{K(s+2)}{s+1}, \quad H = \frac{1}{s+1}, \quad GH = \frac{K(s+2)}{(s+1)^2} \quad K > 0$$

y

$$\frac{C}{R} = \frac{K(s+1)(s+2)}{(s+1)^2 + K(s+2)} = \frac{K(s+1)(s+2)}{(s+\alpha_1)(s+\alpha_2)}$$

La representación del lugar de raíces para este ejemplo es la misma que para el ejemplo 13.9. Luego, para $K = 2$, $\alpha_1 = 2 + j$ y $\alpha_2 = 2 - j$. Por tanto

$$\frac{C}{R} = \frac{2(s+1)(s+2)}{(s+2+j)(s+2-j)}$$

13.12 MARGENES DE GANANCIA Y DE FASE A PARTIR DEL LUGAR DE RAICES

El *margen de ganancia* es el factor por el cual el valor de diseño del factor de ganancia K se puede multiplicar antes que el sistema de lazo cerrado se vuelva inestable. Este se puede determinar a partir del lugar de raíces usando la siguiente fórmula:

$$\text{margen de ganancia} = \frac{\text{valor de } K \text{ en el cruce del eje imaginario}}{\text{valor de diseño de } K} \tag{13.16}$$

Si el lugar de raíces no cruza el eje $j\omega$, el margen de ganancia es infinito.

Ejemplo 13.11.

Considérese el sistema de la figura 13-24. El valor de diseño para el factor de ganancia es 8, lo cual produce los polos de lazo cerrado (indicados por pequeños triángulos) que se muestran en el lugar de raíces de la figura 13-25. El factor de ganancia en el cruce del eje $j\omega$ es 64; luego el margen de ganancia para este sistema es $64/8 = 8$.

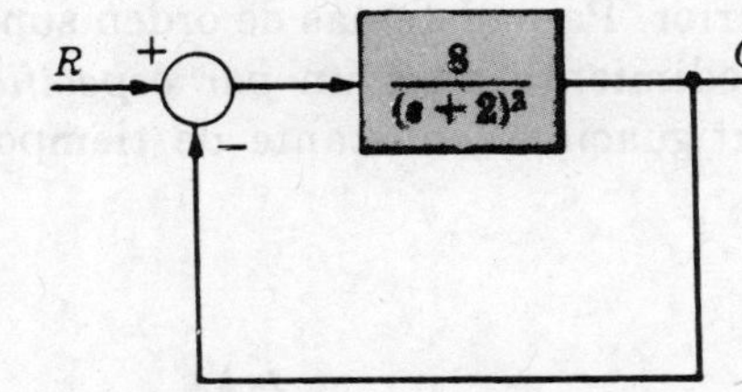

Fig. 13-24

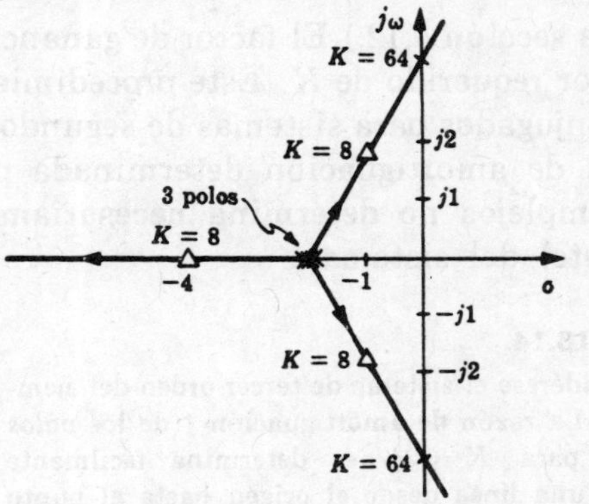

Fig. 13-25

El *margen de fase* para un sistema de control por retroalimentación también se puede determinar a partir del lugar de raíces. En este caso es necesario encontrar el punto $j\omega_1$ sobre el eje $j\omega$ para el cual $|GH(j\omega_1)| = 1$ para el valor de diseño de K; esto es

$$|D(j\omega_1)/N(j\omega_1)| = K_{\text{diseño}}$$

Generalmente es necesario usar un procedimiento de tanteos para localizar a $j\omega_1$. El margen de fase se calcula entonces a partir de $\arg GH(j\omega_1)$ como

$$\phi_{PM} = 180° + \arg GH(j\omega_1) \tag{13.17}$$

Ejemplo 13.12.

Para el sistema del ejemplo 13.11, $|GH(j\omega_1)| = |8/(j\omega_1 + 2)^3| = 1$ cuando $\omega_1 = 0$; el ángulo de fase de $GH(j0)$ es 0°. El margen de fase es pues 180°.

Ejemplo 13.13.

Considérese el sistema de la figura 13-26. El lugar de raíces para este sistema se muestra en la figura 13-27.

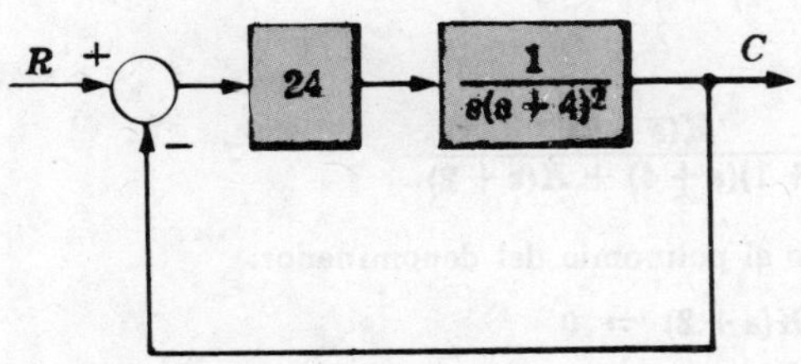

Fig. 13-26

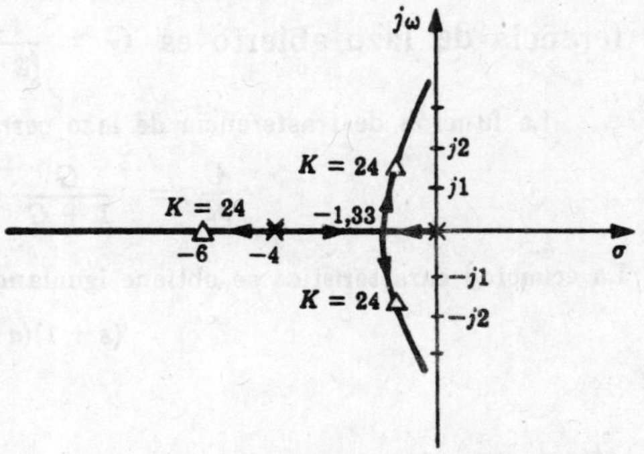

Fig. 13-27

El punto sobre el eje $j\omega$ para el cual $|GH(j\omega_1)| = \left|\dfrac{24}{j\omega_1(j\omega_1 + 4)^2}\right| = 1$ está en $\omega_1 = 1{,}35$; el ángulo de $GH(j1{,}35)$ es $-129{,}6°$. Por tanto el margen de fase es $\phi_{PM} = 180° - 129{,}6° = 50{,}4°$.

13.13 RAZON DE AMORTIGUACION A PARTIR DEL LUGAR DE RAICES

El factor de ganancia K requerido para dar una razón de amortiguación especificada ζ (o viceversa) para el sistema de segundo orden

$$GH = \frac{K}{(s+p_1)(s+p_2)} \qquad K, p_1, p_2 > 0$$

se determina fácilmente a partir del lugar de raíces. Simplemente se dibuja una línea del origen a un ángulo de más o menos θ formado con el eje real negativo, donde

$$\theta = \cos^{-1}\zeta \tag{13.18}$$

(Véase la sección 4.12.) El factor de ganancia en el punto de intersección con el lugar de raíces es el valor requerido de K. Este procedimiento se puede aplicar a cualquier par de polos complejos conjugados para sistemas de segundo orden y superior. Para sistemas de orden superior, la razón de amortiguación determinada por este procedimiento para un *par específico* de polos complejos no determina necesariamente la amortiguación (constante de tiempo predominante) del sistema.

Ejemplo 13.14.

Considérese el sistema de tercer orden del ejemplo 13.13. La razón de amortiguación ζ de los *polos complejos* para $K = 24$ se determina fácilmente dibujando una línea desde el origen hasta el punto sobre el lugar de raíces donde $K = 24$, como se muestra en la figura 13-28. El ángulo θ se ha medido como 60°; luego,

$$\zeta = \cos\theta = 0{,}5$$

Este valor de ζ es una buena aproximación para la amortiguación del sistema de tercer orden con $K = 24$ puesto que los polos complejos dominan la respuesta.

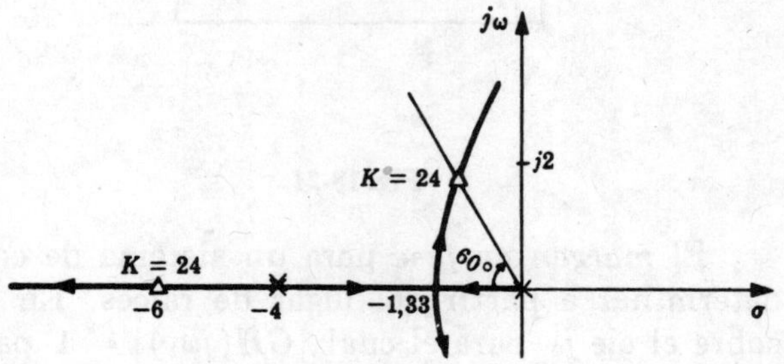

Fig. 13-28

Problemas resueltos

VARIACION DE LOS POLOS DEL SISTEMA DE LAZO CERRADO

13.1. Determinar la función de trasferencia de lazo cerrado y la ecuación característica del sistema de control por retroalimentación negativa de unidad cuya función de trasferencia de lazo abierto es $G = \dfrac{K(s+2)}{(s+1)(s+4)}$.

La función de trasferencia de lazo cerrado es

$$\frac{C}{R} = \frac{G}{1+G} = \frac{K(s+2)}{(s+1)(s+4)+K(s+2)}$$

La ecuación característica se obtiene igualando a cero el polinomio del denominador:

$$(s+1)(s+4)+K(s+2) = 0$$

13.2. ¿Cómo se determinarían los polos de lazo cerrado en el sistema del problema 13.1 para $K = 2$ a partir de la representación del lugar de raíces?

El lugar de raíces es una representación de los polos de lazo cerrado del sistema de retroalimentación, como una función de K. Por tanto, los polos de lazo cerrado para $K = 2$ se determinan por medio de los puntos sobre el lugar de raíces que corresponde a $K = 2$ (un punto en cada rama del lugar).

13.3. ¿Cómo se puede emplear el lugar de raíces para factorizar el polinomio $s^2 + 6s + 18$?

Puesto que el lugar de raíces es una representación de las raíces de la ecuación característica de un sistema (ecuación (*13.1*)) como una función de su factor de ganancia en lazo abierto, las raíces del polinomio anterior se pueden determinar a partir del lugar de raíces de cualquier sistema cuyo polinomio característico sea equivalente a éste para algún valor de K. Por ejemplo, el lugar de raíces para $GH = \dfrac{K}{s(s+6)}$ factoriza al polinomio característico $s^2 + 6s + K$. Para $K = 18$ este polinomio es equivalente al que se quiere factorizar. Por tanto, las raíces deseadas están localizadas sobre su lugar de raíces en los puntos correspondientes a $K = 18$.

Obsérvese que se podrían escoger otras formas para GH, tales como $GH = \dfrac{K}{(s+2)(s+4)}$ cuyo polinomio característico de lazo cerrado corresponde al que se quiere factorizar, pero en este caso para $K = 10$.

CRITERIOS DE ANGULO Y MAGNITUD

13.4. Mostrar que el punto $s_1 = -0{,}5$ satisface el criterio del ángulo (ecuación (*13.4*)) y el criterio de magnitud (ecuación (*13.5*)) cuando $K = 1{,}5$ en la función de trasferencia de lazo abierto del ejemplo 13.1.

$$\arg GH(s_1) = \arg \frac{K(s_1+1)}{s_1(s_1+2)} = \arg \frac{1{,}5(0{,}5)}{-0{,}5(1{,}5)} = 180°, \qquad |GH(s_1)| = \left|\frac{1{,}5(0{,}5)}{-0{,}5(1{,}5)}\right| = 1$$

o
$$\left|\frac{D(s_1)}{N(s_1)}\right| = \left|\frac{-0{,}5(1{,}5)}{0{,}5}\right| = 1{,}5 = K$$

Luego, como se ilustró sobre la representación del lugar de raíces del ejemplo 13.1, el punto $s_1 = -0{,}5$ está sobre el lugar de raíces y es un polo de lazo cerrado para $K = 1{,}5$.

13.5. Determinar el ángulo y magnitud de $GH(j2)$ para $GH = \dfrac{K}{s(s+2)^2}$. ¿Qué valor de K satisface a $|GH(j2)| = 1$?

$$GH(j2) = \frac{K}{j2(j2+2)^2}, \qquad \arg GH(j2) = \begin{cases} -180° & \text{para } K > 0 \\ 0° & \text{para } K < 0 \end{cases}, \qquad |GH(j2)| = \frac{|K|}{2(8)} = \frac{|K|}{16}$$

y para $|GH(j2)| = 1$ es necesario que $|K| = 16$.

13.6. Ilustrar el cómputo gráfico de $\arg GH(j2)$ y $|GH(j2)|$ en el problema 13.5.

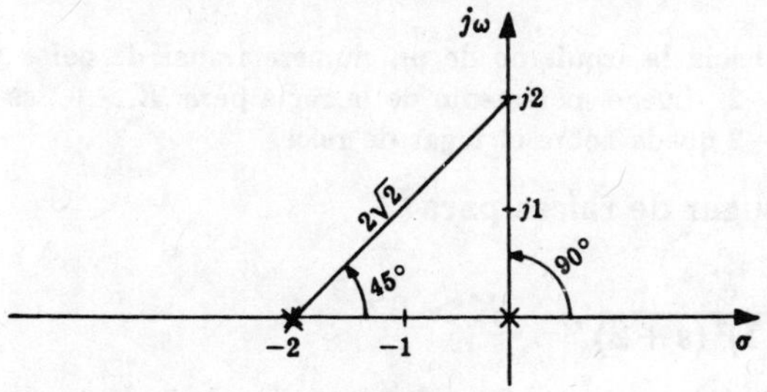

Fig. 13-29

$$\arg GH(j2) = -90° - 45° - 45° = -180°$$

$$|GH(j2)| = \frac{|K|}{2(2\sqrt{2})^2} = \frac{|K|}{16}$$

13.7. Mostrar que el punto $s_1 = -1 + j\sqrt{3}$ está sobre el lugar de raíces para

$$GH(s) = \frac{K}{(s+1)(s+2)(s+4)}, \qquad K > 0$$

y determinar a K en este punto.

$$\arg \frac{N(s_1)}{D(s_1)} = \arg \frac{1}{j\sqrt{3}\,(1+j\sqrt{3})(3+j\sqrt{3})} = -90° - 60° - 30° = -180°$$

El criterio del ángulo (ecuación (*13.4b*)) queda pues satisfecho para $K > 0$ y el punto $s_1 = -1 + j\sqrt{3}$ está sobre el lugar de raíces. De la ecuación (*13.5*)

$$K = \left| \frac{j\sqrt{3}(1 + j\sqrt{3})(3 + j\sqrt{3})}{1} \right| = \sqrt{3(4)12} = 12$$

NUMERO DE LUGARES

13.8. ¿Por qué debe ser igual el número de lugares al número de polos de lazo abierto para $m \leqq n$?

Cada rama del lugar de raíces representa el lugar de un polo de lazo cerrado. En consecuencia debe haber tantas ramas o lugares como polos de lazo cerrado. Puesto que el número de polos de lazo cerrado es igual al número de polos de lazo abierto para $m \leqq n$, el número de lugares debe ser igual al número de polos de lazo abierto.

13.9. ¿Cuántos lugares hay en el lugar de raíces para $GH(s) = \dfrac{K(s+1)(s+2)}{s(s+1+j)(s+1-j)}$?

Puesto que el número de polos de lazo abierto es tres, habrá tres lugares en la representación del lugar de raíces.

LUGARES EN EL EJE REAL

13.10. Probar las reglas de los lugares en el eje real.

Para cualquier punto sobre el eje real, el ángulo contribuido al arg GH por cualquier polo o cero en el eje real es ya sea 0° ó 180°, dependiendo de si el punto está a la derecha o a la izquierda del polo o cero. El ángulo total contribuido al arg $GH(s)$ por un par de polos o ceros complejos es cero puesto que

$$\arg(s + \sigma_1 + j\omega_1) + \arg(s + \sigma_1 - j\omega_1) = 0$$

para todos los valores reales de s. Luego arg $GH(s)$, para valores reales de s ($s = \sigma$), se puede escribir como

$$\arg GH(\sigma) = 180 n_r + \arg K$$

donde n_r = número total de polos y ceros finitos hacia la derecha de σ. Con el fin de satisfacer el criterio del ángulo, n_r debe ser impar para K positivo, y par para K negativo. Luego para $K > 0$ hay puntos del lugar de raíces sobre el eje real que quedan hacia la izquierda de un número impar de polos y ceros finitos, y para $K < 0$, hay puntos del lugar de raíces sobre el eje real, que quedan hacia la izquierda de un número par de polos y ceros finitos.

13.11. Determinar qué partes del eje real están sobre el lugar de raíces para

$$GH = \frac{K(s+2)}{(s+1)(s+3+j)(s+3-j)}, \quad K > 0$$

Los puntos sobre el eje real que quedan hacia la izquierda de un número impar de polos y ceros finitos son solamente los puntos entre -1 y -2. Luego, por medio de la regla para $K > 0$, se ve que solamente la porción del eje real entre -1 y -2 queda sobre el lugar de raíces.

13.12. ¿Qué partes del eje real están sobre el lugar de raíces para

$$GH = \frac{K}{s(s+1)^2(s+2)}, \quad K > 0?$$

Los puntos sobre el eje real entre 0 y -1 y entre -1 y -2 quedan hacia la izquierda de un número impar de polos y ceros y por tanto están sobre el lugar de raíces para $K > 0$.

ASINTOTAS

13.13. Probar que los ángulos de las asíntotas están dados por

$$\beta = \begin{cases} \dfrac{(2l+1)180}{n-m} & \text{grados para } K > 0 \\ \dfrac{(2l)180}{n-m} & \text{grados para } K < 0 \end{cases} \qquad (13.7)$$

Para puntos s alejados del origen en el plano s, el ángulo contribuido al arg GH por cada uno de m ceros es

$$\arg(s+z_i)\Big|_{|s|\gg|z_i|} \cong \arg(s)$$

Similarmente, el ángulo contribuido al arg GH por cada uno de n polos es aproximadamente igual a $-\arg(s)$. Por tanto

$$\arg[N(s)/D(s)] \cong -(n-m)\cdot\arg(s) = -(n-m)\beta$$

donde $\beta \equiv \arg(s)$. Para que s esté sobre el lugar de raíces se debe satisfacer el criterio del ángulo (ecuación *(13.4b)*). Luego

$$\arg\left[\frac{N(s_1)}{D(s_1)}\right] = -(n-m)\beta = \begin{cases}(2l+1)\pi & \text{para } K>0\\ (2l)\pi & \text{para } K<0\end{cases}$$

y puesto que $\pm\pi$ radianes ($\pm 180°$) son el mismo ángulo en el plano s, entonces,

$$\beta = \begin{cases}\dfrac{(2l+1)180}{n-m} & \text{grados para } K>0\\[2ex] \dfrac{(2l)180}{n-m} & \text{grados para } K<0\end{cases}$$

13.14. Mostrar que el centro de asíntotas está dado por

$$\sigma_c = -\frac{\sum_{i=1}^{n} p_i - \sum_{i=1}^{m} z_i}{n-m} \qquad (13.6)$$

Los puntos sobre el lugar de raíces satisfacen la ecuación característica $D(s)+KN(s)=0$, o

$$s^n + b_{n-1}s^{n-1} + \cdots + b_0 + K(s^m + a_{m-1}s^{m-1} + \cdots + a_0) = 0$$

Dividiendo por el polinomio del numerador $N(s)$, esto viene a ser

$$s^{n-m} + (b_{n-1} - a_{m-1})s^{n-m-1} + \cdots + K = 0$$

Cuando el primer coeficiente de un polinomio es la unidad, el segundo coeficiente es igual a menos la suma de las raíces [8]. Luego, de $D(s)=0$, $b_{n-1} = \sum_{i=1}^{n} p_i$. De $N(s)=0$, $a_{m-1} = \sum_{i=1}^{m} z_i$; y $-(b_{n-1} - a_{m-1})$ es igual a la suma de $n-m$ raíces de la ecuación característica.

Ahora, para valores grandes de K y distancias correspondientemente grandes desde el origen, estas $n-m$ raíces se acercan a las rectas asíntotas, y la suma de las $n-m$ raíces es igual a $-(b_{n-1} - a_{m-1})$ a lo largo de las asíntotas. Puesto que $b_{n-1} - a_{m-1}$ es un número real, las asíntotas se deben intersectar en un punto sobre el eje real. El centro de asíntotas está dado por tanto por el punto sobre el eje real donde $n-m$ raíces iguales suman $-(b_{n-1} - a_{m-1})$. Por tanto

$$\sigma_c = -\frac{b_{n-1} - a_{m-1}}{n-m} = -\frac{\sum_{i=1}^{n} p_i - \sum_{i=1}^{m} z_i}{n-m}$$

Para una prueba más detallada ver [9].

13.15. Bosquejar las asíntotas y encontrar los ángulos y centro para

$$GH = \frac{K(s+2)}{(s+1)(s+3+j)(s+3-j)(s+4)}, \quad K>0$$

El centro de asíntotas es

$$\sigma_c = -\frac{1+3+j+3-j+4-2}{4-1} = -3$$

Hay tres asíntotas localizadas en ángulos de $\beta = 60°$, $180°$, $300°$ como se muestra en la figura 13-30.

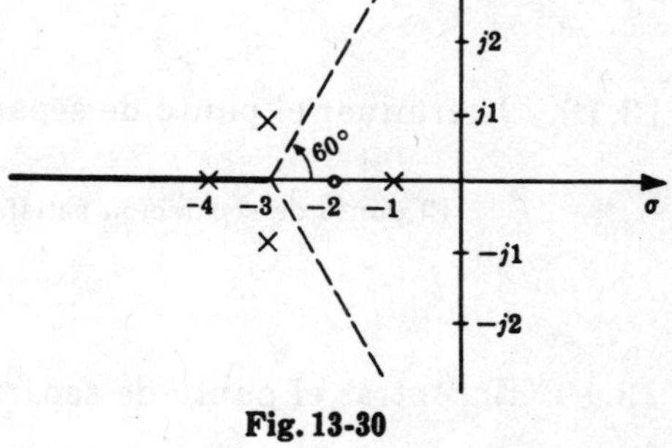

Fig. 13-30

13.16. Bosquejar las asíntotas para $K > 0$ y $K < 0$ para

$$GH = \frac{K}{s(s+2)(s+1+j)(s+1-j)}$$

El centro de asíntotas es $\sigma_c = -\dfrac{0+2+1+j+1-j}{4} = -1.$

Para $K > 0$, los ángulos de las asíntotas son $\beta = 45°,\ 135°,\ 225°,\ 315°$ como se muestra en la figura 13-31.

Para $K < 0$, los ángulos de las asíntotas son $\beta = 0°,\ 90°,\ 180°,\ 270°$ como se muestra en la figura 13-32.

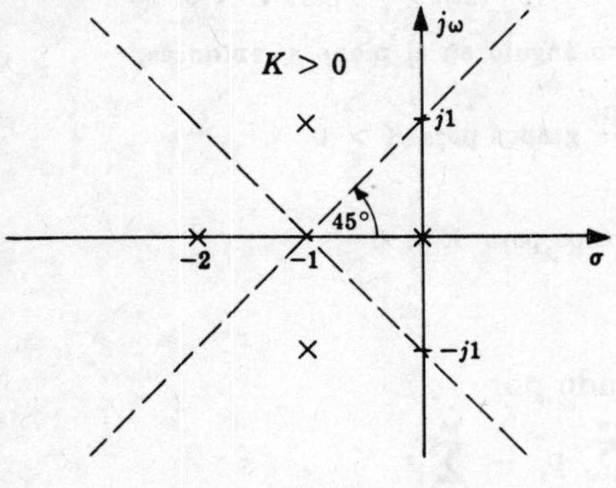

Fig. 13-31

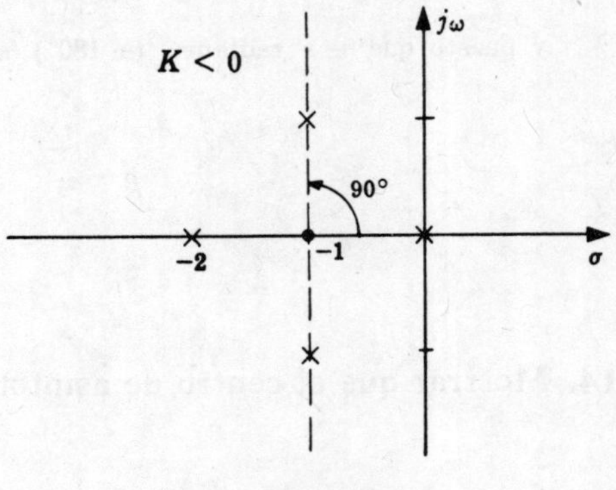

Fig. 13-32

PUNTOS DE SEPARACION

13.17. Mostrar que un punto de separación σ_b satisface

$$\sum_{i=1}^{n} \frac{1}{(\sigma_b + p_i)} = \sum_{i=1}^{m} \frac{1}{(\sigma_b + z_i)} \tag{13.8}$$

Un punto de separación es un punto sobre el eje real donde el factor de ganancia K, a lo largo de la porción en el eje real del lugar de raíces, es un máximo para polos que parten del eje real o un mínimo para polos que llegan al eje real (véase la sección 13.2). El factor de ganancia a lo largo del lugar de raíces está dado por

$$|K| = |D/N| \tag{13.5}$$

Sobre el eje real, $s = \sigma$ y los signos de la magnitud se pueden ignorar porque $D(\sigma)$ y $N(\sigma)$ son reales. Entonces

$$K = D(\sigma)/N(\sigma)$$

Para encontrar el valor de σ para el cual K es un máximo o un mínimo, la derivada de K con respecto a σ se iguala a cero:

$$\frac{dK}{d\sigma} = \frac{d}{d\sigma}\left[\frac{(\sigma+p_1)\cdots(\sigma+p_n)}{(\sigma+z_1)\cdots(\sigma+z_m)}\right] = 0$$

Diferenciando repetidamente y factorizando, se puede escribir

$$\frac{dK}{d\sigma} = \sum_{i=1}^{n}\frac{1}{(\sigma+p_i)}\left[\frac{D(\sigma)}{N(\sigma)}\right] - \sum_{i=1}^{m}\frac{1}{(\sigma+z_i)}\left[\frac{D(\sigma)}{N(\sigma)}\right] = 0$$

Finalmente, dividiendo ambos lados por $D(\sigma)/N(\sigma)$ se obtiene el resultado requerido.

13.18. Determinar el punto de separación para $GH = \dfrac{K}{s(s+3)^2}$.

El punto de separación satisface $\dfrac{1}{\sigma_b} + \dfrac{1}{\sigma_b+3} + \dfrac{1}{\sigma_b+3} = 0$, de donde $\sigma_b = -1$.

13.19. Encontrar el punto de separación para $GH = \dfrac{K(s+2)}{(s+1+j\sqrt{3})(s+1-j\sqrt{3})}$.

De la ecuación (*13.8*), $\frac{1}{\sigma_b + 1 + j\sqrt{3}} + \frac{1}{\sigma_b + 1 - j\sqrt{3}} = \frac{1}{\sigma_b + 2}$ lo cual da $\sigma_b^2 + 4\sigma_b = 0$.

Esta ecuación tiene las soluciones $\sigma_b = 0$ y $\sigma_b = -4$; $\sigma_b = -4$ es un punto de partida para $K > 0$ y $\sigma_b = 0$ es un punto de partida para $K < 0$, como se muestra en la figura 13-33.

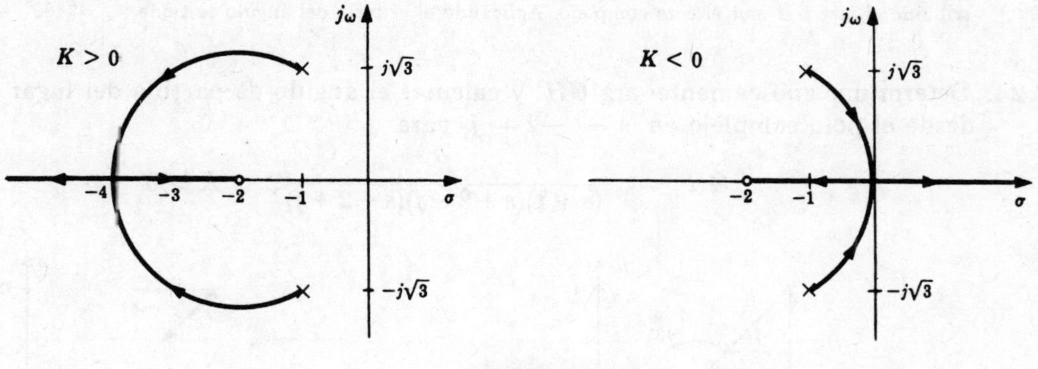

Fig. 13-33

13.20. Encontrar el punto de partida entre 0 y —1 para $GH = \frac{K}{s(s+1)(s+3)(s+4)}$.

El punto de partida debe satisfacer

$$\frac{1}{\sigma_b} + \frac{1}{(\sigma_b+1)} + \frac{1}{(\sigma_b+3)} + \frac{1}{(\sigma_b+4)} = 0$$

Si se simplificara esta ecuación se obtendría un polinomio de tercer orden. Para evitar resolver un polinomio de tercer orden, se puede usar el siguiente procedimiento: Como apreciación preliminar se supone que $\sigma_b = -0{,}5$ y se usa este valor en los dos términos correspondientes a los polos más retirados del punto de separación. Entonces

$$\frac{1}{\sigma_b} + \frac{1}{\sigma_b + 1} + \frac{1}{2{,}5} + \frac{1}{3{,}5} = 0$$

lo cual se simplifica a $\sigma_b^2 + 3{,}92\sigma_b + 1{,}46 = 0$ y tiene la raíz $\sigma_b = -0{,}43$ entre 0 y —1. Este valor se usa para obtener una mejor aproximación como sigue:

$$\frac{1}{\sigma_b} + \frac{1}{\sigma_b + 1} + \frac{1}{2{,}57} + \frac{1}{3{,}57} = 0, \quad \sigma_b^2 + 3{,}99\sigma_b + 1{,}496 = 0, \quad \sigma_b = -0{,}424$$

El segundo cálculo no resultó en un valor demasiado diferente al primero. Una apreciación preliminar razonable puede a menudo resultar en una aproximación bastante exacta con sólo un cómputo.

ANGULOS DE PARTIDA Y LLEGADA

13.21. Mostrar que el ángulo de partida del lugar de raíces desde un polo complejo está dado por

$$\theta_D = 180° + \arg GH' \tag{13.9}$$

Considérese un círculo de radio infinitesimalmente pequeño alrededor del polo complejo. Claramente, el ángulo de fase arg GH' de GH, ignorando la contribución del polo complejo, es constante alrededor de este círculo. Si θ_D representa el ángulo de partida, el ángulo de fase total de GH en el punto sobre el círculo donde el lugar de raíces lo cruza, es

$$\arg GH = \arg GH' - \theta_D$$

puesto que $-\theta_D$ es el ángulo de fase contribuido al arg GH por el polo complejo. Con el fin de satisfacer el criterio del ángulo, $\arg GH = \arg GH' - \theta_D = 180°$ o $\theta_D = 180° + \arg GH'$ puesto que $+180°$ y $-180°$ son equivalentes.

13.22. Determinar la relación entre el ángulo de partida desde un polo complejo para $K > 0$ y el correspondiente para $K < 0$.

Puesto que arg GH' cambia de 180° si K cambia de positivo a negativo, el ángulo de partida para $K < 0$ es 180° que es diferente del ángulo de partida para $K > 0$.

13.23. Mostrar que el ángulo de llegada en un cero complejo satisface

$$\theta_A \quad = \quad 180° \; - \; \arg GH'' \qquad (13.10)$$

De la misma manera que para la solución del problema 13.21, el ángulo de fase de GH en la vecindad del cero complejo está dado por $\arg GH = \arg GH'' + \theta_A$ puesto que θ_A es el ángulo de fase contribuido al $\arg GH$ por el cero complejo. Aplicando el criterio del ángulo se tiene $\theta_A = 180° - \arg GH''$.

13.24. Determinar gráficamente $\arg GH'$ y calcular el ángulo de partida del lugar de raíces desde el polo complejo en $s = -2 + j$ para

$$GH \quad = \quad \frac{K}{(s+1)(s+2-j)(s+2+j)}, \qquad K > 0$$

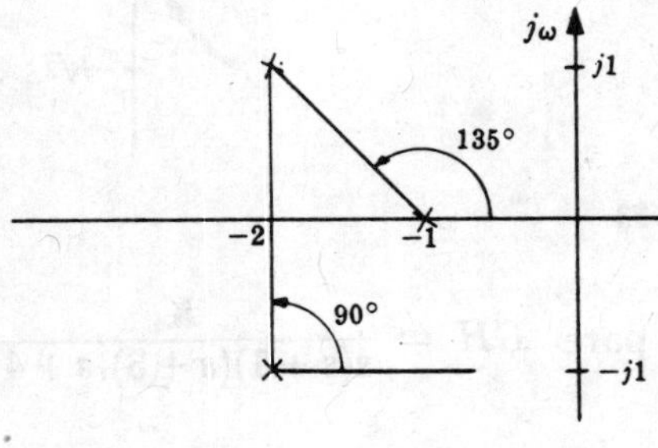

Fig. 13-34

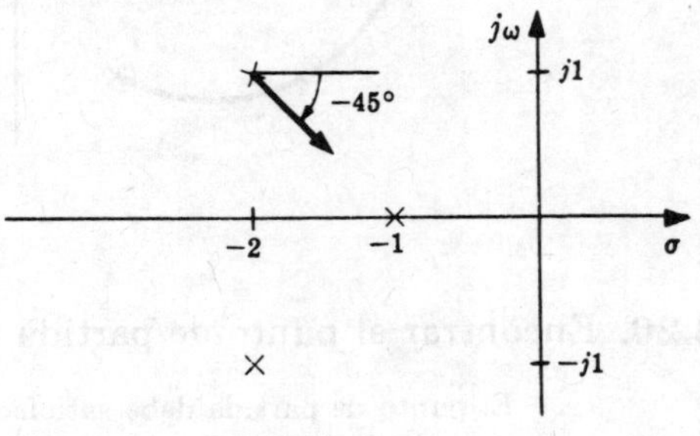

Fig. 13-35

De la figura 13-34, $\arg GH' = -135° - 90° = -225°$; y $\theta_D = 180° - 225° = -45°$ como se muestra en la figura 13-35.

13.25. Determinar los ángulos de partida desde los polos complejos y los ángulos de llegada en los ceros complejos para la función de trasferencia de lazo abierto

$$GH \quad = \quad \frac{K(s+1+j)(s+1-j)}{s(s+2j)(s-2j)}, \qquad K > 0$$

Para el polo complejo en $s = 2j$,

$$\arg GH' \;=\; 45° + 71{,}6° - 90° - 90° \;=\; -63{,}4° \qquad \text{y} \qquad \theta_D \;=\; 180° - 63{,}4° \;=\; 116{,}6°$$

Puesto que el lugar de raíces es simétrico alrededor del eje real, el ángulo de partida desde el polo en $s = -2j$ es $-116{,}6°$. Para el cero complejo en $s = -1 + j$,

$$\arg GH'' \;=\; 90° - 108{,}4° - 135° - 225° \;=\; -18{,}4° \qquad \text{y} \qquad \theta_A \;=\; 180° - (-18{,}4°) \;=\; 198{,}4°$$

Luego el ángulo de llegada en el cero complejo $s = -1 - j$ es $\theta_A = -198{,}4°$.

LA ESPIRULA

13.26. La técnica presentada en la sección 13.9 describe el uso de la espirula para medir el ángulo de fase de $GH(s)$ en s_0. Mostrar que los ángulos medidos por la espirula son equivalentes a los ángulos medidos usando los procedimientos gráficos descritos en las secciones 4.11 y 6.5.

Considérese el diagrama del plano s en la figura 13-36. Usando las técnicas descritas en las secciones 4.11 y 6.5, los ángulos contribuidos al $\arg GH(s_0)$ por el polo y el cero se determinan midiendo θ_1 y θ_2 respectivamente. Por simple geometría, $\phi_1 = \theta_1$ y $\phi_2 = \theta_2$. Luego $\arg GH(s_0)$ se puede hallar midiendo a ϕ_1 y ϕ_2. Estos son los ángulos medidos por la espirula.

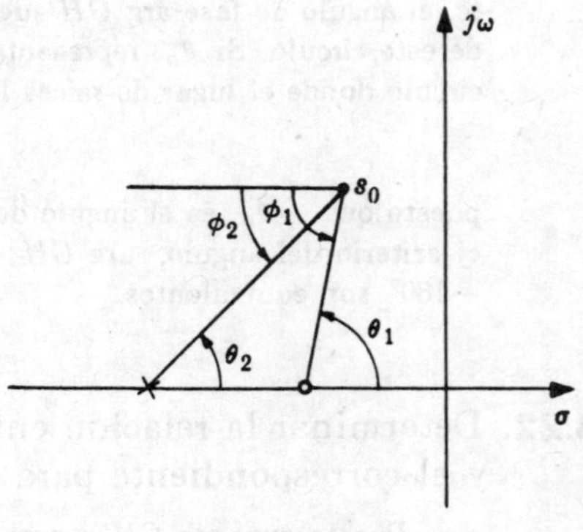

Fig. 13-36

13.27. ¿Cuál es el desempeño de la curva S cuando se usa la espirula para hallar $N(s_0)/D(s_0)$?

La curva S es una espiral logarítmica que se usa para convertir el logaritmo de una distancia a un ángulo. Las multiplicaciones y divisiones necesarias para calcular a $N(s_0)/D(s_0)$ se pueden entonces llevar a cabo sumando y restando ángulos. El número resultante se lee de la escala de un cuarto de círculo con lo cual se halla efectivamente el antilogaritmo.

CONSTRUCCION DEL LUGAR DE RAICES

13.28. Construir el lugar de raíces para

$$GH = \frac{K}{(s+1)(s+2-j)(s+2+j)}, \qquad K>0$$

El eje real desde -1 a $-\infty$ está sobre el lugar de raíces. El centro de asíntotas está en

$$\sigma_c = \frac{-1-2+j-2-j}{3} = -1{,}67$$

Hay tres asíntotas ($n - m = 3$), localizadas a ángulos de 60°, 180° y 300°. El ángulo de partida desde el polo complejo $s = -2 + j$, que se calculó en el problema 13.24, es de $-45°$. Un bosquejo del lugar de raíces resultante se muestra en la figura 13-37. Se puede obtener una representación exacta del lugar de raíces verificando el criterio del ángulo en puntos a lo largo de las ramas bosquejadas, ajustando la localización de las ramas si es necesario y aplicando luego el criterio de magnitud para determinar los valores de K en puntos seleccionados a lo largo de las ramas. El lugar de raíces completo se muestra en la figura 13-38.

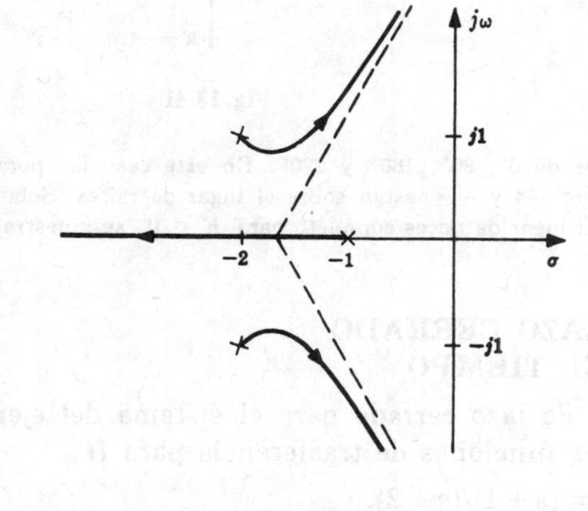

Fig. 13-37

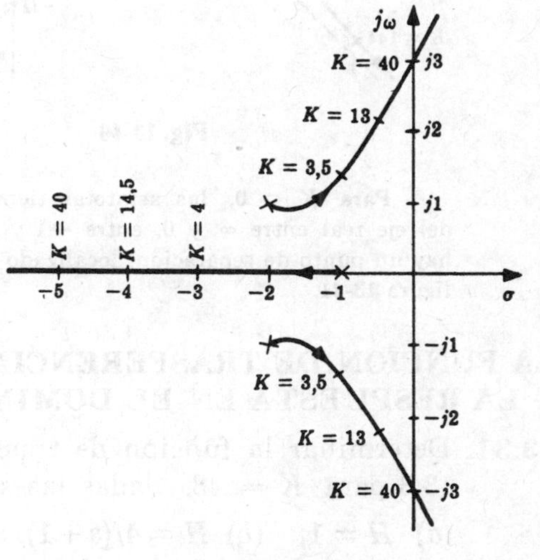

Fig. 13-38

13.29. Bosquejar las ramas del lugar de raíces para la función de trasferencia

$$GH = \frac{K(s+2)}{(s+1)(s+3+j)(s+3-j)}$$

$K > 0$.

El eje real entre -1 y -2 está sobre el lugar de raíces (véase el problema 13.11). Hay dos asíntotas con ángulos de 90° y 270°. El centro de asíntotas se calcula fácilmente como $\sigma_c = -2{,}5$ y el ángulo de partida desde el polo complejo en $s = -3 + j$ como 72°. Por simetría, el ángulo de partida desde el polo en $-3 - j$ es de $-72°$. Las ramas del lugar de raíces se pueden por tanto bosquejar como se muestra en la figura 13-39.

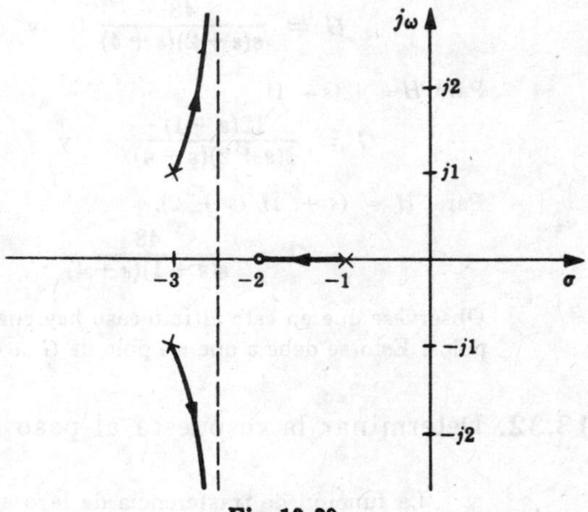

Fig. 13-39

13.30. Construir el lugar de raíces para $K > 0$ y $K < 0$ para la función de trasferencia

$$GH = \frac{K}{s(s+1)(s+3)(s+4)}$$

Para esta función de trasferencia el centro de asíntotas es simplemente $\sigma_c = -2$; y $n - m = 4$. Por tanto para $K > 0$ las asíntotas tienen ángulos de 45°, 135°, 225° y 315°. Las secciones del eje real entre 0 y -1 y entre -3 y -4 quedan sobre el lugar de raíces para $K > 0$ y en el problema 13.20, se determinó que hay un punto de separación localizado en $\sigma_b = -0{,}424$. De la simetría de la localización de los polos se obtiene la localización de otro punto de separación en $-3{,}576$. Esto se puede verificar sustituyendo este valor en la relación para el punto de separación (ecuación (*13.8*)). El lugar de raíces completo para $K > 0$ se muestra en la figura 13-40.

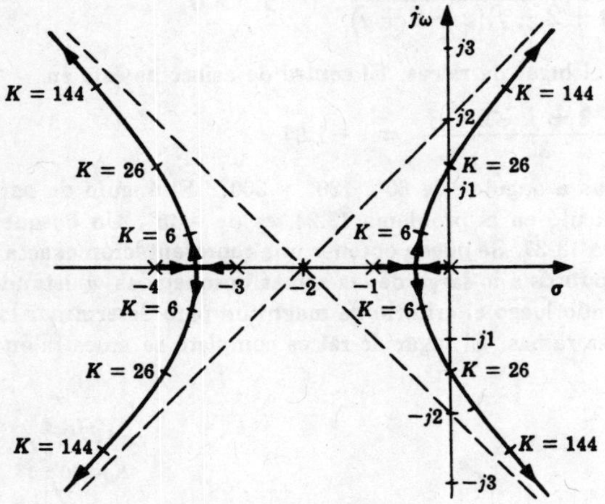

Fig. 13-40

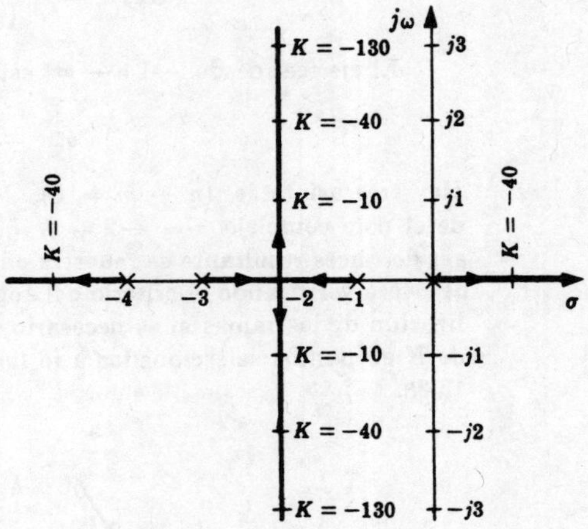

Fig. 13-41

Para $K < 0$, las asíntotas tienen ángulos de 0°, 90°, 180° y 270°. En este caso las porciones del eje real entre ∞ y 0, entre -1 y -3 y entre -4 y $-\infty$ están sobre el lugar de raíces. Solamente hay un punto de separación, localizado en -2. El lugar de raíces completo para $K < 0$, se muestra en la figura 13-41.

LA FUNCION DE TRASFERENCIA DE LAZO CERRADO Y LA RESPUESTA EN EL DOMINIO DEL TIEMPO

13.31. Determinar la función de trasferencia de lazo cerrado para el sistema del ejemplo 13.8 para $K = 48$, dadas las siguientes funciones de trasferencia para H:
(*a*) $H = 1$, (*b*) $H = 4/(s+1)$, (*c*) $H = (s+1)/(s+2)$.

De la representación del lugar de raíces del ejemplo 13.8, los polos de lazo cerrado para $K = 48$ están localizados en $s = -6$, $j2{,}83$ y $-j2{,}83$. Para $H = 1$,

$$G = \frac{48}{s(s+2)(s+4)} \quad \text{y} \quad \frac{C}{R} = \frac{GH}{1+GH} = \frac{48}{(s+6)(s-j2{,}83)(s+j2{,}83)}$$

Para $H = 4/(s+1)$

$$G = \frac{12(s+1)}{s(s+2)(s+4)} \quad \text{y} \quad \frac{C}{R} = \frac{1}{H}\left(\frac{GH}{1+GH}\right) = \frac{12(s+1)}{(s+6)(s-j2{,}83)(s+j2{,}83)}$$

Para $H = (s+1)/(s+2)$,

$$G = \frac{48}{s(s+1)(s+4)} \quad \text{y} \quad \frac{C}{R} = \frac{48(s+2)}{(s+1)(s+6)(s-j2{,}83)(s+j2{,}83)}$$

Obsérvese que en este último caso hay cuatro polos de lazo cerrado, mientras que GH tiene solamente tres polos. Esto se debe a que un polo de G se elimina con un cero de H.

13.32. Determinar la respuesta al paso unidad del sistema del ejemplo 13.1 con $K = 1{,}5$.

La función de trasferencia de lazo abierto de este sistema es $\dfrac{C}{R} = \dfrac{1{,}5(s+1)}{(s+0{,}5)(s+3)}$. Para $R = 1/s$,

$$C = \frac{1{,}5(s+1)}{s(s+0{,}5)(s+3)} = \frac{1}{s} + \frac{-0{,}6}{(s+0{,}5)} + \frac{-0{,}4}{(s+3)}$$

y la respuesta al paso unidad es $\mathcal{L}^{-1}[C(s)] = c(t) = 1 - 0{,}6e^{-0{,}5t} - 0{,}4e^{-3t}$.

13.33. Determinar la relación entre los ceros de lazo cerrado y los polos y ceros de G y H, suponiendo que nada se elimina.

Sea $G = N_1/D_1$ y $H = N_2/D_2$ donde N_1 y D_1 son los polinomios del numerador (ceros) y del denominador (polos) de G, y N_2 y D_2 son los polinomios del numerador y del denominador de H. Entonces

$$\frac{C}{R} = \frac{G}{1+GH} = \frac{N_1D_2}{D_1D_2 + N_1N_2}$$

Luego los ceros de lazo cerrado son iguales a los ceros de G y los polos de H.

MARGENES DE GANANCIA Y DE FASE

13.34. Encontrar el margen de ganancia del sistema del ejemplo 13.8 si el valor de diseño de K es 6.

El factor de ganancia en el cruce del eje $j\omega$ es 48, como se muestra. Luego el margen de ganancia es $48/6 = 8$.

13.35. Mostrar cómo se puede usar la tabla de Routh para determinar la frecuencia y la ganancia en el cruce del eje $j\omega$.

En la sección 5.3 se indicó que una fila de ceros en la fila s^1 en la tabla de Routh indica que el polinomio tiene un par de raíces que satisfacen la ecuación auxiliar $As^2 + B = 0$ donde A y B son el primero y segundo elementos de la fila s^2. Si A y B tienen el mismo signo, las raíces de la ecuación auxiliar son imaginarias (están sobre el eje $j\omega$). Luego, si se construye una tabla de Routh para la ecuación característica del sistema, los valores de K y ω correspondientes a los cruces del eje $j\omega$ se pueden determinar. Por ejemplo, considérese el sistema con la función de trasferencia de lazo abierto.

$$GH = \frac{K}{s(s+2)^2}$$

La ecuación característica para este sistema es

$$s^3 + 4s^2 + 4s + K = 0$$

La tabla de Routh para el polinomio característico es

$$\begin{array}{c|cc} s^3 & 1 & 4 \\ s^2 & 4 & K \\ s^1 & (16-K)/4 & \\ s^0 & K & \end{array}$$

La fila s^1 es cero para $K = 16$. La ecuación auxiliar viene entonces a ser

$$4s^2 + 16 = 0$$

Luego, para $K = 16$ la ecuación característica tiene soluciones (polos de lazo cerrado) en $s = \pm j2$, y el lugar de raíces cruza el eje $j\omega$ en $j2$.

13.36. Determinar el margen de fase para el sistema del ejemplo 13.8 igualando K a 6.

Primero, se encuentra el punto sobre el eje $j\omega$ para el cual $|GH(j\omega)| = 1$ por medio de tanteos, esto es $j0{,}7$. Entonces $\arg GH(j0{,}7)$ se calcula como $-120°$. Luego el margen de fase es $180° - 120° = 60°$.

13.37. ¿Es necesario construir el lugar de raíces completo con el fin de determinar los márgenes de ganancia y de fase de un sistema en el plano s?

No. Solamente se requiere un punto sobre el lugar de raíces para determinar el margen de ganancia. Este punto $j\omega_\pi$, donde el lugar de raíces cruza el eje $j\omega$ se puede determinar por tanteos o usando la tabla de Routh como se describe en el problema 13.35. Para determinar el margen de fase, solamente es necesario determinar el punto $j\omega_1$ sobre el eje $j\omega$ donde $|GH(j\omega)| = 1$. Aunque la representación completa del lugar de raíces no es necesaria, ésta puede a veces ser muy útil, especialmente en el caso de cruces múltiples por el eje $j\omega$.

RAZON DE AMORTIGUACION A PARTIR DEL LUGAR DE RAICES

13.38. Proba la ecuación (*13.18*).

Las raíces de $s^2 + 2\zeta\omega_n s + \omega_n^2$ son $s_{1,2} = -\zeta\omega_n \pm j\omega_n\sqrt{1-\zeta^2}$. Entonces,

$$|s_1| = |s_2| = \sqrt{\zeta^2\omega_n^2 + \omega_n^2(1-\zeta^2)} = \omega_n$$

y

$$\arg s_{1,2} = \mp \tan^{-1}(\sqrt{1-\zeta^2}/\zeta) \equiv 180^\circ \pm \theta$$

o $s_{1,2} = \omega_n \angle 180^\circ \pm \theta$. Luego $\cos\theta = \zeta\omega_n/\omega_n = \zeta$.

13.39. Determinar el valor positivo de ganancia que da como resultado una razón de amortiguación de 0,55 para los polos complejos sobre el lugar de raíces que se muestra en la figura 13-21.

El ángulo de los polos deseados es $\theta = \cos^{-1} 0{,}55 = 56{,}6^\circ$. Una línea dibujada desde el origen a un ángulo de 55,6° con el eje real negativo intersecta el lugar de raíces de la figura 13-21 en $K = 7$.

13.40. Encontrar la razón de amortiguación de los polos complejos del problema 13.28 para $K = 3{,}5$.

Una línea dibujada desde el lugar de raíces en $K = 3{,}5$ hasta el origen forma un ángulo de 53° con el eje real negativo. Luego la razón de amortiguación de los polos complejos es $\zeta = \cos 53^\circ = 0{,}6$.

Problemas propuestos

13.41. Determinar el ángulo y magnitud de $GH = \dfrac{16(s+1)}{s(s+2)(s+4)}$ en los siguientes puntos del plano s: (*a*) $s = j2$, (*b*) $s = -2 + j2$, (*c*) $s = -4 + j2$, (*d*) $s = -6$, (*e*) $s = -3$.

13.42. Determinar el ángulo y magnitud de $GH = \dfrac{20(s+10+j10)(s+10-j10)}{(s+10)(s+15)(s+25)}$ en los siguientes puntos del plano s: (*a*) $s = j10$, (*b*) $s = j20$, (*c*) $s = -10 + j20$, (*d*) $s = -20 + j20$, (*e*) $s = -15 + j5$.

13.43. Para cada función de trasferencia encontrar los puntos de separación sobre el lugar de raíces:

(*a*) $GH = \dfrac{K}{s(s+6)(s+8)}$, (*b*) $GH = \dfrac{K(s+5)}{(s+2)(s+4)}$, (*c*) $GH = \dfrac{K(s+1)}{s^2(s+9)}$.

13.44. Encontrar el ángulo de partida del lugar de raíces desde el polo en $s = -10 + j10$ para

$$GH = \frac{K(s+8)}{(s+14)(s+10+j10)(s+10-j10)}, \qquad K > 0$$

13.45. Encontrar el ángulo de partida del lugar de raíces desde el polo en $s = -15 + j9$ para

$$GH = \frac{K}{(s+5)(s+10)(s+15+j9)(s+15-j9)}, \qquad K > 0$$

13.46. Encontrar el ángulo de llegada, del lugar de raíces, al cero en $s = -7 + j5$ para

$$GH = \frac{K(s+7+j5)(s+7-j5)}{(s+3)(s+5)(s+10)}, \qquad K > 0$$

13.47. Construir el lugar de raíces cuando $K > 0$ para la función de trasferencia del problema 13.43(*a*).

13.48. Construir el lugar de raíces cuando $K > 0$ para la función de trasferencia del problema 13.43(*c*).

13.49. Construir el lugar de raíces cuando $K > 0$ para la función de trasferencia del problema 13.44.

13.50. Construir el lugar de raíces cuando $K > 0$ para la función de trasferencia del problema 13.45.

13.51. Determinar los márgenes de ganancias y de fase para el sistema con la función de trasferencia de lazo abierto del problema 13.45 si el factor de ganancia K se hace igual a 20.000.

Respuestas a los problemas propuestos

13.41. (*a*) $\arg GH = -99°$, $|GH| = 1{,}5$; (*b*) $\arg GH = -153°$, $|GH| = 2{,}3$; (*c*) $\arg GH = -232°$, $|GH| = 1{,}8$; (*d*) $\arg GH = 0°$, $|GH| = 1{,}7$; (*e*) $\arg GH = -180°$, $|GH| = 10{,}7$

13.42. (*a*) $\arg GH = -38°$, $|GH| = 0{,}68$; (*b*) $\arg GH = -40°$, $|GH| = 0{,}37$; (*c*) $\arg GH = -41°$, $|GH| = 0{,}60$; (*d*) $\arg GH = -56°$, $|GH| = 0{,}95$; (*e*) $\arg GH = +80°$, $|GH| = 6{,}3$

13.43. (*a*) $\sigma_b = -2{,}25, -7{,}07$; (*b*) $\sigma_b = -3{,}27, -6{,}73$; (*c*) $\sigma_b = 0, -3$

13.44. $\theta_D = 124°$

13.45. $\theta_D = 193°$

13.46. $\theta_A = 28°$

13.51. Margen de ganancia = 3,7; margen de fase = 102°

Capítulo 14

Diseño del lugar de raíces

14.1 EL PROBLEMA DEL DISEÑO

El método del lugar de raíces se puede usar muy efectivamente en el diseño de sistemas de control por retroalimentación porque ilustra gráficamente la variación de los polos de un sistema de lazo cerrado como función del factor de ganancia K. En forma más simple, el diseño se lleva a cabo escogiendo un valor de K que resulte en un comportamiento satisfactorio de lazo cerrado. Esto se llama *compensación del factor de ganancia* (véase la sección 12.2). Si no es posible satisfacer las especificaciones del sistema de esta manera, se puede añadir otra forma de compensación al sistema para alterar el lugar de raíces en la forma deseada.

Con el fin de llevar a cabo el diseño del sistema en el plano s usando las técnicas del lugar de raíces, es necesario interpretar las especificaciones del sistema en términos de las configuraciones permitidas del plano s.

Las respuestas de frecuencia y a transitorios del sistema de lazo cerrado se determinan localizando los polos de lazo cerrado. Si el sistema tiene solamente dos polos de lazo cerrado y no tiene ceros finitos, los parámetros de especificación del trabajo que se va a ejecutar tales como el porcentaje de sobrepaso, el tiempo de subida y el ancho de banda entre los 3 db, están relacionados directamente a la razón de amortiguación ζ y a la frecuencia natural no amortiguada ω_n de los polos. Para sistemas de orden superior, la relación de estos parámetros a los polos y ceros de lazo cerrado se vuelve muy complicada y es necesario acudir a curvas estándar o tablas, para esta información [10]. Sin embargo, en muchos casos, un sistema de orden superior se puede aproximar por medio de un sistema de segundo o tercer orden usando una *aproximación de polos y ceros dominantes* que se discute en detalle en la sección 14.5.

Las especificaciones sobre los errores permitidos en estado estacionario generalmente toman la forma de un factor de ganancia mínimo de lazo abierto expresado en términos de las constantes de error (capítulo 9).

Ejemplo 14.1.

Considérese el diseño de un sistema de retroalimentación de unidad con la planta $G = \dfrac{K}{(s+1)(s+3)}$ y las siguientes especificaciones: (1) sobrepaso inferior al 20%, (2) $K_p \geq 4$, (3) tiempo de subida de 10% a 90% inferior a 1 segundo.

El lugar de raíces para este sistema se muestra en la figura 14-1. La función de trasferencia de lazo cerrado se puede escribir como

$$\frac{C}{R} = \frac{K}{s^2 + 2\zeta\omega_n s + \omega_n^2}$$

donde ζ y ω_n se pueden determinar del lugar de raíces para un valor dado de K. Con el fin de satisfacer la primera especificación, ζ debe ser mayor que 0,45 (véase la figura 3-8). Entonces a partir del lugar de raíces se ve que K debe ser menor que 16 (véase la sección 13.13). Para este sistema, K_p está dado por $K/3$. Luego, con el fin de satisfacer la segunda especificación K, debe ser superior a 12. El tiempo de subida es función de ζ y ω_n. Supóngase que se ensaya un valor para K de 13. En este caso, $\zeta = 0{,}5$, $\omega_n = 4$ y el tiempo de subida es 0,5 segundos. Luego se pueden satisfacer todas las especificaciones haciendo $K = 13$. Obsérvese que si la especificación sobre K_p fuera mayor que 5,33 o si la especificación sobre el

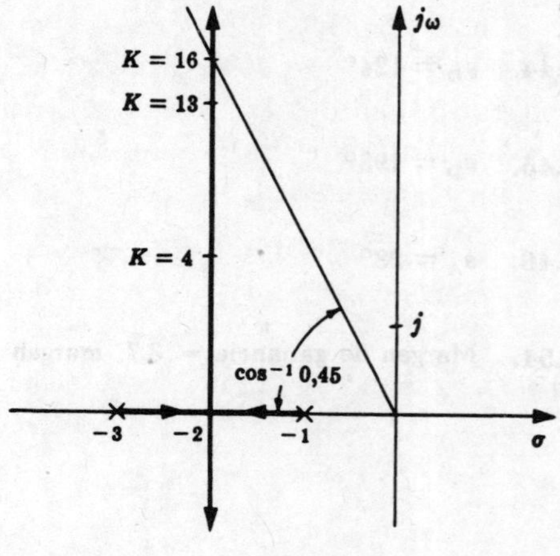

Fig. 14-1

tiempo de subida fuera inferior a 0,34 segundos, todas las especificaciones no se podrían satisfacer variando simplemente el factor de ganancia de lazo abierto.

14.2 COMPENSACION POR ELIMINACION

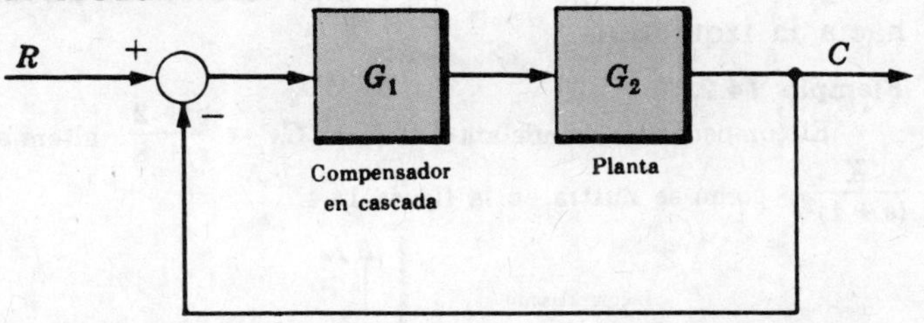

Si la configuración de polos y ceros de la planta es tal que no se puedan satisfacer las especificaciones del sistema variando el factor de ganancia de lazo abierto, se puede añadir al sistema un compensador en cascada como se muestra en la figura adyacente para eliminar algunos o todos los polos y ceros de la planta. Debido a consideraciones sobre realización, el compensador no debe tener más ceros que polos. En consecuencia, cuando los polos de la planta se cancelan con ceros del compensador, el compensador agrega nuevos polos a la función de trasferencia directa. La filosofía de esta técnica de compensación consiste entonces en remplazar polos indeseados por polos deseados.

La dificultad que se encuentra al aplicar este método es que no siempre es aparente que la configuración de polos y ceros de lazo abierto sea deseable desde el punto de vista de satisfacer las especificaciones sobre la realización del trabajo del sistema de lazo cerrado.

Los casos en que la compensación por eliminación puede ser ventajosa son los siguientes:

1. Si no se pueden satisfacer las especificaciones sobre el tiempo de subida o ancho de banda sin compensación, se lleva a cabo la eliminación de polos de baja frecuencia remplazándolos con polos de alta frecuencia.
2. Si no se pueden satisfacer las especificaciones sobre errores permitidos en estado estacionario, se puede eliminar un polo de baja frecuencia y remplazarlo con uno de más baja frecuencia dando como resultado una ganancia de lazo directo superior, a bajas frecuencias.
3. Si hay polos con razones de amortiguación pequeñas presentes en la función de trasferencia de la planta, éstas se pueden eliminar y remplazar con polos que tengan razones de amortiguación superiores.

14.3 COMPENSACION DE FASE: REDES DE ADELANTO Y ATRASO

Un compensador en cascada se puede añadir a un sistema para alterar las características de fase de la función de trasferencia de lazo abierto de tal manera que afecte favorablemente el rendimiento del sistema. Estos efectos fueron ilustrados en el dominio de la frecuencia para redes de adelanto, atraso, y atraso y adelanto en el capítulo 12 usando representaciones polares. En las secciones 12.4 a 12.6 se resumen los efectos generales de estas redes.

Los mapas de polos y ceros de una red de adelanto y otra de atraso se muestran en las figuras 14-2 y 14-3. Obsérvese que una red de adelanto produce una contribución de fase positiva, y una red de atraso una contribución de fase negativa. Se puede obtener una red de atraso y adelanto combinando apropiadamente en serie una red de atraso con una de adelanto o a partir de la realización descrita en el problema 6.14.

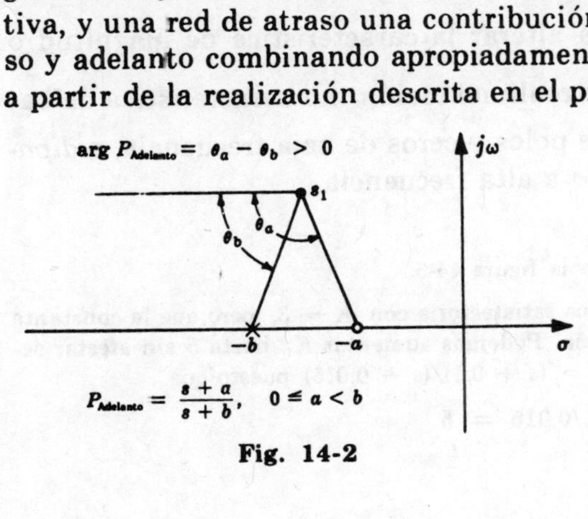

Fig. 14-2

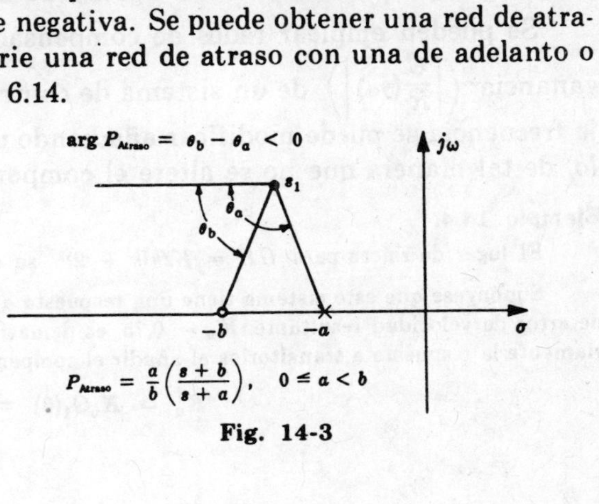

Fig. 14-3

Puesto que el lugar de raíces del sistema compensado está determinado por los puntos en el plano s para los cuales el ángulo de fase de $G = G_1 G_2$ es igual a $-180°$, las ramas del lugar se pueden mover seleccionando convenientemente el ángulo de fase contribuido por el compensador. En general, la compensación de adelanto tiene el efecto de mover los lugares hacia la izquierda.

Ejemplo 14.2.

El compensador de adelanto de fase $G_1 = \dfrac{s+2}{s+8}$ altera el lugar de raíces del sistema cuya planta es $G_2 = \dfrac{K}{(s+1)^2}$, como se ilustra en la figura 14-4.

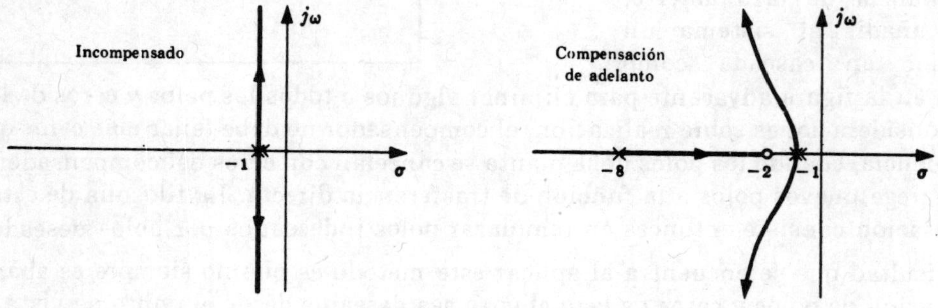

Fig. 14-4

Ejemplo 14.3.

El uso de la compensación simple de atraso (un polo en -1 y ningún cero) para alterar el ángulo de separación de un lugar de raíces desde un par de polos complejos se ilustra en la figura 14-5.

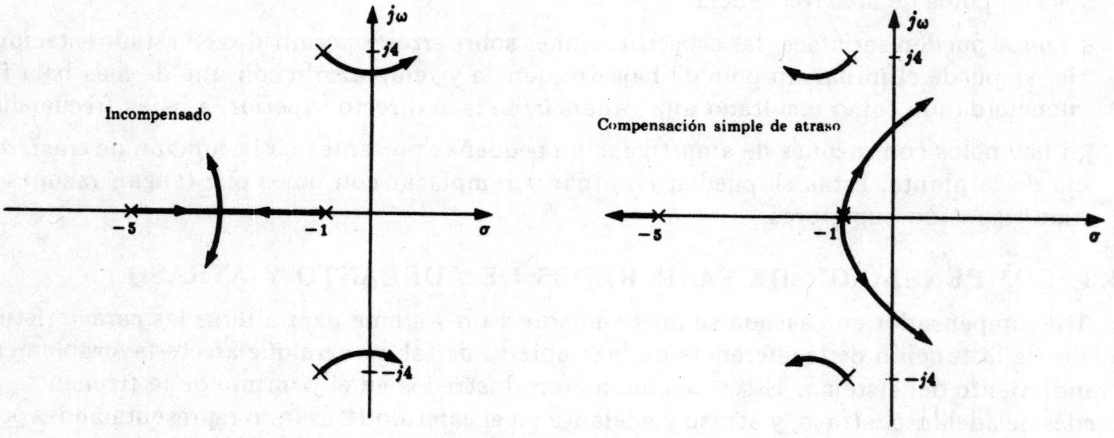

Fig. 14-5

14.4 COMPENSACION DE MAGNITUD

Se pueden emplear redes de compensación para alterar la característica de magnitud o ganancia $\left(\left|\dfrac{C}{R}(j\omega)\right|\right)$ de un sistema de control por retroalimentación. La característica de baja frecuencia se puede modificar añadiendo un par de polos y ceros de baja frecuencia, o *dipolo,* de tal manera que no se altere el comportamiento a alta frecuencia.

Ejemplo 14.4.

El lugar de raíces para $GH = K/s(s+2)^2$ se muestra en la figura 14-6.

Supóngase que este sistema tiene una respuesta a transitorios satisfactoria con $K = 3$, pero que la constante de error de velocidad resultante $K_v = 0{,}75$ es demasiado pequeña. Podemos aumentar K_v hasta 5 sin afectar seriamente la respuesta a transitorios al añadir el compensador $G_1 = (s+0{,}1)/(s+0{,}015)$ puesto que

$$K_v' = K_v G_1(0) = 0{,}75(0{,}1)/0{,}015 = 5$$

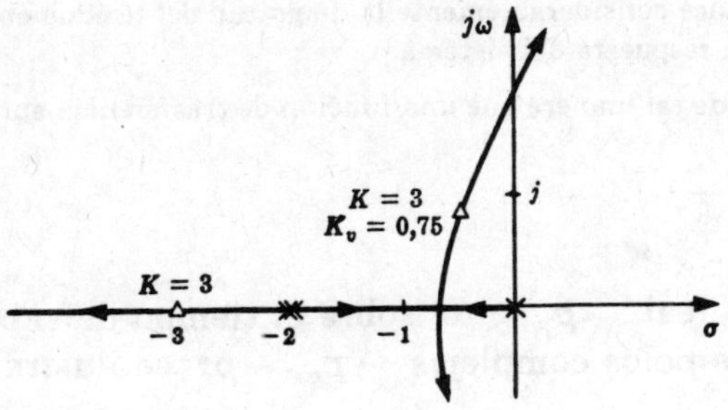

Fig. 14-6

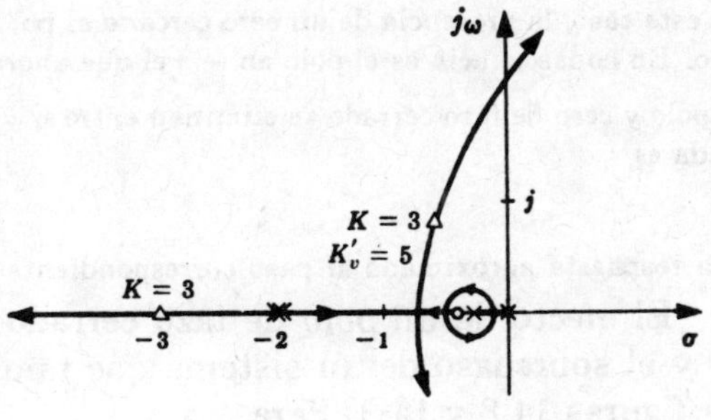

Fig. 14-7

El lugar de raíces resultante se muestra en la figura 14-7. La porción de alta frecuencia del lugar de raíces y la respuesta a transitorios no se afectan debido a que la función de trasferencia de lazo cerrado tiene un par de polos y ceros de baja frecuencia que se eliminan entre sí.

Se puede sintetizar un dipolo de baja frecuencia para compensación de magnitud, con el polo en el origen, utilizando un compensador proporcional e integral cuya función de trasferencia sea

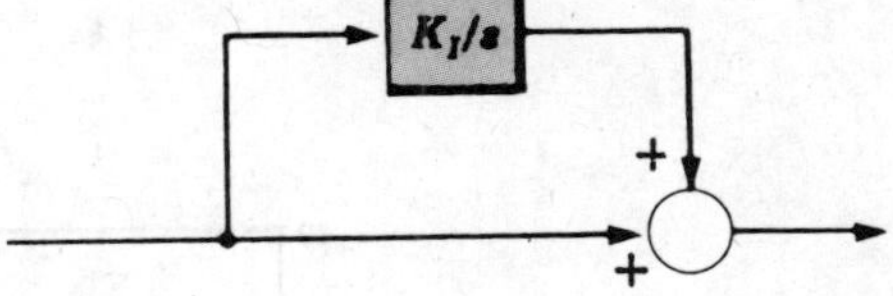

$$G_1 = \frac{s + K_I}{s}$$

14.5 APROXIMACIONES DE POLOS Y CEROS DOMINANTES

El método del lugar de raíces ofrece la ventaja de una presentación gráfica de los polos y ceros del sistema de lazo cerrado. Teóricamente el diseñador puede determinar las características de respuesta del sistema a partir de un mapa de polos y ceros. Desde el punto de vista práctico, sin embargo, esta tarea se vuelve progresivamente más difícil para sistemas de cuatro o más polos y ceros. En algunos casos el problema se puede simplificar considerablemente si la respuesta está dominada por dos o tres polos y ceros.

La influencia sobre la respuesta de un polo en particular (o par de polos complejos) está determinada principalmente por dos factores: La parte real σ del polo $p = \sigma + j\omega$ y la magnitud relativa del residuo en el polo. La parte real σ del polo p determina la rata a la cual decae el término transitorio del polo; entre más grande sea σ, más rápida será la rata a la cual decae el término transitorio. La magnitud relativa del residuo determina el porcentaje de la respuesta total debido al polo particular.

Ejemplo 14.5.

Considerar un sistema con la función de trasferencia de lazo cerrado $\dfrac{C}{R} = \dfrac{5}{(s+1)(s+5)}$. La respuesta al paso de este sistema es

$$c = 1 - 1{,}25e^{-t} + 0{,}25e^{-5t}$$

El término en la respuesta debido al polo en $s_1 = \sigma_1 = -5$ decae cinco veces más rápido que el término debido al polo en $s_2 = \sigma_2 = -1$. Aún más, el residuo en el polo en $s_1 = -5$ es solamente igual a $\frac{1}{5}$ del polo en $s_2 = -1$. Por tanto, para la mayoría de fines prácticos el efecto del polo en $s_1 = -5$ se puede ignorar y el sistema se puede aproximar por

$$\frac{C}{R} \cong \frac{1}{s+1}$$

El polo en $s_1 = -5$ se ha eliminado de la función de trasferencia y el numerador se ha ajustado para conservar la misma ganancia en estado estacionario $\left(\dfrac{C}{R}(0) = 1\right)$. La respuesta del sistema aproximado es $c = 1 - e^{-t}$.

Ejemplo 14.6.

El sistema con la función de trasferencia de lazo cerrado $\dfrac{C}{R} = \dfrac{5{,}5(s+0{,}91)}{(s+1)(s+5)}$ tiene la respuesta

$$c = 1 + 0{,}125e^{-t} - 1{,}125e^{-5t}$$

En este caso, la presencia de un cero cercano al polo en -1 reduce considerablemente la magnitud del residuo en ese polo. En consecuencia es el polo en -5 el que ahora domina la respuesta del sistema.

El polo y cero de lazo cerrado se eliminan entre sí y $\frac{C}{R}(0) = 1$ de tal manera que una función de trasferencia aproximada es

$$\frac{C}{R} \cong \frac{5}{s+5}$$

y la respuesta aproximada al paso correspondiente es $c \cong 1 - e^{-5t}$.

El efecto de un *polo* de lazo cerrado en el eje real $-p_r < 0$ sobre el tiempo de subida T_r y el sobrepaso de un sistema que también tiene polos complejos $-p_c, -p_c^*$ se ilustra en las figuras 14-8 y 14-9. Para

$$\frac{p_r}{\zeta\omega_n} > 5 \qquad (14.1)$$

el sobrepaso y el tiempo de subida se acercan a los de un sistema de segundo orden que contiene solamente polos complejos (véase la figura 3-8). Por tanto p_r se puede ignorar al determinar el sobrepaso y el tiempo de subida si $\zeta > 0{,}5$ y

$$p_r > 5\,|\mathrm{Re}\, p_c| = 5\zeta\omega_n \qquad (14.2)$$

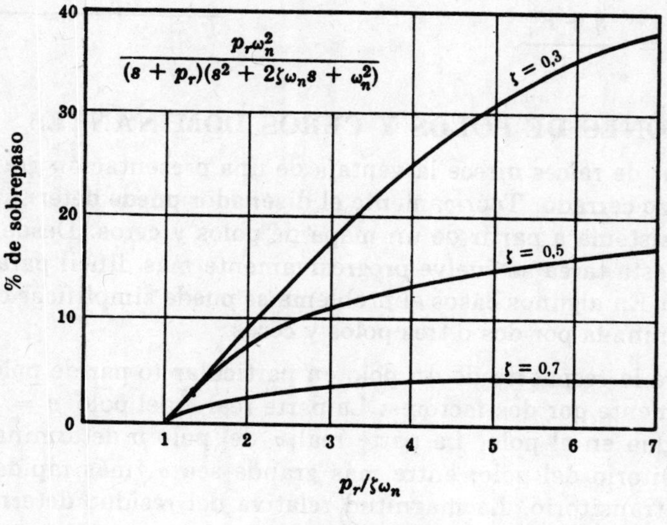

Fig. 14-8

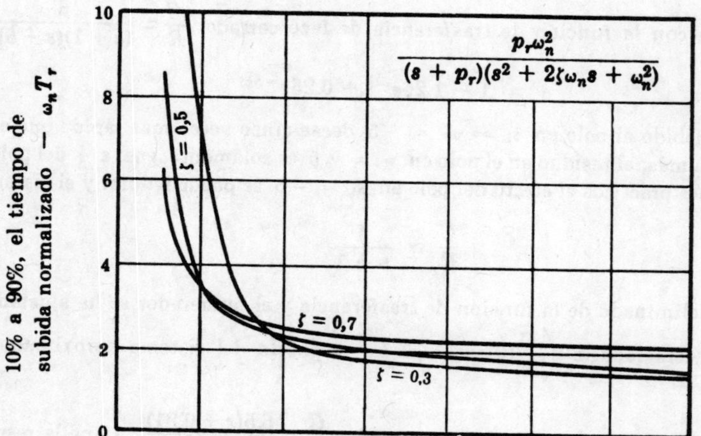

Fig. 14-9

No hay sobrepaso si

$$p_r \leq |\text{Re}\, p_c| = \zeta\omega_n \tag{14.3}$$

y el tiempo de subida se acerca al de un sistema de primer orden que contiene solamente al polo del eje real.

El efecto de un *cero* de lazo cerrado en el eje real en $-z_r < 0$ sobre el tiempo de subida T_r y el sobrepaso de un sistema que también tiene polos complejos $-p_c, -p_c^*$ se ilustra en las figuras 14-10 y 14-11. Estas gráficas muestran que z_r se puede ignorar al determinar el sobrepaso y el tiempo de subida si $\zeta > 0{,}5$ y

$$z_r > 5\,|\text{Re}\, p_c| = 5\zeta\omega_n \tag{14.4}$$

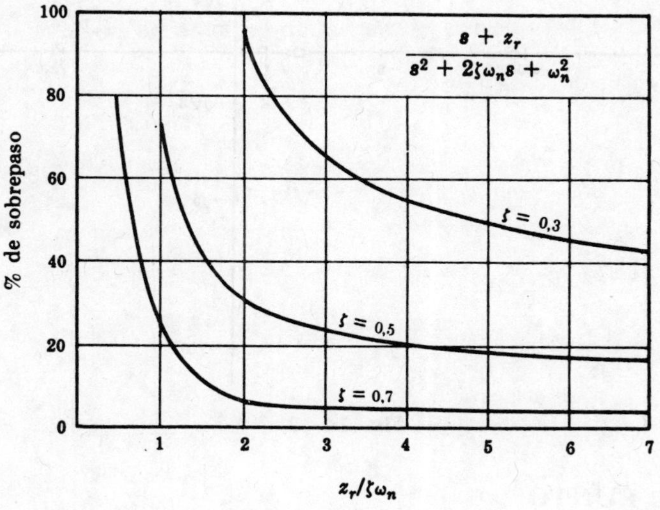

Fig. 14-10

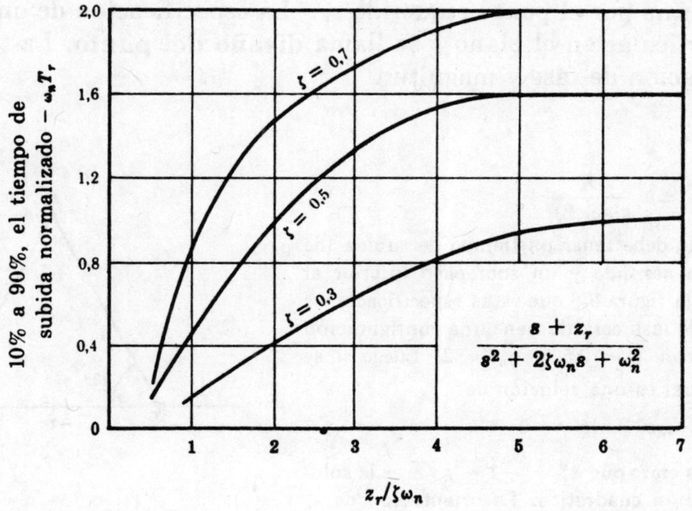

Fig. 14-11

Ejemplo 14.7.

La función de trasferencia de lazo cerrado de un sistema particular se representa por el mapa de polos y ceros que se muestra en la figura 14-12. Dada la ganancia en estado estacionario $\frac{C}{R}(j0) = 1$, una aproximación de polos y ceros dominantes es

$$\frac{C}{R} \cong \frac{4}{s^2 + 2s + 4}$$

La aproximación es razonable porque el polo y cero cerca a $s = -2$ efectivamente se eliminan el uno al otro y todos los otros polos y ceros satisfacen las ecuaciones (*14.2*) y (*14.4*) con $-p_c = -1 + j\sqrt{3}$ y $\zeta = 0{,}5$.

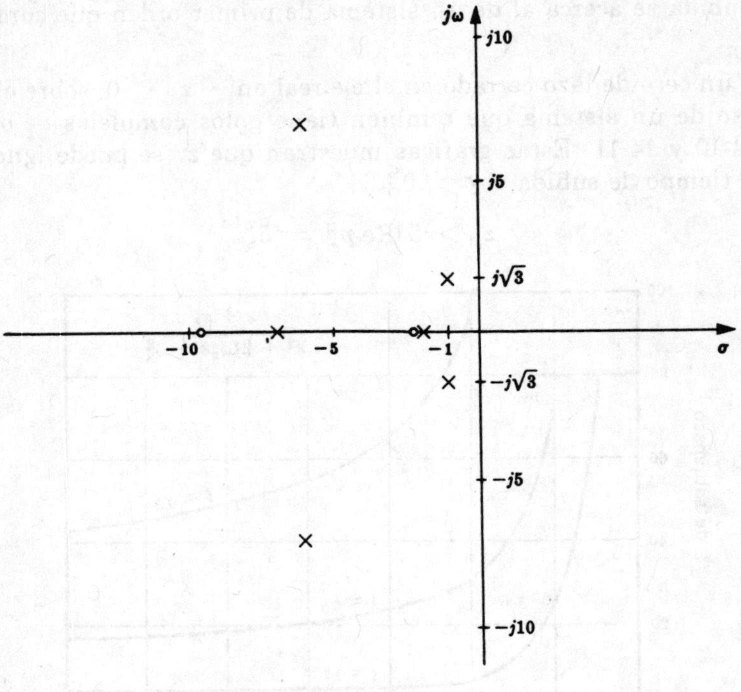

Fig. 14-12

14.6 DISEÑO DEL PUNTO

Si se puede determinar la posición s_1 de un polo permitido de lazo cerrado a partir de la especificación del sistema, el lugar de raíces del sistema se puede alterar para asegurar que una rama del lugar pasará por el punto requerido s_1. La especificación de un polo de lazo cerrado en un punto particular en el plano s se llama **diseño del punto.** La técnica se lleva a cabo usando compensación de fase y magnitud.

Ejemplo 14.8.

Considérese la planta

$$G_2 = \frac{K}{s(s+2)^2}$$

La respuesta de lazo cerrado debe tener un tiempo de subida (de 10% a 90%) menor que un segundo y un sobrepaso inferior al 20%. Se puede observar en la figura 3-8 que estas especificaciones se satisfacen si el sistema de lazo cerrado tiene una configuración con dos polos dominantes con $\zeta = 0{,}5$ y $\omega_n = 2$. Luego s_1 se escoge en $-1 + j\sqrt{3}$ lo cual es una solución de

$$s_1^2 + 2\zeta\omega_n s_1 + \omega_n^2 = 0$$

para $\zeta = 0{,}5$ y $\omega_n = 2$. Es claro que $s_1^* = -1 - j\sqrt{3}$ es la solución restante de esta ecuación cuadrática. La orientación de s_1 con respecto a los polos de G_2 se muestra en la figura 14-13.

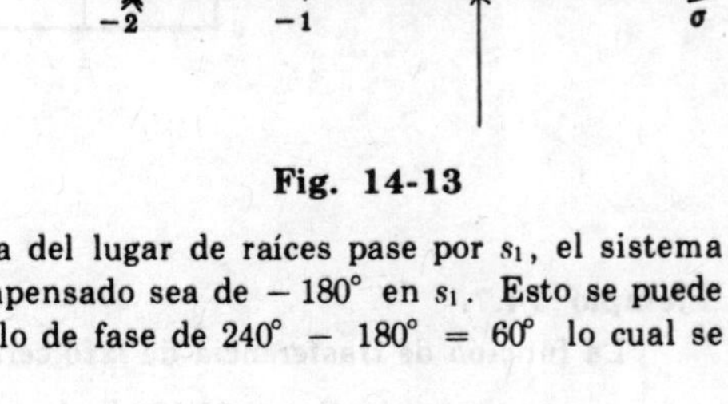

Fig. 14-13

El ángulo de fase de G_2 es de $-240°$ en s_1. Para que una rama del lugar de raíces pase por s_1, el sistema se debe modificar de tal manera que el ángulo de fase del sistema compensado sea de $-180°$ en s_1. Esto se puede realizar añadiendo en s_1 una red de adelanto en cascada con un ángulo de fase de $240° - 180° = 60°$ lo cual se satisface por medio de

$$G_1 = P_{\text{Adelanto}} = (s+1)/(s+4)$$

como se muestra en el mapa de polos y ceros de la función de trasferencia del sistema de lazo abierto compensado, G_1G_2 de la figura 14-14.

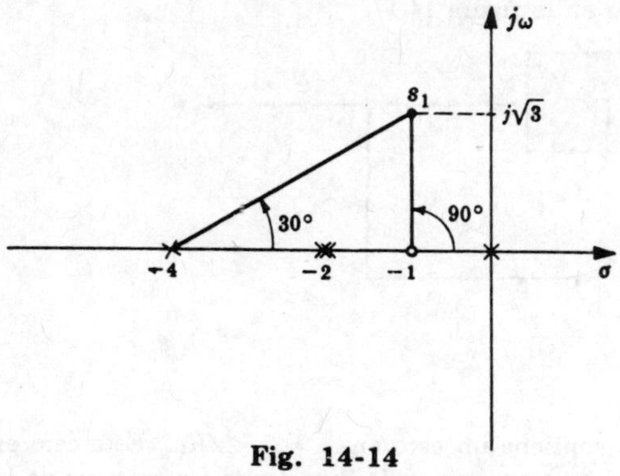

Fig. 14-14

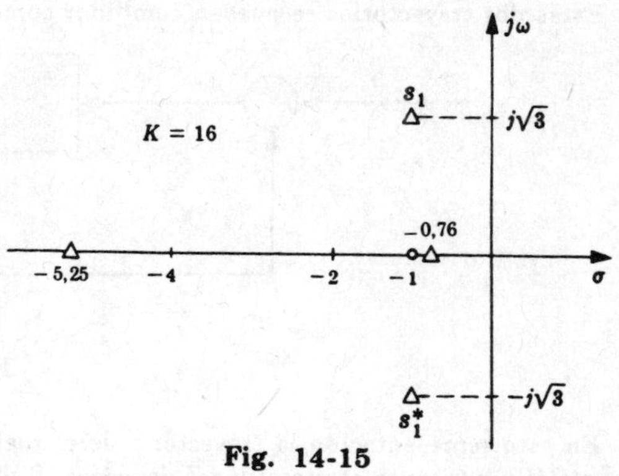

Fig. 14-15

El polo de lazo cerrado se puede ahora localizar en s_1 escogiendo un valor para K que satisfaga el criterio de magnitud del lugar de raíces. La solución de la ecuación (*13.5*) da $K = 16$. El lugar de raíces o mapa de polos y ceros de lazo cerrado del sistema compensado se debe bosquejar para verificar la validez de la suposición sobre los dos polos dominantes. La figura 14-15 muestra que los polos en s_1 y s_1^* dominan la respuesta.

14.7 COMPENSACION EN LA RETROALIMENTACION

En el diseño del lugar de raíces se pueden añadir elementos de compensación a la trayectoria de retroalimentación de un sistema de control en forma similar a la discutida en las secciones precedentes. Los elementos de compensación afectan el lugar de raíces de la función de trasferencia del sistema de lazo abierto en una forma similar. Pero aunque el lugar de raíces es el mismo cuando el compensador está ya sea en la trayectoria directa o en la de retroalimentación, la función de trasferencia de lazo cerrado puede ser marcadamente diferente. En el problema 13.33 se mostró que los *ceros* de retroalimentación no aparecen en la función de trasferencia de lazo cerrado, mientras que los *polos* de retroalimentación se vuelven ceros de la función de trasferencia de lazo cerrado (suponiendo que no hay eliminaciones).

Ejemplo 14.9.

Supóngase que se añadiera un compensador en la retroalimentación de un sistema con la siguiente función de trasferencia directa,

$$G = \frac{K}{(s+1)(s+4)(s+5)}$$

con el fin de eliminar el polo en -1 y remplazarlo con un polo en -6. Entonces el compensador sería $H = (s+1)/(s+6)$, GH estaría dado por $GH = K/(s+4)(s+5)(s+6)$ y la función de trasferencia de lazo cerrado vendría a ser

$$\frac{C}{R} = \frac{K(s+6)}{(s+1)[(s+4)(s+5)(s+6)+K]}$$

Aunque el polo en -1 es eliminado de GH, vuelve a aparecer como un polo de *lazo cerrado.* Aún más, el polo de retroalimentación en -6 se vuelve un cero de lazo cerrado. En consecuencia, *la técnica de eliminación no funciona con un compensador en la trayectoria de retroalimentación.*

Ejemplo 14.10.

El diagrama en bloque en la figura 14-16 contiene dos trayectorias de retroalimentación.

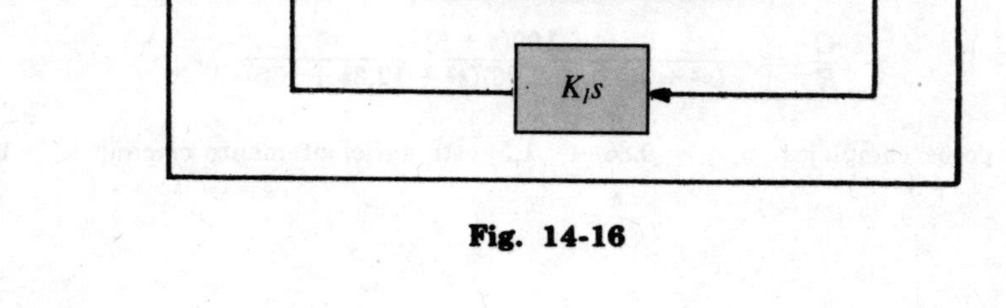

Fig. 14-16

Estas dos trayectorias se pueden combinar como se muestra en la figura 14-17.

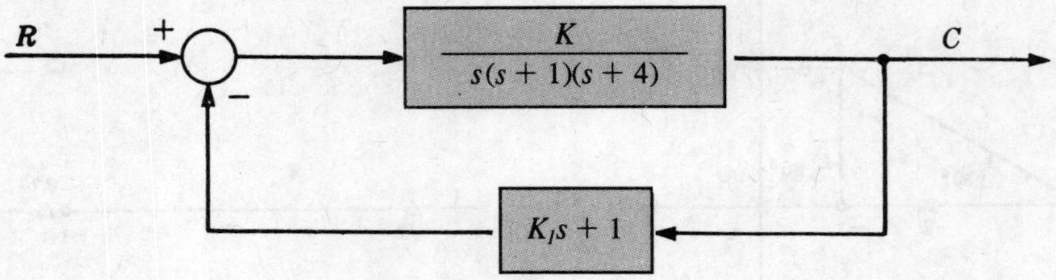

Fig. 14-17

En esta representación la trayectoria de retroalimentación contiene un cero en $s = -1/K_1$. Este cero aparece en GH y por tanto afecta el lugar de raíces. Sin embargo, éste no aparece en la función de trasferencia de lazo cerrado que contiene tres polos independientemente de la localización del cero.

El hecho de que los ceros de retroalimentación no aparezcan en la función de trasferencia de lazo cerrado se puede utilizar ventajosamente de la siguiente manera. Si se desean los polos de lazo cerrado en ciertas localizaciones en el plano s, se pueden poner ceros de retroalimentación en estos puntos. Puesto que las ramas del lugar de raíces se terminarán en estos ceros, las localizaciones deseadas de los polos de lazo cerrado se pueden obtener haciendo que el factor de ganancia de lazo abierto sea lo suficientemente alto.

Ejemplo 14.11.

El compensador en la retroalimentación $H = \dfrac{s^2 + 2s + 4}{(s + 6)^2}$

se añade al sistema con la siguiente función de trasferencia de lazo directo

$$G = \frac{K}{s(s + 2)}$$

con el fin de garantizar que los polos dominantes de lazo cerrado están cerca de $s = -1 \pm j\sqrt{3}$. El lugar de raíces resultante se muestra en la figura 14-18.

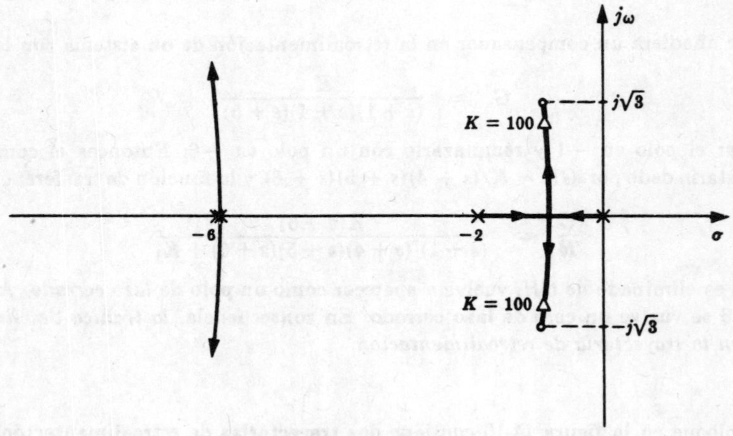

Fig. 14-18

Si K se iguala a 100, la función de trasferencia de lazo cerrado es

$$\frac{C}{R} = \frac{100(s + 6)^2}{(s^2 + 1{,}72s + 2{,}96)(s^2 + 12{,}3s + 135)}$$

y el par dominante de polos complejos $s_{1,2} = 0{,}86 \pm j1{,}5$ está suficientemente cercano a $-1 \pm j\sqrt{3}$.

Problemas resueltos

EL PROBLEMA DEL DISEÑO

14.1. Determinar el valor del factor de ganancia K para el cual el sistema con la función de trasferencia de lazo abierto

$$GH = \frac{K}{s(s+2)(s+4)}$$

tiene polos de lazo cerrado con una razón de amortiguación $\zeta = 0{,}5$.

Los polos de lazo cerrado tendrán una razón de amortiguación de 0,5 cuando forman un ángulo de 60° con el eje real negativo (ecuación (*13.18*)). El valor deseado de K se determina en el punto donde el lugar de raíces cruza la línea $\zeta = 0{,}5$ en el plano s. Un bosquejo del lugar de raíces se muestra en la figura 14-19. El valor deseado de K es 8,3.

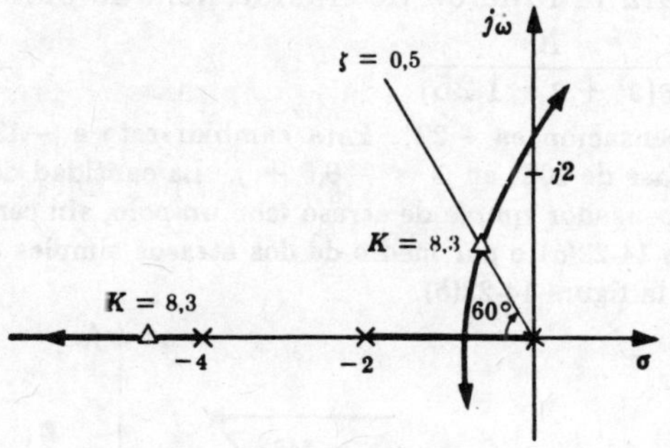

Fig. 14-19

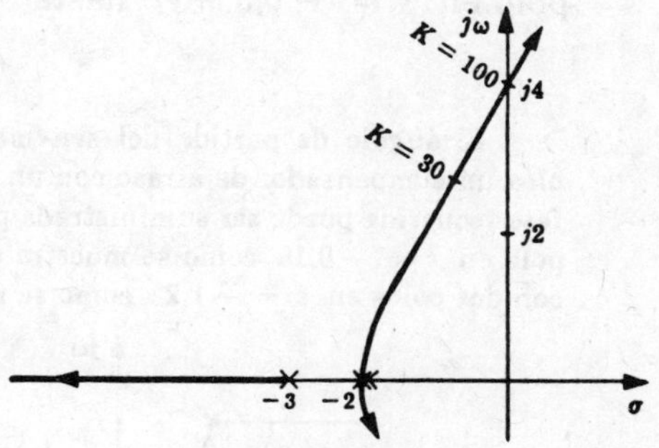

Fig. 14-20

14.2. Determinar el valor de K para el cual el sistema con la función de trasferencia de lazo abierto

$$GH = \frac{K}{(s+2)^2(s+3)}$$

satisface las siguientes especificaciones: (*a*) $K_p \geqq 2$, (*b*) margen de ganancia $\geqq 3$.

En este sistema K_p es igual a $K/12$. Luego, con el fin de satisfacer la primera especificación, K debe ser superior a 24. El valor de K en el cruce del eje $j\omega$ del lugar de raíces es igual a 100 como se muestra en la figura 14-20. Luego, con el fin de satisfacer la segunda especificación, K debe ser menor que $100/3 = 33{,}3$. Un valor de K de 30 satisfará ambas especificaciones.

COMPENSACION POR ELIMINACION

14.3. ¿Se pueden eliminar en una planta los polos del semiplano s de la derecha con un compensador con un cero en el semiplano s de la derecha?

No. Supóngase por ejemplo que una planta particular tiene la función de trasferencia

$$G_2 = \frac{K}{s-1}, \qquad K > 0$$

y que se añade un compensador en cascada con la función de trasferencia $G_1 = (s - 1 + \epsilon)/(s + 1)$. El término ϵ en la función de trasferencia representa cualquier error pequeño entre la localización del cero deseado en $+1$ y la localización actual. La función de trasferencia de lazo cerrado es entonces

$$\frac{C}{R} = \frac{K(s-1+\epsilon)}{s^2 + Ks + K\epsilon - K - 1}$$

Aplicando el criterio de estabilidad de Hurwitz o Routh (capítulo 5) al denominador de esta función de trasferencia, se puede ver que el sistema es inestable para cualquier valor de K si ϵ es menor que $(1 + K)/K$, caso que ocurre usualmente puesto que ϵ representa el error en la localización del cero deseado.

COMPENSACION DE FASE

14.4. Se desea añadir un compensador a un sistema con un *cero* en $s = -1$ para producir un adelanto de fase de 60° en $s = -2 + j3$. ¿Cómo se puede determinar la localización correcta del *polo*?

Se requiere que la contribución en fase de la red sea $\theta_a - \theta_b = 60°$ en la figura 14-2. De la figura 14-21, $\theta_a = 108°$. Luego $\theta_b = \theta_a - 60° = 48°$ y el polo debe estar localizado en $s = -4{,}7$ como se muestra en la figura 14-21.

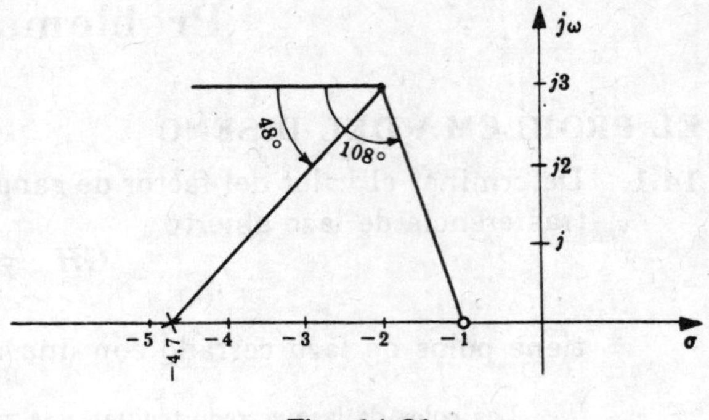

Fig. 14-21

14.5. Realizar un compensador que cambie el ángulo de partida del lugar de raíces desde el polo en $s = -0{,}5 + j$ hasta $-135°$ para la función de trasferencia de planta

$$G_2 = \frac{K}{s(s^2+s+1{,}25)}$$

El ángulo de partida del sistema sin compensación es $-27°$. Para cambiar esto a $-135°$ se emplea un compensador de atraso con un atraso de fase de 108° en $s = -0{,}5 + j$. La cantidad de atraso de fase requerida puede ser suministrada por un compensador *simple* de atraso (con un polo, sin ceros) con un polo en $s = -0{,}18$ como se muestra en la figura 14-22(*a*) o por medio de dos atrasos simples en cascada con dos polos en $s = -1{,}22$ como se muestra en la figura 14-22(*b*).

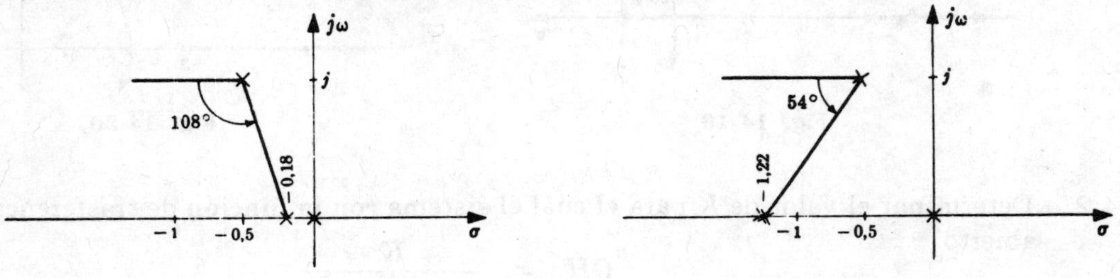

(*a*) (*b*)

Fig. 14-22

COMPENSACION DE MAGNITUD

14.6. En el ejemplo 14.4 la constante de error de velocidad K_v se incrementa de un factor de $6\frac{2}{3}$ sin aumentar el factor de ganancia. ¿Cómo se llevó a cabo esto?

Se supuso que el compensador G_1 tenía una ganancia de alta frecuencia de uno y una ganancia de baja frecuencia (d.c.) de $6\frac{2}{3}$. Este compensador no se puede realizar pasivamente porque un compensador de atraso pasivo tiene una ganancia d.c. de uno. En consecuencia, G_1 debe incluir un amplificador. Otro método sería hacer que G_1 sea el compensador de atraso pasivo $G_1' = \frac{0{,}015}{0{,}1}\left(\frac{s+0{,}1}{s+0{,}015}\right)$ y luego amplificar el factor de ganancia por $6\frac{2}{3}$. Sin embargo, cuando se usan las técnicas del lugar de raíces generalmente es más conveniente suponer que el compensador sencillamente añade un polo y un cero como se hizo en el ejemplo 14.4. Se pueden hacer ajustes apropiados en las etapas finales del diseño para lograr la realización más simple y más barata del compensador.

APROXIMACIONES DE POLOS Y CEROS DOMINANTES

14.7. Determinar el sobrepaso y el tiempo de subida del sistema con la función de trasferencia

$$\frac{C}{R} = \frac{1}{(s+1)(s^2+s+1)}$$

Para este sistema, $\omega_n = 1$, $\zeta = 0{,}5$, $p_r = 1$ y $p_r/\zeta\omega_n = 2$. De la figura 14-8 se obtiene el porcentaje de sobrepaso de 8%. De la figura 14-9, el tiempo de subida es 2,4 segundos. Las cifras correspondientes para un sistema de polos complejos solamente son de 18% y 1,6 segundos. Luego el polo del eje real reduce el sobrepaso y retarda la respuesta.

14.8. Determinar el sobrepaso y el tiempo de subida del sistema con la función de trasferencia

$$\frac{C}{R} = \frac{(s+1)}{(s^2+s+1)}$$

Para este sistema, $\omega_n = 1$, $\zeta = 0{,}5$, $z_r = 1$ y $z_r/\zeta\omega_n = 2$. De la figura 14-10 se tiene que el porcentaje de sobrepaso es 31%. De la figura 14-11 se tiene que el tiempo de subida (de 10% a 90%) es 1,0 segundo. Las cifras correspondientes para un sistema sin el cero son 18% y 1,6 segundos. Por tanto, el cero del eje real aumenta el sobrepaso y disminuye el tiempo de subida, es decir aligera la respuesta.

14.9. Determinar una aproximación de polos y ceros dominantes conveniente para el sistema

$$\frac{C}{R} = \frac{2(s+8)}{(s+1)(s^2+2s+3)(s+6)}$$

El polo del eje real es $s = -6$ y el cero del eje real en $s = -8$ satisfacen la ecuación (*14.2*) y la ecuación (*14.4*) respectivamente, en lo que respecta a los polos complejos ($\zeta\omega_n = 1$ y $\zeta > 0{,}5$), y por tanto se pueden ignorar. El polo del eje real en $s = -1$ y los polos complejos no se pueden ignorar. Luego una aproximación conveniente (con la misma ganancia d.c.) es $\dfrac{C}{R} = \dfrac{8}{3(s+1)(s^2+2s+3)}$.

DISEÑO DEL PUNTO

14.10. Determinar a K, a y b de tal manera que el sistema con la función de trasferencia en lazo abierto

$$GH = \frac{K(s+a)}{(s+b)(s+2)^2(s+4)}$$

tenga un polo de lazo cerrado en $s_1 = -2 + j3$.

El ángulo contribuido al arg $GH(s_1)$ por los polos en $s = -2$ y $s = -4$ es de $-237°$. Este cálculo se lleva a cabo con facilidad con la ayuda de la espirula. Para satisfacer el criterio del ángulo las contribuciones al ángulo del cero en $s = -a$ y el polo en $s = -b$ deben totalizar $-180° - (-237°) = 57°$. Puesto que este es un ángulo positivo el cero debe hallarse más allá, hacia la derecha, que el polo ($b > a$). Tanto a como b se pueden escoger arbitrariamente siempre y cuando el resto se pueda fijar en el semiplano finito s de la izquierda para dar una contribución total de 57°. Haciendo $a = 2$ resulta en una contribución de fase de 90°. Entonces b se debe poner donde la contribución del polo sea $-33°$. Una línea dibujada desde s_1 a un ángulo de 33° intersecta el eje real en $b = 6{,}6$ como se muestra en la figura 14-23.

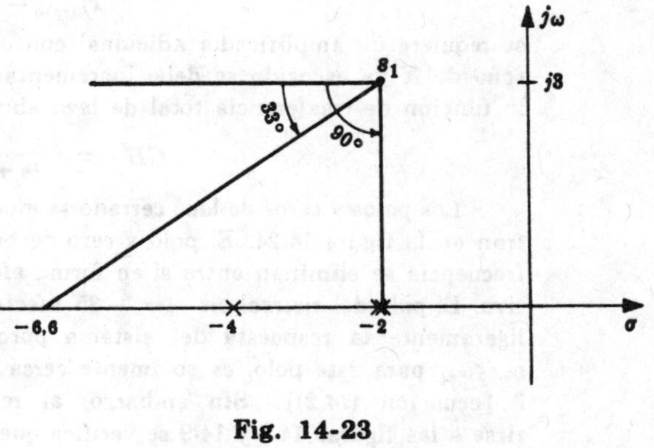

Fig. 14-23

El valor requerido de K para satisfacer el criterio de magnitud en s_1 se puede calcular ahora usando los valores escogidos de a y b. El valor requerido de K se puede hallar con la espirula, o por medio del siguiente cálculo

$$\left|\frac{(s_1+6{,}6)(s_1+2)^2(s_1+4)}{(s_1+2)}\right|_{s_1=-2+j3} = 60$$

14.11. Determinar la compensación requerida para un sistema con una función de trasferencia de planta,

$$G_2 = \frac{K}{(s+8)(s+14)(s+20)}$$

que satisfaga las siguientes especificaciones: (*a*) sobrepaso $\leqq$ 5%, (*b*) tiempo de subida $T_r \leqq$ 150 milisegundos, (*c*) $K_p > 6$.

La primera especificación se puede satisfacer con una función de trasferencia de lazo cerrado cuya respuesta está dominada por dos polos complejos con $\zeta \geqq 0{,}7$, como se ve en la figura 3-8. Una gran variedad de configuraciones de polos y ceros dominantes pueden satisfacer la especificación del sobrepaso; pero la configuración de dos polos es generalmente la forma más simple que se puede obtener. También se ve en la figura 3-8 que si $\zeta = 0{,}7$, el tiempo de subida (de 10% a 90%) normalizado es cerca de $\omega_n T_r = 2{,}2$. Luego, con el fin de satisfacer la segunda especificación con $\zeta = 0{,}7$, se tiene que $T_r = 2{,}2/\omega_n \leqq 0{,}15$ segundos o $\omega_n \geqq 14{,}7$ radianes/segundo.

Se puede hacer que $\omega_n = 17$ con el fin de lograr algún margen con respecto a la especificación del tiempo de subida. Cualquier otro polo de lazo cerrado que aparezca en el diseño final puede demorar la respuesta. Luego, con el fin de satisfacer las primeras dos especificaciones, se diseñará el sistema para que tenga una respuesta con dos polos dominantes con $\zeta = 0{,}7$ y $\omega_n = 17$. Una evaluación de arg $G_2(s_1)$ en el plano s donde $s_1 = -12 + j12$ (correspondiente a $\zeta = 0{,}7$, $\omega_n = 17$), da como resultado arg $G_2(s_1) = -245°$. Luego, para satisfacer el criterio del ángulo en s_1, se debe compensar al sistema con un adelanto de fase de tal manera que el ángulo total venga a ser $-180°$. Luego, se añade un compensador de adelanto en cascada con un adelanto de fase de $245° - 180° = 65°$ en s_1. Colocando arbitrariamente el cero del compensador de adelanto en $s = -8$ resulta en $\theta_a = 108°$ (véase la figura 14-2). Luego, puesto que queremos $\theta_a - \theta_b = 65°$, $\theta_b = 108° - 65° = 43°$. Dibujando una línea desde s_1 hasta el eje real al θ_b requerido, determina la localización del polo en $s = -25$. El añadir el compensador de adelanto con $a = 8$ y $b = 25$ resulta en una función de trasferencia de lazo abierto,

$$G_2 G_{\text{Adelanto}} = \frac{K}{(s+14)(s+20)(s+25)}$$

El valor de K necesario para satisfacer el criterio de magnitud en s_1 es $K = 3100$ (determinado con la espirula). La constante de error de posición resultante para este diseño es $K_p = 3100/(14)(20)(25) = 0{,}444$ y es considerablemente más pequeña que el valor especificado de 6 o más. Se puede aumentar ligeramente a K_p ensayando otros puntos de diseño (ω_n superior); sin embargo, el K_p requerido no se puede lograr sin alguna forma de compensación de magnitud a baja frecuencia. El aumento requerido es $6/0{,}444 = 13{,}5$ y se puede obtener con un compensador de atraso a baja frecuencia con $b/a = 13{,}5$. El otro requisito es que para el compensador de atraso, a y b deben ser lo suficientemente pequeños para que no afecten el diseño de alta frecuencia logrado con la red de adelanto. Esto es,

$$\arg P_{\text{Atraso}}(s_1) \cong 0$$

Sea $b = 1$ y $a = 0{,}074$. Luego el compensador requerido es

$$G_{\text{Atraso}} = (s+1)/(s+0{,}074)$$

Para sintetizar este compensador usando una red de atraso convencional con la función de trasferencia

$$P_{\text{Atraso}} = 0{,}074(s+1)/(s+0{,}074)$$

se requiere un amplificador adicional con una ganancia de 13,5; o, lo que es equivalente, el valor de diseño de K ya escogido se debe incrementar de 13,5. Con cualquiera de las dos realizaciones prácticas, la función de trasferencia total de lazo abierto es

$$GH = \frac{3100(s+1)}{(s+0{,}075)(s+14)(s+20)(s+25)}$$

Los polos y ceros de lazo cerrado se muestran en la figura 14-24. El polo y cero de baja frecuencia se eliminan entre sí en forma efectiva. El polo del eje real en $s = -35$ afectará ligeramente la respuesta del sistema porque $p_r/\zeta\omega_n$ para este polo, es solamente cerca de 3 [ecuación (*14.2*)]. Sin embargo, al referirse a las figuras 14-8 y 14-9 se verifica que el sobrepaso y el tiempo de subida están aún dentro de la especificación. Si se hubiera diseñado el sistema para que escasamente satisfaga la especificación del tiempo de subida requerido con la aproximación de los dos polos dominantes, la presencia del polo adicional en la función de trasferencia de lazo cerrado hubiera podido demorar la respuesta lo suficiente para no satisfacer la especificación.

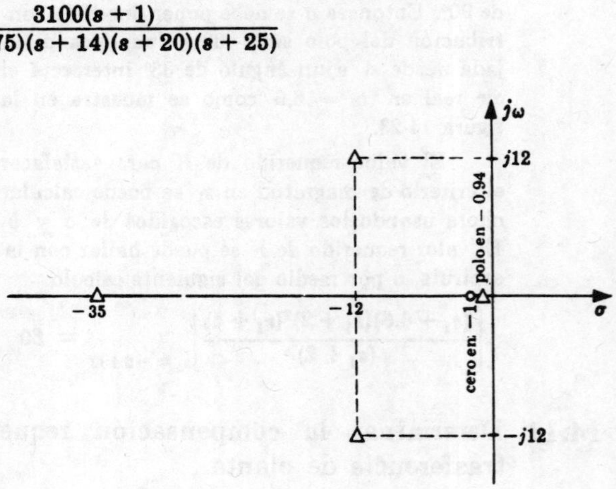

Fig. 14-24

COMPENSACION DE LA RETROALIMENTACION

14.12. Un sistema de control de posición con una trayectoria de retroalimentación tacométrica tiene el diagrama en bloque que se muestra en la figura 14-25. Determinar valores para K_1 y K_2 que den como resultado el diseño de un sistema con un tiempo de subida (de 10% a 90%) inferior a un segundo y un sobrepaso menor al 20%.

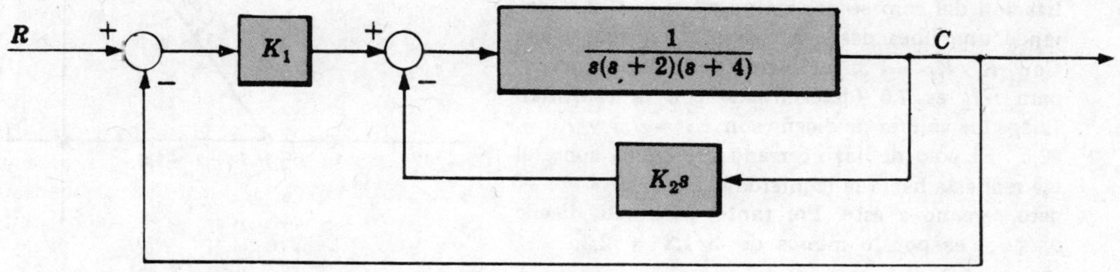

Fig. 14-25

Una manera directa de realizar este diseño es determinando un punto de diseño conveniente en el plano s y usando la técnica del diseño del punto. Si las dos trayectorias de retroalimentación se combinan se obtiene el diagrama en bloque que se muestra en la figura 14-26.

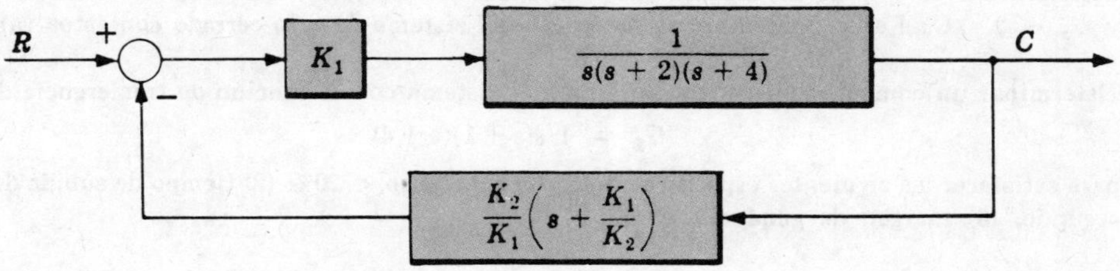

Fig. 14-26

Para esta configuración

$$GH = \frac{K_2(s + K_1/K_2)}{s(s+2)(s+4)}$$

La localización del cero en $s = -K_1/K_2$ aparece en la trayectoria de retroalimentación y el factor de ganancia es K_2. Luego, para la localización fija de un cero (razón K_1/K_2) se puede construir un lugar de raíces para este sistema como función de K_2. La función de trasferencia de lazo cerrado contendrá tres polos pero ningún cero. Los esbozos rápidos del lugar de raíces (Fig. 14-27) muestran que si la razón K_1/K_2 se fija entre 0 y 4, la función de trasferencia de lazo cerrado probablemente contendrá dos polos complejos (si K_2 es lo suficientemente grande) y un polo en el eje real cerca al valor de $-K_1/K_2$.

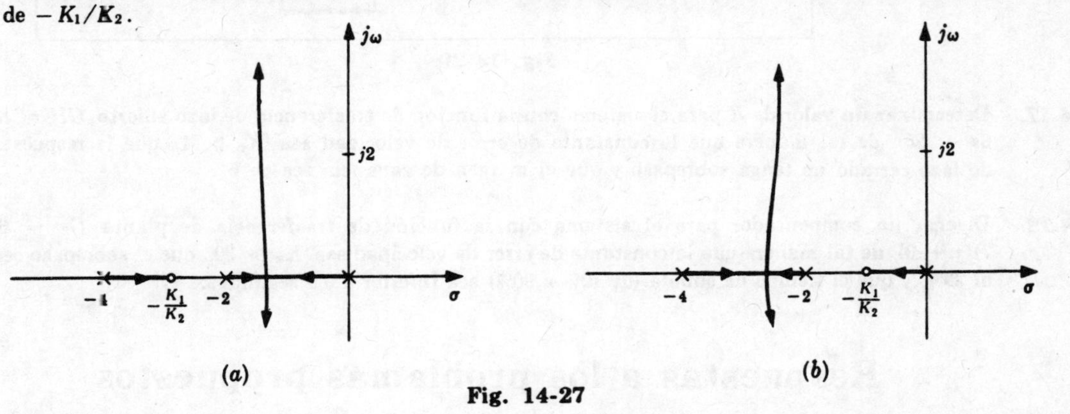

Fig. 14-27

Una configuración de tres polos dominantes puede entonces ser apropiada para el diseño. Un valor de $\zeta = 0{,}5$ para los polos complejos cumplirá el requisito sobre el sobrepaso. Para $\zeta = 0{,}5$ y $p_r/\zeta\omega_n = 2$, la figura 14-9 muestra un tiempo de subida normalizado $\omega_n T_r = 2{,}3$. Luego $T_r = 2{,}3/\omega_n < 1$ segundos o $\omega_n > 2{,}3$ radianes/segundo. Si $p_r/\zeta\omega_n$ resulta mayor que 2, el tiempo de subida será más rápido, y viceversa. Con el fin de tener un pequeño margen en el caso en que $p_r/\zeta\omega_n$ sea menor que 2, se escoge $\omega_n = 2{,}6$. El punto de diseño en el plano s es por tanto $s_1 = -1{,}3 + j2{,}3$ correspondiente a $\zeta = 0{,}5$ y $\omega_n = 2{,}6$. Usando la espirula sobre la figura 14-28, la contribución de los polos en

$s = 0, -2$ y -4 hacia arg $GH(s_1)$, es de $-233°$. La contribución del cero debe ser por tanto de $-180° - (-233°) = 53°$ en s_1 para satisfacer el criterio del ángulo en s_1. La localización del cero se determina en $s = -3$ dibujando una línea desde s_1 hasta el eje real a 53°. Con $K_1/K_2 = 3$, el factor de ganancia en s_1 para GH es 7,5 (determinado con la espirula). Luego los valores de diseño son $K_2 = 7{,}5$ y $K_1 = 22{,}5$. El polo de lazo cerrado que queda sobre el eje real está hacia la izquierda del cero en $s = -3$ pero cercano a éste. Por tanto, para este diseño $p_r/\zeta\omega_n$ es por lo menos de $3/1{,}3 = 2{,}3$.

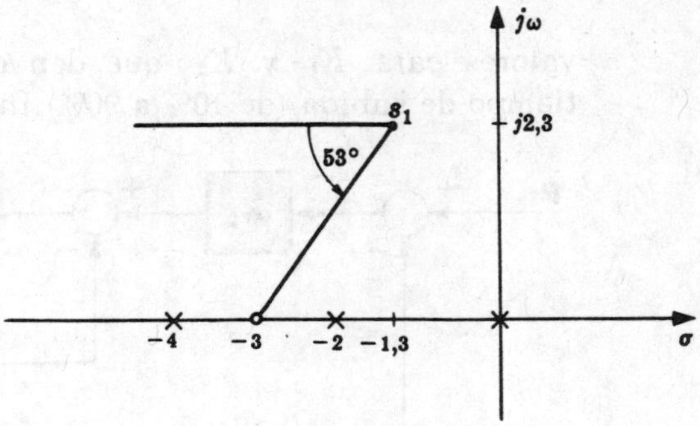

Fig. 14-28

Problemas propuestos

14.13. Para el sistema con la función de trasferencia de lazo abierto $GH = K(s+a)/(s^2-1)(s+5)$ determinar a K y a de tal manera que el sistema de lazo cerrado tenga polos dominantes con $\zeta = 0{,}5$ y $\omega_n = 2$. ¿Cuál es el porcentaje de sobrepaso del sistema de lazo cerrado con estos valores de K y a?

14.14. Determinar un compensador conveniente para el sistema con la función de trasferencia de planta

$$G_2 = 1/s(s+1)(s+4)$$

para satisfacer las siguientes especificaciones: (1) sobrepaso < 20%, (2) tiempo de subida de 10% a 90% ≦ 1 segundo, (3) margen de ganancia ≧ 5.

14.15. Determinar la compensación conveniente para el sistema con la función de trasferencia de planta $G_2 = 1/s(s+4)^2$ para satisfacer las siguientes especificaciones: (1) sobrepaso < 20%. (2) constante de error de velocidad $K_v \geqq 10$.

14.16. Para el sistema que se muestra en el diagrama en bloque de la figura 14-29, determinar K_1 y K_2 de tal manera que el sistema tenga polos de lazo cerrado en $s = -2 \pm j2$.

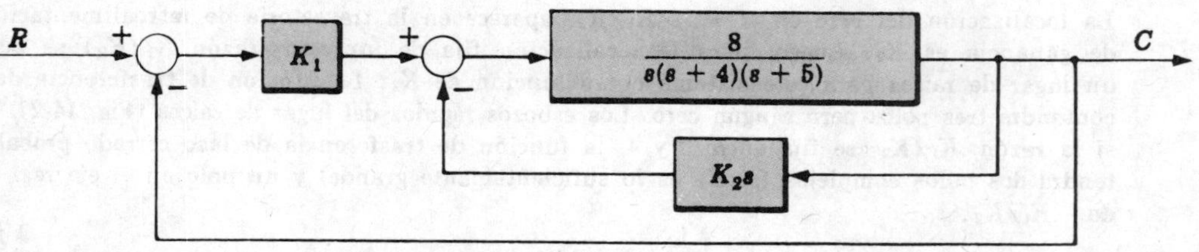

Fig. 14-29

14.17. Determinar un valor de K para el sistema con la función de trasferencia de lazo abierto $GH = K/s(s^2 + 6s + 25)$ de tal manera que la constante de error de velocidad sea $K_v > 1$, que la respuesta al paso de lazo cerrado no tenga sobrepaso y que el margen de ganancia sea > 5.

14.18. Diseñar un compensador para el sistema con la función de trasferencia de planta $G_2 = 63/s(s+7)(s+9)$ de tal manera que la constante de error de velocidad sea $K_v > 30$, que el sobrepaso sea inferior al 20%, y que el tiempo de subida (de 10% a 90%) sea inferior a 0,5 segundos.

Respuestas a los problemas propuestos

14.13. $K = 11{,}25$ $a = 1{,}6$, sobrepaso = 38%; obsérvese que el sistema tiene un cero de lazo cerrado en $s = -a = -1{,}6$

14.14. $G_1 = 24(s+1)/(s+4)$

14.15. $G_1 = 24(s+0{,}2)/(s+0{,}03)$ **14.17.** $K = 28$

14.16. $K_2 = 1$, $K_1 = 5$ **14.18.** $G_1 = 3(s+0{,}5)/(s+0{,}05)$

Capítulo 15

Análisis de Bode

15.1 INTRODUCCION

El análisis de los sistemas de control por retroalimentación usando el método de Bode es equivalente al análisis de Nyquist en cuanto a que las dos técnicas emplean representaciones gráficas de $GH(j\omega)$. Sin embargo, las **representaciones de Bode** consisten en dos gráficas: La magnitud de $GH(j\omega)$ y el ángulo de fase de $GH(j\omega)$; ambas se representan como funciones de la frecuencia ω. Generalmente se usan escalas logarítmicas para el eje de la frecuencia y para $|GH(j\omega)|$.

Las representaciones de Bode ilustran claramente la estabilidad relativa de un sistema. En efecto, los márgenes de ganancia y de fase a veces se definen en términos de las representaciones de Bode (véase el ejemplo 10.1). Estas medidas de estabilidad relativa se pueden determinar para un sistema particular con un mínimo de esfuerzo matemático usando las representaciones de Bode, especialmente para esos casos en que se encuentran disponibles datos experimentales sobre la respuesta de frecuencia.

15.2 ESCALAS LOGARITMICAS Y REPRESENTACIONES DE BODE

Se usan escalas logarítmicas para las representaciones de Bode porque estas escalas simplifican considerablemente su construcción manejo e interpretación.

Se usa una escala logarítmica para el eje de ω (abscisas) porque la magnitud y ángulo de fase se pueden representar a lo largo de un intervalo más grande de frecuencias que con el eje de frecuencia lineal, destacando todas las frecuencias por igual; tales gráficas a menudo resultan en líneas rectas (sección 15.4).

La magnitud $|P(j\omega)|$ de cualquier función de trasferencia $P(j\omega)$, para cualquier valor de ω, se representa sobre una escala logarítmica en decibeles (db), donde

$$\text{db} \equiv 20 \log_{10} |P(j\omega)| \qquad (15.1)$$

[Véase también la ecuación (*10.4*).]

Ejemplo 15.1.
Si $|P(j2)| \equiv |GH(j2)| = 10$, la magnitud es $20 \log_{10} 10 = 20$ db.

Puesto que el decibel es una unidad logarítmica, la *magnitud en db* de una función de respuesta de frecuencia, compuesta de un *producto* de términos, es igual a la *suma* de las magnitudes en db de los términos individuales. Luego, cuando se emplea una escala logarítmica, la representación de la magnitud de una función de respuesta de frecuencia expresada como un producto de varios términos, se puede obtener añadiendo las representaciones de las magnitudes individuales en db para cada término del producto.

La representación de la *magnitud en db contra log* ω se denomina la **representación de Bode para la magnitud** y la representación del *ángulo de fase contra log* ω es la **representación de Bode para el ángulo de fase.** La representación de Bode para la magnitud a veces se llama la *representación del log del módulo.*

Ejemplo 15.2.
La representación de Bode para la magnitud de $P(j\omega) = \dfrac{100[1 + j(\omega/10)]}{1 + j\omega}$ se puede obtener añadiendo las representaciones de Bode para la magnitud de: 100, $1 + j(\omega/10)$, y $1(1 + j\omega)$.

15.3 LA FORMA DE BODE Y LA GANANCIA DE BODE

Es conveniente usar la llamada *forma de Bode* de una función de respuesta de frecuencia para construir representaciones de Bode.

La **forma de Bode** para la función

$$\frac{K(j\omega + z_1)(j\omega + z_2)\cdots(j\omega + z_m)}{(j\omega)^l(j\omega + p_1)(j\omega + p_2)\cdots(j\omega + p_n)}$$

donde l es un entero no negativo, se obtiene factorizando todos los z_i y p_i y ordenando en la forma

$$\frac{\left[K\prod_{i=1}^{m} z_i \Big/ \prod_{i=1}^{n} p_i\right](1 + j\omega/z_1)(1 + j\omega/z_2)\cdots(1 + j\omega/z_m)}{(j\omega)^l(1 + j\omega/p_1)(1 + j\omega/p_2)\cdots(1 + j\omega/p_n)} \tag{15.2}$$

La **ganancia de Bode** K_B se define como el coeficiente del numerador en (*15.2*):

$$K_B \equiv \frac{K\prod_{i=1}^{m} z_i}{\prod_{i=1}^{n} p_i} \tag{15.3}$$

15.4 REPRESENTACIONES DE BODE DE FUNCIONES SIMPLES DE RESPUESTA DE FRECUENCIA Y SUS APROXIMACIONES ASINTOTICAS

La constante K_B tiene una magnitud $|K_B|$, un ángulo de fase de 0° si K_B es positiva y $-180°$ si K_B es negativa. Por tanto, las representaciones de Bode para K_B son simplemente líneas rectas horizontales como se muestra en las figuras 15-1 y 15-2.

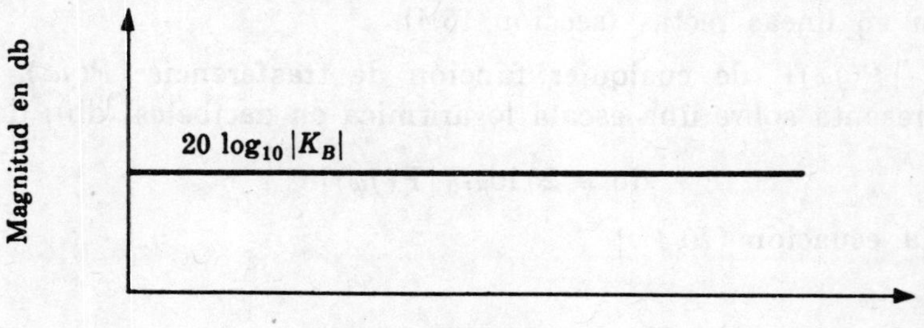

Fig. 15-1

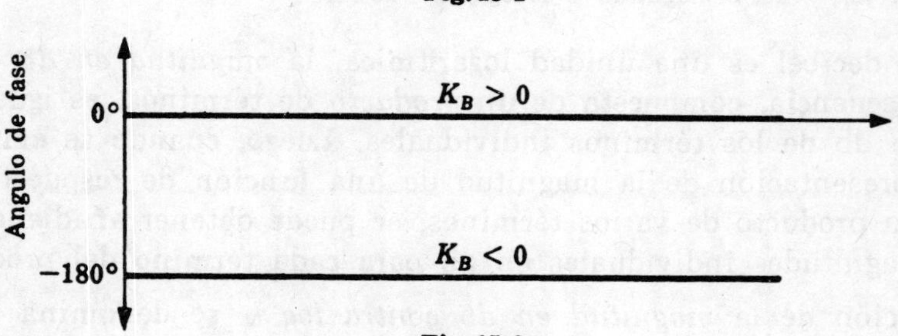

Fig. 15-2

La función de respuesta de frecuencia (o función de trasferencia sinusoidal) para un *polo de orden l en el origen es*

$$\frac{1}{(j\omega)^l} \tag{15.4}$$

Las representaciones de Bode para esta función son líneas rectas como se muestra en las figuras 15-3 y 15-4.

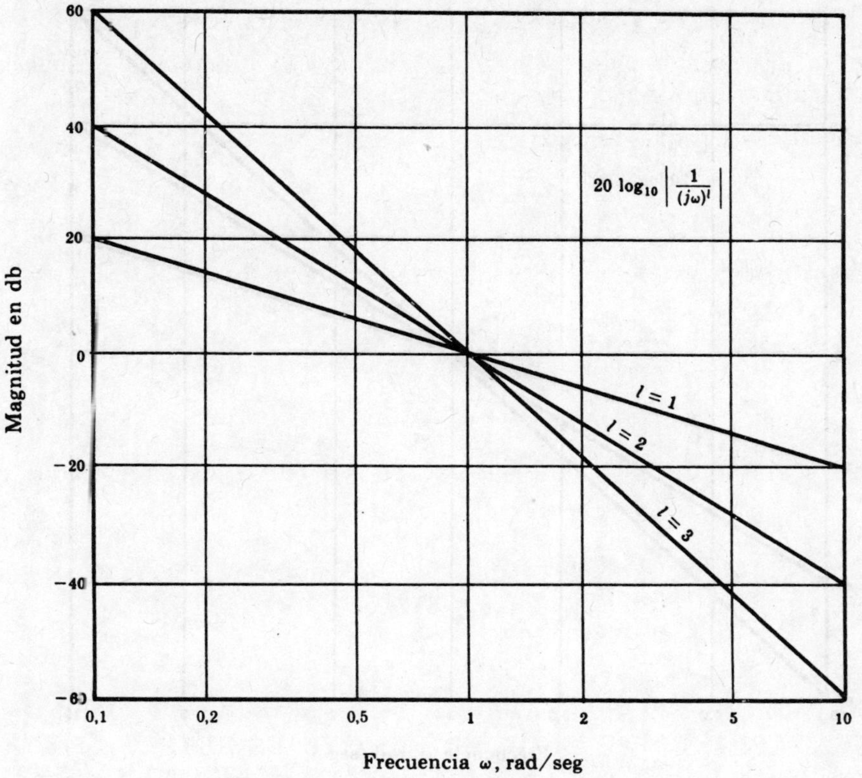

Fig. 15-3

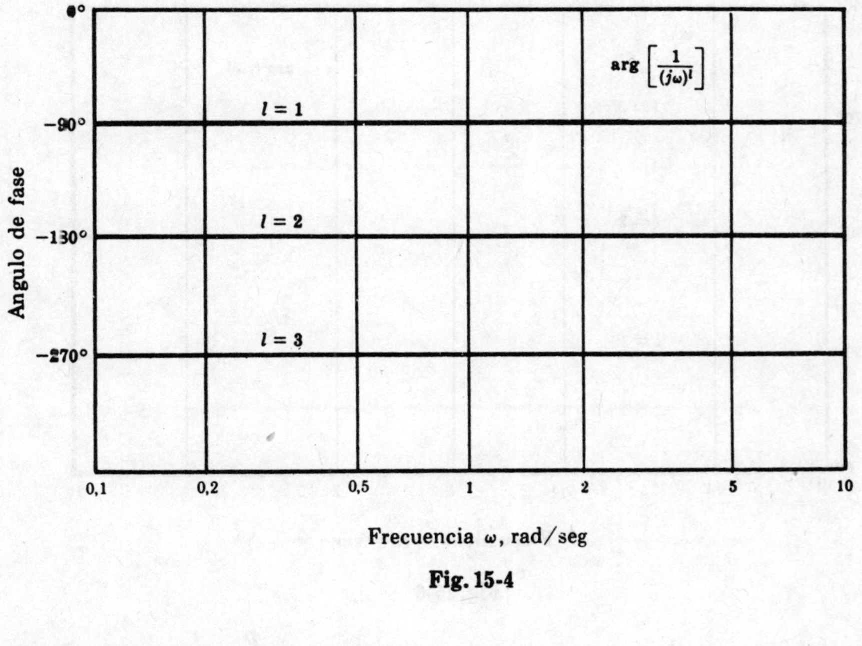

Fig. 15-4

Para un *cero de orden l en el origen,*

$$(j\omega)^l \tag{15.5}$$

las representaciones de Bode son las reflexiones acerca de las líneas de 0 db y 0° de las figuras 15-3 y 15-4 como se muestra en las figuras 15-5 y 15-6.

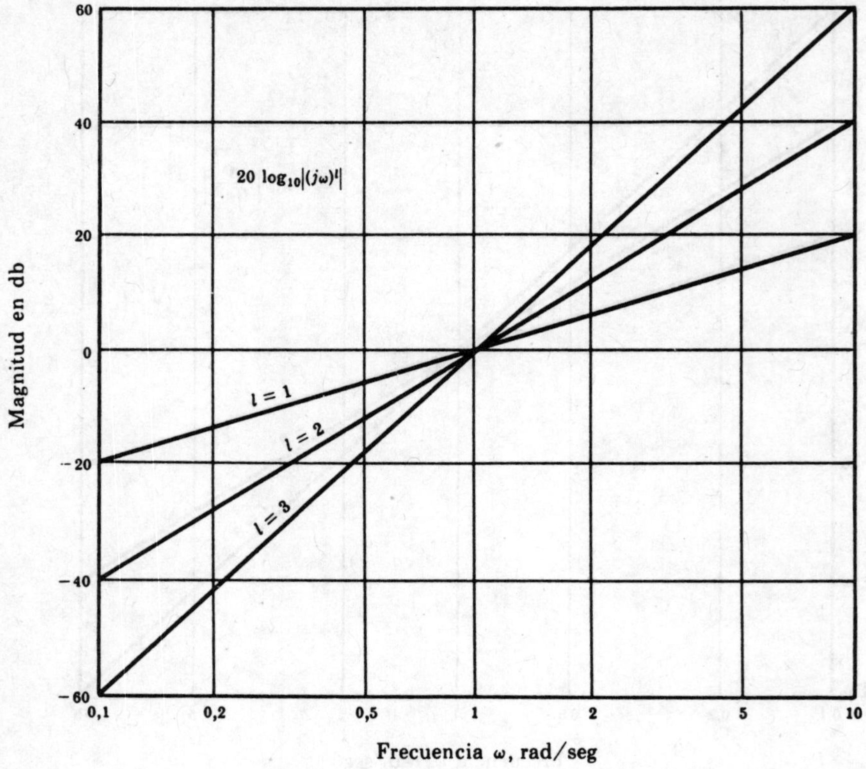

Fig. 15-5

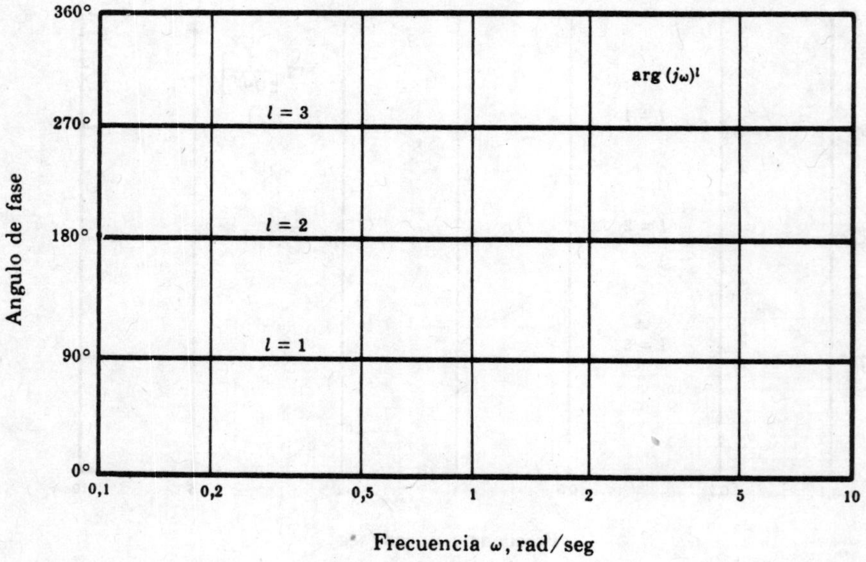

Fig. 15-6

Considérese la función de trasferencia de *polo único* $\frac{p}{s+p}$, $p > 0$. Las representaciones de Bode para su función de respuesta de frecuencia

$$\frac{1}{1 + j\omega/p} \tag{15.6}$$

se dan en las figuras 15-7 y 15-8. Obsérvese que la escala logarítmica de frecuencia está normalizada en términos de p. Para determinar las *aproximaciones asintóticas* para estas representaciones de Bode se observa que $\omega/p \ll 1$, o $\omega \ll p$,

$$20 \log_{10}\left|\frac{1}{1 + j\omega/p}\right| \cong 20 \log_{10} 1 = 0 \text{ db}$$

y para $\omega/p \gg 1$, o $\omega \gg p$,

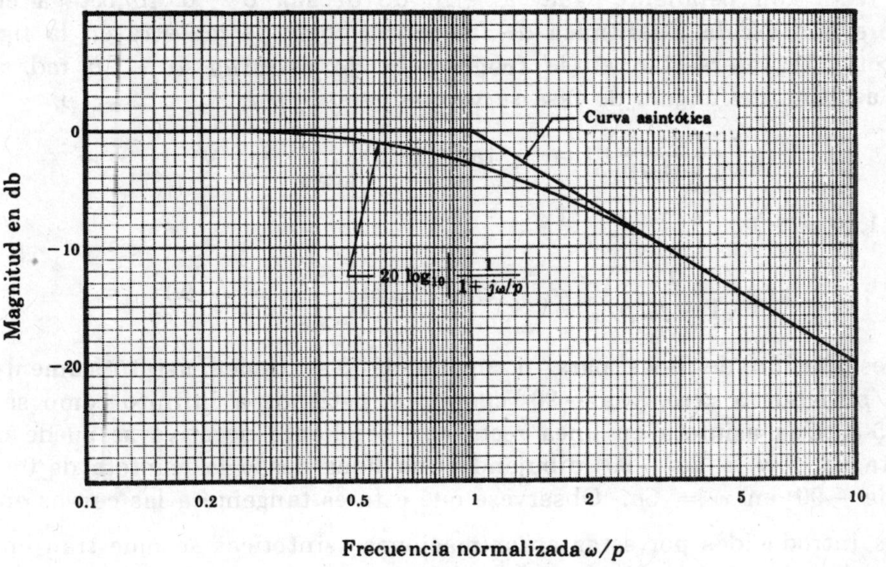

Fig. 15-7

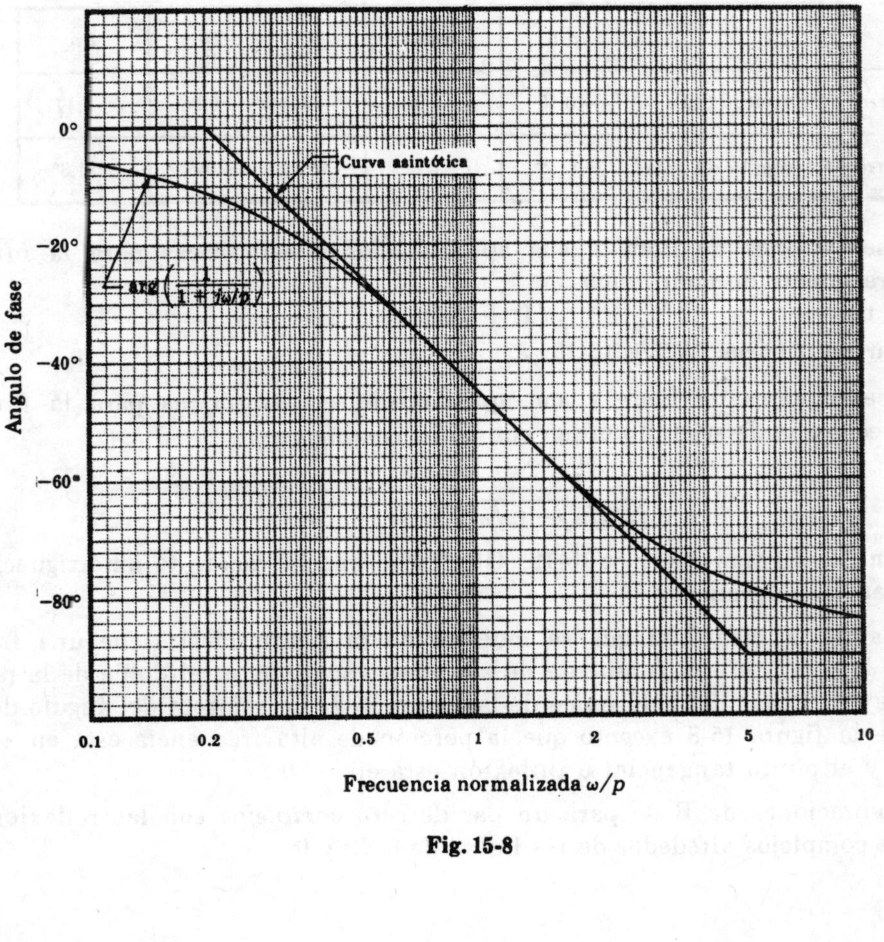

Fig. 15-8

$$20 \log_{10}\left|\frac{1}{1+j\omega/p}\right| \cong 20 \log_{10}\left|\frac{1}{j\omega/p}\right| = -20 \log_{10}(\omega/p)$$

Por consiguiente la representación de Bode para la magnitud tiende asintóticamente hacia una línea recta horizontal en 0 db a medida que ω/p tiende a cero y a $-20 \log_{10}(\omega/p)$ cuando ω/p tiende a infinito (Fig. 15-7). Obsérvese que esta asíntota de alta frecuencia es una línea recta con pendiente igual a -20 db/década o -6 db/octava cuando se representa sobre una escala logarítmica de frecuencia como se muestra en la figura 15-7. Las dos asíntotas se intersectan en la **frecuencia de esquina** $\omega = p$ rad/seg. Para determinar la asíntota del ángulo de fase se ve que para $\omega/p \ll 1$, o $\omega \ll p$,

$$\arg\left(\frac{1}{1+j\omega/p}\right) = -\tan^{-1}(\omega/p)\Big|_{\omega \ll p} \cong 0°$$

y para $\omega/p \gg 1$, o $\omega \gg p$,

$$\arg\left(\frac{1}{1+j\omega/p}\right) = -\tan^{-1}(\omega/p)\Big|_{\omega \gg p} \cong -90°$$

Luego la representación de Bode para el ángulo de fase tiende asintóticamente a 0° a medida que ω/p tiende a cero, y a $-90°$ cuando ω/p tiende a infinito como se muestra en la figura 15-8. Una asíntota en línea recta con pendiente negativa se puede usar para unir la asíntota de 0° y la de $-90°$ dibujando una línea desde la asíntota de 0° en $\omega = p/5$ hasta la de $-90°$ en $\omega = 5p$. Obsérvese que ésta es tangente a las curvas en $\omega = p$.

Los *errores* introducidos por estas aproximaciones asintóticas se muestran en la tabla 15-1 para la función de trasferencia de polo único a varias frecuencias.

Tabla 15-1. Errores asintóticos para $\dfrac{1}{1+j\omega/p}$

ω	$p/5$	$p/2$	p	$2p$	$5p$
Error de magnitud (db)	$-0,17$	$-0,96$	-3	$-0,96$	$-0,17$
Error del ángulo de fase	$-11,3°$	$-0,8°$	$0°$	$+0,8°$	$+11,3°$

Las representaciones de Bode y sus aproximaciones asintóticas para la función de respuesta de frecuencia de *polo único*

$$1 + j\omega/z \tag{15.7}$$

se muestran en las figuras 15-9 y 15-10.

Las representaciones de Bode y sus aproximaciones asintóticas para la función de respuesta de frecuencia de segundo orden con *polos complejos*,

$$\frac{1}{1+j2\zeta\omega/\omega_n - (\omega/\omega_n)^2} \qquad 0 \leq \zeta \leq 1 \tag{15.8}$$

se muestran en las figuras 15-11 y 15-12. Obsérvese que la razón de amortiguación ζ es un parámetro en estas gráficas.

La asíntota de la magnitud que se muestra en la figura 15-11 tiene una frecuencia de esquina en $\omega = \omega_n$ y una pendiente de alta frecuencia que es el doble de la pendiente para la asíntota en el caso del polo único de la figura 15-7. La asíntota del ángulo de fase es similar a la de la figura 15-8 excepto que la porción de alta frecuencia está en $-180°$ en lugar de $-90°$ y el punto tangencial o inflexión está en $-90°$.

Las representaciones de Bode para un par de *cero complejos* son las reflexiones para las de los polos complejos alrededor de las líneas de 0 db y 0°.

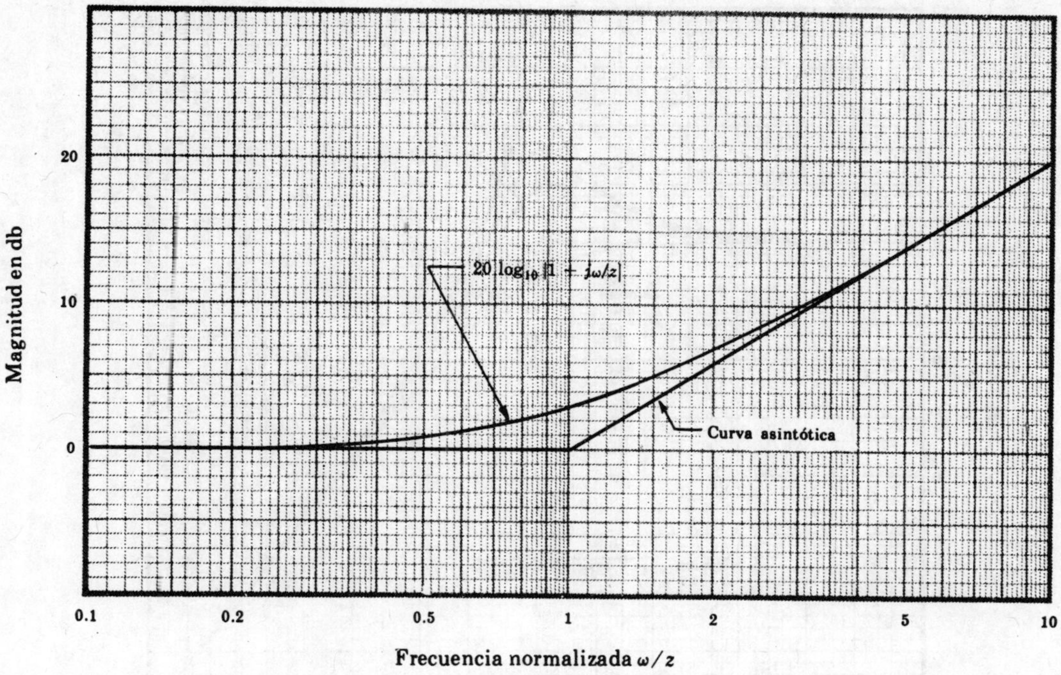

Fig. 15-9

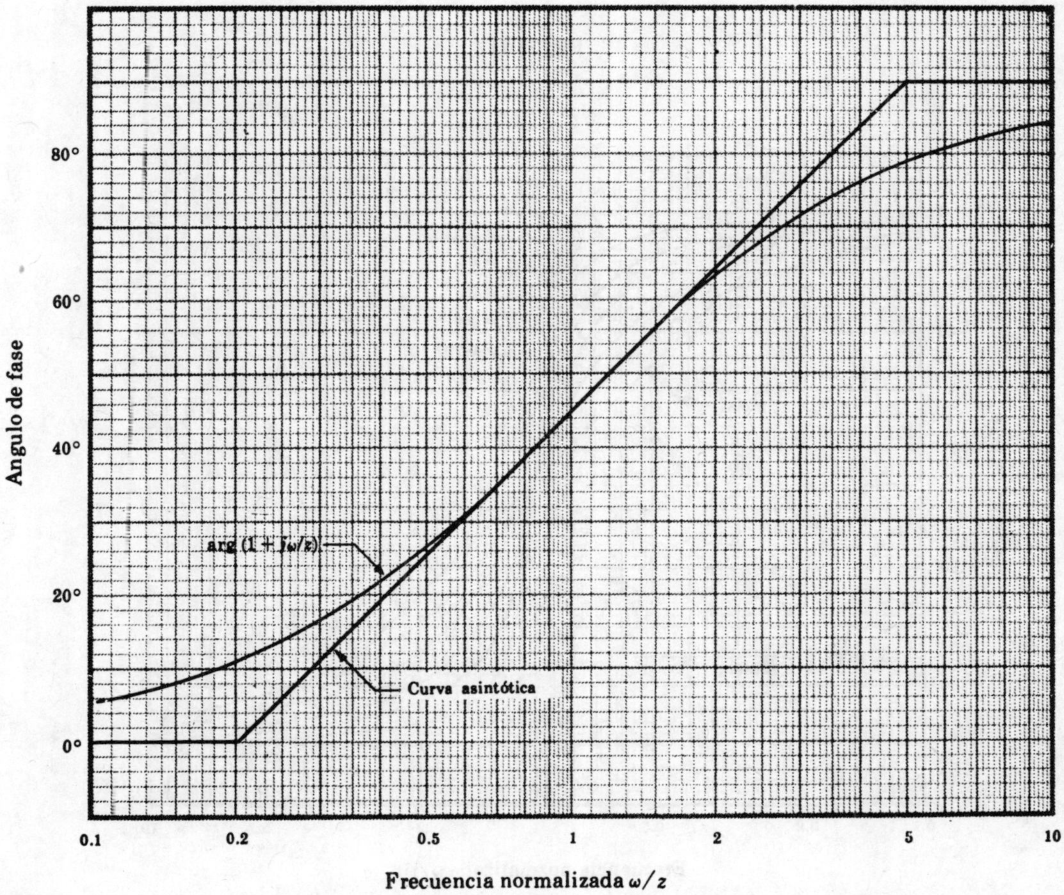

Fig. 15-10

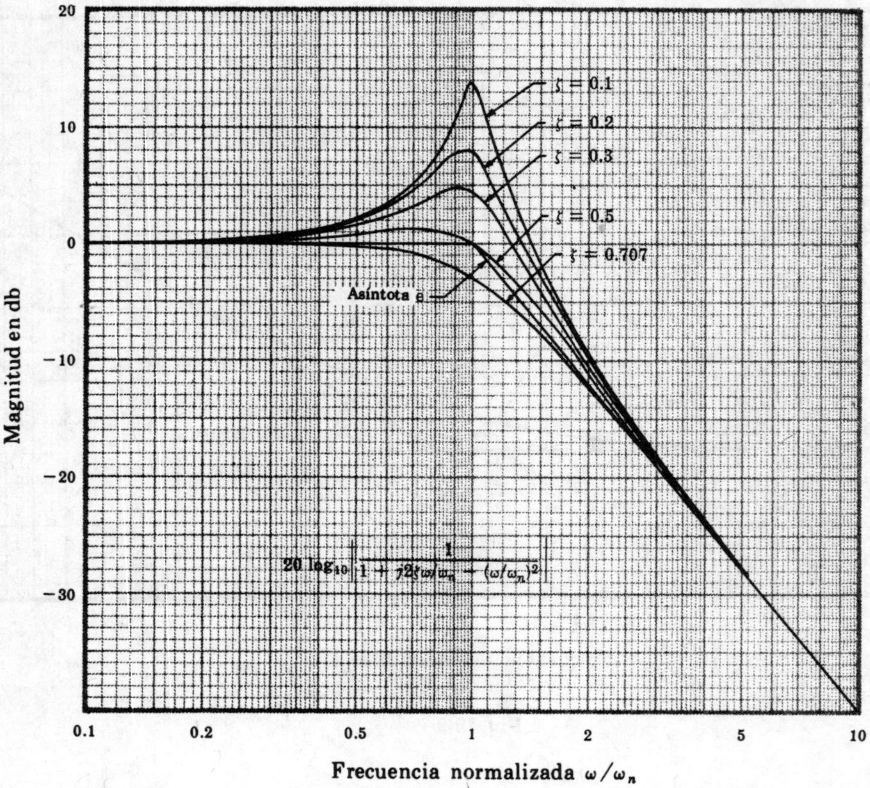

Fig. 15-11

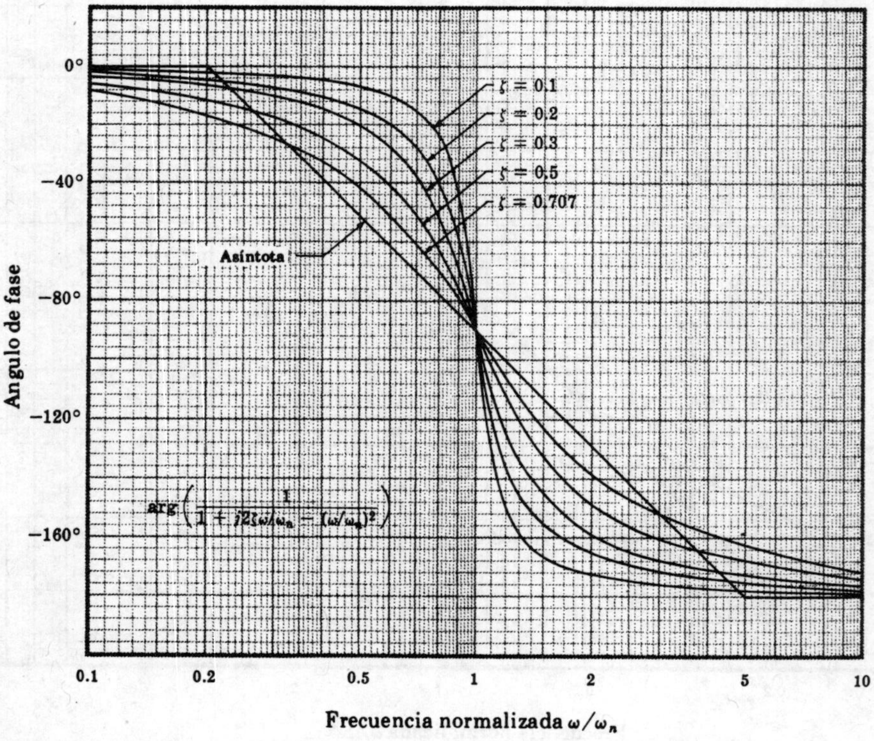

Fig. 15-12

15.5 CONSTRUCCION DE LAS REPRESENTACIONES DE BODE

Las representaciones de Bode de funciones complejas de respuesta de frecuencia se construyen añadiendo las contribuciones en magnitud y ángulo de fase de cada polo y cero (o par de polos y ceros complejos). Las aproximaciones asintóticas de estas representaciones son a menudo suficientes. Si se desean representaciones más exactas, se pueden determinar los errores introducidos por las aproximaciones, a frecuencias seleccionadas, para añadirlos luego a los valores asintóticos. La tabla 15-1 y las figuras 15-1 a 15-12 son útiles en este caso.

Para la función general de respuesta de frecuencia de lazo abierto

$$GH(j\omega) = \frac{K_B(1+j\omega/z_1)(1+j\omega/z_2)\cdots(1+j\omega/z_m)}{(j\omega)^l(1+j\omega/p_1)(1+j\omega/p_2)\cdots(1+j\omega/p_n)} \tag{15.9}$$

donde l es un entero positivo o cero; la magnitud y el ángulo de fase están dados por

$$\begin{aligned} 20\log_{10}|GH(j\omega)| &= 20\log_{10}|K_B| + 20\log_{10}|1+j\omega/z_1| + \cdots + 20\log_{10}|1+j\omega/z_m| \\ &\quad + 20\log_{10}\frac{1}{|(j\omega)^l|} + 20\log_{10}\frac{1}{|1+j\omega/p_1|} + \cdots + 20\log_{10}\frac{1}{|1+j\omega/p_n|} \end{aligned} \tag{15.10}$$

y

$$\begin{aligned} \arg GH(j\omega) &= \arg K_B + \arg(1+j\omega/z_1) + \cdots + \arg(1+j\omega/z_m) \\ &\quad + \arg\left(\frac{1}{(j\omega)^l}\right) + \arg\left(\frac{1}{1+j\omega/p_1}\right) + \cdots + \arg\left(\frac{1}{1+j\omega/p_n}\right) \end{aligned} \tag{15.11}$$

Las representaciones de Bode para cada uno de los términos en (*15.10*) y (*15.11*) fueron presentadas en las figuras 15-1 a 15-12. Si $GH(j\omega)$ tiene polos o ceros complejos, los términos que tienen una forma similar a (*15.8*) se suman simplemente a (*15.10*) y (*15.11*). El procedimiento de construcción se ilustra mejor por medio de un ejemplo.

Ejemplo 15.3.

Las representaciones asintóticas de Bode para la función de respuesta de frecuencia

$$GH(j\omega) = \frac{10(1+j\omega)}{(j\omega)^2[1+j\omega/4-(\omega/4)^2]}$$

se construyen usando las ecuaciones (*15.10*) y (*15.11*):

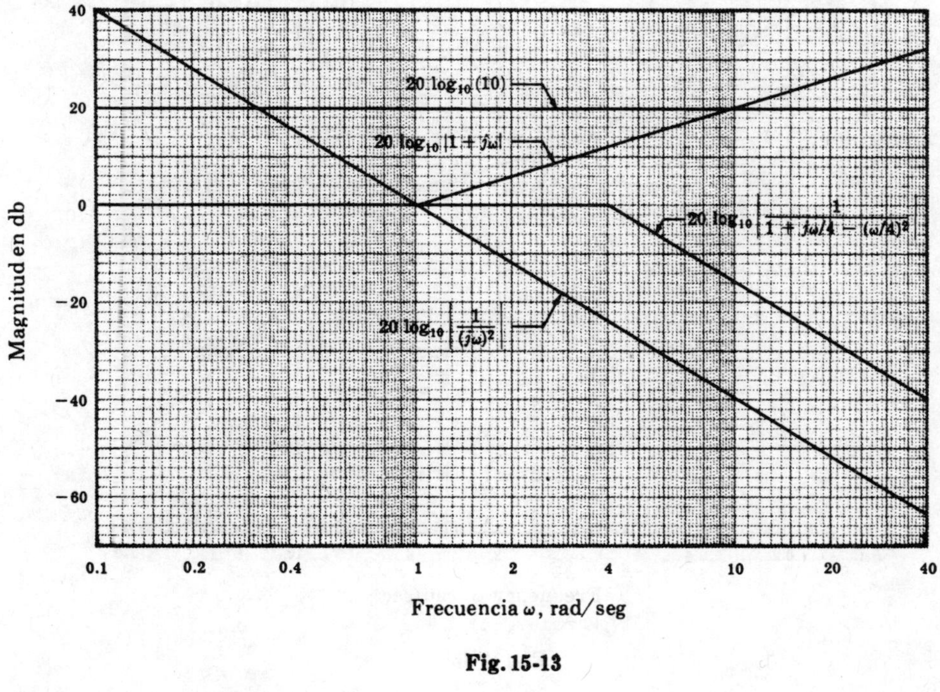

Fig. 15-13

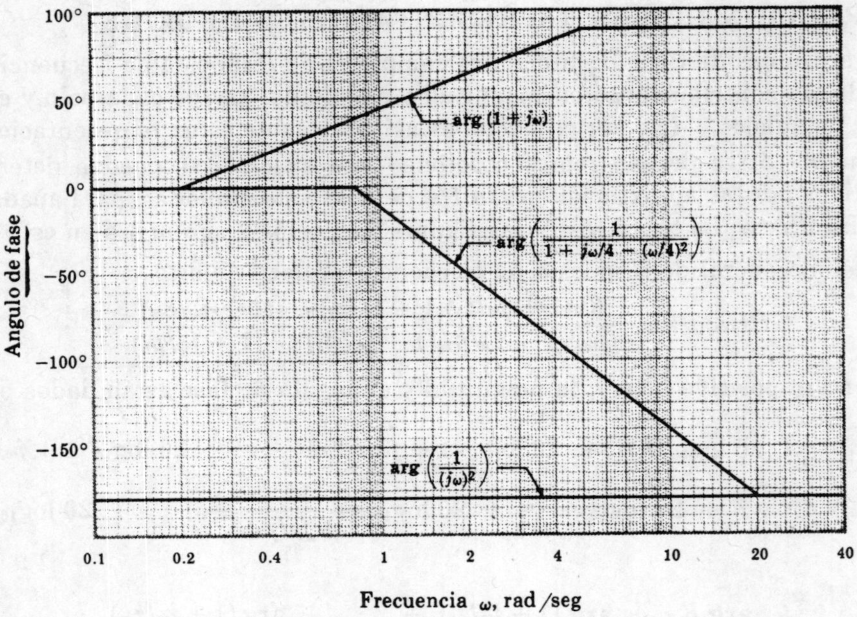

Fig. 15-14

$$20 \log_{10} |GH(j\omega)| \;=\; 20 \log_{10} 10 \;+\; 20 \log_{10} |1 + j\omega| \;+\; 20 \log_{10} \left|\frac{1}{(j\omega)^2}\right| \;+\; 20 \log_{10} \left|\frac{1}{1 + j\omega/4 - (\omega/4)^2}\right|$$

$$\arg GH(j\omega) \;=\; \arg (1 + j\omega) \;+\; \arg (1/j\omega)^2 \;+\; \arg \left(\frac{1}{1 + j\omega/4 - (\omega/4)^2}\right)$$

Las gráficas para cada uno de los términos en estas ecuaciones se obtienen de las figuras 15-1 a 15-12 y se muestran en las figuras 15-13 y 15-14. Las representaciones asintóticas de Bode para $GH(j\omega)$ se obtienen añadiendo estas curvas, lo cual resulta en las figuras 15-15 y 15-16.

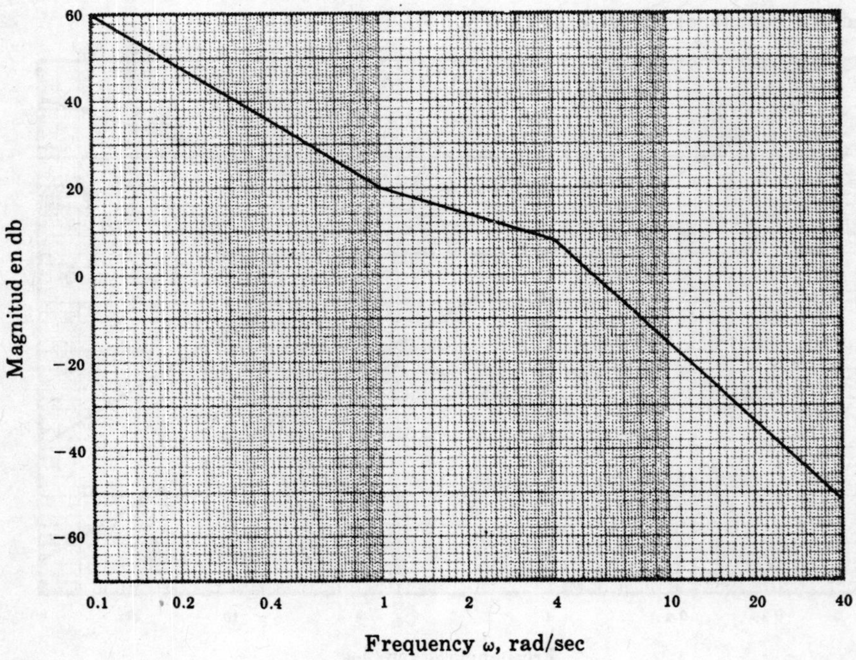

Fig. 15-15

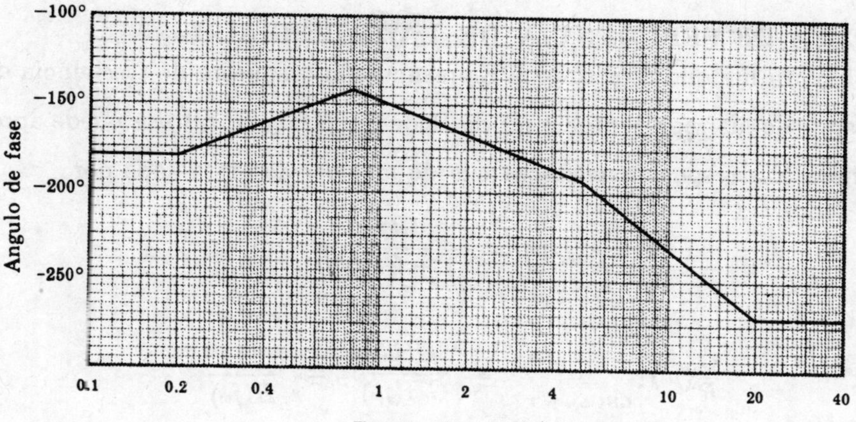

Fig. 15-16

15.6 ESTABILIDAD RELATIVA

Los indicadores de estabilidad relativa, "margen de ganancia" y "margen de fase" se definen en términos de una respuesta de frecuencia del sistema de lazo abierto como se indicó en la sección 10.4. En consecuencia, estos parámetros se pueden determinar fácilmente a partir de las representaciones de Bode de $GH(j\omega)$ como se ilustró en el ejemplo 10.1. Puesto que 0 db corresponde a una magnitud de 1, el *margen de ganancia* es el número de db según el cual $|GH(j\omega)|$ está *por debajo* de 0 db a la frecuencia del cruce de fase ω_π ($\arg GH(j\omega_\pi) = 180°$). El *margen de fase* es el número de grados que $\arg GH(j\omega)$ está por encima de —180° a la frecuencia del cruce de ganancia ω_1 ($|GH(j\omega_1)| = 1$). Si se usan curvas asintóticas para las representaciones de Bode, éstas se deben corregir en un número suficiente de puntos para determinar con exactitud a ω_π, ω_1 y los márgenes de ganancia y fase.

En la mayoría de los casos, los márgenes de ganancia y fase, como se definieron antes, asegurarán la estabilidad del sistema de lazo cerrado. Sin embargo, se puede bosquejar una representación de estabilidad de Nyquist (capítulo 11) o se puede emplear uno de los métodos del capítulo 5 para verificar la estabilidad absoluta del sistema.

Ejemplo 15.4.

El sistema cuyas representaciones de Bode se muestran en la figura 15-17 tiene un margen de ganancia de 8 db y un margen de fase de 40°.

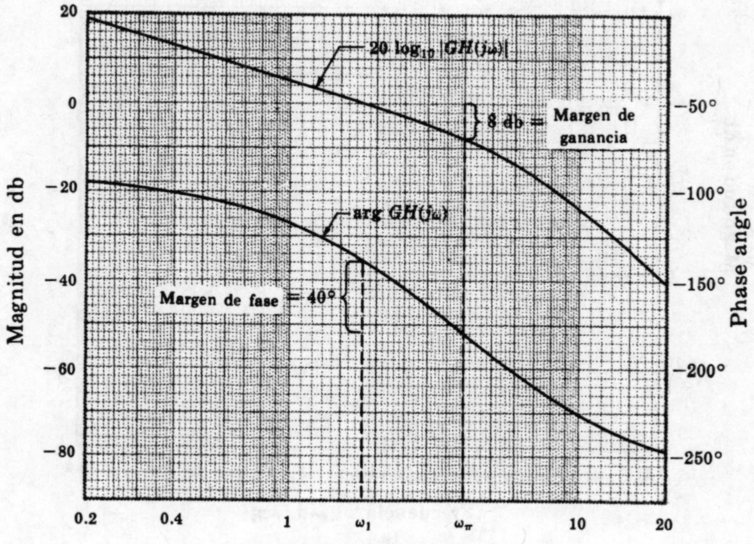

Fig. 15-17

15.7 RESPUESTA DE FRECUENCIA DE LAZO CERRADO

Aunque no hay un método directo para representar la respuesta de frecuencia de lazo cerrado $\frac{C}{R}(j\omega)$ a partir de las representaciones de Bode de $GH(j\omega)$, esto se puede aproximar de la siguiente manera. La respuesta de frecuencia de lazo cerrado está dada por

$$\frac{C}{R}(j\omega) = \frac{G(j\omega)}{1 + GH(j\omega)}$$

Si $|GH(j\omega)| \gg 1$,

$$\left.\frac{C}{R}(j\omega)\right|_{|GH(j\omega)| \gg 1} \cong \frac{G(j\omega)}{GH(j\omega)} = \frac{1}{H(j\omega)}$$

Si $|GH(j\omega)| \ll 1$,

$$\left.\frac{C}{R}(j\omega)\right|_{|GH(j\omega)| \ll 1} \cong G(j\omega)$$

La respuesta de frecuencia de lazo abierto de la mayoría de sistemas se caracteriza por una alta ganancia en las frecuencias bajas y una ganancia decreciente para las frecuencias más altas, debido al exceso de los polos en comparación con los ceros. Luego, la respuesta de frecuencia de lazo cerrado *para un sistema de retroalimentación de unidad* ($H = 1$) se aproxima por medio de una magnitud de 1(0 db) y ángulo de fase de 0° para las frecuencias que están por debajo de la frecuencia del cruce de ganancia ω_1. Para frecuencias por encima de ω_1, la respuesta de frecuencias de lazo cerrado se puede aproximar por medio de la magnitud y ángulo de fase de $G(j\omega)$. *Un ancho de banda aproximado, de lazo cerrado, para la mayoría de sistemas, la constituye la frecuencia del cruce de ganancia* ω_1.

Ejemplo 15.5.

La representación de Bode para la magnitud de lazo abierto y la representación de Bode aproximada para la magnitud de lazo cerrado para el sistema de retroalimentación de unidad representado por $G(j\omega) = \dfrac{10}{j\omega(1 + j\omega)}$ se muestran en la figura 15-18.

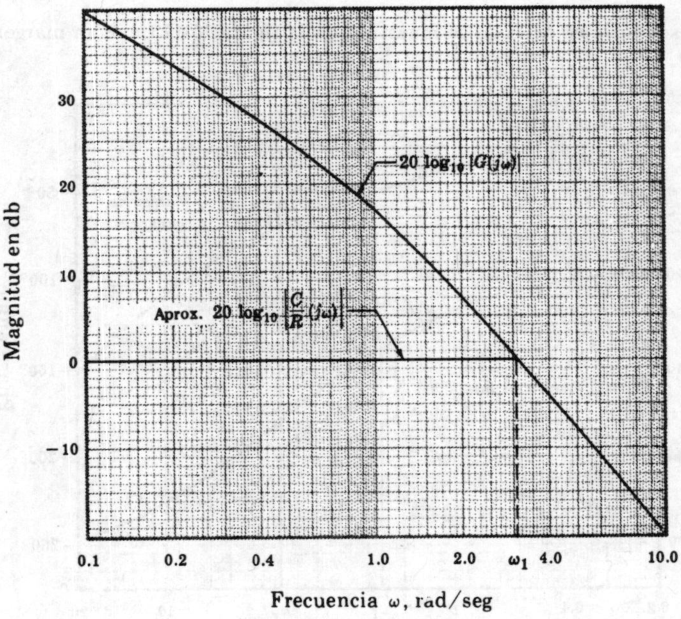

Fig. 15-18

Problemas resueltos

ESCALAS LOGARITMICAS

15.1. Expresar las siguientes cantidades en decibeles (db): (*a*) 2, (*b*) 4, (*c*) 8, (*d*) 20, (*e*) 25, (*f*) 140.

De la ecuación (*15.1*) se tiene

$$db_a = 20\log_{10} 2 = 20(0{,}301) = 6{,}02 \qquad db_d = 20\log_{10} 20 = 20(1{,}301) = 26{,}02$$
$$db_b = 20\log_{10} 4 = 20(0{,}602) = 12{,}04 \qquad db_e = 20\log_{10} 25 = 20(1{,}398) = 27{,}96$$
$$db_c = 20\log_{10} 8 = 20(0{,}903) = 18{,}06 \qquad db_f = 20\log_{10} 140 = 20(2{,}146) = 42{,}92$$

Obsérvese que como $4 = 2 \times 2$, entonces para la parte (*b*) se tiene

$$20\log_{10} 4 = 20\log_{10} 2 + 20\log_{10} 2 = 12{,}04$$

y como $8 = 2 \times 4$, entonces para la parte (*c*) se tiene

$$20\log_{10} 8 = 20\log_{10} 2 + 20\log_{10} 4 = 6{,}02 + 12{,}04 = 18{,}06$$

LA FORMA DE BODE Y LA GANANCIA DE BODE

15.2. Determinar la forma de Bode y la ganancia de Bode para la función de trasferencia

$$GH = \frac{K(s+2)}{s^2(s+4)(s+6)}$$

Sacando a 2 como factor común en el numerador y a 4 y 6 en el denominador y poniendo $s = j\omega$ se obtiene la forma de Bode

$$GH(j\omega) = \frac{(K/12)(1+j\omega/2)}{(j\omega)^2(1+j\omega/4)(1+j\omega/6)}$$

La ganancia de Bode es $K_B = K/12$.

15.3. En una función de trasferencia, ¿cuándo es la ganancia de Bode igual a la ganancia d.c.? (magnitud a la frecuencia cero).

La ganancia de Bode es igual a la ganancia d.c. de cualquier función de trasferencia sin polos o ceros en el origen ($l = 0$ en la ecuación (*15.2*)).

REPRESENTACIONES DE BODE DE FUNCIONES SIMPLES DE RESPUESTA DE FRECUENCIA

15.4. Probar que la representación de Bode para la magnitud de $(j\omega)^l$ es una línea recta.

La representación de Bode para la magnitud de $(j\omega)^l$ es una representación de $20\log_{10}\omega^l$ contra $\log_{10}\omega$. Luego,

$$\text{pendiente} = \frac{d(20\log_{10}\omega^l)}{d(\log_{10}\omega)} = \frac{20l\, d(\log_{10}\omega)}{d(\log_{10}\omega)} = 20l$$

Puesto que la pendiente es constante para cualquier l, la representación de Bode para la magnitud es una línea recta.

15.5. Determinar: (1) las condiciones con las cuales la representación de Bode para la magnitud de un par de polos complejos tiene un máximo, en un valor finito y diferente de cero, de ω, y (2) la frecuencia a la cual ocurre el máximo.

La magnitud de Bode está dada por

$$20\log_{10}\left|\frac{1}{1+j2\zeta\omega/\omega_n - (\omega/\omega_n)^2}\right|$$

Puesto que el logaritmo es una función que aumenta en forma monótona, la magnitud en db tiene un pico (máximo) sii la magnitud misma es un máximo. La magnitud al cuadrado, que es un máximo cuando la magnitud es máxima, es

$$\frac{1}{[1-(\omega/\omega_n)^2]^2+4(\zeta\omega/\omega_n)^2}$$

Derivando esta función e igualando a cero se obtiene

$$\frac{(4\omega/\omega_n^2)[1-(\omega/\omega_n)^2]-8\zeta^2\omega/\omega_n^2}{\{[1-(\omega/\omega_n)^2]^2+4(\zeta\omega/\omega_n)^2\}^2} = 0$$

o

$$1-(\omega/\omega_n)^2-2\zeta^2 = 0$$

y la frecuencia en el máximo es $\omega = \omega_n\sqrt{1-2\zeta^2}$. Puesto que ω debe ser real, por definición, la magnitud tiene un máximo en un valor diferente de cero, de ω solamente si $1-2\zeta^2 > 0$ o $\zeta < 1/\sqrt{2} = 0{,}707$. Para $\zeta \geqq 0{,}707$, la magnitud de Bode decrece en forma monótona.

CONSTRUCCION DE LAS REPRESENTACIONES DE BODE

15.6. Construir las representaciones asintóticas de Bode para la función de respuesta de frecuencia

$$GH(j\omega) = \frac{1+j\omega/2-(\omega/2)^2}{j\omega(1+j\omega/0{,}5)(1+j\omega/4)}$$

Las representaciones asintóticas de Bode se determinan sumando las gráficas de las representaciones asintóticas de cada uno de los términos de $GH(j\omega)$, como en las ecuaciones (*15.10*) y (*15.11*). Las asíntotas para cada uno de estos términos se muestran en las figuras 15-19 y 15-20 y las representaciones asintóticas de Bode para $GH(j\omega)$ se muestran en las figuras 15-21 y 15-22.

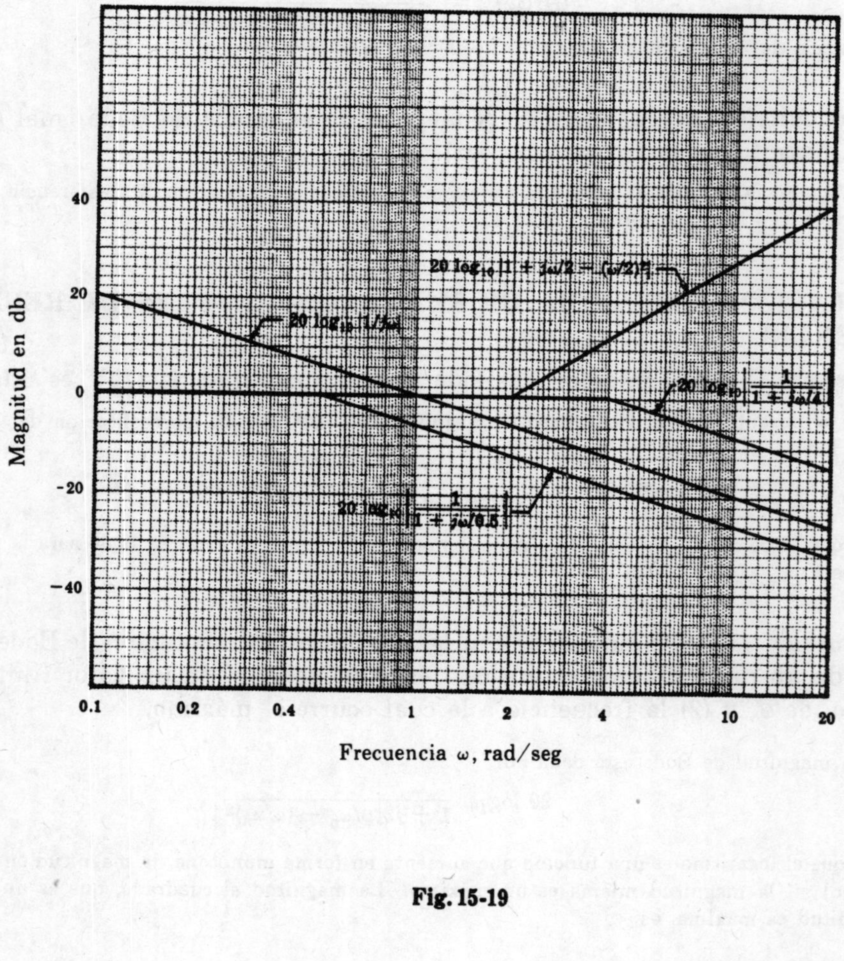

Fig. 15-19

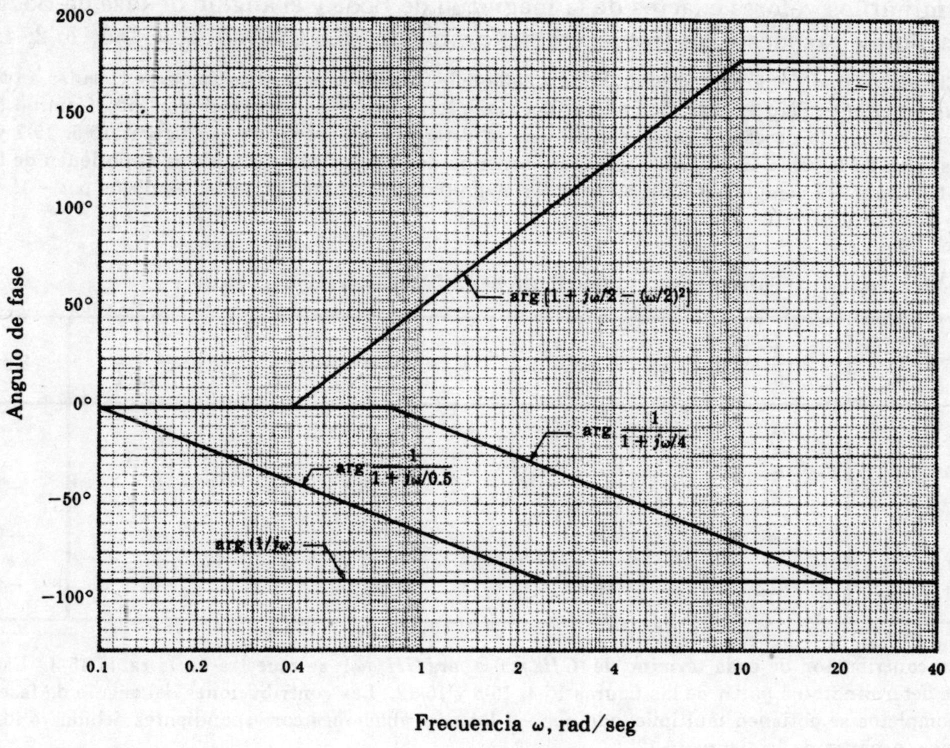

Fig. 15-20

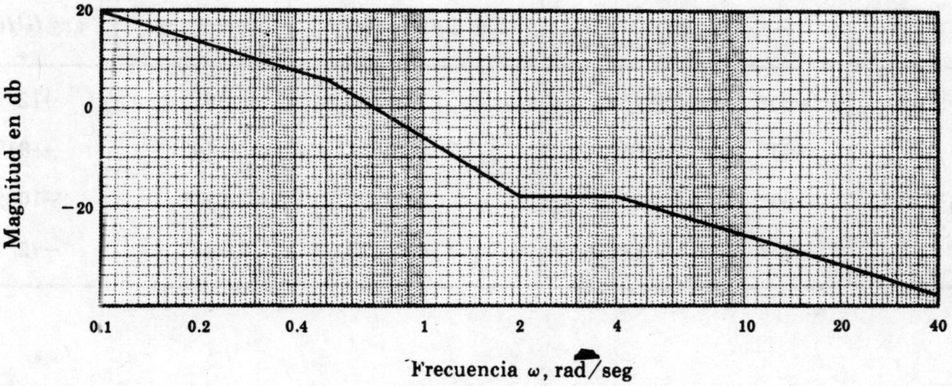

Fig. 15-21

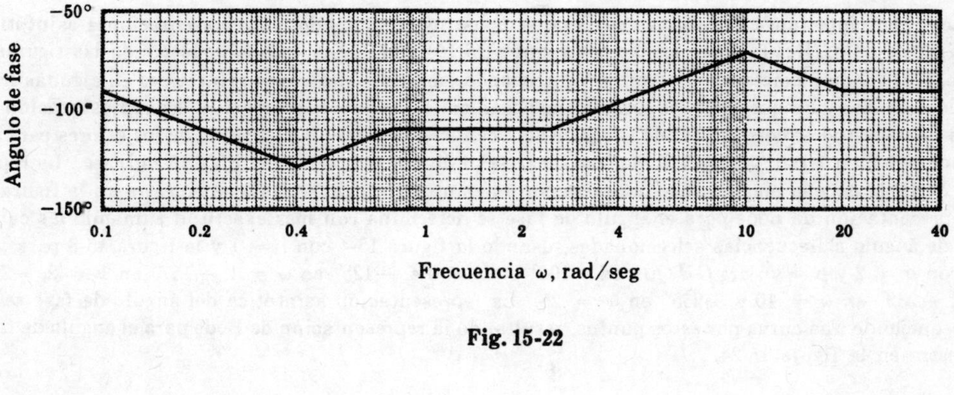

Fig. 15-22

15.7. Determinar los valores exactos de la magnitud de Bode y el ángulo de fase de Bode para la función de respuesta de frecuencia del problema 15.6 cuando $\omega = 0{,}5;\ 1;\ 2;\ 4$.

El valor actual de la magnitud de Bode a cualquier frecuencia específica se puede calcular a partir de la ecuación *(15.1)*. Pero es más fácil sumar las magnitudes en db contribuidas por cada término de $GH(j\omega)$ a la frecuencia deseada. Estas magnitudes se determinan a partir de las figuras 15-3, 15-7 y 15-11 y se resumen en la tabla 15-2. Las magnitudes contribuidas por los ceros complejos se obtienen de la figura 15-11 (para polos complejos) multiplicando la magnitud en db para los polos complejos por —1. En este caso $\zeta = 0{,}5$ y $\omega_n = 2$.

Tabla 15-2. Contribuciones a $20 \log_{10} |GH(j\omega)|$, en db

ω \ Término	$\frac{1}{j\omega}$	$\frac{1}{1+j\omega/0{,}5}$	$1 + j\omega/2 - (\omega/2)^2$	$\frac{1}{1+j\omega/4}$	Total
0,5	6	−3	0	0	3
1,0	0	−7	—0,8	0	—7,8
2,0	−6	−12	0	−1	−19
4,0	−12	−18	−11	−3	−44

La contribución de cada término de $GH(j\omega)$ a $\arg GH(j\omega)$ se muestra en la tabla 15-3. Estos valores se determinaron a partir de las figuras 15-4, 15-8 y 15-12. Las contribuciones del ángulo de fase de los ceros completos se obtienen multiplicando por —1 las contribuciones correspondientes debidas a los polos complejos, a partir de la figura 15-12.

Tabla 15-3. Contribuciones a $\operatorname{Arg} GH(j\omega)$

ω \ Término	$\frac{1}{j\omega}$	$\frac{1}{1+j\omega/0{,}5}$	$1 + j\omega/2 - (\omega/2)^2$	$\frac{1}{1+j\omega/4}$	$\arg GH(j\omega)$
0,5	−90°	−45°	15°	−7°	−127°
1,0	−90°	−63°	33°	−14°	−134°
2,0	−90°	−76°	90°	−27°	−103°
4,0	−90°	−83°	146°	−45°	−72°

15.8. Construir las representaciones de Bode para la función de respuesta de frecuencia

$$GH(j\omega) = \frac{2}{j\omega(1 + j\omega/2)(1 + j\omega/5)}$$

Las representaciones asintóticas de Bode se construyen sumando las representaciones asintóticas de cada término de $GH(j\omega)$, como en las ecuaciones *(15.10)* y *(15.11)* y esto se muestra en las figuras 15-23 y 15-24. Curvas más exactas se determinan corrigiendo las representaciones asintóticas en algunas frecuencias seleccionadas y bosquejando los lugares que pasan por estos puntos corregidos. La representación de Bode para la magnitud se corrige usando la figura 15-7 con $p = 2$ y $p = 5$. La suma de los errores para ambos polos son —1 db a 1 rad/seg, —3 db a 2 rad/seg, —3,6 db a 5 rad/seg y —1 db a 10 rad/seg. La representación de Bode para la magnitud se bosqueja por los puntos corregidos como se muestra en la figura 15-23. Una representación de Bode para el ángulo de fase se determina con más exactitud sumando las contribuciones de ángulo a frecuencias seleccionadas, usando la figura 15-4 con $l = 1$ y la figura 15-8 para los dos polos con $p = 2$ y $p = 5$; $\arg GH(j\omega)$ es —106° en $\omega = 0{,}4$, —128° en $\omega = 1$, —157° en $\omega = 2$, —203° en $\omega = 5$, —232° en $\omega = 10$ y —255° en $\omega = 25$. La representación asintótica del ángulo de fase se modifica bosquejando una curva por estos puntos, resultando la representación de Bode para el ángulo de fase que se muestra en la figura 15-24.

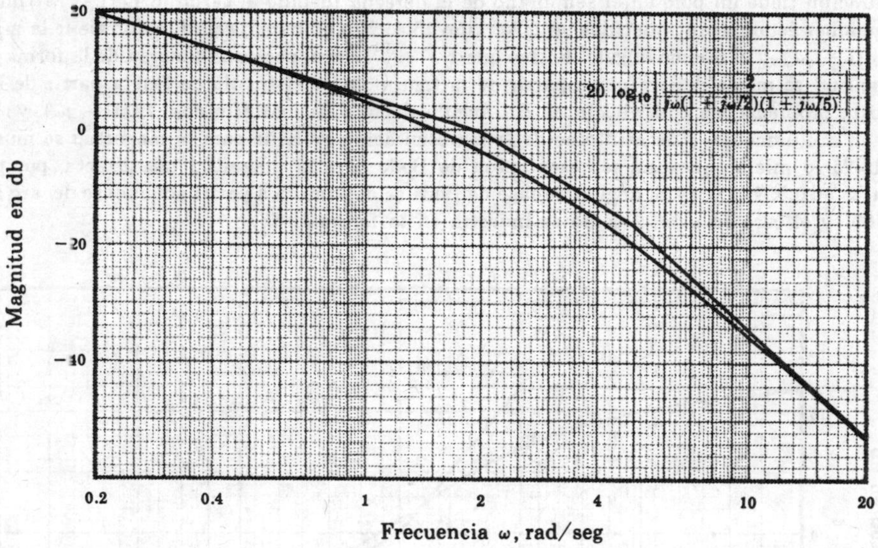

Fig. 15-23

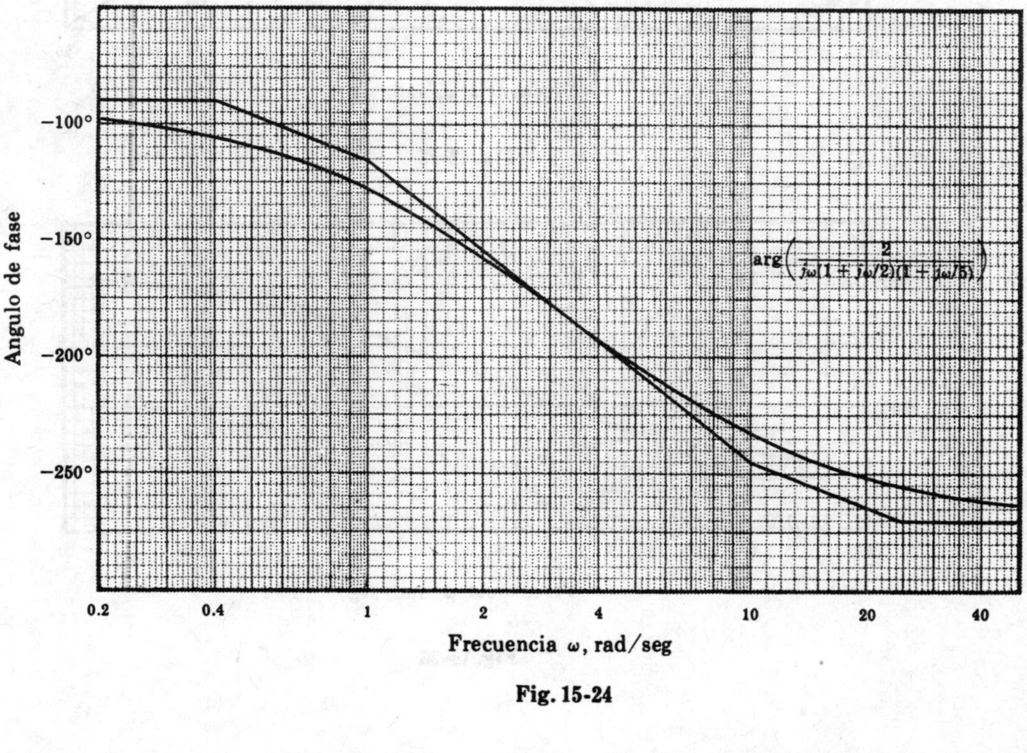

Fig. 15-24

15.9. **Construir las representaciones de Bode para la función de trasferencia de lazo abierto $GH = \dfrac{2(s+2)}{(s^2-1)}$.**

Con $s = j\omega$ la forma de Bode para esta función de trasferencia es

$$GH(j\omega) = \frac{-4(1+j\omega/2)}{(1+j\omega)(1-j\omega)}$$

Esta función tiene un polo en el semiplano de la derecha (debido al término $1/(1 - j\omega)$) que no es una de las funciones estándar introducidas en la sección 15.4. Sin embargo, esta función tiene la misma magnitud que $1/(1 + j\omega)$ y el mismo ángulo de fase que $1 + j\omega$. Luego, para una función de la forma $1/(1 - j\omega/p)$, la magnitud se puede determinar a partir de la figura 15-7 y el ángulo de fase a partir de la figura 15-10. Para este problema las contribuciones del ángulo de fase de los términos $1/(1 + j\omega)$ y $1/(1 - j\omega)$ se eliminan mutuamente. Las asíntotas de la representación de Bode para la magnitud se muestran en la figura 15-25 lo mismo que una representación de Bode para la magnitud más exacta, por puntos corregidos en $\omega = 0{,}5$; 1; 2 y 4. El ángulo de fase de Bode se determina a partir solamente de $\arg K_B = \arg(-4) = -180°$ y el cero en $\omega = 2$ como se muestra en la figura 15-26.

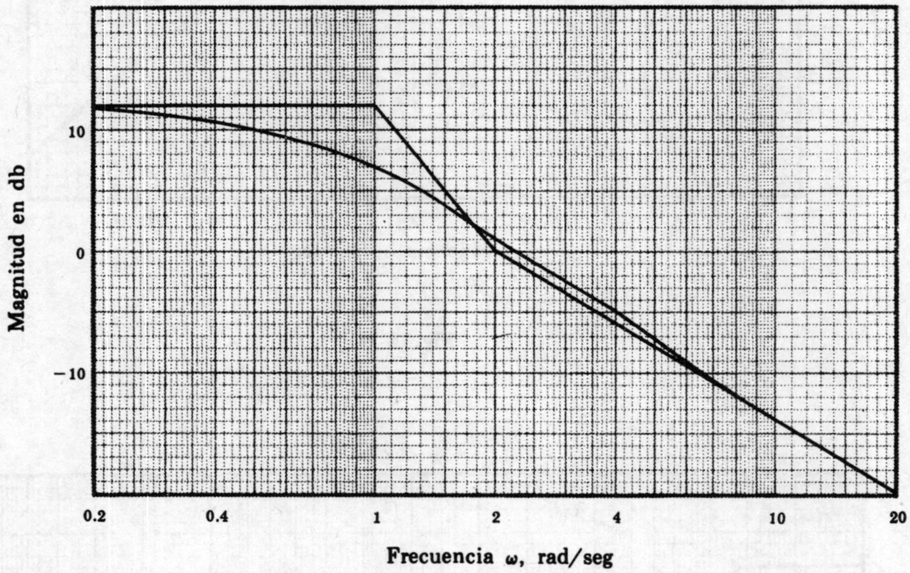

Fig. 15-25

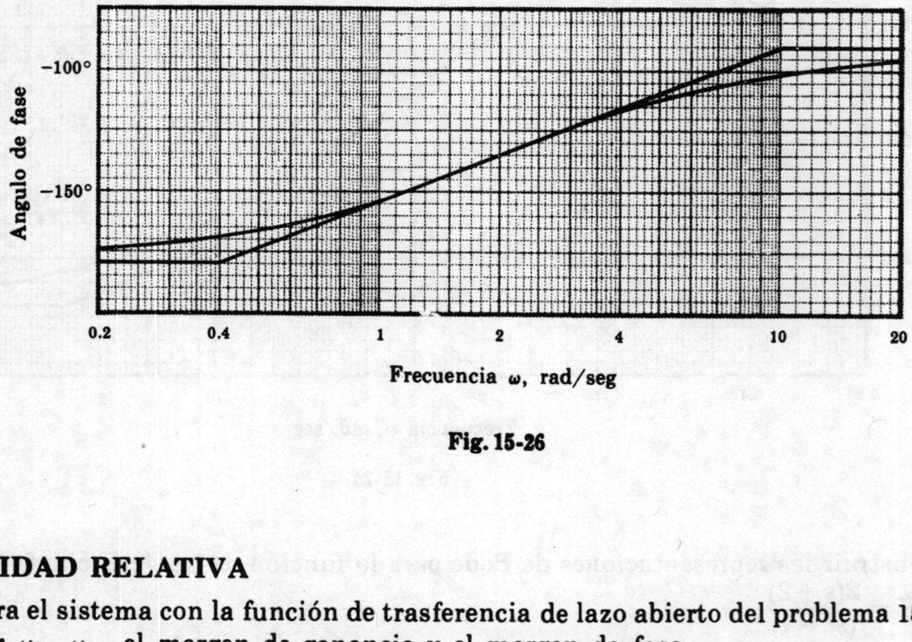

Fig. 15-26

ESTABILIDAD RELATIVA

15.10. Para el sistema con la función de trasferencia de lazo abierto del problema 15.6, encontrar ω_1, ω_π, el margen de ganancia y el margen de fase.

Usando los valores actuales para la magnitud de Bode determinados en el problema 15.7 para $\omega = 0{,}5$ y 1,0, la curva actual de magnitud se bosqueja como se muestra en la figura 15-27 y la frecuencia del cruce de ganancia es $\omega_1 = 0{,}62$. La frecuencia del cruce de fase ω_π es indeterminada porque $\arg GH(j\omega)$ nunca cruza $-180°$. Usando extrapolación lineal de los valores del ángulo de fase en $\omega = 0{,}5$ y $\omega = 1$ en la tabla 15-3, $\arg GH(j\omega_1) = \arg GH(j\,0{,}62)$ se calcula en $-129°$. Luego el margen de fase es $-129° + 180° = 51°$. Puesto que ω_π es indeterminada, el margen de ganancia también es indeterminado.

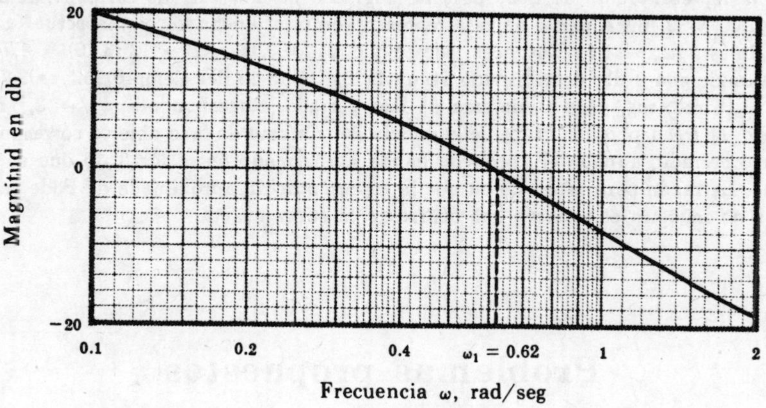

Fig. 15-27

15.11. Determinar los márgenes de ganancia y fase para el sistema con la función de respuesta de frecuencia de lazo abierto del problema 15.8.

De la figura 15-23, $\omega_1 = 1{,}5$; y de la figura 15-24, $\arg GH(j\omega_1) = -144°$. Por tanto el margen de fase es $180° - 144° = 36°$. De la figura 15-24, $\omega_\pi = 3{,}2$; y el margen de ganancia se lee a partir de la figura 15-23 como $-20 \log_{10} |GH(j\omega_\pi)| = 11$ db.

15.12. Determinar los márgenes de ganancia y fase para el sistema con la función de trasferencia de lazo abierto del problema 15.9.

De la figura 15-25, $\omega_1 = 2{,}3$ rad/seg. De la figura 15-26, $\arg GH(j\omega_1) = -127°$. Luego el margen de fase es $180° - 127° = 53°$. Como se muestra en la figura 15-26, $\arg GH(j\omega)$ tiende a $-180°$ a medida que ω disminuye. Puesto que $\arg GH(j\omega) = -180°$ solamente en $\omega = 0$, entonces $\omega_\pi = 0$. Por tanto, el margen de ganancia es $-20 \log_{10} |GH(j\omega_\pi)| = -12$ db, hallado usando el procedimiento normal. Aunque un margen de ganancia negativo indica inestabilidad en la mayoría de sistemas, este sistema es estable como se puede verificar bosquejando la representación de estabilidad de Nyquist como se muestra en la figura 15-28. Hay que recordar que el sistema de lazo abierto tiene un polo en el semiplano de la derecha; pero el cero de GH en -2 actúa para estabilizar el sistema para $K = 2$.

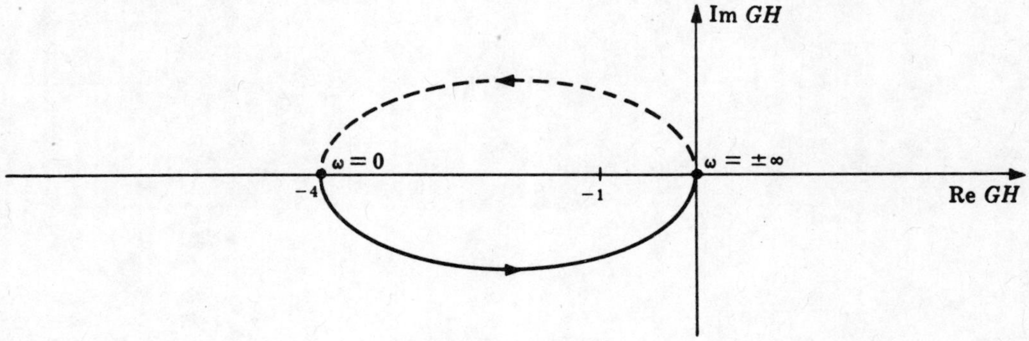

Fig. 15-28

RESPUESTA DE FRECUENCIA DE LAZO CERRADO

15.13. Para el sistema del ejemplo 15.5 con $H = 1$, determinar la función de respuesta de frecuencia de lazo cerrado y comparar la representación de Bode para la magnitud de lazo cerrado con la aproximada del ejemplo 15.5.

Para este sistema, $GH = \dfrac{10}{s(s+1)}$. Entonces $\dfrac{C}{R} = \dfrac{10}{s^2+s+10}$ y

$$\frac{C}{R}(j\omega) = \frac{1}{1 + j\omega/10 - \omega^2/10}$$

Por tanto, la representación de Bode para la magnitud de lazo cerrado corresponde a la figura 15-11, con $\zeta = 0{,}18$ y $\omega_n = 3{,}16$. A partir de esta representación, el ancho de banda actual en forma normalizada entre los 3 db es $\omega/\omega_n = 1{,}5$. Entonces, puesto que $\omega_n = 3{,}16$, AB = 1,5(3,16) = 4,74 rad/seg. El ancho de banda aproximado 3 db, determinado según la figura 15-18 del ejemplo 15.5 es 3,7 rad/seg. Obsérvese que $\omega_n = 3{,}16$ rad/seg, para el sistema de lazo cerrado, corresponde a $\omega_1 = 3{,}1$ rad/seg en la figura 15-18. Luego, la frecuencia del cruce de ganancia del sistema de lazo abierto corresponde a ω_n para el sistema de lazo cerrado, aunque el ancho de banda aproximado entre los 3 db que se calculó antes, no es muy exacto. La razón para esto está en que la representación aproximada de Bode para la magnitud de la figura 15-18 no muestra el máximo que ocurre en la curva exacta.

Problemas propuestos

15.14. **Construir las representaciones de Bode para la función de respuesta de frecuencia de lazo abierto.**

$$GH(j\omega) = \frac{4(1 + j\omega/2)}{(j\omega)^2(1 + j\omega/8)(1 + j\omega/10)}$$

15.15. **Construir las representaciones de Bode y determinar los márgenes de ganancia y fase para el sistema con la función de respuesta de frecuencia de lazo abierto**

$$GH(j\omega) = \frac{4}{(1 + j\omega)(1 + j\omega/3)^2}$$

15.16. **Resolver los problemas 13.34 y 13.36 construyendo representaciones de Bode.**

15.17. **Hacer el problema 13.51 usando representaciones de Bode.**

15.18. **Hacer el problema 11.59 usando representaciones de Bode.**

Capítulo 16

Diseño de Bode

16.1 FILOSOFIA DEL DISEÑO

El diseño de un sistema de control por retroalimentación usando las técnicas de Bode involucra la conformación y reconformación de las representaciones de Bode para la magnitud y el ángulo de fase hasta que se satisfagan las especificaciones del sistema. Estas especificaciones se expresan convenientemente en términos de los factores de mérito en el dominio de la frecuencia, tales como los márgenes de ganancia y de fase durante el comportamiento bajo transitorios y las constantes de error (capítulo 9) para la respuesta al estado estacionario en el dominio del tiempo.

El conformar las representaciones asintóticas de Bode añadiendo compensación en cascada o en la retroalimentación constituye un procedimiento relativamente fácil. En las secciones 16.3, 16.4 y 16.5 se muestran representaciones de Bode para varias redes comunes de compensación. Con estas gráficas, las contribuciones en magnitud y ángulo de fase de un compensador particular se pueden añadir directamente a las representaciones de Bode del sistema no compensado.

Generalmente es necesario corregir las representaciones asintóticas de Bode en las etapas finales del diseño para verificar con exactitud si quedan satisfechas las especificaciones sobre el trabajo ejecutado por el sistema.

16.2 COMPENSACION DEL FACTOR DE GANANCIA

En algunos casos es posible satisfacer todas las especificaciones del sistema, simplemente ajustando el factor de ganancia de lazo abierto K. Sin embargo, cuando se trabaja con las representaciones de Bode es más conveniente usar la ganancia de Bode:

$$K_B = \frac{K \prod_{i=1}^{m} z_i}{\prod_{i=1}^{n} p_i}$$

donde $-p_i$ y $-z_i$ son los polos y ceros finitos de GH.

El ajustar la ganancia de Bode no afecta la representación del ángulo de fase. Esto solamente desplaza la representación de la magnitud hacia arriba o hacia abajo consecuentemente con el aumento o disminución en K_B. El procedimiento más simple consiste en alterar la escala en db de la representación de la magnitud de acuerdo con el cambio en K_B, en vez de volver a representar la curva. Por ejemplo, si K_B se dobla, la escala en db se debe desplazar hacia abajo de $20 \log_{10} 2 = 6{,}02$ db.

Ejemplo 16.1.

Las representaciones de Bode para

$$GH(j\omega) = \frac{K_B}{j\omega(1 + j\omega/2)}$$

se muestran en la figura 16-1 para $K_B = 1$.

La cantidad máxima según la cual K_B se puede aumentar para mejorar el rendimiento en estado estacionario del sistema sin disminuir el margen de fase por debajo de 45°, se determina como sigue: En la figura 16-1, el margen de fase es de 45° si la frecuencia del cruce de ganancia ω_1 es de 2 rad/seg y la representación de la magnitud se puede aumentar por lo menos 9 db antes que ω_1 llegue a ser igual a 2 rad/seg. Luego se puede aumentar a K_B en 9 db sin disminuir el margen de fase por debajo de 45°.

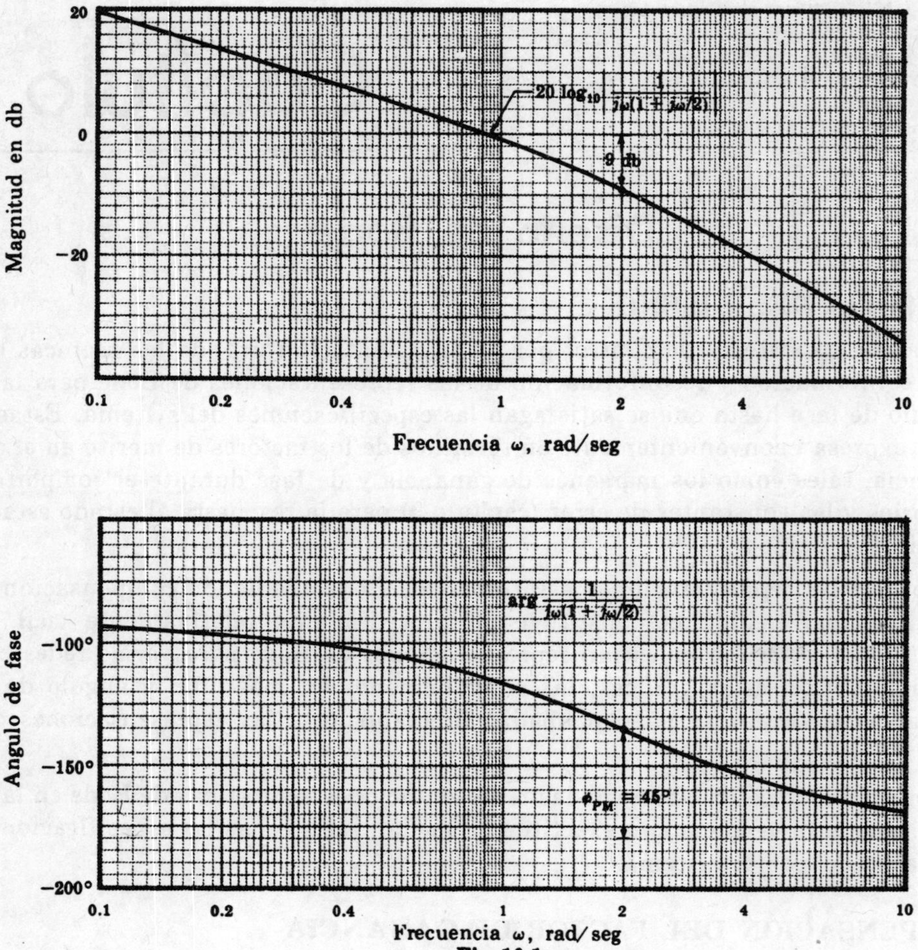

Fig. 16-1

16.3 COMPENSACION DE ADELANTO

El compensador de adelanto presentado en las secciones 6.3 y 12.4 tiene la siguiente función de respuesta de frecuencia en la forma de Bode

$$P_{\text{Adelanto}}(j\omega) \quad = \quad \frac{\frac{a}{b}(1 + j\omega/a)}{1 + j\omega/b} \tag{16.1}$$

Las representaciones de Bode de este compensador para *varias razones de adelanto* a/b se muestran en la figura 16-2. Estas gráficas muestran que el añadir a un sistema un compensador de adelanto en cascada baja la curva de magnitud total en la región de las frecuencias bajas y sube la curva del ángulo de fase total en la región comprendida entre las frecuencias bajas y las frecuencias medias. Otras propiedades del compensador de adelanto se discuten en la sección 12.4.

La cantidad de atenuación y adelanto de fase en las bajas frecuencias producidos por el compensador de adelanto depende de la relación de adelanto a/b. El máximo adelanto de fase ocurre en la frecuencia $\omega_m = \sqrt{ab}$ y es igual a

$$\phi_{\max} \quad = \quad (90 - 2\tan^{-1}\sqrt{a/b}) \text{ grados} \tag{16.2}$$

La compensación de fase se usa normalmente para aumentar los márgenes de ganancia y fase de un sistema o para aumentar su ancho de banda. Generalmente se requieren modificaciones adicionales de la ganancia de Bode K_B con las redes de adelanto, como se explica en la sección 12.4.

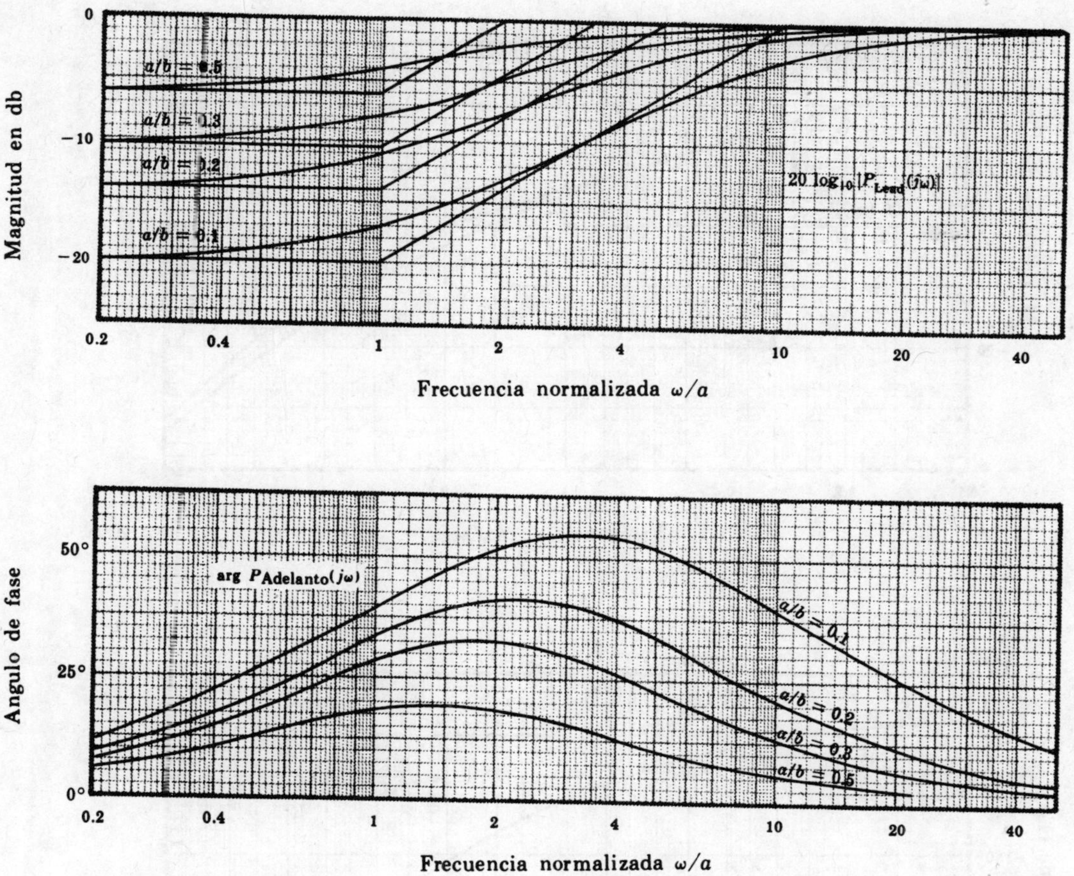

Fig. 16-2

Ejemplo 16.2.

Un sistema sin compensación cuya función de trasferencia de lazo abierto es

$$GH = \frac{24}{s(s+2)(s+6)}, \qquad H = 1$$

se va a diseñar para satisfacer las siguientes especificaciones de trabajo:

(1) cuando la entrada es una rampa con pendiente (velocidad) igual a 2π rad/seg, el error de posición en estado estacionario debe ser menor o igual a $\pi/10$ radianes.

(2) $\phi_{PM} = 45° \pm 5°$

(3) la frecuencia de cruce de ganancia $\omega_1 \geq 1$ rad/seg*.

La compensación de adelanto es conveniente, como se describió en detalle en el ejemplo 12.3. Trasformando $GH(j\omega)$ a la forma de Bode se tiene

$$GH(j\omega) = \frac{2}{j\omega(1 + j\omega/2)(1 + j\omega/6)}$$

se ve que la ganancia de Bode K_B es igual a la constante de error de velocidad $K_{v1} = 2$. Las representaciones de Bode para este sistema se muestran en la figura 16-3.

El error en estado estacionario $e(\infty)$ está dado por la ecuación (9.5) como $1/K_v$ para una entrada con la función rampa unidad. Por tanto si $e(\infty) \leq \pi/10$ radianes y la rampa tiene una pendiente de 2π en cambio de uno, entonces la constante de error de velocidad requerida es

$$K_{v2} \geq 2\pi/(\pi/10) = 20 \text{ seg}^{-1}$$

* Cuando se usan las técnicas de Bode, las especificaciones sobre el *ancho de banda* del sistema de lazo cerrado a veces se interpretan en términos de la frecuencia del cruce de ganancia ω_1, lo cual se determina fácilmente de la representación de Bode para la magnitud. El ancho de banda y ω_1 generalmente no son equivalentes; pero cuando el uno aumenta o disminuye, el otro generalmente lo sigue. Como se describe en la sección 15.7, ω_1 constituye una aproximación razonable del ancho de banda.

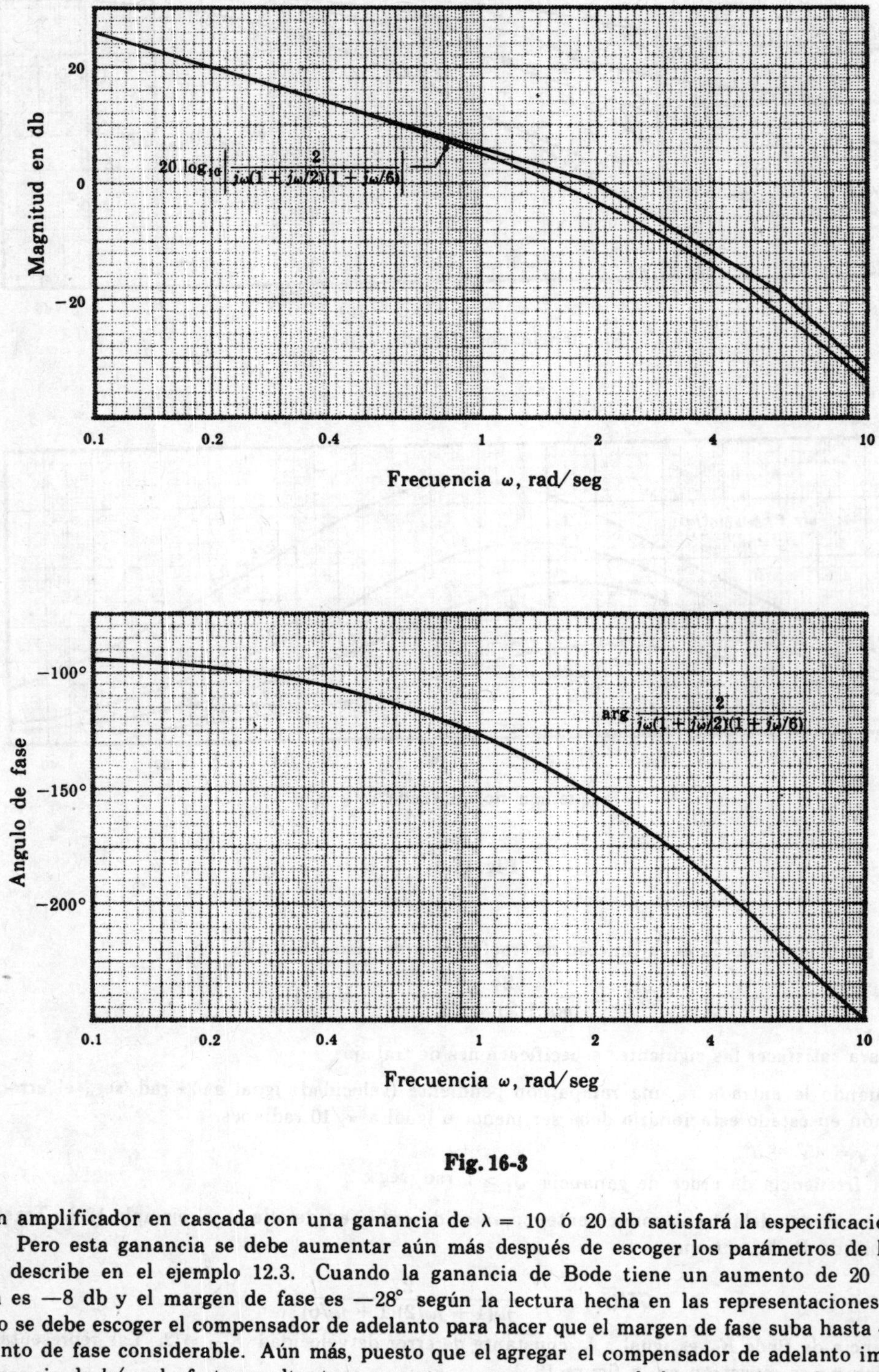

Fig. 16-3

Luego un amplificador en cascada con una ganancia de $\lambda = 10$ ó 20 db satisfará la especificación en estado estacionario. Pero esta ganancia se debe aumentar aún más después de escoger los parámetros de la red de adelanto como se describe en el ejemplo 12.3. Cuando la ganancia de Bode tiene un aumento de 20 db, el margen de ganancia es −8 db y el margen de fase es −28° según la lectura hecha en las representaciones de la figura 16.3. Por tanto se debe escoger el compensador de adelanto para hacer que el margen de fase suba hasta 45°. Esto requiere un adelanto de fase considerable. Aún más, puesto que el agregar el compensador de adelanto implica un aumento en la ganancia de b/a, el efecto resultante se muestra por un aumento de la ganancia en las frecuencias medias y altas, aumentando así la frecuencia del cruce de ganancia. Luego se debe establecer un margen de fase de 45° a una frecuencia más alta lo cual requiere un mayor adelanto de fase. Por estas razones se añaden dos redes de adelanto en cascada (con el aislamiento necesario para reducir los efectos de recargue, si se requiere).

Para determinar los parámetros del compensador de adelanto, se supone que la ganancia de Bode ha tenido un aumento de 20 db de tal manera que la línea de 0 db se baje efectivamente de 20 db. Si se escoge $b/a = 10$, entonces el compensador de adelanto añadido a un aumento en la ganancia de Bode de $(b/a)^2$, para las dos redes, tiene la siguiente forma combinada:

$$[10 P_{\text{Adelanto}}(j\omega)]^2 \quad = \quad G_c(j\omega) \quad = \quad \frac{(1 + j\omega/a)^2}{(1 + j\omega/10a)^2}$$

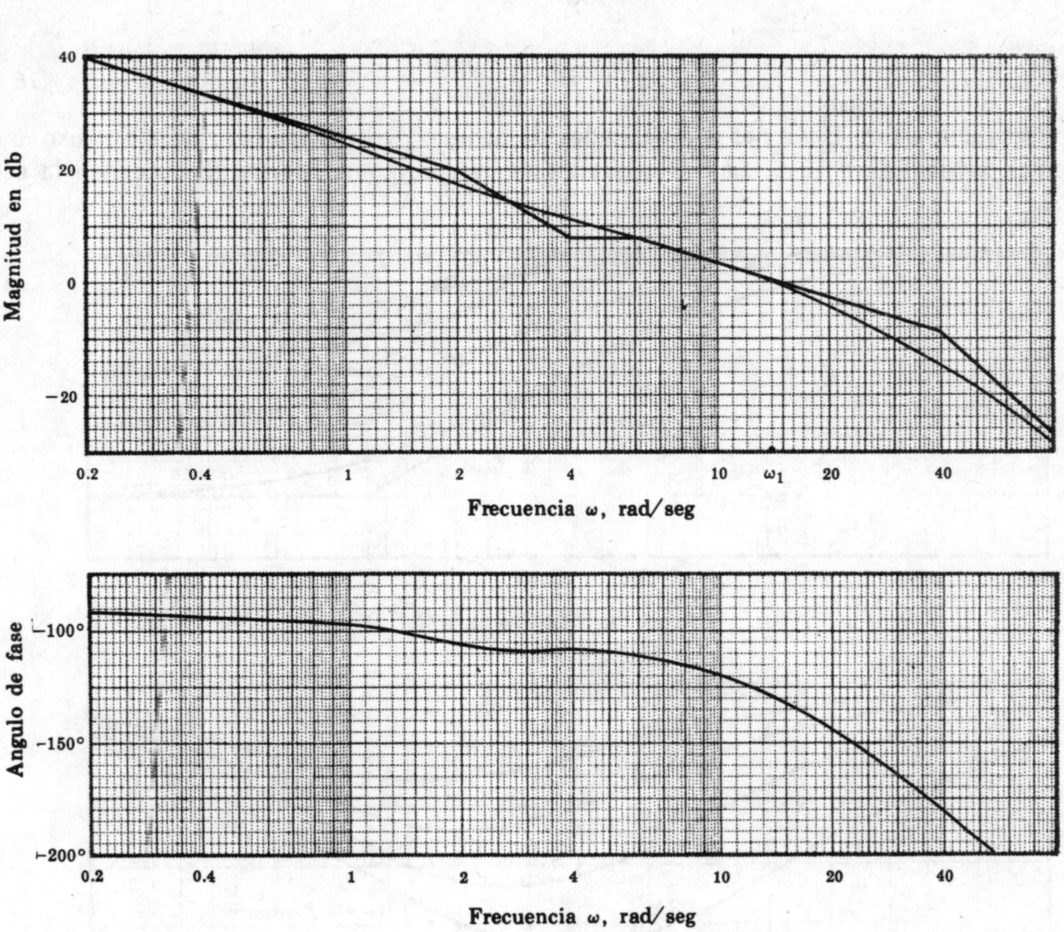

Fig. 16-4

Se debe escoger ahora un valor apropiado para a. Un método útil para mejorar la estabilidad de sistemas consiste en tratar de cruzar la línea de 0 db a una pendiente de −6 db/octava. El hacer el cruce a una pendiente de −12 db/octava generalmente resulta en un valor demasiado bajo para el margen de fase. Si a se iguala a 2, un bosquejo de las asíntotas muestra que la línea de 0 db se cruza a una pendiente de −12 db/octava. Si $a = 4$, la línea de 0 db se cruza a una pendiente de −6 db/octava. Las representaciones de Bode para la magnitud y el ángulo de fase para el sistema con $a = 4$ rad/seg, se muestran en la figura 16-4. El margen de ganancia es de 14 db y el margen de fase es de 50°. Luego la segunda especificación queda satisfecha. La frecuencia del cruce de ganancia $\omega_1 = 14$ rad/seg, es considerablemente superior al valor especificado, lo cual indica que el sistema responderá mucho más rápido que lo exigido por la tercera especificación. El diagrama en bloque del sistema compensado se muestra en la figura 16-5. Un amplificador bien diseñado puede servir adicionalmente para contrarrestar el efecto de recargue si se coloca *entre* las dos redes de adelanto.

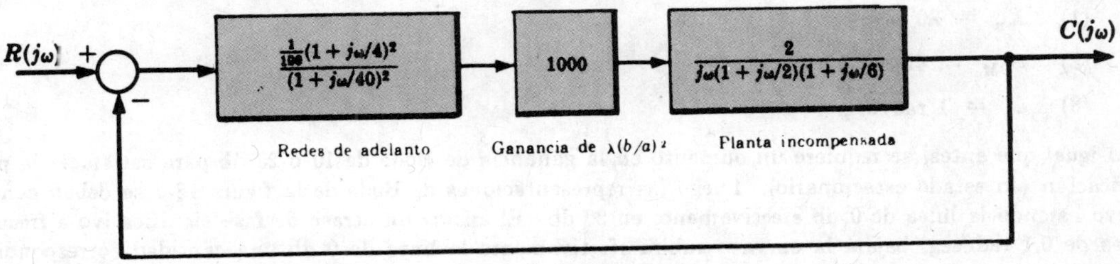

Fig. 16-5

16.4 COMPENSACION DE ATRASO

El compensador de atraso presentado en las secciones 6.3 y 12.5, tiene la siguiente función de respuesta de frecuencia en la forma de Bode:

$$P_{\text{Atraso}}(j\omega) \quad = \quad \frac{1 + j\omega/b}{1 + j\omega/a} \tag{16.3}$$

Las representaciones de Bode del compensador de atraso, para varias *razones de atraso* b/a se muestran en la figura 16-6. Las propiedades de este compensador se discuten en la sección 12.5.

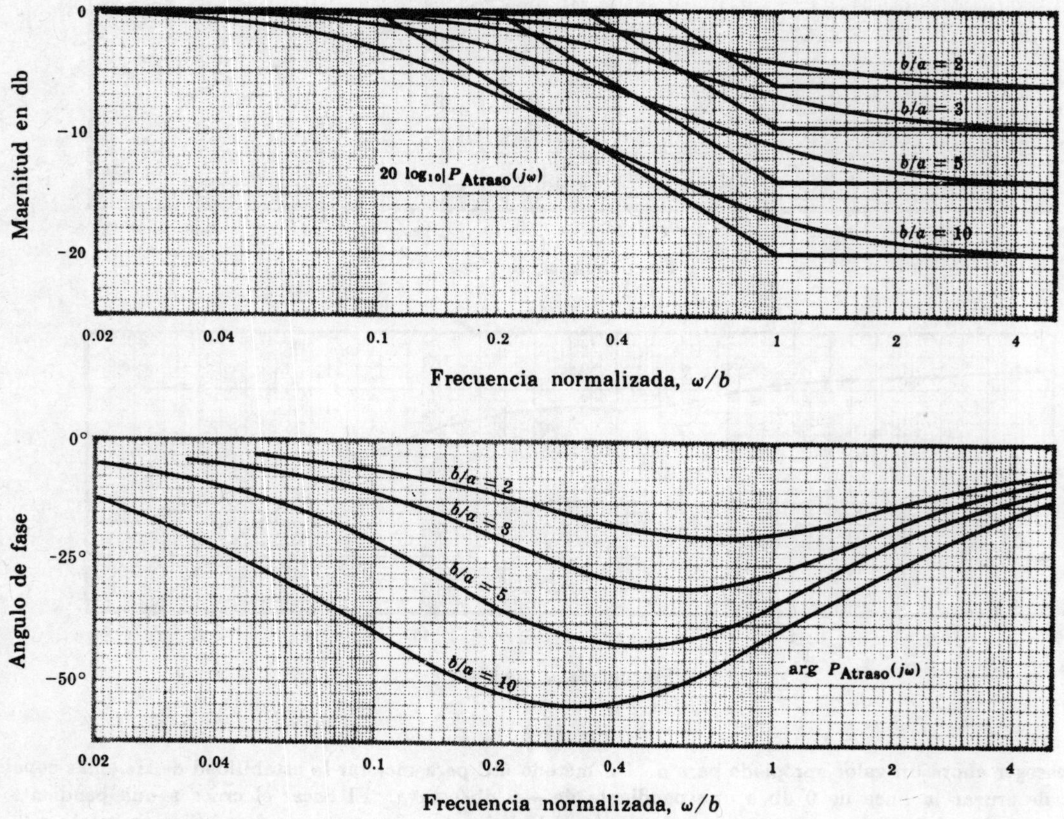

Fig. 16-6

Ejemplo 16.3.

Vamos a diseñar nuevamente el sistema del ejemplo 16.2 usando compensación del factor de ganancia y de *atraso* como se detalló en el ejemplo 12.4. El sistema sin compensación se representa de nuevo por

$$GH(j\omega) \quad = \quad \frac{2}{j\omega(1 + j\omega/2)(1 + j\omega/6)}$$

y las especificaciones son

(1) $K_v \;\geq\; 20 \text{ seg}^{-1}$

(2) $\phi_{PM} \;=\; 45° \pm 5°$

(3) $\omega_1 \;\geq\; 1 \text{ rad/seg.}$

Al igual que antes, se requiere un aumento en la ganancia de Bode de 10 ó 20 db para satisfacer la primera especificación (en estado estacionario). Luego las representaciones de Bode de la figura 16-3 se deben considerar de nuevo bajando la línea de 0 db efectivamente en 20 db. El añadir un atraso de fase significativo a frecuencias menores de 0,1 rad/seg, bajará la curva o subirá efectivamente la línea de 0 db una cantidad correspondiente a b/a. Luego la razón b/a se debe escoger de tal manera que el margen de fase resultante sea 45°. De la representación de Bode para el ángulo de fase (figura 16-3) se ve que se obtiene un margen de fase de 45° si la frecuencia del cruce de ganancia es $\omega_1 = 1{,}3$ rad/seg. De la representación de Bode para la magnitud, se ve que esto requiere que la curva de magnitud se baje de $2 + 20 = 22$ db. Luego se requiere una disminución en la ganancia de 22 db, o un factor de 14. Esto se puede obtener usando un compensador de atraso con $b/a = 14$. La localización actual del compensador es arbitraria siempre y cuando que el desplazamiento de fase producido en ω_1 sea despreciable. Los valores de $a = 0{,}01$ y $b = 0{,}14$ rad/seg son adecuados. El diagrama en bloque del sistema compensado se muestra en la figura 16-7.

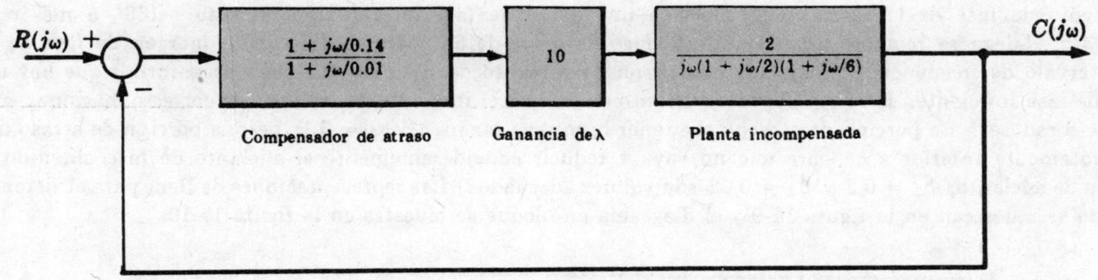

Fig. 16-7

16.5 COMPENSACION DE ATRASO Y ADELANTO

A veces es deseable, como se discutió en la sección 12.6, emplear simultáneamente compensación de atraso y adelanto. Aunque se pueden conectar dos de estas redes en serie (una de cada una) para lograr el efecto deseado, en general es más conveniente realizar el compensador de atraso y adelanto combinado, descrito en el ejemplo 6.6. Este compensador se puede construir con una sola red RC como se muestra en el problema 6.14.

La forma de Bode de la función de respuesta de frecuencia para el compensador de atraso y adelanto es

$$P_{AA}(j\omega) = \frac{(1+j\omega/a_1)(1+j\omega/b_2)}{(1+j\omega/b_1)(1+j\omega/a_2)}$$

con $b_1 > a_1$, $b_2 > a_2$ y $a_1 b_2 = b_1 a_2$. Una representación típica de Bode para la magnitud en la cual $a_1 > b_2$ se muestra en la figura 16-8. Las representaciones de Bode para un compensador de atraso y adelanto específico se pueden determinar combinando las representaciones de Bode para la porción de atraso de la figura 16-6 con las representaciones de Bode para la porción de adelanto de la figura 16-2. Las propiedades adicionales del compensador de atraso y adelanto se discuten en la sección 12.6.

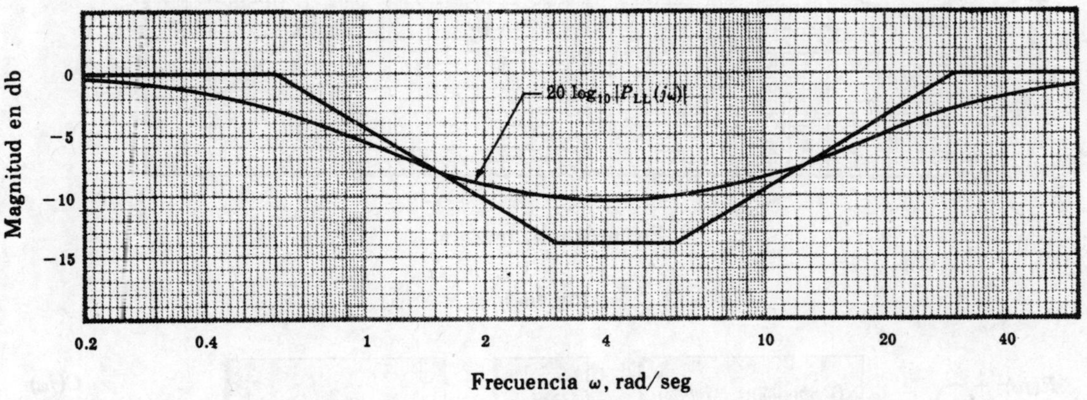

Fig. 16-8

Ejemplo 16.4.

Vamos a diseñar de nuevo el sistema del ejemplo 16.2 usando compensación de atraso y adelanto. Supóngase por ejemplo que queremos que la frecuencia del cruce de ganancia ω_1 (ancho de banda aproximado de lazo cerrado) sea mayor de 2 rad/seg pero menor de 5 rad/seg manteniendo las otras especificaciones del ejemplo 16.2. Para esta aplicación veremos que el compensador de atraso y adelanto tiene ventajas sobre el compensador de atraso solo o del de adelanto solo. El sistema sin compensación se representa de nuevo por

$$GH(j\omega) = \frac{2}{j\omega(1+j\omega/2)(1+j\omega/6)}$$

Las representaciones de Bode se muestran en la figura 16-3. Como en el ejemplo 16.2, un aumento de 20 db en la ganancia de Bode es necesario para satisfacer la especificación sobre rendimiento en estado estacionario. De nuevo, refiriéndose a la figura 16-3 con la línea de 0 db desplazada hacia abajo de 20 db como consecuencia del aumento en la ganancia de Bode, los parámetros del compensador de atraso y adelanto se deben escoger a fin de obtener una frecuencia del cruce de ganancia entre 2 y 5 rad/seg, con un margen de fase de cerca de 45°. La representación del ángulo de fase de la figura 16-3, muestra un ángulo de fase de aproximadamente $-188°$ a más o menos 4 rad/seg. Luego se requiere un adelanto de fase de cerca de 53° para establecer un margen de fase de 45° en ese intervalo de frecuencia. Escojamos una razón de adelanto de $a_1/b_1 = 0{,}1$ para asegurarnos que hay un adelanto de fase suficiente. Para colocar este adelanto de fase en el intervalo de frecuencias correcto, hagamos $a_1 = 0{,}8$ y $b_1 = 8$ rad/seg. La porción de atraso debe tener la misma razón $a_2/b_2 = 0{,}1$; pero la porción de atraso debe ser suficientemente inferior a a_1 para que no vaya a reducir considerablemente el adelanto de fase obtenido con la porción de adelanto; $b_2 = 0{,}2$ y $a_2 = 0{,}02$ son valores adecuados. Las representaciones de Bode para el sistema compensado se muestran en la figura 16-9 y el diagrama en bloque se muestra en la figura 16-10.

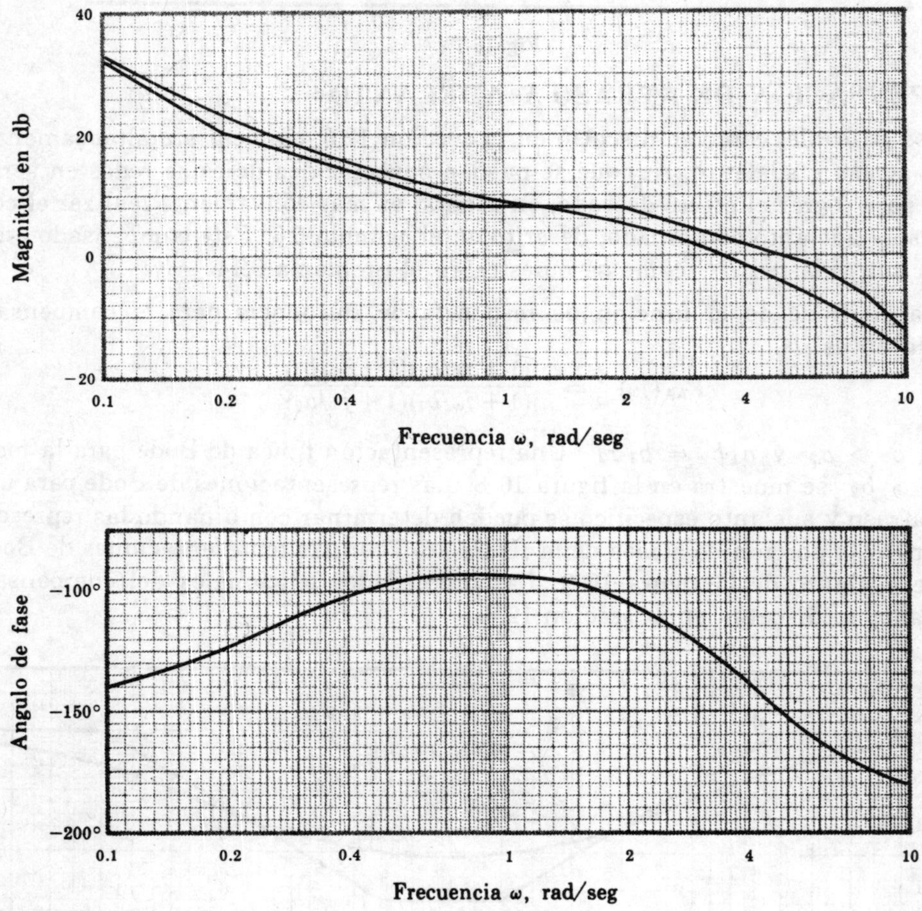

Fig. 16-9

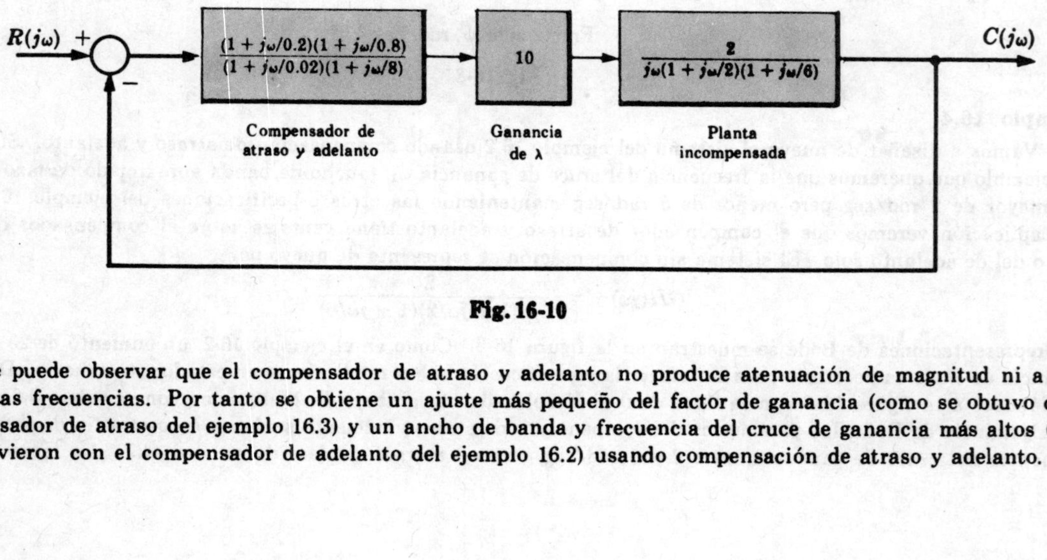

Fig. 16-10

Se puede observar que el compensador de atraso y adelanto no produce atenuación de magnitud ni a bajas ni a altas frecuencias. Por tanto se obtiene un ajuste más pequeño del factor de ganancia (como se obtuvo con el compensador de atraso del ejemplo 16.3) y un ancho de banda y frecuencia del cruce de ganancia más altos (como se obtuvieron con el compensador de adelanto del ejemplo 16.2) usando compensación de atraso y adelanto.

Problemas resueltos

COMPENSACION DEL FACTOR DE GANANCIA

16.1. Determinar el valor máximo para la ganancia de Bode K_B que dará un margen de ganancia de 6 db o más y un margen de fase de 45° o más para el sistema con la función de respuesta de frecuencia de lazo abierto

$$GH(j\omega) = \frac{K_B}{j\omega(1+j\omega/5)^2}$$

Las representaciones de Bode para este sistema con $K_B = 1$ se muestran en la figura 16-11.

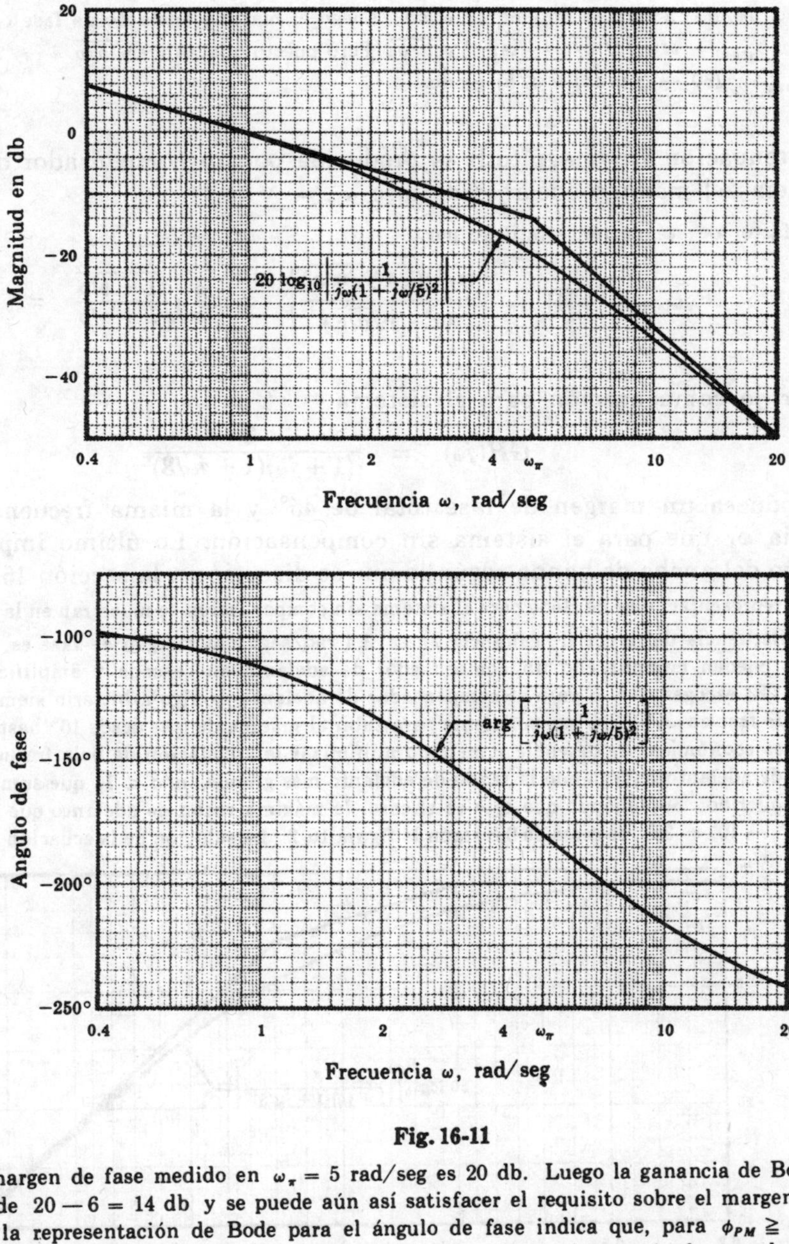

Fig. 16-11

El margen de fase medido en $\omega_\pi = 5$ rad/seg es 20 db. Luego la ganancia de Bode puede tener un aumento de $20 - 6 = 14$ db y se puede aún así satisfacer el requisito sobre el margen de ganancia. Sin embargo, la representación de Bode para el ángulo de fase indica que, para $\phi_{PM} \geqq 45°$, la frecuencia del cruce de ganancia ω_1 debe ser menor de 2 rad/seg. La curva de magnitud se puede subir por lo menos 7,5 db antes que ω_1 exceda 2 rad/seg. Luego el valor máximo de K_B que satisface *ambas* especificaciones es 7,5 db o 2,37.

16.2. Diseñar el sistema del problema 15.8 para que tenga un margen de fase de 55°.

La representación de Bode para el ángulo de fase de la figura 15-24 indica que la frecuencia del cruce de ganancia ω_1 debe ser de 0,9 rad/seg para un margen de fase de 55°. A partir de la representación de Bode para la magnitud de la figura 15-23, K_B se debe reducir en 6 db, o un factor de 2 para lograr $\omega_1 = 0{,}9$ rad/seg y por tanto $\phi_{PM} = 55°$.

COMPENSACION DE ADELANTO

16.3. Mostrar que el máximo adelanto de fase del compensador de adelanto (ecuación (*16.1*)) ocurre en $\omega_m = \sqrt{ab}$ y probar la ecuación (*16.2*).

El ángulo de fase del compensador de adelanto es $\phi = \arg P_{\text{Adelanto}}(j\omega) = \tan^{-1}\omega/a - \tan^{-1}\omega/b$. Entonces

$$\frac{d\phi}{d\omega} = \frac{1}{a[1+(\omega/a)^2]} - \frac{1}{b[1+(\omega/b)^2]}$$

Igualando $d\phi/d\omega$ a cero se obtiene $\omega^2 = ab$. Luego el máximo adelanto de fase ocurre en $\omega_m = \sqrt{ab}$. Entonces $\phi_{\max} = \tan^{-1}\sqrt{b/a} - \tan^{-1}\sqrt{a/b}$. Pero puesto que $\tan^{-1}\sqrt{b/a} = \pi/2 - \tan^{-1}\sqrt{a/b}$, se tiene $\phi_{\max} = (90 - 2\tan^{-1}\sqrt{a/b})$ grados.

16.4. ¿Qué atenuación (en magnitud) es producida por un compensador de adelanto, a la frecuencia del máximo adelanto de fase $\omega_m = \sqrt{ab}$?

El factor de atenuación está dado por

$$|P_{\text{Adelanto}}(j\sqrt{ab})| = \left|\frac{(a/b)(1+j\sqrt{b/a})}{(1+j\sqrt{a/b})}\right| = \frac{a}{b}\sqrt{\frac{1+b/a}{1+a/b}} = \sqrt{\frac{a}{b}}$$

16.5. Diseñar la compensación para el sistema

$$GH(j\omega) = \frac{8}{(1+j\omega)(1+j\omega/3)^2}$$

que produzca un margen de fase total de 45° y la misma frecuencia del cruce de ganancia ω_1 que para el sistema sin compensación. Lo último implica en realidad el diseño del ancho de banda según lo que se discutió en la sección 15.7.

Las representaciones de Bode para el sistema sin compensación se muestran en la figura 16-12(a) y (b).

La frecuencia del cruce de ganancia ω_1 es 3,4 rad/seg y el margen de fase es 10°. Las especificaciones se pueden cumplir con un compensador de adelanto en cascada y amplificación del factor de ganancia. El escoger a y b para el compensador de adelanto es algo arbitrario siempre y cuando que el adelanto de fase en $\omega_1 = 3{,}4$ sea suficiente para subir el margen de fase desde 10° hasta 45°. Sin embargo, por razones económicas es deseable a menudo minimizar la atenuación de baja frecuencia que se obtiene de la red de adelanto, escogiendo la razón de adelanto más grande, $a/b < 1$, que suministrará el adelanto de fase requerido. Suponiendo que este es el caso, la máxima razón de adelanto que dará un adelanto de fase de $45° - 10° = 35°$ es cerca de 0,3 según la figura 16-2. La solución de la ecuación (*16.2*) da $a/b = 0{,}27$.

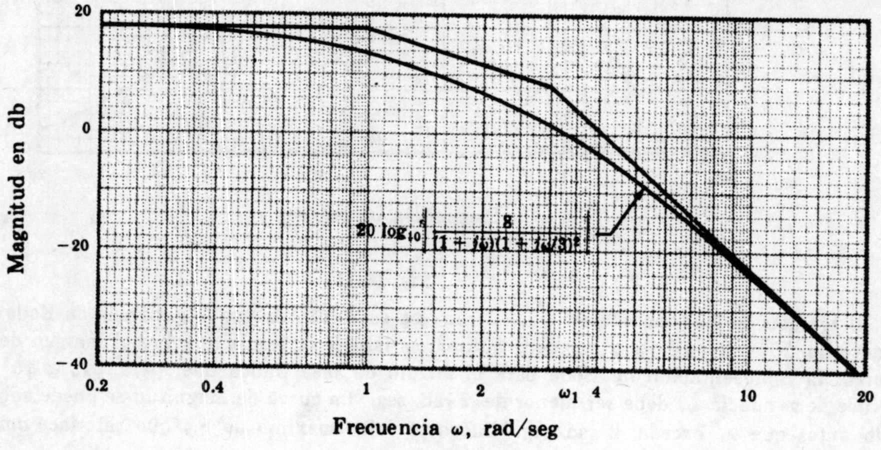

Fig. 16-12(*a*)

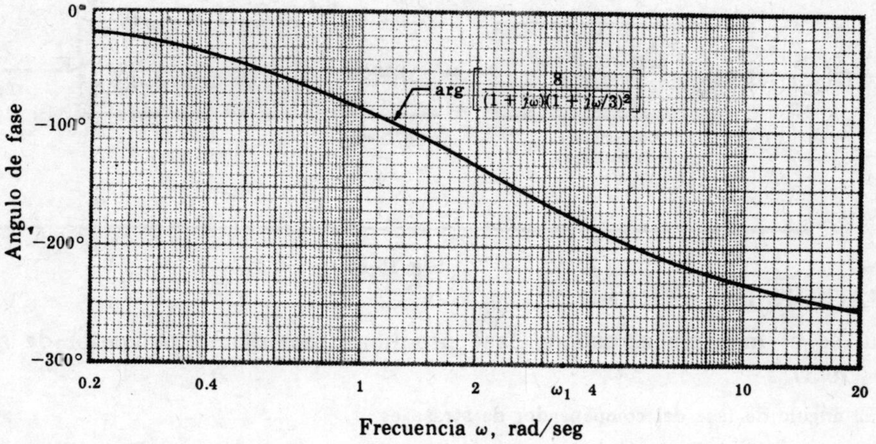

Fig. 16-12(b)

Pero se usará $a/b = 0{,}3$ porque se tienen curvas disponibles para este valor en la figura 16-2. Se debe escoger a y b de tal manera que el máximo adelanto de fase que ocurre cuando $\omega_m = \sqrt{ab}$ se obtenga en $\omega_1 = 3{,}4$ rad/seg. Luego $\sqrt{ab} = 3{,}4$. Sustituyendo $a = 0{,}3b$ en esta ecuación y despejando a b tenemos, $b = 6{,}2$ y $a = 1{,}86$. Pero este compensador produce una atenuación de $20 \log_{10} \sqrt{6{,}2/1{,}86} = 5{,}2$ db a $\omega_1 = 3{,}4$ rad/seg (véase el problema 16.4). Luego se necesita un amplificador con una ganancia de 5,2 db o 1,82 además del compensador de adelanto, para mantener a ω_1 en 3,4 rad/seg. Las representaciones de Bode para el sistema compensado se muestran en la figura 16-13 y el diagrama en bloque en la figura 16-14.

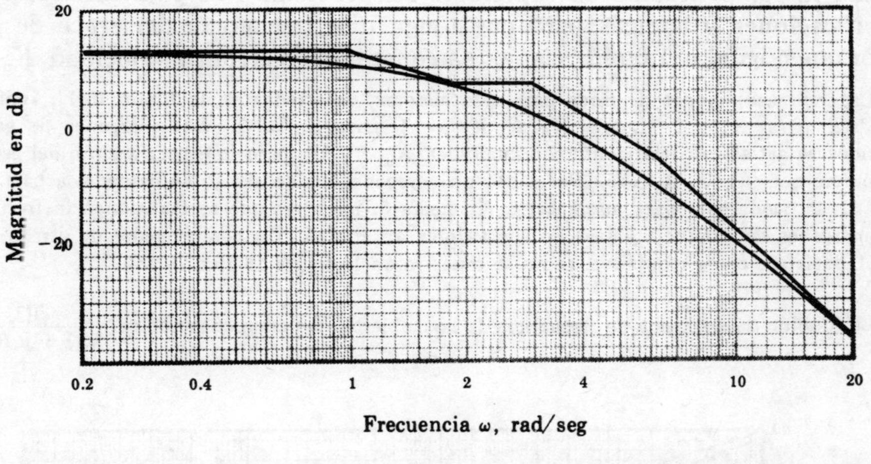

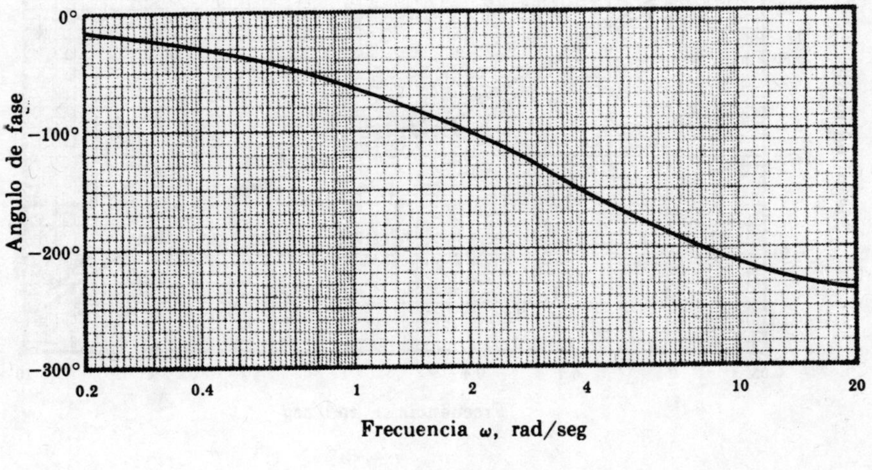

Fig. 16-13

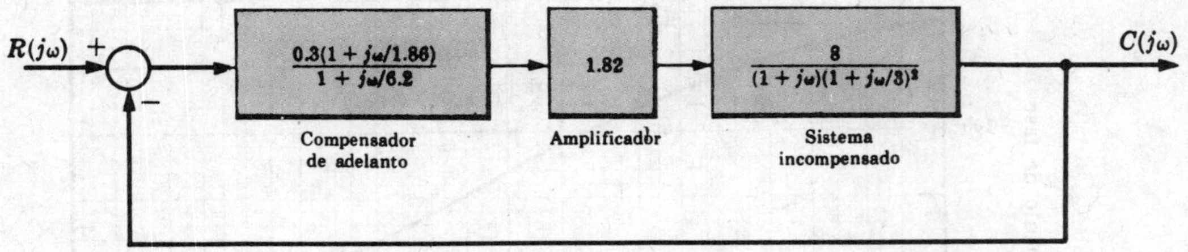

Fig. 16-14

COMPENSACION DE ATRASO

16.6. ¿Cuál es el máximo atraso de fase producido por el compensador de atraso (ecuación (*16.3*))?

El ángulo de fase del compensador de atraso es

$$\arg P_{\text{Atraso}}(j\omega) \;=\; \tan^{-1}\omega/b - \tan^{-1}\omega/a \;=\; -\arg P_{\text{Adelanto}}(j\omega)$$

Luego el máximo atraso de fase (ángulo de fase negativo) del compensador de atraso, es lo mismo que el máximo adelanto de fase del compensador de adelanto con los mismos valores para a y b. Luego el máximo ocurre en $\omega_m = \sqrt{ab}$ y de la ecuación (*16.2*) se tiene

$$\phi_{\max} \;=\; (90 - 2\tan^{-1}\sqrt{a/b}\,)\text{ grados}$$

Poniendo esto en términos de la razón de atraso b/a, esta ecuación viene a ser

$$\phi_{\max} \;=\; (2\tan^{-1}\sqrt{b/a} - 90)\text{ grados}$$

16.7. Diseñar la compensación en el sistema del problema 16.1 para satisfacer las mismas especificaciones y además para que tenga una frecuencia del cruce de ganancia ω_1 menor que o igual a 1,0 rad/seg y una constante de error de velocidad $K_v > 5$.

Las representaciones de Bode para este sistema, mostradas en la figura 16-11, indican que $\omega_1 =$ 1 rad/seg para $K_B = 1$. Luego $K_v = K_B = 1$ para $\omega_1 = 1$. Los márgenes de ganancia y fase requeridos se satisfacen fácilmente con cualquier $K_B < 2{,}37$; pero la especificación del estado estacionario requiere que $K_v = K_B > 5$. Por tanto un compensador de atraso en cascada, a baja frecuencia con $b/a = 5$, se puede usar para aumentar a K_v hasta 5, mientras que se mantienen la frecuencia de cruce y los márgenes de ganancia y fase en sus valores anteriores. Un compensador de atraso con $b = 0{,}5$ y $a = 0{,}1$ satisface estos requisitos, como se muestra en la figura 16-15(*a*) y (*b*).

La función de respuesta de frecuencia de lazo abierto, con compensación es $\dfrac{5(1 + j\omega/0{,}5)}{j\omega(1 + j\omega/0{,}1)(1 + j\omega/5)^2}$.

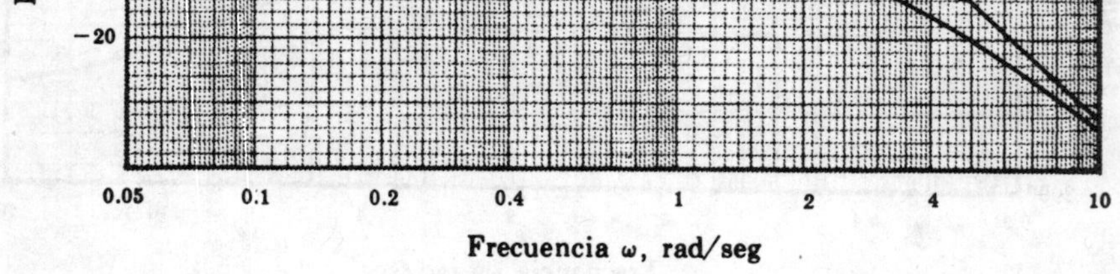

Fig. 16-15(*a*)

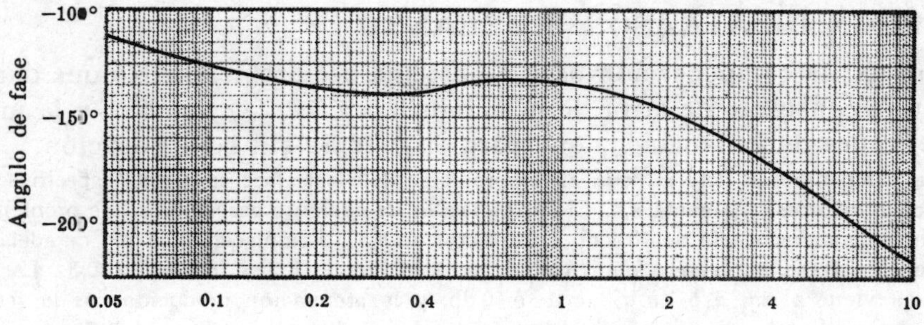

Fig. 16-15(b)

16.8. Diseñar un sistema de retroalimentación de unidad con la planta fija

$$G_2(j\omega) = \frac{1}{(1+j\omega/3)^3}$$

que satisfaga las especificaciones: (1) $K_p \geqq 4$, (2) margen de ganancia $\geqq$ 12 db, (3) margen de fase $\geqq 45°$

La especificación sobre la constante de error de posición K_p requiere como aumento en la ganancia de Bode un factor de 4. Las representaciones de Bode para este sistema, con un aumento en la ganancia de $20 \log_{10} 4 = 12$ db se muestran en la figura 16-16.

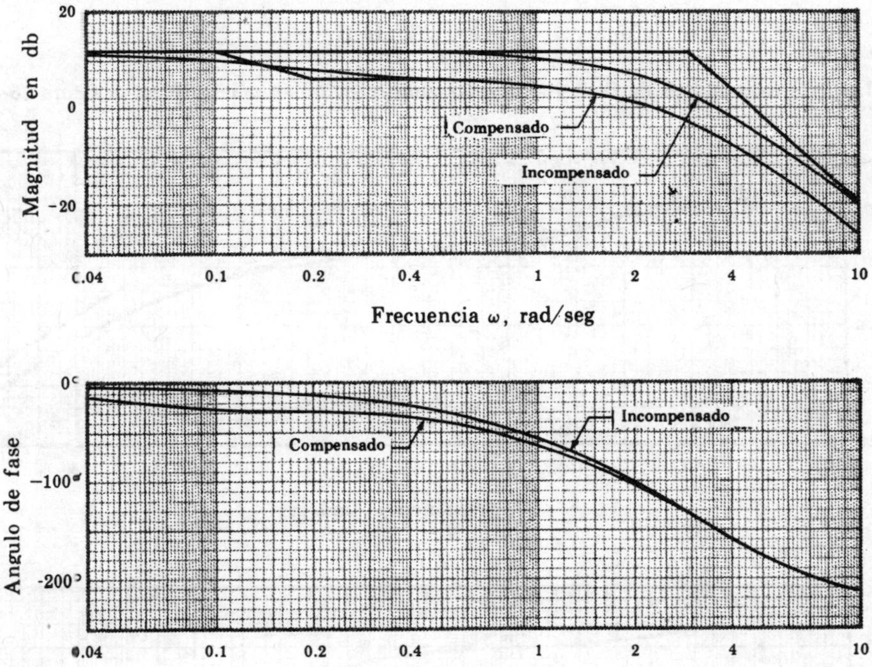

Fig. 16-16

El margen de ganancia es 6 db y el margen de fase es 30°. Estos márgenes se pueden aumentar añadiendo un compensador de atraso. Para subir el margen de ganancia hasta 12 db, la magnitud a alta frecuencia se debe reducir 6 db. Para aumentar el margen de fase hasta 45°, se debe reducir a ω_1 hasta 3,0 rad/seg o menos. Esto requiere una atenuación en la magnitud de 3 db en esa frecuencia. Por tanto se escoge una razón de atraso $b/a = 2$ que produzca una atenuación a alta frecuencia de $20 \log_{10} 2 =$ 6 db. Para $a = 0{,}1$ y $b = 0{,}2$ el margen de fase es 65° y el margen de ganancia es 12 db como se muestra en las representaciones de Bode con compensación, de la figura 16-16.

La función de respuesta de frecuencia de lazo abierto, con compensación es $\dfrac{4(1+j\omega/0{,}2)}{(1+j\omega/0{,}1)(1+j\omega/3)^3}$.

COMPENSACION DE ATRASO Y ADELANTO

16.9. Determinar la compensación para el sistema del problema 16.5 que dará como resultado, una constante de error de posición $K_p \geq 10$, $\phi_{PM} \geq 45°$ y la misma frecuencia del cruce de ganancia ω_1 que para el sistema sin compensación.

La compensación determinada en el problema 16.5 satisface todas las especificaciones excepto la de K_p cuyo valor es solamente 4,4. El compensador de adelanto escogido en ese problema tiene una atenuación de baja frecuencia de 10,4 db o un factor de 3,33. Remplacemos la red de adelanto con un compensador de atraso y adelanto poniendo $a_1 = 1{,}86$, $b_1 = 6{,}2$ y $a_2/b_2 = 0{,}3$. La magnitud a baja frecuencia viene a ser $a_1 b_2/b_1 a_2 = 1$ ó 0 db, y la atenuación producida por la red de adelanto es eliminada, resultando como aumento efectivo de K_p un factor de 3,33 a 14,5. La porción de atraso del compensador se debe colocar a frecuencias suficientemente bajas de tal manera que el margen de fase no se reduzca por debajo del valor especificado de 45°. Esto se puede lograr con $a_2 = 0{,}09$ y $b_2 = 0{,}3$. El diagrama en bloque del sistema compensado se muestra en la figura 16-17. Obsérvese que se incluye un amplificador con una ganancia de 1,82, como en el problema 16.5, para mantener a $\omega_1 = 3{,}4$.

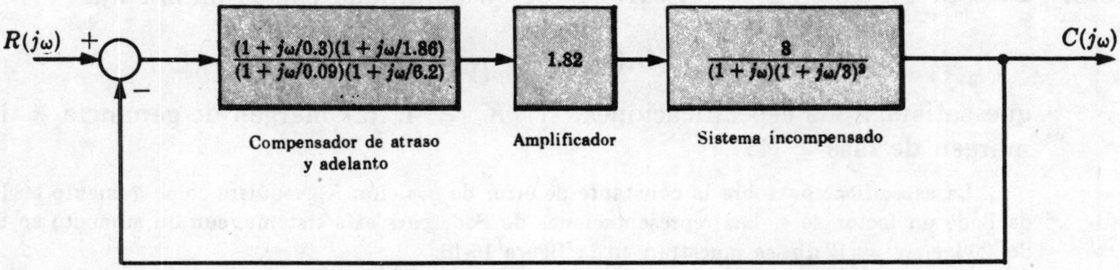

Fig. 16-17

Las representaciones de Bode incluyendo compensación se muestran en la figura 16-18.

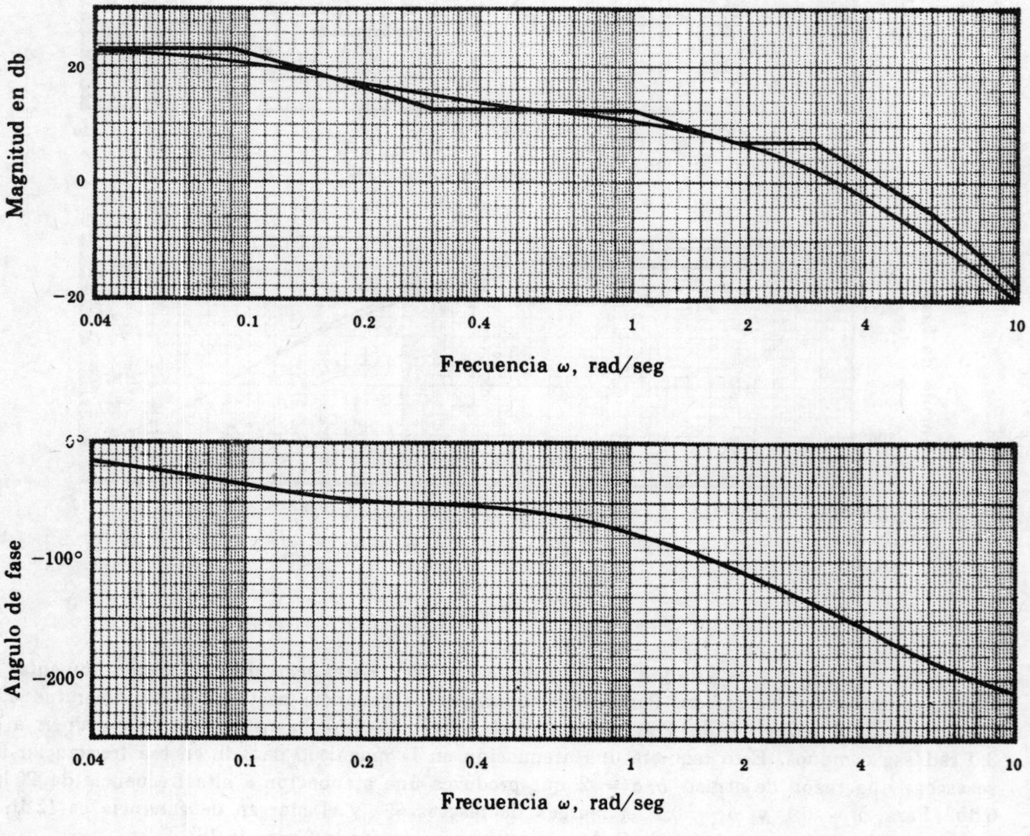

Fig. 16-18

16.10. Diseñar la compensación en cascada para un sistema de control por retroalimentación de unidad, con la planta

$$G_2(j\omega) = \frac{1}{j\omega(1+j\omega/8)(1+j\omega/20)}$$

para satisfacer las siguientes especificaciones:

(1) $K_v \geqq 100$ (3) margen de ganancia $\geqq$ 10 db

(2) $\omega_1 \geqq$ 10 rad/seg (4) margen de fase $\phi_{PM} \geqq 45°$

Para satisfacer la primera especificación se requiere como aumento en la ganancia de Bode un factor de 100 puesto que $K_v = 1$ sin compensación. Las representaciones de Bode para este sistema, con la ganancia aumentada hasta 100, se muestran en la figura 16-19.

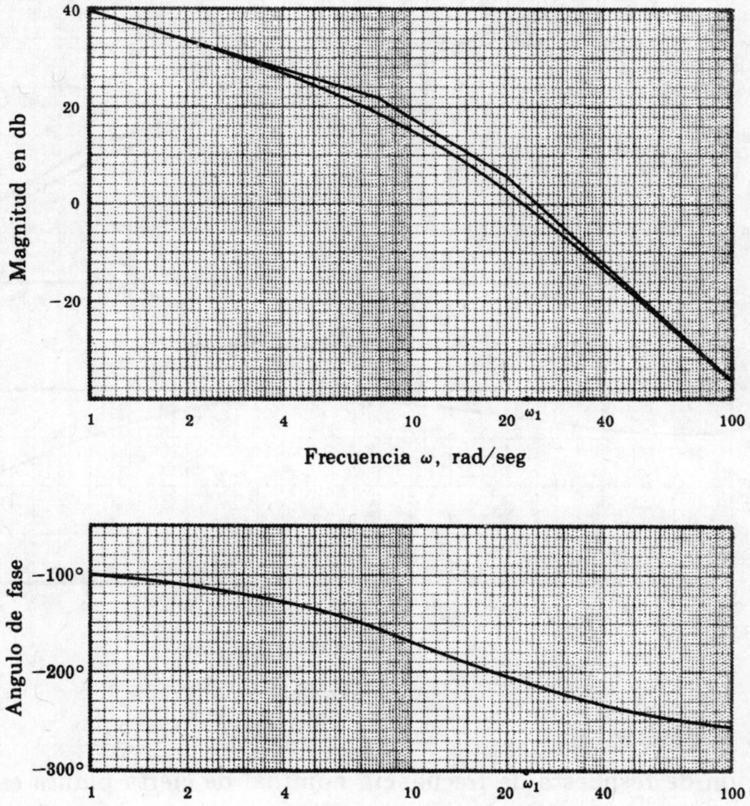

Fig. 16-19

La frecuencia del cruce de ganancia es ω_1 = 23 rad/seg, el margen de fase es −30° y el margen de ganancia es −12 db. Se podría usar compensación de atraso para aumentar los márgenes de ganancia y fase reduciendo a ω_1. Sin embargo, ω_1 tendría que disminuirse a menos de 8 rad/seg para lograr un margen de fase de 45° y a menos de 6 rad/seg para un margen de ganancia de 10 db. En consecuencia, no se podría satisfacer la segunda especificación. Con compensación de adelanto, se requeriría como aumento adicional en la ganancia de Bode un factor de b/a y ω_1 se aumentaría requiriéndose así un adelanto de fase de más de 75° para ω_1 = 23 rad/seg. Estas desventajas se pueden contrarrestar usando compensación de atraso y adelanto. La porción de adelanto produce atenuación y adelanto de fase. Las frecuencias a las cuales ocurren estos efectos se deben situar cerca a ω_1 de tal manera que ω_1 se reduzca ligeramente y el margen de fase se aumente. Obsérvese que aunque la compensación de adelanto *pura* aumenta ω_1, la porción de adelanto de un compensador de atraso y adelanto disminuye a ω_1 puesto que el aumento en el factor de ganancia de b/a es innecesario, disminuyendo en consecuencia la característica de magnitud. La porción de adelanto se puede determinar independientemente usando las curvas de la figura 16-2; pero se debe tener en cuenta que cuando se incluye la porción de atraso, la atenuación y el adelanto de fase se deben reducir en alguna forma. Ensayemos una razón de adelanto de a_1/b_1 = 0,1 con a_1 = 5 y b_1 = 50. El máximo adelanto de fase ocurre entonces en 15,8 rad/seg.

Esto habilita a la asíntota de la magnitud a que cruce la línea de 0 db con una pendiente de -6 db/octava (véase el ejemplo 16.2). Las representaciones de Bode con compensación se muestran en la figura 16-20 escogiendo a a_2 y b_2 como 0,1 y 1,0 rad/seg, respectivamente. Los parámetros resultantes son $\omega_1 = 12$ rad/seg, margen de ganancia $= 14$ db y $\phi_{PM} = 52°$ como se muestra en las gráficas. La función de respuesta de frecuencia de lazo abierto, con compensación, es

$$\frac{100(1+j\omega)(1+j\omega/5)}{j\omega(1+j\omega/0{,}1)(1+j\omega/8)(1+j\omega/20)(1+j\omega/50)}$$

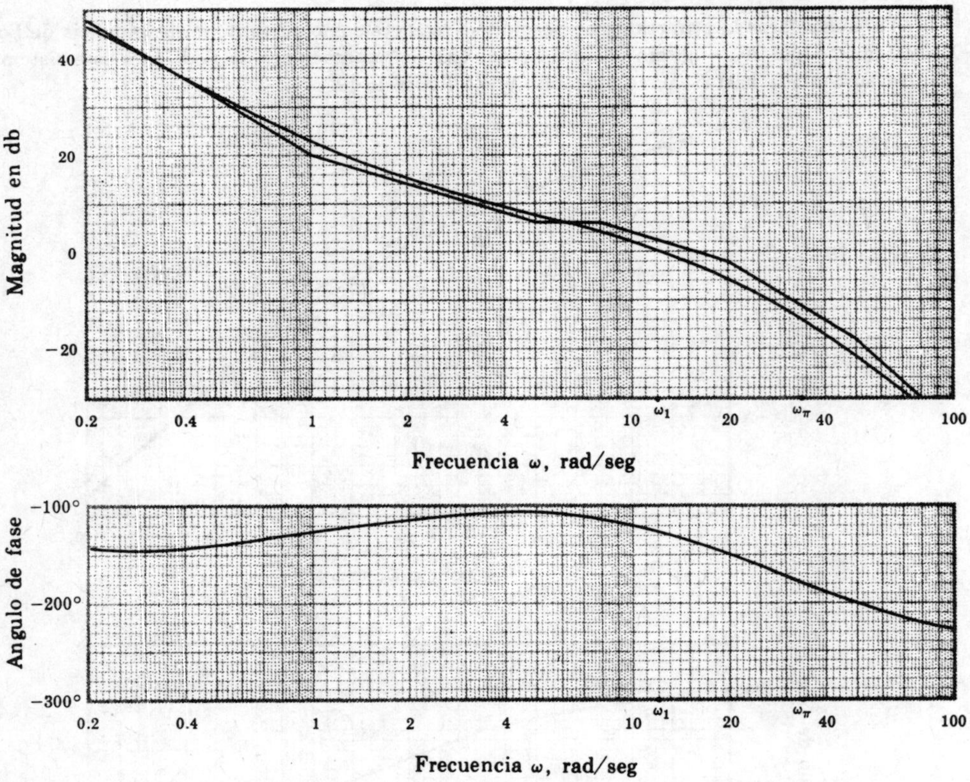

Fig. 16-20

PROBLEMAS VARIOS

16.11. La función de respuesta de frecuencia nominal de cierta planta es

$$G_2(j\omega) = \frac{1}{j\omega(1+j\omega/8)(1+j\omega/20)}$$

Se debe diseñar un sistema de control por retroalimentación para controlar la salida de esta planta para cierta aplicación y debe satisfacer las siguientes especificaciones en el dominio de la frecuencia:

(*1*) margen de ganancia $\geqq 6$ db

(*2*) margen de fase $(\phi_{PM}) \geqq 30°$

Además, se sabe que los parámetros "fijos" de la planta pueden variar ligeramente durante el funcionamiento del sistema. Los efectos de esta variación sobre la respuesta del sistema se deben minimizar a lo largo del intervalo de frecuencia de interés que es $0 \leqq \omega \leqq 8$ rad/seg, y el requisito actual se puede interpretar como una especificación sobre la sensibilidad de $(C/R)(j\omega)$ con respecto a $|G_2(j\omega)|$, es decir,

(*3*) $$20\left|\log_{10} S^{(C/R)(j\omega)}_{|G_2(j\omega)|}\right| \leqq -10 \text{ db} \quad \text{para} \quad 0 \leqq \omega \leqq 8 \text{ rad/seg}$$

También se sabe que la planta estará bajo la influencia de una perturbación sucesiva de entrada, incontrolable, representada en el dominio de la frecuencia por $U(j\omega)$.

Para esta aplicación, la respuesta del sistema a esta perturbación de entrada se debe suprimir en el intervalo de frecuencias de $0 \leqq \omega \leqq 8$ rad/seg. Por tanto el problema de diseño incluye la limitación adicional sobre la razón de magnitudes de la salida a la perturbación de entrada dada por

$$(4) \qquad 20 \log_{10} \left| \frac{C}{U}(j\omega) \right| \leqq -20 \text{ db} \qquad \text{para} \qquad 0 \leqq \omega \leqq 8 \text{ rad/seg}$$

Diseñar un sistema que satisfaga estas cuatro especificaciones.

La configuración general del sistema donde se incluye la posibilidad de compensadores ya sea en cascada o en la retroalimentación o ambos, se muestra en la figura 16-21.

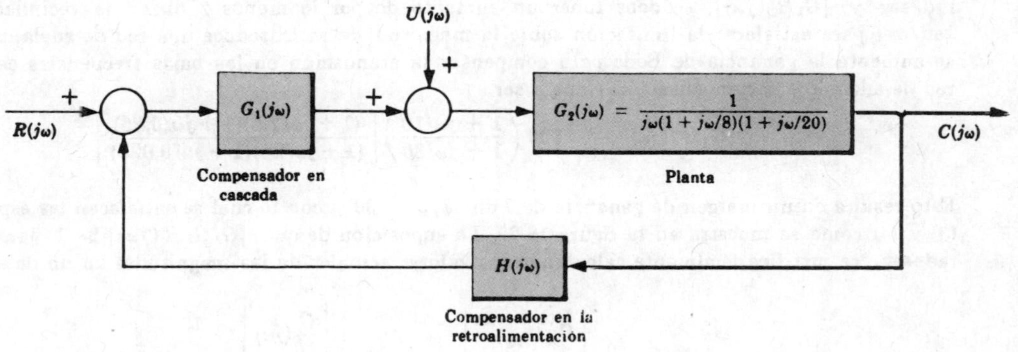

Fig. 16-21

De la figura 16-21 se ve que

$$\frac{C}{U}(j\omega) = \frac{G_2(j\omega)}{1 + G_1G_2H(j\omega)} \qquad \text{y} \qquad \frac{C}{R}(j\omega) = \frac{G_1G_2(j\omega)}{1 + G_1G_2H(j\omega)}$$

En una forma similar a la del ejemplo 9.17 se muestra fácilmente que

$$S^{(C/R)(j\omega)}_{|G_2(j\omega)|} = \frac{1}{1 + G_1G_2H(j\omega)}$$

Si se supone que $|G_1 G_2 H(j\omega)| \gg 1$ en el intervalo de frecuencias $0 \leqq \omega \leqq 8$ rad/seg (esta desigualdad se debe verificar después de completar el diseño; si no se satisface, se tendrá que volver a computar la compensación) entonces la especificación (3) se puede aproximar por

$$20 \log_{10} \left| S^{(C/R)(j\omega)}_{|G_2(j\omega)|} \right| \cong 20 \log_{10} \left| \frac{1}{G_1G_2H(j\omega)} \right|$$

$$= -20 \log_{10} |G_1G_2H(j\omega)| \leqq -10 \text{ db}$$

o

$$20 \log_{10} |G_1G_2H(j\omega)| \geqq 10 \text{ db}$$

De igual manera, la especificación (4) se puede aproximar por

$$20 \log_{10} \left| \frac{C}{U}(j\omega) \right| \cong 20 \log_{10} \frac{|G_2(j\omega)|}{|G_1G_2H(j\omega)|}$$

$$= 20 \log_{10} |G_2(j\omega)| - 20 \log_{10} |G_1G_2H(j\omega)| \leqq -20 \text{ db}$$

o

$$20 \log_{10} |G_1G_2H(j\omega)| \geqq [20 + 20 \log_{10} |G_2(j\omega)|] \text{ db}$$

Las especificaciones (3) y (4) se pueden trasladar por tanto a la siguiente forma combinada. Se requiere que la respuesta de frecuencia de lazo abierto $G_1G_2H(j\omega)$ esté en una región sobre la representación de Bode para la magnitud que satisfaga simultáneamente las dos desigualdades:

$$20 \log_{10} |G_1G_2H(j\omega)| \geqq 10 \text{ db}$$

$$20 \log_{10} |G_1G_2H(j\omega)| \geqq [20 + 20 \log_{10} |G_2(j\omega)|] \text{ db}$$

Esta región queda sobre la línea de trazos que se muestra en la representación de Bode para la magnitud en la figura 16-22 donde también se incluyen las representaciones de Bode para $G_2(j\omega)$. El diseño se debe completar determinando la compensación que satisfaga los requisitos sobre los márgenes de ganancia y fase, (*1*) y (*2*), sujetos a esta limitación de la magnitud.

Un aumento de 32 db en la ganancia de Bode, necesario en $\omega = 8$ rad/seg, cumpliría las especificaciones (*3*) y (*4*) pero no la (*1*) y (*2*). Por tanto se requiere una compensación más complicada. En un segundo ensayo se encuentra que la compensación de atraso y adelanto:

$$G_1H'(j\omega) \quad = \quad \frac{100(1 + j\omega/2{,}5)(1 + j\omega/0{,}25)}{(1 + j\omega/25)(1 + j\omega/0{,}025)}$$

resulta en un sistema con un margen de ganancia de 6 db y $\phi_{PM} \cong 26°$ como se muestra en la figura 16-22. En la figura se ve que un adelanto de fase adicional de 10 a 15° es necesario cerca de $\omega = 25$ rad/seg y $|G_1H'(j\omega)|$ se debe tener un aumento de por lo menos 2 db en la vecindad de $\omega = 8$ rad/seg para satisfacer la limitación sobre la magnitud. Si se introduce una red de adelanto adicional y se aumenta la ganancia de Bode para compensar la atenuación en las bajas frecuencias causada por la red de adelanto, la compensación viene a ser

$$G_1H''(j\omega) \quad = \quad 300\left(\frac{1 + j\omega/10}{1 + j\omega/30}\right)\left[\frac{(1 + j\omega/2{,}5)(1 + j\omega/0{,}25)}{(1 + j\omega/25)(1 + j\omega/0{,}025)}\right]$$

Esto resulta en un margen de ganancia de 7 db, $\phi_{PM} = 30°$, con lo cual se satisfacen las especificaciones (*3*) y (*4*) como se muestra en la figura 16-22. La suposición de que $|G_1G_2H(j\omega)| \gg 1$ para $0 \leqq \omega \leqq 8$ rad/seg, se justifica fácilmente calculando los valores actuales de las magnitudes en db de

$$\left|S^{(C/R)(j\omega)}_{|G_2(j\omega)|}\right| \qquad \text{y} \qquad \left|\frac{C}{U}(j\omega)\right|$$

El compensador $G_1H''(j\omega)$ se puede dividir entre las trayectorias directa y de retroalimentación o se puede poner enteramente en una sola trayectoria, dependiendo de la forma deseada para $(C/R)(j\omega)$ cuando esta forma se especifica en la aplicación.

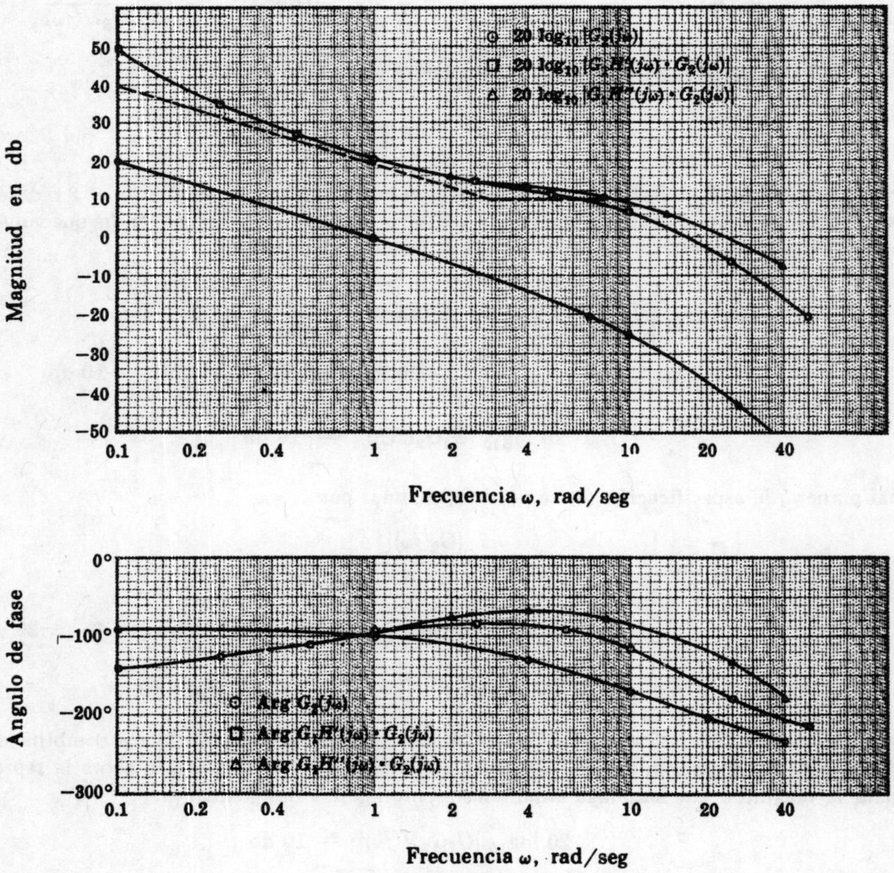

Fig. 16-22

Problemas propuestos

16.12. Diseñar un compensador para el sistema con la función de respuesta de frecuencia de lazo abierto

$$GH(j\omega) = \frac{20}{j\omega(1+j\omega/10)(1+j\omega/25)(1+j\omega/40)}$$

que resulte en un sistema de lazo cerrado con un margen de ganancia por lo menos de 10 db y un margen de fase por lo menos de 45°.

16.13. Determinar un compensador para el sistema del problema 16.1 que resulte en los mismos márgenes de ganancia y fase pero con una frecuencia de cruce ω_1 por lo menos de 4 rad/seg.

16.14. Diseñar un compensador para el sistema con la función de respuesta de frecuencia de lazo abierto

$$GH(j\omega) = \frac{2}{(1+j\omega)[1+j\omega/10-(\omega/4)^2]}$$

que resulta en un sistema de lazo cerrado con un margen de ganancia por lo menos de 6 db y un margen de fase por lo menos de 40°.

16.15. Hacer el problema 12.9 usando las representaciones de Bode. Suponer que un sobrepaso máximo de 25% puede asegurarse si el sistema tiene un margen de fase por lo menos de 45°.

16.16. Hacer el problema 12.10 usando representaciones de Bode.

16.17. Hacer el problema 12.15 usando representaciones de Bode.

16.18. Hacer el problema 12.16 usando representaciones de Bode.

Capítulo 17

Análisis con la carta de Nichols

17.1 INTRODUCCION

El análisis con la carta de Nichols, un método de respuesta de frecuencia, es una modificación de los métodos de Nyquist y Bode. *La carta de Nichols* es en esencia una trasformación de los círculos M y N en la representación polar (sección 11.12) en contornos no circulares M y N sobre una representación, en coordenadas rectangulares, de la magnitud en decibeles contra el ángulo de fase. La función de respuesta de frecuencia de lazo abierto $GH(j\omega)$ representada sobre una carta de Nichols, se llama *representación sobre la carta de Nichols* de $GH(j\omega)$. La estabilidad relativa del sistema de lazo cerrado se puede obtener fácilmente de esta gráfica. Sin embargo, la determinación de la estabilidad absoluta es generalmente impráctica con este método y se prefiere cualquiera de las técnicas del capítulo 5 o el criterio de estabilidad de Nyquist (sección 11.10).

Las razones aducidas para usar el análisis de la carta de Nichols son las mismas que las empleadas para justificar la escogencia de los otros métodos de respuesta de frecuencia, las técnicas de Nyquist y Bode, y fueron discutidas en los capítulos 11 y 15. La representación sobre la carta de Nichols tiene, al menos, dos ventajas sobre la representación polar: (1) se puede representar un intervalo de amplitudes mucho más amplio porque $|GH(j\omega)|$ se representa sobre una escala logarítmica; y (2) la representación de $GH(j\omega)$ se obtiene mediante la suma algebraica de las magnitudes individuales y las contribuciones del ángulo de fase de sus polos y ceros. Aun cuando las representaciones de Bode también contienen estas mismas propiedades, una sola representación en la carta de Nichols contiene $|GH(j\omega)|$ y $\arg GH(j\omega)$, mientras que son necesarias dos representaciones de Bode para obtener la misma información.

Las técnicas de la carta de Nichols son útiles para obtener directamente la representación de $\frac{C}{R}(j\omega)$ y son especialmente aplicables en el diseño de sistemas, como se muestra en el capítulo siguiente.

17.2 REPRESENTACION DE LA MAGNITUD EN db CONTRA EL ANGULO DE FASE

La forma polar de la función de respuesta de frecuencia de lazo abierto es

$$GH(j\omega) = |GH(j\omega)| \underline{/\arg GH(j\omega)} \qquad (17.1)$$

Definición 17.1: **La representación de la magnitud en db contra el ángulo de fase** de $GH(j\omega)$ es una gráfica de $|GH(j\omega)|$ en db contra $\arg GH(j\omega)$, en grados, en un sistema de coordenadas rectangulares con ω como un parámetro.

Ejemplo 17.1.

La representación de la magnitud en db contra el ángulo de fase de

$$GH(j\omega) = 1 + j\omega = \sqrt{1+\omega^2}\, \underline{/\tan^{-1}\omega}$$

se muestra en la figura 17-1.

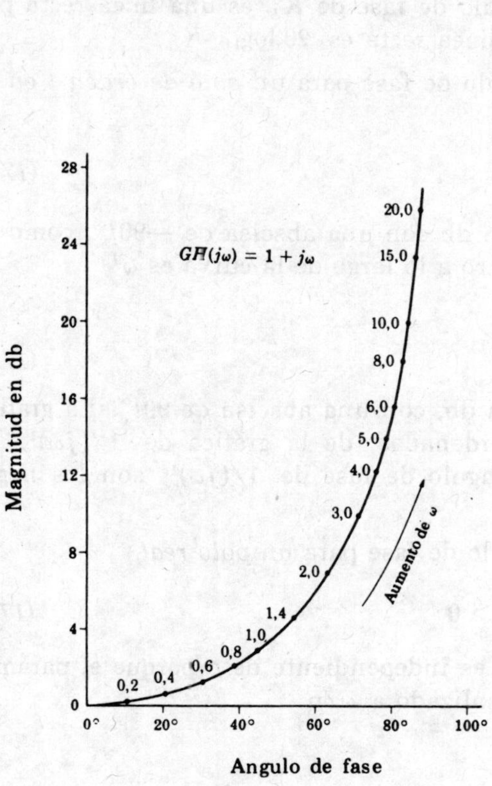

Fig. 17-1

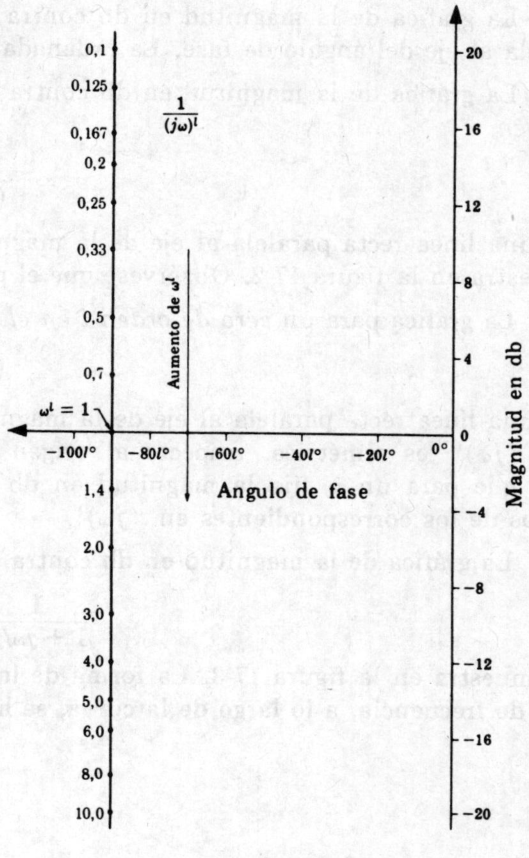

Fig. 17-2

17.3 CONSTRUCCION DE LAS GRAFICAS DE LA MAGNITUD EN db CONTRA EL ANGULO DE FASE

La gráfica de la magnitud en db contra el ángulo de fase se puede construir directamente evaluando $20 \log_{10} |GH(j\omega)|$ y $\arg GH(j\omega)$ para un número suficiente de valores de ω, y representando los resultados. Sin embargo, esto es tedioso y el siguiente método es mucho más simple. Primero se escribe $GH(j\omega)$ en la *forma de Bode* (sección 15.3):

$$GH(j\omega) = \frac{K_B(1 + j\omega/z_1)\cdots(1 + j\omega/z_m)}{(j\omega)^l(1 + j\omega/p_1)\cdots(1 + j\omega/p_n)}$$

donde l es un entero no negativo. Para $K_B > 0$ (si $K_B < 0$, se añaden 180° a $\arg GH(j\omega)$),

$$\begin{aligned}20 \log_{10}|GH(j\omega)| &= 20 \log_{10} K_B + 20 \log_{10}|1 + j\omega/z_1| \\ &\quad + \cdots + 20 \log_{10}|1 + j\omega/z_m| + 20 \log_{10}|1/(j\omega)^l| \\ &\quad + 20 \log_{10}\left|\frac{1}{1 + j\omega/p_1}\right| + \cdots + 20 \log_{10}\left|\frac{1}{1 + j\omega/p_n}\right|\end{aligned} \tag{17.2}$$

$$\begin{aligned}\arg GH(j\omega) &= \arg(1 + j\omega/z_1) + \cdots + \arg(1 + j\omega/z_m) + \arg[1/(j\omega)^l] \\ &\quad + \arg\frac{1}{1 + j\omega/p_1} + \cdots + \arg\frac{1}{1 + j\omega/p_n}\end{aligned} \tag{17.3}$$

La gráfica de la magnitud en db contra el ángulo de fase de $GH(j\omega)$ se genera, usando las ecuaciones *(17.2)* y *(17.3)*, sumando las magnitudes en db y los ángulos de fase de los polos y ceros, o pares de polos y ceros cuando son complejos conjugados.

La gráfica de la magnitud en db contra el ángulo de fase de K_B es una línea recta paralela al eje del ángulo de fase. La ordenada de la línea recta es $20 \log_{10} K_B$.

La gráfica de la magnitud en db contra el ángulo de fase para un *polo de orden l en el origen,*

$$\frac{1}{(j\omega)^l} \tag{17.4}$$

es una línea recta paralela al eje de la magnitud en db con una abscisa de $-90l°$, como se muestra en la figura 17-2. Obsérvese que el parámetro a lo largo de la curva es ω^l.

La gráfica para un *cero de orden l en el origen*

$$(j\omega)^l \tag{17.5}$$

es una línea recta paralela al eje de la magnitud en db, con una abscisa de $90l°$. La gráfica de $(j\omega)^l$ es simétrica, respecto al origen de coordenadas, de la gráfica de $1/(j\omega)^l$. O sea que para un ω fijo la magnitud en db y el ángulo de fase de $1/(j\omega)^l$ son los negativos de los correspondientes en $(j\omega)^l$.

La gráfica de la magnitud en db contra el ángulo de fase para un *polo real,*

$$\frac{1}{1 + j\omega/p}, \quad p > 0 \tag{17.6}$$

se muestra en la figura 17-3. La forma de la curva es independiente de p porque el parámetro de frecuencia, a lo largo de la curva, se ha normalizado a ω/p.

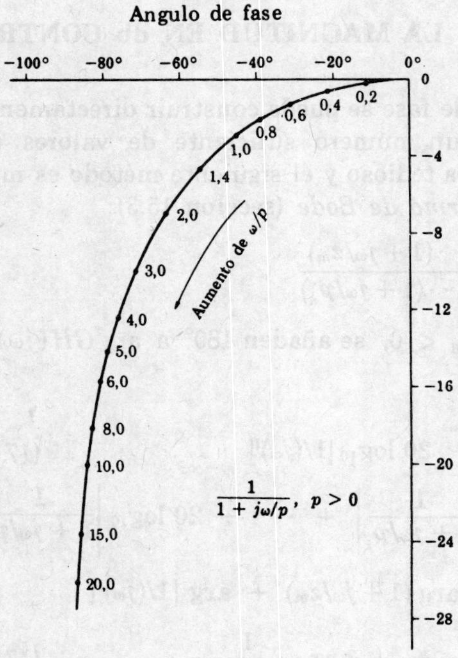

Fig. 17-3

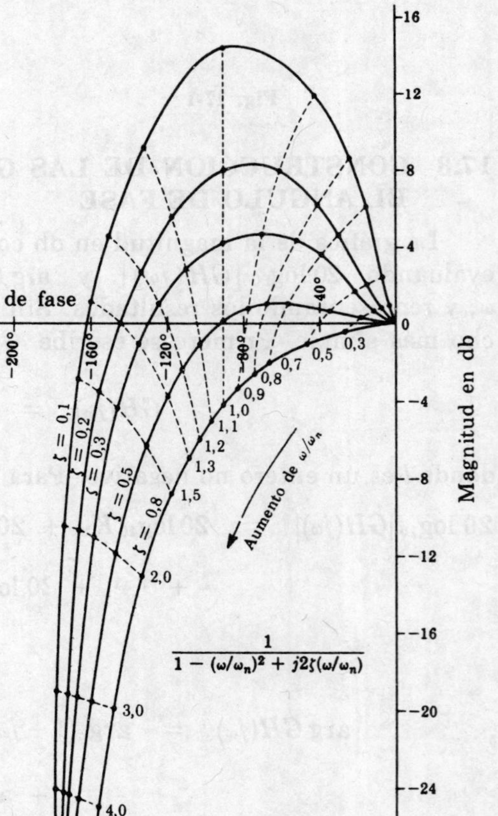

Fig. 17-4

La gráfica para un *cero real,*

$$1 + j\omega/z, \quad z > 0 \tag{17.7}$$

es la imagen simétrica, respecto al origen, de la figura 17-3.

En la figura 17-4 se muestra un conjunto de gráficas de magnitud en db contra el ángulo de fase de varios pares de *polos complejos conjugados,*

$$\frac{1}{1 - (\omega/\omega_n)^2 + j2\zeta(\omega/\omega_n)}, \quad 0 < \zeta < 1 \tag{17.8}$$

Para ζ, fijo, las curvas son independientes de ω_n porque el parámetro de frecuencia se ha normalizado a ω/ω_n.

Las gráficas de los *ceros complejos conjugados,*

$$1 - (\omega/\omega_n)^2 + j2\zeta(\omega/\omega_n), \quad 0 < \zeta < 1 \tag{17.9}$$

son las imágenes simétricas, respecto al origen, de las gráficas de la figura 17-4.

Ejemplo 17.2.

La gráfica de magnitud en db contra el ángulo de fase es

$$GH(j\omega) = \frac{10(1 + j\omega/2)}{(1 + j\omega)[1 - (\omega/2)^2 + j\omega/2]}$$

se construye sumando las magnitudes en db y los ángulos de fase de los factores individuales:

$$10, \quad 1 + j\omega/2, \quad \frac{1}{1 + j\omega}, \quad \frac{1}{1 - (\omega/2)^2 + j\omega/2}$$

Es muy útil tabular estos factores, como se muestra en la tabla 17.1. La primera fila contiene la magnitud en db y el ángulo de fase de la ganancia de Bode $K_B = 10$, para varios valores de frecuencia. La magnitud en db es 20 db y el ángulo de fase es 0° para todo ω. La segunda fila contiene la magnitud en db y el ángulo de fase del término $(1 + j\omega/2)$ para los mismos valores de ω. Estos se obtuvieron en la figura 17-3 haciendo $p = 2$ y tomando los valores negativos sobre la curva, para las frecuencias de la tabla. La tercera fila corresponde al término $\frac{1}{1 + j\omega}$ y se obtiene de la figura 17-3. La cuarta fila se obtiene de la curva $\zeta = 0{,}5$ de la figura 17-4 haciendo $\omega_n = 2$. La suma de las magnitudes en db y de los ángulos de fase de los términos individuales se muestra en la última fila. Estos valores se representan en la figura 17-5, obteniéndose así la representación de la magnitud en db contra el ángulo de fase de $GH(j\omega)$.

Tabla 17-1

Término \ Frecuencia ω	0	0,4	0,8	1,2	1,6	2	2,8	4	6	8
10	20 db 0°	20 0°	20 0°	20 0°	20 0°	20 0°	20 0°	20 0°	20 0°	20 0°
$1 + j\omega/2$	0 db 0°	0,2 11°	0,6 21°	1,3 31°	2,2 39°	3,0 45°	4,7 54°	7 63°	10 71°	12,3 76°
$\frac{1}{1 + j\omega}$	0 db 0°	−0,6 −21°	−2,2 −39°	−3,8 −50°	−5,4 −57°	−7,0 −63°	−9,4 −70°	−12,3 −76°	−15,7 −81°	−18,1 −83°
$\frac{1}{1 - (\omega/2)^2 + j\omega/2}$	0 db 0°	0,3 −12°	0,6 −26°	0,9 −46°	1,0 −68°	0 −90°	−4,8 −126°	−12 −148°	−19,5 −160°	−24,5 −166°
Suma = $GH(j\omega)$	20 db 0°	19,9 −22°	19,0 −44°	18,4 −65°	17,8 −86°	16 −108°	10,5 −142°	2,7 −161°	−5,2 −170°	−10,3 −173°

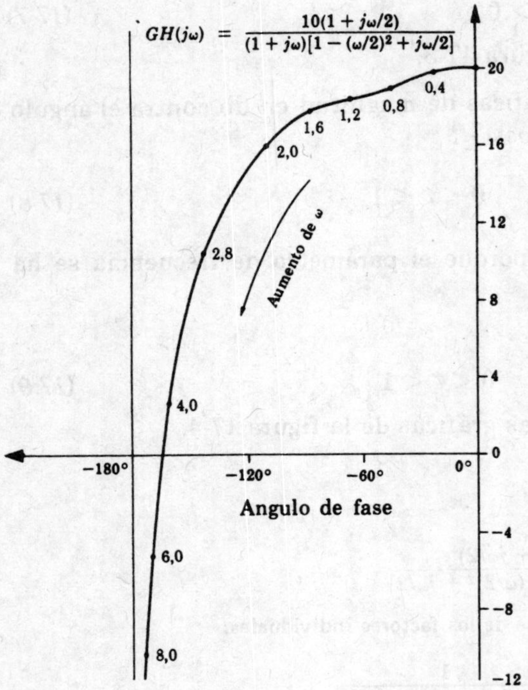

Fig. 17-5

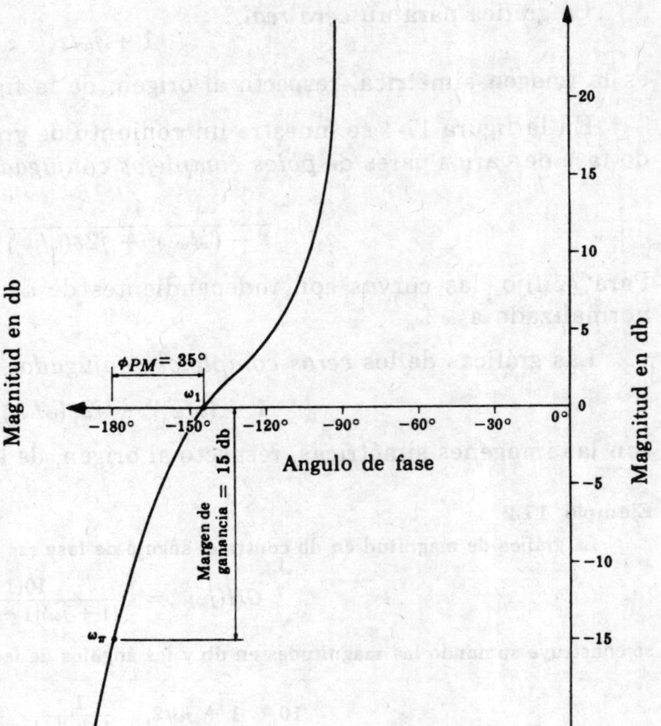

Fig. 17-6

17.4 ESTABILIDAD RELATIVA

Los márgenes de ganancia y fase se determinan fácilmente de la representación de la magnitud en db contra el ángulo de fase de $GH(j\omega)$.

La frecuencia del *cruce de fase* ω_π es la frecuencia a la cual la curva de $GH(j\omega)$ intersecta la línea de —180° sobre la representación de la magnitud en db contra el ángulo de fase. El *margen de ganancia en db* está dado por

$$\text{margen de ganancia} = -20 \log_{10} |GH(j\omega_\pi)| \text{ db} \qquad (17.10)$$

y se lee directamente de la gráfica de la magnitud en db contra el ángulo de fase.

La frecuencia *del cruce de ganancia* ω_1 es la frecuencia a la cual la curva de $GH(j\omega)$ intersecta la línea de 0 db sobre la gráfica de la magnitud en db contra el ángulo de fase. El margen de fase está dado por

$$\text{margen de fase} = 180° + \arg GH(j\omega_1)$$

y se puede leer directamente de la gráfica de la magnitud en db contra el ángulo de fase.

En la mayoría de los casos, los márgenes positivos de ganancia y de fase asegurarán la estabilidad del sistema de lazo cerrado; sin embargo, la estabilidad absoluta deberá establecerse por algún otro medio (por ejemplo, véanse los capítulos 5 y 11) para garantizar que esto sea verdadero.

Ejemplo 17.3.

En la figura 17-6 se muestra la gráfica de la magnitud en db contra el ángulo de fase de $GH(j\omega)$, para un sistema estable. El margen de ganancia es 15 db y el margen de fase es 35°, como se indica.

17.5 LA CARTA DE NICHOLS

La discusión restante se restringe a los sistemas con retroalimentación de unidad. Los resultados se generalizan fácilmente para los sistemas de retroalimentación de no unidad, como se ilustra en el ejemplo 17.8.

La función de respuesta de frecuencia de lazo cerrado de un sistema con retroalimentación de unidad se puede escribir en forma polar como

$$\frac{C}{R}(j\omega) = \left|\frac{C}{R}(j\omega)\right| \angle \arg\frac{C}{R}(j\omega) = \frac{G(j\omega)}{1+G(j\omega)} = \frac{|G(j\omega)|\,\angle\phi_G}{1+|G(j\omega)|\,\angle\phi_G} \qquad (17.11)$$

donde $\phi_G \equiv \arg G(j\omega)$.

El lugar de los puntos sobre una gráfica de la magnitud en db contra el ángulo de fase para los cuales

$$\left|\frac{C}{R}(j\omega)\right| = M = \text{constante}$$

está definido por la ecuación

$$|G(j\omega)|^2 + \frac{2M^2}{M^2-1}|G(j\omega)|\cos\phi_G + \frac{M^2}{M^2-1} = 0 \qquad (17.12)$$

Para un valor fijo de M, este lugar se puede obtener en tres pasos: (1) se escogen valores numéricos para $|G(j\omega)|$; (2) se resuelven las ecuaciones resultantes para ϕ_G, excluyendo los valores de $|G(j\omega)|$ para los cuales $|\cos\phi_G| > 1$; y (3) se localizan los puntos obtenidos sobre una gráfica de la magnitud en db contra el ángulo de fase. Obsérvese que para valores fijos de M y $|G(j\omega)|$, ϕ_G tiene múltiples valores porque aparece en la ecuación como $\cos\phi_G$.

Ejemplo 17.4.

El lugar de los puntos para los cuales $\left|\frac{C}{R}(j\omega)\right| = \sqrt{2}$ o, lo que es lo mismo,

$$20\log_{10}\left|\frac{C}{R}(j\omega)\right| = 3 \text{ db}$$

se representa en la figura 17-7. En todos los múltiplos impares de 180° a lo largo del eje $\arg G(j\omega)$, aparece una curva similar.

El lugar de los puntos sobre una gráfica de magnitud en db contra el ángulo de fase para los cuales $\arg\frac{C}{R}(j\omega)$ es una constante o, equivalentemente,

$$\tan\left[\arg\frac{C}{R}(j\omega)\right] = N = \text{constante}$$

se define por la ecuación

$$|G(j\omega)| + \cos\phi_G - \frac{1}{N}\operatorname{sen}\phi_G = 0 \qquad (17.13)$$

Para un valor fijo de N, este lugar de puntos se puede obtener en tres pasos: (1) se escogen valores para ϕ_G; (2) se resuelven las ecuaciones resultantes para $G(j\omega)$; y (3) se localizan los puntos obtenidos sobre una gráfica de magnitud en db contra el ángulo de fase.

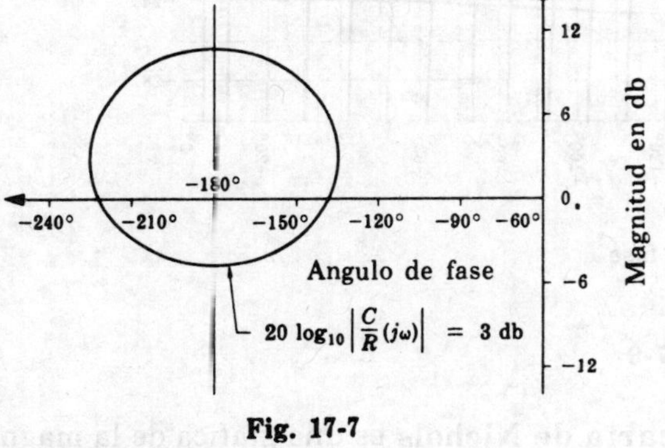

Fig. 17-7

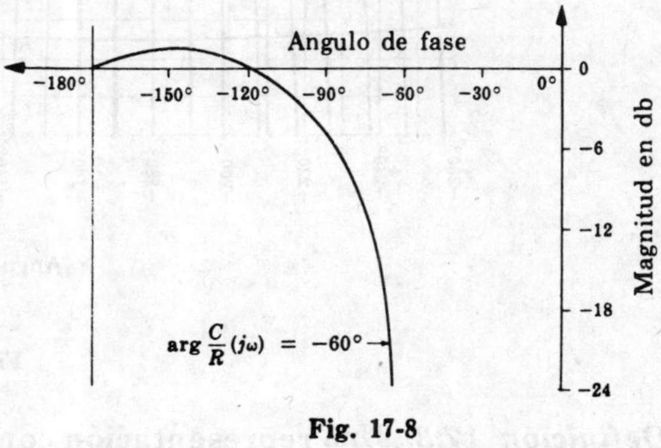

Fig. 17-8

Ejemplo 17.5.

El lugar de los puntos para los cuales $\arg\frac{C}{R}(j\omega) = -60°$ o, lo que es lo mismo,

$$\tan\left[\arg\frac{C}{R}(j\omega)\right] = -\sqrt{3}$$

se muestra en la figura 17-8. Para todos los múltiplos de 180° a lo largo del eje $\arg G(j\omega)$, aparece una curva similar.

Definición 17.2: Una **carta de Nichols** es una representación de la magnitud en db contra el ángulo de fase de los lugares de la magnitud en db y el ángulo de fase constantes de $\frac{C}{R}(j\omega)$, representados como $|G(j\omega)|$ contra $\arg G(j\omega)$.

Ejemplo 17.6.

En la figura 17-9 se muestra una carta de Nichols. El dominio de $\arg G(j\omega)$ es muy adecuado para el análisis de sistemas de control.

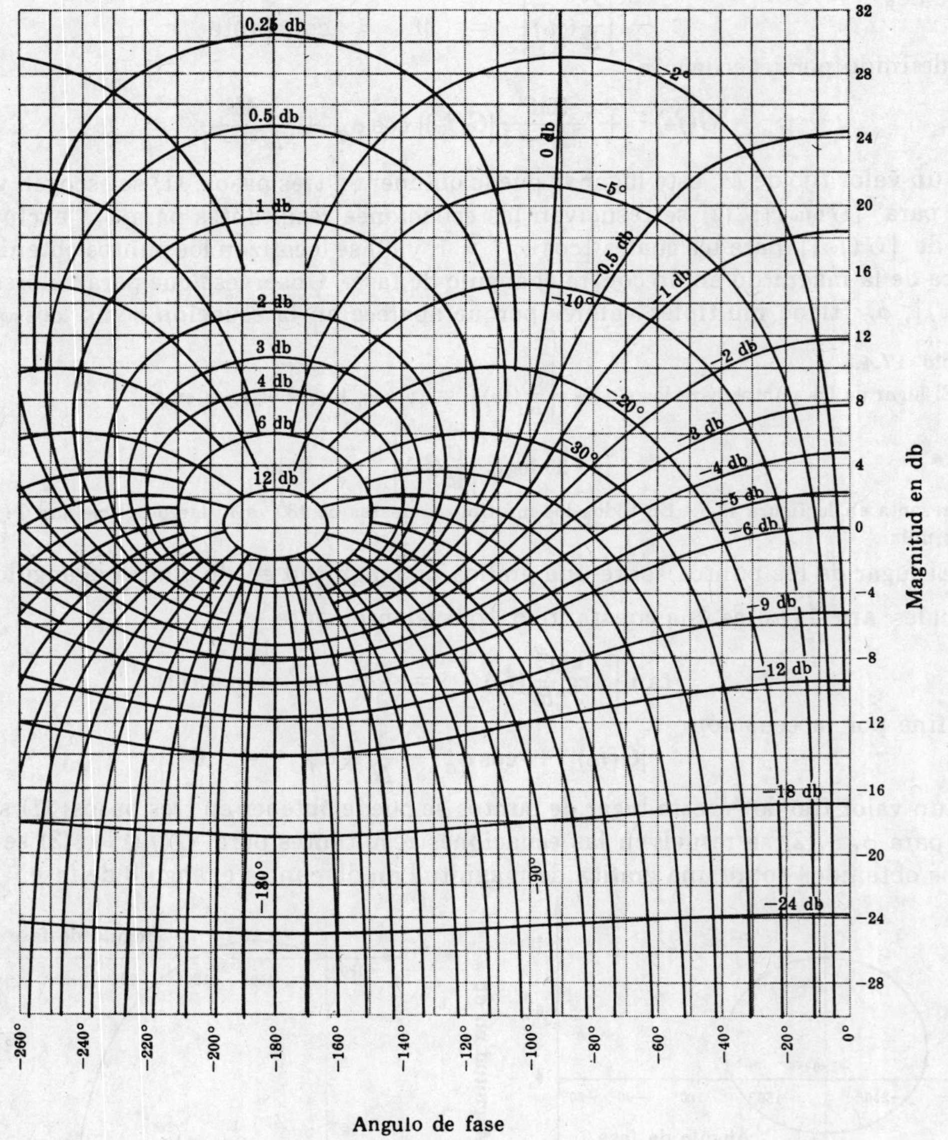

Fig. 17-9

Definición 17.3: Una **representación con la carta de Nichols** es una gráfica de la magnitud en db contra el ángulo de fase de una función de respuesta de frecuencia, $P(j\omega)$, superpuesta sobre una carta de Nichols.

17.6 FUNCIONES DE RESPUESTA DE FRECUENCIA DE LAZO CERRADO

La función de respuesta de frecuencia $\frac{C}{R}(j\omega)$ de un sistema con retroalimentación de unidad, se determina fácilmente a partir de una representación en la carta de Nichols de $G(j\omega)$. Los valores de $\left|\frac{C}{R}(j\omega)\right|$ en db y $\arg G(j\omega)$ se determinan directamente de la gráfica como los puntos donde la representación de $G(j\omega)$ intersecta las curvas de los lugares de $\left|\frac{C}{R}(j\omega)\right|$ y $\arg \frac{C}{R}(j\omega)$ constantes.

Ejemplo 17.7.

En la figura 17-10 se muestra la representación con la carta de Nichols de $GH(j\omega)$ para el sistema del ejemplo 17.2. Suponiendo que se trata de un sistema con retroalimentación de unidad ($H = 1$), se obtienen de esta gráfica valores para $\frac{C}{R}(j\omega)$ y $\arg \frac{C}{R}(j\omega)$, y luego se representan en una gráfica de la magnitud en db contra el ángulo de fase de $\frac{C}{R}(j\omega)$ en la figura 17-11.

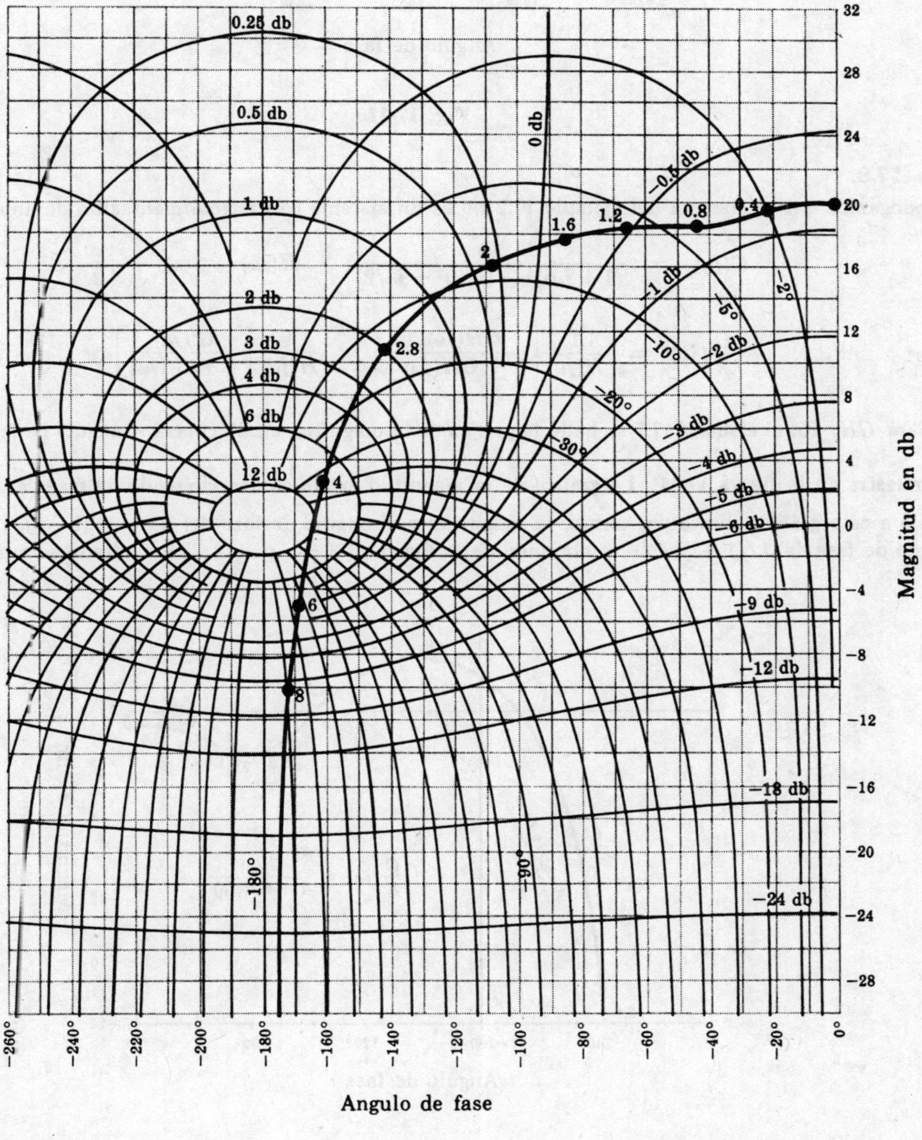

Fig. 17-10

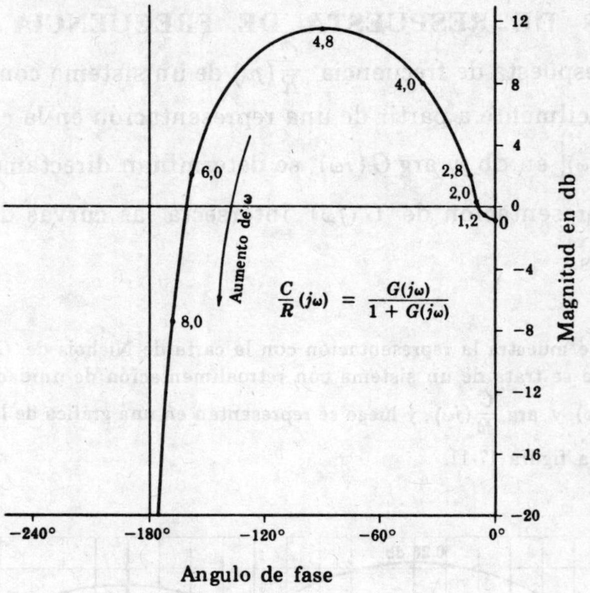

Fig. 17-11

Ejemplo 17.8.

Supongamos que el sistema del ejemplo 17.2 no es un sistema con retroalimentación de unidad y que

$$G(j\omega) = \frac{10}{(1+j\omega)[1-(\omega/2)^2+j\omega/2]}; \qquad H(j\omega) = 1 + j\frac{\omega}{2}$$

Entonces
$$\frac{C}{R}(j\omega) = \frac{1}{H(j\omega)}\left[\frac{GH(j\omega)}{1+GH(j\omega)}\right] = \frac{1}{H(j\omega)}\left[\frac{G'(j\omega)}{1+G'(j\omega)}\right]$$

donde $G' \equiv GH$. En el ejemplo 17.7 se halló la gráfica de la magnitud en db contra el ángulo de fase de $\frac{G'(j\omega)}{1+G'(j\omega)}$; ésta se muestra en la figura 17-11. La gráfica de la magnitud en db contra el ángulo de fase de $\frac{C}{R}(j\omega)$ se obtiene sumándole a esta gráfica, punto por punto, la magnitud y el ángulo de fase del polo $1/(1 + j\omega/2)$. La magnitud y el ángulo de fase de $1/(1 + j\omega/2)$ se obtienen de la figura 17-3 con $p = 2$. El resultado se muestra en la figura 17-12.

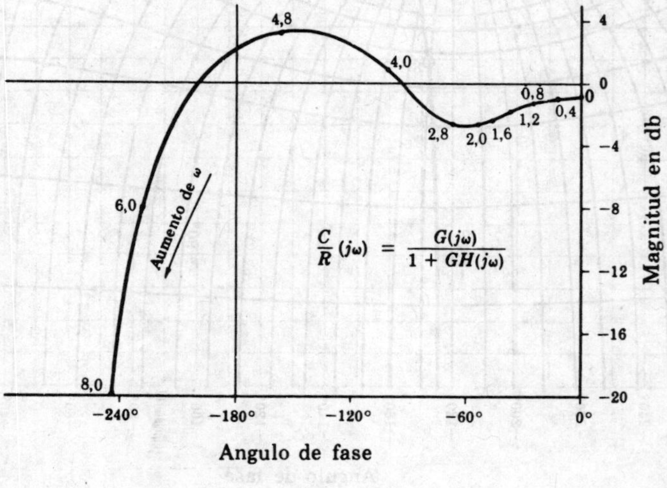

Fig. 17-12

Problemas resueltos

GRAFICAS DE LA MAGNITUD EN db CONTRA EL ANGULO DE FASE

17.1. Demostrar que la gráfica de la magnitud en db contra el ángulo de fase de un polo de orden l en el origen, $1/(j\omega)^l$, es una línea recta paralela al eje de magnitud en db con una abscisa igual a $-90l°$ para $\omega \geqq 0$.

En forma polar, $j\omega = \omega/\underline{90°}$, $\omega \geqq 0$. Por tanto

$$\frac{1}{(j\omega)^l} = \frac{1}{\omega^l}\underline{/-90l°}, \qquad \omega \geqq 0$$

$$20 \log_{10}\left|\frac{1}{(j\omega)^l}\right| = 20 \log_{10}\frac{1}{\omega^l} = -20 \log_{10}\omega^l$$

y $\arg 1/(j\omega)^l = -90l°$. Vemos que $\arg 1/(j\omega)^l$ es independiente de ω; por tanto la abscisa de la representación es una constante $-90l°$. Además, en la región $0 \leqq \omega \leqq +\infty$, la magnitud en db varía desde $+\infty$ hasta $-\infty$. Así pues, la abscisa es fija y la ordenada toma todos los valores. El resultado es una línea recta como se muestra en la figura 17-2.

17.2. Construir la gráfica de la magnitud en db contra el ángulo de fase para la función de trasferencia de lazo abierto,

$$GH = \frac{2}{s(1+s)(1+s/3)}$$

La magnitud en db de $GH(j\omega)$ es

$$\begin{aligned}20 \log_{10}|GH(j\omega)| &= 20 \log_{10}\frac{2}{|j\omega|\,|1+j\omega|\,|1+j\omega/3|}\\ &= 20 \log_{10} 2 - 20 \log_{10}[\omega\sqrt{1+\omega^2}\sqrt{1+\omega^2/9}]\\ &= 6{,}02 - 10 \log_{10}[\omega^2(1+\omega^2)(1+\omega^2/9)]\end{aligned}$$

El ángulo de fase de $GH(j\omega)$ es

$$\begin{aligned}\arg[GH(j\omega)] &= -\arg[j\omega] - \arg[1+j\omega] - \arg[1+j\omega/3]\\ &= -90° - \tan^{-1}\omega - \tan^{-1}(\omega/3)\end{aligned}$$

Ahora evaluemos $20\log_{10}|GH(j\omega)|$ y $\arg GH(j\omega)$ para varios valores de ω, como se muestra en la tabla 17.2. La gráfica de los valores en la tabla se presenta en la figura 17-13.

Tabla 17-2

ω	$20 \log_{10}\|GH(j\omega)\|$	$\arg GH(j\omega)$
0	∞	−90°
0,1	25,97 db	−97,4°
0,2	19,80	−105,0°
0,5	10,95	−126,1°
1,0	2,55	−153,5°
1,5	−3,59	−172,9°
2,0	−8,59	−187,1°
3,0	−16,54	−206,6°

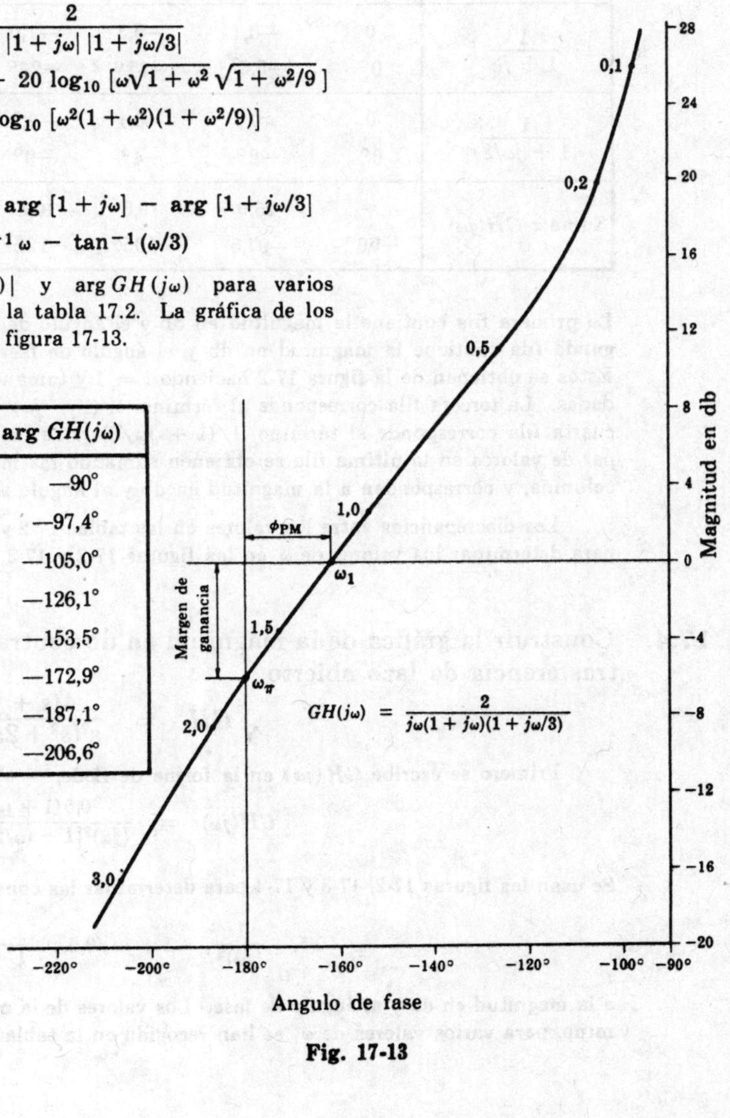

Fig. 17-13

17.3. Utilizando las gráficas de las figuras 17-2 y 17-3, reconstruir la tabla 17-2.

Escribamos de nuevo $GH(j\omega)$ como $GH(j\omega) = (2)\left(\frac{1}{j\omega}\right)\left(\frac{1}{1+j\omega}\right)\left(\frac{1}{1+j\omega/3}\right)$. La magnitud en db de $GH(j\omega)$ es

$$20 \log_{10} |GH(j\omega)| = 20 \log_{10} 2 + 20 \log_{10}\left|\frac{1}{j\omega}\right| + 20 \log_{10}\left|\frac{1}{1+j\omega}\right| + 20 \log_{10}\left|\frac{1}{1+j\omega/3}\right|$$

El ángulo de fase es

$$\arg GH(j\omega) = \arg (2) + \arg\left(\frac{1}{j\omega}\right) + \arg\left(\frac{1}{1+j\omega}\right) + \arg\left(\frac{1}{1+j\omega/3}\right)$$

Construyamos ahora la tabla 17-3.

Tabla 17-3

Término \ Frecuencia ω	0	0,1	0,2	0,5	1,0	1,5	2,0	3,0
2	6 db 0°	6 0°	6 0°	6 0°	6 0°	6 0°	6 0°	6 0°
$\frac{1}{j\omega}$	∞ −90°	20 −90°	14 −90°	6 −90°	0 −90°	−3,6 −90°	−6 −90°	−9,5 −90°
$\frac{1}{1+j\omega}$	0 0°	−0,1 −5,5°	−0,3 −11°	−1,0 −26°	−3,0 −45°	−5,2 −57°	−7,0 −63°	−10 −72°
$\frac{1}{1+j\omega/3}$	0 0°	0 −2°	−0,1 −4°	−0,2 −9°	−0,5 −17,5°	−1,0 −26°	−1,6 −33°	−3,0 −45°
Suma= $GH(j\omega)$	∞ −90°	25,9 −97,5°	19,6 −105°	10,8 −125°	2,5 − 152,5°	−3,8 −173°	−8,6 −186°	−16,5 −207°

La primera fila contiene la magnitud en db y el ángulo de fase de la ganancia de Bode $K_B = 2$. La segunda fila contiene la magnitud en db y el ángulo de fase del término $1/j\omega$ para varios valores de ω. Estos se obtienen de la figura 17-2 haciendo $l = 1$ y tomando los valores de la curva para las frecuencias dadas. La tercera fila corresponde al término $1/(1+j\omega)$ y se obtiene de la figura 17-3 con $p = 1$. La cuarta fila corresponde al término $1/(1+j\omega/3)$ y se ha obtenido de la figura 17-3 con $p = 3$. Cada par de valores en la última fila se obtienen sumando las magnitudes en db y los ángulos de fase en cada columna, y corresponden a la magnitud en db y al ángulo de fase de $GH(j\omega)$ para el valor dado de ω.

Las discrepancias entre los valores en las tablas 17-2 y 17-3 se deben a la interpolación gráfica usada para determinar los valores de ω en las figuras 17-2 y 17-3.

17.4. Construir la gráfica de la magnitud en db contra el ángulo de fase para la función de trasferencia de lazo abierto

$$GH = \frac{4(s+0{,}5)}{s^2(s^2+2s+4)}$$

Primero se escribe $GH(j\omega)$ en la forma de Bode,

$$GH(j\omega) = \frac{0{,}5(1+j\omega/0{,}5)}{(j\omega)^2[1-(\omega/2)^2+j\omega/2]}$$

Se usan las figuras 17-2, 17-3 y 17-4 para determinar las contribuciones de los cuatro factores,

$$0{,}5, \quad \frac{1}{(j\omega)^2}, \quad 1+j\omega/0{,}5, \quad \frac{1}{1-(\omega/2)^2+j\omega/2}$$

a la magnitud en db y al ángulo de fase. Los valores de la magnitud en db y el ángulo de fase de cada término, para varios valores de ω, se han recogido en la tabla 17-4.

Tabla 17-4

Término \ Frecuencia ω	0	0,2	0,5	1,0	1,5	2,0	3,0	5,0
0,5	−6 db 0°	−6 0°	−6 0°	−6 0°	−6 0°	−6 0°	−6 0°	−6 0°
$\dfrac{1}{(j\omega)^2}$	∞ −180°	28 −180°	12 −180°	0 −180°	−6,8 −180°	−12 −180°	−19 −180°	−28 −180°
$1 + j\omega/0{,}5$	0 0	0,6 21°	3,0 45°	7,0 63°	10,0 71°	12,3 76°	15,7 81°	20 84°
$\dfrac{1}{1-(\omega/2)^2+j\omega/2}$	0 0°	0,2 −6°	0,4 −15°	0,7 −34°	1,0 −63°	0 −90°	−6 −130°	−15 −152°
Suma = $GH(j\omega)$	∞ −180°	22,8 −165°	9,4 −150°	1,7 −151°	−1,8 −172°	−5,7 −194°	−15,3 −229°	−29 −248°

La primera fila contiene los valores de la magnitud en db y el ángulo de fase del término $1/(j\omega)^2$. Estos valores se obtuvieron de la figura 17-2 haciendo $l = 2$ y tomando los valores de la curva, para las frecuencias indicadas en la tabla. La segunda fila se obtiene de la figura 17-3 haciendo $p = 0{,}5$, y la tercera fila se obtiene de la figura 17-4 haciendo $\xi = 0{,}5$ y $\omega = 2$. La última fila se obtiene sumando las magnitudes en db y los ángulos de fase en cada columna. Esta fila contiene los valores de la magnitud en db y el ángulo de fase de $GH(j\omega)$. Esto ha sido representado en la figura 17-14.

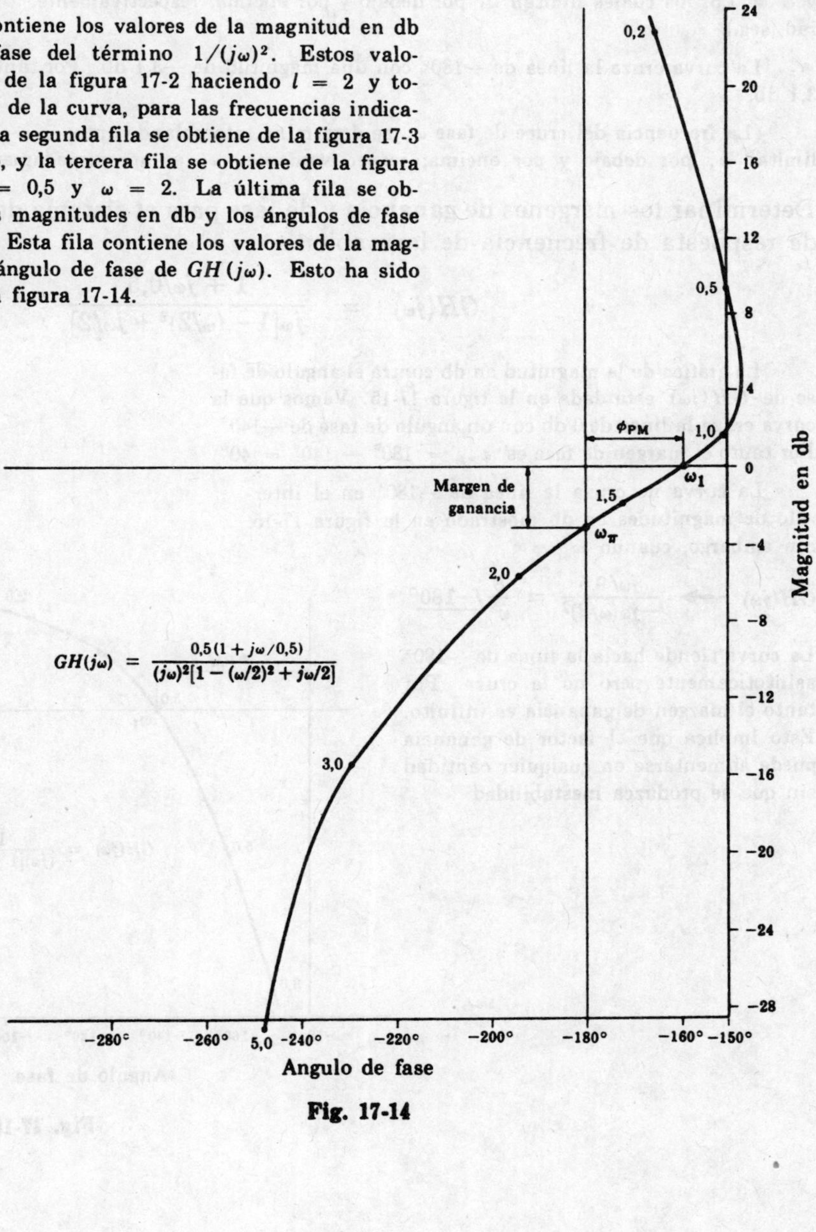

Fig. 17-14

MARGENES DE GANANCIA Y DE FASE

17.5. Determinar los márgenes de ganancia y de fase para el sistema del problema 17.2.

La gráfica de la magnitud en db contra el ángulo de fase para la función de trasferencia de este sistema está dada en la figura 17-13 (problema 17.2). Vemos que la curva cruza la línea de 0 db con un ángulo de fase de —162°. Por tanto el margen de fase es $\phi_{PM} = 180° - 162° = 18°$.

(La frecuencia del cruce de ganancia ω_1 se determina interpolando a lo largo de la curva entre $\omega = 1{,}0$ y $\omega = 1{,}5$, los cuales limitan a ω_1 por debajo y por encima, respectivamente. ω_1 es aproximadamente 1,2 rad/seg.)

La curva cruza la línea de —180° con una magnitud de —6 db. Por tanto, margen de ganancia $= -(-6) = 6$ db.

(La frecuencia del cruce de fase ω_π se determina interpolando a lo largo de la curva entre $\omega = 1{,}5$ y $\omega = 2{,}0$, los cuales limitan a ω_π por debajo y por encima. ω_π es aproximadamente 1,75 rad/seg.)

17.6. Determinar los márgenes de ganancia y de fase para el sistema del problema 17.4.

En la figura 17-14 (problema 17.4) se presenta la gráfica de la magnitud en db contra el ángulo de fase para la función de trasferencia de lazo abierto de este sistema. Vemos que la curva cruza la línea de 0 db con un ángulo de fase de —159°. Por tanto el margen de fase es $\phi_{PM} = 180° - 159° = 21°$.

(La frecuencia del cruce de ganancia ω_1 se encuentra interpolando a lo largo de la curva entre $\omega = 1{,}0$ y $\omega = 1{,}5$, los cuales limitan ω_1 por debajo y por encima, respectivamente. ω_1 es aproximadamente 1,2 rad/seg.)

La curva cruza la línea de —180° con una magnitud de —3,1 db. Por tanto, margen de ganancia = 3,1 db.

(La frecuencia del cruce de fase ω_π se determina interpolando entre $\omega = 1{,}5$ y $\omega = 2{,}0$, los cuales limitan ω_π por debajo y por encima, respectivamente. ω_π es aproximadamente 1,7 rad/seg.)

17.7. Determinar los márgenes de ganancia y de fase para el sistema definido por la función de respuesta de frecuencia de lazo abierto

$$GH(j\omega) = \frac{1 + j\omega/0{,}5}{j\omega[1-(\omega/2)^2 + j\omega/2]}$$

La gráfica de la magnitud en db contra el ángulo de fase de $GH(j\omega)$ está dada en la figura 17-15. Vemos que la curva cruza la línea de 0 db con un ángulo de fase de —140°. Por tanto el margen de fase es $\phi_{PM} = 180° - 140° = 40°$.

La curva no cruza la línea de —180° en el intervalo de magnitudes en db mostrado en la figura 17-15. Sin embargo, cuando $\omega \to \infty$,

$$GH(j\omega) \longrightarrow \frac{j\omega/0{,}5}{-j\omega(\omega/2)^2} = \frac{8}{\omega^2}\angle{-180°}$$

La curva tiende hacia la línea de —180° asintóticamente pero no la cruza. Por tanto el margen de ganancia es infinito. Esto implica que el factor de ganancia puede aumentarse en cualquier cantidad sin que se produzca inestabilidad.

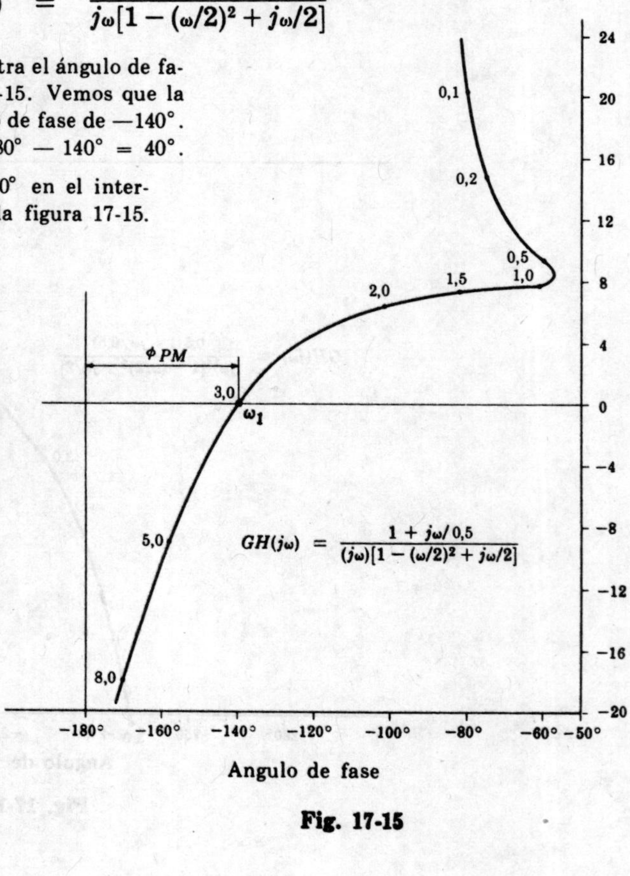

Fig. 17-15

CARTA DE NICHOLS

17.8. Demostrar que el lugar de puntos sobre una gráfica de la magnitud en db contra el ángulo de fase para los cuales la magnitud de la función de respuesta de frecuencia de lazo abierto, $\frac{C}{R}(j\omega)$ de un sistema con retroalimentación de unidad es igual a una constante M, está definido por la ecuación (*17.12*),

Usando la ecuación (*17.11*), $\left|\frac{C}{R}(j\omega)\right|$ se puede escribir como,

$$\left|\frac{C}{R}(j\omega)\right| = \left|\frac{|G(j\omega)|\,\underline{/\phi_G}}{1+|G(j\omega)|\,\underline{/\phi_G}}\right|$$

Puesto que $|G(j\omega)|\,\underline{/\phi_G} = |G(j\omega)|\cos\phi_G + j|G(j\omega)|\,\text{sen}\,\phi_G$, podemos escribir

$$\left|\frac{C}{R}(j\omega)\right| = \left|\frac{|G(j\omega)|\cos\phi_G + j|G(j\omega)|\,\text{sen}\,\phi_G}{1+|G(j\omega)|\cos\phi_G + j|G(j\omega)|\,\text{sen}\,\phi_G}\right|$$

$$= \sqrt{\frac{|G(j\omega)|^2\cos^2\phi_G + |G(j\omega)|^2\,\text{sen}^2\,\phi_G}{[1+|G(j\omega)|\cos\phi_G]^2 + |G(j\omega)|^2\,\text{sen}^2\,\phi_G}} = \sqrt{\frac{|G(j\omega)|^2}{1+2|G(j\omega)|\cos\phi_G + |G(j\omega)|^2}}$$

Si hacemos la última expresión igual a M, elevamos al cuadrado y eliminamos la fracción, obtendremos

$$M^2[\,|G(j\omega)|^2 + 2|G(j\omega)|\cos\phi_G + 1] = |G(j\omega)|^2$$

lo cual se puede escribir como

$$(M^2-1)\,|G(j\omega)|^2 + 2M^2\,|G(j\omega)|\cos\phi_G + M^2 = 0$$

Dividiendo por (M^2-1) obtendremos la ecuación (*17.12*), como se deseaba.

17.9. Demostrar que el lugar de puntos sobre una gráfica de la magnitud en db contra el ángulo de fase para el cual la tangente del argumento de la función de respuesta de frecuencia de lazo cerrado, $\frac{C}{R}(j\omega)$, de un sistema de retroalimentación de unidad es igual a una constante N, está definido por la ecuación (*17.13*).

Usando la ecuación (*17.11*), arg $\frac{C}{R}(j\omega)$ se puede escribir

$$\arg\left[\frac{C}{R}(j\omega)\right] = \arg\left[\frac{|G(j\omega)|\,\underline{/\phi_G}}{1+|G(j\omega)|\,\underline{/\phi_G}}\right]$$

Puesto que $|G(j\omega)|\,\underline{/\phi_G} = |G(j\omega)|\cos\phi_G + j|G(j\omega)|\,\text{sen}\,\phi_G$,

$$\arg\left[\frac{C}{R}(j\omega)\right] = \arg\left[\frac{|G(j\omega)|\cos\phi_G + j|G(j\omega)|\,\text{sen}\,\phi_G}{1+|G(j\omega)|\cos\phi_G + j|G(j\omega)|\,\text{sen}\,\phi_G}\right]$$

Multiplicando el numerador y el denominador del término entre corchetes, por el conjugado complejo del denominador, se obtiene

$$\arg\left[\frac{C}{R}(j\omega)\right] = \arg\left[\frac{(|G(j\omega)|\cos\phi_G + j|G(j\omega)|\,\text{sen}\,\phi_G)(1+|G(j\omega)|\cos\phi_G - j|G(j\omega)|\,\text{sen}\,\phi_G)}{(1+|G(j\omega)|\cos\phi_G)^2 + |G(j\omega)|^2\,\text{sen}^2\,\phi_G}\right]$$

Como el denominador del último término entre corchetes es real, arg $\left[\frac{C}{R}(j\omega)\right]$ está determinado únicamente por el numerador. O sea que,

$$\arg\left[\frac{C}{R}(j\omega)\right] = \arg\,[(|G(j\omega)|\cos\phi_G + j|G(j\omega)|\,\text{sen}\,\phi_G)(1+|G(j\omega)|\cos\phi_G - j|G(j\omega)|\,\text{sen}\,\phi_G)]$$

$$= \arg\,[\,|G(j\omega)|\cos\phi_G + |G(j\omega)|^2 + j|G(j\omega)|\,\text{sen}\,\phi_G]$$

usando $\cos^2\phi_G + \text{sen}^2\,\phi_G = 1$. Por tanto

$$\tan\left[\arg\frac{C}{R}(j\omega)\right] = \frac{|G(j\omega)|\,\text{sen}\,\phi_G}{|G(j\omega)|\cos\phi_G + |G(j\omega)|^2}$$

Igualando esto a N, eliminando el término común $|G(j\omega)|$ y eliminando la fracción, obtenemos

$$N[\cos\phi_G + |G(j\omega)|] = \text{sen}\,\phi_G$$

lo cual se puede volver a escribir en la forma de la ecuación (*17.13*), como se desea.

17.10. Construir la gráfica de la magnitud en db contra el ángulo de fase del lugar definido por la ecuación (*17.12*) para la magnitud en db de $\frac{C}{R}(j\omega)$ que es igual a 6 db.

$20\log_{10}\left|\frac{C}{R}(j\omega)\right| = 6$ db implica que $\left|\frac{C}{R}(j\omega)\right| = 2$. Por tanto hacemos $M = 2$ en la ecuación (*17.12*) y obtenemos

$$|G(j\omega)|^2 + \frac{8}{3}|G(j\omega)|\cos\phi_G + \frac{4}{3} = 0$$

como la ecuación que define el lugar. Como $|\cos\phi_G| \leq 1$, $|G(j\omega)|$ puede tomar solamente aquellos valores para los cuales se satisface esta limitación. Para determinar los límites de $|G(j\omega)|$, hacemos que $\cos\phi_G$ tome sus dos valores extremos de más o menos la unidad. Para $\cos\phi_G = 1$, la ecuación del lugar se trasforma en

$$|G(j\omega)|^2 + \frac{8}{3}|G(j\omega)| + \frac{4}{3} = 0$$

cuyas soluciones son $|G(j\omega)| = -2$ y $|GH(j\omega)| = -\frac{2}{3}$. Como un valor absoluto no puede ser negativo, se descartan estas soluciones. Esto implica que el lugar no existe sobre la línea de 0° (en general, cualquier línea que sea un múltiplo de 360°), lo cual corresponde a $\cos\phi_G = 1$.

Para $\cos\phi_G = -1$, la ecuación del lugar es

$$|G(j\omega)|^2 - \frac{8}{3}|G(j\omega)| + \frac{4}{3} = 0$$

con soluciones $|G(j\omega)| = 2$ y $|G(j\omega)| = \frac{2}{3}$. Estas son soluciones válidas para $|G(j\omega)|$ y son los valores extremos que puede tomar $|G(j\omega)|$.

Resolviendo las ecuaciones del lugar para $\cos\phi_G$, obtenemos

$$\cos\phi_G = \frac{-[\frac{4}{3} + |G(j\omega)|^2]}{\frac{8}{3}|G(j\omega)|}$$

Las curvas obtenidas de esta relación son periódicas con período de 360°. La representación está restringida a un solo ciclo en la vecindad de la línea de —180° y se obtiene resolviendo la ecuación anterior para ϕ_G con varios valores de $|G(j\omega)|$ entre los límites 2 y $\frac{2}{3}$. Los resultados se muestran en la tabla 17-5.

Tabla 17-5

$\|G(j\omega)\|$	$20\log_{10}\|G(j\omega)\|$	$\cos\phi_G$	ϕ_G	
2,0	6 db	—1	—180°	—
1,59	4	—0,910	—204,5°	—155,5°
1,26	2	—0,867	—209,9°	—150,1°
1,0	0	—0,873	—209,2°	—150,8°
0,79	—2	—0,928	—201,9°	—158,1°
0,67	—3,5	—1	—180°	—

Obsérvese que hay dos valores de ϕ_G siempre que $|\cos\phi_G| < 1$. La gráfica resultante se muestra en la figura 17-16.

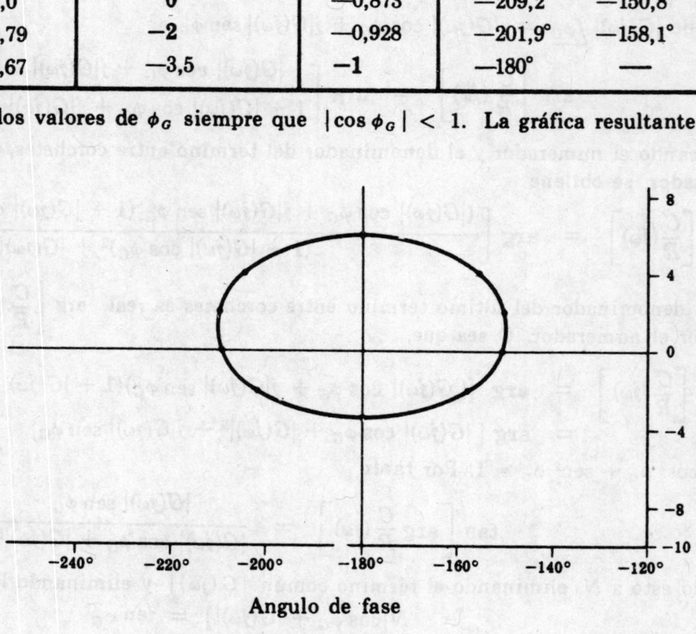

Fig. 17-16

17.11. Construir la gráfica de la magnitud en db contra el ángulo de fase del lugar definido por la ecuación (*17.13*), para $\tan\left[\arg \frac{C}{R}(j\omega)\right] = N = -\infty$.

$\tan\left[\arg \frac{C}{R}(j\omega)\right] = -\infty$ implica que $\arg \frac{C}{R}(j\omega) = -90° + k360°$, $k = 0, \pm 1, \pm 2, \ldots$, o $\arg \frac{C}{R}(j\omega) = -270° + k360°$, $k = 0, \pm 1, \pm 2, \ldots$. Representaremos solamente el ciclo entre $-360°$ y $0°$, el cual corresponde a $k = 0$. Haciendo $N = -\infty$ en la ecuación (*17.13*), obtenemos la ecuación del lugar

$$|G(j\omega)| + \cos\phi_G = 0 \quad \text{o} \quad \cos\phi_G = -|G(j\omega)|$$

Como $|\cos\phi_G| \leqq 1$, el lugar existe solamente para $0 \leqq |G(j\omega)| \leqq 1$, o, lo que es lo mismo,

$$-\infty \leq 20\log_{10}|G(j\omega)| \leq 0$$

Para obtener la gráfica usamos la ecuación del lugar para calcular los valores de la magnitud en db de $G(j\omega)$ correspondientes a varios valores de ϕ_G. Los resultados de estos cálculos se dan en la tabla 17-6. La gráfica deseada se muestra en la figura 17-17.

Tabla 17-6

ϕ_G		$\cos\phi_G$	$\lvert G(j\omega)\rvert$	$20\log_{10}\lvert G(j\omega)\rvert$
−180°	—	−1	1	0 db
−153°	−207°	−0,893	0,893	−1,0
−135°	−222,5°	−0,707	0,707	−3
−120°	−240°	−0,5	0,5	−6
−110,7°	−249,3°	−0,354	0,354	−9
−104,5°	−255,5°	−0,25	0,25	−12
−100,3°	−259,8°	−0,178	0,178	−15

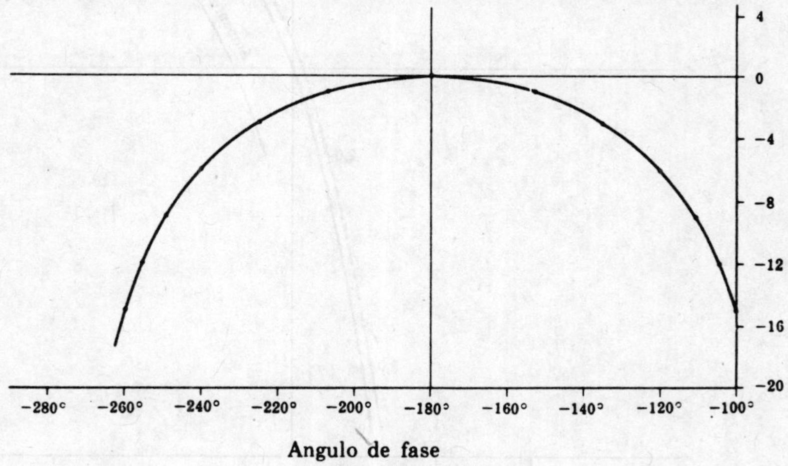

Fig. 17-17

FUNCIONES DE RESPUESTA DE FRECUENCIA DE LAZO CERRADO

17.12. Construir la gráfica de la magnitud en db contra el ángulo de fase de la función de respuesta de frecuencia de lazo cerrado, $\frac{C}{R}(j\omega)$, del sistema con retroalimentación de unidad, cuya función de trasferencia de lazo abierto es

$$G = \frac{2}{s(1+s)(1+s/3)}$$

$$\frac{C}{R}(j\omega) = \frac{G(j\omega)}{1+G(j\omega)} = \frac{6}{(j\omega)^3 + 4(j\omega)^2 + 3j\omega + 6} = \frac{6}{(6-4\omega^2) + j(3\omega - \omega^3)}$$

Por tanto $$20 \log_{10}\left|\frac{C}{R}(j\omega)\right| = 10 \log_{10}\left|\frac{C}{R}(j\omega)\right|^2 = 10 \log_{10}\frac{36}{(6-4\omega^2)^2+(3\omega-\omega^3)^2}$$

y $$\arg\left[\frac{C}{R}(j\omega)\right] = -\tan^{-1}\frac{3\omega-\omega^3}{6-4\omega^2}$$

Ahora calculamos $20 \log_{10}\left|\frac{C}{R}(j\omega)\right|$ y $\arg\left[\frac{C}{R}(j\omega)\right]$ para varios valores de ω. Los resultados se han tabulado en la tabla 17-7.

Tabla 17-7

ω	$20 \log_{10}\left\|\frac{C}{R}(j\omega)\right\|$	$\arg\left[\frac{C}{R}(j\omega)\right]$
0	0 db	0°
0,2	0,20.	—5,8°
0,5	1,27	—15,4°
1,0	6,54	—45°
1,25	10,38	—97,9°
1,5	5,46	—159,5°
2,0	—4,62	—191,3°
3,0	—15,4	—210,5°

Se hace la gráfica de la magnitud en db contra el ángulo de fase de $\frac{C}{R}(j\omega)$ usando los valores de la tabla como se muestra con la línea continua en la figura 17-18.

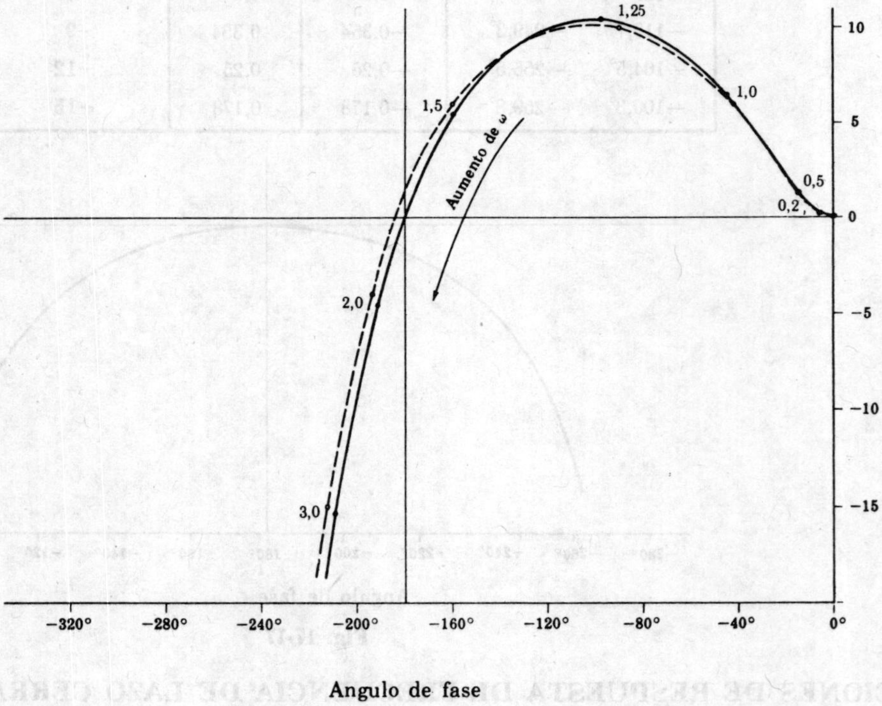

Fig. 17-18

17.13. Usando la técnica discutida en la sección 17.6, resolver otra vez el problema 17.12.

La representación de $G(j\omega)$ con la carta de Nichols se muestra en la figura 17-19. Determinamos valores de la magnitud en db de $\left|\frac{C}{R}(j\omega)\right|$ y $\arg\left[\frac{C}{R}(j\omega)\right]$ interpolando valores de la magnitud en db y del ángulo de fase en la representación con la carta de Nichols para ω = 0; 0,2; 0,5; 1,0; 1,25; 1,5; 2,0; 3,0. Estos valores se muestran en la tabla 17.8.

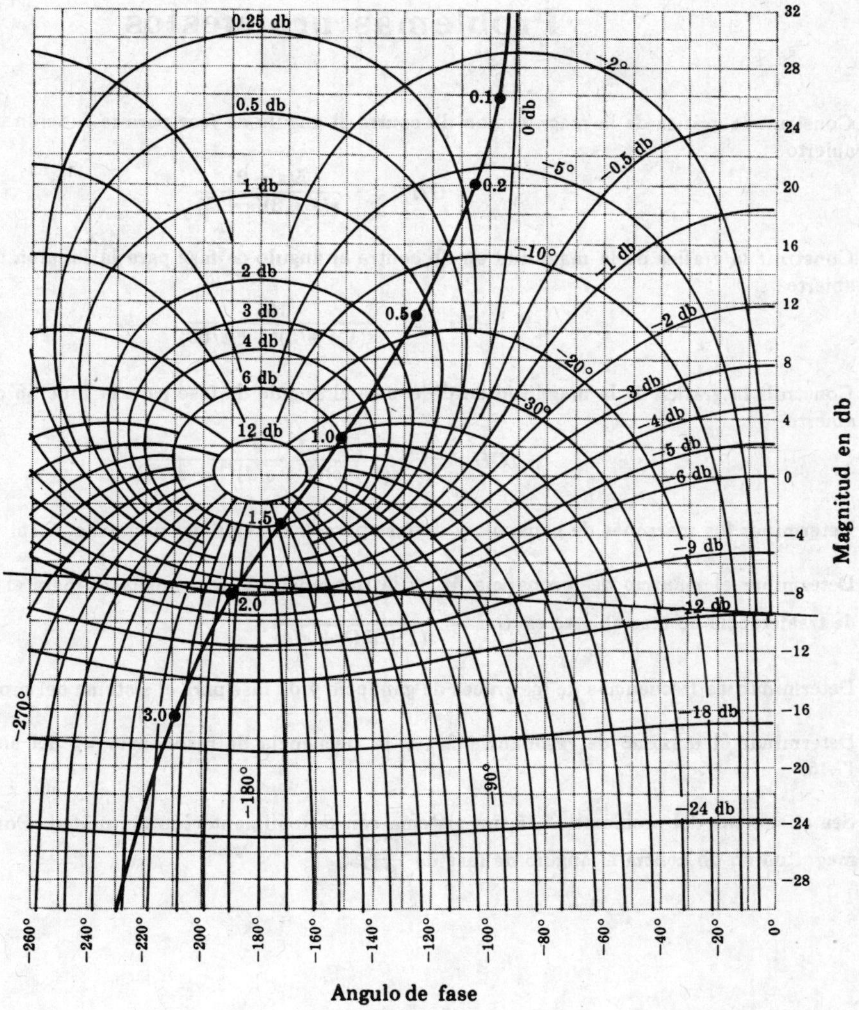

Fig. 17-19

Tabla 17-8

ω	$20 \log_{10} \left\lvert \frac{C}{R}(j\omega) \right\rvert$	$\arg \left[\frac{C}{R}(j\omega) \right]$
0	0 db	0°
0,2	0,2	−6°
0,5	1,2	−15°
1,0	6,0	−42°
1,25	10,0	−90°
1,5	6,0	−155°
2,0	− 4,0	−194°
3,0	− 15,0	−212°

Las discrepancias entre los valores de las tablas 17-7 y 17-8 se deben al hecho de que los valores en la tabla 17-8 se producen interpolando a lo largo de la curva para obtener los valores de la magnitud en db y el ángulo de fase. La gráfica de la magnitud en db contra el ángulo de fase de $\frac{C}{R}(j\omega)$, usando los valores de la tabla, se muestra con la línea discontinua de la figura 17-18.

Problemas propuestos

17.14. Construir la gráfica de la magnitud en db contra el ángulo de fase para la función de trasferencia de lazo abierto

$$GH = \frac{5(s+2)}{s(s+3)(s+5)}$$

17.15. Construir la gráfica de la magnitud en db contra el ángulo de fase para la función de trasferencia de lazo abierto

$$GH = \frac{10}{s(1+s/5)(1+s/50)}$$

17.16. Construir la gráfica de la magnitud en db contra el ángulo de fase para la función de trasferencia de lazo abierto

$$GH = \frac{1+s/2}{s(1+s)(1+s/4)(1+s/20)}$$

17.17. Determinar los márgenes de ganancia y de fase para el sistema del problema 17.15.

17.18. Determinar el máximo de resonancia M_p y la frecuencia de resonancia ω_p para el sistema cuya función de trasferencia de lazo abierto es $GH = \dfrac{1}{s(1+s)(1+s/4)}$.

17.19. Determinar las frecuencias de los cruces de ganancia y de fase para el sistema del problema 17.15.

17.20. Determinar el máximo de resonancia M_p y la frecuencia de resonancia ω_p del sistema en el problema 17.15.

17.21. Sea el sistema del problema 17.15, un sistema con retroalimentación de unidad. Construir la gráfica de la magnitud en db contra el ángulo de fase de $\dfrac{C}{R}(j\omega)$.

Respuestas a los problemas propuestos

17.17. Margen de ganancia = 9,5 db, $\phi_{PM} = 25°$

17.18. $M_p = 1{,}3$ db, $\omega_p = 0{,}9$ rad/seg

17.19. $\omega_1 = 7$ rad/seg, $\omega_\pi = 14{,}5$ rad/seg

17.20. $M_p = 8$ db, $\omega_p = 7{,}2$ rad/seg

Capítulo 18

Diseño con la carta de Nichols

18.1 FILOSOFIA DEL DISEÑO

El diseño por medio del análisis en el dominio de la frecuencia, utilizando las técnicas de la carta de Nichols, se hace de la misma forma general como se describieron los otros métodos de diseño en los capítulos anteriores, o sea, introduciendo redes de compensación apropiadas en las trayectorias directa y de retroalimentación, y analizando críticamente el comportamiento del sistema resultante. De esta manera se reforma, una y otra vez, la representación en la carta de Nichols, hasta obtener las especificaciones de funcionamiento deseadas. Estas especificaciones se expresan más convenientemente en términos de factores de mérito, en el dominio de la frecuencia, tales como los márgenes de ganancia y de fase para el funcionamiento transitorio y las constantes de error (capítulo 9) para la respuesta al estado estacionario en el dominio del tiempo.

Como la representación en la carta de Nichols es una gráfica de la función de respuesta de frecuencia de lazo abierto $GH(j\omega)$, se puede introducir la compensación en las trayectorias directa y de retroalimentación, cambiando así $G(j\omega)$ y $H(j\omega)$, o ambos.

Debemos ser enfáticos en el hecho de que ningún esquema sencillo de compensación es aplicable universalmente.

18.2 COMPENSACION DEL FACTOR DE GANANCIA

Hemos visto en algunos capítulos anteriores (5, 12, 13, 16) que un sistema con retroalimentación inestable, puede estabilizarse algunas veces, o que un sistema estable puede volverse inestable, ajustando el factor de ganancia K de $GH(s)$. Las representaciones en la carta de Nichols son las más apropiadas, particularmente, para determinar los ajustes del factor de ganancia. Sin embargo, cuando se usan las técnicas de Nichols, es mucho más conveniente usar la ganancia de Bode K_B (sección 15.4), expresada en decibeles (db), que el factor de ganancia K. Los cambios en K_B y K, cuando se dan en db, son iguales.

Ejemplo 18.1.

En la figura 18-1 se muestra la gráfica de la magnitud en db contra el ángulo de fase, para un sistema inestable representado por $GH(j\omega)$, con una ganancia de Bode $K_B = 5$. La inestabilidad de este sistema se puede verificar por medio de un bosquejo de la representación de Nyquist, o aplicando el criterio de Routh. La representación de Nyquist en el ejemplo 12.1, ilustra la forma general de todas las representaciones de Nyquist de sistemas con un polo en el origen y dos polos reales en el semiplano de la izquierda. Esta gráfica indica que los márgenes de fase y de ganancia positivos garantizan la estabilidad del sistema y que los márgenes de fase y de ganancia negativos garantizan la inestabilidad del sistema, lo cual implica que una disminución adecuada de la ganancia de Bode estabiliza el sistema. Si la ganancia de Bode se disminuye desde $20 \log_{10} 5$ db hasta $20 \log_{10} 2$ db, el sistema se estabiliza. En la figura 18-2 se muestra la gráfica de la magnitud en db contra el ángulo de fase del sistema compensado. Cualquier disminución adicional de la ganancia no altera la estabilidad.

Obsérvese que las curvas para $K_B = 5$ y $K_B = 2$ tienen la misma forma, la única diferencia es que las ordenadas de la curva $K_B = 5$ exceden las ordenadas de la curva $K_B = 2$ en la cantidad $20 \log (5/2)$ db. Por tanto, los cambios de ganancia en una gráfica de la magnitud en db contra el ángulo de fase, se realizan desplazando el lugar de $GH(j\omega)$, hacia arriba o hacia abajo, un número adecuado de db.

Aun cuando la estabilidad absoluta puede ser alterada a menudo por el ajuste del factor de ganancia, esta forma de compensación es inadecuada para la mayoría de los diseños porque, generalmente, no se pueden obtener otros criterios de funcionamiento como los concernientes a la estabilidad relativa, sin la inclusión de otros tipos de compensadores.

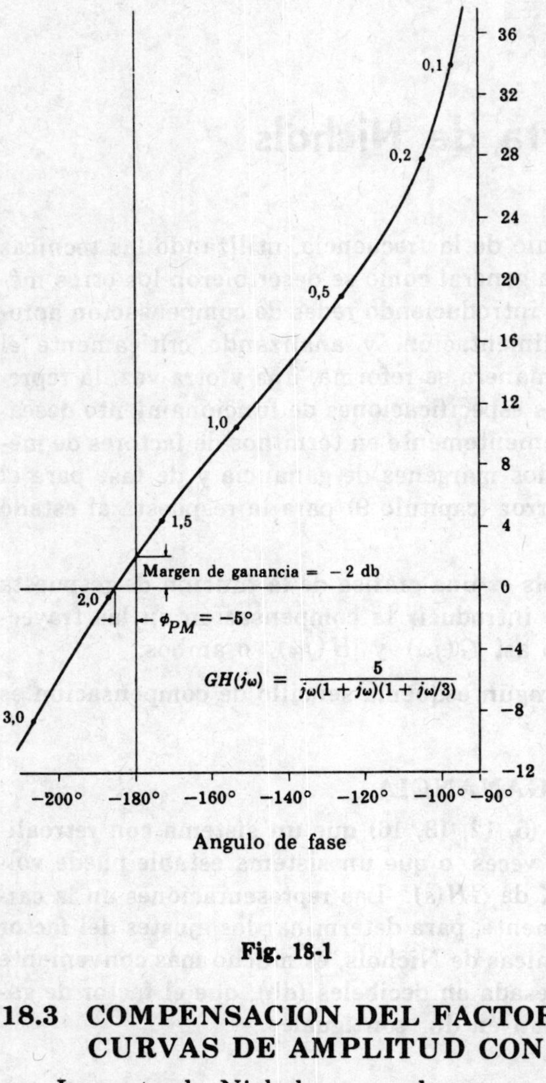

Fig. 18-1

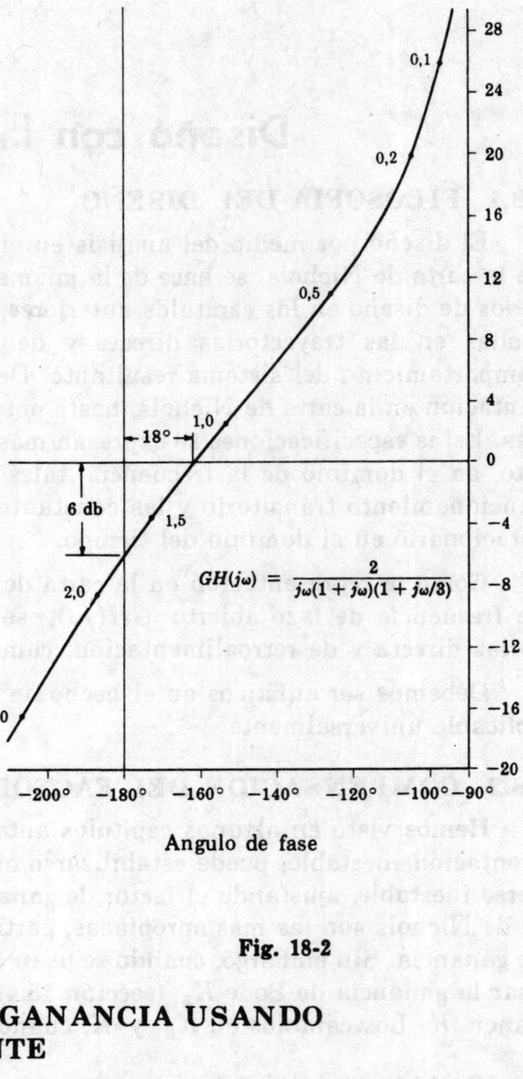

Fig. 18-2

18.3 COMPENSACION DEL FACTOR DE GANANCIA USANDO CURVAS DE AMPLITUD CONSTANTE

La carta de Nichols se puede usar para determinar K_B (para un sistema con *retroalimentación de unidad*), especificando el máximo de resonancia M_p (en db). El siguiente procedimiento requiere dibujar, una sola vez, la gráfica de la magnitud en db contra el ángulo de fase.

Paso 1: Dibuje la gráfica de la magnitud en db contra el ángulo de fase de $G(j\omega)$ para $K_B = 1$ sobre papel trasparente. La escala de la gráfica debe ser la misma que la escala de la carta de Nichols.

Paso 2: Coloque esta gráfica sobre la carta de Nichols de tal forma que las escalas de la magnitud y del ángulo de fase queden perfectamente alineadas.

Paso 3: Fije la carta de Nichols y deslice la gráfica hacia ariba y hacia abajo hasta que ésta quede exactamente tangente a la curva de amplitud constante de M_p db. La cantidad del desplazamiento, en db, es el valor requerido de K_B.

Ejemplo 18.2.

En la figura 18-3(*a*), se muestra la gráfica de la magnitud en db contra el ángulo de fase de la función de trasferencia de lazo abierto de un sistema particular con retroalimentación de unidad y $K_B = 1$, superpuesta sobre una carta de Nichols. El M_p deseado es 4 db. Vemos en la figura 18-3(*b*) que, si la hoja superpuesta se desplaza hacia arriba 4 db, el máximo de resonancia del sistema es 4 db. Por tanto el K_B deseado es 4 db.

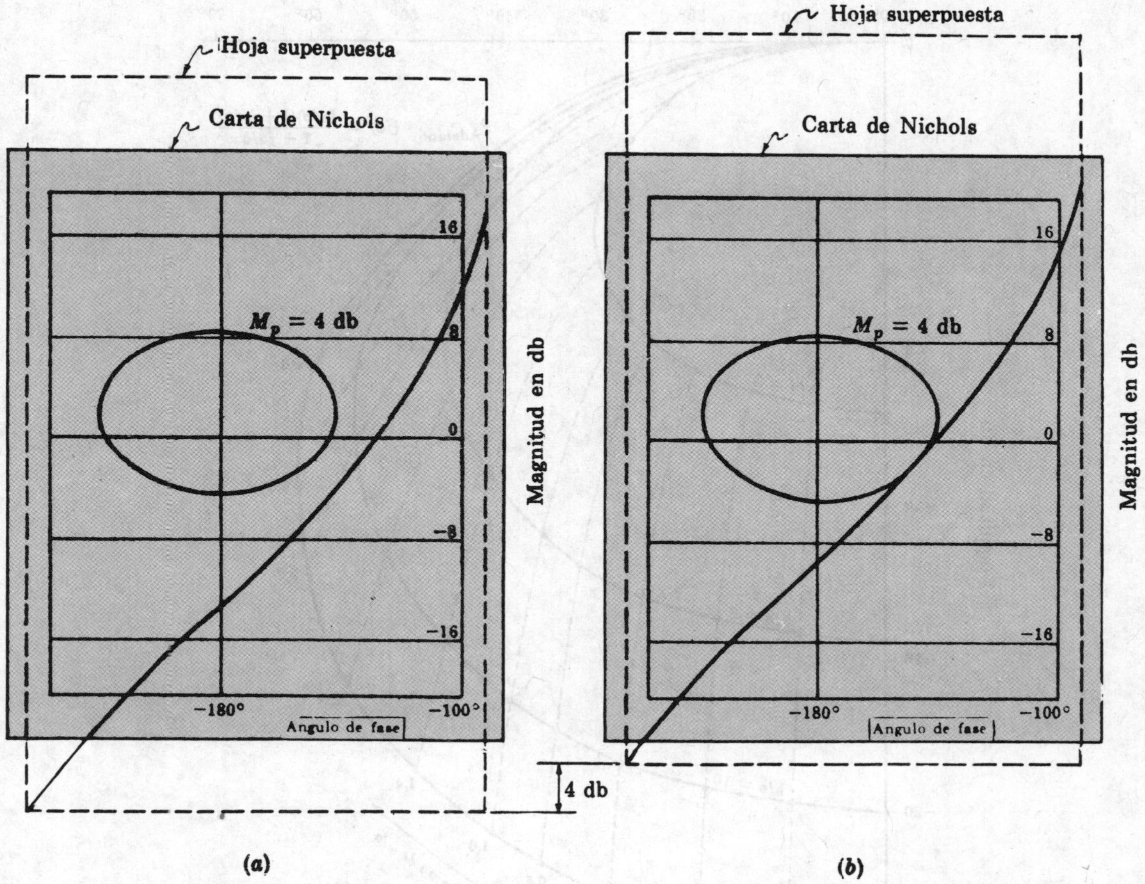

Fig. 18-3

18.4 COMPENSACION DE ADELANTO

La forma de Bode de la función de trasferencia para una red de adelanto es

$$P_{\text{Adelanto}} = \frac{(a/b)(1 + s/a)}{1 + s/b} \tag{18.1}$$

donde $a/b < 1$. Las gráficas de la magnitud en db contra el ángulo de fase de P_{Adelanto} para varios valores de b/a y con la frecuencia normalizada ω/a como parámetro, se muestran en la figura 18-4.

Para algunos sistemas en los cuales es aplicable la compensación de adelanto en la trayectoria directa, la escogencia apropiada de a y b permite un aumento en K_B, suministrando mayor precisión y menor sensibilidad, sin afectar adversamente el funcionamiento transitorio. Inversamente, para un K_B dado, se puede mejorar el funcionamiento transitorio. También es posible mejorar tanto la respuesta transitoria como la de estado estacionario, con la compensación de adelanto.

Las propiedades importantes de la red compensadora de adelanto con su contribución al adelanto de fase en el intervalo de frecuencias bajas y medias (la vecindad de la frecuencia de resonancia ω_p), y la atenuación despreciable para las altas frecuencias. Si se requiere un adelanto de fase apreciable, se pueden poner varias redes de adelanto en cascada.

En general, la compensación de adelanto aumenta el ancho de banda del sistema.

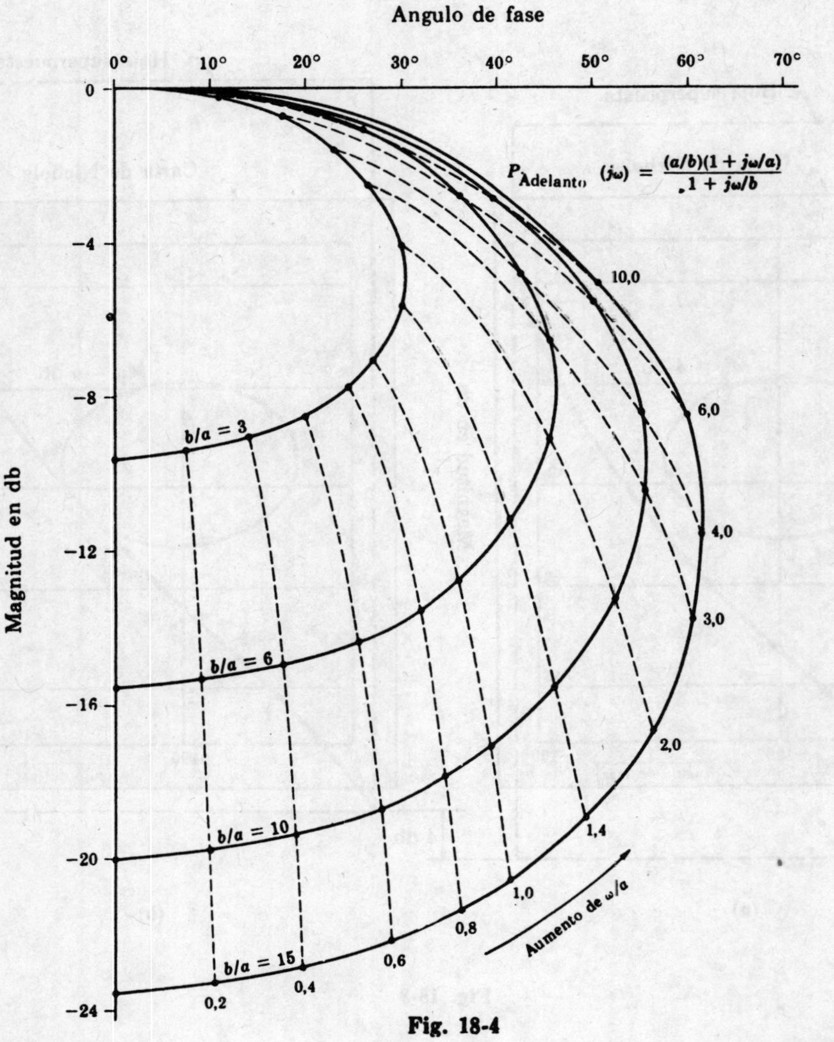

Fig. 18-4

Ejemplo 18.3.

Se desea diseñar un sistema con retroalimentación de unidad, no compensado, cuya función de trasferencia de lazo abierto es

$$GH = \frac{2}{s(1+s)(1+s/3)}$$

y que cumpla las siguientes especificaciones de funcionamiento:

(1) Cuando la entrada sea una función rampa unidad, el error de posición en estado estacionario debe ser menor que 0,25.

(2) $\phi_{PM} \cong 40°$.

(3) Máximo de resonancia $\cong$ 1,7 db.

Obsérvese que la ganancia de Bode es igual a la constante de error de velocidad K_v. Por tanto el error en estado estacionario para el sistema no compensado es $e(\infty) = 1/K_v = 1/2$ (ecuación (*9.5*)). De la gráfica de la magnitud en db contra el ángulo de fase de GH en la figura 18-5, vemos que $\phi_{PM} = 18°$ y $M_p = 5$ db.

El error en estado estacionario es dos veces el error deseado; por tanto la ganancia de Bode se debe aumentar un factor de 2 (6 db). Si aumentamos la ganancia de Bode en 6 db, obtenemos la gráfica marcada GH_1 en la figura 18-5. El margen de fase de GH_1 es aproximadamente cero y el máximo de resonancia es aproximadamente infinito. Por tanto el sistema está al borde de la inestabilidad.

Se puede usar la compensación de adelanto de fase para mejorar la estabilidad relativa del sistema. La función de trasferencia de lazo abierto, compensada. es

$$GH_2 = \frac{K_B(a/b)(1+s/a)}{s(1+s)(1+s/3)(1+s/b)} = \frac{4(1+s/a)}{s(1+s)(1+s/3)(1+s/b)}$$

donde $K_B = 4(b/a)$ para satisfacer el error en estado estacionario.

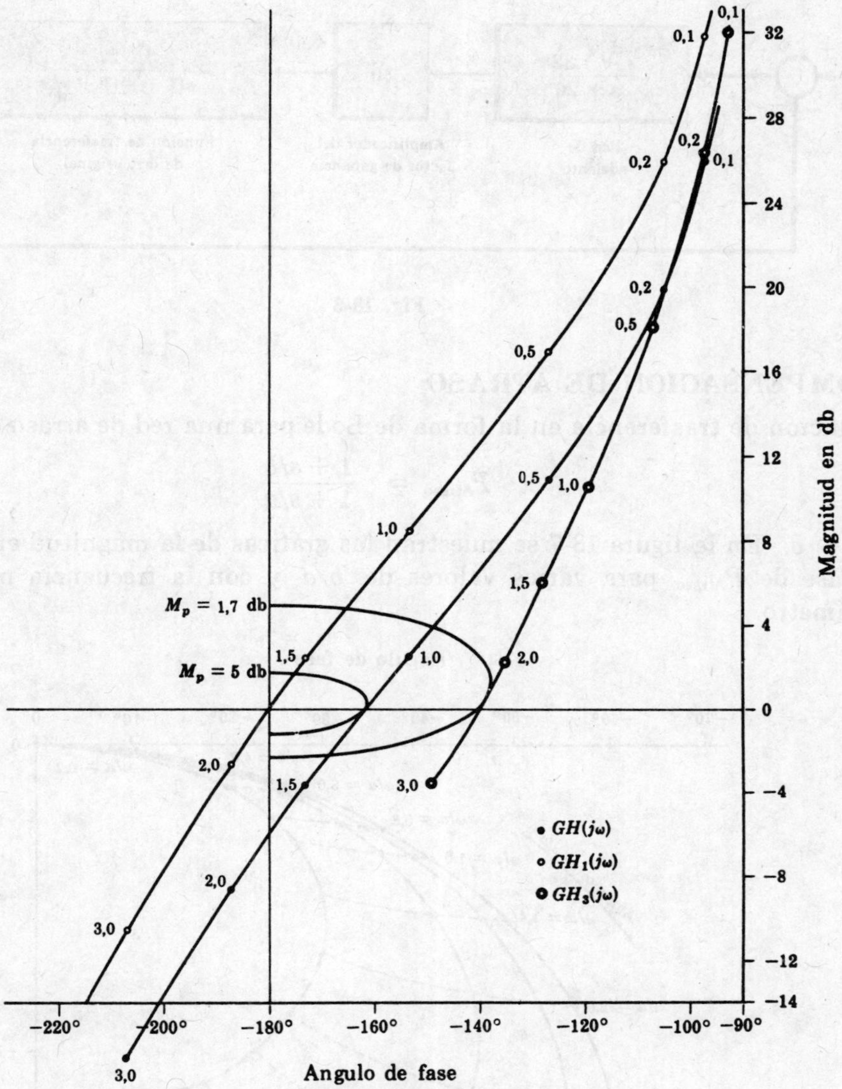

Fig. 18-5

Una forma de satisfacer los requisitos de ϕ_{PM} y M_p es sumar de 40 a 50° de adelanto de fase a la curva de GH_1 en la región $1 \leqq \omega \leqq 2{,}5$ sin que se cambie sustancialmente la magnitud en db. Ya hemos escogido $K_B = 4(b/a)$ para hacer la compensación, del factor de ganancia a/b en la red de adelanto. Por tanto, sólo necesitamos concentrarnos en el efecto, que sobre la curva GH_1 tiene el factor $\dfrac{1 + s/a}{1 + s/b}$. Refiriéndonos a la figura 18-4, vemos que para suministrar el adelanto de fase requerido, necesitamos que $b/a \geqq 10$. Observamos que las curvas de la figura 18-4 incluyen el efecto del factor de ganancia, a/b, de la red de adelanto. Como ya hemos compensado para este factor de ganancia, debemos sumar $20 \log_{10}(b/a)$ a las magnitudes db en la curva. Para mantener pequeña la contribución en la magnitud db, de la red de adelanto, dentro de la región $1 \leqq \omega \leqq 2{,}5$, hacemos $b/a = 15$ y escogemos a en tal forma que solamente la parte baja de la curva $(\omega/a \leqq 3{,}0)$ contribuya dentro de la región de interés $1 \leqq \omega \leqq 2{,}5$. En particular hacemos $a = 1{,}333$. De esta forma la función de trasferencia de lazo abierto, compensada, es

$$GH_3 = \frac{4(1 + s/1{,}333)}{s(1 + s)(1 + s/3)(1 + s/20)}$$

La gráfica de la magnitud en db contra el ángulo de fase de GH_3 se muestra en la figura 18-5. Vemos que $\phi_{PM} = 40{,}5°$ y $M_p = 1{,}7$ db. Así, se cumplen todas las especificaciones. Observamos, sin embargo, que la frecuencia de resonancia ω_p del sistema compensado, es aproximadamente 2,25 rad/seg. Para el sistema no compensado, definido por GH, ésta es aproximadamente 1,2 rad/seg. Por tanto se ha incrementado el ancho de banda.

En la figura 18-6 se muestra un diagrama en bloque del sistema completamente compensado.

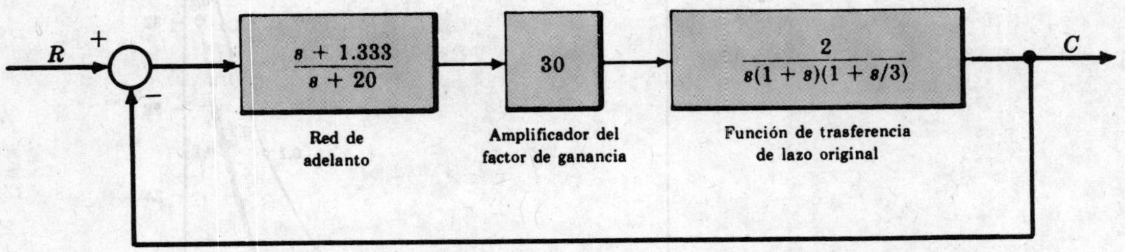

Fig. 18-6

18.5 COMPENSACION DE ATRASO

La función de trasferencia en la forma de Bode para una red de atraso es

$$P_{\text{Atraso}} = \frac{1 + s/b}{1 + s/a} \tag{18.2}$$

donde $a < b$. En la figura 18-7 se muestran las gráficas de la magnitud en db contra el ángulo de fase de P_{Atraso} para varios valores de b/a y con la frecuencia normalizada, ω/a, como parámetro.

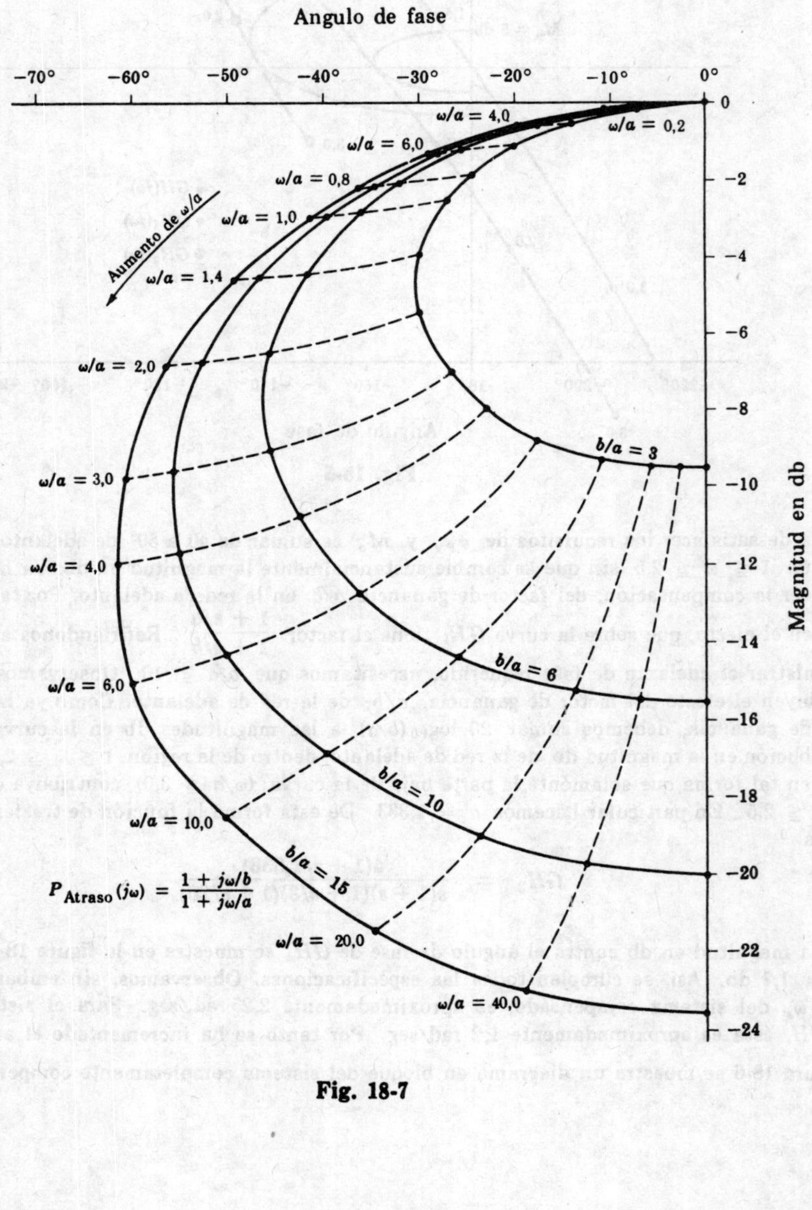

Fig. 18-7

La red de compensación de atraso suministra compensación, atenuando la porción de las altas frecuencias de la gráfica de la magnitud en db contra el ángulo de fase. Se obtiene más atenuación poniendo varias redes de atraso en cascada.

Algunos de los efectos generales de la compensación de atraso son:

1. Por regla general el ancho de banda se disminuye.
2. La constante de tiempo predominante del sistema, τ, generalmente se aumenta, produciendo un sistema más lento.
3. Para una estabilidad relativa dada, el valor de la constante de error se aumenta.
4. Para una constante de error dada, la estabilidad relativa se mejora.

El procedimiento para usar la compensación de atraso es esencialmente el mismo que para usar la compensación de adelanto.

Ejemplo 18.4.

Diseñemos de nuevo el sistema del ejemplo 18.3 usando compensación del factor de ganancia y de atraso. La especificación en estado estacionario queda de nuevo satisfecha con GH_1. En la figura 18-8 se repite la gráfica de la magnitud en db contra el ángulo de fase de GH_1. Como $P_{\text{Atraso}}(j0) = 1$, la introducción de la red de atraso después de que ha sido satisfecha la especificación en el estado estacionario, por medio de compensación del factor de ganancia, no se hace necesario un aumento adicional en el factor de ganancia.

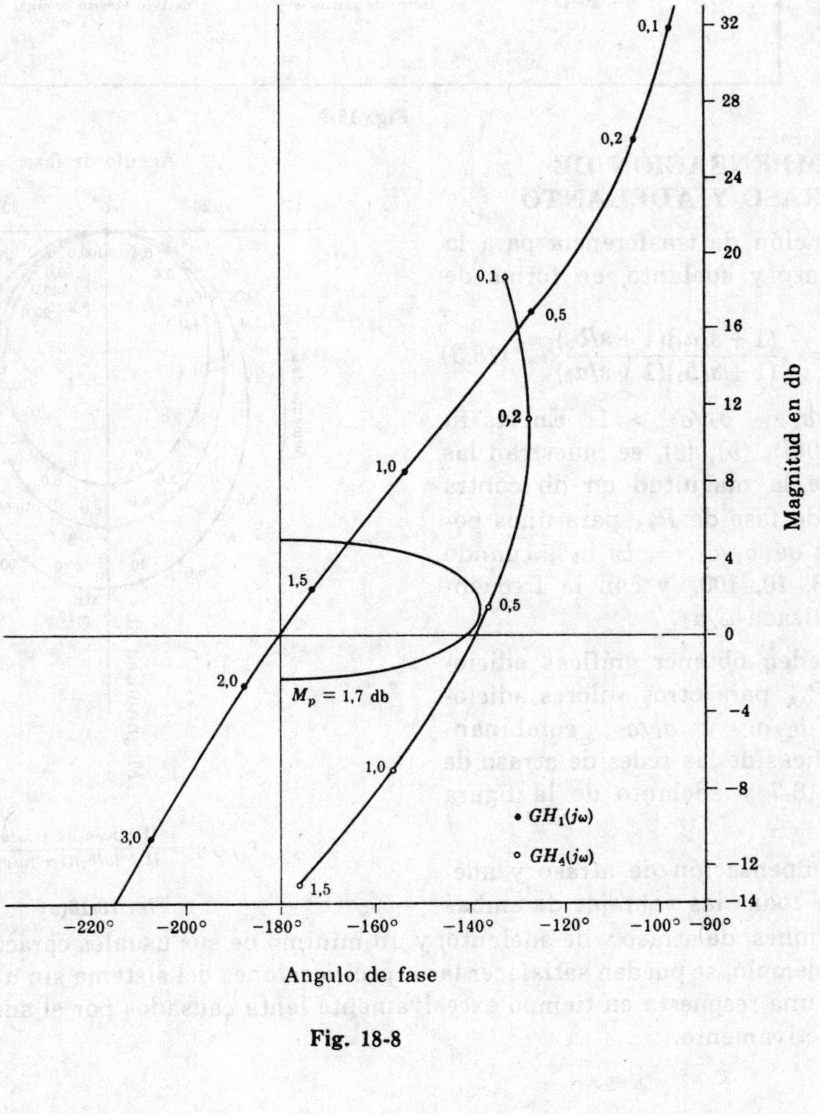

Fig. 18-8

Incorporando la red de atraso, obtenemos la función de trasferencia de lazo abierto

$$GH_4 = \frac{4(1+s/b)}{s(1+s)(1+s/3)(1+s/a)}$$

Una forma de satisfacer los requerimientos en ϕ_{PM} y M_p es escoger a y b en tal forma que la curva de GH_1 se atenúe aproximadamente 12 db dentro de la región $0{,}7 \leq \omega \leq 2{,}0$, sin que cambie sustancialmente en el ángulo de fase. Como la red de atraso introduce algún atraso de fase, es necesario atenuar la curva más de 12 db. Refiriéndonos a la figura 18-7, vemos que si escogemos $b/a = 6$, es posible una atenuación máxima de 15,5 db. Si escogemos $a = 0{,}015$, entonces a una frecuencia de $\omega = 0{,}5$ $(\omega/a = 33{,}33)$ se obtiene, de la red de atraso, una atenuación de 15,4 db, con un ángulo de fase de $-9°$. GH_4 se puede escribir ahora como

$$GH_4 = \frac{4(1+s/0{,}09)}{s(1+s)(1+s/3)(1+s/0{,}015)}$$

donde $b = 6a = 0{,}09$. En la figura 18-8 se muestra la gráfica de la magnitud en db contra el ángulo de fase de GH_4. Vemos que $\phi_{PM} = 41°$ y $M_p \cong 1{,}7$, lo cual satisface las especificaciones. Observamos que la frecuencia de resonancia del sistema compensado es aproximadamente 0,5 rad/seg. Para el sistema no compensado definido por GH, ω_p es aproximadamente 1,2 rad/seg. En la figura 18-9 se muestra un diagrama en bloque del sistema totalmente compensado.

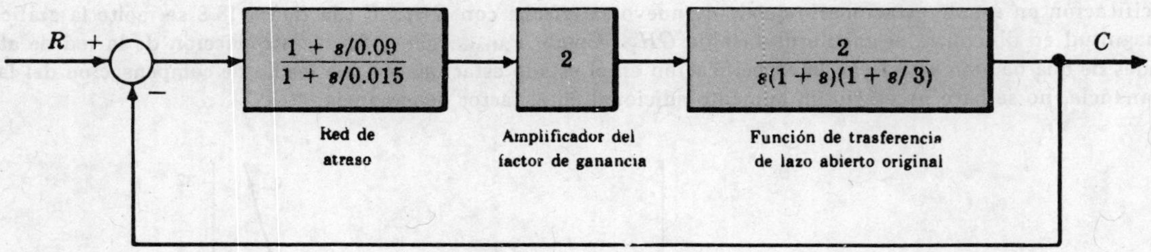

Fig. 18-9

18.6 COMPENSACION DE ATRASO Y ADELANTO

La función de trasferencia para la red de atraso y adelanto, en forma de Bode es

$$P_{AA} = \frac{(1+s/a_1)(1+s/b_2)}{(1+s/b_1)(1+s/a_2)} \qquad (18.3)$$

donde $b_1/a_1 = b_2/a_2 > 1$. En las figuras 18-10(a), (b), (c), se muestran las gráficas de la magnitud en db contra el ángulo de fase de P_{AA} para unos pocos valores de b_1/a_1 $(= b_2/a_2)$, cuando $a_1/a_2 = 6$, 10, 100, y con la frecuencia normalizada ω/a_2.

Se pueden obtener gráficas adicionales de P_{AA} para otros valores adicionales de b_1/a_1 y a_1/a_2, combinando las gráficas de las redes de atraso de la figura 18-7 y adelanto de la figura 18-4.

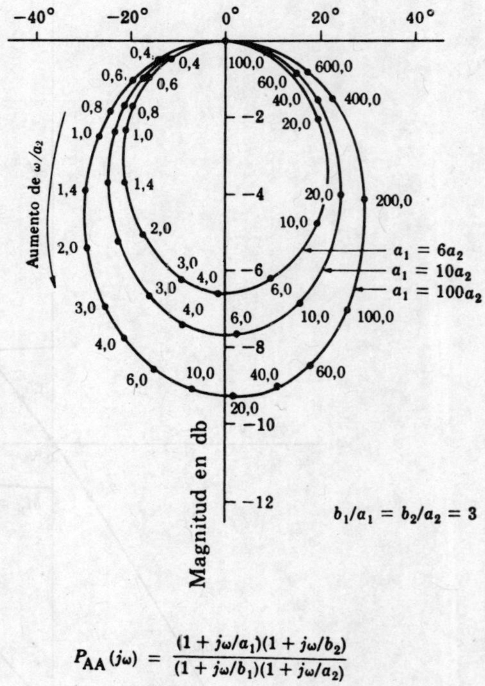

$$P_{AA}(j\omega) = \frac{(1+j\omega/a_1)(1+j\omega/b_2)}{(1+j\omega/b_1)(1+j\omega/a_2)}$$

Fig. 18-10(a)

La compensación de atraso y adelanto tiene todas las ventajas de ambas compensaciones, de atraso y de adelanto, y un mínimo de sus usuales características indeseables. Por ejemplo, se pueden satisfacer las especificaciones del sistema sin un ancho de banda excesivo o una respuesta en tiempo excesivamente lenta causados por el adelanto o atraso de fase, respectivamente.

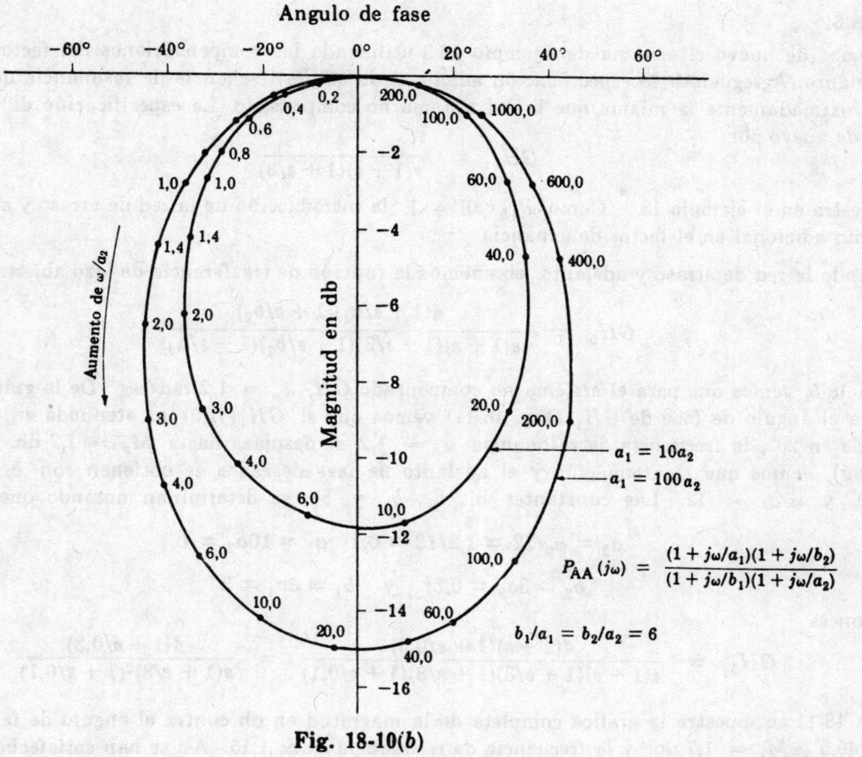

Fig. 18-10(*b*)

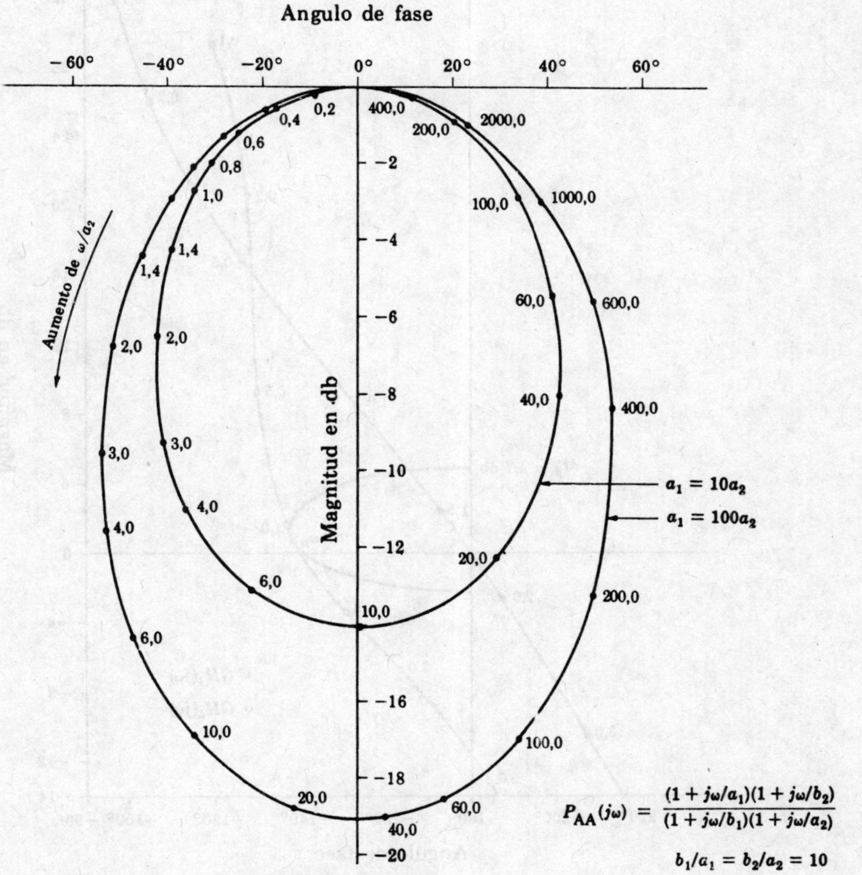

Fig. 18-10(*c*)

Ejemplo 18.5.

Diseñemos de nuevo el sistema del ejemplo 18.3 utilizando las compensaciones del factor de ganancia y de atraso y adelanto. Agreguemos la especificación adicional de que la frecuencia de resonancia del sistema compensado sea aproximadamente la misma que la del sistema no compensado. La especificación de estado estacionario se satisface de nuevo por

$$GH_1 = \frac{4}{s(1+s)(1+s/3)}$$

como se muestra en el ejemplo 18.3. Como $P_{AA}(j0) = 1$, la introducción de la red de atraso y adelanto no requiere un incremento adicional en el factor de ganancia.

Insertando la red de atraso y adelanto, obtenemos la función de trasferencia de lazo abierto

$$GH_5 = \frac{4(1+s/a_1)(1+s/b_2)}{s(1+s)(1+s/3)(1+s/b_1)(1+s/a_2)}$$

De la figura 18-5, vemos que para el sistema no compensado GH, $\omega_p = 1{,}2$ rad/seg. De la gráfica de la magnitud en db contra el ángulo de fase de GH_1 (Fig. 18-11) vemos que si $GH_1(j1{,}2)$ es atenuada en 6,5 db y si su fase es aumentada en 20°, la frecuencia de resonancia $\omega_p = 1{,}2$ se desplaza hasta $M_p = 1{,}7$ db. Refiriéndonos a la figura 18-10(a), vemos que la atenuación y el adelanto de fase deseados se obtienen con $b_1/a_1 = b_2/a_2 = 3$, $a_1/a_2 = 10$, y $\omega/a_2 = 12$. Las constantes a_1, a_2, b_1 y b_2 se determinan notando que

$$a_2 = \omega_p/12 = 1{,}2/12 = 0{,}1; \quad a_1 = 10a_2 = 1$$

$$b_2 = 3a_2 = 0{,}3; \quad \text{y} \quad b_1 = 3a_1 = 3$$

GH_5 es entonces

$$GH_5 = \frac{4(1+s)(1+s/0{,}3)}{s(1+s)(1+s/3)(1+s/3)(1+s/0{,}1)} = \frac{4(1+s/0{,}3)}{s(1+s/3)^2(1+s/0{,}1)}$$

En la figura 18-11 se muestra la gráfica completa de la magnitud en db contra el ángulo de fase de GH_5. Vemos que $\phi_{PM} = 40{,}5°$, $M_p = 1{,}7$ db, y la frecuencia de resonancia $\omega \cong 1{,}15$. Así se han satisfecho todas las especificaciones.

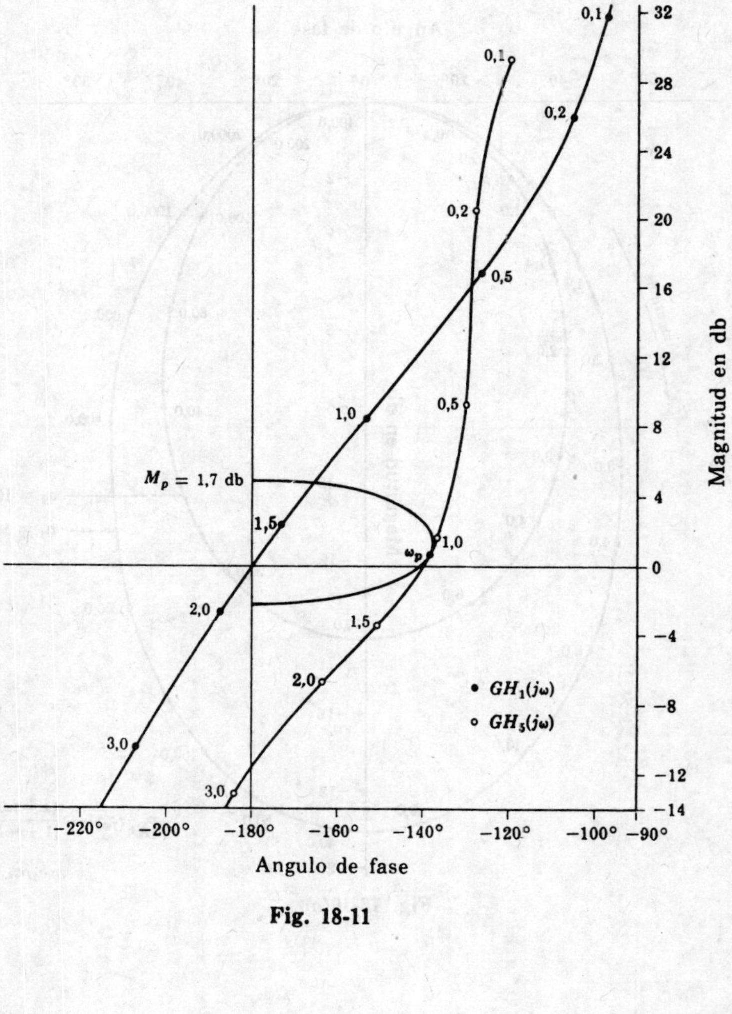

Fig. 18-11

Problemas resueltos

COMPENSACION DEL FACTOR DE GANANCIA

18.1. La figura 18-12 muestra la gráfica de la magnitud en db contra el ángulo de fase de la función de respuesta de frecuencia de lazo abierto

$$GH(j\omega) = \frac{K_B[1-(\omega/2)^2+j\omega/2]}{j\omega(1+j\omega/0{,}5)^2(1+j\omega/4)}$$

para $K_B = 1$. El sistema de lazo cerrado definido por $GH(j\omega)$ es estable para $K_B = 1$. Determinar un valor de K_B para el cual el margen de fase es 45°.

$\phi_{PM} = 180° + \arg GH(j\omega_1)$, donde ω_1 es la frecuencia del cruce de ganancia. Para $\phi_{PM} = 45°$, ω_1 se debe escoger tal que $\arg GH(j\omega_1) = -135°$. Si dibujamos una línea vertical con una abscisa $-135°$, ésta intersectará la curva $GH(j\omega)$ en un punto $\omega_1' \cong 0{,}25$ rad/seg, donde $\arg GH(j\omega_1') = -135°$. La ordenada de este punto de intersección es 10,5 db. Si disminuimos K_B en 10,5 db, la frecuencia del cruce de ganancia será ω_1' y $\phi_{PM} = 45°$. Una disminución de 10,5 db implica que $20\log_{10} K_B = -10{,}5$, o $K_B = 10^{-10{,}5/20} = 0{,}3$. Una disminución mayor en K_B aumenta ϕ_{PM} más allá de 45°.

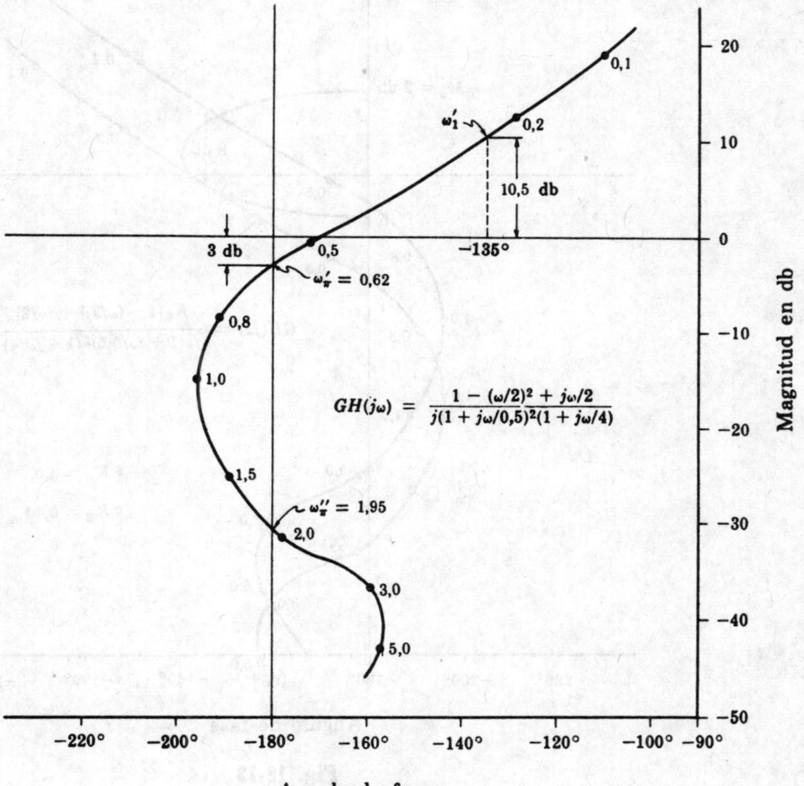

Fig. 18-12

18.2. Para el sistema del problema 18.1, determinar el valor de K_B para el cual el sistema es estable y el margen de ganancia es 10 db.

Margen de ganancia $= -20\log_{10}|HG(j\omega_\pi)|$db, donde ω_π, es la frecuencia del cruce de fase. Refiriéndonos a la figura 18-12, vemos que hay dos frecuencias de cruce de fase: $\omega_\pi' \cong 0{,}62$ rad/seg y $\omega_\pi'' \cong 1{,}95$ rad/seg. Para $\omega_\pi' = 0{,}62$, tenemos $20\log_{10}|GH(j\omega_\pi')| = -3$ db. Por tanto el margen de ganancia es 3 db. Esto se puede aumentar a 10 db desplazando la curva $GH(j\omega)$ hacia abajo 7 db. La frecuencia del cruce de fase ω_π' es la misma en la nueva posición, pero $20\log_{10}|GH(j\omega_\pi')| = -10$ db. Una disminución de ganancia de 7 db implica que $K_B = 10^{-7/20} = 0{,}447$. Como el sistema es estable para $K_B = 1$, permanecerá estable cuando la curva $GH(j\omega)$ sea desplazada hacia abajo. La estabilidad absoluta no se afectará a menos que la curva $GH(j\omega)$ se desplace hacia arriba y a través del punto definido por 0 db y $-180°$, como sería necesario si $-20\log_{10} GH(j\omega_\pi'') = 10$ db.

18.3. Para el sistema del problema 18.1, determinar un valor para K_B tal que: margen de ganancia $\geqq$ 10 db, $\phi_{PM} \geqq 45°$.

En el problema 18.1 se demostró que $\phi_{PM} \geqq 45°$ si $K_B \leqq 0{,}3$; en el problema 18.2, el margen de ganancia $\geqq$ 10 db si $K_B \leqq 0{,}447$. Por tanto ambos requerimientos se pueden satisfacer haciendo $K_B \leqq$ 0,3. Obsérvese que si hubiéramos especificado el margen de ganancia = 10 db y $\phi_{PM} = 45°$, entonces hubiéramos podido satisfacer las especificaciones con sólo la compensación del factor de ganancia.

18.4. Suponer que el sistema del problema 18.1 es un sistema con retroalimentación de unidad y determinar un valor para K_B tal que el máximo de resonancia sea M_p = 2 db.

La gráfica de la magnitud en db contra el ángulo de fase de $GH(j\omega)$ para $K_B = 1$, así como el lugar de los puntos para los cuales $\left|\frac{C}{R}(j\omega)\right| = 2$ db ($M_p = 2$ db), se muestra en la figura 18-13. Vemos que si se disminuye K_B en 8 db, la curva $GH(j\omega)$ resultante es exactamente tangente a la curva M_p = 2 db. Una disminución de 8 db implica que $K_B = 10^{-8/20} = 0{,}40$.

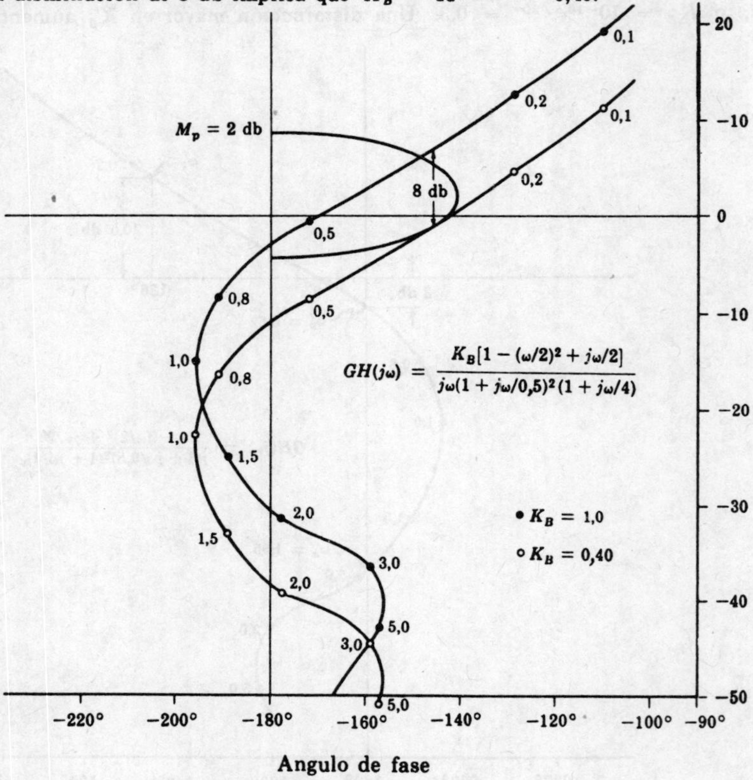

Fig. 18-13

18.5. En la figura 18-14, se muestra la gráfica de la magnitud en db contra el ángulo de fase de la función de respuesta de frecuencia de lazo abierto,

$$GH(j\omega) = \frac{K_B(1+j\omega/0{,}5)}{(j\omega)^2[1-(\omega/2)^2+j\omega/2]}$$

para $K_B = 0{,}5$. El sistema de lazo cerrado definido por $GH(j\omega)$ es estable para $K_B = 0{,}5$. Determinar el valor de K_B que maximiza el margen de fase.

$\phi_{PM} = 180° + \arg GH(j\omega_1)$ donde ω_1 es la frecuencia del cruce de ganancia. Refiriéndonos a la figura 18-14, vemos que $\arg GH(j\omega)$ siempre es negativo. Por tanto si maximizamos $\arg GH(j\omega_1)$, ϕ_{PM} se hará máximo. La figura 18-14 indica que $\arg GH(j\omega)$ es máximo cuando $\omega = \omega_1' \cong 0{,}8$ rad/seg y $\arg GH(j\omega_1') = -147°$. La ordenada del punto $GH(j\omega_1')$ es 4,6 db. Por tanto si se disminuye K_B en 4,6 db, la frecuencia del cruce de fase será ω_1'; y ϕ_{PM} tomará su máximo valor: $\phi_{PM} = 180° + \arg GH(j\omega_1') = 33°$. Una disminución de 4,6 db en K_B implica que $20\log_{10}(K_B/0{,}5) = -4{,}6$ db o $K_B/0{,}5 = 10^{-4{,}6/20}$. Entonces $K_B = 0{,}295$.

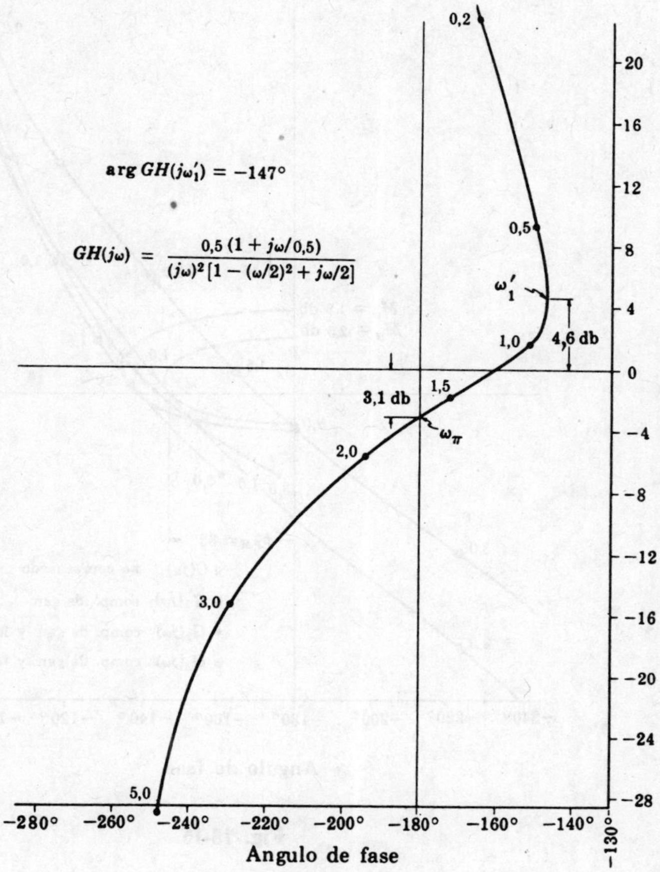

Fig. 18-14

18.6. Determinar para el sistema del problema 18.5, un valor de K_B tal que el sistema sea estable y el margen de ganancia sea 8 db.

Margen de ganancia $= -20 \log_{10} |GH(j\omega_\pi)|$ db. Refiriéndonos a la figura 18-14, vemos que el margen de ganancia es 3,1 db. Este se puede aumentar a 8 db desplazando la curva hacia abajo 4,9 db; ω_π permanece la misma, ya que es independiente de K_B. Disminuir K_B 4,9 db implica que

$$20 \log_{10}(K_B/0,5) = -4,9 \quad \text{o} \quad K_B = 0,254$$

COMPENSACION DE FASE

18.7. Se ha determinado experimentalmente, como se muestra en la figura 18-15, la gráfica de la magnitud en db contra el ángulo de fase de la función de trasferencia de lazo abierto $G(j\omega)$ para un sistema particular con retroalimentación de unidad. Además se midió el error en estado estacionario $e(\infty)$ para una entrada dada por una función rampa unidad, y se encontró que éste era $e(\infty) = 0,2$. Se sabe que la función de trasferencia de lazo abierto tiene un polo en el origen. Determinar una combinación de compensación de adelanto de fase más compensación de ganancia, tal que: $M_p \cong 1,5$ db, $\phi_{PM} \cong 40°$, y un error en estado estacionario, para una entrada de rampa unidad, de $e(\infty) = 0,1$.

Como $e(\infty) = 1/K_v = 1/K_B$, se puede satisfacer el requerimiento en estado estacionario doblando K_B. La compensación tiene la forma

$$K'\,P_{\text{Adelanto}}(j\omega) = \frac{K'(a/b)(1 + s/a)}{1 + s/b}$$

Por tanto K_B se dobla haciendo $K'(a/b) = 2$, o $K' = 2(b/a)$.

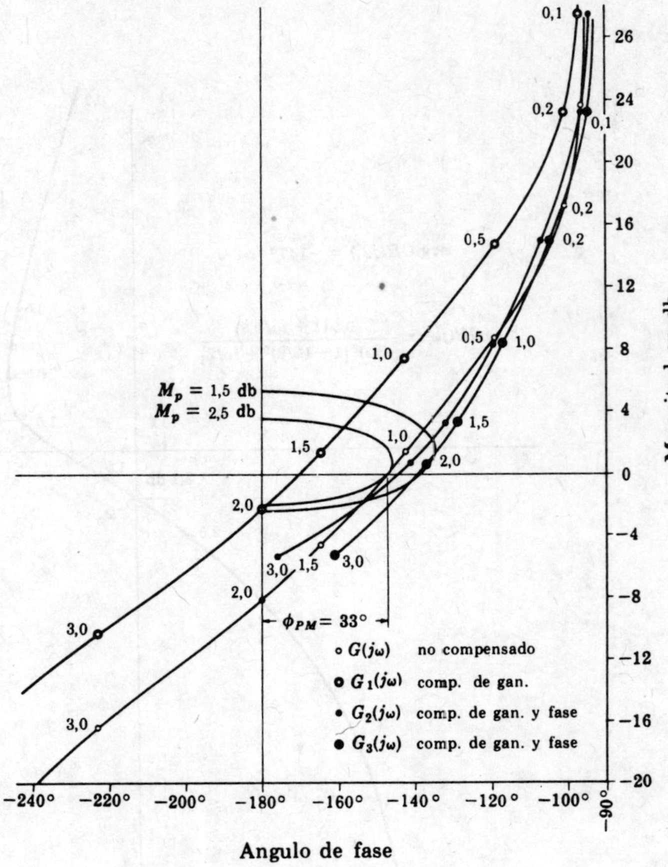

Fig. 18-15

En la figura 18-15 se muestra la gráfica de la magnitud en db contra el ángulo de fase para la función de respuesta de frecuencia de lazo abierto, con compensación de ganancia,

$$G_1(j\omega) = 2G(j\omega)$$

$G_1(j\omega)$ satisface la especificación en estado estacionario. Para satisfacer las especificaciones sobre M_p y ϕ_{PM}, la curva $G_1(j\omega)$ debe desplazarse, hacia la derecha, de 30° a 40°, aproximadamente, en la región $12 \leqq \omega \leqq 2{,}5$ sin cambiar sustancialmente la magnitud en db. Esto se hace con una escogencia adecuada de a y b. Refiriéndonos a la figura 18-4 vemos que, para $b/a = 10$, se obtiene un adelanto de fase de 30° para $\omega/a \geqq 0{,}65$. Como la razón de adelanto a/b de la red de adelanto se tiene en cuenta al diseñar para el factor de ganancia $K' = 2(b/a) = 20$, debemos sumar $20 \log (b/a) = 20 \log_{10} 10 = 20$ db a todas las magnitudes en db tomadas de la figura 18-4.

Para obtener un adelanto de fase de 30°, o más, dentro del intervalo de frecuencias de interés, hacemos $a = 2$. Con esta escogencia tenemos $\omega = (2)(0{,}65) = 1{,}3$ y obtenemos un adelanto de fase de 30°. Como $b/a = 10$, entonces $b = 20$. La función de respuesta de frecuencia de lazo abierto con compensación es

$$G_2(j\omega) = \frac{2(1 + j\omega/2)}{1 + j\omega/20}\, G(j\omega)$$

La gráfica de la magnitud en db contra el ángulo de fase de $G_2(j\omega)$ se muestra en la figura 18-15. Vemos que $M_p \cong 2{,}0$ db y $\phi_{PM} = 36°$; por tanto no se satisfacen las especificaciones con esta compensación. Necesitamos desplazar $G_2(j\omega)$ de 5° a 10° más hacia la derecha; por tanto se necesita un adelanto de fase adicional. Refiriéndonos una vez más a la figura 18-4, vemos que haciendo $b/a = 15$ se aumenta el adelanto de fase. De nuevo tomamos $a = 2$; entonces $b = 30$. La gráfica de la magnitud en db contra el ángulo de fase de

$$G_3(j\omega) = \frac{2(1 + j\omega/2)}{1 + j\omega/30}\, G(j\omega)$$

se muestra en la figura 18-15. Vemos que $\phi_{PM} = 41°$ y $M_p = 1{,}5$ db y por tanto las especificaciones quedan satisfechas con la compensación

$$30\, P_{\text{Adelanto}} = \frac{2(1 + s/2)}{1 + s/30}$$

18.8. Resolver el problema 18.7 usando compensación de *atraso* más compensación de ganancia.

En el problema 18.7 encontramos que debemos incrementar la ganancia de Bode, K_B, un factor de 2 para satisfacer la especificación en estado estacionario. La ganancia de Bode de la red de atraso es

$$\lim_{s\to 0} P_{\text{Atraso}} = \lim_{s\to 0} \frac{1+s/b}{1+s/a} = 1$$

Por tanto la compensación requerida en este problema tiene la forma $\dfrac{2(1+s/a)}{1+s/b}$ donde el aumento al doble del factor de ganancia es suministrado por un amplificador, y a y b, para la red de atraso, se deben escoger para satisfacer los requerimientos sobre M_p y ϕ_{PM}. La función compensada de ganancia se muestra en la figura 18-16, como $G_1(j\omega) = 2G(j\omega)$, $G_1(j\omega)$ debe desplazarse de 7 a 10 db hacia abajo en la región $0{,}7 \leqq \omega \leqq 2{,}0$ sin que haya un aumento sustancial en el atraso de fase, para satisfacer las especificaciones bajo transitorios.

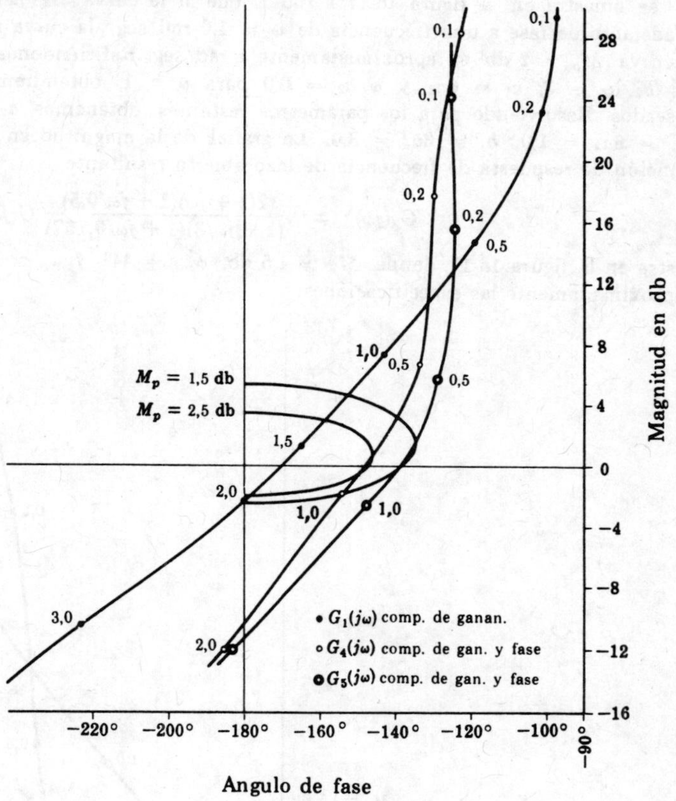

Fig. 18-16

Refiriéndonos a la figura 18-7, vemos que, para $b/a = 3$, podemos obtener una atenuación máxima de 9,5 db. Para $a = 0{,}1$, el atraso de fase es $-15°$ a $\omega = 0{,}7$ ($\omega/a = 7$) y $-6°$ a $\omega = 2{,}0$ ($\omega/a = 20$), i.e. el atraso de fase es relativamente pequeño en la región de las frecuencias de interés. La gráfica de la magnitud en db contra el ángulo de fase de

$$G_4(j\omega) = \frac{2(1+j\omega/0{,}3)}{1+j\omega/0{,}1}\,G(j\omega)$$

se muestra también en la figura 18-16, con $M_p \cong 2{,}5$ db y $\phi_{PM} = 32°$; por tanto este sistema no llena todos los requisitos. Para disminuir el atraso de fase introducido en la región de frecuencia $0{,}7 \leqq \omega \leqq 2{,}0$ hacemos $a = 0{,}05$ y $b = 0{,}15$. El atraso de fase ahora es 9° en $\omega = 0{,}7$ ($\omega/a = 14$). La gráfica de la magnitud en db contra el ángulo de fase para

$$G_5(j\omega) = \frac{2(1+j\omega/0{,}15)}{1+j\omega/0{,}05}\,G(j\omega)$$

se muestra en la figura 18-16. Vemos que $M_p \cong 1{,}5$ db y $\phi_{PM} = 41°$. De esta forma se satisfacen las especificaciones. La compensación deseada está dada por

$$2P_{\text{Atraso}} = \frac{2(1+s/0{,}15)}{1+s/0{,}05}$$

18.9. Resolver el problema 18.7 usando compensación de *atraso* y *adelanto* más compensación de ganancia. Además de las especificaciones previas, se requiere que la frecuencia de resonancia ω_p del sistema compensado sea aproximadamente la misma que la del sistema no compensado.

En los problemas 18.7 y 18.8 encontramos que se debía incrementar la ganancia de Bode, K_B un factor de 2 para satisfacer la especificación en estado estacionario. La función de respuesta de frecuencia de la compensación de atraso y adelanto más la compensación de ganancia, por tanto, está dada por

$$2P_{AA}(j\omega) = \frac{2(1+j\omega/a_1)(1+j\omega/b_2)}{(1+j\omega/b_1)(1+j\omega/a_2)}$$

Debemos escoger a_1, b_1, b_2 y a_2 tal que se satisfagan los requerimientos sobre M_p, ϕ_{PM} y ω_p. Refiriéndonos a la figura 18-15, vemos que la frecuencia de resonancia del sistema no compensado es aproximadamente 1,1 rad/seg. La gráfica de la magnitud en db contra el ángulo de fase de $G_1(j\omega) = 2G(j\omega)$ se muestra en la figura 18-17 e indica que si la curva $G_1(j\omega)$ se atenúa 6,5 db y se suman 10° de adelanto de fase a una frecuencia de $\omega = 1{,}0$ rad/seg, la curva resultante será entonces tangente a la curva $M_p = 2$ db en aproximadamente 1 rad/seg. Refiriéndonos a la figura 18-10, y si hacemos $b_1/a_1 = b_2/a_2 = 3$, $a_1 = 6a_2$ y $\omega/a_2 = 6{,}0$ para $\omega = 1$, obtendremos la atenuación y el atraso de fase deseados. Resolviendo para los parámetros restantes, obtenemos $a_2 = 1/6 = 0{,}167$, $b_2 = 3a_2 = 0{,}50$, $a_1 = 6a_2 = 1{,}0$, $b_1 = 3a_1 = 3{,}0$. La gráfica de la magnitud en db contra el ángulo de fase para la función de respuesta de frecuencia de lazo abierto resultante

$$G_6(j\omega) = \frac{2(1+j\omega)(1+j\omega/0{,}5)}{(1+j\omega/3)(1+j\omega/0{,}167)}\,G(j\omega)$$

se muestra en la figura 18-17, donde $M_p \cong 1{,}5$ db, $\phi_{PM} = 44°$ y $\omega_p \cong 1{,}0$ rad/seg. Estos valores satisfacen aproximadamente las especificaciones.

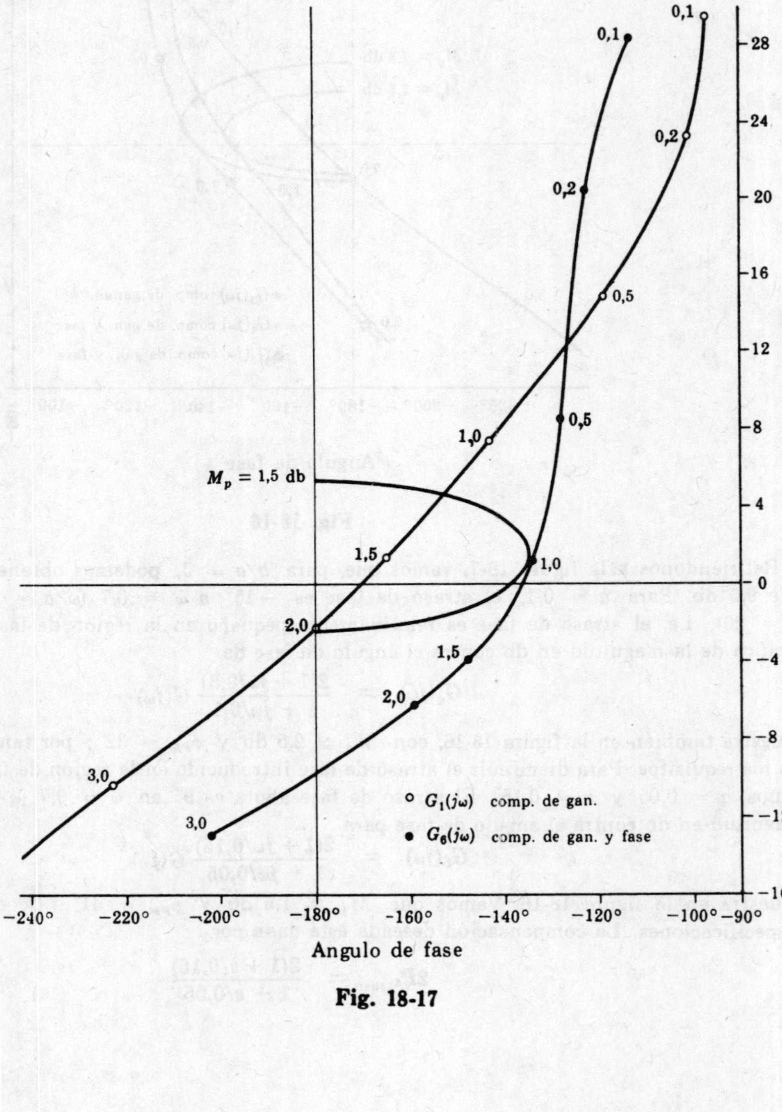

Fig. 18-17

Problemas propuestos

18.10. Calcular un valor de K_B para el cual el sistema cuya función de trasferencia de lazo abierto es

$$GH = \frac{K_B}{s(1+s/200)(1+s/250)}$$

tenga un máximo de resonancia M_p de 1,4 db. *Resp.* $K_B = 119{,}4$

18.11. Para el sistema del problema 18.10, calcular las compensaciones de ganancia más atraso tales que $M_p \leqq 1{,}7$, $\phi_{PM} \geqq 35°$ y $K_v \geqq 50$.

18.12. Para el sistema del problema 18.10, calcular las compensaciones de ganancia más adelanto tales que $M_p \leqq 1{,}7$, $\phi_{PM} \geqq 50°$ y $K_v \geqq 50$.

18.13. Para el sistema del problema 18.10, calcular las compensaciones de ganancia más atraso y adelanto tales que $M_p \leqq 1{,}5$, $\phi_{PM} \geqq 40°$ y $K_v \geqq 100$.

18.14. Calcular la compensación de ganancia más la compensación de atraso para el sistema cuya función de trasferencia de lazo abierto es

$$GH = \frac{K_B}{s(1+s/10)(1+s/5)}$$

tales que $K_v = 30$ y $\phi_{PM} \geqq 40°$.

18.15. Para el sistema del problema 18.14, calcular la compensación de ganancia más la compensación de adelanto tales que $K_v \geqq 30$ y $\phi_{PM} \geqq 45°$. *Sugerencia.* Ponga dos redes de compensación de adelanto en cascada.

18.16. Calcular la compensación de ganancia y la compensación de adelanto para el sistema cuya función de trasferencia es

$$GH = \frac{K_B}{s(1+s/2)}$$

tales que $K_v = 20$ y $\phi_{PM} = 45°$.

Capítulo 19

Tópicos avanzados

19.1 INTRODUCCION

En el capítulo 1 se dio una definición muy general de los sistemas de control. En los capítulos que siguieron, sin embargo, se concentró la atención en la discusión de sistemas descritos por ecuaciones diferenciales lineales invariables con el tiempo, los cuales son excitados por funciones de entrada bien determinadas (no casuales), susceptibles de ser analizadas por medio de la trasformada de Laplace. Las técnicas que se desarrollaron para estudiar estos sistemas y sus entradas son relativamente simples y generalmente conducen a diseños prácticos y simples de sistemas de control. Aunque es cierto que ningún sistema físico es *exactamente* lineal e invariable con el tiempo, y que ninguna excitación es *completamente* bien determinada, tales modelos a menudo constituyen aproximaciones adecuadas. Como resultado, los métodos tratados en este libro tienen una extensa aplicación. Sin embargo, existen muchos casos en los cuales estas representaciones aproximadas no son válidas o son inapropiadas. En tales casos se requieren modelos más avanzados.

La teoría y métodos disponibles para el análisis y diseño de sistemas de control complejos y avanzados, requiere bastante conocimiento que está más allá del objetivo de este libro. El objetivo de este capítulo es examinar algunas de las técnicas predominantes. Como prerrequisito para un estudio más profundo de estas ideas más avanzadas se recomienda un conocimiento completo del material de este libro o de un libro similar.

19.2 SISTEMAS DE CONTROL NO LINEALES

Los sistemas *lineales* se describen en la definición 3.8. Cualquier sistema que no satisface esta definición es un sistema no lineal.

Los problemas sobre sistemas de control no lineales se presentan generalmente debido a que: (1) la estructura o los elementos fijos del sistema tienen alinealidades inherentes, y (2) se introduce en el sistema la compensación no lineal con el propósito de mejorar su comportamiento.

Ejemplo 19.1.

La figura 19-1(a) es un diagrama en bloque de un sistema de retroalimentación no lineal que contiene un elemento lineal representado por la función de trasferencia $\dfrac{1}{D(D+1)}$, donde $D \equiv d/dt$ es el operador *diferencial* definido en la sección 3.9, y un elemento no lineal N cuya característica de trasferencia se define por la figura 19-1(b). Tales alinealidades se denominan elementos de **saturación**. Se usa D en lugar de s en la función de trasferencia lineal debido a que la trasformada de Laplace y su inverso no son generalmente aplicables en el análisis de sistemas no lineales.

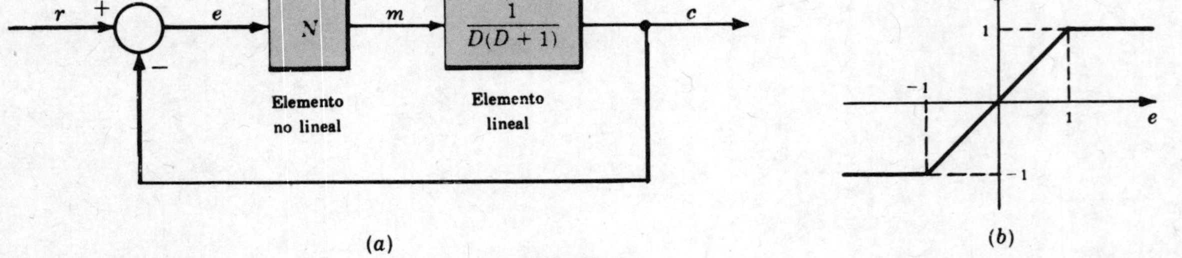

Fig. 19-1

Ejemplo 19.2.

Si se supone que la Tierra es esférica y que todas las fuerzas externas diferentes de la de gravedad son despreciables, entonces el movimiento de un satélite de la Tierra se hace sobre un plano llamado *plano orbital*. Este movimiento se define por el siguiente conjunto de ecuaciones diferenciales no lineales (véase el problema 3.3).

$$r\frac{d^2\theta}{dt^2} + 2\frac{dr}{dt}\frac{d\theta}{dt} = 0 \qquad \text{(ecuación de la fuerza trasversal)}$$

$$\frac{d^2r}{dt^2} - r\left(\frac{d\theta}{dt}\right)^2 = -\frac{k^2}{pr^2} \qquad \text{(ecuación de la fuerza radial)}$$

El satélite, con cualquier controlador diseñado para modificar su movimiento, constituye un sistema de control no lineal.

A continuación se resumen varios métodos populares para el análisis no lineal.

Linealización

La técnica de la linealización se discutió en la sección 3.8 y en los problemas 3.14 y 3.15. Los métodos presentados en los capítulos anteriores se pueden aplicar directamente a sistemas linealizados invariables con el tiempo, con entradas bien determinadas.

Funciones descriptivas

La técnica de las funciones descriptivas es una extensión de los métodos de respuesta de frecuencia a los sistemas no lineales. Es aplicable solamente a elementos no lineales cuyas salidas, en respuesta a entradas sinusoidales con período T (de la forma A sen $2\pi t/T$), son también periódicas y con período igual a T. La salida se puede entonces escribir como una serie de Fourier:

$$\sum_{n=1}^{\infty} B_n \operatorname{sen}(n\omega t + \phi_n)$$

La **función descriptiva** es la razón del coeficiente complejo de Fourier $B_1 e^{j\phi_1}$ de la frecuencia fundamental en la salida a la amplitud A de la entrada. Es decir, es el número complejo $(B_1/A)e^{j\phi_1}$ el cual constituye en esencia una función de respuesta de frecuencia de una aproximación del elemento no lineal. En general B_1 y ϕ_1 son funciones tanto de la frecuencia de la entrada $\omega = 2\pi/T$ como de la amplitud de la entrada A. Entonces se puede escribir $B_1 = B_1(A, \omega)$ y $\phi_1 = \phi_1(A, \omega)$.

Para poder aplicar el método, las funciones descriptivas deben remplazarse primeramente por las alinealidades en el diagrama en bloque. Luego se usan las técnicas del dominio de la frecuencia expuestas en los capítulos 11, 12 y 15 a 18 para analizar el sistema, con alguna modificación tendiente a tomar en consideración la dependencia de B_1 y ϕ_1 de A.

Ejemplo 19.3.

La función descriptiva para el elemento de saturación del ejemplo 19.1 está dada por

$$\frac{B_1}{A}e^{j\phi_1} = \frac{2}{\pi}\left[\operatorname{sen}^{-1}\frac{1}{A} + \frac{1}{A}\cos\operatorname{sen}^{-1}\frac{1}{A}\right]$$

Esta función se computa en el problema 19.2.

El plano de fase

Una ecuación diferencial de segundo orden de la forma

$$d^2x/dt^2 = f(x, dx/dt) \tag{19.1}$$

se puede volver a escribir como un par de ecuaciones diferenciales de primer orden haciendo el cambio de variables $x \equiv x_1$ y $dx/dt \equiv x_2$ lo cual da

$$dx_1/dt = x_2 \tag{19.2}$$

$$dx_2/dt = f(x_1, x_2) \tag{19.3}$$

El par (x_1, x_2) se puede considerar como un punto en el plano de coordenadas cartesianas. A medida que t aumenta, $(x_1(t), x_2(t))$ describe una *trayectoria* en el plano. Este plano se llama el **plano de fase**.

Si en las ecuaciones (*19.2*) y (*19.3*) se elimina el tiempo como variable independiente, se obtiene la ecuación diferencial de primer orden

$$\frac{dx_1}{dx_2} = \frac{x_2}{f(x_1, x_2)} \qquad (19.4)$$

La solución de (*19.4*) para x_1 como una función de x_2 (o viceversa) define una trayectoria en el plano de fase. Resolviendo esta ecuación para varias condiciones iniciales sobre x_1 y x_2 y examinando las trayectorias resultantes en el plano de fase, se puede determinar el comportamiento del sistema de segundo orden.

Ejemplo 19.4.

La ecuación diferencial

$$\frac{d^2x}{dt^2} + \left(\frac{dx}{dt}\right)^2 = 0$$

con las condiciones iniciales $x(0) = 0$ y $\left.\frac{dx}{dt}\right|_{t=0} = 1$, se puede remplazar por las dos ecuaciones de primer orden

$$dx_1/dt = x_2 \qquad x_1(0) = 0$$
$$dx_2/dt = -x_2^2 \qquad x_2(0) = 1$$

donde $x \equiv x_1$ y $dx/dt \equiv x_2$. Eliminando el tiempo como la variable independiente, se obtiene

$$\frac{dx_1}{dx_2} = -\frac{x_2}{x_2^2} = -\frac{1}{x_2} \quad \text{o} \quad dx_1 = -\frac{dx_2}{x_2}$$

Integrando esta ecuación para las condiciones iniciales dadas se obtiene

$$\int_{x_1(0)=0}^{x_1} dx_1' = x_1 = -\int_{x_2(0)=1}^{x_2} \frac{dx_2'}{x_2'} = -\ln x_2 \qquad \text{o} \qquad x_2 = e^{-x_1}$$

La trayectoria del plano de fase definida por esta ecuación se representa en la figura 19-2. La dirección del movimiento en el plano de fase se determina teniendo en cuenta que $dx_2/dt = -x_2^2 < 0$ para todo $x_2 \neq 0$; por tanto x_2 siempre decrece y se obtiene el movimiento ilustrado.

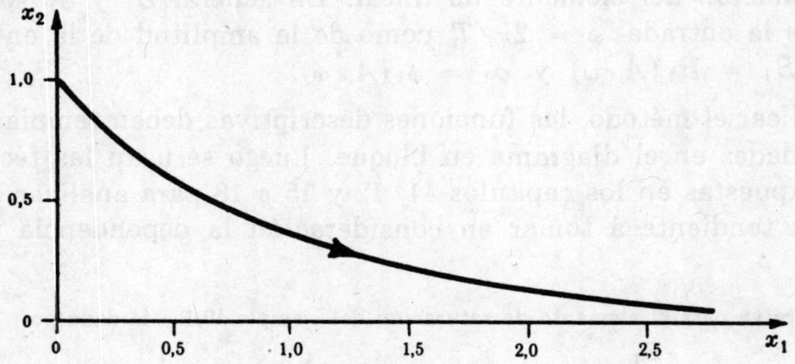

Fig. 19-2

Criterio de estabilidad de Lyapunov

Los criterios de estabilidad presentados en partes anteriores de este libro, no se pueden aplicar a los sistemas no lineales. Un método más general lo proporciona la teoría de Lyapunov. Esta se puede usar tanto para sistemas lineales como para sistemas no lineales descritos por conjuntos de ecuaciones diferenciales ordinarias y simultáneas de primer orden. Para simplificar la discusión nosotros consideramos solamente el caso de dos ecuaciones:

$$\frac{dx_1}{dt} = f_1(x_1, x_2), \qquad \frac{dx_2}{dt} = f_2(x_1, x_2)$$

Si se elimina al tiempo como la variable independiente, se obtiene la ecuación única

$$\frac{dx_1}{dx_2} = \frac{f_1(x_1, x_2)}{f_2(x_1, x_2)} \qquad (19.5)$$

cuya solución describe una trayectoria en el plano de fase.

Un punto (x_1, x_2) en el plano de fase que satisface simultáneamente las dos ecuaciones $f_1(x_1, x_2) = 0$ y $f_2(x_1, x_2) = 0$ se denomina un **punto singular.** Se puede hacer que el origen (0, 0) sea un punto singular. Se dice que el origen es **estable** si, para cualquier región singular $S(R)$ en el plano de fase centrado en (0, 0), con radio R, existe una región circular $S(r)$, centrada en el origen con radio $r \leqq R$, en donde cualquier trayectoria que comienza en $S(r)$ permanece en $S(R)$ el resto del tiempo. El origen es **asintóticamente estable** si es estable y todas las trayectorias tienden hacia el origen a medida que el tiempo tiende a infinito.

El *criterio de estabilidad de Lyapunov* establece que si el origen es un punto singular, entonces es estable si una función $V(x_1, x_2)$ se puede encontrar tal que:

(*a*) $V(x_1, x_2)$ es positivo para todos los valores de x_1 y x_2, excepto que puede ser cero para $x_1 = x_2 = 0$; y

(*b*) dV/dt nunca es positivo.

Si dV/dt nunca es cero excepto en el origen, entonces el origen es *asintóticamente estable.*

Ejemplo 19.5.

Un sistema no lineal representado por

$$\frac{d^2x}{dt^2} + \frac{dx}{dt} + \left(\frac{dx}{dt}\right)^3 + x = 0$$

o, equivalentemente, el par de ecuaciones

$$\frac{dx_1}{dt} = x_2, \qquad \frac{dx_2}{dt} = -x_2 - x_2^3 - x_1$$

donde $x_1 \equiv x$, tiene un punto singular en $x_1 = x_2 = 0$. La función $V = x_1^2 + x_2^2$ es positiva para todo x_1 y x_2, excepto $x_1 = x_2 = 0$ donde $V = 0$. La derivada

$$\frac{dV}{dt} = 2x_1\frac{dx_1}{dt} + 2x_2\frac{dx_2}{dt} = 2x_1x_2 + 2x_2(-x_2 - x_2^3 - x_1) = -2x_2^2 - 2x_2^4$$

nunca es positiva. Por tanto el origen es estable.

19.3 SISTEMAS DE TIEMPO DISCRETO

En la discusión anterior se consideraron solamente variables dependientes definidas sobre el intervalo completo $0 \leqq t < +\infty$. Sin embargo, en algunos problemas es conveniente escoger el dominio de las variables dependientes como un conjunto contable de puntos $t_1, t_2, t_3, \ldots$ en este intervalo. Es decir, las entradas y salidas del sistema se suponen como *secuencias de tiempo* en lugar de funciones de tiempo continuas.

Ejemplo 19.6.

Una función de tiempo $y_*(t)$ se define en el intervalo $0 \leqq t < +\infty$ como sigue:

$$y^*(t) = nT/2, \qquad nT \leqq t < (n+1)T$$

donde $n = 0, 1, 2, 3, \ldots$ y T es una constante positiva. Una gráfica de $y_*(t)$ se muestra en la figura 19-3.

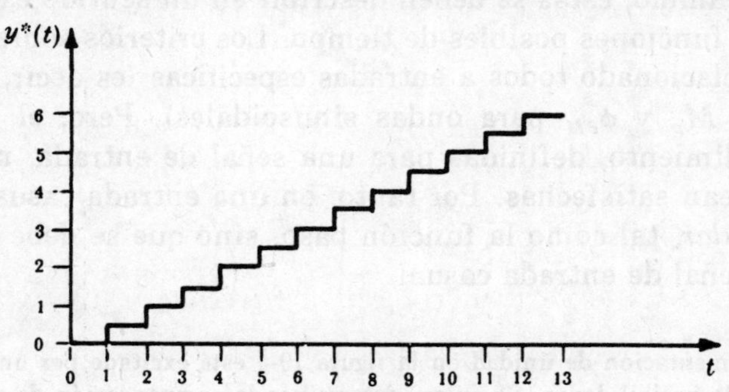

Fig. 19-3

Se ve que la función $y_*(t)$ está completamente determinada por la *secuencia* de valores, 0, $T/2$, T, $3T/2$, ... que ésta toma en los instantes 0, T, $2T$, $3T$, ...

Ejemplo 19.7.

Un computador digital se construye de tal manera que cuando ejecuta operaciones aritméticas, la salida cambia solamente en instantes discretos determinados por un cronómetro interno. Esta salida se puede definir por tanto por una secuencia de valores a instantes discretos.

Los sistemas cuyas salidas y entradas son secuencias de tiempo, se llaman sistemas de tiempo discreto y se pueden describir por *ecuaciones de diferencia.* Los sistemas lineales de tiempo discreto con parámetros agrupados e invariables con el tiempo se pueden representar por ecuaciones de la forma

$$\sum_{j=0}^{n} a_j y[(k+j)T] = x(kT) \tag{19.6}$$

donde los coeficientes a_j, $j = 0, 1, \ldots, n$ son constantes; $k = 0, 1, 2, 3, \ldots$; T es una constante positiva; $y(kT)$ es la secuencia de salida y $x(kT)$ es la secuencia de entrada. Obsérvese la similitud entre las ecuaciones (*19.6*) y (*3.1*).

Puesto que la integral de una secuencia es indefinida, las trasformadas de Laplace de secuencias son indefinidas. Luego las técnicas de análisis basadas en la trasformada de Laplace no son aplicables a sistemas de tiempo discreto. Se ha desarrollado, sin embargo, un método completo análogo a la teoría de la trasformada de Laplace, para tratar sistemas de tiempo discreto; esto es la teoría de la *trasformada z.* Su aplicación en los problemas de análisis y diseño de sistemas de control de tiempo discreto es paralela al uso de la trasformada de Laplace en los capítulos 4 a 18.

19.4 SISTEMAS CON ENTRADAS CASUALES

Los estímulos de un sistema son a menudo casuales. Esto significa que las funciones de entrada se pueden describir algunas veces más probabilísticamente que determinísticamente. Tales excitaciones se llaman *procesos casuales.*

Un proceso casual se puede considerar como una función de dos variables, t y η, donde t representa el tiempo y η un *evento casual.* El valor que toma η se determina al azar.

Ejemplo 19.8.

Un proceso casual particular se denota por $x(t, \eta)$. El evento casual η es el resultado de apostar a cara o sello con una moneda no "cargada"; la cara o sello aparecen con igual probabilidad. Se define

$$x(t,\eta) \equiv \begin{cases} \text{una función paso unidad si } \eta = \text{cara} \\ \text{una función rampa unidad si } \eta = \text{sello} \end{cases}$$

Luego $x(t, \eta)$ consta de dos funciones simples, pero es un proceso casual porque el azar determina la función que debe ocurrir.

En la práctica, los procesos casuales consisten en una infinidad de funciones posibles de tiempo (realizaciones) y generalmente no se pueden describir explícitamente como en el ejemplo anterior. En cambio, éstas se deben describir en un sentido estadístico, promediando a lo largo de todas las funciones posibles de tiempo. Los criterios sobre rendimiento descritos previamente se han relacionado todos a entradas específicas (es decir, K_p se define para una entrada paso unidad, M_p y ϕ_{PM} para ondas sinusoidales). Pero, el satisfacer las especificaciones sobre el rendimiento, definidas para una señal de entrada, no garantiza necesariamente que las otras sean satisfechas. Por tanto, en una entrada casual, no se puede diseñar para una señal *particular,* tal como la función paso, sino que se debe diseñar para el promedio estadístico de la señal de entrada casual.

Ejemplo 19.9.

El sistema de retroalimentación de unidad en la figura 19-4 está excitado por una entrada de proceso casual r que tiene una infinidad de posibilidades. Se quiere determinar la compensación de tal manera que el error e no sea excesivo. Existe una infinidad de posibilidades para r y por tanto para e. Luego no se puede esperar que cada error posible satisfaga los criterios sobre rendimiento dados, sino solamente que los errores sean pequeños. Por ejemplo, nosotros podemos pedir que G_1 se escoja de un conjunto de todos los sistemas casuales tales que, a medida que el tiempo tiende a infinito, el promedio estadístico de $e^2(t)$ no exceda alguna constante, o sea minimizado.

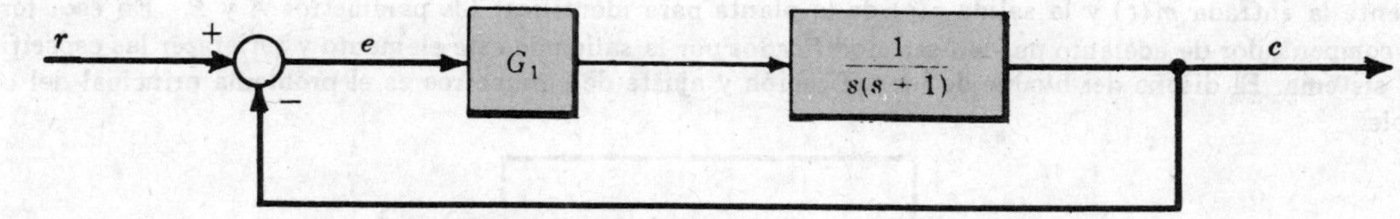

Fig. 19-4

19.5 SISTEMAS OPTIMOS DE CONTROL

Los problemas de diseño discutidos previamente son problemas óptimos de control desde un punto de vista elemental. Las medidas clásicas del rendimiento del sistema, tales como el error en estado estacionario, el margen de ganancia y el margen de fase son esencialmente criterios de optimización y los compensadores de sistemas de control se diseñan para satisfacer estos requisitos. En los problemas de control óptimo más generales, la medida del rendimiento del sistema, o *índice de rendimiento* no se especifica. En cambio, se escoge compensación de tal manera que el índice de rendimiento sea maximizado o minimizado. El valor del índice de rendimiento es desconocido hasta completar el proceso de optimización.

En muchos problemas, el índice de rendimiento es una medida o función del error $e(t)$ entre las respuestas ideal y actual. Se formula en términos de los parámetros de diseño escogidos, sujeto a limitaciones físicas existentes, para optimizar el índice de rendimiento.

Ejemplo 19.10.

Para el sistema en la figura 19-5 se quiere encontrar un valor no negativo de K tal que la integral del cuadrado del error e se minimiza cuando la entrada es una función paso unidad. Este problema se puede formular como sigue: se escoge $K \geqq 0$ tal que $\int_0^\infty e^2(t)\,dt$ se minimiza, donde

$$e(t) = \mathcal{L}^{-1}\left[\frac{s+2}{s^2+2s+K}\right] = \sqrt{\frac{K}{K-1}}\,e^{-t}\,\mathrm{sen}\,(\sqrt{K-1}\,t + \tan^{-1}\sqrt{K-1})$$

La solución se puede obtener usando las técnicas clásicas del cálculo integral (véase el problema 19.9).

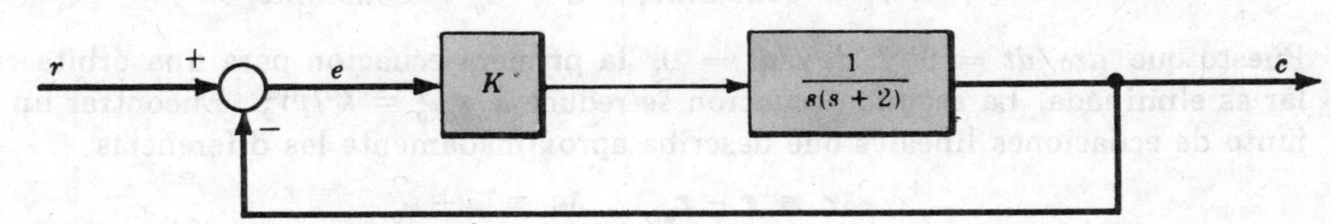

Fig. 19-5

Los problemas usuales sobre control óptimo son mucho más complejos que el ejemplo simple que se acaba de tratar y requieren técnicas matemáticas avanzadas para su solución. Aquí sólo podemos mencionar su existencia.

19.6 SISTEMAS DE CONTROL ADAPTABLES

En algunos sistemas de control, ciertos parámetros son o constantes o variables en forma desconocida. En el capítulo 9 se ilustró una manera de minimizar los efectos de tales contingencias al diseñar para sensibilidad mínima. Sin embargo, si las variaciones de los parámetros son muy grandes o muy rápidas, puede ser deseable diseñar con el fin de lograr la medida continua de esas variaciones y de cambiar la compensación con el fin de satisfacer siempre los criterios sobre el rendimiento del sistema. Esto se llama diseño de *control adaptable.*

Ejemplo 19.11.

La figura 19-6 muestra un diagrama en bloque de un sistema de control adaptable. Los parámetros A y B de la planta son variables con el tiempo. El bloque denominado "Identificación y ajuste de parámetros" mide continuamente la entrada $m(t)$ y la salida $c(t)$ de la planta para identificar los parámetros A y B. En esta forma, a y b del compensador de adelanto pueden ser modificados por la salida de este elemento y satisfacer las especificaciones del sistema. El diseño del bloque de identificación y ajuste de parámetros es el problema principal del control adaptable.

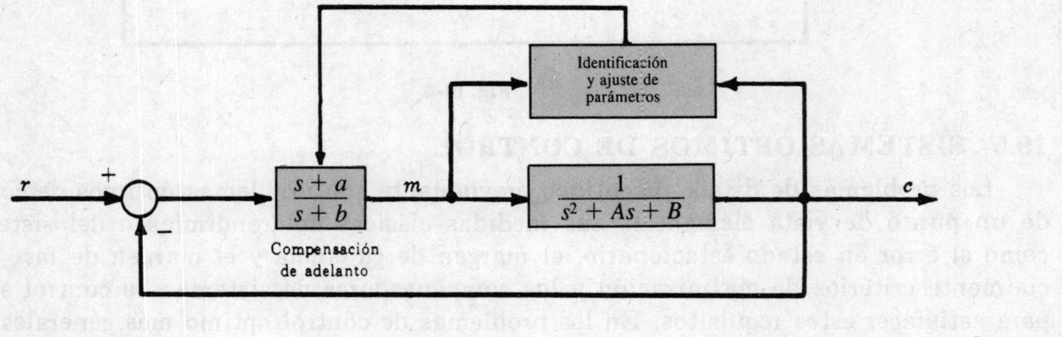

Fig. 19-6

Problemas resueltos

SISTEMAS NO LINEALES

19.1. Las ecuaciones que describen el movimiento de un satélite son

$$r\frac{d^2\theta}{dt^2} + 2\frac{dr}{dt}\frac{d\theta}{dt} = 0, \qquad \frac{d^2r}{dt^2} - r\left(\frac{d\theta}{dt}\right)^2 = -\frac{k^2}{pr^2}$$

(Véase el problema 3.3, y el ejemplo 19.2 para mayores detalles.) Un satélite se encuentra en una órbita casi circular determinada por r y $d\theta/dt \equiv \omega$. Una órbita circular se define exactamente por

$$r = r_0 = \text{constante}, \qquad \omega = \omega_0 = \text{constante}$$

Puesto que $dr_0/dt = 0$ y $d\omega_0/dt = 0$, la primera ecuación para una órbita circular es eliminada. La segunda ecuación se reduce a $r_0\omega_0^2 = k^2/pr_0^2$. Encontrar un conjunto de ecuaciones lineales que describa aproximadamente las diferencias

$$\delta r \equiv r - r_0, \qquad \delta\omega \equiv \omega - \omega_0$$

En las ecuaciones del movimiento se hacen las sustituciones

$$r = r_0 + \delta r, \qquad \omega = \omega_0 + \delta\omega$$

y se obtienen las ecuaciones

$$(r_0 + \delta r)\frac{d(\omega_0 + \delta\omega)}{dt} + 2\frac{d(r_0 + \delta r)}{dt}(\omega_0 + \delta\omega) = 0$$

$$\frac{d^2(r_0 + \delta r)}{dt^2} - (r_0 + \delta r)(\omega_0 + \delta\omega)^2 = -\frac{k}{p(r_0 + \delta r)^2}$$

Obsérvese que

$$\frac{d(r_0 + \delta r)}{dt} = \frac{d(\delta r)}{dt}, \qquad \frac{d^2(r_0 + \delta r)}{dt^2} = \frac{d^2(\delta r)}{dt^2}, \qquad \frac{d(\omega_0 + \delta\omega)}{dt} = \frac{d(\delta\omega)}{dt}$$

ya que tanto r_0 como ω_0 son constantes. La primera ecuación diferencial viene a ser

$$r_0\frac{d(\delta\omega)}{dt} + (\delta r)\frac{d(\delta\omega)}{dt} + 2\omega_0\frac{d(\delta r)}{dt} + 2\frac{d(\delta r)}{dt}\delta\omega = 0$$

Puesto que las diferencias δr, $\delta\omega$ y sus derivadas son pequeñas, los términos de segundo orden $(\delta r)\dfrac{d(\delta\omega)}{dt}$ y $2\dfrac{d(\delta r)}{dt}\delta\omega$ se suponen pequeños y pueden eliminarse. La ecuación lineal resultante es

$$r_0\frac{d(\delta\omega)}{dt} + 2\omega_0\frac{d(\delta r)}{dt} = 0$$

la cual es una de las dos ecuaciones deseadas. La segunda ecuación diferencial se puede volver a escribir como

$$\frac{d^2(\delta r)}{dt^2} - r_0\omega_0^2 - 2r_0\omega_0\,\delta\omega - r_0(\delta\omega)^2 - \omega_0^2\,\delta r - 2\omega_0(\delta r)(\delta\omega) - (\delta\omega)^2\,\delta r$$

$$= -\frac{k}{pr_0^2} - \frac{2k\,\delta r}{r_0^3} + \text{términos en } \delta r \text{ de orden superior}$$

donde el lado de la derecha es el desarrollo de la serie de Taylor de $-k/pr^2$ respecto a r_0. Todos los términos de segundo orden y superiores en δr y $\delta\omega$ se pueden de nuevo suponer despreciables y se eliminan dejando la ecuación lineal

$$\frac{d^2(\delta r)}{dt^2} - r_0\omega_0^2 - 2r_0\omega_0\,\delta\omega - \omega_0^2\,\delta r = -\frac{k}{pr_0^2} - \frac{2k\,\delta r}{pr_0^3}$$

En el planteamiento del problema se vio que $r_0\omega_0^2 = k/pr_0^2$. Luego la ecuación final es

$$\frac{d^2(\delta r)}{dt^2} - 2r_0\omega_0\,\delta\omega - \omega_0^2\,\delta r = -\frac{2k\,\delta r}{pr_0^3}$$

que es la segunda ecuación linealizada que se desea.

19.2. Mostrar que la función descriptiva para el elemento de saturación en el ejemplo 19.1 está dada por

$$\frac{B_1}{A}e^{j\phi_1} = \frac{2}{\pi}\left[\operatorname{sen}^{-1}\frac{1}{A} + \frac{1}{A}\cos\operatorname{sen}^{-1}\frac{1}{A}\right]$$

Se ve, de la figura 19-1(*b*), que cuando la magnitud de la entrada es menor que 1,0, la salida es igual a la entrada. Cuando la entrada es mayor que 1,0, entonces la salida es igual a 1,0. Usando la notación del ejemplo 19.1, si

$$e(t) = A\operatorname{sen}\omega t, \quad A > 1$$

entonces $m(t)$ es como se muestra en la figura 19-7 y se puede escribir como

$$m(t) = \begin{cases} A\operatorname{sen}\omega t & \begin{cases} 0 \le t \le t_1 \\ t_2 \le t \le t_3 \\ t_4 \le t \le 2\pi/\omega \end{cases} \\ 1 & t_1 \le t \le t_2 \\ -1 & t_3 \le t \le t_4 \end{cases}$$

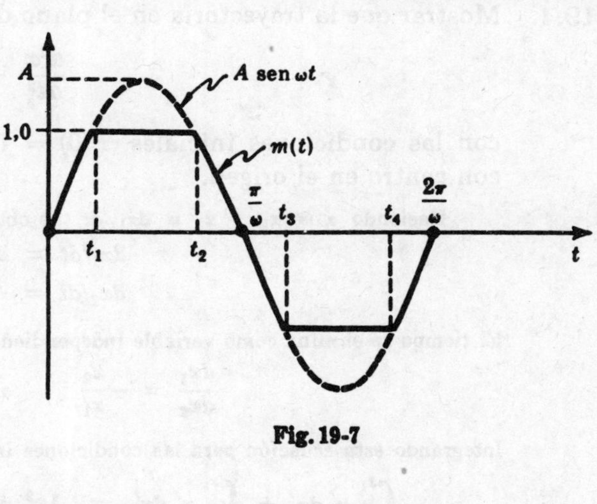

Fig. 19-7

El tiempo t_1 se obtiene observando que

$$A\operatorname{sen}\omega t_1 = 1 \quad \text{o} \quad t_1 = \frac{1}{\omega}\operatorname{sen}^{-1}\frac{1}{A}$$

Similarmente

$$t_2 = \frac{\pi}{\omega} - \frac{1}{\omega}\operatorname{sen}^{-1}\frac{1}{A}, \quad t_3 = \frac{\pi}{\omega} + \frac{1}{\omega}\operatorname{sen}^{-1}\frac{1}{A}, \quad t_4 = \frac{2\pi}{\omega} - \frac{1}{\omega}\operatorname{sen}^{-1}\frac{1}{A}$$

La magnitud B_1 y el ángulo de fase ϕ_1 de la función descriptiva se determinan a partir de la expresión para el primer coeficiente de la serie de Fourier

$$B_1 = \frac{\omega}{\pi}\int_0^{2\pi/\omega} m(t)\operatorname{sen}\omega t\,dt$$

Puesto que $m(t)$ es una función impar, el ángulo de fase ϕ_1 es cero. La integral que define B_1 se puede volver a escribir como

$$B_1 = \frac{\omega}{\pi}\int_0^{t_1} A\operatorname{sen}^2\omega t\,dt + \frac{\omega}{\pi}\int_{t_1}^{t_2}\operatorname{sen}\omega t\,dt$$

$$+ \frac{\omega}{\pi}\int_{t_2}^{t_3} A\operatorname{sen}^2\omega t\,dt - \frac{\omega}{\pi}\int_{t_3}^{t_4}\operatorname{sen}\omega t\,dt + \frac{\omega}{\pi}\int_{t_4}^{2\pi/\omega} A\operatorname{sen}^2\omega t\,dt$$

Pero $$\int_0^{t_1} A \operatorname{sen}^2 \omega t \, dt = \int_{t_4}^{2\pi/\omega} A \operatorname{sen}^2 \omega t \, dt = \frac{1}{2}\int_{t_2}^{t_3} A \operatorname{sen}^2 \omega t \, dt$$

y $$\int_{t_1}^{t_2} \operatorname{sen} \omega t \, dt = -\int_{t_3}^{t_4} \operatorname{sen} \omega t \, dt = 2\int_{t_1}^{\pi/2\omega} \operatorname{sen} \omega t \, dt$$

Luego se puede escribir a B_1 como

$$B_1 = \frac{4\omega}{\pi}\int_0^{t_1} A \operatorname{sen}^2 \omega t \, dt + \frac{4\omega}{\pi}\int_{t_1}^{\pi/2\omega} \operatorname{sen} \omega t \, dt = \frac{2}{\pi}\left[A\,\omega t_1 - \frac{A}{2}\operatorname{sen} 2\,\omega t_1 + 2\cos \omega t_1\right]$$

Sustituyendo $t_1 = \frac{1}{\omega}\operatorname{sen}^{-1}\frac{1}{A}$ y simplificando, se obtiene

$$B_1 = \frac{2}{\pi}\left[A \operatorname{sen}^{-1}\frac{1}{A} + \cos \operatorname{sen}^{-1}\frac{1}{A}\right]$$

Finalmente, la función descriptiva es

$$\frac{B_1}{A} = \frac{2}{\pi}\left[\operatorname{sen}^{-1}\frac{1}{A} + \frac{1}{A}\cos \operatorname{sen}^{-1}\frac{1}{A}\right]$$

19.3. Mostrar que la ecuación $\frac{d^2x}{dt^2} = f\left(x, \frac{dx}{dt}\right)$ se puede describir por un par de ecuaciones diferenciales de primer orden.

Se define un conjunto de variables nuevas $x_1 \equiv x$ y $x_2 \equiv dx_1/dt = dx/dt$.

$$d^2x/dt^2 = d^2x_1/dt^2 = dx_2/dt = f(x, dx/dt) = f(x_1, dx_1/dt) = f(x_1, x_2)$$

Las dos ecuaciones deseadas son por tanto $\frac{dx_1}{dt} = x_2$, $\frac{dx_2}{dt} = f(x_1, x_2)$.

19.4. Mostrar que la trayectoria en el plano de fase de la solución de la ecuación diferencial

$$\frac{d^2x}{dt^2} + x = 0$$

con las condiciones iniciales $x(0) = 0$ y $\left.\frac{dx}{dt}\right|_{t=0} = 1$, es un círculo de radio unidad con centro en el origen.

Haciendo $x \equiv x_1$ y $x_2 \equiv dx_1/dt$, se obtiene el par de ecuaciones

$$dx_1/dt = x_2 \qquad x_1(0) = 0$$
$$dx_2/dt = -x_1 \qquad x_2(0) = 1$$

El tiempo se elimina como variable independiente al escribir

$$\frac{dx_1}{dx_2} = -\frac{x_2}{x_1} \qquad \text{o} \qquad x_1\,dx_1 + x_2\,dx_2 = 0$$

Integrando esta ecuación para las condiciones iniciales dadas, se obtiene

$$\int_0^{x_1} x_1'\,dx_1' + \int_1^{x_2} x_2'\,dx_2' = \tfrac{1}{2}x_1^2 + \tfrac{1}{2}x_2^2 - \tfrac{1}{2} = 0 \qquad \text{o} \qquad x_1^2 + x_2^2 = 1$$

que es la ecuación de un círculo de radio unidad con centro en el origen.

19.5. Determinar la ecuación de la trayectoria en el plano de fase de la ecuación

$$\frac{d^2x}{dt^2} + \frac{dx}{dt} = 0$$

con las condiciones iniciales $x(0) = 0$ y $\left.\frac{dx}{dt}\right|_{t=0} = 1$.

Con $x_1 \equiv x$ y $x_2 \equiv dx_1/dt$ se obtiene el par de ecuaciones de primer orden

$$dx_1/dt = x_2 \qquad x_1(0) = 0$$
$$dx_2/dt = -x_2 \qquad x_2(0) = 1$$

El tiempo se elimina como variable independiente escribiendo

$$\frac{dx_1}{dx_2} = -\frac{x_2}{x_2} = -1 \qquad \text{o} \qquad dx_1 + dx_2 = 0$$

Entonces

$$\int_0^{x_1} dx_1' + \int_1^{x_2} dx_2' = x_1 + x_2 - 1 = 0$$

o

$$x_1 + x_2 = 1$$

que es la ecuación de una línea recta como se muestra en la figura 19-8. La dirección del movimiento en el plano de fase se indica con una flecha y se determina teniendo en cuenta que, inicialmente, $x_2(0) = 1$; por tanto $dx_1/dt > 0$ y x_1 está aumentando, y $dx_2/dt < 0$ y x_2 está disminuyendo. La trayectoria termina en el punto $(x_1, x_2) = (1, 0)$, donde $dx_1/dt = dx_2/dt = 0$ y así termina el movimiento.

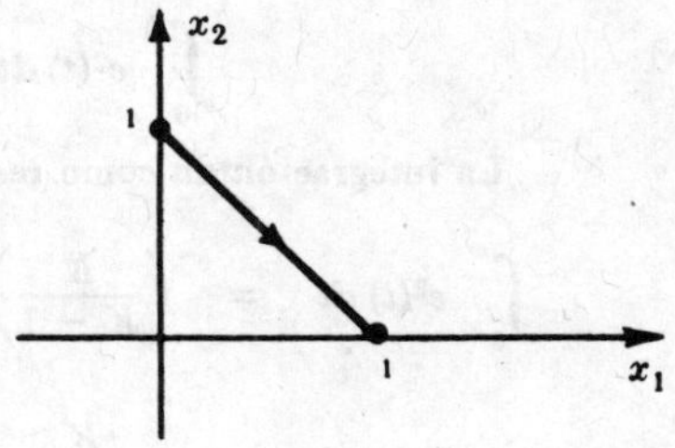

Fig. 19-8

19.6. Encontrar los puntos singulares del par de ecuaciones

$$\frac{dx_1}{dt} = \operatorname{sen} x_2, \qquad \frac{dx_2}{dt} = x_1 + x_2$$

Los puntos singulares se encuentran haciendo $\operatorname{sen} x_2 = 0$ y $x_1 + x_2 = 0$. La primera ecuación se satisface con $x_2 = \pm n\pi$, $n = 0, 1, 2, \ldots$. La segunda se satisface con $x_1 = -x_2$. Luego los puntos singulares están definidos por

$$x_1 = \mp n\pi, \quad x_2 = \pm n\pi \qquad n = 0, 1, 2, \ldots$$

19.7. Para el siguiente par de ecuaciones el origen es un punto singular

$$\frac{dx_1}{dt} = ax_1 + bx_2, \qquad \frac{dx_2}{dt} = cx_1 + dx_2$$

Usando la teoría de Lyapunov, encontrar condiciones suficientes sobre a, b, c y d en tal forma que el origen sea asintóticamente estable.

Se escoge la función

$$V = x_1^2 + x_2^2$$

la cual es positiva para todo x_1, x_2 excepto para $x_1 = x_2 = 0$. La derivada con respecto al tiempo de V es

$$\frac{dV}{dt} = 2x_1\frac{dx_1}{dt} + 2x_2\frac{dx_2}{dt} = 2ax_1^2 + 2bx_1x_2 + 2cx_1x_2 + 2dx_2^2$$

Para hacer que dV/dt sea negativo para todo x_1, x_2 se escoge $a < 0$, $d < 0$ y $b = -c$. En este caso,

$$\frac{dV}{dt} = 2ax_1^2 + 2dx_2^2 < 0$$

excepto cuando $x_1 = x_2 = 0$. Luego $a < 0$, $d < 0$ y $b = -c$, constituyen un conjunto de condiciones suficientes para obtener estabilidad asintótica. Hay otras soluciones posibles para este problema.

SISTEMAS DE TIEMPO DISCRETO

19.8. Mostrar que una solución de la ecuación de diferencia, homogénea de segundo orden

$$y(k+2) + 3y(k+1) + 2y(k) = 0$$

es $y(k) = z^k$, donde z es una raíz de la ecuación polinomia $z^2 + 3z + 2 = 0$.

Sustituyendo $y(k) = z^k$ se obtiene $y(k+1) = z^{k+1}$, $y(k+2) = z^{k+2}$, y

$$z^{k+2} + 3z^{k+1} + 2z^k = (z^2 + 3z + 2)z^k = 0$$

cuyas dos soluciones diferentes de cero son las raíces de $z^2 + 3z + 2 = 0$, las cuales son $z_1 = -2$ y $z_2 = -1$. Claramente, $y(k) = -2^k$ y $y(k) = -1^k$ satisfacen la ecuación de diferencia.

19.9. Encontrar el valor de minimización de K para la optimización del problema planteado en el ejemplo 19.10.

Usando los resultados del ejemplo 19.10 se obtiene

$$\int_0^\infty e^2(t)\,dt = \frac{K}{K-1}\int_0^\infty [e^{-t}\operatorname{sen}(\sqrt{K-1}\,t + \tan^{-1}\sqrt{K-1})]^2\,dt$$

La integración da como resultado

$$\int_0^\infty e^2(t)\,dt = \left(\frac{K}{K-1}\right)\left(\frac{e^{-2t}}{4}\right)\left[-1 - \frac{\cos\left(2\sqrt{K-1}\,t + 2\tan^{-1}\sqrt{K-1} - \tan^{-1}(-\sqrt{K-1})\right)}{\sqrt{K}}\right]_0^\infty$$

$$= \frac{K}{4(K-1)}\left[1 + \frac{\cos\left(2\tan^{-1}\sqrt{K-1} - \tan^{-1}(-\sqrt{K-1})\right)}{K}\right]$$

Pero

$$\cos\left(2\tan^{-1}\sqrt{K-1} - \tan^{-1}(-\sqrt{K-1})\right) = -\cos 3\sqrt{K-1} = 3\cos\sqrt{K-1} - 4\cos^3\sqrt{K-1}$$

$$= \frac{3K-4}{K\sqrt{K}}$$

Por tanto

$$\int_0^\infty e^2(t)\,dt = \frac{K}{4(K-1)}\left(1 + \frac{3K-4}{K^2}\right) = \frac{K}{4(K-1)}\,\frac{(K-1)(K+4)}{K^2} = \frac{K+4}{4K}$$

La primera derivada de $\int_0^\infty e^2(t)\,dt$ con respecto a K está dada por

$$\frac{d}{dK}\left(\frac{K+4}{4K}\right) = -\frac{1}{K^2}$$

Aparentemente, $\int_0^\infty e^2(t)\,dt$ decrece en forma monótona a medida que K aumenta. Por tanto el valor óptimo de K es $K = \infty$ lo cual es desde luego irrealizable. Para este valor de K,

$$\lim_{K\to\infty}\int_0^\infty e^2(t)\,dt = \lim_{K\to\infty}\left(\frac{K+4}{4K}\right) = \frac{1}{4}$$

Obsérvese también que la frecuencia natural ω_n del sistema óptimo es $\omega_n = \sqrt{K} = \infty$ y que la razón de amortiguación es $\xi = 1/\omega_n = 0$, lo cual hace el sistema marginalmente estable. Por tanto sólo se puede realizar prácticamente un sistema *subóptimo* (menos que óptimo) y su diseño depende de la aplicación específica.

Problemas propuestos

19.10. Determinar la trayectoria en el plano de fase de la solución de la ecuación diferencial

$$\frac{d^2x}{dt^2} + 2\frac{dx}{dt} + 4x = 0$$

19.11. Usando la teoría de Lyapunov encontrar condiciones suficientes en a_1 y a_0 que garanticen que el punto $x = 0$, $dx/dt = 0$ sea estable para la ecuación

$$\frac{d^2x}{dt^2} + a_1\frac{dx}{dt} + a_0x = 0$$

19.12. Encontrar tres soluciones para la ecuación de diferencia

$$y(k+3) + 2y(k+2) - y(k+1) - 2y(k) = 0$$

Apéndice

ALGUNOS PARES DE TRASFORMADAS DE LAPLACE UTILES EN EL ANALISIS DE SISTEMAS DE CONTROL

$F(s)$	$f(t)$	$t > 0$
1	$\delta(t)$	impulso unidad
e^{-Ts}	$\delta(t-T)$	impulso retardado
$\dfrac{1}{s+a}$	e^{-at}	
$\dfrac{1}{(s+a)^n}$	$\dfrac{1}{(n-1)!} t^{n-1} e^{-at}$	$n = 1, 2, 3, \ldots$
$\dfrac{1}{(s+a)(s+b)}$	$\dfrac{1}{b-a}(e^{-at} - e^{-bt})$	
$\dfrac{s}{(s+a)(s+b)}$	$\dfrac{1}{a-b}(ae^{-at} - be^{-bt})$	
$\dfrac{s+z}{(s+a)(s+b)}$	$\dfrac{1}{b-a}[(z-a)e^{-at} - (z-b)e^{-bt}]$	
$\dfrac{1}{(s+a)(s+b)(s+c)}$	$\dfrac{e^{-at}}{(b-a)(c-a)} + \dfrac{e^{-bt}}{(c-b)(a-b)} + \dfrac{e^{-ct}}{(a-c)(b-c)}$	
$\dfrac{s+z}{(s+a)(s+b)(s+c)}$	$\dfrac{(z-a)e^{-at}}{(b-a)(c-a)} + \dfrac{(z-b)e^{-bt}}{(c-b)(a-b)} + \dfrac{(z-c)e^{-ct}}{(a-c)(b-c)}$	
$\dfrac{\omega}{s^2+\omega^2}$	$\operatorname{sen} \omega t$	
$\dfrac{s}{s^2+\omega^2}$	$\cos \omega t$	
$\dfrac{s+z}{s^2+\omega^2}$	$\sqrt{\dfrac{z^2+\omega^2}{\omega^2}} \operatorname{sen}(\omega t + \phi)$	$\phi \equiv \tan^{-1}(\omega/z)$
$\dfrac{s \operatorname{sen} \phi + \omega \cos \phi}{s^2+\omega^2}$	$\operatorname{sen}(\omega t + \phi)$	
$\dfrac{1}{(s+a)^2+\omega^2}$	$\dfrac{1}{\omega} e^{-at} \operatorname{sen} \omega t$	

$F(s)$	$f(t) \qquad t > 0$	
$\dfrac{1}{s^2 + 2\zeta\omega_n s + \omega_n^2}$	$\dfrac{1}{\omega_d} e^{-\zeta\omega_n t} \operatorname{sen} \omega_d t \qquad \omega_d \equiv \omega_n \sqrt{1-\zeta^2}$	
$\dfrac{s+a}{(s+a)^2 + \omega^2}$	$e^{-at} \cos \omega t$	
$\dfrac{s+z}{(s+a)^2+\omega^2}$	$\sqrt{\dfrac{(z-a)^2+\omega^2}{\omega^2}}\, e^{-at} \operatorname{sen}(\omega t + \phi) \qquad \phi \equiv \tan^{-1}\left(\dfrac{\omega}{z-a}\right)$	
$\dfrac{1}{s}$	$u(t)$ o 1	paso unidad
$\dfrac{1}{s} e^{-Ts}$	$u(t-T)$	paso retardado
$\dfrac{1}{s}(1 - e^{-Ts})$	$u(t) - u(t-T)$	pulso rectangular
$\dfrac{1}{s(s+a)}$	$\dfrac{1}{a}(1 - e^{-at})$	
$\dfrac{1}{s(s+a)(s+b)}$	$\dfrac{1}{ab}\left(1 - \dfrac{be^{-at}}{b-a} + \dfrac{ae^{-bt}}{b-a}\right)$	
$\dfrac{s+z}{s(s+a)(s+b)}$	$\dfrac{1}{ab}\left(z - \dfrac{b(z-a)e^{-at}}{b-a} + \dfrac{a(z-b)e^{-bt}}{b-a}\right)$	
$\dfrac{1}{s(s^2+\omega^2)}$	$\dfrac{1}{\omega^2}(1 - \cos \omega t)$	
$\dfrac{s+z}{s(s^2+\omega^2)}$	$\dfrac{z}{\omega^2} - \sqrt{\dfrac{z^2+\omega^2}{\omega^4}} \cos(\omega t + \phi) \qquad \phi \equiv \tan^{-1}(\omega/z)$	
$\dfrac{1}{s(s^2 + 2\zeta\omega_n s + \omega_n^2)}$	$\dfrac{1}{\omega_n^2} - \dfrac{1}{\omega_n \omega_d} e^{-\zeta\omega_n t} \operatorname{sen}(\omega_d t + \phi)$ $\omega_d \equiv \omega_n\sqrt{1-\zeta^2} \qquad \phi \equiv \cos^{-1}\zeta$	
$\dfrac{1}{s(s+a)^2}$	$\dfrac{1}{a^2}(1 - e^{-at} - ate^{-at})$	
$\dfrac{s+z}{s(s+a)^2}$	$\dfrac{1}{a^2}[z - ze^{-at} + a(a-z)te^{-at}]$	
$\dfrac{1}{s^2}$	t	rampa unidad
$\dfrac{1}{s^2(s+a)}$	$\dfrac{1}{a^2}(at - 1 + e^{-at})$	
$\dfrac{1}{s^n} \qquad n = 1, 2, 3, \ldots$	$\dfrac{t^{n-1}}{(n-1)!} \qquad 0! = 1$	

Referencias

1. Zadeh, L. A. y Desoer, C. A., *Linear System Theory: The State Space Approach*, McGraw-Hill, New York, 1963.

2. Hartline, H. K. y Ratliff, F., "Inhibitory Interaction of Receptor Units in the Eye of the Limulus," *J. Gen. Physiol.*, 40:357, 1957.

3. Bliss, J. C. y Macurdy, W. B., "Linear Models for Contrast Phenomena," *J. Optical Soc. America*, 51:1375, 1961.

4. Reichardt, W. y MacGinitie, "On the Theory of Lateral Inhibition," *Kybernetic* (German), 1:155, 1962.

5. McLachlan, N. W., *Complex Variable Theory and Transform Calculus*, Cambridge University Press, Cambridge, 1955.

6. Churchill, R. V., *Complex Variables and Applications*, Second Edition, McGraw-Hill, New York, 1960.

7. Desoer, C. A., "A General Formulation of the Nyquist Criterion," *IEEE Transactions on Circuit Theory*, Vol. CT-12, No. 2, junio 1965.

8. Spiegel, M. R., *College Algebra*, Schaum Publishing Co., New York, 1956.

9. Krall, A. M., "An Extensión and Proof of the Root-Locus Method," *Journal of the Society for Industrial and Applied Mathematics*, Vol. 9, No. 4, diciembre 1961, pp. 644-653.

10. Elgerd, O. I. y Stephens, W. C., "Effect of Closed-Loop Transfer Function Pole and Zero Locations on the Transient Response of Linear Control Systems," *AIEE Transactions*, Vol. 78, Part II, mayo 1959, pp. 121-127.

Bibliografía

Aizerman, M. A., *Theory of Automatic Control,* Addison-Wesley, Reading, Massachusetts, 1963.

Bode, H. W., *Network Analysis and Feedback Amplifier Design,* Van Nostrand, Princeton, New Jersey, 1945.

Brown, G. S. y Campbell, D. P., *Principles of Servomechanisms,* John Wiley, New York, 1948.

Bruns, R. A. y Saunders, R. M., *Analysis of Feedback Control Systems,* McGraw-Hill, New York, 1955.

Chestnut H. y Mayer, R. W., *Servomechanisms and Regulating System Design,* Volumen I, Second Edition, John Wiley, New York, 1959.

Clark, R. N., *Introduction to Automatic Control Systems,* John Wiley, New York, 1962.

D'Azzo, J. J. y Houpis, C. H., *Feedback Control System Analysis and Synthesis,* Second Edition, McGraw-Hill, New York, 1966.

Del Toro, V. y Parker, S. R., *Principles of Control Systems Engineering,* McGraw-Hill, New York, 1960.

Eckman, D. P., *Automatic Process Control,* John Wiley, New York, 1958.

Evans, W. R., *Control-System Dynamics,* McGraw-Hill, New York, 1954.

Gille, J. C., Pilegrin, M. J. y Decaulne, P., *Feedback Control Systems Analysis, Synthesis, and Design,* McGraw-Hill, New York, 1959.

Horowitz, I. M., *Synthesis of Feedback Systems,* Academic Press, New York, 1963.

James, H. M., Nichols, N. B. y Phillips, R. S., *Theory of Servomechanisms,* McGraw-Hill, New York, 1947.

Kuo, B. C., *Automatic Control Systems,* Prentice-Hall, Englewood Cliffs, New Jersey, 1962.

Lago, G. y Benningfield, L. M., *Control System Theory, Feedback Engineering,* Ronald Press, New York, 1962.

Langill, A. W., *Automatic Control Systems Engineering,* Volumen I, Prentice-Hall, Englewood Cliffs, New Jersey, 1965.

Murphy, G. J., *Basic Automatic Control Theory,* Second Edition, Van Nostrand, Princeton, New Jersey, 1966.

Newton, G. C., Gould, L. A. y Kaiser, J. F., *Analytical Design of Linear Feedback Controls,* John Wiley, New York, 1957.

Savant, C. J., *Control System Design,* Second Edition, McGraw-Hill, New York, 1964.

Skinners, S. M., *Control System Design,* John Wiley, New York, 1964.

Smith, O. J. M., *Feedback Control Systems,* McGraw-Hill, New York, 1958.

Takahashi, T., *Mathematics of Automatic Control,* Holt, Rinehart and Winston, New York, 1966.

Thaler, G. J. y Brown, R. G., *Analysis and Design of Feedback Control Systems,* Second Edition, McGraw-Hill, New York, 1960.

INDICE

Shrader: **Comunicación Electrónica, 2a. ed.**

Singer: **Fundamentos de Matemáticas para Electricidad y Electrónica, 2a. ed.**

Slurzberg y Osterheld: **Fundamentos de Electricidad-Electrónica, 3a. ed.**

Stevenson: **Análisis de Sistemas Eléctricos de Potencia, 2a. ed.**

Ingeniería Química

Badger y Banchero: **Introducción a la Ingeniería Química**

Mecánica e Ingeniería Mecánica

Beer y Johnson: **Mecánica Vectorial para Ingenieros, Tomo I, Estática**

Beer y Johnson: **Mecánica Vectorial para Ingenieros, Tomo II, Dinámica**

Burghardt y Axelrod: **Manejo de las Máquinas Herramientas, Parte I, 5a. ed.**

Burghardt y Axelrod: **Manejo de las Máquinas Herramientas, Parte II, 4a. ed.**

Crandall y Dahl: **Introducción a la Mecánica de los Sólidos**

Ham, et al.: **Mecánica de Máquinas, 4a. ed.**

McAdams: **Transmisión de Calor, 3a. ed.**

Obert y Gaggioli: **Termodinámica, 2a ed.**

Reynolds: **Termodinámica**

Shames: **La Mecánica de los Fluidos**

Shigley: **El Proyecto en Ingeniería Mecánica**

Shigley: **Teoría de las Máquinas (en prensa)**

Stoecker: **Refrigeración y Acondicionamiento de Aire**

Streeter: **Mecánica de los Fluidos, 4a. ed.**

Synge y Griffith: **Principios de Mecánica, 3a. ed.**

Young: **Fundamentos de Mecánica y Calor**

Ingeniería Civil

Dunham: **Cimentaciones de Estructuras, 2a. ed.**

Hickerson: **Levantamientos y Trazado de Caminos, 5a. ed.**

Kissam: **Topografía para ingenieros**

Peurifoy: **Encofrados para Estructuras de Hormigón**

Wang y Eckel: **Teoría Elemental de Estructuras**

Ingeniería Hidrológica

Linsley, et al.: **Hidrología para Ingenieros**

NEGOCIO

Allen: **La Función Directiva como Profesión**

Backer y Jacobsen: **Contabilidad de Costos: Un Enfoque Administrativo y de Gerencia**

Bittel: **Lo que Todo Supervisor Debe Saber**

Black y Ford: **Dirección Operacional: Guía para Actuación Supervisora Competente**

Fein, et al.: **Técnica de la Organización de Almacenes**

Harbison y Myers: **La Dirección de Empresa en el Mundo Industrial: Un Análisis Internacional**

Horowitz: **Introducción al Análisis Cuantitativo de los Negocios**

Johnston: **Análisis Estadístico de Costes**

Kepner y Tregoe: **El Directivo Racional (en prensa)**

Koontz y O'Donnell: **Curso de Administración Moderna, 3a. ed.**

Levitt: **Innovaciones en "Marketing" Nuevas Perspectivas de Beneficio y Crecimiento**

Lindsay: **Técnicas Modernas de Gestión**

Miller: **Aplicación del Método PERT al Control de Programación, Costes y Beneficios**

Moore: **Control de la Producción, 2a. ed.**

Scott, et al.: **Dirección de Personal, 6a. ed.**

CIENCIAS SOCIALES

Economía

Bryce: **Desarrollo Industrial: Guía para Acelerar el Crecimiento Económico.**

Kindleberger: **Desarrollo Económico, 2a. ed.**

Powelson: **América Latina: La Revolución Económica y Social Actual**

Thoman: **Geografía de la Actividad Económica**

Walinsky: **Planificación y Realización del Desarrollo Económico**

Educación, Psicología, Filosofía y Sociología

Benjamín: **La Educación Superior en las Repúblicas Americanas**

Horton y Hunt: **Sociología**

Hurlock: **Desarrollo Psicológico del Niño, 4a. ed.**

Maher: **Principios de Psicopatología (en prensa)**

Morgan: **Psicología Fisiológica, 3a. ed.**

Royce: **¿Qué Soy Yo? Un Estudio Filosófico-Psicológico de la Naturaleza Humana**

BIBLIOTECA PARA EL HOMBRE ACTUAL

Aranguren: **Sociología de la Comunicación**

Beck: **Palabras y Ondas**

Bhagwati: **La Economía de los Países Subdesarrollados**

Caute: **Las Izquierdas Europeas**

Chauvin: **El Mundo de los Insectos**

Dresden: **Humanismo y Renacimiento**

Edholm: **La Biología del Trabajo**

Forrest: **La Democracia Griega**

Freudenthal: **Las Matemáticas en la Ciencia y la Vida Cotidiana**

Gouiran: **Partículas y Aceleradores**

Gregory: **Ojo y Cerebro**

Hall: **Las Grandes Ciudades y Sus Problemas**

Hingley: **Los Escritores Rusos y Su Mundo**

Huard y Wong: **La Medicina China**

Kamen: **Los Caminos de la Tolerancia**

Kaufmann: **Investigación Operacional**

Kuczynski: **La Evolución de la Clase Obrera**

Madsen: **Art Nouveau**

Mendelssohn: **La Búsqueda del Cero Absoluto**

North: **El Comunismo Chino**

Sampedro: **Las Fuerzas Económicas de Nuestro Tiempo**

Tinbergen: **Plan de Desarrollo**

Ucko y Rosenfeld: **El Arte Paleolítico**

Vaizey: **La Educación en el Mundo Moderno**

LIBROS GREGG PARA EDUCACION COMERCIAL

Acuña: **Correspondencia y Documentación Comercial Moderna**

Gorbea: **Técnicas Mecanográficas Modernas 2a. Ed.**

Gregg: **Estudios de Rapidez en Taquigrafía Gregg Simplificada**

Gregg: **Clave de Estudios de Rapidez en Taquigrafía Gregg Simplificada**

Gregg: **Clave del Curso de Taquigrafía Gregg**

Gregg: **Curso de Taquigrafía Gregg**

Gregg: **Taquigrafía Gregg Simplificada**

Gregg: **Clave de Taquigrafía Gregg Simplificada**

Gregg: **Diccionario de la Taquigrafía Gregg Simplificada**

Gregg: **Auxiliar de la Taquigrafía Gregg Simplificada con Clave**

Gregg: **Frases y Palabras en Taquigrafía Gregg, ED**

Gregg: **Clave de Taquigrafía Gregg ED, Primer Curso**

Gregg: **Manual del Maestro de Taquigrafía Gregg ED, Primer Curso**

Gregg: **Taquigrafía Gregg ED, Primer Curso**

Gregg: **Taquigrafía Gregg II, ED**

Gregg: **Clave de Taquigrafía Gregg II, ED**

Gregg: **Manual del Maestro de Taquigrafía Gregg II, ED**

Kahn: **Juego Práctico de Archivo**

Kahn: **Clave del Juego Práctico de Archivo**

Lista Blanco: **Clave de Matemáticas Mercantiles 2a. ed.**

Lista Blanco: **Matemáticas Mercantiles 2a. ed.**

Lugo: **Auxiliar de la Taquigrafía Gregg**

O'Neill: **La Psicología en la Correspondencia Comercial**

Revilla: **Gramática Española Moderna**

Revilla: **Gramática Española Moderna, Manual del Maestro**

Robinson: **Organización y Administración de Negocios**

Robinson: **Manual del Maestro para Organización y Administración de Negocios**

Rosenberg: **Matemáticas para el Comercio**

Rosenberg: **Clave de Matemáticas para el Comercio**

Rosenberg: **Las Matemáticas en la Contabilidad y en la Administración de Empresas**

Rosenberg: **Manual del Maestro para Las Matemáticas en la Contabilidad y en la Administración de Empresas**

Sferra: **Personalidad y Relaciones Humanas**

Sferra: **Manual del Maestro para Personalidad y Relaciones Humanas**

Sorelle: **Mecanografía Método Racional 2a. ed.**

Uribe: **Manual del Maestro para Prácticas de Oficina**

Uribe: **Prácticas de Oficina**

Vivas: **Fundamentos de Correspondencia Comercial**

Winger: **Mecanografía Gregg I**

Winger: **Cuaderno de Trabajos para Mecanografía Gregg I**

Winger: **Clave de Mecanografía Gregg I**

Zoubek: **Dictados de Rapidez y Transcripción para Taquigrafía Gregg**

SERIE LA COCINA

Comprensión de los Términos Culinarios
Cómo Comprar los Alimentos Inteligentemente
Seguridad en la Cocina
La Organización y Preparación de las Comidas
Cómo Planear Comidas Nutritivas
Cómo Medir con Exactitud
Cómo Servir las Comidas Atractivamente

SERIE EL CUIDADO DEL NIÑO

El Baño del Bebé
Preparación de la Leche
Alimentación del Niño
Selección de la Ropa del Niño
Selección de Juguetes para el Niño
La Enseñanza de Buenos Hábitos

SERIE DE LA SALUD

Usted y Su Ropa
Pesky, El Microbio del Resfriado
Usted y Su Alimentación
Su Postura, ¿Buena o Mala?
Bacterias, Buenas y Malas
Plagas de Insectos y Enfermedades

SERIE SOBRE LOCUCION

Discusión en Grupos (12 min.)
Utilizando Ayudas Visuales en Pláticas (14 min.)